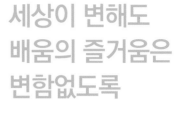

세상이 변해도
배움의 즐거움은
변함없도록

시대는 빠르게 변해도
배움의 즐거움은
변함없어야 하기에

어제의 비상은
남다른 교재부터
결이 다른 콘텐츠
전에 없던 교육 플랫폼까지

변함없는 혁신으로
교육 문화 환경의 새로운 전형을
실현해왔습니다.

비상은 오늘, 다시 한번
새로운 교육 문화 환경을 실현하기 위한
또 하나의 혁신을 시작합니다.

오늘의 내가 어제의 나를 초월하고
오늘의 교육이 어제의 교육을 초월하여
배움의 즐거움을 지속하는 혁신,

바로, 메타인지 기반 완전 학습을.

상상을 실현하는 교육 문화 기업 비상

메타인지 기반 완전 학습
초월을 뜻하는 meta와 생각을 뜻하는 인지가 결합한 메타인지는
자신이 알고 모르는 것을 스스로 구분하고 학습계획을 세우도록 하는
궁극의 학습 능력입니다. 비상의 메타인지 기반 완전 학습 시스템은
잠들어 있는 메타인지를 깨워 공부를 100% 내 것으로 만들도록 합니다.

수학의 신

"최상위 1등급 필수·심화 문제해결서"

미적분

수학의 신

1 / 모든 고난도 문제를 한 권에 담았다!

유형서	내신 기출	교육청, 평가원 기출
고난도 문제	+ 변별력 문제	+ 킬러 / 준킬러 문제

» 공부 효율 UP

2 / 내신 출제 비중이 높아진 수능형 문제와 그 변형 문제까지 담았다!

교육청 학력평가, 평가원 모의평가 및
수능에 출제된 문제와 그 변형 문제를
25% 이상 수록

» 수능형 문제 UP

3 / 교육 특구뿐만 아니라 전국적으로 더 까다로워지고 어려워진 내신 대비를 위해 문제의 수준을 엄선하였다!

최상 난도 문제 25%,
상 난도 문제 55% 수록

» 심화 문제 UP

구성 *

개념 핵심 개념과 문제 풀이에 필요한 실전 개념만 권두에 수록

문제 적중률이 높은 STEP별 문제로 최상위 1등급 실력을 쌓고,
틀리기 쉬운 수능형 문제는 변형 문제까지 한 번 더 풀어 완벽 마스터!

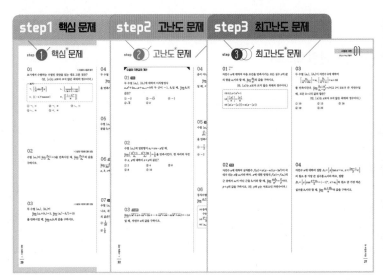

정답 고난도 문제 해결을 위한 다양한 풀이와 전략 제시!

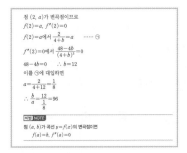
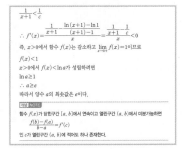

다른 풀이
다양한 방법으로 제공된 풀이를 통해
문제에 접근하는 사고력 향상

비법 노트
고난도 문제 해결에 꼭 필요한 풀이
비법 제시

개념 노트
문제 풀이에 필요한 하위 개념 제시

차례 *

실전 개념

01

수열의 극한

1. 수열의 수렴과 발산

(1) 수열 $\{a_n\}$에서 n의 값이 한없이 커질 때, 일반항 a_n의 값이 일정한 값 α에 한없이 가까워지면 수열 $\{a_n\}$은 α에 수렴한다고 한다. ➡ $\lim\limits_{n\to\infty} a_n = \alpha$

참고 $\lim\limits_{n\to\infty} a_n = \alpha\,(\alpha$는 실수)일 때, $\lim\limits_{n\to\infty} a_{n+1} = \lim\limits_{n\to\infty} a_{n+2} = \cdots = \lim\limits_{n\to\infty} a_{2n} = \cdots = \alpha$

(2) 수열 $\{a_n\}$이 수렴하지 않으면 수열 $\{a_n\}$은 발산한다고 한다.

 ① 수열 $\{a_n\}$이 양의 무한대로 발산하면 $\lim\limits_{n\to\infty} a_n = \infty$

 ② 수열 $\{a_n\}$이 음의 무한대로 발산하면 $\lim\limits_{n\to\infty} a_n = -\infty$

 ③ 수열 $\{a_n\}$이 수렴하지도 않고 양의 무한대나 음의 무한대로 발산하지도 않으면 진동한다.

2. 수열의 극한에 대한 성질

수렴하는 두 수열 $\{a_n\}$, $\{b_n\}$에 대하여 $\lim\limits_{n\to\infty} a_n = \alpha$, $\lim\limits_{n\to\infty} b_n = \beta\,(\alpha,\ \beta$는 실수)일 때

(1) $\lim\limits_{n\to\infty} ka_n = k\lim\limits_{n\to\infty} a_n = k\alpha$ (단, k는 상수)

(2) $\lim\limits_{n\to\infty} (a_n + b_n) = \lim\limits_{n\to\infty} a_n + \lim\limits_{n\to\infty} b_n = \alpha + \beta$

(3) $\lim\limits_{n\to\infty} (a_n - b_n) = \lim\limits_{n\to\infty} a_n - \lim\limits_{n\to\infty} b_n = \alpha - \beta$

(4) $\lim\limits_{n\to\infty} a_n b_n = \lim\limits_{n\to\infty} a_n \times \lim\limits_{n\to\infty} b_n = \alpha\beta$

(5) $\lim\limits_{n\to\infty} \dfrac{a_n}{b_n} = \dfrac{\lim\limits_{n\to\infty} a_n}{\lim\limits_{n\to\infty} b_n} = \dfrac{\alpha}{\beta}$ (단, $b_n \neq 0$, $\beta \neq 0$)

3. 수열의 극한값의 계산

(1) $\dfrac{\infty}{\infty}$ 꼴의 극한: 분모의 최고차항으로 분모, 분자를 각각 나눈 후 $\lim\limits_{n\to\infty} \dfrac{k}{n^p} = 0\,(k$는 상수, p는 양수) 임을 이용하여 구한다.

참고 · (분모의 차수)>(분자의 차수) ➡ 극한값이 0이다.

 · (분모의 차수)=(분자의 차수) ➡ 극한값은 $\dfrac{(\text{분자의 최고차항의 계수})}{(\text{분모의 최고차항의 계수})}$이다.

 · (분모의 차수)<(분자의 차수) ➡ 발산한다.

(2) $\infty - \infty$ 꼴의 극한: 근호가 있는 쪽을 유리화하여 $\dfrac{\infty}{\infty}$, $\dfrac{(\text{상수})}{\infty}$ 꼴로 변형한 후 구한다.

4. 수열의 극한의 대소 관계

수렴하는 두 수열 $\{a_n\}$, $\{b_n\}$에 대하여 $\lim\limits_{n\to\infty} a_n = \alpha$, $\lim\limits_{n\to\infty} b_n = \beta\,(\alpha,\ \beta$는 실수)일 때

(1) 모든 자연수 n에 대하여 $a_n \leq b_n$이면 $\alpha \leq \beta$

(2) 수열 $\{c_n\}$이 모든 자연수 n에 대하여 $a_n \leq c_n \leq b_n$이고 $\alpha = \beta$이면 $\lim\limits_{n\to\infty} c_n = \alpha$

5. 등비수열의 수렴과 발산

등비수열 $\{r^n\}$에서

(1) $r > 1$일 때, $\lim\limits_{n\to\infty} r^n = \infty$ (발산)   (2) $r = 1$일 때, $\lim\limits_{n\to\infty} r^n = 1$ (수렴)

(3) $|r| < 1$일 때, $\lim\limits_{n\to\infty} r^n = 0$ (수렴)   (4) $r \leq -1$일 때, 수열 $\{r^n\}$은 발산(진동)한다.

참고 x^n을 포함한 극한으로 정의된 함수는 x의 값의 범위를 $|x| > 1$, $x = -1$, $x = 1$, $|x| < 1$인 경우로 나누어 구한다.

6. 등비수열의 수렴 조건

(1) 등비수열 $\{r^n\}$이 수렴하기 위한 조건 ➡ $-1 < r \leq 1$

(2) 등비수열 $\{ar^{n-1}\}$이 수렴하기 위한 조건 ➡ $a = 0$ 또는 $-1 < r \leq 1$

02
급수

1. 급수의 수렴과 발산

수열 $\{a_n\}$의 각 항을 차례대로 덧셈 기호 $+$를 사용하여 연결한 식

$$a_1+a_2+a_3+\cdots+a_n+\cdots$$

을 급수라 하고, 이를 기호 $\sum$를 사용하여 $\sum\limits_{n=1}^{\infty}a_n$과 같이 나타낸다.

급수 $\sum\limits_{n=1}^{\infty}a_n$의 첫째항부터 제$n$항까지의 합을 S_n이라 할 때

(1) $\lim\limits_{n\to\infty}S_n=\lim\limits_{n\to\infty}\sum\limits_{k=1}^{n}a_k=S$ (S는 실수)이면 급수 $\sum\limits_{n=1}^{\infty}a_n$은 수렴하고, 그 합은 S이다.

(2) 수열 $\{S_n\}$이 발산하면 급수 $\sum\limits_{n=1}^{\infty}a_n$은 발산한다.

[참고] 항의 부호가 교대로 변하는 급수에서
- $\lim\limits_{n\to\infty}S_{2n-1}=\lim\limits_{n\to\infty}S_{2n}=\alpha$ (α는 실수)이면 급수는 수렴하고, 그 합은 α이다.
- $\lim\limits_{n\to\infty}S_{2n-1}\neq\lim\limits_{n\to\infty}S_{2n}$이면 급수는 발산한다.

2. 급수와 수열의 극한 사이의 관계

(1) 급수 $\sum\limits_{n=1}^{\infty}a_n$이 수렴하면 $\lim\limits_{n\to\infty}a_n=0$이다.

(2) $\lim\limits_{n\to\infty}a_n\neq0$이면 급수 $\sum\limits_{n=1}^{\infty}a_n$은 발산한다.

[주의] (1)의 역은 성립하지 않는다. 즉, $\lim\limits_{n\to\infty}a_n=0$이지만 급수 $\sum\limits_{n=1}^{\infty}a_n$이 발산하는 경우가 있다.

3. 급수의 성질

수렴하는 두 급수 $\sum\limits_{n=1}^{\infty}a_n$, $\sum\limits_{n=1}^{\infty}b_n$에 대하여 $\sum\limits_{n=1}^{\infty}a_n=S$, $\sum\limits_{n=1}^{\infty}b_n=T$ (S, T는 실수)일 때

(1) $\sum\limits_{n=1}^{\infty}ka_n=k\sum\limits_{n=1}^{\infty}a_n=kS$ (단, k는 상수)

(2) $\sum\limits_{n=1}^{\infty}(a_n+b_n)=\sum\limits_{n=1}^{\infty}a_n+\sum\limits_{n=1}^{\infty}b_n=S+T$

(3) $\sum\limits_{n=1}^{\infty}(a_n-b_n)=\sum\limits_{n=1}^{\infty}a_n-\sum\limits_{n=1}^{\infty}b_n=S-T$

4. 등비급수의 수렴과 발산

등비급수 $\sum\limits_{n=1}^{\infty}ar^{n-1}$ ($a\neq0$)은

(1) $|r|<1$일 때, 수렴하고 그 합은 $\dfrac{a}{1-r}$이다.

(2) $|r|\geq1$일 때, 발산한다.

5. 등비급수의 수렴 조건

(1) 등비급수 $\sum\limits_{n=1}^{\infty}r^n$이 수렴하기 위한 조건 ➡ $-1<r<1$

(2) 등비급수 $\sum\limits_{n=1}^{\infty}ar^{n-1}$이 수렴하기 위한 조건 ➡ $a=0$ 또는 $-1<r<1$

6. 등비급수의 활용

닮은꼴이 한없이 반복되는 도형에서 선분의 길이, 도형의 넓이 등의 합을 구하는 문제는 주어진 조건을 이용하여 선분의 길이나 도형의 넓이가 변하는 일정한 규칙을 찾은 후 등비급수의 합을 이용한다.

03

지수함수와 로그함수의 미분

1. 지수함수의 극한

지수함수 $y=a^x (a>0,\ a\neq1)$의 극한은 다음과 같다.

(1) $a>1$이면 $\lim\limits_{x\to\infty} a^x=\infty,\ \lim\limits_{x\to-\infty} a^x=0$

(2) $0<a<1$이면 $\lim\limits_{x\to\infty} a^x=0,\ \lim\limits_{x\to-\infty} a^x=\infty$

(3) 임의의 실수 r에 대하여 $\lim\limits_{x\to r} a^x=a^r$

참고 1이 아닌 양수 a에 대하여 $\lim\limits_{x\to0} a^x=1,\ \lim\limits_{x\to1} a^x=a$

2. 로그함수의 극한

로그함수 $y=\log_a x (a>0,\ a\neq1)$의 극한은 다음과 같다.

(1) $a>1$이면 $\lim\limits_{x\to\infty} \log_a x=\infty,\ \lim\limits_{x\to0+} \log_a x=-\infty$

(2) $0<a<1$이면 $\lim\limits_{x\to\infty} \log_a x=-\infty,\ \lim\limits_{x\to0+} \log_a x=\infty$

(3) 임의의 양의 실수 r에 대하여 $\lim\limits_{x\to r} \log_a x=\log_a r$

참고 1이 아닌 양수 a에 대하여 $\lim\limits_{x\to1} \log_a x=0,\ \lim\limits_{x\to a} \log_a x=1$

3. 무리수 e와 자연로그

(1) 무리수 e

$$e=\lim_{x\to0}(1+x)^{\frac{1}{x}}=\lim_{x\to\infty}\left(1+\frac{1}{x}\right)^x \text{ (단, } e=2.718\cdots)$$

참고 0이 아닌 상수 a에 대하여 $\lim\limits_{x\to0}(1+ax)^{\frac{1}{ax}}=e,\ \lim\limits_{x\to\infty}\left(1+\dfrac{1}{ax}\right)^{ax}=e$

(2) 자연로그

무리수 e를 밑으로 하는 로그 $\log_e x$를 자연로그라 하고 $\ln x$로 나타낸다.

참고 • 무리수 e를 밑으로 하는 지수함수를 $y=e^x$으로 나타낸다.

　　 • 지수함수 $y=e^x$과 로그함수 $y=\ln x$는 서로 역함수 관계이다.

　　 • $x>0,\ y>0$일 때

　　　① $\ln 1=0,\ \ln e=1$ 　　　　　② $\ln x^n=n\ln x$ (단, n은 실수)

　　　③ $\ln xy=\ln x+\ln y$ 　　　　④ $\ln \dfrac{x}{y}=\ln x-\ln y$

4. e의 정의를 이용한 지수함수와 로그함수의 극한

$a>0,\ a\neq1$일 때

(1) $\lim\limits_{x\to0} \dfrac{\ln(1+x)}{x}=1$ 　　　　　(2) $\lim\limits_{x\to0} \dfrac{e^x-1}{x}=1$

(3) $\lim\limits_{x\to0} \dfrac{\log_a(1+x)}{x}=\dfrac{1}{\ln a}$ 　　　(4) $\lim\limits_{x\to0} \dfrac{a^x-1}{x}=\ln a$

참고 0이 아닌 상수 a에 대하여 $\lim\limits_{x\to0} \dfrac{\ln(1+ax)}{ax}=1,\ \lim\limits_{x\to0} \dfrac{e^{ax}-1}{ax}=1$

5. 지수함수의 도함수

(1) $y=e^x$이면 $y'=e^x$

(2) $y=a^x$이면 $y'=a^x\ln a$ (단, $a>0,\ a\neq1$)

6. 로그함수의 도함수

(1) $y=\ln x$이면 $y'=\dfrac{1}{x}$

(2) $y=\log_a x$이면 $y'=\dfrac{1}{x\ln a}$ (단, $a>0,\ a\neq1$)

04

삼각함수의 미분

1. 여러 가지 삼각함수

(1) $\csc\theta$, $\sec\theta$, $\cot\theta$

일반각 θ를 나타내는 동경과 원점 O를 중심으로 하고 반지름의 길이가 r인 원이 만나는 점을 $P(x, y)$라 할 때,

$$\csc\theta=\frac{r}{y}\,(y\neq0),\ \sec\theta=\frac{r}{x}\,(x\neq0),\ \cot\theta=\frac{x}{y}\,(y\neq0)$$

이때 $\csc\theta=\dfrac{1}{\sin\theta}$, $\sec\theta=\dfrac{1}{\cos\theta}$, $\cot\theta=\dfrac{1}{\tan\theta}$이 성립한다.

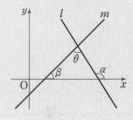

(2) 여러 가지 삼각함수 사이의 관계

① $1+\tan^2\theta=\sec^2\theta$ ② $1+\cot^2\theta=\csc^2\theta$

2. 삼각함수의 덧셈정리

(1) $\sin(\alpha+\beta)=\sin\alpha\cos\beta+\cos\alpha\sin\beta$, $\sin(\alpha-\beta)=\sin\alpha\cos\beta-\cos\alpha\sin\beta$

(2) $\cos(\alpha+\beta)=\cos\alpha\cos\beta-\sin\alpha\sin\beta$, $\cos(\alpha-\beta)=\cos\alpha\cos\beta+\sin\alpha\sin\beta$

(3) $\tan(\alpha+\beta)=\dfrac{\tan\alpha+\tan\beta}{1-\tan\alpha\tan\beta}$, $\tan(\alpha-\beta)=\dfrac{\tan\alpha-\tan\beta}{1+\tan\alpha\tan\beta}$

참고 ・ $\sin2\alpha=2\sin\alpha\cos\alpha$

・ $\cos2\alpha=\cos^2\alpha-\sin^2\alpha=2\cos^2\alpha-1=1-2\sin^2\alpha$

・ $\tan2\alpha=\dfrac{2\tan\alpha}{1-\tan^2\alpha}$

3. 두 직선이 이루는 각의 크기

두 직선 l, m이 x축의 양의 방향과 이루는 각의 크기를 각각 α, β라 하고 두 직선 l, m이 이루는 예각의 크기를 θ라 하면

$$\tan\theta=|\tan(\alpha-\beta)|=\left|\frac{\tan\alpha-\tan\beta}{1+\tan\alpha\tan\beta}\right|$$

참고 직선 $y=mx+n$이 x축의 양의 방향과 이루는 각의 크기를 θ라 하면

$$\tan\theta=m$$

4. 삼각함수의 합성

(1) $a\sin\theta+b\cos\theta=\sqrt{a^2+b^2}\sin(\theta+\alpha)$ $\left(\text{단},\ \sin\alpha=\dfrac{b}{\sqrt{a^2+b^2}},\ \cos\alpha=\dfrac{a}{\sqrt{a^2+b^2}}\right)$

(2) $a\sin\theta+b\cos\theta=\sqrt{a^2+b^2}\cos(\theta-\beta)$ $\left(\text{단},\ \sin\beta=\dfrac{a}{\sqrt{a^2+b^2}},\ \cos\beta=\dfrac{b}{\sqrt{a^2+b^2}}\right)$

5. 삼각함수의 극한

(1) 삼각함수의 극한

① 실수 a에 대하여 $\displaystyle\lim_{x\to a}\sin x=\sin a$, $\displaystyle\lim_{x\to a}\cos x=\cos a$

② $a\neq n\pi+\dfrac{\pi}{2}$ (n은 정수)인 실수 a에 대하여 $\displaystyle\lim_{x\to a}\tan x=\tan a$

(2) 함수 $\dfrac{\sin x}{x}$, $\dfrac{\tan x}{x}$의 극한

① $\displaystyle\lim_{x\to0}\frac{\sin x}{x}=1$ ② $\displaystyle\lim_{x\to0}\frac{\tan x}{x}=1$

참고 0이 아닌 상수 a에 대하여 $\displaystyle\lim_{x\to0}\frac{\sin ax}{ax}=1$, $\displaystyle\lim_{x\to0}\frac{\tan ax}{ax}=1$

6. 삼각함수의 도함수

(1) $y=\sin x$이면 $y'=\cos x$

(2) $y=\cos x$이면 $y'=-\sin x$

여러 가지 미분법

1. 함수의 몫의 미분법

(1) 함수의 몫의 미분법

두 함수 $f(x)$, $g(x)$ $(g(x)\neq0)$가 미분가능할 때

① $y=\dfrac{1}{g(x)}$이면 $y'=-\dfrac{g'(x)}{\{g(x)\}^2}$

② $y=\dfrac{f(x)}{g(x)}$이면 $y'=\dfrac{f'(x)g(x)-f(x)g'(x)}{\{g(x)\}^2}$

(2) 여러 가지 삼각함수의 도함수

① $y=\tan x$이면 $y'=\sec^2 x$

② $y=\sec x$이면 $y'=\sec x\tan x$

③ $y=\csc x$이면 $y'=-\csc x\cot x$

④ $y=\cot x$이면 $y'=-\csc^2 x$

2. 합성함수의 미분법

(1) 합성함수의 미분법

두 함수 $y=f(u)$, $u=g(x)$가 미분가능할 때, 합성함수 $y=f(g(x))$의 도함수는

$$\frac{dy}{dx}=\frac{dy}{du}\times\frac{du}{dx} \quad \text{또는} \quad y'=f'(g(x))g'(x)$$

참고 함수 $f(x)$가 미분가능할 때, $y=f(ax+b)$이면
$$y'=af'(ax+b) \text{ (단, } a, b\text{는 상수)}$$

(2) 로그함수의 도함수

함수 $f(x)$ $(f(x)\neq0)$가 미분가능할 때

① $y=\ln|x|$이면 $y'=\dfrac{1}{x}$

② $y=\log_a|x|$이면 $y'=\dfrac{1}{x\ln a}$ (단, $a>0$, $a\neq1$)

③ $y=\ln|f(x)|$이면 $y'=\dfrac{f'(x)}{f(x)}$

④ $y=\log_a|f(x)|$이면 $y'=\dfrac{f'(x)}{f(x)\ln a}$ (단, $a>0$, $a\neq1$)

(3) 로그함수의 도함수의 응용

밑과 지수에 모두 변수가 포함되어 있거나 복잡한 유리함수 꼴인 함수 $y=f(x)$의 도함수는 다음과 같은 순서로 구한다.

① $y=f(x)$의 양변의 절댓값에 자연로그를 취한다. ― $f(x)>0$인 경우에는 절댓값을 취하지 않아도 된다.

➡ $\ln|y|=\ln|f(x)|$

② 양변을 x에 대하여 미분한다.

➡ $\dfrac{y'}{y}=\dfrac{f'(x)}{f(x)}$

③ y'에 대하여 정리하여 도함수를 구한다.

➡ $y'=\dfrac{f'(x)}{f(x)}y$

(4) 함수 $y=x^n$ (n은 실수)의 도함수

n이 실수일 때, $y=x^n$이면 $y'=nx^{n-1}$

참고 함수 $f(x)$가 미분가능할 때, $y=\{f(x)\}^n$이면
$$y'=n\{f(x)\}^{n-1}f'(x) \text{ (단, } n\text{은 실수)}$$

3. 매개변수로 나타낸 함수의 미분법

(1) 매개변수로 나타낸 함수

두 변수 x, y 사이의 관계를 새로운 변수 t를 이용하여

$$x=f(t), \ y=g(t)$$

와 같이 나타낼 때, t를 매개변수라 하고, 함수 $x=f(t)$, $y=g(t)$를 매개변수로 나타낸 함수라
한다.

(2) 매개변수로 나타낸 함수의 미분법

매개변수로 나타낸 함수 $x=f(t)$, $y=g(t)$가 t에 대하여 미분가능하고 $f'(t) \neq 0$이면

$$\frac{dy}{dx}=\frac{\dfrac{dy}{dt}}{\dfrac{dx}{dt}}=\frac{g'(t)}{f'(t)}$$

참고) 매개변수로 나타낸 곡선 $x=f(t)$, $y=g(t)$ 위의 점 (a, b)에서의 접선의 기울기는 다음과 같은 순서로 구한다.

① 매개변수로 나타낸 함수의 미분법을 이용하여 $\dfrac{dy}{dx}=\dfrac{g'(t)}{f'(t)}$를 구한다.

② $f(t)=a$, $g(t)=b$를 만족시키는 t의 값을 구한다.

③ ②에서 구한 t의 값을 ①에서 구한 $\dfrac{dy}{dx}=\dfrac{g'(t)}{f'(t)}$에 대입하여 접선의 기울기를 구한다.

4. 음함수의 미분법

(1) 음함수

방정식 $f(x, y)=0$에서 x와 y가 정의되는 구간을 적당히 정하면 y는 x에 대한 함수가 된다.
x에 대한 함수 y가

$$f(x, y)=0$$

꼴로 주어질 때, 이를 y의 x에 대한 음함수 표현이라 한다.

(2) 음함수의 미분법

음함수 표현 $f(x, y)=0$에서 y를 x에 대한 함수로 보고 각 항을 x에 대하여 미분하여 $\dfrac{dy}{dx}$를 구
한다.

5. 역함수의 미분법

미분가능한 함수 $f(x)$의 역함수 $f^{-1}(x)$가 존재하고 미분가능할 때, 함수 $y=f^{-1}(x)$의 도함수는

$$\frac{dy}{dx}=\frac{1}{\dfrac{dx}{dy}} \ \left(\text{단, } \frac{dx}{dy} \neq 0\right) \quad \text{또는} \quad (f^{-1})'(x)=\frac{1}{f'(y)} \ (\text{단, } f'(y) \neq 0)$$

참고) $f(a)=b$, 즉 $f^{-1}(b)=a$이면

$$(f^{-1})'(b)=\frac{1}{f'(f^{-1}(b))}=\frac{1}{f'(a)} \ (\text{단, } f'(a) \neq 0)$$

6. 이계도함수

함수 $f(x)$의 도함수 $f'(x)$가 미분가능할 때, 함수 $f'(x)$의 도함수

$$\lim_{\Delta x \to 0}\frac{f'(x+\Delta x)-f'(x)}{\Delta x}$$

를 함수 $y=f(x)$의 이계도함수라 하고, 기호로

$$f''(x), \ y'', \ \frac{d^2y}{dx^2}, \ \frac{d^2}{dx^2}f(x)$$

와 같이 나타낸다.

도함수의 활용

1. 접선의 방정식

함수 $f(x)$가 $x=a$에서 미분가능할 때, 곡선 $y=f(x)$ 위의 점 $(a, f(a))$에서의 접선의 방정식은

$$y-f(a)=f'(a)(x-a)$$

참고 (1) 매개변수로 나타낸 곡선 $x=f(t)$, $y=g(t)$에 대하여 $t=a$에 대응하는 점에서의 접선의 방정식은 다음과 같은 순서로 구한다.

① 매개변수로 나타낸 함수의 미분법을 이용하여 $\dfrac{dy}{dx}=\dfrac{g'(t)}{f'(t)}$를 구한다.

② $\dfrac{g'(a)}{f'(a)}$, $f(a)$, $g(a)$의 값을 구한다.

③ 접선의 방정식 $y-g(a)=\dfrac{g'(a)}{f'(a)}\{x-f(a)\}$를 구한다.

(2) 곡선 $f(x, y)=0$ 위의 점 (a, b)에서의 접선의 방정식은 다음과 같은 순서로 구한다.

① 음함수의 미분법을 이용하여 $\dfrac{dy}{dx}$를 구한다.

② ①에서 구한 $\dfrac{dy}{dx}$에 $x=a$, $y=b$를 대입하여 접선의 기울기 m을 구한다.

③ 접선의 방정식 $y-b=m(x-a)$를 구한다.

2. 함수의 증가와 감소

함수 $f(x)$가 어떤 열린구간에서 미분가능할 때, 그 구간에 속하는 모든 실수 x에 대하여

(1) $f'(x)>0$이면 $f(x)$는 그 구간에서 증가한다.

(2) $f'(x)<0$이면 $f(x)$는 그 구간에서 감소한다.

3. 함수의 극대와 극소

(1) 도함수를 이용한 함수의 극대와 극소의 판정

미분가능한 함수 $f(x)$에 대하여 $f'(a)=0$일 때, $x=a$의 좌우에서 $f'(x)$의 부호가

① 양$(+)$에서 음$(-)$으로 바뀌면 $f(x)$는 $x=a$에서 극대이다.

② 음$(-)$에서 양$(+)$으로 바뀌면 $f(x)$는 $x=a$에서 극소이다.

(2) 이계도함수를 이용한 함수의 극대와 극소의 판정

이계도함수를 갖는 함수 $f(x)$에 대하여 $f'(a)=0$일 때

① $f''(a)<0$이면 $f(x)$는 $x=a$에서 극대이다.

② $f''(a)>0$이면 $f(x)$는 $x=a$에서 극소이다.

4. 곡선의 오목과 볼록

(1) 곡선의 오목과 볼록의 판정

이계도함수를 갖는 함수 $f(x)$에 대하여 어떤 구간에서

① $f''(x)>0$이면 곡선 $y=f(x)$는 그 구간에서 아래로 볼록하다.

② $f''(x)<0$이면 곡선 $y=f(x)$는 그 구간에서 위로 볼록하다.

참고 어떤 구간에 속하는 곡선 $y=f(x)$ 위의 임의의 두 점 $(x_1, f(x_1))$, $(x_2, f(x_2))$에 대하여

· $\dfrac{f(x_1)+f(x_2)}{2}>f\left(\dfrac{x_1+x_2}{2}\right)$이면 그 구간에서 곡선 $y=f(x)$는 아래로 볼록하다.

· $\dfrac{f(x_1)+f(x_2)}{2}<f\left(\dfrac{x_1+x_2}{2}\right)$이면 그 구간에서 곡선 $y=f(x)$는 위로 볼록하다.

(2) 변곡점

곡선 $y=f(x)$ 위의 점 $\mathrm{P}(a, f(a))$에 대하여 $x=a$의 좌우에서 곡선의 모양이 아래로 볼록에서 위로 볼록으로 바뀌거나 위로 볼록에서 아래로 볼록으로 바뀔 때, 이 점 P를 곡선 $y=f(x)$의 변곡점이라 한다.

(3) 변곡점의 판정

이계도함수를 갖는 함수 $f(x)$에 대하여 $f''(a)=0$이고, $x=a$의 좌우에서 $f''(x)$의 부호가 바뀌면 점 $(a, f(a))$는 곡선 $y=f(x)$의 변곡점이다.

5. 함수의 그래프
함수 $y=f(x)$의 그래프는 함수의 정의역과 치역, 증가와 감소, 극대와 극소, 오목과 볼록, 변곡점, 좌표축과 만나는 점의 좌표, 대칭성과 주기, $\lim\limits_{x\to\infty}f(x)$, $\lim\limits_{x\to-\infty}f(x)$, 점근선을 이용하여 그린다.

6. 함수의 최댓값과 최솟값
닫힌구간 $[a,\,b]$에서 연속인 함수 $f(x)$에 대하여 주어진 구간에서의 극댓값, 극솟값, $f(a)$, $f(b)$를 비교하였을 때, 가장 큰 값이 최댓값, 가장 작은 값이 최솟값이다.

7. 방정식에의 활용
(1) 방정식 $f(x)=0$의 서로 다른 실근의 개수
    $\iff$ 함수 $y=f(x)$의 그래프와 x축이 만나는 점의 개수
(2) 방정식 $f(x)=g(x)$의 서로 다른 실근의 개수
    $\iff$ 두 함수 $y=f(x)$, $y=g(x)$의 그래프가 만나는 점의 개수

8. 부등식에의 활용
(1) 모든 실수에 대하여 성립하는 부등식의 증명
    ① 모든 실수 x에 대하여 부등식 $f(x)>0$이 성립한다.
    ➡ 함수 $f(x)$에 대하여 $(f(x)$의 최솟값$)>0$임을 보인다.
    ② 모든 실수 x에 대하여 부등식 $f(x)<0$이 성립한다.
    ➡ 함수 $f(x)$에 대하여 $(f(x)$의 최댓값$)<0$임을 보인다.
(2) 주어진 구간에서 성립하는 부등식의 증명
    $x>a$에서 부등식 $f(x)>0$이 성립함을 증명할 때
    ① 함수 $f(x)$의 최솟값이 존재하면
    ➡ $x>a$에서 $(f(x)$의 최솟값$)>0$임을 보인다.
    ② 함수 $f(x)$의 최솟값이 존재하지 않으면
    ➡ $x>a$에서 함수 $f(x)$가 증가하고 $f(a)\geq0$임을 보인다.

9. 속도와 가속도
(1) 수직선 위를 움직이는 점의 속도와 가속도
    수직선 위를 움직이는 점 P의 시각 t에서의 위치 x가 $x=f(t)$일 때, 시각 t에서의 점 P의 속도 v와 가속도 a는
    $$v=\frac{dx}{dt}=f'(t),\ a=\frac{dv}{dt}=f''(t)$$
(2) 좌표평면 위를 움직이는 점의 속도와 가속도
    좌표평면 위를 움직이는 점 P의 시각 t에서의 위치 $(x,\,y)$가 $x=f(t)$, $y=g(t)$일 때, 시각 t에서의 점 P의 속도와 가속도는 다음과 같다.
    ① 속도: $\left(\dfrac{dx}{dt},\ \dfrac{dy}{dt}\right)$ 또는 $(f'(t),\ g'(t))$
    ② 가속도: $\left(\dfrac{d^2x}{dt^2},\ \dfrac{d^2y}{dt^2}\right)$ 또는 $(f''(t),\ g''(t))$

참고 ·속력: $\sqrt{\left(\dfrac{dx}{dt}\right)^2+\left(\dfrac{dy}{dt}\right)^2}$ 또는 $\sqrt{\{f'(t)\}^2+\{g'(t)\}^2}$

·가속도의 크기: $\sqrt{\left(\dfrac{d^2x}{dt^2}\right)^2+\left(\dfrac{d^2y}{dt^2}\right)^2}$ 또는 $\sqrt{\{f''(t)\}^2+\{g''(t)\}^2}$

여러 가지 적분법

1. 부정적분

함수 $F(x)$의 도함수가 $f(x)$일 때, 즉 $F'(x)=f(x)$일 때, 함수 $F(x)$를 $f(x)$의 부정적분이라 하고, $\displaystyle\int f(x)\,dx$로 나타낸다.

2. 여러 가지 함수의 부정적분

(1) 함수 $y=x^n\,(n$은 실수$)$의 부정적분 (단, C는 적분상수)

① $n\neq-1$일 때, $\displaystyle\int x^n\,dx=\frac{1}{n+1}x^{n+1}+C$

② $n=-1$일 때, $\displaystyle\int x^{-1}\,dx=\int\frac{1}{x}\,dx=\ln|x|+C$

(2) 지수함수의 부정적분 (단, C는 적분상수)

① $\displaystyle\int e^x\,dx=e^x+C$ ② $\displaystyle\int a^x\,dx=\frac{a^x}{\ln a}+C$ (단, $a>0$, $a\neq1$)

(3) 삼각함수의 부정적분 (단, C는 적분상수)

① $\displaystyle\int\sin x\,dx=-\cos x+C$ ② $\displaystyle\int\cos x\,dx=\sin x+C$

③ $\displaystyle\int\sec^2 x\,dx=\tan x+C$ ④ $\displaystyle\int\csc^2 x\,dx=-\cot x+C$

⑤ $\displaystyle\int\sec x\tan x\,dx=\sec x+C$ ⑥ $\displaystyle\int\csc x\cot x\,dx=-\csc x+C$

3. 치환적분법

(1) 치환적분법

미분가능한 함수 $g(t)$에 대하여 $x=g(t)$로 놓으면

$$\int f(x)\,dx=\int f(g(t))g'(t)\,dt$$

참고 치환하는 식이 일차식 $ax+b\,(a$, b는 상수, $a\neq0)$일 때, $F'(x)=f(x)$라 하면

$$\int f(ax+b)\,dx=\frac{1}{a}F(ax+b)+C\ \text{(단, }C\text{는 적분상수)}$$

(2) $\dfrac{f'(x)}{f(x)}$ 꼴인 함수의 부정적분

$$\int\frac{f'(x)}{f(x)}\,dx=\ln|f(x)|+C\ \text{(단, }C\text{는 적분상수)}$$

참고 상수 a에 대하여 $\displaystyle\int\frac{1}{x+a}\,dx=\int\frac{(x+a)'}{x+a}\,dx=\ln|x+a|+C$ (단, C는 적분상수)

(3) $\dfrac{f'(x)}{f(x)}$ 꼴이 아닌 유리함수의 부정적분

① (분자의 차수)≥(분모의 차수)이면 유리함수의 분자를 분모로 나눈 후 적분한다.

② (분자의 차수)<(분모의 차수)이고 분모가 인수분해되면 다음을 이용하여 변형한 후 적분한다.

• $\dfrac{1}{(x+a)(x+b)}$ 꼴 ➡ $\dfrac{1}{(x+a)(x+b)}=\dfrac{1}{b-a}\left(\dfrac{1}{x+a}-\dfrac{1}{x+b}\right)$ (단, $a\neq b$)

• $\dfrac{px+q}{(x+a)(x+b)}$ 꼴 ➡ $\dfrac{px+q}{(x+a)(x+b)}=\dfrac{A}{x+a}+\dfrac{B}{x+b}$로 놓고 x에 대한 항등식임을 이용하여 A, B의 값을 구한다.

4. 부분적분법

두 함수 $f(x)$, $g(x)$가 미분가능할 때,

$$\int f(x)g'(x)\,dx=f(x)g(x)-\int f'(x)g(x)\,dx$$

참고 부분적분법을 이용할 때, 일반적으로 미분하기 쉬운 것을 $f(x)$, 적분하기 쉬운 것을 $g'(x)$로 놓으면 편리하다.

$$f(x)\xleftarrow{\hspace{4cm}}g'(x)$$

로그함수   다항함수   삼각함수   지수함수

5. 정적분

닫힌구간 $[a, b]$에서 연속인 함수 $f(x)$의 한 부정적분을 $F(x)$라 할 때, 함수 $f(x)$의 a에서 b까지의 정적분은

$$\int_a^b f(x)\,dx = \Big[F(x)\Big]_a^b = F(b) - F(a)$$

6. 여러 가지 함수의 정적분

(1) 그래프가 대칭인 함수의 정적분

함수 $f(x)$가 닫힌구간 $[-a, a]$에서 연속일 때

① $f(-x) = f(x)$, 즉 함수 $y = f(x)$의 그래프가 y축에 대하여 대칭이면

$$\int_{-a}^a f(x)\,dx = 2\int_0^a f(x)\,dx$$

② $f(-x) = -f(x)$, 즉 함수 $y = f(x)$의 그래프가 원점에 대하여 대칭이면

$$\int_{-a}^a f(x)\,dx = 0$$

(2) $f(x+p) = f(x)$를 만족시키는 함수 $f(x)$의 정적분

함수 $f(x)$가 모든 실수 x에 대하여 $f(x+p) = f(x)$ (p는 0이 아닌 상수)를 만족시키고 연속일 때

① $\displaystyle\int_a^b f(x)\,dx = \int_{a+np}^{b+np} f(x)\,dx$ (단, n은 정수)

② $\displaystyle\int_a^{a+p} f(x)\,dx = \int_b^{b+p} f(x)\,dx$

7. 치환적분법을 이용한 정적분

닫힌구간 $[a, b]$에서 연속인 함수 $f(x)$에 대하여 미분가능한 함수 $x = g(t)$의 도함수 $g'(t)$가 닫힌구간 $[\alpha, \beta]$에서 연속이고 $a = g(\alpha)$, $b = g(\beta)$이면

$$\int_a^b f(x)\,dx = \int_\alpha^\beta f(g(t))g'(t)\,dt$$

주의 치환적분법을 이용하여 정적분을 계산할 때, 적분 구간이 변하는 것에 주의한다.

8. 삼각함수로 치환하는 적분법

(1) $\sqrt{a^2 - x^2}\,(a > 0)$ 꼴

$x = a\sin\theta\left(-\dfrac{\pi}{2} \le \theta \le \dfrac{\pi}{2}\right)$로 치환한 후 $\sin^2\theta + \cos^2\theta = 1$임을 이용한다.

(2) $\dfrac{1}{x^2 + a^2}\,(a > 0)$ 꼴

$x = a\tan\theta\left(-\dfrac{\pi}{2} < \theta < \dfrac{\pi}{2}\right)$로 치환한 후 $1 + \tan^2\theta = \sec^2\theta$임을 이용한다.

9. 부분적분법을 이용한 정적분

두 함수 $f(x)$, $g(x)$가 미분가능하고 $f'(x)$, $g'(x)$가 닫힌구간 $[a, b]$에서 연속일 때,

$$\int_a^b f(x)g'(x)\,dx = \Big[f(x)g(x)\Big]_a^b - \int_a^b f'(x)g(x)\,dx$$

10. 정적분으로 정의된 함수

함수 $f(t)$가 닫힌구간 $[a, b]$에서 연속일 때,

$$\frac{d}{dx}\int_a^x f(t)\,dt = f(x) \ \text{(단, } a < x < b)$$

참고 $\dfrac{d}{dx}\displaystyle\int_x^{x+a} f(t)\,dt = f(x+a) - f(x)$ (단, a는 상수)

1. 정적분과 급수의 합 사이의 관계

함수 $f(x)$가 닫힌구간 $[a, b]$에서 연속일 때,

$$\lim_{n \to \infty} \sum_{k=1}^{n} f(x_k)\Delta x = \int_a^b f(x)\,dx$$

$$\left(\text{단, } \Delta x = \frac{b-a}{n},\ x_k = a + k\Delta x \right)$$

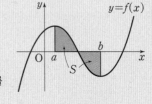

참고 $\displaystyle \lim_{n \to \infty} \sum_{k=1}^{n} f\left(a + \frac{b-a}{n}k\right) \times \frac{b-a}{n} = \int_a^b f(x)\,dx$

➡ $\cdot \displaystyle \lim_{n \to \infty} \sum_{k=1}^{n} f\left(\frac{k}{n}\right) \times \frac{1}{n} = \int_0^1 f(x)\,dx$

$\cdot \displaystyle \lim_{n \to \infty} \sum_{k=1}^{n} f\left(\frac{p}{n}k\right) \times \frac{p}{n} = \int_0^p f(x)\,dx$

$\cdot \displaystyle \lim_{n \to \infty} \sum_{k=1}^{n} f\left(a + \frac{p}{n}k\right) \times \frac{p}{n} = \int_a^{a+p} f(x)\,dx$

$\qquad = \displaystyle \int_0^p f(a+x)\,dx$ ⟶ 함수 $y=f(x)$의 그래프와 구간 $[a, a+p]$를 x축의 방향으로 $-a$만큼 평행이동한 것이다.

2. 넓이

(1) 곡선과 x축 사이의 넓이

함수 $f(x)$가 닫힌구간 $[a, b]$에서 연속일 때, 곡선 $y=f(x)$와 x축 및 두 직선 $x=a$, $x=b$로 둘러싸인 부분의 넓이 S는

$$S = \int_a^b |f(x)|\,dx$$

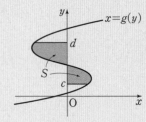

참고 • 곡선 $y=f(x)$와 x축 및 두 직선 $x=a$, $x=b$로 둘러싸인 부분의 넓이를 구할 때는 닫힌구간 $[a, b]$에서 생각한다.

• 곡선 $y=f(x)$와 x축으로 둘러싸인 부분의 넓이는 곡선 $y=f(x)$와 x축이 만나는 점의 x좌표를 구한 후 $f(x) \geq 0$, $f(x) \leq 0$인 구간으로 나누어 구한다.

(2) 곡선과 y축 사이의 넓이

함수 $g(y)$가 닫힌구간 $[c, d]$에서 연속일 때, 곡선 $x=g(y)$와 y축 및 두 직선 $y=c$, $y=d$로 둘러싸인 부분의 넓이 S는

$$S = \int_c^d |g(y)|\,dy$$

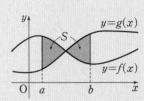

(3) 두 곡선 사이의 넓이

① 두 함수 $f(x)$, $g(x)$가 닫힌구간 $[a, b]$에서 연속일 때, 두 곡선 $y=f(x)$, $y=g(x)$ 및 두 직선 $x=a$, $x=b$로 둘러싸인 부분의 넓이 S는

$$S = \int_a^b |f(x)-g(x)|\,dx$$

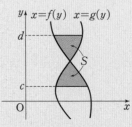

② 두 함수 $f(y)$, $g(y)$가 닫힌구간 $[c, d]$에서 연속일 때, 두 곡선 $x=f(y)$, $x=g(y)$ 및 두 직선 $y=c$, $y=d$로 둘러싸인 부분의 넓이 S는

$$S = \int_c^d |f(y)-g(y)|\,dy$$

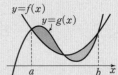

참고 그림과 같이 두 곡선 $y=f(x)$, $y=g(x)$로 둘러싸인 두 부분의 넓이가 서로 같으면

$$\int_a^b \{f(x)-g(x)\}\,dx = 0$$

(4) 역함수의 그래프와 넓이

함수 $y=f(x)$의 그래프와 그 역함수 $y=g(x)$의 그래프로 둘러싸인 부분의 넓이는 두 곡선
$y=f(x)$, $y=g(x)$가 직선 $y=x$에 대하여 서로 대칭임을 이용하여 구한다.

① 함수 $y=f(x)$의 그래프와 그 역함수 $y=g(x)$의 그래프가
만나는 점의 x좌표가 a, $b\,(a<b)$일 때, 두 곡선 $y=f(x)$,
$y=g(x)$로 둘러싸인 부분의 넓이 S는 곡선 $y=f(x)$와 직
선 $y=x$로 둘러싸인 부분의 넓이의 2배와 같으므로

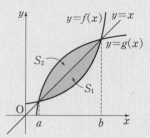

$$S=\int_a^b |f(x)-g(x)|\,dx$$
$$=2\int_a^b |f(x)-x|\,dx \longleftarrow S_1=S_2$$

② 그림과 같이 곡선 $y=f(x)$가 점 (a, c)를 지날 때, 함수
$f(x)$의 역함수 $g(x)$에 대하여 곡선 $y=g(x)$와 x축 및 직
선 $x=c$로 둘러싸인 부분의 넓이 A는

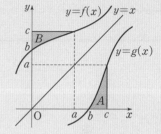

$$A=B$$
$$=\underset{\underset{\text{직사각형의 넓이}}{\uparrow}}{ac}-\int_0^a f(x)\,dx$$

3. 부피

닫힌구간 $[a, b]$에서 x좌표가 x인 점을 지나고 x축에 수직인 평면으
로 자른 단면의 넓이가 $S(x)$인 입체도형의 부피 V는

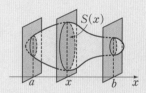

$$V=\int_a^b S(x)\,dx \text{ (단, } S(x)\text{는 닫힌구간 } [a, b]\text{에서 연속)}$$

4. 속도와 거리

(1) 수직선 위의 점의 위치와 움직인 거리

수직선 위를 움직이는 점 P의 시각 t에서의 속도가 $v(t)$이고 시각 $t=a$에서의 점 P의 위치가 x_0
일 때

① 시각 t에서의 점 P의 위치는 $x_0+\int_a^t v(t)\,dt$

② 시각 $t=a$에서 $t=b$까지 점 P의 위치의 변화량은 $\int_a^b v(t)\,dt$

③ 시각 $t=a$에서 $t=b$까지 점 P가 움직인 거리는 $\int_a^b |v(t)|\,dt$

(2) 좌표평면 위의 점이 움직인 거리

좌표평면 위를 움직이는 점 P의 시각 t에서의 위치 (x, y)가 $x=f(t)$, $y=g(t)$일 때, 시각
$t=a$에서 $t=b$까지 점 P가 움직인 거리 s는

$$s=\int_a^b \sqrt{\left(\frac{dx}{dt}\right)^2+\left(\frac{dy}{dt}\right)^2}\,dt=\int_a^b \sqrt{\{f'(t)\}^2+\{g'(t)\}^2}\,dt$$

(3) 곡선의 길이

① 곡선 $x=f(t)$, $y=g(t)\,(a\le t\le b)$의 겹치는 부분이 없을 때, 곡선의 길이 l은

$$l=\int_a^b \sqrt{\left(\frac{dx}{dt}\right)^2+\left(\frac{dy}{dt}\right)^2}\,dt=\int_a^b \sqrt{\{f'(t)\}^2+\{g'(t)\}^2}\,dt$$

② 곡선 $y=f(x)\,(a\le x\le b)$의 길이 l은

$$l=\int_a^b \sqrt{1+\left(\frac{dy}{dx}\right)^2}\,dx=\int_a^b \sqrt{1+\{f'(x)\}^2}\,dx$$

I

수열의 극한

01
> 수열의 수렴과 발산

보기에서 수렴하는 수열인 것만을 있는 대로 고른 것은?

(단, $[x]$는 x보다 크지 않은 최대의 정수이다.)

보기

ㄱ. $\left\{ \dfrac{1}{n} \sin \dfrac{n}{2} \pi \right\}$ ㄴ. $\left\{ \dfrac{1}{\sqrt{n+1} - \sqrt{n}} \right\}$

ㄷ. $\{ (-1)^n \cos n\pi \}$ ㄹ. $\left\{ \left[\dfrac{(-1)^n}{n} \right] \right\}$

① ㄱ, ㄷ ② ㄱ, ㄹ ③ ㄴ, ㄷ
④ ㄴ, ㄹ ⑤ ㄷ, ㄹ

02
> 수열의 극한에 대한 성질

수열 $\{a_n\}$이 $\lim\limits_{n \to \infty} \dfrac{a_{n+1}}{a_n} = 3$을 만족시킬 때, $\lim\limits_{n \to \infty} \dfrac{a_{n+5}}{a_n}$의 값을 구하시오.

03
> 수열의 극한에 대한 성질

두 수열 $\{a_n\}$, $\{b_n\}$이

$$\lim_{n \to \infty} (a_n + b_n) = 3, \ \lim_{n \to \infty} (a_n^2 - b_n^2) = 15$$

를 만족시킬 때, $\lim\limits_{n \to \infty} a_n b_n$의 값을 구하시오.

04
> 수열의 극한값의 계산

두 수열 $\{a_n\}$, $\{b_n\}$이

$$\lim_{n \to \infty} \frac{2n^2}{n+2} a_n = 8, \ \lim_{n \to \infty} \frac{2n^2}{n+2} b_n = 16$$

을 만족시킬 때, $\lim\limits_{n \to \infty} \dfrac{n^2 + 3}{4n + 1} (b_n - a_n)$의 값을 구하시오.

05
> 수열의 극한값의 계산

수열 $\{a_n\}$의 일반항이 $a_n = \sqrt{4n^2 + 8n + 5}$일 때, a_n의 정수 부분을 b_n이라 하자. $\lim\limits_{n \to \infty} 8n(b_n - a_n)$의 값을 구하시오.

06 서술형
> 수열의 극한값의 계산

$\lim\limits_{n \to \infty} \dfrac{an + 3}{bn^2 + 2n + 4} = -2$, $\lim\limits_{n \to \infty} (\sqrt{n^2 + cn} - n) = 2$일 때, 상수 a, b, c에 대하여 $a - b + 2c$의 값을 구하시오.

07 수능
> 수열의 극한의 대소 관계

수열 $\{a_n\}$에 대하여 곡선 $y = x^2 - (n+1)x + a_n$은 x축과 만나고, 곡선 $y = x^2 - nx + a_n$은 x축과 만나지 않는다. $\lim\limits_{n \to \infty} \dfrac{a_n}{n^2}$의 값은?

① $\dfrac{1}{20}$ ② $\dfrac{1}{10}$ ③ $\dfrac{3}{20}$
④ $\dfrac{1}{5}$ ⑤ $\dfrac{1}{4}$

08
> 수열의 극한에 대한 참, 거짓 판별

세 수열 $\{a_n\}$, $\{b_n\}$, $\{c_n\}$에 대하여 보기에서 옳은 것만을 있는 대로 고르시오.

•보기•
ㄱ. 모든 자연수 n에 대하여 $a_n < a_{n+1}$이면 수열 $\{a_n\}$은 발산한다.

ㄴ. $\lim\limits_{n \to \infty} |a_n| = 0$이면 수열 $\{a_n\}$은 수렴한다.

ㄷ. $\lim\limits_{n \to \infty} a_n = \infty$이고 수열 $\{a_n - b_n\}$이 수렴하면 수열 $\left\{\dfrac{b_n}{a_n}\right\}$은 수렴한다. (단, $a_n > 0$)

ㄹ. $a_n < b_n < c_n$이고 $\lim\limits_{n \to \infty}(c_n - a_n) = 0$이면 수열 $\{b_n\}$은 수렴한다.

09
> 등비수열의 수렴 조건

등비수열 $\left\{(x-3)\left(\dfrac{x^2+5x-1}{5}\right)^{n-1}\right\}$이 수렴하도록 하는 정수 x의 개수를 구하시오.

10 모평
> x^n을 포함한 수열의 극한으로 정의된 함수

함수

$$f(x) = \lim_{n \to \infty} \frac{2 \times \left(\dfrac{x}{4}\right)^{2n+1} - 1}{\left(\dfrac{x}{4}\right)^{2n} + 3}$$

에 대하여 $f(k) = -\dfrac{1}{3}$을 만족시키는 정수 k의 개수는?

① 5 　　　 ② 7 　　　 ③ 9
④ 11 　　　 ⑤ 13

11 학평
> 수열의 극한의 활용

자연수 n에 대하여 좌표평면 위의 점 A_n을 다음 규칙에 따라 정한다.

㈎ A_1은 원점이다.

㈏ n이 홀수이면 A_{n+1}은 점 A_n을 x축의 방향으로 a만큼 평행이동한 점이다.

㈐ n이 짝수이면 A_{n+1}은 점 A_n을 y축의 방향으로 $a+1$만큼 평행이동한 점이다.

$\lim\limits_{n \to \infty} \dfrac{\overline{A_1 A_{2n}}}{n} = \dfrac{\sqrt{34}}{2}$일 때, 양수 a의 값은?

① $\dfrac{3}{2}$ 　　　 ② $\dfrac{7}{4}$ 　　　 ③ 2

④ $\dfrac{9}{4}$ 　　　 ⑤ $\dfrac{5}{2}$

12
> 수열의 극한의 활용

그림과 같이 자연수 n에 대하여 직선 $x = a^n$이 곡선 $y = \log_a x$와 만나는 점을 P_n, x축과 만나는 점을 Q_n이라 하고, 사각형 $P_n Q_n Q_{n+1} P_{n+1}$의 넓이를 $S(a)$라 할 때, $\lim\limits_{n \to \infty} \dfrac{S(3) - S(2)}{n \times 3^n}$의 값을 구하시오. (단, $a > 1$)

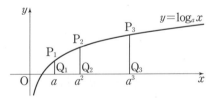

수열의 극한값의 계산

01 학평

두 수열 $\{a_n\}$, $\{b_n\}$에 대하여 이차방정식

$a_nx^2+2a_{n+1}x+a_{n+2}=0$의 두 근이 -1, b_n일 때, $\lim\limits_{n\to\infty}b_n$의

값은?

① -2 ② $-\sqrt{3}$ ③ -1

④ $\sqrt{3}$ ⑤ 2

02

수열 $\{a_n\}$의 일반항이 $a_n=xn-y$일 때,

$\lim\limits_{n\to\infty}\left(\dfrac{n^2+1}{a_n}-\dfrac{n^3+3n}{a_{n^2}}\right)=\dfrac{1}{5}$을 만족시킨다. 한 자리의 자연

수 x, y에 대하여 $x+y$의 값은?

① 2 ② 4 ③ 6

④ 8 ⑤ 10

03 서술형

$\lim\limits_{n\to\infty}(\sqrt{n^2+n}+\sqrt{n^2+2n}+\cdots+\sqrt{n^2+an}-a\sqrt{n^2+an})=-14$

일 때, 자연수 a의 값을 구하시오.

04

음이 아닌 정수 a, b와 실수 c에 대하여

$$\lim_{n\to\infty}\frac{n^{a+2}+3n^b+2n^3}{n^a+2n^{b+1}}=c$$

일 때, 서로 다른 $(b-a)\times c$의 값의 합을 구하시오.

05 학평

수열 $\{a_n\}$이 모든 자연수 n에 대하여

$$\sum_{k=1}^{n}\frac{a_k}{(k-1)!}=\frac{3}{(n+2)!}$$

을 만족시킨다. $\lim\limits_{n\to\infty}(a_1+n^2a_n)$의 값은?

① $-\dfrac{7}{2}$ ② -3 ③ $-\dfrac{5}{2}$

④ -2 ⑤ $-\dfrac{3}{2}$

06

등차수열 $\{a_n\}$이 다음 조건을 만족시킬 때,

$\lim\limits_{n\to\infty}\dfrac{a_1+a_2+a_3+\cdots+a_n}{2n^2+3n+7}$의 값을 구하시오.

> (개) 등차수열 $\{a_n\}$의 공차는 자연수이고 공차의 양의 약수의 개
>   수는 2이다.
>
> (내) $\dfrac{2^{a_4}\times 2^{a_8}}{2^{a_6}}=\dfrac{1}{16}$
>
> (대) $|a_m|=|a_{m+2}|$인 자연수 m이 존재한다.

수열의 극한의 대소 관계

07

수열 $\{a_n\}$이 모든 자연수 n에 대하여

$$\frac{1}{\sqrt{3n+3}+\sqrt{3n+6}}<a_n<\frac{1}{\sqrt{3n}+\sqrt{3n+3}}$$

을 만족시킬 때, $\displaystyle\lim_{n\to\infty}\frac{1}{\sqrt{n+1}}\sum_{k=1}^{n}a_k$의 값은?

① 0   ② $\dfrac{1}{3}$ ③ $\dfrac{\sqrt{3}}{3}$

④ 1   ⑤ $\sqrt{3}$

08

$\displaystyle\lim_{n\to\infty}\left(\frac{2}{n+3}\right)^2\left[\frac{n^2}{2}\right]$의 값을 구하시오.

(단, $[x]$는 x보다 크지 않은 최대의 정수이다.)

09

두 등차수열 $\{a_n\}$, $\{b_n\}$과 수열 $\{c_n\}$이 모든 자연수 n에 대하여 다음 조건을 만족시킬 때, $\displaystyle\lim_{n\to\infty}\frac{c_n}{n(a_n+b_n)}$의 값을 구하시오.

(가) $a_n>0$, $b_n>0$
(나) 두 등차수열 $\{a_n\}$, $\{b_n\}$의 공차가 같고, 이때 공차는 0이 아닌 실수이다.
(다) $a_1+a_3+\cdots+a_{2n-1}<c_n<b_2+b_4+\cdots+b_{2n}$

수열의 극한에 대한 참, 거짓 판별

10 학평

두 수열 $\{a_n\}$, $\{b_n\}$의 일반항이

$$a_n=\frac{(-1)^n+3}{2},\ b_n=p\times(-1)^{n+1}+q$$

일 때, 보기에서 옳은 것만을 있는 대로 고른 것은?

(단, p, q는 실수이다.)

보기
ㄱ. 수열 $\{a_n\}$은 발산한다.
ㄴ. 수열 $\{b_n\}$이 수렴하도록 하는 실수 p가 존재한다.
ㄷ. 두 수열 $\{a_n+b_n\}$, $\{a_nb_n\}$이 모두 수렴하면 $\displaystyle\lim_{n\to\infty}\{(a_n)^2+(b_n)^2\}=6$이다.

① ㄱ   ② ㄴ   ③ ㄱ, ㄴ
④ ㄱ, ㄷ   ⑤ ㄱ, ㄴ, ㄷ

11

모든 항이 정수인 수열 $\{a_n\}$이 모든 자연수 n에 대하여 $-1\le a_n\le1$을 만족시킬 때, 보기에서 옳은 것만을 있는 대로 고른 것은?

보기
ㄱ. $a_nb_n=\dfrac{1}{n}$이면 수열 $\{b_n\}$은 수렴한다.
ㄴ. $a_{n+1}-a_n=c$ (c는 상수)이면 수열 $\{a_n\}$은 수렴한다.
ㄷ. 수열 $\{a_n\}$이 발산하고 수열 $\{a_nb_n\}$이 수렴하면 수열 $\{b_n\}$은 0으로 수렴한다.

① ㄱ   ② ㄴ   ③ ㄱ, ㄴ
④ ㄱ, ㄷ   ⑤ ㄴ, ㄷ

12

수열 $\{a_n\}$에 대하여 보기에서 옳은 것만을 있는 대로 고른 것은? (단, $[x]$는 x보다 크지 않은 최대의 정수이다.)

보기

ㄱ. 수열 $\{a_n\}$이 수렴하면 수열 $\{|a_n|\}$은 수렴한다.
ㄴ. 수열 $\{a_n\}$이 수렴하면 수열 $\{[a_n]\}$은 수렴한다.
ㄷ. 수열 $\{a_{n^2}\}$이 수렴하면 수열 $\{a_n\}$은 수렴한다.

① ㄱ   ② ㄴ   ③ ㄱ, ㄴ
④ ㄱ, ㄷ   ⑤ ㄴ, ㄷ

▌등비수열의 극한

13

자연수 n에 대하여 $5 \times 2^n \times 3^n$의 모든 양의 약수의 합을 a_n이라 할 때, $\lim\limits_{n \to \infty} \dfrac{a_n}{r^{n+1}+6^n} > 0$을 만족시키는 모든 자연수 r의 값의 합을 구하시오.

14 서술형

등비수열 $\left\{ (x^2+4x+a) \left(\dfrac{3x-1}{b} \right)^{n-1} \right\}$이 수렴하기 위한 정수 x의 개수가 5일 때, 자연수 a, b의 순서쌍 (a, b)의 개수를 구하시오.

15

수열 $\{a_n\}$의 모든 항이 양수이고, 모든 자연수 n에 대하여 이차방정식 $x^2 + 2\sqrt{a_{n+1}}x + 2a_n = 0$이 실근을 갖지 않을 때, $\lim\limits_{n \to \infty} \dfrac{a_{2n}+5^{n+1}}{5^n+2^n a_n}$의 값을 구하시오.

16

함수 $f(x) = -x^2 - 4x - 3$과 0이 아닌 실수 a, b에 대하여 $\lim\limits_{n \to \infty} \dfrac{\{f(a)\}^{n+1}}{a^{n+1}+b^n} = 1$을 만족시키는 모든 a의 값의 합을 구하시오. (단, $|a| \neq |b|$)

17 idea ✦

모든 항이 양수인 수열 $\{a_n\}$이 다음 조건을 만족시킬 때, $\lim\limits_{n \to \infty} \dfrac{a_{2n+1}-1}{a_{2n}+a_{2n-1}}$의 값은?

(가) $a_2 = 4$, $a_3 = 12$
(나) 모든 자연수 n과 양수 p, q에 대하여
$a_1 + a_2 + a_3 + \cdots + a_n = p a_{n+1} - q$

① 2   ② $\dfrac{9}{4}$ ③ 3
④ $\dfrac{9}{2}$ ⑤ 9

▼ x^n을 포함한 수열의 극한으로 정의된 함수

18

함수 $f(x)=\lim\limits_{n\to\infty}\dfrac{x^{2n+1}+2x+1}{x^{2n}+1}$에 대하여 $(f\circ f)(a)=2$를 만족시키는 실수 a의 개수를 구하시오.

19

$x>-1$에서 정의된 두 함수

$$f(x)=\lim_{n\to\infty}\frac{x^{n+2}+5}{x^n+x+1},\ g(x)=mx-1$$

의 그래프가 만나는 점의 개수가 2일 때, 모든 10 이하의 자연수 m의 값의 합을 구하시오.

20

함수

$$f(x)=\lim_{n\to\infty}\frac{\left(\dfrac{x-1}{3}\right)^{2n+1}+x}{\left(\dfrac{x-1}{3}\right)^{2n}+2}$$

에 대하여 보기에서 옳은 것만을 있는 대로 고른 것은?

┌─ 보기 ────────────────────┐

ㄱ. $f(2)+f(4)=\dfrac{8}{3}$

ㄴ. 함수 $f(x)$가 불연속인 x의 개수는 2이다.

ㄷ. 함수 $(x^2-8x+16)f(x)$는 $x=4$에서 미분가능하다.

└────────────────────────┘

① ㄱ   ② ㄴ   ③ ㄷ

④ ㄱ, ㄴ   ⑤ ㄱ, ㄷ

▼ 수열의 극한의 활용

21

그림과 같이 자연수 n에 대하여 $\overline{AC}=\sqrt{n^2+1}$, $\overline{BC}=2n$이고, $\angle C=\dfrac{\pi}{2}$인 직각삼각형 ABC가 있다. 선분 AB를 $n:1$로 내분하는 점을 D라 하고, 점 D를 중심으로 하고 선분 BC에 접하는 원이 선분 AB와 만나는 두 점 중에서 점 B와 가까운 점을 E라 하자. 이때 $\lim\limits_{n\to\infty}\overline{BE}$의 값은?

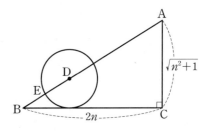

① $\sqrt{5}-2$ ② $\sqrt{7}-2$ ③ $\sqrt{3}-1$

④ $\sqrt{5}-1$ ⑤ $\sqrt{7}-1$

22

1보다 큰 자연수 n에 대하여 함수 $f(x)=|x^3-2nx^2|$의 그래프와 직선 $y=nx$는 서로 다른 네 점 O, P_1, P_2, P_3에서 만난다. 세 점 P_1, P_2, P_3의 x좌표를 작은 것부터 차례대로 a_n, b_n, c_n이라 할 때, $\lim\limits_{n\to\infty}\dfrac{f(c_n)-f(b_n)}{b_n-a_n}$의 값은?

(단, O는 원점이다.)

① $\dfrac{1}{8}$ ② $\dfrac{1}{4}$ ③ $\dfrac{1}{2}$

④ 1 ⑤ 2

23

자연수 n에 대하여 곡선 $y=ax^2$ 위에 점 $P_n(n, an^2)$이 있다. 직선 OP_n과 평행하고 곡선 $y=ax^2$에 접하는 직선의 접점을 A_n이라 하고, 삼각형 OA_nP_n의 넓이를 S_n이라 할 때, $\lim\limits_{n\to\infty}\dfrac{S_n}{n^3-an}=\dfrac{1}{2}$이다. 이때 양수 a의 값을 구하시오.

(단, O는 원점이다.)

24

그림과 같이 자연수 n에 대하여 점 $C_n(3n, 2n)$을 중심으로 하고 점 P_n에서 x축에 접하는 원 C_n이 있다. 점 P_n을 지나고 기울기가 $-\sqrt{3}$인 직선이 원 C_n과 만나는 점을 Q_n이라 할 때, 원 C_n 위에 있고 x좌표가 $3n$보다 큰 점 R_n에 대하여 $4\angle P_nC_nR_n=2\pi-\angle P_nC_nQ_n$이 성립한다. 원 C_n 위의 점과 직선 P_nR_n 사이의 거리의 최댓값을 d_n이라 할 때, $\lim\limits_{n\to\infty}\dfrac{d_n}{n}$의 값은?

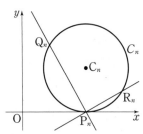

① 3   ② $2+\sqrt{2}$ ③ $2+\sqrt{3}$
④ 4   ⑤ $2+\sqrt{5}$

25

함수 $f(x)$는 $-1\leq x\leq 1$에서 $f(x)=|x|$이고 모든 실수 x에 대하여 $f(x+2)=f(x)$를 만족시킨다. 자연수 n에 대하여 두 함수 $y=f(x)$, $y=\sqrt{\dfrac{4x+1}{4n^2}}$의 그래프가 만나는 점의 개수를 a_n이라 할 때, $\lim\limits_{n\to\infty}\dfrac{16n^4-a_{2n-1}a_{2n}}{n^3}$의 값을 구하시오.

26

그림과 같이 자연수 n에 대하여 $\overline{B_nC_n}=\sqrt{3}\times 2^{n-1}$이고 $\angle A_nB_nC_n=\dfrac{\pi}{6}$, $\angle B_nC_nA_n=\dfrac{\pi}{2}$인 직각삼각형 $A_nB_nC_n$과 점 A_n을 지나는 직선 l이 있다. 선분 A_nC_n 위의 점 O_n을 중심으로 하는 원이 두 직선 A_nB_n, B_nC_n 및 직선 l에 접할 때, 이 원과 직선 A_nB_n이 접하는 점을 P_n, 직선 O_nP_n과 직선 l이 만나는 점을 Q_n이라 하자. 삼각형 $A_nB_nC_n$의 넓이를 S_n, 삼각형 $Q_nB_nO_n$의 넓이를 T_n이라 할 때, $\lim\limits_{n\to\infty}\dfrac{S_n-T_n}{2^n+4^n}$의 값은?

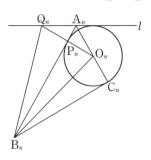

① $\dfrac{7\sqrt{3}-12}{8}$ ② $\dfrac{5\sqrt{3}-8}{8}$ ③ $\dfrac{5\sqrt{3}-6}{8}$
④ $\dfrac{3\sqrt{3}-2}{8}$ ⑤ $\dfrac{7\sqrt{3}-3}{8}$

01 ⁺ idea

자연수 n에 대하여 다음 조건을 만족시키는 모든 실수 x의 값의 합을 a_n이라 할 때, $\lim\limits_{n\to\infty}\dfrac{a_n}{n^4}$의 값을 구하시오.

(단, $[x]$는 x보다 크지 않은 최대의 정수이다.)

(가) $0 \leq x < n^2+1$

(나) $\left[\dfrac{[x]}{n}\right] = \dfrac{[x]}{n}$

(다) $[n(x-[x])] = n(x-[x])$

---

02 학평

자연수 n에 대하여 삼차함수 $f(x)=x(x-n)(x-3n^2)$이 극대가 되는 x를 a_n이라 하자. x에 대한 방정식 $f(x)=f(a_n)$의 근 중에서 a_n이 아닌 근을 b_n이라 할 때, $\lim\limits_{n\to\infty}\dfrac{a_nb_n}{n^3}=\dfrac{q}{p}$이다. $p+q$의 값을 구하시오. (단, p와 q는 서로소인 자연수이다.)

03

두 수열 $\{a_n\}$, $\{b_n\}$이 자연수 k에 대하여

$$\left[\dfrac{a_n}{n^2+kn}\right]=n, \quad \left[\dfrac{b_n}{n^2+n}\right]=n+2k$$

를 만족시킨다. $\lim\limits_{n\to\infty}\dfrac{b_n-n^3}{a_n-n^3}=l$이고 l이 2보다 큰 자연수일 때, 모든 $k\times l$의 값의 합은?

(단, $[x]$는 x보다 크지 않은 최대의 정수이다.)

① 10　　　　　② 13　　　　　③ 16
④ 19　　　　　⑤ 22

04

자연수 n에 대하여 집합 $A_n=\left\{x\middle|\tan x=n,\ x<\dfrac{2n-1}{2}\pi\right\}$의 원소 중 가장 큰 실수를 a_n이라 하고, 집합 $B_n=\left\{x\middle|\cos\dfrac{x+a_n}{2}=(-1)^n,\ x>a_n\right\}$의 원소 중 가장 작은 실수를 b_n이라 할 때, $\lim\limits_{n\to\infty}\dfrac{a_n+2b_n}{n}$의 값을 구하시오.

05

수열 $\{a_n\}$이 모든 자연수 n에 대하여 다음 조건을 만족시키고 $a_1=2$일 때, $\lim\limits_{n\to\infty}(a_{2n}+a_{2n+1})$의 값을 구하시오.

> (가) $(a_n-3)(a_{n+1}-3)<0$
> (나) $\dfrac{a_{n+1}-3}{a_n-3}>-\dfrac{1}{2}$

06

함수 $f(x)=\lim\limits_{n\to\infty}\dfrac{a(x-3)^{2n}+b(x-1)^{n+1}+1}{(x-1)^n+(x-3)^{2n+1}+1}$ 은 $x=\alpha$에서만 불연속일 때, 상수 α, a, b에 대하여 $\alpha+a+b$의 값은?

(단, $ab<0$)

① -4 ② -1 ③ 2

④ 5 ⑤ 8

07 학평

함수
$$f(x)=\lim_{n\to\infty}\frac{\left(\dfrac{x-1}{k}\right)^{2n}-1}{\left(\dfrac{x-1}{k}\right)^{2n}+1}\ (k>0)$$

에 대하여 함수
$$g(x)=\begin{cases}(f\circ f)(x) & (x=k)\\ (x-k)^2 & (x\neq k)\end{cases}$$

가 실수 전체의 집합에서 연속이다. 상수 k에 대하여 $(g\circ f)(k)$의 값은?

① 1 ② 3 ③ 5

④ 7 ⑤ 9

08

$x>0$에서 정의된 두 함수 $f(x)=(x-2)^2$, $g(x)=ax+b\,(a>0,\ 0\le b<4)$에 대하여 $x>0$에서 정의된 함수
$$h(x)=\lim_{n\to\infty}\frac{\{f(x)\}^{n+1}+\{g(x)\}^n}{\{f(x)\}^n+\{g(x)\}^{n+1}}$$

이 다음 조건을 만족시킬 때, $h\left(\dfrac{5}{3}\right)$의 값을 구하시오.

> (가) 함수 $h(x)$가 불연속인 x의 개수는 1이다.
> (나) $k>1$인 실수 k에 대하여 방정식 $h(x)=k$를 만족시키는 실근의 개수의 최댓값은 1이다.

09

최고차항의 계수가 1인 삼차함수 $f(x)$와 자연수 n에 대하여 곡선 $y=f(x)$ 위의 점 $P_n(n, f(n))$에서의 접선을 l_n이라 하고, 점 P_n에서 직선 l_n에 접하고 중심이 y축 위에 있는 원을 C_n이라 하자. 원 C_n의 중심의 좌표를 $(0, a_n)$이라 할 때, $\lim\limits_{n\to\infty}\dfrac{a_n\{a_n-f(n)\}}{n^2}$의 값을 구하시오.

10

자연수 n과 정수 p, q에 대하여 세 점 $A(2, 0)$, $B(2^{n+1}, 0)$, $C(p, q)$를 꼭짓점으로 하는 삼각형 ABC는 $\angle A=\dfrac{\pi}{2}$인 직각삼각형이다. $|pq|\leq 2^{n+3}$을 만족시키는 모든 삼각형 ABC의 넓이의 합을 S_n이라 할 때, $\lim\limits_{n\to\infty}\dfrac{S_n}{8^n}$의 값은?

① 15   ② $\dfrac{31}{2}$ ③ 16

④ $\dfrac{33}{2}$ ⑤ 17

11 학평

자연수 n에 대하여 곡선 $y=x^2$ 위의 점 $P_n(2n, 4n^2)$에서의 접선과 수직이고 점 $Q_n(0, 2n^2)$을 지나는 직선을 l_n이라 하자. 점 P_n을 지나고 점 Q_n에서 직선 l_n과 접하는 원을 C_n이라 할 때, 원점을 지나고 원 C_n의 넓이를 이등분하는 직선의 기울기를 a_n이라 하자. $\lim\limits_{n\to\infty}\dfrac{a_n}{n}$의 값을 구하시오.

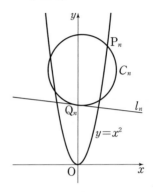

01
>급수의 합

수열 $\{a_n\}$에 대하여 다항식 $a_n x^2 + 6a_n x - 6$이 $x - 2n$으로 나누어떨어질 때, $\sum\limits_{n=1}^{\infty} a_n$의 값을 구하시오.

02
>급수의 합

자연수 n에 대하여 두 수 $n^2 + n$, $2n^2 - 3n$ 중 크지 않은 값을 a_n이라 할 때, $\sum\limits_{n=1}^{\infty} \dfrac{1}{a_n}$의 값은?

① $-\dfrac{7}{18}$ ② $-\dfrac{11}{36}$ ③ $-\dfrac{2}{9}$

④ $-\dfrac{5}{36}$ ⑤ $-\dfrac{1}{18}$

03 모평
>급수와 수열의 극한 사이의 관계

수열 $\{a_n\}$이 $\sum\limits_{n=1}^{\infty} (2a_n - 3) = 2$를 만족시킨다. $\lim\limits_{n \to \infty} a_n = r$일 때, $\lim\limits_{n \to \infty} \dfrac{r^{n+2} - 1}{r^n + 1}$의 값은?

① $\dfrac{7}{4}$ ② 2 ③ $\dfrac{9}{4}$

④ $\dfrac{5}{2}$ ⑤ $\dfrac{11}{4}$

04 모평
>급수와 수열의 극한 사이의 관계

첫째항이 4인 등차수열 $\{a_n\}$에 대하여 급수

$$\sum_{n=1}^{\infty} \left(\frac{a_n}{n} - \frac{3n+7}{n+2} \right)$$

이 실수 S에 수렴할 때, S의 값은?

① $\dfrac{1}{2}$ ② 1 ③ $\dfrac{3}{2}$

④ 2 ⑤ $\dfrac{5}{2}$

05
>급수의 성질

두 수열 $\{a_n\}$, $\{b_n\}$에 대하여 보기에서 옳은 것만을 있는 대로 고른 것은?

┌─ •보기• ──────────────────────────────┐
│ ㄱ. $\sum\limits_{n=1}^{\infty} a_n$이 수렴하지 않으면 수열 $\{a_n\}$은 발산한다. │
│ ㄴ. $\sum\limits_{n=1}^{\infty} (2a_n + b_n)$, $\sum\limits_{n=1}^{\infty} (a_n + 2b_n)$이 수렴하면 $\sum\limits_{n=1}^{\infty} a_n$, $\sum\limits_{n=1}^{\infty} b_n$도 │
│   수렴한다. │
│ ㄷ. $a_n \le b_n$이고 $\sum\limits_{n=1}^{\infty} a_n = \sum\limits_{n=1}^{\infty} b_n = \alpha$ (α는 실수)이면 $a_n = b_n$이다. │
└──────────────────────────────────────┘

① ㄴ   ② ㄱ, ㄴ   ③ ㄱ, ㄷ

④ ㄴ, ㄷ   ⑤ ㄱ, ㄴ, ㄷ

06
>등비급수의 합

수열 $\{a_n\}$에 대하여 $a_n = \dfrac{1}{3^n} \tan \dfrac{(2n-1)\pi}{4}$일 때, $\sum\limits_{n=1}^{\infty} a_n$의 값을 구하시오.

07 > 등비급수의 합

수열 $\{a_n\}$에서 $a_1=1$이고, 모든 자연수 n에 대하여

$$a_n a_{n+1}=3^n$$

을 만족시킬 때, $\displaystyle\sum_{n=1}^{\infty}\frac{1}{a_{2n}}$의 값은?

① $\dfrac{1}{5}$ ② $\dfrac{1}{4}$ ③ $\dfrac{1}{3}$

④ $\dfrac{1}{2}$ ⑤ 1

08 서술형 > 등비급수의 합

등비수열 $\{a_n\}$에 대하여 $\displaystyle\sum_{n=1}^{\infty}a_n=10$, $\displaystyle\sum_{n=1}^{\infty}a_n a_{n+1}=-30$일 때,

$\displaystyle\sum_{n=1}^{\infty}a_{2n-1}$의 값을 구하시오.

09 > 등비급수의 수렴 조건

등비급수 $\displaystyle\sum_{n=1}^{\infty}r^n$이 수렴할 때, 보기에서 항상 수렴하는 것만을 있는 대로 고른 것은?

┌─ 보기 ────────────────────────┐

ㄱ. $\displaystyle\sum_{n=1}^{\infty}\left(\frac{r-1}{2}\right)^n$ ㄴ. $\displaystyle\sum_{n=1}^{\infty}\left(\frac{r}{3}-1\right)^{2n}$

ㄷ. $\displaystyle\sum_{n=1}^{\infty}\left(\frac{1}{r+1}\right)^n$ ㄹ. $\displaystyle\sum_{n=1}^{\infty}\{r^n-2\times(-r)^n\}$

└────────────────────────────────┘

① ㄱ, ㄴ   ② ㄱ, ㄷ   ③ ㄱ, ㄹ

④ ㄴ, ㄷ   ⑤ ㄷ, ㄹ

10 > 등비급수의 활용

자연수 n에 대하여 원 $x^2+y^2=\left(\dfrac{1}{9}\right)^n$의 접선 중 기울기가 -1이고 제1사분면을 지나는 접선이 x축과 만나는 점의 x좌표를 a_n이라 할 때, $\displaystyle\sum_{n=1}^{\infty}a_n$의 값은?

① $\dfrac{1}{3}$ ② $\dfrac{1}{2}$ ③ $\dfrac{\sqrt{2}}{2}$

④ $\dfrac{2\sqrt{2}}{3}$ ⑤ $\sqrt{2}$

11 > 등비급수의 활용

그림과 같이 $\angle C_1=\dfrac{\pi}{2}$, $\angle B_1=\dfrac{\pi}{3}$, $\overline{B_1C_1}=12$인 직각삼각형 AB_1C_1이 있다. 점 B_1을 중심으로 하고 선분 B_1C_1을 반지름으로 하는 원이 선분 AB_1과 만나는 점을 C_2라 할 때, 부채꼴 $C_1B_1C_2$의 넓이를 S_1이라 하자. 선분 AC_1 위의 점 B_2에 대하여 $\angle AC_2B_2=\dfrac{\pi}{2}$일 때, 점

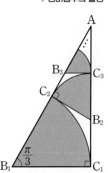

B_2를 중심으로 하고 선분 B_2C_2를 반지름으로 하는 원이 선분 AB_2와 만나는 점을 C_3이라 하고, 부채꼴 $C_2B_2C_3$의 넓이를 S_2라 하자. 이와 같은 과정을 계속하여 n번째 얻은 부채꼴의 넓이를 S_n이라 할 때, $\displaystyle\sum_{n=1}^{\infty}S_n$의 값은?

① 32π ② 36π ③ 40π

④ 44π ⑤ 48π

급수의 합

01 학평

첫째항이 양수이고 공차가 3인 등차수열 $\{a_n\}$과 모든 항이 양수인 수열 $\{b_n\}$이 다음 조건을 만족시킬 때, a_1의 값은?

> (가) 모든 자연수 n에 대하여
> $$\log a_n + \log a_{n+1} + \log b_n = 0$$
> (나) $\displaystyle\sum_{n=1}^{\infty} b_n = \frac{1}{12}$

① 2   ② $\dfrac{5}{2}$ ③ 3

④ $\dfrac{7}{2}$ ⑤ 4

02

수열 $\{a_n\}$에 대하여 $\displaystyle\sum_{k=1}^{n} a_k = \frac{2n}{n+1}$일 때, $\displaystyle\sum_{n=1}^{\infty} n(a_n - a_{n+1})$의 값은?

① 2   ② 3   ③ 4
④ 5   ⑤ 6

03

수열 $\{a_n\}$의 첫째항부터 제n항까지의 합을 S_n이라 할 때, $S_n = 2n^2 + 3n + p$이고 $\displaystyle\sum_{n=1}^{\infty} \frac{1}{a_n a_{n+1}} = \frac{1}{18}$이다. 이때 상수 p의 값을 구하시오.

04

수열 $\{a_n\}$이 모든 자연수 n에 대하여
$$a_1 = \frac{1}{2}, \quad a_2 = \frac{1}{3}, \quad a_n a_{n+1} = a_{n+2}$$
를 만족시킬 때, $\displaystyle\sum_{n=1}^{\infty} \frac{a_{n+3} - a_{n+2}}{\sqrt{a_{n+1}a_{n+2}} + \sqrt{a_n a_{n+1}}}$의 값을 구하시오.

05 idea +

두 수열 $\{a_n\}$, $\{b_n\}$이 다음 조건을 만족시킬 때, $\displaystyle\sum_{n=1}^{\infty}(a_n + b_n)$의 값을 구하시오.

> (가) $b_1 = 5$
> (나) $\displaystyle\lim_{n \to \infty} a_n = -\frac{1}{2}$
> (다) 모든 자연수 n에 대하여 $a_n + b_{n+1} = \dfrac{1}{(n+1)(n+2)}$

06 학평

공차가 양수인 등차수열 $\{a_n\}$이 다음 조건을 만족시킨다.

> (가) 모든 자연수 n에 대하여 $\dfrac{a_1 + a_2 + a_3 + \cdots + a_{2n-1} + a_{2n}}{a_1 + a_2 + a_3 + \cdots + a_{n-1} + a_n}$은 일정한 값을 가진다.
> (나) $\displaystyle\sum_{n=1}^{\infty} \frac{2}{(2n+1)a_n} = \frac{1}{10}$

a_{10}의 값은?

① 190   ② 192   ③ 194
④ 196   ⑤ 198

급수와 수열의 극한 사이의 관계

07

두 수열 $\{a_n\}$, $\{b_n\}$에 대하여 급수 $\sum\limits_{n=1}^{\infty} \dfrac{n}{a_n}$과 수열 $\{b_n - a_n\}$이

수렴할 때, $\lim\limits_{n \to \infty} \dfrac{n + b_n + 2a_n}{1 + 3b_n}$의 값을 구하시오.

08

수열 $\{a_n\}$에 대하여 $\sum\limits_{n=1}^{\infty}(a_n - n) = 3$이다. 수열 $\{a_n\}$의 첫째항

부터 제n항까지의 합을 S_n이라 할 때, $\lim\limits_{n \to \infty}(a_n - 2S_n + n^2)$의

값을 구하시오.

급수의 성질

09

수열 $\{a_n\}$의 첫째항부터 제n항까지의 합을 S_n이라 할 때, 보기에서 옳은 것만을 있는 대로 고른 것은?

보기

ㄱ. $\lim\limits_{n \to \infty}\left(S_{2n} - \sum\limits_{k=1}^{n} a_{2k}\right) = 0$이면 $\lim\limits_{n \to \infty} S_{2n} - \sum\limits_{n=1}^{\infty} a_{2n} = 0$이다.

ㄴ. 모든 자연수 k에 대하여 $\sum\limits_{n=1}^{\infty} a_n$이 수렴하면 $\sum\limits_{n=1}^{\infty} a_{n+k}$도 수렴한다.

ㄷ. $\sum\limits_{n=1}^{\infty} a_n{}^2$, $\sum\limits_{n=1}^{\infty}(a_n - 1)^2$이 수렴하면 $\sum\limits_{n=1}^{\infty} a_n$도 수렴한다.

① ㄱ   ② ㄴ   ③ ㄱ, ㄴ

④ ㄱ, ㄷ   ⑤ ㄴ, ㄷ

10 idea ✦

두 수열 $\{a_n\}$, $\{b_n\}$이 다음 조건을 만족시킬 때,

$\sum\limits_{n=1}^{\infty}(a_n + b_n)^2$의 값을 구하시오.

(가) 모든 자연수 n에 대하여 $a_n > 0$, $b_n > 0$

(나) $\sum\limits_{k=1}^{n} a_k b_k > \dfrac{n^3}{2(1^2 + 2^2 + 3^2 + \cdots + n^2)}$

(다) $\sum\limits_{k=1}^{n}(a_k{}^2 + b_k{}^2) < 3$

급수의 활용

11 학평

자연수 n에 대하여 곡선 $y = x^2 - 2nx - 2n$이 직선 $y = x + 1$과 만나는 두 점을 각각 P_n, Q_n이라 하자. 선분 $P_n Q_n$을 대각선으로 하는 정사각형의 넓이를 a_n이라 할 때, $\sum\limits_{n=1}^{\infty} \dfrac{1}{a_n}$의 값은?

① $\dfrac{1}{10}$ ② $\dfrac{2}{15}$ ③ $\dfrac{1}{6}$

④ $\dfrac{1}{5}$ ⑤ $\dfrac{7}{30}$

12 서술형

자연수 n에 대하여 곡선 $y = \sin \pi x$와 직선 $y = \dfrac{x}{n}$가 만나는

점의 개수를 a_n이라 할 때, $\sum\limits_{n=1}^{\infty} \dfrac{1}{a_{2n} a_{2n+1}}$의 값을 구하시오.

등비급수의 합

13

공비가 양수 r인 등비수열 $\{a_n\}$의 첫째항부터 제n항까지의 합을 S_n이라 할 때, $\lim\limits_{n \to \infty} \dfrac{S_n}{2^n + 3^n} = 4$이다. 이때 $\sum\limits_{n=1}^{\infty} \left(\dfrac{r}{a_1} \right)^n$의 값을 구하시오.

14

첫째항이 1이고 공비가 $r\,(r \neq 0)$인 등비수열 $\{a_n\}$이

$$r^3 \sum_{n=1}^{6} a_n + \sum_{n=7}^{\infty} a_n = 0$$

을 만족시킬 때, $\sum\limits_{n=1}^{\infty} r a_{3n}$의 값은?

① $\dfrac{-3+\sqrt{5}}{2}$ ② $\dfrac{-1+\sqrt{5}}{2}$ ③ $\dfrac{-3+2\sqrt{5}}{2}$

④ $\dfrac{-1+2\sqrt{5}}{2}$ ⑤ $\dfrac{-1+3\sqrt{5}}{2}$

15 서술형

모든 항이 양수인 수열 $\{a_n\}$이 모든 자연수 n에 대하여 다음 조건을 만족시키고 $\sum\limits_{n=1}^{\infty} a_n = 200$일 때, $\sum\limits_{n=1}^{\infty} a_{n+2}$의 값을 구하시오.

> (가) $\log a_n$의 소수 부분과 $\log a_{n+1}$의 소수 부분이 서로 같다.
>
> (나) $10 < \dfrac{a_n}{a_{n+1}} < 1000$

16

최고차항의 계수가 1인 이차식 $f(x)$와 1보다 큰 자연수 n에 대하여 $(x-2)^{n-2} f(x)$를 $(x-2)^n$으로 나누었을 때의 나머지를 $R_n(x)$라 하자. $R_n(3) = 3$, $\sum\limits_{n=2}^{\infty} R_n\left(\dfrac{3}{2} \right) = 1$일 때, $f(3)$의 값을 구하시오.

등비급수의 수렴 조건

17

두 수열 $\{a_n\}$, $\{b_n\}$의 일반항이 각각

$$a_n = 2n - 9, \quad b_n = -2n + p$$

이다. 등비급수 $\sum\limits_{n=1}^{\infty} \left(\dfrac{b_m}{a_m} \right)^n$이 수렴하도록 하는 자연수 m의 개수가 4일 때, 정수 p의 값을 구하시오.

18

등비급수 $\sum\limits_{n=1}^{\infty} \dfrac{x^2}{(1-x^2)^{n-1}}$이 수렴하도록 하는 실수 x의 집합을 A라 하면

$$f(x) = \begin{cases} \sum\limits_{n=1}^{\infty} \dfrac{x^2}{(1-x^2)^{n-1}} & (x \in A) \\ ax^2 + bx + c & (x \notin A) \end{cases}$$

이다. 함수 $f(x)$가 실수 전체의 집합에서 연속일 때, $f\left(\dfrac{1}{2} \right) f(3)$의 값은? (단, a, b, c는 상수이다.)

① -1 ② 0 ③ 1

④ 2 ⑤ 3

등비급수의 활용

19

그림과 같이 길이가 4인 선분 A_1B_1을 지름으로 하는 원 O_1에서 선분 A_1B_1을 3 : 1로 내분하는 점을 C_1이라 할 때, 원 O_1 위의 점 D_1을 중심으로 하는 원 O_2가 선분 A_1B_1과 점 C_1에서 접한다. 두 선분 A_1C_1, C_1D_1과 호 A_1D_1로 둘러싸인 도형에 색칠하여 얻은 그림을 R_1이라 하자. 또 원 O_1 위의 점 D_1에서의 접선이 원 O_2와 만나는 두 점을 각각 A_2, B_2라 할 때, 원 O_2의 지름 A_2B_2에 대하여 그림 R_1을 얻은 것과 같은 방법으로 두 선분과 호로 둘러싸인 도형을 그리고 색칠하여 얻은 그림을 R_2라 하자. 이와 같은 과정을 계속하여 n번째 얻은 그림 R_n에 색칠되어 있는 부분의 넓이를 S_n이라 할 때, $\lim_{n \to \infty} S_n$의 값은?

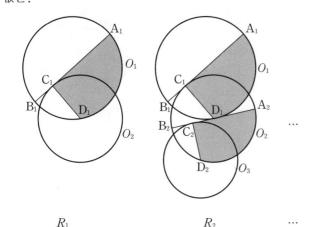

R_1 R_2 $\cdots$

① $\dfrac{3\sqrt{3}+8\pi}{6}$ ② $\dfrac{2\sqrt{3}+8\pi}{3}$ ③ $\dfrac{6\sqrt{3}+8\pi}{3}$

④ $\dfrac{3\sqrt{3}+16\pi}{3}$ ⑤ $\dfrac{6\sqrt{3}+16\pi}{3}$

20 모평

그림과 같이 $\overline{A_1B_1}=4$, $\overline{A_1D_1}=1$인 직사각형 $A_1B_1C_1D_1$에서 두 대각선의 교점을 E_1이라 하자. $\overline{A_2D_1}=\overline{D_1E_1}$, $\angle A_2D_1E_1 = \dfrac{\pi}{2}$이고 선분 D_1C_1과 선분 A_2E_1이 만나도록 점 A_2를 잡고, $\overline{B_2C_1}=\overline{C_1E_1}$, $\angle B_2C_1E_1 = \dfrac{\pi}{2}$이고 선분 D_1C_1과 선분 B_2E_1이 만나도록 점 B_2를 잡는다. 두 삼각형 $A_2D_1E_1$, $B_2C_1E_1$을 그린 후 ⋁⋀ 모양의 도형에 색칠하여 얻은 그림을 R_1이라 하자.

그림 R_1에서 $\overline{A_2B_2} : \overline{A_2D_2}=4 : 1$이고 선분 D_2C_2가 두 선분 A_2E_1, B_2E_1과 만나지 않도록 직사각형 $A_2B_2C_2D_2$를 그린다. 그림 R_1을 얻은 것과 같은 방법으로 세 점 E_2, A_3, B_3을 잡고 두 삼각형 $A_3D_2E_2$, $B_3C_2E_2$를 그린 후 ⋁⋀ 모양의 도형에 색칠하여 얻은 그림을 R_2라 하자.

이와 같은 과정을 계속하여 n번째 얻은 그림 R_n에 색칠되어 있는 부분의 넓이를 S_n이라 할 때, $\lim_{n \to \infty} S_n$의 값은?

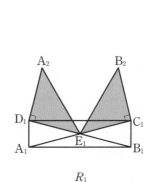 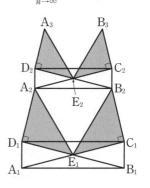

R_1 R_2 $\cdots$

① $\dfrac{68}{5}$ ② $\dfrac{34}{3}$ ③ $\dfrac{68}{7}$

④ $\dfrac{17}{2}$ ⑤ $\dfrac{68}{9}$

21 학평

그림과 같이 한 변의 길이가 8인 정삼각형 $A_1B_1C_1$의 세 선분 A_1B_1, B_1C_1, C_1A_1의 중점을 각각 D_1, E_1, F_1이라 하고, 세 선분 A_1D_1, B_1E_1, C_1F_1의 중점을 각각 G_1, H_1, I_1이라 하고, 세 선분 G_1D_1, H_1E_1, I_1F_1의 중점을 각각 A_2, B_2, C_2라 하자. 세 사각형 $A_2C_2F_1G_1$, $B_2A_2D_1H_1$, $C_2B_2E_1I_1$에 모두 색칠하여 얻은 그림을 R_1이라 하자.

그림 R_1에서 삼각형 $A_2B_2C_2$에 그림 R_1을 얻은 것과 같은 방법으로 세 사각형 $A_3C_3F_2G_2$, $B_3A_3D_2H_2$, $C_3B_3E_2I_2$에 모두 색칠하여 얻은 그림을 R_2라 하자.

이와 같은 과정을 계속하여 n번째 얻은 그림 R_n에 색칠되어 있는 부분의 넓이를 S_n이라 할 때, $\lim\limits_{n\to\infty} S_n$의 값은?

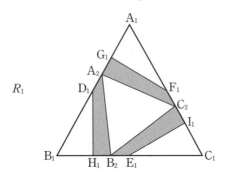

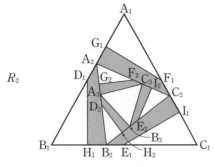

① $\dfrac{109\sqrt{3}}{15}$ ② $\dfrac{112\sqrt{3}}{15}$ ③ $\dfrac{23\sqrt{3}}{3}$

④ $\dfrac{118\sqrt{3}}{15}$ ⑤ $\dfrac{121\sqrt{3}}{15}$

22

그림과 같이 반지름의 길이가 2인 원 O 위에 $\overline{AB}=\overline{AC}$, $\angle BAC=\dfrac{2}{3}\pi$가 되도록 세 점 A, B, C를 잡고, 점 A를 지나는 원 O의 지름이 부채꼴 ABC와 만나는 점을 D, 원 O와 만나는 점 중 점 A가 아닌 점을 E라 하자. 부채꼴 ABD에 내접하는 원을 O_1, 부채꼴 ADC에 내접하는 원을 O_2라 할 때, 부채꼴 ABC의 내부와 두 원 O_1, O_2의 외부의 공통부분에 색칠하여 얻은 그림을 R_1이라 하자. 선분 DE를 지름으로 하는 원을 O_3이라 할 때, 세 원 O_1, O_2, O_3에 그림 R_1을 얻은 것과 같은 방법으로 부채꼴과 원을 그리고 색칠하여 얻은 그림을 R_2라 하자. 이와 같은 과정을 계속하여 n번째 얻은 그림 R_n에 색칠되어 있는 부분의 넓이를 S_n이라 할 때, $\lim\limits_{n\to\infty} S_n$의 값은?

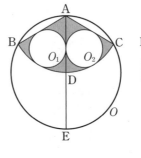   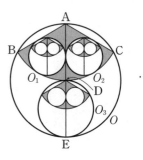

R_1 R_2 $\cdots$

① $\dfrac{12}{19}\pi$ ② $\dfrac{14}{19}\pi$ ③ $\dfrac{16}{19}\pi$

④ $\dfrac{18}{19}\pi$ ⑤ $\dfrac{20}{19}\pi$

01 idea ✦

모든 항이 음이 아닌 실수인 수열 $\{a_n\}$이 다음 조건을 만족시키고 $\sum\limits_{k=1}^{4} a_k = 3$일 때, $\sum\limits_{n=1}^{\infty} a_{2n+3}$의 값을 구하시오.

> (가) $\sum\limits_{n=1}^{\infty} a_n = \sum\limits_{n=1}^{\infty} \{a_{2n} + (-1)^{n+1} a_{3n}\} = 9$
>
> (나) $\sum\limits_{n=1}^{\infty} (a_{6n+2} + a_{6n+4} + a_{6n+6}) = \sum\limits_{n=1}^{\infty} (a_{6n+1} + a_{6n+3} + a_{6n+5})$

02

두 등차수열 $\{a_n\}$, $\{b_n\}$이

$$\sum_{n=1}^{\infty} \left(\frac{a_n}{n} + \frac{b_n}{n+1} \right) = 2$$

를 만족시키고 $b_1 = -4$일 때, $a_5 + b_3$의 값은?

① -1 ② 1 ③ 3
④ 5 ⑤ 7

03 학평

수열 $\{a_n\}$에 대하여 집합

$$A = \{x \mid x^2 - 1 < a < x^2 + 2x, \ x는 자연수\}$$

가 공집합이 되도록 하는 자연수 a를 작은 수부터 크기순으로 나열할 때, n번째 수를 a_n이라 하자. 예를 들어 $a = 3$은 $x^2 - 1 < a < x^2 + 2x$를 만족시키는 자연수 x가 존재하지 않는 첫 번째 수이므로 $a_1 = 3$이다. $\sum\limits_{n=1}^{\infty} \dfrac{1}{a_n}$의 값은?

① $\dfrac{1}{2}$ ② $\dfrac{3}{4}$ ③ 1

④ $\dfrac{5}{4}$ ⑤ $\dfrac{3}{2}$

04

함수 $f(x) = \dfrac{-2nx + 2n^2 + 1}{x - n}$의 역함수를 $g(x)$라 하고, 두 수열 $\{a_n\}$, $\{b_n\}$에 대하여 $h(x) = x^2 + a_n x + b_n$이라 할 때, 두 함수 $y = h(x)$, $y = (f \circ g)(x)$의 그래프는 점 A에서 만나고, 두 함수 $y = h(x)$, $y = (g \circ f)(x)$의 그래프는 점 B에서 만난다. 두 점 A, B가 서로 다른 점일 때, $\sum\limits_{n=1}^{\infty} \dfrac{1}{8a_n - b_n - 2}$의 값을 구하시오.

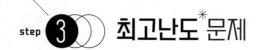

05

그림과 같이 자연수 n에 대하여 한 변의 길이가 1인 정사각형 ABCD의 둘레를 $4n$등분 하는 점을 A를 기준으로 하여 시계 반대 방향으로 차례대로 P_1, P_2, P_3, $\cdots$, P_{4n-1}이라 하자. 삼각형 AP_kP_{4n-k}의 넓이를 a_k라 하고, $S_n = \sum\limits_{k=1}^{4n-1} a_k$라 할 때,

$\sum\limits_{n=1}^{\infty} \dfrac{8}{S_{4n-3}S_{4n+1}}$ 의 값은? (단, $a_{2n}=0$)

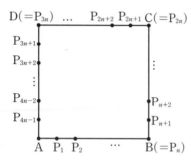

① $\dfrac{1}{4}$ ② $\dfrac{1}{2}$ ③ 1

④ $\dfrac{3}{2}$ ⑤ 2

06

그림과 같이 원점을 중심으로 하고 반지름의 길이가 1인 원에 내접하는 정사각형 $A_1A_2A_3A_4$가 있다. 자연수 n에 대하여 $A_{n+4}=A_n$이 되도록 점 A_5, A_6, A_7, $\cdots$을 정할 때, 점 A_n의 x좌표를 a_n, y좌표를 b_n이라 하자. 두 수열 $\{a_n\}$, $\{b_n\}$이

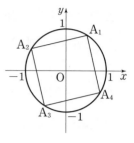

$\sum\limits_{n=1}^{\infty} \dfrac{a_n+b_n}{2^n} = \dfrac{1}{5}$ 을 만족시킬 때, a_1+b_2의 값을 구하시오.

(단, $a_1 \neq 0$)

07

점 P_n의 좌표를 (a_n, b_n)이라 할 때, $(1+i)^n = a_n + b_n i$를 만족시킨다. 삼각형 $P_nP_{n+1}P_{n+2}$의 넓이를 S_n이라 할 때, $\sum\limits_{n=1}^{\infty} \dfrac{1}{S_n}$ 의 값은? (단, $i=\sqrt{-1}$)

① $\dfrac{1}{2}$ ② 1   ③ 2

④ 4   ⑤ 8

08

그림과 같이 점 A에서 시작하는 두 반직선 l, m에 대하여 $\angle A = \dfrac{\pi}{6}$이다. 반직선 l 위의 점 B_1과 반직선 m 위의 점 C_1이 $\overline{B_1C_1}=2$, $\angle AB_1C_1=\dfrac{2}{3}\pi$를 만족시킬 때, 두 반직선 l, m과 선분 B_1C_1에 접하는 원 O_1을 삼각형 AB_1C_1의 외부에 그린다. 선분 B_1C_1과 평행하고 원 O_1에 접하는 직선이 두 반직선 l, m과 만나는 점을 각각 B_2, C_2라 할 때, 두 반직선 l, m과 선분 B_2C_2에 접하는 원 O_2를 삼각형 AB_2C_2의 외부에 그린다. 이와 같은 과정을 계속하여 n번째 얻은 원을 O_n이라 하고, 원 O_n의 넓이를 S_n이라 할 때, $\displaystyle\sum_{n=1}^{\infty}\dfrac{\pi}{S_n}$의 값은?

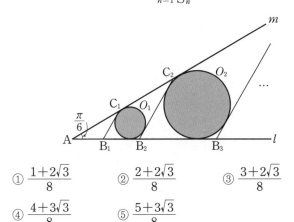

① $\dfrac{1+2\sqrt{3}}{8}$ ② $\dfrac{2+2\sqrt{3}}{8}$ ③ $\dfrac{3+2\sqrt{3}}{8}$

④ $\dfrac{4+3\sqrt{3}}{8}$ ⑤ $\dfrac{5+3\sqrt{3}}{8}$

09 학평

그림과 같이 $\overline{A_1B_1}=2$, $\overline{B_1C_1}=2\sqrt{3}$인 직사각형 $A_1B_1C_1D_1$이 있다. 선분 A_1D_1을 1 : 2로 내분하는 점을 E_1이라 하고 선분 B_1C_1을 지름으로 하는 반원의 호 B_1C_1이 두 선분 B_1E_1, B_1D_1과 만나는 점 중 점 B_1이 아닌 점을 각각 F_1, G_1이라 하자. 세 선분 F_1E_1, E_1D_1, D_1G_1과 호 F_1G_1로 둘러싸인 ⌐⌐ 모양의 도형에 색칠하여 얻은 그림을 R_1이라 하자.

그림 R_1에 선분 B_1G_1 위의 점 A_2, 호 G_1C_1 위의 점 D_2와 선분 B_1C_1 위의 두 점 B_2, C_2를 꼭짓점으로 하고 $\overline{A_2B_2} : \overline{B_2C_2}=1 : \sqrt{3}$인 직사각형 $A_2B_2C_2D_2$를 그린다. 직사각형 $A_2B_2C_2D_2$에 그림 R_1을 얻은 것과 같은 방법으로 ⌐⌐ 모양의 도형을 그리고 색칠하여 얻은 그림을 R_2라 하자.

이와 같은 과정을 계속하여 n번째 얻은 그림 R_n에 색칠되어 있는 부분의 넓이를 S_n이라 할 때, $\displaystyle\lim_{n\to\infty}S_n$의 값은?

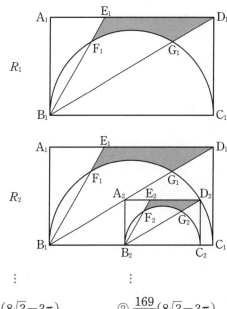

① $\dfrac{169}{864}(8\sqrt{3}-3\pi)$ ② $\dfrac{169}{798}(8\sqrt{3}-3\pi)$

③ $\dfrac{169}{720}(8\sqrt{3}-3\pi)$ ④ $\dfrac{169}{864}(16\sqrt{3}-3\pi)$

⑤ $\dfrac{169}{798}(16\sqrt{3}-3\pi)$

01

학평 → 22쪽 01번

두 수열 $\{a_n\}$, $\{b_n\}$에 대하여 이차방정식
$a_{n+2}x^2+4a_{n+1}x+4a_n=0$의 두 근이 -2, b_n일 때, $\lim\limits_{n\to\infty} b_n$의
값은?

① -2 ② -1 ③ 0

④ 1 ⑤ 2

02

학평 → 22쪽 05번

수열 $\{a_n\}$이 모든 자연수 n에 대하여
$$\sum_{k=1}^{n} \frac{a_k}{k!} = \frac{b}{(n+3)!}$$
를 만족시키고 $\lim\limits_{n\to\infty} n^2 a_n = -24$일 때, a_1+b의 값은?

(단, b는 상수)

① 24 ② 25 ③ 26

④ 27 ⑤ 28

03

학평 → 23쪽 10번

두 수열 $\{a_n\}$, $\{b_n\}$의 일반항이
$$a_n=2\times(-1)^n+3, \quad b_n=|p\times(-1)^n+q|$$
일 때, 보기에서 옳은 것만을 있는 대로 고른 것은?

(단, p, q는 실수이다.)

> **ㅡ 보기 ㅡ**
> ㄱ. 수열 $\{a_n\}$은 발산한다.
> ㄴ. 수열 $\{b_n\}$이 수렴하면 $pq=0$이다.
> ㄷ. 두 수열 $\{a_n+b_n\}$, $\{a_nb_n\}$이 모두 수렴하면 $pq=-6$이다.

① ㄱ   ② ㄴ   ③ ㄱ, ㄴ

④ ㄱ, ㄷ   ⑤ ㄱ, ㄴ, ㄷ

04

학평 → 27쪽 02번

자연수 n에 대하여 삼차함수 $f(x)=x(x+n^2)(x-2n)$이 극
소가 되는 x를 a_n이라 하자. 함수 $y=f(x)$의 그래프와 직선
$y=f(a_n)$이 만나는 점의 x좌표가 a_n, b_n일 때, $\lim\limits_{n\to\infty} \dfrac{a_nb_n}{n^3}$의
값을 구하시오. (단, $a_n\neq b_n$)

05

학평 → 28쪽 07번

양수 k와 함수

$$f(x)=\lim_{n\to\infty}\frac{\left(\dfrac{x}{k}\right)^{2n}-1}{\left(\dfrac{x}{k}\right)^{2n}+1}$$

에 대하여 함수

$$g(x)=\begin{cases}(f\circ f)(7-x) & (x=k)\\ x^2-2kx+2k^2-1 & (x\neq k)\end{cases}$$

이 $x=k$에서 연속일 때, $(g\circ f)\left(\dfrac{1}{2}\right)+(f\circ g)\left(\dfrac{1}{2}\right)$의 값은?

① -3 ② $-\dfrac{3}{2}$ ③ 0

④ $\dfrac{3}{2}$ ⑤ 3

06

학평 → 29쪽 11번

그림과 같이 자연수 n에 대하여 곡선 $y=x^2$ 위의 점 $P_n(n,\,n^2)$에서의 접선과 수직이고 점 P_n을 지나는 직선이 곡선 $y=x^2$과 만나는 점 중 점 P_n이 아닌 점을 Q_n이라 하자. 두 점 P_n, Q_n을 지나는 원 C_n의 넓이가 y축에 의하여 이등분될 때, 원 C_n의 중심을 C_n이라 하자. 이때 $\lim\limits_{n\to\infty}\dfrac{\overline{OC_n}}{n^2}$의 값은?

(단, O는 원점이다.)

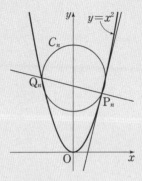

① $\dfrac{1}{4}$ ② $\dfrac{1}{2}$ ③ 1

④ $\dfrac{3}{2}$ ⑤ 2

07

학평 → 32쪽 01번

첫째항이 자연수이고 공차가 2인 등차수열 $\{a_n\}$과 모든 항이 양수인 수열 $\{b_n\}$이 다음 조건을 만족시킬 때, a_1의 값은?

> (가) $b_n \times \sum_{k=1}^{n} a_k = 1$
>
> (나) $\sum_{n=1}^{\infty} b_n = \dfrac{11}{18}$

① 2   ② 3   ③ 4

④ 5   ⑤ 6

08

학평 → 33쪽 11번

자연수 n에 대하여 두 곡선

$$y = x^3 - (n+1)x^2 - n^2 x + n^3 + 2n^2, \; y = x^2$$

이 만나는 세 점을 각각 P_n, Q_n, R_n이라 하자. 삼각형 $P_n Q_n R_n$의 넓이를 S_n이라 할 때, $\sum_{n=1}^{\infty} \dfrac{1}{S_n}$의 값은?

① $\dfrac{1}{32}$ ② $\dfrac{1}{16}$ ③ $\dfrac{1}{8}$

④ $\dfrac{1}{4}$ ⑤ $\dfrac{1}{2}$

09

학평 → 36쪽 21번

그림과 같이 한 변의 길이가 8인 정사각형 $A_1 B_1 C_1 D_1$에서 네 선분 $A_1 B_1$, $B_1 C_1$, $C_1 D_1$, $D_1 A_1$의 중점을 각각 E_1, F_1, G_1, H_1, 네 선분 $E_1 B_1$, $F_1 C_1$, $G_1 D_1$, $H_1 A_1$의 중점을 각각 I_1, J_1, K_1, L_1이라 하고, 두 선분 $H_1 I_1$, $G_1 L_1$이 만나는 점을 A_2, 두 선분 $H_1 I_1$, $E_1 J_1$이 만나는 점을 B_2, 두 선분 $E_1 J_1$, $F_1 K_1$이 만나는 점을 C_2, 두 선분 $G_1 L_1$, $F_1 K_1$이 만나는 점을 D_2라 하자. 네 오각형 $A_1 E_1 B_2 A_2 L_1$, $B_1 F_1 C_2 B_2 I_1$, $C_1 G_1 D_2 C_2 J_1$, $D_1 H_1 A_2 D_2 K_1$에 모두 색칠하여 얻은 그림을 R_1이라 하자. 그림 R_1에서 사각형 $A_2 B_2 C_2 D_2$에 그림 R_1을 얻은 것과 같은 방법으로 네 오각형 $A_2 E_2 B_3 A_3 L_2$, $B_2 F_2 C_3 B_3 I_2$, $C_2 G_2 D_3 C_3 J_2$, $D_2 H_2 A_3 D_3 K_2$에 모두 색칠하여 얻은 그림을 R_2라 하자. 이와 같은 과정을 계속하여 n번째 얻은 그림 R_n에 색칠되어 있는 부분의 넓이를 S_n이라 할 때, $\lim_{n \to \infty} S_n$의 값이 $\dfrac{q}{p}$이다. 이때 서로소인 자연수 p, q에 대하여 $p+q$의 값을 구하시오.

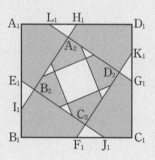

10

학평→ 37쪽 03번

집합

$$A=\{x\,|\,x^2+1<a<x^2+2x+2,\ x\text{는 자연수}\}$$

가 공집합이 되도록 하는 자연수 a를 작은 수부터 크기순으로 나열할 때, n번째 수를 a_n이라 하자. 수열 $\{b_n\}$에 대하여 $b_n=a_{n+2}-2$일 때, $\displaystyle\sum_{n=1}^{\infty}\dfrac{1}{b_n}$의 값은?

① $\dfrac{1}{2}$ ② $\dfrac{3}{4}$ ③ 1

④ $\dfrac{5}{4}$ ⑤ $\dfrac{3}{2}$

11

학평→ 39쪽 09번

그림과 같이 $\overline{A_1B_1}=6$, $\overline{B_1C_1}=6\sqrt{3}$인 직사각형 $A_1B_1C_1D_1$에서 선분 A_1B_1의 중점을 E_1이라 하고, 선분 A_1D_1을 $1:2$로 내분하는 점을 F_1이라 하자. 지름이 선분 B_1D_1 위에 있고 두 점 B_1, E_1을 지나는 반원과 선분 B_1F_1이 만나는 점을 G_1이라 하자. 세 선분 A_1F_1, F_1G_1, A_1B_1과 호 B_1G_1로 둘러싸인 Γ 모양의 도형에 색칠하여 얻은 그림을 R_1이라 하자. 선분 B_1G_1 위의 점 A_2, 반원 위의 점 D_2와 선분 B_1D_1 위의 두 점 B_2, C_2를 꼭짓점으로 하고 $\overline{A_2B_2}:\overline{B_2C_2}=1:\sqrt{3}$인 직사각형 $A_2B_2C_2D_2$를 그린다. 직사각형 $A_2B_2C_2D_2$에 그림 R_1을 얻은 것과 같은 방법으로 Γ 모양의 도형을 그리고 색칠하여 얻은 그림을 R_2라 하자. 이와 같은 과정을 계속하여 n번째 얻은 그림 R_n에 색칠되어 있는 부분의 넓이를 S_n이라 할 때, $\dfrac{4}{39}\times\displaystyle\lim_{n\to\infty}S_n$의 값은?

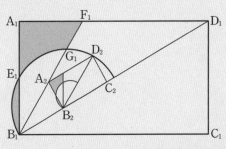

① $\dfrac{63\sqrt{3}}{157}$ ② $\dfrac{65\sqrt{3}}{157}$ ③ $\dfrac{67\sqrt{3}}{157}$

④ $\dfrac{69\sqrt{3}}{157}$ ⑤ $\dfrac{71\sqrt{3}}{157}$

II

미분법

01
> 지수함수와 로그함수의 극한

$\lim\limits_{x \to \infty} \dfrac{3}{x} \log_2 (3^{x+1} + 2^{2x})$의 값은?

① $\dfrac{1}{6}$ 　　　② $\dfrac{1}{3}$ 　　　③ 1

④ 3 　　　⑤ 6

02
> 무리수 e의 정의

다음 중 세 수 a, b, c의 대소 관계로 옳은 것은?

$$a = \lim_{x \to \infty} \left(\frac{x}{x-1} \right)^x,\ b = \lim_{x \to 1} x^{\frac{1}{1-x}},\ c = \lim_{x \to -\infty} \left(\frac{x-1}{x+1} \right)^{-x}$$

① $a < b < c$ 　　② $a < c < b$ 　　③ $b < a < c$
④ $b < c < a$ 　　⑤ $c < b < a$

03
> 무리수 e의 정의

$\lim\limits_{x \to \infty} \left\{ \left(1 + \dfrac{1}{2x} \right) \left(1 + \dfrac{1}{2x+1} \right) \cdots \left(1 + \dfrac{1}{2x+2x} \right) - 1 \right\}^x = e^a$일 때, 실수 a에 대하여 $4a$의 값을 구하시오.

04
> e의 정의를 이용한 지수함수의 극한

$\lim\limits_{x \to \frac{1}{2}} \dfrac{1 - a^{x - \frac{1}{2}}}{1 - ax} = \dfrac{\ln b}{2}$일 때, 양수 a, b에 대하여 ab의 값을 구하시오. (단, $b \neq 1$)

05
> e의 정의를 이용한 로그함수의 극한

자연수 n에 대하여

$$f(n) = \lim_{x \to 0} \frac{x}{\ln(1+x) + \ln(1+2x) + \cdots + \ln(1+nx)}$$

일 때, $\sum\limits_{n=1}^{\infty} f(n)$의 값을 구하시오.

06
> e의 정의를 이용한 지수함수와 로그함수의 극한

$\lim\limits_{x \to 0} \dfrac{f(x)}{e^x - 1} = 2$일 때, $\lim\limits_{x \to 0} \dfrac{\{f(x)\}^2}{x \log_3 (2x+1)}$의 값은?

① $\dfrac{\ln 3}{2}$ 　　② $\ln 3$ 　　③ $\dfrac{3 \ln 3}{2}$

④ $2 \ln 3$ 　　⑤ $\dfrac{5 \ln 3}{2}$

07
> e의 정의를 이용한 지수함수와 로그함수의 극한

함수 $f(x)$가 $x > 0$에서

$$\ln(1+x)(1+3x) \leq f(x) \leq (e^{2x} - 1)(e^{2x} + 1)$$

을 만족시킬 때, $\lim\limits_{x \to 0+} \dfrac{f(x)}{x}$의 값을 구하시오.

08 _{학평}

> 지수함수의 극한의 활용

좌표평면에서 양의 실수 t에 대하여 직선 $x=t$가 두 곡선 $y=e^{2x+k}$, $y=e^{-3x+k}$과 만나는 점을 각각 P, Q라 할 때, $\overline{\text{PQ}}=t$를 만족시키는 실수 k의 값을 $f(t)$라 하자. 함수 $f(t)$에 대하여 $\lim\limits_{t\to 0+} e^{f(t)}$의 값은?

① $\dfrac{1}{6}$ ② $\dfrac{1}{5}$ ③ $\dfrac{1}{4}$

④ $\dfrac{1}{3}$ ⑤ $\dfrac{1}{2}$

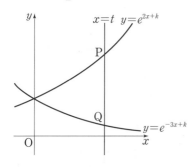

09

> 로그함수의 극한의 활용

곡선 $y=4\ln x$ 위의 두 점 $\text{A}(1, 0)$, $\text{P}(t, 4\ln t)$에 대하여 선분 AP의 수직이등분선의 y절편을 $f(t)$라 할 때, $\lim\limits_{t\to 1} f(t)$의 값은?

① $\dfrac{1}{8}$ ② $\dfrac{1}{4}$ ③ $\dfrac{1}{2}$

④ 1 ⑤ 2

10 _{학평}

> 지수함수의 도함수

함수 $f(x)=(x^2+x-1)e^x$에 대하여 방정식 $f'(x)=0$의 두 근을 α, $\beta\,(\alpha<\beta)$라 할 때, $f(\alpha)$의 값은?

① -1 ② $-\dfrac{1}{e}$ ③ $\dfrac{1}{e^2}$

④ $\dfrac{5}{e^3}$ ⑤ $\dfrac{11}{e^4}$

11

> 로그함수의 도함수

함수 $f(x)=4\log_a x+b$에 대하여 곡선 $y=f(x)$ 위의 점 $(2, 7)$에서의 접선의 기울기가 $\dfrac{2}{\ln 2}$일 때, 상수 a, b에 대하여 $\lim\limits_{h\to 0}\dfrac{f(4+ah)-f(4-bh)}{h}$의 값은? (단, $a>0$, $a\neq 1$)

① $\dfrac{5}{\ln 2}$ ② $\dfrac{6}{\ln 2}$ ③ $\dfrac{7}{\ln 2}$

④ $\dfrac{8}{\ln 2}$ ⑤ $\dfrac{9}{\ln 2}$

12 _{서술형}

> 지수함수와 로그함수의 미분가능성

함수 $f(x)=\begin{cases} e^{x+a} & (x<1) \\ \ln bx & (x\geq 1) \end{cases}$가 실수 전체의 집합에서 미분가능할 때, $f(0)f(e^2)$의 값을 구하시오. (단, a, b는 상수이다.)

지수함수와 로그함수의 극한

01

실수 전체의 집합에서 정의된 두 함수 $f(x)$, $g(x)$가 다음 조건을 만족시킬 때, $\displaystyle\lim_{x\to\infty}\frac{f(x)}{g(x)}$의 값을 구하시오.

(가) $\log_2\{f(x)-3^{x+1}\}\leq x\leq\log_2\{f(x)-3^{x+1}\}+1$

(나) $2^{x-1}+3^{x-1}\leq g(x)\leq 2^x+3^{x-1}$

02

1이 아닌 양수 a, b와 함수 $f(x)=\dfrac{b^x+\log_a x}{a^x+\log_b x}$에 대하여 보기에서 옳은 것만을 있는 대로 고른 것은?

보기

ㄱ. $a=2$, $b=4$이면 $\displaystyle\lim_{x\to 0+}f(x)=2$

ㄴ. $b<a<1$이면 $\displaystyle\lim_{x\to\infty}f(x)=0$

ㄷ. $\displaystyle\lim_{x\to\infty}f\left(\dfrac{1}{x}\right)=\log_a b$

① ㄱ   ② ㄴ   ③ ㄱ, ㄷ

④ ㄴ, ㄷ   ⑤ ㄱ, ㄴ, ㄷ

e의 정의를 이용한 지수함수와 로그함수의 극한

03

$x>0$에서 정의된 함수 $f(x)=\displaystyle\lim_{n\to\infty}n(x^{\frac{1}{n}}-1)$에 대하여 $\displaystyle\lim_{x\to\infty}2x\{f(x+2)-f(x+1)\}$의 값을 구하시오.

04

함수 $f(x)=2e^{\frac{x}{2}-1}+1$의 역함수를 $g(x)$라 할 때, $\displaystyle\lim_{x\to 1}\frac{f(x+1)-3}{g(x+2)-2}$의 값은?

① $\dfrac{1}{2}$ ② $\dfrac{2}{3}$ ③ 1

④ $\dfrac{3}{2}$ ⑤ 2

05

함수 $f(x)=\left(\dfrac{2}{x}+5\right)\ln\left(\sqrt{\dfrac{1}{x^2}+3}+\dfrac{1}{x}+1\right)$에 대하여 함수

$$g(x)=\begin{cases} f(x) & (x<0) \\ e^x-a & (x\geq 0) \end{cases}$$

가 실수 전체의 집합에서 연속일 때, 상수 a의 값은?

① -4 ② -2 ③ 2

④ 4   ⑤ 6

06 서술형

이차함수 $f(x)$에 대하여 곡선 $y=f(x)$는 점 $(-2, 1)$을 지나고

$$f'(4)=\lim_{x\to 0}\frac{\ln f(x)}{2x}+\frac{9}{2}$$

일 때, $f(4)$의 값을 구하시오.

07

함수 $f(x) = \begin{cases} \dfrac{1}{2^{x-1}-1} & (x \neq 1) \\ 2 & (x=1) \end{cases}$ 와 최고차항의 계수가 1인 이

차함수 $g(x)$에 대하여 함수 $f(x)g(x)$가 실수 전체의 집합에서 연속일 때, $f(2)g(2)$의 값을 구하시오.

▶ 지수함수와 로그함수의 극한의 활용

08 학평

$a > e$인 실수 a에 대하여 두 곡선 $y = e^{x-1}$과 $y = a^x$이 만나는 점의 x좌표를 $f(a)$라 할 때, $\displaystyle\lim_{a \to e+} \dfrac{1}{(e-a)f(a)}$의 값은?

① $\dfrac{1}{e^2}$ ② $\dfrac{1}{e}$ ③ 1

④ e ⑤ e^2

09

2보다 큰 실수 a에 대하여 그림과 같이 두 곡선 $y = 2^x$, $y = -2^x + a$가 y축과 만나는 점을 각각 A, B라 하고, 두 곡선이 만나는 점을 C라 하자. 삼각형 ABC의 넓이를 $S(a)$라 할 때, $\displaystyle\lim_{a \to 2+} \dfrac{(a-2)^2}{S(a)}$의 값을 구하시오.

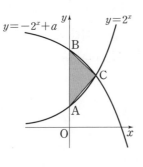

10

그림과 같이 곡선 $y = \ln(4x-3)$이 x축과 만나는 점을 A라 하고, x축 위의 점 $P(t, 0)$ $(t > 1)$을 지나고 x축에 수직인 직선이 곡선 $y = \ln(4x-3)$과 만나는 점을 Q라 하자. $\angle QAP$의 이등분선이 직선 PQ와 만나는 점을 R라 하고, 삼각형 APR의 넓이를 $S_1(t)$, 삼각형 AQR의 넓이를 $S_2(t)$라 할 때, $\displaystyle\lim_{t \to 1+} \dfrac{S_2(t)}{S_1(t)}$의 값을 구하시오.

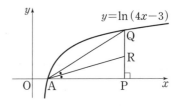

11 학평

곡선 $y = \ln(x+1)$ 위를 움직이는 점 $P(a, b)$가 있다. 점 P를 지나고 기울기가 -1인 직선이 곡선 $y = e^x - 1$과 만나는 점을 Q라 하자. 두 점 P, Q를 지름의 양 끝 점으로 하는 원의 넓이를 $S(a)$, 원점 O와 선분 PQ의 중점을 지름의 양 끝 점으로 하는 원의 넓이를 $T(a)$라 할 때, $\displaystyle\lim_{a \to 0+} \dfrac{4T(a)-S(a)}{\pi a^2}$의 값은? (단, $a > 0$)

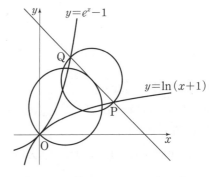

① 1 ② $\dfrac{5}{4}$ ③ $\dfrac{3}{2}$

④ $\dfrac{7}{4}$ ⑤ 2

지수함수와 로그함수의 도함수

12

수열 $\{a_n\}$이 $n \geq 2$일 때,

$$a_n = \lim_{x \to 0} \frac{\ln(x+1)}{(x+1)^n - e^x}$$

이다. 이때 $\sum_{n=2}^{\infty} a_n a_{n+1}$의 값을 구하시오.

13 서술형

최고차항의 계수가 1인 삼차함수 $f(x)$에 대하여 함수 $g(x)$를 $g(x) = e^x f(x)$라 하자. 두 함수 $f(x)$, $g(x)$가 다음 조건을 만족시킬 때, $g'(1)$의 값을 구하시오.

> (가) $\lim_{x \to 2} \dfrac{g(x)}{x-2} = 0$
>
> (나) $\lim_{x \to 0} \dfrac{f(2x) - g(2x)}{x} = 8$

14

자연수 n에 대하여 함수 $f_n(x)$가

$$\ln f_n(x) = (n-1)\{x - \ln(e^x + 2)\}, \quad f_n(x) > 0$$

을 만족시킨다. 함수 $g(x)$가

$g(x) = \lim_{n \to \infty} \{f_1(x) + f_2(x) + f_3(x) + \cdots + f_n(x)\}$일 때,

$\sum_{n=1}^{\infty} \dfrac{1}{\ln g'(n) \times \ln g'(n+1)} = \dfrac{1}{1 - \ln a}$을 만족시키는 양수 a의 값을 구하시오.

15 학평

두 함수 $f(x) = \ln x$, $g(x) = \ln \dfrac{1}{x}$의 그래프가 만나는 점을 P라 할 때, 보기에서 옳은 것만을 있는 대로 고른 것은?

> **• 보기 •**
>
> ㄱ. 점 P의 좌표는 $(1, 0)$이다.
>
> ㄴ. 두 곡선 $y = f(x)$, $y = g(x)$ 위의 점 P에서의 각각의 접선은 서로 수직이다.
>
> ㄷ. $t > 1$일 때, $-1 < \dfrac{f(t)g(t)}{(t-1)^2} < 0$이다.

① ㄱ   ② ㄷ   ③ ㄱ, ㄴ

④ ㄴ, ㄷ   ⑤ ㄱ, ㄴ, ㄷ

16

3 이상의 자연수 n에 대하여 두 함수 $f_n(x)$, $g_n(x)$가

$$f_n(x) = x^n + kx^2,$$

$$g_n(x) = \begin{cases} (e^x - 1)\ln(2x+1) & (x \neq 0) \\ n & (x = 0) \end{cases}$$

일 때, 함수 $\dfrac{f_n(x)}{g_n(x)}$가 $x > -\dfrac{1}{2}$에서 연속이다. $x > 0$에서 정의된 함수 $h_n(x) = f_n(x) \ln x$에 대하여 방정식 $h_n'(x) = 0$의 실근을 a_n이라 하자. $\dfrac{a_4 a_8}{a_3 a_6} = e^m$을 만족시키는 실수 m에 대하여 $24m$의 값은?

① -7 ② -3 ③ 1

④ 3 ⑤ 7

17

미분가능한 함수 $f(x)$가 다음 조건을 만족시킨다. 함수 $g(x)=\dfrac{1}{2}x^2-2\ln x$에 대하여 곡선 $y=f(x)$ 위의 $x=2\ln 2$ 인 점에서의 접선과 곡선 $y=g(x)$ 위의 $x=k$인 점에서의 접선이 서로 수직일 때, 양수 k의 값은?

> (가) 모든 실수 x, y에 대하여
> $$f(x+y)=f(x)f(y)+4f(x)+4f(y)+12$$
> (나) $f(2\ln 2)=-2$, $f'(0)=\dfrac{1}{2}$

① $\dfrac{1}{2}$　　　② 1　　　③ $\dfrac{3}{2}$

④ 2　　　⑤ $\dfrac{5}{2}$

18

함수 $f(x)=|2^x-16|+3$과 실수 t에 대하여 곡선 $y=f(x)$와 직선 $y=t$가 만나는 점의 개수를 $g(t)$라 하자. 함수 $\{f(x)-k\}g(x)$가 불연속인 x의 개수가 1이 되도록 하는 실수 k의 최솟값을 a라 할 때, $\dfrac{f'(a)}{\ln 16}$의 값은?

① 32　　　② 64　　　③ 128
④ 256　　　⑤ 512

지수함수와 로그함수의 미분가능성

19

양수 a, k, t에 대하여 함수
$$f(x)=\begin{cases}\dfrac{1-a^x}{a^x} & (x<0)\\ x & (0\le x<t)\\ kx^3a^x & (x\ge t)\end{cases}$$
이 실수 전체의 집합에서 미분가능할 때, $f(3)$의 값을 구하시오.

20

함수 $f(x)$가 다음 조건을 만족시키고 실수 전체의 집합에서 미분가능할 때, 양수 a, b에 대하여 $a+b$의 값은?

> (가) $-a\le x<0$일 때, $f(x)=x^3e^x$
> (나) 정수 n에 대하여 $(n-1)a\le x<na$일 때,
> $$f(x)=f(x-na)+\dfrac{nb}{e^3}$$

① 6　　　② 12　　　③ 18
④ 24　　　⑤ 30

21

상수 a, b에 대하여 함수 $f(x)=\left[\dfrac{2x}{e}\right]\ln x+(ax+b)[\ln x]$ 가 $x=e$에서 미분가능하다. $f(e^2)=pe+q$일 때, 유리수 p, q에 대하여 $p+q$의 값을 구하시오.

(단, $[x]$는 x보다 크지 않은 최대의 정수이다.)

01 idea ✦

함수 $f(x)=e^x+x\,(x>0)$와 자연수 n에 대하여 함수 $g_n(x)$를

$$g_n(x)=\frac{\ln f(x)\times\ln f(2x)\times\ln f(3x)\times\cdots\times\ln f(nx)}{2^n x^n}$$

라 하자. 수열 $\{a_n\}$에 대하여 $a_n=\lim_{x\to 0+}g_n(x)$일 때, $\displaystyle\sum_{n=1}^{\infty}\frac{n}{a_{n+1}}$ 의 값은?

① $\dfrac{1}{e}$ ② $\dfrac{1}{2}$ ③ 1

④ 2 ⑤ e

02

곡선 $f(x)=a^x-1\,(a>1)$ 위의 점 $\mathrm{P}(t,\,a^t-1)\,(t>0)$을 지나고 직선 OP에 수직인 직선의 x절편을 $g(t)$라 하고, $\displaystyle\lim_{t\to 0+}\frac{g(t)}{f(t)}$의 값이 최소가 되도록 하는 a의 값을 α라 하자. 두 곡선 $y=\alpha^x+1$, $y=\beta^{x-3}+1\,(\beta>1)$이 만나는 점의 x좌표를 k라 할 때, $\displaystyle\lim_{x\to\infty}\frac{\beta^k(\alpha^x-\beta^x)}{\alpha^k(\alpha^x+\beta^x)}=-8e^3$이다. 이때 $\alpha+\beta$의 값은?

(단, O는 원점이다.)

① e ② $2e$ ③ $3e$

④ $4e$ ⑤ $5e$

03

자연수 n에 대하여 곡선 $y=\log_2 x$와 직선 $y=n$ 및 x축, y축으로 둘러싸인 부분의 내부에 있고 x좌표와 y좌표가 모두 자연수인 점의 개수를 $f(n)$이라 할 때,

$$\lim_{n\to\infty}\frac{f(n)\{\ln f(n)-n\ln 2\}}{n}$$의 값을 구하시오.

04

미분가능한 함수 $f(x)$가 $h>-1$인 실수 h에 대하여 부등식

$$|e^{-x-h}f(x+h)-e^{-x+h}f(x-h)|\le h\ln(1+h)$$

를 만족시키고 $f(0)=e$일 때, $f'(1)$의 값은?

① $-e^2$ ② $-e$ ③ $\dfrac{1}{e}$

④ e ⑤ e^2

05

함수 $f(x)=e^x$에 대하여 곡선 $y=f(x)$를 x축의 방향으로 m만큼 평행이동한 곡선을 $y=g(x)$라 하고, 곡선 $y=f(x)$를 y축의 방향으로 e^n만큼 평행이동한 곡선을 $y=h(x)$라 하자. 곡선 $y=f(x)$ 위의 점 $P(t, e^t)$을 지나고 x축에 수직인 직선이 곡선 $y=g(x)$와 만나는 점을 Q라 하고, 점 P를 지나고 y축에 수직인 직선이 곡선 $y=h(x)$와 만나는 점을 R라 할 때, 선분 PQ와 선분 PR를 이웃한 두 변으로 하는 직사각형의 넓이를 $S(t)$라 하면 $\lim\limits_{t\to\infty} S(t)=e^2-1$이다. 이때 자연수 m, n에 대하여 $m+n$의 값은?

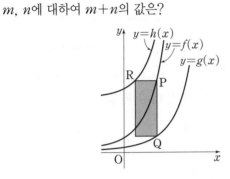

① 2   ② 3   ③ 4

④ 5   ⑤ 6

06 ✦ idea

$x>0$에서 정의된 두 함수 $f(x)=\dfrac{1}{2}x+a$, $g(x)=|\ln x+1|$에 대하여 함수 $h(x)$를

$$h(x)=\lim_{n\to\infty}\frac{\{f(x)\}^{n+1}+\{g(x)\}^{n+1}}{\{f(x)\}^n+\{g(x)\}^n}$$

이라 할 때, 함수 $h(x)$가 미분가능하지 않은 x의 개수가 1이 되도록 하는 양수 a의 최솟값은?

① $\ln 2$ ② 1   ③ $\ln 3$

④ $2\ln 2$ ⑤ 2

07

함수 $f(x)=x-1$과 자연수 n에 대하여 함수 $g(x)$를

$$g(x)=120|f(x^2)|-\sum_{k=1}^{n}|f(x^k)e^{x+1}|$$

이라 할 때, 함수 $g(x)$가 $x=-1$에서 미분가능하도록 하는 모든 자연수 n의 값의 합을 구하시오.

01
> 여러 가지 삼각함수

$\tan\theta + \cot\theta = \dfrac{5}{2}$일 때, $(\csc\theta + \sec\theta)^2 - \csc^2\theta\sec^2\theta$의 값은?

① 4   ② $\dfrac{9}{2}$ ③ 5

④ $\dfrac{11}{2}$ ⑤ 6

02
> 여러 가지 삼각함수

그림과 같이 반지름의 길이가 2이고 중심각의 크기가 θ인 부채꼴 OAB가 있다. 점 B에서 선분 OA에 내린 수선의 발을 H라 하고, 점 A를 지나고 선분 OA에 수직인 직선이 직선 OB와 만나는 점을 P라 할 때, $\overline{AP} = \overline{OH} \times \overline{BH}$가 성립한다. 이때 $\csc\theta\sec\theta\cot\theta$의 값을 구하시오. $\left(\text{단, } 0 < \theta < \dfrac{\pi}{2}\right)$

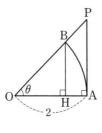

03
> 삼각함수의 덧셈정리

$\cos(\alpha+\beta) = -\dfrac{\sqrt{3}}{2}$, $\cos(\alpha-\beta) = \dfrac{9}{10}$일 때, $(\sin\alpha + \cos\alpha)(\sin\beta + \cos\beta)$의 값을 구하시오.

$\left(\text{단, } 0 < \alpha < \dfrac{\pi}{2}, 0 < \beta < \dfrac{\pi}{2}\right)$

04
> 두 직선이 이루는 각의 크기

두 직선 $x - 2y - 3 = 0$, $ax + y + 2 = 0$이 이루는 예각의 크기를 θ라 할 때, $\tan\theta = 3$을 만족시키는 모든 상수 a의 값의 합은?

① 7   ② 8   ③ 9

④ 10   ⑤ 11

05 수능
> 삼각함수의 덧셈정리의 활용

$\overline{AB} = \overline{AC}$인 이등변삼각형 ABC에서 $\angle A = \alpha$, $\angle B = \beta$라 하자. $\tan(\alpha+\beta) = -\dfrac{3}{2}$일 때, $\tan\alpha$의 값은?

① $\dfrac{21}{10}$ ② $\dfrac{11}{5}$ ③ $\dfrac{23}{10}$

④ $\dfrac{12}{5}$ ⑤ $\dfrac{5}{2}$

06
> 삼각함수의 덧셈정리의 활용

그림과 같이 중심이 O이고 반지름의 길이가 각각 3, 5인 두 반원 O_1, O_2가 있다. 반원 O_1 위의 점 A와 반원 O_2의 지름의 한 끝 점 B에 대하여 $\overline{OA} \perp \overline{AB}$이고, 직선 OA가 반원 O_2와 만나는 점 C와 반원 O_2 위의 다른 한 점 D에 대하여 $\overline{CD} = \sqrt{10}$이다. $\angle AOB = \alpha$, $\angle COD = \beta$라 할 때, $\cos(\alpha-\beta)$의 값을 구하시오. $\left(\text{단, } 0 < \alpha < \dfrac{\pi}{2}, 0 < \beta < \dfrac{\pi}{2}\right)$

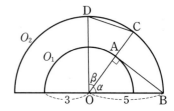

07

> 삼각함수의 합성

$\alpha+\beta=\dfrac{\pi}{4}$일 때, $2\sqrt{2}\sin\alpha+4\cos\beta$의 최댓값은?

① $2\sqrt{6}$ 　　② $2\sqrt{7}$ 　　③ $4\sqrt{2}$

④ 6 　　⑤ $2\sqrt{10}$

08

> 함수 $\dfrac{\sin x}{x}$, $\dfrac{\tan x}{x}$의 극한

수열 $\{a_n\}$의 일반항이

$$a_n=\lim_{x\to 0}\frac{\tan(2n+1)x-\tan(2n-3)x}{\sin 4nx}$$

일 때, $\displaystyle\sum_{n=1}^{\infty}a_n a_{n+1}$의 값은?

① $\dfrac{1}{4}$ 　　② $\dfrac{1}{2}$ 　　③ 1

④ 2 　　⑤ 4

09 모평

> 삼각함수의 연속

실수 전체의 집합에서 연속인 함수 $f(x)$가 모든 실수 x에 대하여

$$(e^{2x}-1)^2 f(x)=a-4\cos\frac{\pi}{2}x$$

를 만족시킬 때, $a\times f(0)$의 값은? (단, a는 상수이다.)

① $\dfrac{\pi^2}{6}$ 　　② $\dfrac{\pi^2}{5}$ 　　③ $\dfrac{\pi^2}{4}$

④ $\dfrac{\pi^2}{3}$ 　　⑤ $\dfrac{\pi^2}{2}$

10 수능

> 삼각함수의 극한의 활용

좌표평면에서 곡선 $y=\sin x$ 위의 점 $P(t,\ \sin t)\,(0<t<\pi)$를 중심으로 하고 x축에 접하는 원을 C라 하자. 원 C가 x축에 접하는 점을 Q, 선분 OP와 만나는 점을 R라 하자.

$\displaystyle\lim_{t\to 0+}\frac{\overline{OQ}}{\overline{OR}}=a+b\sqrt{2}$일 때, $a+b$의 값을 구하시오.

(단, O는 원점이고, a, b는 정수이다.)

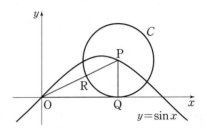

11

> 삼각함수의 도함수

함수 $f(x)=e^x\sin x\cos x$에 대하여 방정식 $f(x)=f'(x)$를 만족시키는 모든 실수 x의 값의 합은? (단, $0\le x\le 2\pi$)

① π 　　② 2π 　　③ 3π

④ 4π 　　⑤ 5π

12 서술형

> 삼각함수의 미분가능성

최고차항의 계수가 1인 삼차함수 $f(x)$에 대하여 함수

$$g(x)=\begin{cases}(\cos x+1)\sin x & (x\le 0)\\ f(x) & (x>0)\end{cases}$$

가 실수 전체의 집합에서 미분가능하고 $g(-\pi)=g(1)$일 때, $g(3)$의 값을 구하시오.

여러 가지 삼각함수

01

$\sec\theta+\tan\theta=\dfrac{3}{2}$일 때, $\dfrac{\cos\theta-\sin\theta}{\csc\theta+\cot\theta}$의 값을 구하시오.

02 서술형

원점을 지나고 기울기가 양수인 직선 l이 곡선 $y=-\dfrac{1}{4}x^2+1$ 과 만나는 두 점을 A, B라 하면 $\overline{AB}=5$이다. 직선 l이 x축의 양의 방향과 이루는 각의 크기를 θ라 할 때,

$\dfrac{\cos\theta}{\csc\theta+\cot\theta}+\dfrac{\cos\theta}{\csc\theta-\cot\theta}$의 값을 구하시오.

삼각함수의 덧셈정리

03 학평

$\tan\alpha=-\dfrac{5}{12}\left(\dfrac{3}{2}\pi<\alpha<2\pi\right)$이고 $0\le x<\dfrac{\pi}{2}$일 때, 부등식

$\qquad \cos x\le\sin(x+\alpha)\le2\cos x$

를 만족시키는 x에 대하여 $\tan x$의 최댓값과 최솟값의 합은?

① $\dfrac{31}{12}$ ② $\dfrac{37}{12}$ ③ $\dfrac{43}{12}$

④ $\dfrac{49}{12}$ ⑤ $\dfrac{55}{12}$

04

$\sin\alpha-\cos\beta=1$, $\cos\alpha+\sin\beta=\sqrt{3}$일 때, $\sin(\alpha+\beta)$의 값은? (단, $0<\alpha<\pi$, $0<\beta<\pi$)

① $-\dfrac{\sqrt{3}}{2}$ ② $-\dfrac{1}{2}$ ③ $\dfrac{1}{2}$

④ $\dfrac{\sqrt{2}}{2}$ ⑤ $\dfrac{\sqrt{3}}{2}$

05

$0\le x\le\pi$에서 정의된 함수 $f(x)=\cos x$의 역함수를 $g(x)$라 하자. $g\left(-\dfrac{3}{5}\right)+g\left(\dfrac{12}{13}\right)=\theta_1$, $g\left(-\dfrac{3}{5}\right)-g\left(\dfrac{12}{13}\right)=\theta_2$일 때, $f(\theta_2)-f(\theta_1)$의 값은?

① $-\dfrac{8}{13}$ ② $-\dfrac{4}{13}$ ③ $\dfrac{1}{13}$

④ $\dfrac{4}{13}$ ⑤ $\dfrac{8}{13}$

삼각함수의 덧셈정리의 활용

06 학평

삼각형 ABC에 대하여 $\angle A=\alpha$, $\angle B=\beta$, $\angle C=\gamma$라 할 때, α, β, γ가 이 순서대로 등차수열을 이루고 $\cos\alpha$, $2\cos\beta$, $8\cos\gamma$가 이 순서대로 등비수열을 이룰 때, $\tan\alpha\tan\gamma$의 값을 구하시오. (단, $\alpha<\beta<\gamma$)

07

그림과 같이 길이가 5인 선분 AB를 지름으로 하는 반원에서 선분 AB를 4 : 1로 내분하는 점을 C라 하자. 선분 AC의 중점을 D, 점 C와 점 D를 각각 지나고 선분 AB에 수직인 직선이 호 AB와 만나는 점을 각각 E, F라 하자. ∠EAF=θ라 할 때, $\sin\theta$의 값은?

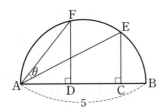

① $\dfrac{\sqrt{3}-\sqrt{2}}{5}$ ② $\dfrac{2\sqrt{2}-\sqrt{3}}{5}$ ③ $\dfrac{2\sqrt{3}-\sqrt{2}}{5}$

④ $\dfrac{3\sqrt{3}-2\sqrt{2}}{5}$ ⑤ $\dfrac{3\sqrt{2}-\sqrt{3}}{5}$

08 학평

그림과 같이 중심이 점 A(1, 0)이고 반지름의 길이가 1인 원 C_1과 중심이 점 B(−2, 0)이고 반지름의 길이가 2인 원 C_2가 있다. y축 위의 점 P(0, a) ($a>\sqrt{2}$)에서 원 C_1에 그은 접선 중 y축이 아닌 직선이 원 C_1과 접하는 점을 Q, 원 C_2에 그은 접선 중 y축이 아닌 직선이 원 C_2와 접하는 점을 R라 하고 ∠RPQ=θ라 하자. $\tan\theta=\dfrac{4}{3}$일 때, $(a-3)^2$의 값을 구하시오.

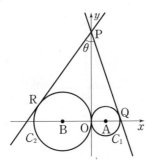

09 ✦ idea

그림과 같이 중심이 원점 O이고 반지름의 길이가 3인 원 C_1과 중심이 점 A(t, 6)이고 반지름의 길이가 3인 원 C_2가 있다. 기울기가 양수인 직선 l이 선분 OA와 만나고 두 원 C_1, C_2에 각각 접할 때, 직선 l의 기울기를 $f(t)$라 하자. 이때 $\lim\limits_{t\to\infty} tf(t)$의 값을 구하시오. (단, $t>6$)

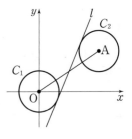

삼각함수의 합성

10

$0\le x<\pi$에서 정의된 함수
$$f(x)=\sqrt{2}(\cos^2 x-\sin^2 x)+2\sqrt{2}\sin x\cos x$$
의 그래프가 직선 $y=\sqrt{n}$과 만나는 점의 개수를 a_n이라 할 때, $\sum\limits_{n=1}^{10} a_n$의 값은?

① 4 ② 5 ③ 6
④ 7 ⑤ 8

11

원점을 지나고 x축의 양의 방향과 이루는 각의 크기가 θ인 직선 l에 대하여 두 점 A(1, 0), B(0, 2)에서 직선 l에 내린 수선의 발을 각각 C, D라 하자. $\overline{AC}+\overline{BD}$가 $\theta=\alpha$에서 최댓값을 가질 때, $25\sin 2\alpha$의 값을 구하시오. (단, $0<\theta<\dfrac{\pi}{2}$)

삼각함수의 극한

12

$$\lim_{x \to 0} \frac{2\sin\frac{x}{2} - \sin x}{x^2 \tan x}$$의 값은?

① $\dfrac{1}{16}$ ② $\dfrac{1}{8}$ ③ $\dfrac{1}{4}$

④ $\dfrac{1}{2}$ ⑤ 1

13

$$\lim_{x \to 0} \frac{\ln(1+x^n)}{x^4(\sec 2x - 1)} = \frac{1}{a}$$일 때, 자연수 a, n에 대하여 $a+n$의 값을 구하시오.

14

삼차함수 $f(x)$가 다음 조건을 만족시킬 때, $\displaystyle\lim_{x \to 0} \frac{f(\tan x)}{\tan f(x)}$의 값은?

> (가) 모든 실수 x에 대하여 $f(-x) = -f(x)$
>
> (나) $\displaystyle\lim_{x \to \infty} \frac{f(x)}{x^3} = 3$
>
> (다) $\displaystyle\lim_{x \to 0} \frac{\sin f(x)}{x} = 2$

① 1   ② 2   ③ 3
④ 4   ⑤ 5

삼각함수의 극한의 활용

15

그림과 같이 원 $x^2+y^2=1$ 위의 점 P를 지나고 x축에 평행한 직선이 곡선 $y=\ln x$와 만나는 점을 Q, 점 Q에서 x축에 내린 수선의 발을 R라 하자. 점 A$(1, 0)$과 원점 O에 대하여 $\angle AOP = \theta$라 하고 사각형 APQR의 둘레의 길이를 $l(\theta)$라 할 때, $\displaystyle\lim_{\theta \to 0+} \frac{l(\theta)}{\theta}$의 값을 구하시오. $\left(\text{단, } 0 < \theta < \dfrac{\pi}{2}\right)$

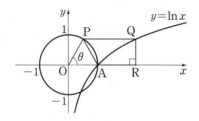

16 모평

그림과 같이 반지름의 길이가 1이고 중심각의 크기가 $\dfrac{\pi}{2}$인 부채꼴 OAB가 있다. 호 AB 위의 점 P에서 선분 OA에 내린 수선의 발을 H, 점 P에서 호 AB에 접하는 직선과 직선 OA의 교점을 Q라 하자. 점 Q를 중심으로 하고 반지름의 길이가 $\overline{QA}$인 원과 선분 PQ의 교점을 R라 하자. $\angle POA = \theta$일 때, 삼각형 OHP의 넓이를 $f(\theta)$, 부채꼴 QRA의 넓이를 $g(\theta)$라 하자. $\displaystyle\lim_{\theta \to 0+} \frac{\sqrt{g(\theta)}}{\theta \times f(\theta)}$의 값은? $\left(\text{단, } 0 < \theta < \dfrac{\pi}{2}\right)$

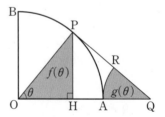

① $\dfrac{\sqrt{\pi}}{5}$ ② $\dfrac{\sqrt{\pi}}{4}$ ③ $\dfrac{\sqrt{\pi}}{3}$

④ $\dfrac{\sqrt{\pi}}{2}$ ⑤ $\sqrt{\pi}$

17

그림과 같이 중심이 원점 O이고 반지름의 길이가 1인 원 위의 점 A와 x좌표가 양수인 x축 위의 점 B에 대하여 $\overline{AB}=3$이다. $\angle AOB=\theta$라 할 때, 점 C(4, 0)에 대하여 삼각형 ABC의 넓이를 $S(\theta)$라 하자. 이때 $\lim\limits_{\theta \to 0+} \dfrac{S(\theta)}{\theta^3}$의 값을 구하시오.

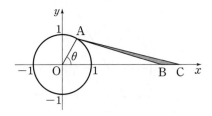

18 학평

그림과 같이 길이가 2인 선분 AB를 지름으로 하는 반원이 있다. 호 AB 위의 점 P와 선분 AB 위의 점 C에 대하여 $\angle PAC=\theta$일 때, $\angle APC=2\theta$이다. $\angle ADC = \angle PCD = \dfrac{\pi}{2}$인 점 D에 대하여 두 선분 AP와 CD가 만나는 점을 E라 하자. 삼각형 DEP의 넓이를 $S(\theta)$라 할 때, $\lim\limits_{\theta \to 0+} \dfrac{S(\theta)}{\theta}$의 값은?

$$\left(\text{단, } 0<\theta<\frac{\pi}{6}\right)$$

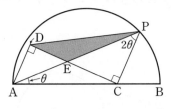

① $\dfrac{5}{9}$ ② $\dfrac{2}{3}$ ③ $\dfrac{7}{9}$

④ $\dfrac{8}{9}$ ⑤ 1

삼각함수의 도함수

19

함수 $f(x)=\lim\limits_{t \to x} \dfrac{t^2 \sin x - x^2 \sin t}{t-x}$에 대하여 $f'\left(\dfrac{\pi}{2}\right)$의 값은?

① $\dfrac{\pi^2}{4}$ ② $\dfrac{\pi^2}{4}+1$ ③ $\dfrac{\pi^2}{4}+2$

④ $\dfrac{\pi^2}{2}+1$ ⑤ $\dfrac{\pi^2}{2}+2$

20

함수 $f(x)=x^2 \sin x + \cos x + x^3 - 2x$에 대하여 수열 $\{a_n\}$을

$$a_n = \lim\limits_{h \to n\pi} \dfrac{f(2h+n\pi)-f(4h-n\pi)}{\sin h}$$

라 할 때, $a_1+a_2+a_3+a_4=36p\pi^2$이다. 이때 정수 p의 값은?

① -38 ② -36 ③ -34

④ -32 ⑤ -30

21 서술형

최고차항의 계수가 1인 다항함수 $f(x)$에 대하여 함수 $g(x)=f(x)\sin x$가 다음 조건을 만족시킬 때, $g'\left(\dfrac{\pi}{2}\right)$의 값을 구하시오.

(가) $\lim\limits_{x \to \infty} \dfrac{g(x)}{x^3}=0$ (나) $\lim\limits_{x \to 0} \dfrac{g'(x)}{x}=8$

01

그림과 같이 중심이 O이고 반지름의 길이가 1인 원이 정사각형 ABCD에 내접하고 있다. 정사각형 ABCD 위의 점 P가 두 점 A, B 사이에 있을 때, 선분 PD가 원과 만나는 두 점을 Q, R라 하자. 삼각형 OQR의 넓이를 S라 할 때, S^2이 최대가 될 때의 선분 AP의 길이를 구하시오.

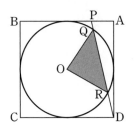

02

그림과 같이 한 변의 길이가 2인 두 정사각형 ABFE, EFCD는 변 EF를 공통으로 갖는다. 네 변 AE, BF, CF, DE의 중점을 각각 A_1, B_1, C_1, D_1이라 하고, 두 점 B, C를 각각 중심으로 하고 반지름의 길이가 2인 두 부채꼴 BAF, CDF와 변 EF를 지름으로 하는 원 O에 대하여 색칠한 부분의 넓이를 S라 할 때, $\tan S = -\dfrac{q}{p}$이다. 이때 서로소인 자연수 p, q에 대하여 $p+q$의 값을 구하시오.

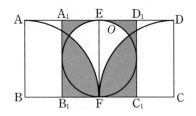

03

그림과 같이 원 $x^2+y^2=8$ 위의 점 P에서 직선 $y=\sqrt{3}x$에 내린 수선의 발을 A, x축에 내린 수선의 발을 B라 하자. $\overline{AP}^2+\overline{BP}^2$의 최댓값을 M, 최솟값을 m이라 할 때, $M+m$의 값은?

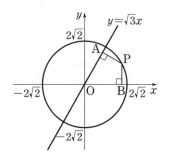

① 4   ② 8   ③ 12
④ 16   ⑤ 20

04

그림과 같이 중심이 각각 원점 O, 점 A인 두 원

$$C_1: x^2+y^2=1, \quad C_2: (x-r-1)^2+y^2=r^2$$

이 서로 외접한다. 원 C_1 위의 점 P에 대하여 $\angle POA=\theta$라 하고, 점 P에서 원 C_2에 그은 두 접선의 접점을 각각 Q, R라 하자. $\displaystyle\lim_{\theta \to 0+} \dfrac{\overline{QR}^2}{\theta^2}=12$일 때, 양수 r의 값을 구하시오.

$$\left(단, 0<\theta<\dfrac{\pi}{2}\right)$$

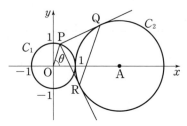

05

3 이상의 자연수 n에 대하여 빗변의 길이가 1이고 한 내각의 크기가 $\dfrac{\pi}{n}$인 $2n$개의 합동인 직각삼각형으로 둘러싸인 정$2n$각형의 넓이를 S_n, $2n$개의 직각삼각형의 넓이의 합을 T_n이라 하자. 예를 들어 [그림 1]에서 빗변의 길이가 1이고 한 내각의 크기가 $\dfrac{\pi}{3}$인 6개의 합동인 직각삼각형으로 둘러싸인 정육각형의 넓이는 S_3, 6개의 직각삼각형의 넓이의 합은 T_3이다. 또 [그림 2]에서 빗변의 길이가 1이고 한 내각의 크기가 $\dfrac{\pi}{4}$인 8개의 합동인 직각삼각형으로 둘러싸인 정팔각형의 넓이는 S_4, 8개의 직각삼각형의 넓이의 합은 T_4이다. 이때 $\displaystyle\lim_{n\to\infty}\dfrac{n^2 S_n}{T_n}$의 값은?

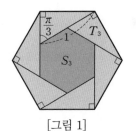

[그림 1]　　[그림 2]

① $\dfrac{\pi^2}{10}$　　　② $\dfrac{\pi^2}{8}$　　　③ $\dfrac{\pi^2}{6}$

④ $\dfrac{\pi^2}{4}$　　　⑤ $\dfrac{\pi^2}{2}$

06 모평

그림과 같이 반지름의 길이가 1이고 중심각의 크기가 $\dfrac{\pi}{2}$인 부채꼴 OAB가 있다. 호 AB 위의 점 P에서 선분 OA에 내린 수선의 발을 H라 하고, $\angle$OAP를 이등분하는 직선과 세 선분 HP, OP, OB의 교점을 각각 Q, R, S라 하자. $\angle$APH$=\theta$일 때, 삼각형 AQH의 넓이를 $f(\theta)$, 삼각형 PSR의 넓이를 $g(\theta)$라 하자. $\displaystyle\lim_{\theta\to 0+}\dfrac{\theta^3\times g(\theta)}{f(\theta)}=k$일 때, $100k$의 값을 구하시오. $\left(\text{단, } 0<\theta<\dfrac{\pi}{4}\right)$

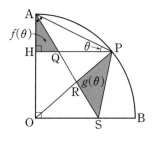

07 학평

함수 $f(x)=a\cos x+x\sin x+b$와 $-\pi<\alpha<0<\beta<\pi$인 두 실수 α, β가 다음 조건을 만족시킨다.

> (가) $f'(\alpha)=f'(\beta)=0$
>
> (나) $\dfrac{\tan\beta-\tan\alpha}{\beta-\alpha}+\dfrac{1}{\beta}=0$

$\displaystyle\lim_{x\to 0}\dfrac{f(x)}{x^2}=c$일 때, $f\left(\dfrac{\beta-\alpha}{3}\right)+c=p+q\pi$이다. 두 유리수 p, q에 대하여 $120\times(p+q)$의 값을 구하시오.

(단, a, b, c는 상수이고, $a<1$이다.)

01 학평 › 함수의 몫의 미분법

함수 $f(x)=\dfrac{x}{x^2+x+8}$에 대하여 부등식 $f'(x)>0$의 해가 $\alpha<x<\beta$일 때, $\alpha^2+\beta^2$의 값을 구하시오.

02 › 함수의 몫의 미분법

미분가능한 함수 $f(x)$에 대하여 $g(x)=\dfrac{f(x)}{a+\ln x}$일 때,

$$\lim_{h\to 0}\frac{(a-2h)g(1+h)-f(1)}{h}=2+f'(1)$$

이 성립한다. 이때 $g(1)$의 값은? (단, $a\neq 0$)

① -2 ② $-\dfrac{3}{2}$ ③ -1

④ $-\dfrac{2}{3}$ ⑤ $-\dfrac{1}{2}$

03 서술형 › 함수의 몫의 미분법

$0<x<\dfrac{\pi}{2}$에서 정의된 함수 $f(x)=\dfrac{\csc x}{\sec x+\csc x}$의 도함수 $f'(x)$의 최댓값을 M이라 할 때, $8M^2$의 값을 구하시오.

04 학평 › 합성함수의 미분법

실수 전체의 집합에서 미분가능한 두 함수 $f(x)$, $g(x)$에 대하여 함수 $h(x)$를 $h(x)=(f\circ g)(x)$라 하자.

$$\lim_{x\to 1}\frac{g(x)+1}{x-1}=2,\quad \lim_{x\to 1}\frac{h(x)-2}{x-1}=12$$

일 때, $f(-1)+f'(-1)$의 값은?

① 4   ② 5   ③ 6

④ 7   ⑤ 8

05 › 로그함수의 도함수의 응용

$x\neq 0$에서 정의된 함수

$$f(x)=\frac{(x-1)^4(x-2)^5}{x^6}$$

에 대하여 두 집합 A, B를

$$A=\{x\,|\,f(x)=0\},\quad B=\{x\,|\,f'(x)=0\}$$

이라 할 때, $B-A=\{\alpha,\ \beta\}$이다. 이때 $\alpha\beta$의 값을 구하시오.

06 › 함수 $y=x^n$ (n은 실수)의 도함수

함수 $f(x)=(x+\sqrt{1+x^2})^{10}$에 대하여 함수 $g(x)$를

$$g(x)=\ln f(x)$$

라 할 때, $g'(1)$의 값은?

① 2   ② $2\sqrt{2}$ ③ 4

④ 5   ⑤ $5\sqrt{2}$

07
> 매개변수로 나타낸 함수의 미분법

매개변수 t로 나타낸 곡선

$$x=t+\frac{1}{t},\ y=t-\frac{1}{t}$$

위의 점 $\left(\frac{5}{2},\ \frac{3}{2}\right)$에서의 접선의 기울기를 구하시오.

08
> 음함수의 미분법

곡선 $x^3+y^3=3xy+4$ 위의 점 $(a,\ b)$에서의 접선의 기울기가 -1일 때, ab의 값은? (단, $a>0,\ b>0$)

① 2   ② 4   ③ 6

④ 8   ⑤ 10

09 수능
> 역함수의 미분법

함수 $f(x)=\dfrac{1}{1+e^{-x}}$의 역함수를 $g(x)$라 할 때, $g'(f(-1))$의 값은?

① $\dfrac{1}{(1+e)^2}$ ② $\dfrac{e}{1+e}$ ③ $\left(\dfrac{1+e}{e}\right)^2$

④ $\dfrac{e^2}{1+e}$ ⑤ $\dfrac{(1+e)^2}{e}$

10
> 역함수의 미분법

함수 $f(x)=x^3-5x^2+10x-4$의 역함수를 $g(x)$라 할 때, $g'(4)$의 값을 구하시오.

11
> 이계도함수

함수 $f(x)=e^{ax}(\sin bx+\cos bx)$가 모든 실수 x에 대하여

$$13f(x)-6f'(x)+f''(x)=0$$

을 만족시킬 때, 상수 $a,\ b$에 대하여 $a+b$의 값은? (단, $b>0$)

① 2   ② 3   ③ 4

④ 5   ⑤ 6

12
> 이계도함수

함수 $f(x)$가 $e^{f(x)}=\sqrt{\dfrac{1-\sin x}{1+\sin x}}$를 만족시킬 때, $f''\left(\dfrac{\pi}{4}\right)$의 값은?

① $-\sqrt{2}$ ② $-\dfrac{\sqrt{2}}{2}$ ③ 0

④ $\dfrac{\sqrt{2}}{2}$ ⑤ $\sqrt{2}$

함수의 몫의 미분법

01

최고차항의 계수가 1인 이차함수 $f(x)$에 대하여 함수 $g(x)$를

$$g(x)=\frac{x}{f(x)}+\frac{f(x)}{e^x}$$

라 하자. $f(0)=1$, $g'(0)=2$일 때, $g'(1)$의 값은?

① -2 ② -1 ③ 0

④ 1 ⑤ 2

02

원 $x^2+(y+1)^2=1$과 직선 $y=tx\,(t<0)$가 만나는 두 점을 A, B라 하고 원의 중심을 C라 하자. 삼각형 ABC의 넓이를 $f(t)$라 할 때, $f'(-\sqrt{3})$의 값은?

① $-\dfrac{1}{2}$ ② $-\dfrac{1}{8}$ ③ $\dfrac{1}{8}$

④ $\dfrac{1}{4}$ ⑤ $\dfrac{1}{2}$

03

1보다 큰 상수 a, b에 대하여 함수

$$f(x)=a+\frac{ax}{x^2+b}+\frac{ax^2}{(x^2+b)^2}+\frac{ax^3}{(x^2+b)^3}+\cdots$$

이 다음 조건을 만족시킬 때, $a+b$의 값을 구하시오.

> (가) $\displaystyle\lim_{x\to 1}\frac{f(x)-f(1)}{x^2-1}=\frac{3}{8}$ (나) $f'(2)=0$

04

그림과 같이 $\overline{BC}=3$, $\angle ABC=\dfrac{\pi}{3}$, $\angle ACB=2\theta$인 삼각형 ABC의 내접원의 반지름의 길이를 $r(\theta)$라 할 때, $r'\!\left(\dfrac{\pi}{6}\right)$의 값을 구하시오. $\left(\text{단, } 0<\theta<\dfrac{\pi}{3}\right)$

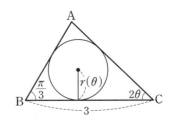

05 서술형

양수 t에 대하여 함수

$$f(x)=\begin{cases} ax & (x\le t) \\ \dfrac{5e\ln x}{x^n} & (x>t) \end{cases}$$

가 실수 전체의 집합에서 미분가능할 때, 자연수 a, n에 대하여 $a+n$의 값을 구하시오.

합성함수의 미분법

06

$x<0$에서 정의된 함수 $f(x)=(1-x)^{\frac{1}{x}}$과 함수 $g(x)$에 대하여

$$f(x)g(x)=xf(x)+x^2(1-x)f'(x)$$

일 때, $1-e\le x<0$에서 함수 $g'(x)$의 최댓값을 구하시오.

07 학평

실수 전체의 집합에서 미분가능한 함수 $f(x)$에 대하여 곡선 $y=f(x)$ 위의 점 $(4, f(4))$에서의 접선 l이 다음 조건을 만족시킨다.

> (가) 직선 l은 제2사분면을 지나지 않는다.
> (나) 직선 l과 x축 및 y축으로 둘러싸인 도형은 넓이가 2인 직각이등변삼각형이다.

함수 $g(x)=xf(2x)$에 대하여 $g'(2)$의 값은?

① 3   ② 4   ③ 5
④ 6   ⑤ 7

08

미분가능한 두 함수 $f(x)$, $g(x)$가 다음 조건을 만족시킬 때, $g'(0)$의 값을 구하시오.

> (가) $\lim\limits_{x \to 0} \dfrac{2f(2x)-\pi}{x}=16$ (나) $g(x)=\dfrac{2-\cos f(2x)}{2+\cos f(2x)}$

09

$x>0$에서 정의된 함수 $f(x)=x^{\sin x}$에 대하여
$$\lim_{x \to 0+} \frac{f(\cos x)-f(\sec x)}{x^2}$$
의 값은?

① $-\sin 1$ ② $-\dfrac{\sin 1}{2}$ ③ 0

④ $\dfrac{\sin 1}{2}$ ⑤ $\sin 1$

10

그림과 같이 점 $A(3, 1)$을 중심으로 하고 점 B에서 x축에 접하는 원 C가 있다. 원점 O를 지나고 기울기가 양수인 직선 l이 원 C와 서로 다른 두 점에서 만날 때, 이 두 점 중 원점에 가까운 점을 P, 다른 한 점을 Q라 하고, $\angle OQB=\theta$라 하자.
$f(\theta)=\overline{OP}$라 할 때, $f\left(\dfrac{\pi}{4}\right)f'\left(\dfrac{\pi}{4}\right)$의 값은?

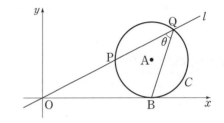

① $\dfrac{\sqrt{2}}{2}$ ② 1   ③ $\sqrt{2}$
④ 2   ⑤ $2\sqrt{2}$

11 idea ✦

삼차함수 $f(x)$가 다음 조건을 만족시킨다. 다항식 $f(f(x))$를 $f(x)-x$로 나누었을 때의 몫을 $g(x)$라 할 때, $g'(2)$의 값을 구하시오.

> (가) 방정식 $f(x)-x=0$은 서로 다른 세 실근을 갖는다.
> (나) $\lim\limits_{x \to 2} \dfrac{f(x)-5}{x-2}=0$
> (다) $f(f(2))=8$

매개변수로 나타낸 함수의 미분법

12

매개변수 t로 나타낸 함수

$$x=\frac{e^t+e^{-t}}{2},\ y=\frac{e^t-e^{-t}}{2}$$

에 대하여 보기에서 옳은 것만을 있는 대로 고른 것은?

┌─ 보기 ────────────────────

ㄱ. $\dfrac{dy}{dx}=\dfrac{x}{y}$

ㄴ. $\left(\dfrac{dx}{dt}\right)^2+\left(\dfrac{dy}{dt}\right)^2\geq1$

ㄷ. $\lim\limits_{t\to0}\left\{t^3\times\dfrac{d}{dx}\left(\dfrac{x}{y}\right)\right\}=1$

└──────────────────────────

① ㄱ　　　　② ㄱ, ㄴ　　　③ ㄱ, ㄷ

④ ㄴ, ㄷ　　⑤ ㄱ, ㄴ, ㄷ

13

매개변수 t로 나타낸 함수

$$x=\tan t+\tan^2 t+\tan^3 t+\cdots+\tan^n t,$$
$$y=\cot t+\cot^3 t+\cot^5 t+\cdots+\cot^{2n-1} t$$

에 대하여 $f_n(t)=\dfrac{dy}{dx}$라 할 때, $\lim\limits_{n\to\infty}f_n\left(\dfrac{\pi}{4}\right)$의 값은?

(단, n은 자연수이다.)

① -2　　　② -1　　　③ $\dfrac{1}{2}$

④ 1　　　　⑤ 2

14

그림과 같이 원점 O를 중심으로 하고 반지름의 길이가 1인 원 위의 두 점 A$(1,\ 0)$, P$\left(\dfrac{a}{4},\ \dfrac{2b}{a}\right)$에 대하여 $\angle\mathrm{AOP}=\theta$라 할 때, 점 $(a,\ b)$가 나타내는 곡선을 C라 하자.

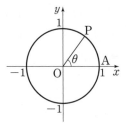

$\left(\dfrac{da}{d\theta}\right)^2+\left(\dfrac{db}{d\theta}\right)^2$의 값이 최대일 때의 θ의 값을 α라 할 때, 곡선 C 위의 $\theta=\alpha$인 점에서의 접선의 기울기를 구하시오. (단, $0\leq\theta\leq\pi$)

음함수의 미분법

15 모평

곡선 $e^x-e^y=y$ 위의 점 $(a,\ b)$에서의 접선의 기울기가 1일 때, $a+b$의 값은?

① $1+\ln(e+1)$　　② $2+\ln(e^2+2)$　　③ $3+\ln(e^3+3)$

④ $4+\ln(e^4+4)$　　⑤ $5+\ln(e^5+5)$

16

두 곡선 $x^3-y^3=e^{xy}$, $x^2+kxy+y^2=x$가 점 A$(a,\ 0)$에서 만나고 점 A에서의 접선이 서로 수직일 때, 상수 a, k에 대하여 $a+k$의 값을 구하시오. (단, $k\neq0$)

여러 가지 미분법 **05**

정답과 해설 **70**쪽

17

1보다 큰 자연수 n에 대하여 곡선 $2(x^2-1)y^3=x^2+nx-2$ 위의 점 (x, y)에서의 접선의 기울기를 $f(n)$이라 하자. 곡선 $2(x^2-1)y^3=x^2+nx-2$와 직선 $y=1$이 서로 다른 두 점 $(a, 1)$, $(b, 1)$에서 만날 때, $g(n)=36f(a)f(b)$라 하자. $\sum_{n=2}^{10} \ln g(n)=\ln \dfrac{q}{p}$일 때, 서로소인 자연수 p, q에 대하여 $p+q$의 값을 구하시오.

▼ **역함수의 미분법**

18

미분가능한 함수 $f(x)$가 모든 실수 x에 대하여 $f(x)+f(4-x)=5$를 만족시키고 $f(1)=7$, $f'(1)=4$이다. 함수 $f(x)$의 역함수를 $g(x)$라 할 때, $g'(-2)$의 값은?

① $\dfrac{1}{4}$ 　　② $\dfrac{1}{2}$ 　　③ 1

④ 2 　　⑤ 4

19 서술형

미분가능한 함수 $f(x)$의 역함수를 $g(x)$라 할 때, $x\neq1$인 모든 실수 x에 대하여

$$g\left(xf(x)-\dfrac{x-1}{e^x+1}\right)=x$$

를 만족시킨다. 이때 $g'\left(\dfrac{1}{2}\right)$의 값을 구하시오.

20 모평

열린구간 $\left(-\dfrac{\pi}{2}, \dfrac{\pi}{2}\right)$에서 정의된 함수

$$f(x)=\ln\left(\dfrac{\sec x+\tan x}{a}\right)$$

의 역함수를 $g(x)$라 하자. $\displaystyle\lim_{x\to-2}\dfrac{g(x)}{x+2}=b$일 때, 두 상수 a, b의 곱 ab의 값은? (단, $a>0$)

① $\dfrac{e^2}{4}$ 　　② $\dfrac{e^2}{2}$ 　　③ e^2

④ $2e^2$ 　　⑤ $4e^2$

21 idea ✦

미분가능한 함수 $f(x)$에 대하여

$$f'(x)=3+\{f(x)\}^4$$

이고 함수 $f(x)$의 역함수를 $g(x)$라 할 때, $g(1)=2$이다. 이때 $f'(2)g'(2)$의 값은?

① $\dfrac{1}{5}$ 　　② $\dfrac{4}{19}$ 　　③ $\dfrac{2}{9}$

④ $\dfrac{4}{17}$ 　　⑤ $\dfrac{1}{4}$

22

실수 전체의 집합에서 증가하고 미분가능한 함수 $f(x)$에 대하여 $\displaystyle\lim_{x\to3}\dfrac{f(x)-1}{x-3}=2$일 때, 함수 $f(3x)$의 역함수를 $g(x)$라 하자. $\displaystyle\lim_{x\to1}\dfrac{g(x)-a}{x-1}=b$일 때, 상수 a, b에 대하여 $a+b$의 값을 구하시오.

05 여러 가지 미분법

67

23

최고차항의 계수가 1인 삼차함수 $f(x)$의 역함수를 $g(x)$라 할 때, $\lim_{x\to 0}\dfrac{f(x)+g(x)}{x+f(x)}=1$, $g(3)=1$이다. 이때 $g'(-6)$의 값을 구하시오.

24

미분가능한 함수 $f(x)$가 다음 조건을 만족시키고 함수 $f(x)$의 역함수를 $g(x)$라 할 때, $g'\left(\dfrac{3}{4}\right)$의 값을 구하시오.

> (가) 모든 실수 x, y에 대하여
> $$f(x+y)=f(x)\sqrt{1+\{f(y)\}^2}+f(y)\sqrt{1+\{f(x)\}^2}$$
> (나) $f(\ln 2)=\dfrac{3}{4}$, $f'(0)=4$

▼ 이계도함수

25

$x>-1$에서 이계도함수를 갖는 두 함수 $f(x)$, $g(x)$가 다음 조건을 만족시킬 때, $\lim_{x\to 0}\dfrac{f'(g(x))-4}{x}$의 값을 구하시오.

> (가) $(f\circ g)(x)=2x+\ln(1+x^3)$
> (나) $g(0)=3$, $g'(0)=\dfrac{1}{2}$, $g''(0)=-3$

26 ^{idea} ✦

이계도함수를 갖는 함수 $f(x)$가 모든 실수 x에 대하여
$$3f(x)-f(3-x)=\dfrac{3^x}{(\ln 3)^2}$$
을 만족시킬 때, 함수 $f''(x)$의 최솟값을 구하시오.

27

함수 $f(x)=\sin(2x+2k|x|)-\dfrac{2}{k}|x|$가 미분가능하고 $f''\left(\dfrac{\pi}{8}\right)=-16$일 때, $f\left(-\dfrac{\pi}{3}\right)+f\left(\dfrac{\pi}{6}\right)$의 값은? (단, $k\ne 0$)

① $\dfrac{1}{2}-2\pi$ ② $\dfrac{\sqrt{3}}{2}-2\pi$ ③ $\dfrac{1}{2}-\pi$

④ $\dfrac{\sqrt{3}}{2}-\pi$ ⑤ $\dfrac{\sqrt{3}}{2}+\pi$

28 학평

함수 $f(x)=(x^2+ax+b)e^x$과 함수 $g(x)$가 다음 조건을 만족시킨다.

> (가) $f(1)=e$, $f'(1)=e$
> (나) 모든 실수 x에 대하여 $g(f(x))=f'(x)$이다.

함수 $h(x)=f^{-1}(x)g(x)$에 대하여 $h'(e)$의 값은?

(단, a, b는 상수이다.)

① 1 ② 2 ③ 3
④ 4 ⑤ 5

01

자연수 n에 대하여 함수 $f_n(x)$를

$$f_n(x)=\sum_{k=1}^{n}\frac{k}{(2x+1)^{k+1}}$$

라 할 때, 보기에서 옳은 것만을 있는 대로 고른 것은?

보기

ㄱ. $f_2'(1)=-\dfrac{8}{27}$

ㄴ. $\displaystyle\sum_{n=1}^{10}\dfrac{f_n'(0)}{f_n(0)}=100$

ㄷ. $f_n'(-1)>100$을 만족시키는 n의 최솟값은 11이다.

① ㄱ
② ㄱ, ㄴ
③ ㄱ, ㄷ
④ ㄴ, ㄷ
⑤ ㄱ, ㄴ, ㄷ

02 모평

$t>\dfrac{1}{2}\ln 2$인 실수 t에 대하여 곡선 $y=\ln(1+e^{2x}-e^{-2t})$과 직선 $y=x+t$가 만나는 서로 다른 두 점 사이의 거리를 $f(t)$라 할 때, $f'(\ln 2)=\dfrac{q}{p}\sqrt{2}$이다. $p+q$의 값을 구하시오.

(단, p와 q는 서로소인 자연수이다.)

03

자연수 m, n에 대하여 두 함수

$$f(x)=(x-a)^m(x-b)^n,\ g(x)=\frac{f(x)}{f'(x)}$$

가 다음 조건을 만족시킬 때, $g'(n-m)$의 값은? (단, $a<b$)

(가) 함수 $y=g(x)$의 그래프는 점 $(2, 0)$을 지난다.

(나) 함수 $\left|\dfrac{g(x)}{x-b}\right|$는 $x=1$에서 미분가능하지 않고, $x=\dfrac{7}{5}$에서 함숫값이 존재하지 않는다.

(다) $\displaystyle\lim_{x\to a}\dfrac{f(x)}{(x-a)^3}$의 극한값이 존재하지 않는다.

① $\dfrac{1}{4}$
② $\dfrac{1}{2}$
③ $\dfrac{3}{4}$
④ 1
⑤ $\dfrac{5}{4}$

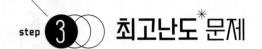

04 ^{idea} ✦

그림과 같이 $\overline{AB}=a$, $\overline{BC}=b$, $\overline{CD}=4$, $\overline{AD}=3$인 사각형 ABCD의 넓이를 S라 하자. $\angle B=x$, $\angle D=y$에 대하여 다음 조건이 성립할 때, ab의 값은?

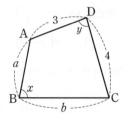

(가) $\lim\limits_{\Delta x \to 0} \dfrac{\Delta y}{\Delta x}=2$

(나) $\lim\limits_{\Delta y \to 0} \dfrac{\Delta S}{\Delta y}=0$

① 12
② $\dfrac{25\sqrt{3}}{3}$
③ 18

④ $\dfrac{40\sqrt{2}}{3}$
⑤ 24

05

곡선 $y=e^x-1$ 위의 두 점 A, B에 대하여 삼각형 OAB의 넓이가 k가 되도록 하는 두 점 A, B의 x좌표를 각각 a, $b\,(0<a<b)$라 할 때, 점 $(a,\ b)$가 나타내는 곡선을 C라 하자. x축 위의 점 P$(p,\ 0)$과 곡선 C 위의 점 Q$(1,\ 2)$에 대하여 점 Q에서의 접선과 직선 PQ가 서로 수직이다. $p\times(2k+e)=-e^2+me+n$일 때, 유리수 m, n에 대하여 $m+n$의 값을 구하시오. (단, O는 원점이다.)

06

함수 $f(x)=x^3+ax^2+ax+1$의 역함수가 존재할 때, 그 역함수를 $g(x)$라 하자. 함수 $h(x)=\dfrac{x}{\sqrt{2x^2-1}}$에 대하여

$$\lim_{x\to 1}\frac{g(h(x))}{x-1}\geq -\frac{1}{3}$$

일 때, 상수 a의 값은? (단, $a\neq 0$)

① 1
② $\dfrac{3}{2}$
③ 2

④ $\dfrac{5}{2}$
⑤ 3

07 학평

함수 $f(x)=x^3-x$와 실수 전체의 집합에서 미분가능한 역함수가 존재하는 삼차함수 $g(x)=ax^3+x^2+bx+1$이 있다. 함수 $g(x)$의 역함수 $g^{-1}(x)$에 대하여 함수 $h(x)$를

$$h(x)=\begin{cases} (f \circ g^{-1})(x) & (x<0 \text{ 또는 } x>1) \\ \dfrac{1}{\pi}\sin \pi x & (0 \leq x \leq 1) \end{cases}$$

이라 하자. 함수 $h(x)$가 실수 전체의 집합에서 미분가능할 때, $g(a+b)$의 값을 구하시오. (단, a, b는 상수이다.)

08

곡선 $y=x^3+4x^2-60x+10$과 직선 $y=t$가 서로 다른 세 점에서 만날 때, 세 점 중 x좌표가 가장 큰 점을 $A(\alpha(t),\ t)$, x좌표가 가장 작은 점을 $B(\beta(t),\ t)$라 하자. 선분 AB의 길이를 $f(t)$라 할 때, $f(10)f'(10)$의 값은?

① $\dfrac{1}{15}$　　　② $\dfrac{1}{10}$　　　③ $\dfrac{1}{5}$

④ 5　　　⑤ 10

09 모평

함수 $f(x)=e^x+x$가 있다. 양수 t에 대하여 점 $(t,\ 0)$과 점 $(x,\ f(x))$ 사이의 거리가 $x=s$에서 최소일 때, 실수 $f(s)$의 값을 $g(t)$라 하자. 함수 $g(t)$의 역함수를 $h(t)$라 할 때, $h'(1)$의 값을 구하시오.

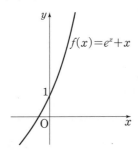

10 ⁺idea

$x>0$에서 이계도함수를 갖는 함수 $f(x)$가 양수 x, y에 대하여

$$f\left(\frac{x}{y}\right)=\frac{f(x)}{y}+xf\left(\frac{1}{y}\right)$$

을 만족시킨다. $\displaystyle\lim_{x\to 1}\dfrac{f'(x)-4}{x-1}$의 값이 존재할 때, $f''(8)$의 값은?

① $\dfrac{1}{8}$　　　② $\dfrac{1}{4}$　　　③ $\dfrac{1}{2}$

④ 2　　　⑤ 4

01
> 접점이 주어진 접선의 방정식

곡선 $x^2+2ye^x+y^3=3$과 y축이 만나는 점을 A라 하고 점 A에서의 접선을 l, 점 A를 지나고 직선 l에 수직인 직선을 m이라 할 때, 두 직선 l, m과 x축으로 둘러싸인 부분의 넓이를 구하시오.

02
> 기울기가 주어진 접선의 방정식

매개변수로 나타낸 곡선 $x=\dfrac{1}{1+t}$, $y=3t-4$에 직선 $y=-12x+k$가 접할 때, 모든 상수 k의 값의 합을 구하시오.

03
> 곡선 밖의 한 점에서의 접선의 방정식

곡선 $y=\dfrac{x^2}{e^{x-1}}+1$ 위의 점 A에서의 접선이 y축 위의 점 B에서 이 곡선과 다시 만날 때, 선분 AB의 수직이등분선의 y절편을 구하시오.

04
> 두 곡선에 공통인 접선

$0<x<\dfrac{\pi}{2}$에서 두 곡선 $y=\sin x-1$, $y=\sin^2 x+a$가 한 점에서 공통인 접선 $y=mx+n$을 갖는다. 상수 a, m, n에 대하여 $amn=p\pi+q\sqrt{3}$일 때, 유리수 p, q에 대하여 $\dfrac{q}{p}$의 값을 구하시오.

05
> 함수의 증가와 감소

함수 $f(x)=-\dfrac{1}{2}x^2+6x+\dfrac{a}{x}$가 $x>0$에서 감소하도록 하는 상수 a의 최솟값은?

① 20   ② 24   ③ 28
④ 32   ⑤ 36

06
> 함수의 극대와 극소

함수 $f(x)=ax+\dfrac{b}{x}+8\ln x+4$가 $x=1$에서 극값 6을 가질 때, 상수 a, b에 대하여 $a+2b$의 값을 구하시오.

07
> 곡선의 오목과 볼록

곡선 $y=x-2\cos x\,(0<x<2\pi)$가 열린구간 $(a,\ b)$에서 위로 볼록할 때, $b-a$의 값은?

① $\dfrac{\pi}{2}$ ② $\dfrac{2}{3}\pi$ ③ π
④ $\dfrac{4}{3}\pi$ ⑤ $\dfrac{3}{2}\pi$

08 모평
> 변곡점

좌표평면에서 점 $(2,\ a)$가 곡선 $y=\dfrac{2}{x^2+b}\,(b>0)$의 변곡점일 때, $\dfrac{b}{a}$의 값을 구하시오. (단, a, b는 상수이다.)

09
> 함수의 그래프

실수 k에 대하여 함수 $y=\ln(\sin x+2)$ $(0\leq x\leq 2\pi)$의 그래프와 직선 $y=k$가 만나는 점의 개수를 $f(k)$라 할 때, $f(0)+f(\ln 2)+f(1)$의 값을 구하시오.

10 수능
> 함수의 최댓값과 최솟값

곡선 $y=2e^{-x}$ 위의 점 $\mathrm{P}(t,\ 2e^{-t})$ $(t>0)$에서 y축에 내린 수선의 발을 A라 하고, 점 P에서의 접선이 y축과 만나는 점을 B라 하자. 삼각형 APB의 넓이가 최대가 되도록 하는 t의 값은?

① 1 　　　② $\dfrac{e}{2}$ 　　　③ $\sqrt{2}$

④ 2 　　　⑤ e

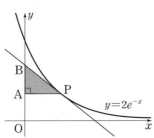

11 모평
> 방정식에의 활용

두 함수
$$f(x)=e^x,\ g(x)=k\sin x$$
에 대하여 방정식 $f(x)=g(x)$의 서로 다른 양의 실근의 개수가 3일 때, 양수 k의 값은?

① $\sqrt{2}e^{\frac{3\pi}{2}}$ 　　　② $\sqrt{2}e^{\frac{7\pi}{4}}$ 　　　③ $\sqrt{2}e^{2\pi}$

④ $\sqrt{2}e^{\frac{9\pi}{4}}$ 　　　⑤ $\sqrt{2}e^{\frac{5\pi}{2}}$

12
> 부등식에의 활용

두 함수 $f(x)=\sqrt{x}$, $g(x)=a\ln 4x$에 대하여 $x>0$에서 부등식 $f(x)\geq g(x)$가 성립하도록 하는 양수 a의 최댓값을 구하시오.

13
> 수직선 위를 움직이는 점의 속도와 가속도

수직선 위를 움직이는 점 P의 시각 t에서의 위치 $f(t)$가
$$f(t)=2\ln(t^2-5t+7)-(t-2)^2$$
일 때, 보기에서 옳은 것만을 있는 대로 고른 것은?

┌─ 보기 ─────────────────────────┐
ㄱ. 점 P의 속도가 0이 되는 시각은 1 또는 3이다.
ㄴ. 점 P의 가속도가 0이 되는 모든 t의 값의 합은 5이다.
ㄷ. 점 P는 원점을 두 번 지난다.
└──────────────────────────────┘

① ㄱ 　　　② ㄷ 　　　③ ㄱ, ㄴ

④ ㄴ, ㄷ 　　　⑤ ㄱ, ㄴ, ㄷ

14 서술형
> 좌표평면 위를 움직이는 점의 속도

좌표평면 위를 움직이는 점 P의 시각 t에서의 위치 $(x,\ y)$가
$$x=\sin\{\ln(t^2+1)\},\ y=\cos\{\ln(t^2+1)\}$$
일 때, 점 P의 속력이 $\dfrac{1}{2}$이 되는 모든 t의 값의 합을 구하시오.

접선의 방정식

01 모평

미분가능한 함수 $f(x)$와 함수 $g(x)=\sin x$에 대하여 합성함수 $y=(g \circ f)(x)$의 그래프 위의 점 $(1, (g \circ f)(1))$에서의 접선이 원점을 지난다.

$$\lim_{x \to 1} \frac{f(x)-\dfrac{\pi}{6}}{x-1}=k$$

일 때, 상수 k에 대하여 $30k^2$의 값을 구하시오.

02

점 $\mathrm{A}(a, 0)$에서 곡선 $y=x^2 e^{-x}$에 그은 세 접선 중 x축이 아닌 두 접선의 기울기를 m_1, m_2라 하자. $m_1 m_2 = -4$일 때, 유리수 a의 값은? (단, $a < 0$)

① -4 ② -2 ③ -1

④ $-\dfrac{1}{2}$ ⑤ $-\dfrac{1}{4}$

03 ✦ idea

$0 \le x \le 1$에서 정의된 함수 $f(x)=\sin^2 \dfrac{\pi}{2}x$의 역함수 $f^{-1}(x)$에 대하여 직선 $y=\dfrac{2}{\pi}\left(x+\dfrac{a}{4}\right)$가 곡선 $y=f^{-1}(x)$의 접선일 때, 상수 a의 값은?

① $\pi-2$ ② $\pi-1$ ③ π

④ $\pi+1$ ⑤ $\pi+2$

04

곡선 $y=\dfrac{2x}{x-2}$ $(x>2)$ 위의 점 P에서의 접선이 두 직선 $x=2$, $y=2$와 만나는 점을 각각 A, B라 할 때, 선분 AB의 길이의 최솟값은?

① 2 ② $2\sqrt{2}$ ③ 4

④ $4\sqrt{2}$ ⑤ 8

05 서술형

매개변수 t로 나타낸 곡선 $x=3\cos t-1$, $y=4\sin t+2$에 접하는 서로 다른 두 직선 l, m이 x축의 양의 방향과 이루는 각의 크기가 모두 $\dfrac{\pi}{4}$일 때, 두 직선 l, m 사이의 거리를 구하시오.

함수의 증가와 감소

06

함수 $f(x)=\dfrac{a}{4}x+2\cos x(\sin x-1)$이 임의의 실수 x_1, x_2에 대하여 $x_1 \ne x_2$이면 $f(x_1) \ne f(x_2)$를 만족시킬 때, 상수 a의 값의 범위는 $a \le p$ 또는 $a \ge q$이다. 이때 $q-p$의 값을 구하시오.

07

보기에서 옳은 것만을 있는 대로 고른 것은?

┌ 보기 ┐

ㄱ. $0<\alpha<\beta<\dfrac{\pi}{4}$일 때, $e^{\alpha}\cos\alpha<e^{\beta}\cos\beta$

ㄴ. $0<\alpha<\beta<\dfrac{\pi}{2}$일 때, $\tan\alpha-\tan\beta>\alpha-\beta$

ㄷ. $0<\alpha<\beta<\pi$일 때, $\dfrac{\sin\alpha}{\sin\beta}>\dfrac{\alpha}{\beta}$

① ㄱ   ② ㄱ, ㄴ   ③ ㄱ, ㄷ
④ ㄴ, ㄷ   ⑤ ㄱ, ㄴ, ㄷ

◤ 함수의 극대와 극소

08

1이 아닌 양수 t에 대하여 함수 $f(x)=\dfrac{-tx+t^2+1}{x^2-4}$의 극솟값을 $g(t)$라 할 때, $g\left(\dfrac{1}{2}\right)-g(5)$의 값을 구하시오.

09

이차함수 $f(x)$가 다음 조건을 만족시킬 때, $|f(10)|$의 값을 구하시오.

┌─────────────────────────┐

(개) 함수 $f(x)$는 극댓값 0을 갖는다.

(내) 함수 $e^x f(x)$는 $x=1$에서 극솟값을 갖는다.

(대) 함수 $\dfrac{f(x)}{x}$는 극솟값 12를 갖는다.

└─────────────────────────┘

10 모평

$t>2e$인 실수 t에 대하여 함수 $f(x)=t(\ln x)^2-x^2$이 $x=k$에서 극대일 때, 실수 k의 값을 $g(t)$라 하면 $g(t)$는 미분가능한 함수이다. $g(\alpha)=e^2$인 실수 α에 대하여 $\alpha\times\{g'(\alpha)\}^2=\dfrac{q}{p}$일 때, $p+q$의 값을 구하시오.

(단, p와 q는 서로소인 자연수이다.)

11

함수 $f(x)=\dfrac{a}{4}\sin 4x-8a\sin^2 x-bx-5$가 극값을 갖지 않도록 하는 정수 a, b의 순서쌍 (a, b)의 개수는?

(단, $1\le a\le 20$, $-20\le b\le 20$)

① 24   ② 28   ③ 32
④ 36   ⑤ 40

◤ 곡선의 오목, 볼록과 변곡점

12

$0<x<4a$에서 곡선 $y=9\sqrt{\dfrac{x}{4a-x}}$의 변곡점을 A라 하고, 점 A에서의 접선을 l이라 하자. 직선 l이 양수 a의 값에 관계없이 점 (α, β)를 지날 때, $\alpha^2+\beta^2$의 값을 구하시오.

13

함수 $f(x)$에 대하여
$$3\{f'(x)\}^2+f(x)f''(x)<0$$
일 때, 보기에서 옳은 것만을 있는 대로 고른 것은?

보기
ㄱ. 어떤 열린구간에서 $f(x)>0$이면 곡선 $y=f(x)$는 그 구간에서 위로 볼록하다.
ㄴ. 어떤 열린구간에서 $f(x)\ne0$이면 곡선 $y=\{f(x)\}^4$은 그 구간에서 아래로 볼록하다.
ㄷ. 열린구간 $(3,8)$에서 $f(x)\ne0$이고 $f(3)=1$, $f(8)=2$이면 $\{f(x)\}^4>3x-8$이다.

① ㄱ ② ㄱ, ㄴ ③ ㄱ, ㄷ
④ ㄴ, ㄷ ⑤ ㄱ, ㄴ, ㄷ

14 모평

양수 a와 실수 b에 대하여 함수 $f(x)=ae^{3x}+be^x$이 다음 조건을 만족시킬 때, $f(0)$의 값은?

(가) $x_1<\ln\frac{2}{3}<x_2$를 만족시키는 모든 실수 x_1, x_2에 대하여 $f''(x_1)f''(x_2)<0$이다.
(나) 구간 $[k,\infty)$에서 함수 $f(x)$의 역함수가 존재하도록 하는 실수 k의 최솟값을 m이라 할 때, $f(2m)=-\frac{80}{9}$이다.

① -15 ② -12 ③ -9
④ -6 ⑤ -3

함수의 그래프

15

함수 $f(x)=\dfrac{2x^2}{x^2+2x+2}$에 대하여 함수 $y=f(x)$의 그래프가 직선 $y=t$와 만나는 점의 개수를 $g(t)$라 하자. 함수 $g(t)$가 불연속인 모든 실수 t의 값의 합을 구하시오.

16

$x>1$에서 정의된 함수 $f(x)=\dfrac{x^n}{\ln x}$에 대하여 보기에서 옳은 것만을 있는 대로 고른 것은? (단, n은 자연수이다.)

보기
ㄱ. 함수 $f(x)$는 극솟값을 갖는다.
ㄴ. $n=1$일 때, 곡선 $y=f(x)$의 변곡점을 $(a,f(a))$라 하면 $a=2f(a)$이다.
ㄷ. $n=2$일 때, 곡선 $y=f(x)$와 직선 $y=k$가 만나지 않도록 하는 자연수 k의 개수는 5이다.

① ㄱ ② ㄱ, ㄴ ③ ㄱ, ㄷ
④ ㄴ, ㄷ ⑤ ㄱ, ㄴ, ㄷ

함수의 최댓값과 최솟값

17

곡선 $y=e^{nx-3}+4$ 위의 점 A와 직선 $y=nx-3$ 위의 점 B에 대하여 선분 AB의 길이의 최솟값을 a_n이라 할 때, $\sum\limits_{n=1}^{8}\dfrac{50}{a_n^2}$의 값을 구하시오. (단, n은 자연수이다.)

18 서술형

함수 $f(x)=\dfrac{x^3}{a^x}$은 $x=a$에서 최댓값 β를 갖고, 곡선 $y=f(x)$의 모든 변곡점의 x좌표의 합은 γ이다. $\dfrac{\beta\gamma}{a^3}\leq\dfrac{1}{e^3}$일 때, 상수 a의 최솟값을 구하시오. (단, $a>1$)

19 idea ✦

$0<a<b$인 실수 a, b에 대하여 $\dfrac{b^2-a^2+2ab}{b^2+3a^2}$의 최댓값이 $p+q\sqrt{7}$일 때, 유리수 p, q에 대하여 $p+q$의 값을 구하시오.

▶ 방정식에의 활용

20 학평

자연수 n에 대하여 함수 $f(x)$와 $g(x)$는 $f(x)=x^n-1$, $g(x)=\log_3(x^4+2n)$이다. 함수 $h(x)$가 $h(x)=g(f(x))$일 때, 보기에서 옳은 것만을 있는 대로 고른 것은?

┌─ 보기 ────────────────────────┐
ㄱ. $h'(1)=0$

ㄴ. 열린구간 $(0,1)$에서 함수 $h(x)$는 증가한다.

ㄷ. $x>0$일 때, 방정식 $h(x)=n$의 서로 다른 실근의 개수는 1이다.
└──────────────────────────────┘

① ㄱ   ② ㄴ   ③ ㄱ, ㄷ
④ ㄴ, ㄷ   ⑤ ㄱ, ㄴ, ㄷ

21

방정식 $e^x=x^a$을 만족시키는 양의 실근이 존재하도록 하는 양수 a의 최솟값을 구하시오.

22

$\dfrac{\pi}{2}<x<\dfrac{3}{2}\pi$에서 방정식 $x\sin x+\sin 2x+3\tan x=k\sin x$가 서로 다른 두 실근을 갖도록 하는 상수 k의 최댓값이 $a\pi+b\sqrt{3}$일 때, 유리수 a, b에 대하여 $12ab$의 값을 구하시오.

▶ 부등식에의 활용

23

함수 $f(x)=\dfrac{\ln x}{x}$에 대하여 보기에서 옳은 것만을 있는 대로 고른 것은?

┌─ 보기 ────────────────────────┐
ㄱ. $x>0$에서 함수 $f(x)$의 최댓값은 $\dfrac{1}{e}$이다.

ㄴ. $e<\alpha<\beta$일 때, $\dfrac{\alpha}{\beta}<\dfrac{\ln\alpha}{\ln\beta}<\dfrac{\beta}{\alpha}$이다.

ㄷ. 함수 $g(x)=-\sin x+k$에 대하여 $x>0$에서 부등식 $f(x)\leq g(x)$가 성립하도록 하는 상수 k의 최솟값은 $\dfrac{1}{e}$이다.
└──────────────────────────────┘

① ㄱ   ② ㄱ, ㄴ   ③ ㄱ, ㄷ
④ ㄴ, ㄷ   ⑤ ㄱ, ㄴ, ㄷ

24 모평

2 이상의 자연수 n에 대하여 실수 전체의 집합에서 정의된 함수

$$f(x)=e^{x+1}\{x^2+(n-2)x-n+3\}+ax$$

가 역함수를 갖도록 하는 실수 a의 최솟값을 $g(n)$이라 하자. $1\le g(n)\le 8$을 만족시키는 모든 n의 값의 합은?

① 43   ② 46   ③ 49

④ 52   ⑤ 55

25

$x>0$에서 부등식 $\dfrac{\ln(x+1)}{x}<\ln a$가 성립하도록 하는 양수 a의 최솟값을 구하시오.

◤ 속도와 가속도

26

수직선 위를 움직이는 점 P의 시각 t에서의 위치 $f(t)$가 $f(t)=(t-2)^2e^{at^2}$일 때, 점 P의 운동 방향이 한 번만 바뀌도록 하는 양수 a의 값의 범위를 구하시오.

27

좌표평면 위의 점 P가 원점을 출발하여 곡선 $y=x^2e^{x-1}$을 따라 매초 v_0의 일정한 속력으로 움직인다. 곡선 $y=x^2e^{x-1}$ 위의 점 P에서의 접선을 l이라 하고, 접선 l과 x축이 만나는 점을 Q라 하자. 점 P의 x좌표가 1일 때의 점 Q의 속력이 $\dfrac{7}{9}$일 때, v_0의 값은?

(단, 점 P는 x좌표가 증가하는 방향으로 움직인다.)

① $2\sqrt2$ ② $\sqrt{10}$ ③ $2\sqrt3$

④ $\sqrt{14}$ ⑤ 4

28 학평

원점 O를 중심으로 하고 두 점 A$(1,0)$, B$(0,1)$을 지나는 사분원이 있다. 그림과 같이 점 P는 점 A에서 출발하여 호 AB를 따라 점 B를 향하여 매초 1의 일정한 속력으로 움직인다. 선분 OP와 선분 AB가 만나는 점을 Q라 하자. 점 P의 x좌표가 $\dfrac{4}{5}$인 순간 점 Q의 속도는 (a,b)이다. $b-a$의 값은?

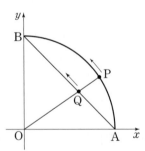

① $\dfrac{2}{49}$ ② $\dfrac{8}{49}$ ③ $\dfrac{18}{49}$

④ $\dfrac{32}{49}$ ⑤ $\dfrac{50}{49}$

step 3 최고난도 문제

01

곡선 $y=e^x$ 위의 점 $P(t, e^t)$에서의 접선을 l이라 하고, 직선 l과 x축이 만나는 점을 A라 하자. x축 위의 점 B에 대하여 원 C가 x축과 점 B에서 접하고 직선 l과 점 P에서 접할 때, 원 C의 중심을 $C(f(t), g(t))$라 하고 $\angle PAB=\theta$라 하자. 이때 $\lim\limits_{\theta \to 0+} \dfrac{10\{f(t)+g(t)-t\}}{\theta}$의 값을 구하시오.

(단, $f(t)>t$)

02 학평

정수 n에 대하여 점 $(a, 0)$에서 곡선 $y=(x-n)e^x$에 그은 접선의 개수를 $f(n)$이라 하자. 보기에서 옳은 것만을 있는 대로 고른 것은?

►보기
ㄱ. $a=0$일 때, $f(4)=1$이다.
ㄴ. $f(n)=1$인 정수 n의 개수가 1인 정수 a가 존재한다.
ㄷ. $\sum\limits_{n=1}^{5} f(n)=5$를 만족시키는 정수 a의 값은 -1 또는 3이다.

① ㄱ   ② ㄱ, ㄴ   ③ ㄱ, ㄷ
④ ㄴ, ㄷ   ⑤ ㄱ, ㄴ, ㄷ

03 idea ✦

함수 $f(x)$가 모든 실수 x에 대하여 $f'(x)>0$이고, 함수 $g(x)=x\{f(x)-f^{-1}(x)\}-\dfrac{3}{8}\ln 2x$가 $x=\dfrac{1}{2}$에서 극값 0을 가질 때, $f\left(\dfrac{1}{2}\right)+f'\left(\dfrac{1}{2}\right)$의 값은?

① $\dfrac{1}{2}$ ② 1   ③ $\dfrac{3}{2}$

④ 2   ⑤ $\dfrac{5}{2}$

04

함수 $f(x)=(ax^2+bx)e^{-x}$의 극댓값과 극솟값의 곱은 유리수이다. 실수 k에 대하여 함수 $y=|f(x)|$의 그래프가 직선 $y=k$와 만나는 점의 개수를 $g(k)$라 하면 함수 $g(k)$는 다음 조건을 만족시킬 때, $f(2)$의 최댓값을 구하시오.

(단, a, b는 유리수이고, $a>0$이다.)

(가) 모든 실수 k에 대하여 $g(k) \le 3$이다.
(나) $g(k)=3$을 만족시키는 정수 k의 개수는 4이다.

05

그림과 같이 $\overline{AB}=5$인 두 점 A, B에 대하여 반지름의 길이가 1이고 두 점 A, B를 중심으로 하는 두 원을 각각 C_1, C_2라 하자. 직선 AB와 원 C_1이 만나는 두 점 중 점 B에서 더 멀리 있는 점을 C라 할 때, 원 C_1 위의 점 중 점 C가 아닌 점 D와 원 C_2 위의 점 E에 대하여 삼각형 CDE의 넓이의 최댓값은?

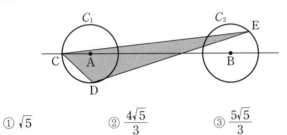

① $\sqrt{5}$　　　② $\dfrac{4\sqrt{5}}{3}$　　　③ $\dfrac{5\sqrt{5}}{3}$

④ $2\sqrt{5}$　　　⑤ $\dfrac{7\sqrt{5}}{3}$

06 모평

다음 조건을 만족시키는 실수 a, b에 대하여 ab의 최댓값을 M, 최솟값을 m이라 하자.

> 모든 실수 x에 대하여 부등식
> $$-e^{-x+1} \le ax+b \le e^{x-2}$$
> 이 성립한다.

$\left| M \times m^3 \right| = \dfrac{q}{p}$일 때, $p+q$의 값을 구하시오.

(단, p와 q는 서로소인 자연수이다.)

07 모평

이차함수 $f(x)$에 대하여 함수 $g(x)=\{f(x)+2\}e^{f(x)}$이 다음 조건을 만족시킨다.

> (가) $f(a)=6$인 a에 대하여 $g(x)$는 $x=a$에서 최댓값을 갖는다.
> (나) $g(x)$는 $x=b$, $x=b+6$에서 최솟값을 갖는다.

방정식 $f(x)=0$의 서로 다른 두 실근을 α, β라 할 때, $(\alpha-\beta)^2$의 값을 구하시오. (단, a, b는 실수이다.)

08

$0 \le x \le 2\pi$일 때, 함수

$$f(x) = \left\{ 2\sin^3 x + 2\cos^3 x - 3\sqrt{2}\sin\left(x + \frac{\pi}{4}\right) \right\} e^{-\sin 2x}$$

은 $x = \alpha$에서 최댓값을 갖는다. 실수 α의 최댓값을 M, 최솟값을 m이라 할 때, $M - m$의 값은?

① $\dfrac{\pi}{3}$ ② $\dfrac{2}{3}\pi$ ③ π

④ $\dfrac{4}{3}\pi$ ⑤ $\dfrac{5}{3}\pi$

09

함수

$$f(x) = \begin{cases} \dfrac{2(x+1)^2}{x^2+1} & (x \le 1) \\ x^3 + ax^2 + bx + c & (x > 1) \end{cases}$$

가 실수 전체의 집합에서 미분가능하다. 실수 t에 대하여 방정식 $f(x) = t$의 서로 다른 실근의 개수를 $g(t)$라 하면 $g(0) = 2$일 때, $f(2)$의 값을 구하시오.

(단, a, b, c는 상수이다.)

10

함수 $f(x) = x + \dfrac{2a^2}{x-1}$에 대하여 방정식 $f(x) = -x + k$의 서로 다른 실근의 개수를 $g(k)$라 하자. 이때 $g(k) = 0$인 자연수 k의 개수는 9이다. 점 $P(0, b)$에서 곡선 $y = f(x)$에 그은 두 접선이 서로 수직일 때, $b^2 - 2b$의 값을 구하시오.

(단, a는 자연수이다.)

11 ^{idea} ✦

시침과 분침의 길이가 각각 1, 2인 시계가 있다. 시각 t에서의 시침과 분침의 끝 점 사이의 거리를 $x(t)$라 하고, 시침과 분침의 끝 점이 가까워지거나 멀어지는 속도를 $v(t)$라 하자. 시계의 시침과 분침이 $t = 0$일 때 12시 정각에서 동시에 출발하여 $t = 12$일 때 다시 12시 정각이 되었을 때, $2 \le t \le 3$에서 $|v(t)|$가 최댓값을 갖는 모든 t의 값의 곱은?

① 4 ② $\dfrac{48}{11}$ ③ $\dfrac{52}{11}$

④ $\dfrac{56}{11}$ ⑤ $\dfrac{60}{11}$

01

학평→ 50쪽 15번

두 함수 $f(x)=a+\ln x$, $g(x)=\ln\dfrac{b^2}{x}$의 그래프가 점 P(b, c)에서 만날 때, 보기에서 옳은 것만을 있는 대로 고른 것은? (단, a, b는 상수이고, $b>0$이다.)

●보기●
ㄱ. $c=1$이면 $a+b=e$이다.
ㄴ. 두 함수 $y=f(x)$, $y=g(x)$의 그래프 위의 점 P에서의 각각의 접선이 서로 수직일 때, $a+b+c=1$이다.
ㄷ. $c=1$이면 $t>b$일 때,
$$-\frac{1}{e^2}<\frac{\{f(t)-1\}\{g(t)-1\}}{(t-e)^2}<0$$이다.

① ㄱ   ② ㄱ, ㄴ   ③ ㄱ, ㄷ
④ ㄴ, ㄷ   ⑤ ㄱ, ㄴ, ㄷ

02

학평→ 56쪽 06번

사각형 ABCD에 대하여 $\angle A=\alpha$, $\angle B=\beta$, $\angle C=\gamma$, $\angle D=\delta$라 하자. α, β, γ, δ가 이 순서대로 등차수열을 이루고 $-2\sqrt{2}+\tan\alpha$, $\tan\beta$, $\tan\gamma$, $2-\tan\delta$가 이 순서대로 등비수열을 이룰 때, $\tan(\alpha+\beta-\gamma)$의 값을 구하시오.

(단, $\alpha<\beta<\gamma<\delta$)

03

학평→ 57쪽 08번

그림과 같이 중심이 점 A(2, 0)이고 반지름의 길이가 2인 원 C_1과 중심이 점 B(-4, 0)이고 반지름의 길이가 4인 원 C_2가 있다. y축 위의 점 P(0, a) ($a>2\sqrt{2}$)에서 원 C_1에 그은 접선 중 y축이 아닌 직선이 원 C_1과 접하는 점을 Q, 원 C_2에 그은 접선 중 y축이 아닌 직선이 원 C_2와 접하는 점을 R라 하자. $\angle BPA=\theta$라 하면 $\tan 2\theta=\dfrac{12}{5}$일 때, a^2-9a의 값은?

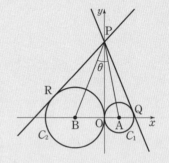

① $\dfrac{38}{5}$ ② 8   ③ $\dfrac{42}{5}$

④ $\dfrac{44}{5}$ ⑤ $\dfrac{46}{5}$

04

모평 → 61쪽 06번

그림과 같이 반지름의 길이가 1이고 중심각의 크기가 $\dfrac{\pi}{2}$인 부채꼴 OAB가 있다. 호 AB 위의 점 P에서 선분 OA에 내린 수선의 발을 H라 하고, ∠OAP를 이등분하는 직선과 세 선분 HP, OP, OB가 만나는 점을 각각 Q, R, S라 하자. ∠POB$=\theta$라 하고, 삼각형 QOR의 넓이를 $f(\theta)$, 삼각형 PRS의 넓이를 $g(\theta)$라 할 때, $\displaystyle\lim_{\theta \to \frac{\pi}{2}-}\dfrac{f(\theta)}{g(\theta)}$의 값은?

$$\left(\text{단, } 0<\theta<\dfrac{\pi}{2}\right)$$

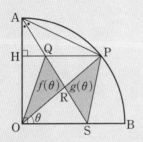

① $\dfrac{\pi}{8}$　　② $\dfrac{1}{2}$　　③ $\dfrac{\pi}{4}$

④ 1　　⑤ $\dfrac{\pi}{2}$

05

학평 → 61쪽 07번

함수 $f(x)=x\cos x+a\sin x+b$와 $-\pi<\alpha<0<\beta<\pi$인 실수 α, β가 다음 조건을 만족시키고 $\displaystyle\lim_{x \to 0}\dfrac{f(x)-a}{x}=c$일 때, $f\left(\dfrac{\beta-\alpha}{8}\right)-c=p+q\sqrt{3}\pi$이다. 이때 유리수 p, q에 대하여 $40(q-p)$의 값을 구하시오.

(단, a, b, c는 상수이고, $a<-1$이다.)

> (가) $f'(\alpha)=f'(\beta)=0$
>
> (나) $\dfrac{\tan\beta-\tan\alpha}{\beta-\alpha}+\dfrac{\sqrt{3}}{\beta}=0$

06

학평 → 68쪽 28번

함수 $f(x)=(x^2+ax+b)\ln x$와 미분가능한 함수 $g(x)$가 다음 조건을 만족시킬 때, 함수 $h(x)=f^{-1}(x)g(x)$에 대하여 $h'(e^2)$의 값은? (단, a, b는 상수이다.)

> (가) $f(e)=e^2$, $f'(e)=2e$
>
> (나) $x>0$에서 $g(f(x))=f'(x)$이다.

① $\dfrac{1}{2}$　　② 1　　③ $\dfrac{3}{2}$

④ 2　　⑤ $\dfrac{5}{2}$

07

모평→ 69쪽 02번

$t > \dfrac{1}{2}\ln(2+2\sqrt{2})$인 실수 t에 대하여 곡선

$y = \ln(1 + e^{2\sqrt{3}x} + e^{-2t})$과 직선 $y = \sqrt{3}x + t$가 만나는 서로 다

른 두 점 사이의 거리를 $f(t)$라 할 때, $f'\left(\dfrac{\ln 6}{2}\right) = \dfrac{q}{p}\sqrt{6}$이다.

이때 서로소인 자연수 p, q에 대하여 $p+q$의 값은?

① 23   ② 25   ③ 27

④ 29   ⑤ 31

08

학평→ 71쪽 07번

함수 $f(x) = x^3 - x$와 미분가능한 역함수가 존재하는 삼차함

수 $g(x) = ax^3 - x^2 + bx - 1$이 있다. 함수 $g(x)$의 역함수

$g^{-1}(x)$에 대하여 함수 $h(x)$를

$$h(x) = \begin{cases} (f \circ g^{-1})(x) & (x < -1 \text{ 또는 } x > 0) \\ -\dfrac{1}{\pi}\sin \pi x & (-1 \le x \le 0) \end{cases}$$

라 하자. 함수 $h(x)$가 실수 전체의 집합에서 미분가능할 때,

상수 a, b에 대하여 ab의 값을 구하시오.

09

모평→ 71쪽 09번

함수 $f(x) = e^x + x + 1$에 대하여 점

$(t, 0)$ $(t > 0)$과 점 $(x, f(x))$ 사이의 거

리가 $x = s$에서 최소일 때, 실수 $f(s)$의

값을 $g(t)$라 하자. $h(t) = g^{-1}(t)$라 할

때, $h'(2)$의 값을 구하시오.

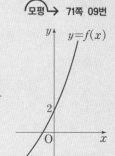

10

학평→ 77쪽 20번

자연수 n에 대하여 두 함수 $f(x)$, $g(x)$가

$$f(x) = e^{nx}, \quad g(x) = \ln\left(\sin\frac{\pi}{2}x + 2n\right)$$

이다. 함수 $h(x) = g(f(x))$에 대하여 보기에서 옳은 것만을

있는 대로 고른 것은?

┌─ 보기 ─

ㄱ. $h'(0) = 0$

ㄴ. $x < 0$에서 함수 $h(x)$는 감소한다.

ㄷ. $n = 2$일 때, $0 < x < \dfrac{\ln 5}{2}$에서 방정식 $h(x) = \ln 4$의 서로

    다른 실근의 개수는 2이다.

① ㄱ   ② ㄴ   ③ ㄱ, ㄷ

④ ㄴ, ㄷ   ⑤ ㄱ, ㄴ, ㄷ

11

학평→ 78쪽 28번

그림과 같이 두 점 $A(1, 0)$, $B(0, 1)$에 대하여 원점 O를 중심으로 하는 부채꼴 AOB가 있다. 점 P는 점 A에서 출발하여 호 AB를 따라 점 B를 향해 매초 1의 일정한 속력으로 움직일 때, 곡선 $y=(x-1)^2$과 선분 OP가 만나는 점을 Q라 하자. 점 P의 x좌표가 $\dfrac{\sqrt{5}}{5}$일 때의 점 Q의 속도는 (a, b)일 때, $b-5a$의 값을 구하시오.

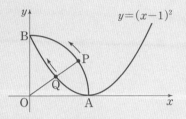

12

학평→ 79쪽 02번

정수 n에 대하여 점 $(a, 0)$에서 곡선 $y=(x+n)e^x$에 그은 접선의 개수를 $f(n)$이라 할 때, 보기에서 옳은 것만을 있는 대로 고른 것은?

보기

ㄱ. $a=-4$일 때, $f(0)+f(5)=3$이다.

ㄴ. $f(n)=0$인 모든 정수 n의 값의 합이 3일 때, 정수 a의 값은 3이다.

ㄷ. $\displaystyle\sum_{n=1}^{6} f(n)=7$을 만족시키는 모든 정수 a의 값의 합은 -11이다.

① ㄱ
② ㄱ, ㄴ
③ ㄱ, ㄷ
④ ㄴ, ㄷ
⑤ ㄱ, ㄴ, ㄷ

13

모평→ 80쪽 06번

부등식 $-e^{-x-2}\leq ax+b\leq e^x$을 만족시키는 실수 a, b에 대하여 a^2b의 최댓값을 M, 최솟값을 m이라 할 때, $\ln\left|\dfrac{M}{3m}\right|$의 값을 구하시오.

14

모평→ 80쪽 07번

최고차항의 계수가 양수인 이차함수 $f(x)$에 대하여 함수 $g(x)=\{4-f(x)\}e^{-f(x)}$이 다음 조건을 만족시킨다. 방정식 $f(x)=0$의 서로 다른 두 실근을 α, β라 할 때, $|\alpha-\beta|$의 값을 구하시오.

(개) 함수 $g(x)$는 $x=a$, $x=a+8$에서 최솟값을 갖는다.

(내) $f(b)=-11$인 b에 대하여 함수 $g(x)$는 $x=b$에서 최댓값을 갖는다.

III

적분법

01
> 유리함수의 부정적분

$x>0$에서 정의된 함수 $f(x)$가

$$f'(x)=\sum_{n=1}^{\infty}\left(\frac{1}{x+1}\right)^{n-1}, f(1)=-e$$

를 만족시킬 때, $f(e)$의 값을 구하시오.

02 서술형
> 지수함수의 부정적분

함수 $f(x)$가 실수 전체의 집합에서 연속이고

$$f'(x)=\begin{cases} e^x-1 & (x<0) \\ \dfrac{8^x-2^x}{2^x+1} & (x>0)\end{cases}, f(1)=\frac{1}{2\ln 2}$$

일 때, $f(-2)$의 값을 구하시오.

03
> 삼각함수의 부정적분

함수 $f(x)=\displaystyle\int\frac{\sin^2 x}{1-\cos x}dx$에 대하여 $0<x<2\pi$에서 부등식 $f(x)\le x$를 만족시키는 x의 값의 범위가 $\dfrac{7}{6}\pi\le x\le\dfrac{11}{6}\pi$일 때, $f(\pi)$의 값을 구하시오.

04 학평
> 치환적분법

$x>1$인 모든 실수 x의 집합에서 정의되고 미분가능한 함수 $f(x)$가

$$\sqrt{x-1}\,f'(x)=3x-4$$

를 만족시킬 때, $f(5)-f(2)$의 값은?

① 4   ② 6   ③ 8
④ 10   ⑤ 12

05
> 치환적분법

함수 $f(x)=\displaystyle\int(-\cos x+\cos^5 x)\,dx$에 대하여 $f(0)=1$일 때, $f\left(\dfrac{\pi}{2}\right)$의 값을 구하시오.

06
> $\dfrac{f'(x)}{f(x)}$ 꼴인 함수의 부정적분

함수 $f(x)$에 대하여

$$f'(x)=\frac{4x-5}{x^2-x-2}, f(0)=0$$

일 때, $f(1)$의 값은?

① $\ln 2$ ② 1   ③ $2\ln 2$
④ 2   ⑤ $3\ln 2$

07
> 부분적분법

$x>0$에서 정의된 함수 $f(x)$에 대하여

$$f'(x)=\sin(\ln x), f(1)=\frac{1}{2}$$

일 때, $f(e^{\frac{\pi}{4}})$의 값을 구하시오.

08
> 구간이 나누어진 함수의 정적분

함수 $f(x)=\sqrt{x}$에 대하여 $\displaystyle\int_0^3 f(|x-2|)\,dx$의 값은?

① $\dfrac{2}{3}$ ② $\dfrac{2\sqrt{2}+2}{3}$ ③ $\dfrac{4\sqrt{2}+2}{3}$
④ $\dfrac{4\sqrt{2}+4}{3}$ ⑤ $\dfrac{4\sqrt{2}+8}{3}$

09 › 치환적분법을 이용한 정적분

$\int_0^{\frac{\pi}{6}} (1-\tan^4 x)\,dx = \frac{q}{p}\sqrt{3}$일 때, 서로소인 자연수 p, q에 대하여 $p+q$의 값을 구하시오.

10 › 삼각함수를 이용한 치환적분법

$\int_0^{\sqrt{3}} \dfrac{1}{\sqrt{4-x^2}}\,dx$의 값은?

① $\dfrac{\pi}{6}$ ② $\dfrac{\pi}{4}$ ③ $\dfrac{\pi}{3}$

④ $\dfrac{\pi}{2}$ ⑤ π

11 › 부분적분법을 이용한 정적분

함수 $f(x)$가

$$\int_1^e f'(x)\ln x\,dx = 1,\ f(e)=3$$

을 만족시킬 때, $\int_1^e \dfrac{f(x)}{x}\,dx$의 값을 구하시오.

12 › 정적분을 포함한 등식

함수 $f(x)$가

$$f(x) = x^2 + \int_0^1 e^t f(t)\,dt$$

를 만족시킬 때, $f(-4)$의 값을 구하시오.

13 학평 › 정적분을 포함한 등식

연속함수 $f(x)$가 모든 양의 실수 x에 대하여

$$\int_0^{\ln t} f(x)\,dx = (t\ln t + a)^2 - a$$

를 만족시킬 때, $f(1)$의 값은? (단, a는 0이 아닌 상수이다.)

① $2e^2+2e$ ② $2e^2+4e$ ③ $4e^2+4e$

④ $4e^2+8e$ ⑤ $8e^2+8e$

14 학평 › 정적분으로 정의된 함수의 최대, 최소

실수 전체의 집합에서 정의된 함수

$$f(x) = \int_0^x \dfrac{2t-1}{t^2-t+1}\,dt$$

의 최솟값은?

① $\ln\dfrac{1}{2}$ ② $\ln\dfrac{2}{3}$ ③ $\ln\dfrac{3}{4}$

④ $\ln\dfrac{4}{5}$ ⑤ $\ln\dfrac{5}{6}$

15 서술형 › 정적분을 포함한 함수의 극한

$x>0$에서 정의된 함수 $f(x)$에 대하여

$$f'(x) = x\ln x,\ f(1) = -\dfrac{1}{4}$$

일 때, $\displaystyle\lim_{h\to 0}\dfrac{1}{h}\int_{2-2h}^{2+h} f(x)\,dx$의 값을 구하시오.

여러 가지 함수의 부정적분

01 수능

$x>0$에서 미분가능한 함수 $f(x)$에 대하여

$$f'(x)=2-\frac{3}{x^2},\ f(1)=5$$

이다. $x<0$에서 미분가능한 함수 $g(x)$가 다음 조건을 만족시킬 때, $g(-3)$의 값은?

> (가) $x<0$인 모든 실수 x에 대하여 $g'(x)=f'(-x)$이다.
> (나) $f(2)+g(-2)=9$

① 1 ② 2 ③ 3
④ 4 ⑤ 5

02

함수 $f(x)$에 대하여 $f'(x)=e^{-x}+e^{-2x}$일 때, $\sum_{n=1}^{\infty}\{f'(n)+f(n)\}=a$이다. 이때 상수 a의 값은?

① $\dfrac{1}{4e^2-2}$ ② $\dfrac{1}{4e^2-4}$ ③ $\dfrac{1}{4e^2-8}$
④ $\dfrac{1}{2e^2-2}$ ⑤ $\dfrac{1}{2e^2-4}$

03 서술형

함수 $f(x)$가

$$f'(f(x))+\frac{1}{f'(x)}=\frac{1}{\{f(x)\}^2},\ f(1)=1$$

을 만족시킨다. 함수 $f(x)$의 역함수를 $g(x)$라 할 때, $f(2)+g(2)$의 값을 구하시오.

치환적분법

04

함수 $f(x)=\displaystyle\int \sec x\,dx$에 대하여 $f(0)=\dfrac{\ln 2}{2}$일 때, $f\left(\dfrac{\pi}{6}\right)$의 값은?

① $\dfrac{\ln 2}{2}$ ② $\dfrac{\ln 3}{2}$ ③ $\ln 2$
④ $\dfrac{\ln 5}{2}$ ⑤ $\dfrac{\ln 6}{2}$

05

$x\neq 0$에서 정의된 함수 $f(x)$와 그 부정적분 $F(x)$가

$$f(x)=\frac{1-2f\left(\dfrac{1}{x}\right)}{x^2},\ F(1)=1$$

을 만족시킬 때, $F(-1)$의 값은?

① -1 ② $-\dfrac{1}{2}$ ③ $\dfrac{1}{2}$
④ 1 ⑤ 2

06

$x>0$에서 정의된 함수 $f(x)$가

$$xf(x)f'(x)=3(\ln x)^2+1,\ f(1)=2$$

를 만족시킬 때, $f\left(\dfrac{1}{e}\right)$의 값을 구하시오.

07

$x \geq 0$에서 정의된 함수 $f(x)$가 다음 조건을 만족시킬 때, $f(1)$의 값을 구하시오.

> (가) 함수 $f(x)$의 최솟값은 $\dfrac{1}{6}$이다.
>
> (나) $\displaystyle\int \ln f'(x)\,dx = \int \ln(x+1)\,dx + x^3 + 3x^2$

08

함수 $f(x)$가 모든 실수 x에 대하여
$$3\{f(x)\}^2 f'(x) = \{f(3x-1)\}^2 f'(3x-1)$$
을 만족시키고 $f\left(-\dfrac{1}{3}\right) = \dfrac{1}{3}$, $f(-22) = -4$일 때, $f\left(\dfrac{1}{2}\right)$의 값은?

① $\dfrac{1}{4}$ ② $\dfrac{1}{2}$ ③ 1

④ 2 ⑤ 4

09 idea ✦

함수 $f(x)$가 다음 조건을 만족시키고 $f(0)=1$일 때, $f(\ln 2)$의 값을 구하시오.

> (가) $f(x) > f'(x)$
>
> (나) $f(x) = -f'(x) = f''(x)$

10 학평

실수 전체의 집합에서 미분가능한 함수 $f(x)$가 다음 조건을 만족시킨다.

> (가) $f(1) = 0$
>
> (나) 0이 아닌 모든 실수 x에 대하여 $\dfrac{xf'(x) - f(x)}{x^2} = xe^x$이다.

$f(3) \times f(-3)$의 값을 구하시오.

11

함수 $f(x)$에 대하여
$$f'(x) = \begin{cases} 3x^2 + 4x + 1 & (x < 1) \\ \ln x & (x > 1) \end{cases}$$
이고 함수 $\{f(x)\}^2$이 미분가능할 때, $f(0) + f(e^2)$의 값은?

① $e^2 - 3$ ② $e^2 - 1$ ③ e^2

④ $e^2 + 1$ ⑤ $e^2 + 3$

12 idea ✦

미분가능한 함수 $f(x)$가 모든 실수 x, y에 대하여 다음 조건을 만족시키고 $f'(0) = 2$일 때, $f(2)$의 값을 구하시오.

> (가) $f(x) < 0$
>
> (나) $2f(x+y) = -f(x)f(y) + xy(xy - 2x - 2y)$

여러 가지 함수의 정적분

13 수능

$x>0$에서 정의된 연속함수 $f(x)$가 모든 양수 x에 대하여

$$2f(x)+\frac{1}{x^2}f\left(\frac{1}{x}\right)=\frac{1}{x}+\frac{1}{x^2}$$

을 만족시킬 때, $\int_{\frac{1}{2}}^{2} f(x)\,dx$의 값은?

① $\dfrac{\ln 2}{3}+\dfrac{1}{2}$ ② $\dfrac{2\ln 2}{3}+\dfrac{1}{2}$ ③ $\dfrac{\ln 2}{3}+1$

④ $\dfrac{2\ln 2}{3}+1$ ⑤ $\dfrac{2\ln 2}{3}+\dfrac{3}{2}$

14 서술형

함수 $f(x)=ae^x-2$에 대하여 $a>1$에서 정의된 함수 $g(a)$가

$$g(a)=\int_0^{\ln 2}|f(x)|\,dx$$

이다. 함수 $g(a)$의 극값이 $p\ln 2+q\ln 3$일 때, 정수 p, q에 대하여 p^2+q^2의 값을 구하시오.

15

함수 $f(x)$가 모든 실수 x에 대하여 $f'(x)=f'(-x)$를 만족시키고 $f(0)=0$일 때, $\int_{-\frac{\pi}{4}}^{\frac{\pi}{4}}\{\cos x+f'(x)\}f(x)\,dx$의 값을 구하시오.

16

실수 전체의 집합에서 연속인 함수 $f(x)$가

$$f(x)+f(-x)=1+\cos\frac{\pi}{6}x$$

를 만족시킬 때, $\int_{-1}^{1} f(x)\,dx$의 값을 구하시오.

치환적분법을 이용한 정적분

17

$x>1$에서 정의된 두 함수 $f(x)$, $g(x)$가

$$f(x)=\int_{\ln 3}^{\ln x}\frac{1}{e^t-e^{-t}}\,dt,\quad g(x)=\int_{\ln 3}^{\ln x}\frac{e^{-t}}{e^t-e^{-t}}\,dt$$

일 때, $f(4)-g(4)=\ln k$이다. 이때 양수 k의 값을 구하시오.

18

실수 전체의 집합에서 연속인 함수 $f(x)$가 다음 조건을 만족시키고 $\int_0^1 x^2 f(x)\,dx=2$일 때, $\int_0^{21} x^2 f(x)\,dx$의 값은?

> (가) 모든 실수 x에 대하여 $f(x+2)=f(x)$이다.
>
> (나) 자연수 n에 대하여 $\int_{-1}^{1}(x+2n)^2 f(x)\,dx=n^2$이다.

① 383 ② 385 ③ 387
④ 389 ⑤ 391

19

$0 \leq x \leq 3$에서 정의된 함수 $y=f(x)$
의 그래프가 그림과 같을 때,
$\displaystyle\int_0^3 \dfrac{f'(x)}{\cos^4 f(x)} dx$의 값을 구하시오.

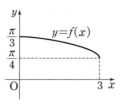

20 학평

실수 전체의 집합에서 미분가능한 함수 $f(x)$가 모든 실수 x에
대하여

$$f(1+x)=f(1-x), f(2+x)=f(2-x)$$

를 만족시킨다. 실수 전체의 집합에서 $f'(x)$가 연속이고,
$\displaystyle\int_2^5 f'(x)dx=4$일 때, 보기에서 옳은 것만을 있는 대로 고른
것은?

> ──● 보기 ●──
> ㄱ. 모든 실수 x에 대하여 $f(x+2)=f(x)$이다.
> ㄴ. $f(1)-f(0)=4$
> ㄷ. $\displaystyle\int_0^1 f(f(x))f'(x)dx=6$일 때, $\displaystyle\int_1^{10} f(x)dx=\dfrac{27}{2}$이다.

① ㄱ   ② ㄷ   ③ ㄱ, ㄴ
④ ㄴ, ㄷ   ⑤ ㄱ, ㄴ, ㄷ

21

$\displaystyle\int_0^{\frac{1}{2}} \dfrac{1}{3^{-x}+3^x} dx$의 값을 구하시오.

22 모평

좌표평면에서 원점을 중심으로 하고 반지름의 길이가 2인 원
C와 두 점 $A(2, 0)$, $B(0, -2)$가 있다. 원 C 위에 있고 x
좌표가 음수인 점 P에 대하여 $\angle PAB=\theta$라 하자.
점 $Q(0, 2\cos\theta)$에서 직선 BP에 내린 수선의 발을 R라 하
고, 두 점 P와 R 사이의 거리를 $f(\theta)$라 할 때, $\displaystyle\int_{\frac{\pi}{6}}^{\frac{\pi}{3}} f(\theta)d\theta$
의 값은?

① $\dfrac{2\sqrt{3}-3}{2}$ ② $\sqrt{3}-1$ ③ $\dfrac{3\sqrt{3}-3}{2}$

④ $\dfrac{2\sqrt{3}-1}{2}$ ⑤ $\dfrac{4\sqrt{3}-3}{2}$

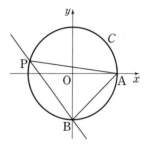

부분적분법을 이용한 정적분

23

2 이상의 자연수 n에 대하여

$$a_n=\int_{\frac{1}{n}}^n xe^{nx}dx, \quad b_n=a_2 \times a_3 \times \cdots \times a_n$$

이라 할 때, $\ln b_6=p+\ln q$이다. 이때 유리수 p, q에 대하여
$2pq$의 값을 구하시오.

24 모평

두 함수 $f(x)$, $g(x)$는 실수 전체의 집합에서 도함수가 연속이고 다음 조건을 만족시킨다.

> (가) 모든 실수 x에 대하여 $f(x)g(x)=x^4-1$이다.
>
> (나) $\displaystyle\int_{-1}^{1}\{f(x)\}^2g'(x)\,dx=120$

$\displaystyle\int_{-1}^{1}x^3f(x)\,dx$의 값은?

① 12   ② 15   ③ 18

④ 21   ⑤ 24

25

함수 $f(x)=kxe^x$ $(x\geq0)$에 대하여

$$\int_{1}^{2}f(x)\,dx+\int_{ke}^{2ke^2}f^{-1}(x)\,dx=12e^2-3e$$

일 때, $\displaystyle\int_{0}^{2}f(x)\,dx$의 값을 구하시오. (단, k는 양수이다.)

▶ **정적분을 포함한 등식**

26

소수 a, b에 대하여 $\displaystyle\lim_{x\to0}\frac{1}{\sec^2ax-1}\int_{0}^{x^2}2^{t+b}\cos t\,dt$의 값이 자연수일 때, $a+b$의 최솟값을 구하시오.

27

함수 $f(x)$가 모든 실수 x에 대하여

$$\int_{f(1)}^{f(x)}f(t)\,dt=xf(x)-1-\int_{1}^{x}f(t)\,dt,\quad f'(x)>0$$

을 만족시키고 $f(3)=3$이다. 함수 $f(x)$의 역함수를 $g(x)$라 할 때, $\displaystyle\int_{1}^{3}\frac{1}{f'(g(x))}\,dx$의 값을 구하시오.

28 서술형

함수 $f(x)$가 $f(x)=e^x+\displaystyle\int_{x}^{x+1}tf(t-x)\,dt$를 만족시킬 때, $\displaystyle\int_{0}^{1}(1-3x)f(x)\,dx$의 값을 구하시오.

29 모평

실수 전체의 집합에서 미분가능한 함수 $f(x)$가 모든 실수 x에 대하여 다음 조건을 만족시킨다.

> (가) $f(x)>0$
>
> (나) $\ln f(x)+2\displaystyle\int_{0}^{x}(x-t)f(t)\,dt=0$

보기에서 옳은 것만을 있는 대로 고른 것은?

> ┌─ 보기 ─
> ㄱ. $x>0$에서 함수 $f(x)$는 감소한다.
> ㄴ. 함수 $f(x)$의 최댓값은 1이다.
> ㄷ. 함수 $F(x)$를 $F(x)=\displaystyle\int_{0}^{x}f(t)\,dt$라 할 때, $f(1)+\{F(1)\}^2=1$이다.

① ㄱ   ② ㄱ, ㄴ   ③ ㄱ, ㄷ

④ ㄴ, ㄷ   ⑤ ㄱ, ㄴ, ㄷ

step 3 최고난도 문제

01

$x>0$에서 정의된 함수 $f(x)$가 자연수 n에 대하여

$$f_n{}'(x)=\sum_{k=1}^{n}(2-k)x^{1-k}, \quad f_n(1)=n-4$$

를 만족시킬 때, $\lim_{n\to\infty}\sum_{k=1}^{n}f_k(2)$의 값은?

① -4 ② -2 ③ 2

④ 4 ⑤ 8

03 학평

$\dfrac{3}{5}<x<4$에서 정의된 미분가능한 함수 $f(x)$가 $f(1)=2$이고

$$f'(x)=\frac{1-x^2\{f(x)\}^3}{x^3\{f(x)\}^2}$$

을 만족시킨다. 함수 $f(x)$의 역함수 $g(x)$가 존재하고 미분가능할 때, 보기에서 옳은 것만을 있는 대로 고른 것은?

┌ 보기 ─────────────────────────┐

ㄱ. $g'(2)=-\dfrac{4}{7}$

ㄴ. $g(x)=\dfrac{1}{3}x^3\{g(x)\}^3-\dfrac{5}{3}$

ㄷ. $2<g(1)<\dfrac{5}{2}$

└──────────────────────────────┘

① ㄱ   ② ㄱ, ㄴ   ③ ㄱ, ㄷ

④ ㄴ, ㄷ   ⑤ ㄱ, ㄴ, ㄷ

02

$0<x<1$에서 곡선 $y=f(x)$ 위의 임의의 점 $(t, f(t))$를 지나고 이 점에서의 접선과 수직인 직선이 x축과 만나는 점을 P, y축과 만나는 점을 Q라 하자. 함수 $f(x)$가 다음 조건을 만족시킬 때, $\dfrac{1}{5}\leq x\leq\dfrac{4}{5}$에서 함수 $f(x)$의 최댓값을 구하시오.

┌──────────────────────────────┐

㈎ $0<x<1$에서 $f(x)>0$, $f'(x)>0$이다.

㈏ 삼각형 OPQ의 넓이는 $\dfrac{1}{2}f'(t)$이다. (단, O는 원점이다.)

㈐ $f\left(\dfrac{3}{5}\right)=\dfrac{1}{5}$

└──────────────────────────────┘

04

두 함수 $f(x)$, $g(x)$가 다음 조건을 만족시킬 때, $0<x<2\pi$에서 함수 $f(x)$가 극값을 갖는 모든 실수 x의 값의 합을 구하시오.

┌──────────────────────────────┐

㈎ $f(x)>g(x)>0$

㈏ $f'(x)=g(x)\sin x$, $g'(x)=f(x)\sin x$

㈐ 곡선 $y=f(x)$ 위의 점 $\left(\dfrac{\pi}{2}, 1\right)$에서의 접선이 x축에 평행하다.

└──────────────────────────────┘

05 모평

최고차항의 계수가 9인 삼차함수 $f(x)$가 다음 조건을 만족시킨다.

(가) $\displaystyle\lim_{x\to 0}\dfrac{\sin(\pi\times f(x))}{x}=0$

(나) $f(x)$의 극댓값과 극솟값의 곱은 5이다.

함수 $g(x)$는 $0\le x<1$일 때 $g(x)=f(x)$이고 모든 실수 x에 대하여 $g(x+1)=g(x)$이다. $g(x)$가 실수 전체의 집합에서 연속일 때, $\displaystyle\int_0^5 xg(x)\,dx=\dfrac{q}{p}$이다. $p+q$의 값을 구하시오.

(단, p와 q는 서로소인 자연수이다.)

06

실수 전체의 집합에서 연속인 함수 $f(x)$가 모든 실수 x에 대하여

$$f(x)>0,\; f(x)f(-x)=e^x$$

을 만족시키고 $\displaystyle\int_{-a}^{a}\ln f(x)\,dx=8$일 때, 양수 a의 값은?

① $\sqrt{2}$ ② 2 ③ $2\sqrt{2}$

④ 4 ⑤ $4\sqrt{2}$

07

함수 $f(x)=a(x^3-x)e^{x^2}\,(a>0)$이 있다. 모든 실수 x에 대하여

$$\left|\int_k^x \{f(t)+b\}\,dt\right|=\int_k^x |f(t)+b|\,dt$$

를 만족시키는 실수 k의 값이 존재하도록 하는 상수 b의 값의 범위는 $b\le-\sqrt{2e}$ 또는 $b\ge\sqrt{2e}$이다.

$\displaystyle\int_1^a f(x)\,dx=pe^{16}+qe$일 때, 자연수 p, q에 대하여 $p+q$의 값을 구하시오.

08

$x>-1$에서 정의된 함수 $f(x)$가

$$2xf(x)f'(x)+2f(x)f'(x)-\{f(x)\}^2=(x+1)^3e^x$$

을 만족시키고 $f(0)=1$일 때, $\displaystyle\int_0^2 \{f(x)\}^2\,dx$의 값은?

① $3e^2-1$ ② $3e^2+1$ ③ $3e^2+3$

④ $3e^2+5$ ⑤ $3e^2+7$

09

두 함수 $f(x)$, $g(x)$가 다음 조건을 만족시킬 때,

$$\int_1^4 \frac{\{xf(x)\}^2 + x\{g(x)\}^2}{\{f(x)g(x)\}^2}\,dx$$의 값을 구하시오.

> ㈎ 모든 실수 x에 대하여 $f(x) > 0$, $g(x) > 0$
>
> ㈏ 모든 실수 x에 대하여
> $$\{g(x)\}^2\{g'(x)f(x) - g(x)f'(x)\} = x\{f(x)\}^2$$
>
> ㈐ $f(1) = g(1)$, $4f(4) = g(4)$, $\int_1^4 \frac{g(x)}{f(x)}\,dx = 4$

10

실수 전체의 집합에서 이계도함수가 존재하는 함수 $f(x)$가 다음 조건을 만족시키고 $f'(0) = -1$일 때, $f(\ln 5) - f''(\ln 5)$의 값을 구하시오.

> ㈎ 모든 실수 x에 대하여 $f(x) > f'(x)$
>
> ㈏ $\dfrac{1}{2}f(x) = \displaystyle\int_0^x f(t)\cos(x-t)\,dt$

11 학평

구간 $[0,\ 1]$에서 정의된 연속함수 $f(x)$에 대하여 함수

$$F(x) = \int_0^x f(t)\,dt\ (0 \leq x \leq 1)$$

은 다음 조건을 만족시킨다.

> ㈎ $F(x) = f(x) - x$
>
> ㈏ $\displaystyle\int_0^1 F(x)\,dx = e - \frac{5}{2}$

보기에서 옳은 것만을 있는 대로 고른 것은?

> **보기**
>
> ㄱ. $F(1) = e$
>
> ㄴ. $\displaystyle\int_0^1 xF(x)\,dx = \frac{1}{6}$
>
> ㄷ. $\displaystyle\int_0^1 \{F(x)\}^2\,dx = \frac{1}{2}e^2 - 2e + \frac{11}{6}$

① ㄴ   ② ㄷ   ③ ㄱ, ㄴ

④ ㄴ, ㄷ   ⑤ ㄱ, ㄴ, ㄷ

01
> 정적분과 급수

$\displaystyle\lim_{n\to\infty}\frac{1}{n}\sum_{k=1}^{n}\frac{k}{n}f\left(2+\frac{4k}{n}\right)$를 정적분으로 나타낸 것으로 옳은 것만을 보기에서 있는 대로 고른 것은?

┌─ 보기 ─────────────────────────┐

ㄱ. $\dfrac{1}{16}\displaystyle\int_{2}^{6}(x-2)f(x)\,dx$

ㄴ. $\dfrac{1}{8}\displaystyle\int_{0}^{4}xf(2+x)\,dx$

ㄷ. $\dfrac{1}{4}\displaystyle\int_{1}^{3}(x-1)f(2x)\,dx$

└────────────────────────────┘

① ㄱ   ② ㄴ   ③ ㄱ, ㄴ

④ ㄱ, ㄷ   ⑤ ㄱ, ㄴ, ㄷ

02 학평
> 정적분과 급수

함수 $f(x)=\cos x$에 대하여 $\displaystyle\lim_{n\to\infty}\sum_{k=1}^{n}\frac{k\pi}{n^2}f\left(\frac{\pi}{2}+\frac{k\pi}{n}\right)$의 값은?

① $-\dfrac{5}{2}$ ② -2 ③ $-\dfrac{3}{2}$

④ -1 ⑤ $-\dfrac{1}{2}$

03
> 정적분과 급수

2 이상인 자연수 n에 대하여 닫힌구간 $[1,\,3]$을 n등분 한 각 분점(양 끝 점도 포함)을 차례대로

$$1=x_0,\ x_1,\ x_2,\ \cdots,\ x_{n-1},\ x_n=3$$

이라 하자. 함수 $f(x)=e^x$과 $1\le k\le n$인 자연수 k에 대하여 세 점 $(0,\,0)$, $(x_k,\,0)$, $(x_k,\,f(x_k))$를 꼭짓점으로 하는 삼각형의 넓이를 S_k라 할 때, $\displaystyle\lim_{n\to\infty}\frac{1}{n}\sum_{k=1}^{n}S_k$의 값을 구하시오.

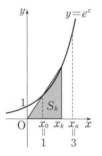

04 학평
> 곡선과 x축 사이의 넓이

곡선 $y=\dfrac{1}{x}$과 두 직선 $x=1$, $x=2$ 및 x축으로 둘러싸인 부분의 넓이를 S라 하자. 곡선 $y=\dfrac{1}{x}$과 두 직선 $x=1$, $x=a$ 및 x축으로 둘러싸인 부분의 넓이가 $2S$가 되도록 하는 모든 양수 a의 값의 합은?

① $\dfrac{15}{4}$ ② $\dfrac{17}{4}$ ③ $\dfrac{19}{4}$

④ $\dfrac{21}{4}$ ⑤ $\dfrac{23}{4}$

05
> 곡선과 직선 사이의 넓이

$a>1$인 실수 a에 대하여 곡선 $y=a^x$과 직선 $y=x$가 접할 때, 곡선 $y=a^x$과 직선 $y=x$ 및 y축으로 둘러싸인 부분의 넓이를 구하시오.

06 서술형
> 두 곡선 사이의 넓이

2 이상인 자연수 n과 함수 $f(x)=\dfrac{1}{x}$에 대하여 두 곡선 $y=f(x)$, $y=f(x-1)$과 두 직선 $x=n$, $x=n+1$로 둘러싸인 부분의 넓이를 A_n이라 할 때, $\displaystyle\lim_{n\to\infty}\sum_{k=2}^{n}A_k$의 값을 구하시오.

07
> 역함수의 그래프와 넓이

함수 $f(x)=\sqrt{4x-3}$의 역함수를 $g(x)$라 할 때, 두 곡선 $y=f(x)$, $y=g(x)$로 둘러싸인 부분의 넓이를 구하시오.

08
> 역함수의 그래프와 넓이

함수 $f(x)=x\ln x\,(x\geq 1)$의 역함수를 $g(x)$라 할 때, $\int_0^e g(x)\,dx$의 값을 구하시오.

09 수능
> 부피

그림과 같이 양수 k에 대하여 곡선 $y=\sqrt{\dfrac{e^x}{e^x+1}}$과 x축, y축 및 직선 $x=k$로 둘러싸인 부분을 밑면으로 하고 x축에 수직인 평면으로 자른 단면이 모두 정사각형인 입체도형의 부피가 $\ln 7$일 때, k의 값은?

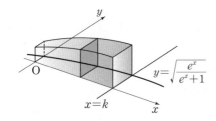

① $\ln 11$ ② $\ln 13$ ③ $\ln 15$
④ $\ln 17$ ⑤ $\ln 19$

10
> 수직선 위를 움직인 거리

원점을 동시에 출발하여 수직선 위를 움직이는 두 점 P, Q의 시각 t에서의 속도가 각각 $v_P(t)=\cos t$, $v_Q(t)=\sin t$이다. 두 점 P, Q가 출발 후 처음으로 다시 만날 때까지 두 점이 움직인 거리의 합을 구하시오.

11
> 좌표평면 위를 움직인 거리

좌표평면 위를 움직이는 점 P의 시각 $t\,(0\leq t<1)$에서의 위치 $(x,\,y)$가 $x=t$, $y=\ln(1-t^2)$일 때, 시각 $t=0$에서 $t=\dfrac{1}{2}$까지 점 P가 움직인 거리는?

① $\ln\dfrac{3}{2}$ ② $\dfrac{1}{2}$ ③ $\ln 3-\dfrac{1}{2}$

④ $\ln 3$ ⑤ $\ln 3+\dfrac{1}{2}$

12
> 곡선의 길이

$0\leq x\leq\ln a$에서 곡선 $y=\dfrac{1}{8}e^{2x}+\dfrac{1}{2}e^{-2x}$의 길이가 $\dfrac{3}{4}$일 때, 실수 a의 값은? (단, $a>1$)

① $\dfrac{3}{2}$ ② 2 ③ $\dfrac{5}{2}$

④ 3 ⑤ $\dfrac{7}{2}$

정적분과 급수

01 수능

$\lim\limits_{n \to \infty} \sum\limits_{k=1}^{n} \dfrac{k^2 + 2kn}{k^3 + 3k^2n + n^3}$의 값은?

① $\ln 5$ ② $\dfrac{\ln 5}{2}$ ③ $\dfrac{\ln 5}{3}$

④ $\dfrac{\ln 5}{4}$ ⑤ $\dfrac{\ln 5}{5}$

02

$\lim\limits_{n \to \infty} \sum\limits_{k=1}^{n} \dfrac{n}{n+k} \ln\left(1+\dfrac{1}{n}\right)\ln\left(1+\dfrac{k}{n}\right)$의 값은?

① $\dfrac{(\ln 2)^2}{2}$ ② $(\ln 2)^2$ ③ $\dfrac{(\ln 3)^2}{2}$

④ $\ln 2$ ⑤ $\ln 3$

03

미분가능한 함수 $f(x)$에 대하여 함수 $y=f(x)$의 그래프가 그림과 같고, $f(3)=f(4)=0$이다.

$\lim\limits_{n \to \infty} \dfrac{1}{n} \sum\limits_{k=1}^{n} \dfrac{k}{n} f'\left(\dfrac{4k}{n}\right) = -\dfrac{1}{2}$,

$\lim\limits_{n \to \infty} \dfrac{1}{n} \sum\limits_{k=1}^{n} f\left(\dfrac{3k}{n}\right) = 3$일 때,

$\displaystyle\int_0^4 |f(x)| dx$의 값을 구하시오.

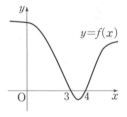

04

그림과 같이 길이가 2인 선분 AB를 지름으로 하는 반원이 있다. 자연수 n에 대하여 호 AB를 $2n$등분 한 각 분점을 점 A에 가까운 점부터 차례대로 $P_1, P_2, P_3, \cdots, P_{2n-1}$이라 하고, $1 \le k \le n-1$인 자연수 k에 대하여 사각형 $AP_kP_{2n-k}B$의 넓이를 S_k라 할 때, $\lim\limits_{n \to \infty} \dfrac{1}{n} \sum\limits_{k=1}^{n-1} S_k$의 값은?

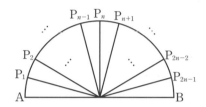

① $\dfrac{1}{\pi}$ ② $\dfrac{3}{\pi}$ ③ $\dfrac{5}{\pi}$

④ $\dfrac{7}{\pi}$ ⑤ $\dfrac{9}{\pi}$

넓이

05

함수 $f(x) = \sin\dfrac{\pi}{2}x$에 대하여

$$A = \int_0^1 2xf(x^2)dx, \quad B = \int_0^1 f^{-1}(x)dx,$$

$$C = \int_0^1 \dfrac{f(x)+f^{-1}(x)}{2}dx$$

의 대소 관계로 옳은 것은?

① $A < B < C$ ② $B < A < C$ ③ $B < C < A$

④ $C < A < B$ ⑤ $C < B < A$

06

함수 $f(x)=x\sin x\,(0\le x\le 2\pi)$와 상수 a에 대하여 함수 $g(x)$를

$$g(x)=f'(a)(x-a)+f(a)$$

라 하자. 두 함수 $f(x)$, $g(x)$가 다음 조건을 만족시킬 때, 두 함수 $y=f(x)$, $y=g(x)$의 그래프로 둘러싸인 부분의 넓이는? (단, $0<a<2\pi$)

> (가) $g(0)=0$
> (나) $0\le x\le 2\pi$에서 $f(x)\ge g(x)$이다.

① $-1+\pi^2$ ② π^2 ③ $-1+\dfrac{9}{8}\pi^2$

④ $\dfrac{9}{8}\pi^2$ ⑤ $\dfrac{5}{4}\pi^2$

07 ✦ idea

그림과 같이 두 곡선 $y=e^{-x+2}-1$, $y=\ln(x+1)$ 및 y축으로 둘러싸인 부분의 넓이를 A, 두 곡선 $y=e^{-x+2}-1$, $y=\ln(x+1)$ 및 직선 $x=2$로 둘러싸인 부분의 넓이를 B라 할 때, $A-B$의 값은?

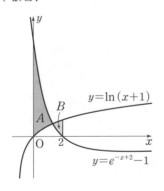

① $e^2-5-\ln 3$ ② $3\ln 3-2$

③ $e^2-1-3\ln 3$ ④ $e^2+1-3\ln 3$

⑤ $e^2-5+3\ln 3$

08

양수 k에 대하여 곡선 $y=ke^x$과 직선 $y=x$가 점 P에서 접한다. 점 P를 지나고 기울기가 1보다 큰 직선 l에 대하여 곡선 $y=ke^x$과 직선 $y=x$ 및 y축으로 둘러싸인 부분의 넓이를 A, 곡선 $y=ke^x$과 직선 l 및 x축, y축으로 둘러싸인 부분의 넓이를 B라 하자. $2A=B$일 때, 직선 l의 기울기를 구하시오.

09

$0\le x<\dfrac{\pi}{2}$에서 두 곡선 $y=27\sin x$, $y=\tan x+a$가 $x=a$인 점에서 접할 때, 두 곡선 $y=27\sin x$, $y=\tan x+a$ 및 y축으로 둘러싸인 부분의 넓이를 S라 하자. 이때 $S-16\sqrt{2}a$의 값은?

① $\ln 3-18$ ② $\ln 3-15$ ③ $\ln 3-12$

④ $\ln 6-9$ ⑤ $\ln 6-6$

10

그림과 같이 $0\le x\le\dfrac{\pi}{2}$에서 곡선 $y=2\sin x\cos x$와 x축으로 둘러싸인 부분의 넓이를 곡선 $y=k\sin x$가 이등분할 때, 양수 k의 값을 구하시오.

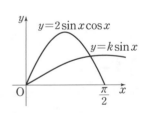

11 모평

실수 전체의 집합에서 미분가능한 함수 $f(x)$가 $f(0)=0$이고 모든 실수 x에 대하여 $f'(x)>0$이다. 곡선 $y=f(x)$ 위의 점 $A(t, f(t))\,(t>0)$에서 x축에 내린 수선의 발을 B라 하고, 점 A를 지나고 점 A에서의 접선과 수직인 직선이 x축과 만나는 점을 C라 하자. 모든 양수 t에 대하여 삼각형 ABC의 넓이가 $\dfrac{1}{2}(e^{3t}-2e^{2t}+e^{t})$일 때, 곡선 $y=f(x)$와 x축 및 직선 $x=1$로 둘러싸인 부분의 넓이는?

① $e-2$ ② e ③ $e+2$

④ $e+4$ ⑤ $e+6$

12 학평

연속함수 $f(x)$와 그 역함수 $g(x)$가 다음 조건을 만족시킨다.

> (가) $f(1)=1$, $f(3)=3$, $f(7)=7$
> (나) $x\neq3$인 모든 실수 x에 대하여 $f''(x)<0$이다.
> (다) $\displaystyle\int_{1}^{7}f(x)\,dx=27$, $\displaystyle\int_{1}^{3}g(x)\,dx=3$

$12\displaystyle\int_{3}^{7}|f(x)-x|\,dx$의 값을 구하시오.

13 idea ✦

$0\leq x\leq\dfrac{\pi}{2}$에서 정의된 두 함수 $f(x)=\sin x$, $g(x)=\cos x$의 그래프와 직선 $y=t\,(0\leq t\leq1)$가 만나는 점의 x좌표를 각각 α, β라 할 때, $\displaystyle\int_{0}^{1}|\beta-\alpha|\,dt$의 값을 구하시오.

▶ 부피

14

그림과 같이 양수 a에 대하여 곡선 $y=\sqrt{2x}$와 직선 $y=ax$로 둘러싸인 부분을 밑면으로 하는 입체도형을 x축에 수직인 평면으로 자른 단면이 모두 정사각형이다. 이 입체도형의 부피가 15일 때, $30a^2$의 값을 구하시오.

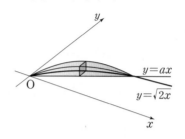

15

그림과 같이 반지름의 길이가 3인 구를 평면으로 잘라 생긴 두 입체도형이 있다. 구의 중심과 단면의 중심 사이의 거리가 2일 때, 두 입체도형의 부피의 차는?

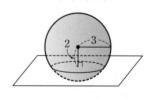

① 28π ② $\dfrac{86}{3}\pi$ ③ $\dfrac{88}{3}\pi$

④ 30π ⑤ $\dfrac{92}{3}\pi$

16

그림과 같이 밑면의 반지름의 길이가 2이고 높이가 8인 원뿔 모양의 그릇에 물이 가득 차 있다. 밑면과 평행한 평면으로 자른 단면이 원이고 밑면의 중심을 포함하고 밑면에 수직인 평면으로 자른 단면이 포물선인 입체도형을 원뿔 모양의 그릇에 밑면이 같은 평면 위에 존재하도록 넣을 때, 그릇에 남아 있는 물의 양의 최솟값이 $\frac{5}{3}\pi$가 되도록 하는 입체도형을 A라 하자. 입체도형 A의 높이 h를 구하시오.

(단, h는 자연수이다.)

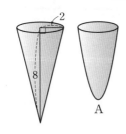

움직인 거리

17 수능

좌표평면 위를 움직이는 점 P의 시각 t $(t>0)$에서의 위치가 곡선 $y=x^2$과 직선 $y=t^2x-\dfrac{\ln t}{8}$가 만나는 서로 다른 두 점의 중점일 때, 시각 $t=1$에서 $t=e$까지 점 P가 움직인 거리는?

① $\dfrac{e^4}{2}-\dfrac{3}{8}$ ② $\dfrac{e^4}{2}-\dfrac{5}{16}$ ③ $\dfrac{e^4}{2}-\dfrac{1}{4}$

④ $\dfrac{e^4}{2}-\dfrac{3}{16}$ ⑤ $\dfrac{e^4}{2}-\dfrac{1}{8}$

18

이계도함수를 갖는 함수 $f(x)$와 미분가능한 함수 $g(x)$가 다음 조건을 만족시킬 때, $\displaystyle\int_1^2 f''(x)\{g'(x)\}^2 dx$의 값은?

> ㈎ 모든 양수 t에 대하여 $0\le x\le t$에서 곡선 $y=g(x)$의 길이는 곡선 $y=f(x)$의 길이의 2배이다.
> ㈏ $f'(1)=3$, $f'(2)=6$

① 252 ② 255 ③ 258
④ 261 ⑤ 264

19

미분가능한 함수 $f(x)$가 모든 실수 x에 대하여 $f(x)>0$, $f'(x)>0$이고,

$$f(x)=\{1-f(x)\}\{f'(x)\}^2$$

을 만족시킨다. $0\le x\le1$에서 곡선 $y=f(x)$의 길이가 $\dfrac{4}{3}$이고 $f'(0)=\dfrac{\sqrt{15}}{15}$일 때, $f(1)=\dfrac{q}{p}$이다. 이때 서로소인 자연수 p, q에 대하여 $p+q$의 값은?

① 264 ② 265 ③ 266
④ 267 ⑤ 268

01

실수 전체의 집합에서 연속인 함수 $f(x)$에 대하여 곡선 $y=f(x)$는 그림과 같다. 곡선 $y=f(x)$가 x축과 만나는 세 점의 x좌표 중 가장 작은 값을 a, 가장 큰 값을 b라 할 때,

$$\int_a^b f(x)\,dx=2, \quad \int_a^b |f(x)|\,dx=8$$

이다. $x \geq 0$에서 방정식 $\int_0^x f(t)\,dt=0$이 서로 다른 세 실근을 가질 때, $\int_1^{e^b} \left| \dfrac{f(\ln x)}{x} \right| dx$의 최댓값은?

(단, $a>0$이고, $x>b$에서 $f(x)>0$이다.)

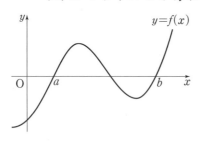

① 10
② 11
③ 12
④ 13
⑤ 14

02

함수 $f(x)=-xe^x$에 대하여 곡선 $y=f(x)$와 이 곡선 위의 점 $(t, f(t))$ $(t<0)$에서의 접선 및 y축으로 둘러싸인 부분의 넓이의 최댓값은?

① $\dfrac{6}{e^2}-1$
② $\dfrac{7}{e^2}-1$
③ $\dfrac{8}{e^2}-1$

④ $\dfrac{9}{e^2}-1$
⑤ $\dfrac{10}{e^2}-1$

03

$x \geq 0$에서 정의된 함수 $f(x)$는 이계도함수가 존재하고 $f(x)>0$, $f'(x)>0$이다. 곡선 $y=f(x)$ 위의 점 P에서의 접선이 x축과 만나는 점을 Q, 점 P에서 x축에 내린 수선의 발을 R라 하고, 삼각형 PQR의 넓이를 S, 곡선 $y=f(x)$와 x축, y축 및 선분 PR로 둘러싸인 부분의 넓이를 T라 할 때, $T=2S$를 만족시킨다. $f(0)=1$, $f(1)=e$일 때, 두 곡선 $y=f(x)$, $y=\dfrac{1}{f(x)}$과 직선 $x=2$로 둘러싸인 부분의 넓이를 구하시오. (단, 점 P는 제1사분면 위의 점이다.)

04 수능

실수 전체의 집합에서 증가하고 미분가능한 함수 $f(x)$가 다음 조건을 만족시킨다.

> (가) $f(1)=1$, $\displaystyle\int_1^2 f(x)\,dx=\dfrac{5}{4}$
>
> (나) 함수 $f(x)$의 역함수를 $g(x)$라 할 때, $x\geq 1$인 모든 실수 x에 대하여 $g(2x)=2f(x)$이다.

$\displaystyle\int_1^8 xf'(x)\,dx=\dfrac{q}{p}$일 때, $p+q$의 값을 구하시오.

(단, p와 q는 서로소인 자연수이다.)

05

$0\leq x\leq\dfrac{\pi}{2}$에서 정의된 두 함수 $f(x)=\sin x$, $g(x)=\cos x$에 대하여 직선 $y=t$ $(0<t<1)$가 두 곡선 $y=f(x)$, $y=g(x)$와 만나는 점을 각각 A, B라 하고, 선분 AB의 길이를 $h(t)$라 하자. 이때 열린구간 $(0,\,1)$에 속하는 두 실수 k_1, k_2에 대하여 이차방정식 $3x^2-(12-4\sqrt{3})x-16\sqrt{3}=0$의 서로 다른 두 실근이 $h'(k_1)$, $h'(k_2)$이다. 두 곡선 $y=f(x)$, $y=g(x)$와 직선 $y=k_1$로 둘러싸인 부분의 넓이를 S_1, 두 곡선 $y=f(x)$, $y=g(x)$와 직선 $y=k_2$로 둘러싸인 부분의 넓이를 S_2라 할 때, $\sqrt{3}S_1+S_2$의 값은? (단, $h'(k_1)<h'(k_2)$)

① $4-\sqrt{6}-\sqrt{2}$ ② $4-\sqrt{3}-\sqrt{2}$ ③ $6-\sqrt{6}-\sqrt{2}$
④ $6-\sqrt{3}-\sqrt{2}$ ⑤ $12-\sqrt{6}-\sqrt{2}$

06 모평

양의 실수 전체의 집합에서 이계도함수를 갖는 함수 $f(t)$에 대하여 좌표평면 위를 움직이는 점 P의 시각 t $(t\geq 1)$에서의 위치 $(x,\,y)$가

$$\begin{cases} x=2\ln t \\ y=f(t) \end{cases}$$

이다. 점 P가 점 $(0,\,f(1))$로부터 움직인 거리가 s가 될 때 시각 t는 $t=\dfrac{s+\sqrt{s^2+4}}{2}$이고, $t=2$일 때 점 P의 속도는 $\left(1,\,\dfrac{3}{4}\right)$이다. 시각 $t=2$일 때 점 P의 가속도를 $\left(-\dfrac{1}{2},\,a\right)$라 할 때, $60a$의 값을 구하시오.

07

좌표평면 위를 움직이는 점 P의 시각 t에서의 위치가 $(t\cos t,\,t\sin t)$이다. 중심이 원점이고 반지름의 길이가 $\dfrac{3}{4}$인 원 C에 대하여 점 P가 출발 후 원 C와 만날 때까지 움직인 거리가 $a+b\ln 2$일 때, 유리수 a, b에 대하여 $32(a+b)$의 값은?

① 31   ② 33   ③ 35
④ 37   ⑤ 39

01

수능 → 90쪽 01번

$x>0$에서 미분가능한 함수 $f(x)$에 대하여

$f'(x)=\dfrac{(\ln x)^2+1}{x}$이다. $x\neq0$에서 미분가능한 함수 $g(x)$

가 다음 조건을 만족시킬 때, $g(-e)+g(1)$의 값은?

> (가) $x\neq0$인 모든 실수 x에 대하여 $g'(x)=f'(|x|)$
> (나) $g(e^3)+g(-e^3)=g(e^3)-g(-e^3)=6$

① $-\dfrac{22}{3}$ ② $-\dfrac{4}{3}$ ③ $\dfrac{14}{3}$

④ $\dfrac{32}{3}$ ⑤ $\dfrac{50}{3}$

02

학평 → 91쪽 10번

$x>0$에서 미분가능한 함수 $f(x)$가

$$\dfrac{f(x)-xf'(x)}{\{f(x)\}^2}=xe^{-x},\ f(1)=-\dfrac{e}{2}$$

를 만족시킬 때, $f(2)$의 값은?

① $-e^2$ ② $-\dfrac{2e^2}{3}$ ③ $-\dfrac{e^2}{3}$

④ $\dfrac{e^2}{3}$ ⑤ $\dfrac{2e^2}{3}$

03

수능 → 92쪽 13번

$x>0$에서 정의되고 연속인 함수 $f(x)$가 모든 양수 x에 대하여

$$3f(x)+\dfrac{1}{x}f\left(\dfrac{1}{x}\right)=x+\dfrac{1}{x^2}$$

을 만족시킬 때, $\displaystyle\int_1^2 f(x)\,dx$의 값은?

① $\dfrac{1}{8}$ ② $\dfrac{1}{4}$ ③ $\dfrac{1}{2}$

④ 1 ⑤ 2

04

학평 → 93쪽 20번

미분가능한 함수 $f(x)$가 모든 실수 x에 대하여

$f(x+2)=f(x)$를 만족시키고, 함수 $y=f(x)$의 그래프는 y축

에 대하여 대칭이다. 함수 $f'(x)$가 실수 전체의 집합에서 연

속이고

$$\int_2^7 f'(x)\,dx=6,\ \int_1^2 f(f(x))f'(x)\,dx=-10$$

일 때, $\displaystyle\int_{-1}^8 f(x)\,dx$의 값을 구하시오.

05

모평→ 93쪽 22번

그림과 같이 중심이 O이고 길이가 2인 선분 AB를 지름으로 하는 반원이 있다. 호 AB 위의 점 P에서 선분 AB에 내린 수선의 발을 H라 하고, 점 H를 지나고 선분 OP에 수직인 직선이 선분 OP와 만나는 점을 Q라 하자. $\angle POB = \theta$라 하고, 삼각형 PQH의 넓이를 $f(\theta)$라 할 때, $\int_{\frac{\pi}{6}}^{\frac{\pi}{4}} 2f(\theta) \, d\theta$의 값은? $\left(\text{단, } 0 < \theta < \dfrac{\pi}{2}\right)$

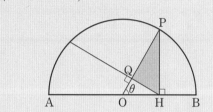

① $\dfrac{1}{64}$ 　② $\dfrac{1}{32}$ 　③ $\dfrac{3}{64}$

④ $\dfrac{1}{16}$ 　⑤ $\dfrac{5}{64}$

06

모평→ 94쪽 29번

미분가능한 함수 $f(x)$가 모든 실수 x에 대하여 다음 조건을 만족시킨다.

(가) $f(x) > 0$

(나) $\dfrac{1}{f(x)} + 2\displaystyle\int_0^x (x-t)f(t) \, dt = 1$

보기에서 옳은 것만을 있는 대로 고른 것은?

•보기•

ㄱ. 함수 $f(x)$는 역함수를 갖는다.

ㄴ. 함수 $f(x)$는 극솟값 1을 갖는다.

ㄷ. 함수 $F(x)$를 $F(x) = \displaystyle\int_0^x f(t) \, dt$라 할 때, $f(x) = e^{\{F(x)\}^2}$이다.

① ㄴ 　② ㄷ 　③ ㄱ, ㄴ

④ ㄴ, ㄷ 　⑤ ㄱ, ㄴ, ㄷ

07

학평→ 95쪽 03번

$-4<x<0$에서 정의된 미분가능한 함수 $f(x)$가 $f(x)>0$이고

$$f'(x)=\frac{xf(x)-\{f(x)\}^3}{x^2},\ f(-2)=1$$

을 만족시킨다. 함수 $f(x)$의 역함수 $g(x)$가 존재하고 미분가능할 때, 보기에서 옳은 것만을 있는 대로 고른 것은?

• 보기 •

ㄱ. $g'(1)=-\frac{4}{3}$

ㄴ. $g(x)=\frac{\{g(x)\}^2}{2x^2}-4$

ㄷ. $\{f(-3)\}^2=\frac{9}{2}$

① ㄱ   ② ㄱ, ㄴ   ③ ㄱ, ㄷ

④ ㄴ, ㄷ   ⑤ ㄱ, ㄴ, ㄷ

08

모평→ 96쪽 05번

최고차항의 계수가 1인 이차함수 $f(x)$가

$\displaystyle\lim_{x\to 0}\frac{\tan\{\pi f(x)\}}{x}=-\pi$를 만족시킨다. 함수 $g(x)$는

$0\le x<1$일 때 $g(x)=f(x)$이고 모든 실수 x에 대하여

$g(x+1)=g(x)$이다. $36<\displaystyle\int_0^4 xg(x)\,dx<40$일 때, $f(3)$의

값을 구하시오.

09

학평→ 97쪽 11번

$0\le x\le 1$에서 정의되고 연속인 함수 $f(x)$에 대하여 함수

$$F(x)=\int_0^x f(t)\,dt\ (0\le x\le 1)$$

가 다음 조건을 만족시킨다.

(가) $F(x)=f(x)F(x)+f(x)$

(나) $\displaystyle\int_0^1 F(x)\,dx=-\frac{1}{2}$

보기에서 옳은 것만을 있는 대로 고른 것은?

• 보기 •

ㄱ. $F(1)=-1$

ㄴ. $\displaystyle\int_0^1 xf(x)\,dx=\frac{1}{2}$

ㄷ. $\displaystyle\int_0^1 \{F(x)\}^2\,dx=\frac{1}{6}$

① ㄱ   ② ㄴ   ③ ㄱ, ㄴ

④ ㄱ, ㄷ   ⑤ ㄱ, ㄴ, ㄷ

10

모평 → 102쪽 11번

미분가능한 함수 $f(x)$가 모든 실수 x에 대하여 $f(x)>0$, $f'(x)<0$이고 $f(1)=\dfrac{1}{e}+1$이다. 곡선 $y=f(x)$ 위의 점 $A(t, f(t))$ $(t>0)$에서 x축에 내린 수선의 발을 B, y축에 내린 수선의 발을 C라 하고, 점 A에서의 접선이 y축과 만나는 점을 D라 하자. 삼각형 ABC의 넓이를 S_1, 삼각형 ACD의 넓이를 S_2라 하면 $2S_1-S_2=-\dfrac{1}{2}t^2e^{-t}+te^{-t}+t$일 때, 곡선 $y=f(x)$와 x축, y축 및 직선 $x=1$로 둘러싸인 부분의 넓이는?

① $1-\dfrac{1}{e}$　　　② $1+\dfrac{1}{e}$　　　③ $2-\dfrac{1}{e}$

④ $1+e$　　　⑤ $2+e$

11

학평 → 102쪽 12번

이계도함수가 존재하는 함수 $f(x)$와 그 역함수 $g(x)$가 다음 조건을 만족시킬 때, $\displaystyle\int_2^8 f(x)\,dx$의 값을 구하시오.

㈎ $f(2)=2$, $f(4)=4$, $f(8)=8$

㈏ $2<a<4$, $4<b<8$인 임의의 실수 a, b에 대하여
　　 $f''(a)\times f''(b)<0$

㈐ $\displaystyle\int_2^4 g(x)\,dx=7$, $\displaystyle\int_4^8 |f(x)-x|\,dx=6$

12

수능 → 105쪽 04번

실수 전체의 집합에서 증가하고 미분가능한 함수 $f(x)$와 함수 $f(x)$의 역함수 $g(x)$가 다음 조건을 만족시킬 때, $8\displaystyle\int_1^8 xg'(x)\,dx$의 값을 구하시오.

㈎ $f(8)=8$, $\displaystyle\int_4^8 g(x)\,dx=20$

㈏ $1\leq x\leq 8$인 모든 실수 x에 대하여 $g\left(\dfrac{1}{2}x\right)=\dfrac{1}{2}f(x)$이다.

13

모평 → 105쪽 06번

$t>0$에서 미분가능한 함수 $f(t)$에 대하여 좌표평면 위를 움직이는 점 P의 시각 t $(t\geq 1)$에서의 위치 (x, y)가

$$\begin{cases} x=\dfrac{2}{t} \\ y=f(t) \end{cases}$$

이다. 점 P가 점 $(2, 0)$에서 출발하여 움직인 거리가 s가 될 때의 시각 t는 $3t^3(t-s)=1$을 만족시키고, 점 P는 출발 후 제1사분면 위에서만 움직인다. 시각 $t=2$에서의 점 P의 속도를 $\left(-\dfrac{1}{2}, a\right)$라 할 때, $16a$의 값을 구하시오.

수학의 신

미적분

정답과 해설

visang

수학의
신

미적분

정답과 해설

01 수열의 극한

step ❶ 핵심 문제

01 ①　02 243　03 −4　04 1　05 −2　06 4
07 ⑤　08 ㄴ, ㄷ　09 5　10 ②　11 ①　12 2

step ❷ 고난도 문제

01 ③　02 ⑤　03 8　04 4　05 ③　06 $\frac{1}{2}$

07 ③　08 2　09 $\frac{1}{2}$　10 ③　11 ③　12 ①

13 21　14 6　15 5　16 −5　17 ②　18 5

19 52　20 ⑤　21 ④　22 ③　23 4　24 ③

25 16　26 ①

step ❸ 최고난도 문제

01 $\frac{1}{2}$　02 5　03 ②　04 3π　05 6　06 ④

07 ⑤　08 $\frac{3}{5}$　09 $\frac{1}{3}$　10 ③　11 12

02 급수

step ❶ 핵심 문제

01 $\frac{11}{12}$　02 ④　03 ③　04 ③　05 ④　06 $\frac{1}{4}$

07 ④　08 $\frac{25}{2}$　09 ③　10 ③　11 ②

step ❷ 고난도 문제

01 ⑤　02 ①　03 −1　04 $-\frac{\sqrt{6}}{6}$　05 5　06 ①

07 1　08 −6　09 ②　10 6　11 ②　12 $\frac{1}{12}$

13 $\frac{3}{5}$　14 ①　15 $\frac{1}{50}$　16 4　17 8　18 ③

19 ⑤　20 ③　21 ②　22 ③

step ❸ 최고난도 문제

01 3　02 ②　03 ②　04 $\frac{5}{24}$　05 ⑤　06 $\frac{6}{5}$

07 ③　08 ⑤　09 ②

기출 변형 문제로 단원 마스터

01 ①　02 ②　03 ⑤　04 −1　05 ⑤　06 ③

07 ③　08 ④　09 179　10 ②　11 ②

03 지수함수와 로그함수의 미분

04 삼각함수의 미분

05 여러 가지 미분법

06 도함수의 활용

07 여러 가지 적분법

08 정적분의 활용

수열의 극한

step ❶ 핵심 문제

01 ①	02 243	03 −4	04 1	05 −2	06 4
07 ⑤	08 ㄴ, ㄷ	09 5	10 ②	11 ①	12 2

01 답 ①

ㄱ. 수열 $\left\{\dfrac{1}{n}\sin\dfrac{n}{2}\pi\right\}$의 항을 첫째항부터 차례대로 나열해 보면

$\sin\dfrac{\pi}{2}=1$, $\dfrac{1}{2}\sin\pi=0$, $\dfrac{1}{3}\sin\dfrac{3}{2}\pi=-\dfrac{1}{3}$, $\dfrac{1}{4}\sin 2\pi=0$,

$\dfrac{1}{5}\sin\dfrac{5}{2}\pi=\dfrac{1}{5}$, $\dfrac{1}{6}\sin 3\pi=0$, $\dfrac{1}{7}\sin\dfrac{7}{2}\pi=-\dfrac{1}{7}$, $\dfrac{1}{8}\sin 4\pi=0$, $\cdots$

즉, n의 값이 한없이 커질 때, 이 수열은 0으로 수렴한다.

ㄴ. $\dfrac{1}{\sqrt{n+1}-\sqrt{n}}=\dfrac{\sqrt{n+1}+\sqrt{n}}{(\sqrt{n+1}-\sqrt{n})(\sqrt{n+1}+\sqrt{n})}=\sqrt{n+1}+\sqrt{n}$

따라서 수열 $\left\{\dfrac{1}{\sqrt{n+1}-\sqrt{n}}\right\}$의 항을 첫째항부터 차례대로 나열해 보면

$\sqrt{2}+1$, $\sqrt{3}+\sqrt{2}$, $2+\sqrt{3}$, $\sqrt{5}+2$, $\cdots$

즉, n의 값이 한없이 커질 때, 이 수열은 양의 무한대로 발산한다.

ㄷ. 수열 $\{(-1)^n\cos n\pi\}$의 항을 첫째항부터 차례대로 나열해 보면

$-\cos\pi=1$, $\cos 2\pi=1$, $-\cos 3\pi=1$, $\cos 4\pi=1$, $\cdots$

즉, n의 값이 한없이 커질 때, 이 수열은 1로 수렴한다.

ㄹ. (i) n이 홀수일 때,

$\dfrac{(-1)^n}{n}=-\dfrac{1}{n}$이고 $-1\le-\dfrac{1}{n}<0$이므로

$\left[\dfrac{(-1)^n}{n}\right]=-1$

(ii) n이 짝수일 때,

$\dfrac{(-1)^n}{n}=\dfrac{1}{n}$이고 $0<\dfrac{1}{n}<1$이므로

$\left[\dfrac{(-1)^n}{n}\right]=0$

(i), (ii)에서 수열 $\left\{\left[\dfrac{(-1)^n}{n}\right]\right\}$의 항을 첫째항부터 차례대로 나열해 보면 -1, 0, -1, 0, $\cdots$

즉, n의 값이 한없이 커질 때, 이 수열은 발산(진동)한다.

따라서 보기에서 수렴하는 수열인 것은 ㄱ, ㄷ이다.

02 답 243

$\lim\limits_{n\to\infty}\dfrac{a_{n+1}}{a_n}=3$에서

$\lim\limits_{n\to\infty}\dfrac{a_{n+2}}{a_{n+1}}=3$, $\lim\limits_{n\to\infty}\dfrac{a_{n+3}}{a_{n+2}}=3$, $\lim\limits_{n\to\infty}\dfrac{a_{n+4}}{a_{n+3}}=3$, $\lim\limits_{n\to\infty}\dfrac{a_{n+5}}{a_{n+4}}=3$

극한이 모두 수렴하므로

$\lim\limits_{n\to\infty}\left(\dfrac{a_{n+1}}{a_n}\times\dfrac{a_{n+2}}{a_{n+1}}\times\dfrac{a_{n+3}}{a_{n+2}}\times\dfrac{a_{n+4}}{a_{n+3}}\times\dfrac{a_{n+5}}{a_{n+4}}\right)=3^5$

$\therefore\lim\limits_{n\to\infty}\dfrac{a_{n+5}}{a_n}=243$

03 답 −4

$\lim\limits_{n\to\infty}(a_n+b_n)=3$ ...... ㉠

$\lim\limits_{n\to\infty}(a_n{}^2-b_n{}^2)=15$ ...... ㉡

극한이 모두 수렴하므로 ㉡÷㉠을 하면

$\lim\limits_{n\to\infty}\dfrac{a_n{}^2-b_n{}^2}{a_n+b_n}=5$

$\lim\limits_{n\to\infty}\dfrac{(a_n+b_n)(a_n-b_n)}{a_n+b_n}=5$

$\therefore\lim\limits_{n\to\infty}(a_n-b_n)=5$ ...... ㉢

㉠+㉢을 하면 $\lim\limits_{n\to\infty}\{(a_n+b_n)+(a_n-b_n)\}=8$

$2\lim\limits_{n\to\infty}a_n=8$ $\therefore\lim\limits_{n\to\infty}a_n=4$

㉠−㉢을 하면 $\lim\limits_{n\to\infty}\{(a_n+b_n)-(a_n-b_n)\}=-2$

$2\lim\limits_{n\to\infty}b_n=-2$ $\therefore\lim\limits_{n\to\infty}b_n=-1$

$\therefore\lim\limits_{n\to\infty}a_nb_n=\lim\limits_{n\to\infty}a_n\times\lim\limits_{n\to\infty}b_n$

$\qquad=4\times(-1)=-4$

04 답 1

$\lim\limits_{n\to\infty}\dfrac{2n^2}{n+2}a_n=8$ ...... ㉠

$\lim\limits_{n\to\infty}\dfrac{2n^2}{n+2}b_n=16$ ...... ㉡

극한이 모두 수렴하므로 ㉡−㉠을 하면

$\lim\limits_{n\to\infty}\left(\dfrac{2n^2}{n+2}b_n-\dfrac{2n^2}{n+2}a_n\right)=8$

$\therefore\lim\limits_{n\to\infty}\dfrac{2n^2}{n+2}(b_n-a_n)=8$

$\therefore\lim\limits_{n\to\infty}\dfrac{n^2+3}{4n+1}(b_n-a_n)$

$=\lim\limits_{n\to\infty}\left\{\dfrac{2n^2}{n+2}(b_n-a_n)\times\dfrac{(n+2)(n^2+3)}{2n^2(4n+1)}\right\}$

$=\lim\limits_{n\to\infty}\dfrac{2n^2}{n+2}(b_n-a_n)\times\lim\limits_{n\to\infty}\dfrac{n^3+2n^2+3n+6}{8n^3+2n^2}$

$=\lim\limits_{n\to\infty}\dfrac{2n^2}{n+2}(b_n-a_n)\times\lim\limits_{n\to\infty}\dfrac{1+\dfrac{2}{n}+\dfrac{3}{n^2}+\dfrac{6}{n^3}}{8+\dfrac{2}{n}}$

$=8\times\dfrac{1}{8}=1$

05 답 −2

$(2n+2)^2<4n^2+8n+5<(2n+3)^2$이므로

$2n+2<\sqrt{4n^2+8n+5}<2n+3$

따라서 $a_n=\sqrt{4n^2+8n+5}$의 정수 부분은 $2n+2$이므로

$b_n=2n+2$

$\therefore\lim\limits_{n\to\infty}8n(b_n-a_n)$

$=\lim\limits_{n\to\infty}8n(2n+2-\sqrt{4n^2+8n+5})$

$=\lim\limits_{n\to\infty}\dfrac{8n(2n+2-\sqrt{4n^2+8n+5})(2n+2+\sqrt{4n^2+8n+5})}{2n+2+\sqrt{4n^2+8n+5}}$

$=\lim\limits_{n\to\infty}\dfrac{8n\{(2n+2)^2-(4n^2+8n+5)\}}{2n+2+\sqrt{4n^2+8n+5}}$

$=\lim\limits_{n\to\infty}\dfrac{-8n}{2n+2+\sqrt{4n^2+8n+5}}$

$=\lim\limits_{n\to\infty}\dfrac{-8}{2+\dfrac{2}{n}+\sqrt{4+\dfrac{8}{n}+\dfrac{5}{n^2}}}$

$=-\dfrac{8}{2+2}=-2$

06 [답] 4

$b \neq 0$이면

$$\lim_{n \to \infty} \frac{an+3}{bn^2+2n+4} = \lim_{n \to \infty} \frac{\frac{a}{n}+\frac{3}{n^2}}{b+\frac{2}{n}+\frac{4}{n^2}} = 0$$

이는 조건을 만족시키지 않으므로 $b=0$ ················· 배점 30%

$$\therefore \lim_{n \to \infty} \frac{an+3}{bn^2+2n+4} = \lim_{n \to \infty} \frac{an+3}{2n+4} = \lim_{n \to \infty} \frac{a+\frac{3}{n}}{2+\frac{4}{n}} = \frac{a}{2}$$

즉, $\frac{a}{2} = -2$이므로 $a=-4$ ················· 배점 30%

한편 $\lim_{n \to \infty} (\sqrt{n^2+cn}-n) = 2$에서

$$\lim_{n \to \infty} (\sqrt{n^2+cn}-n) = \lim_{n \to \infty} \frac{(\sqrt{n^2+cn}-n)(\sqrt{n^2+cn}+n)}{\sqrt{n^2+cn}+n}$$

$$= \lim_{n \to \infty} \frac{cn}{\sqrt{n^2+cn}+n}$$

$$= \lim_{n \to \infty} \frac{c}{\sqrt{1+\frac{c}{n}}+1}$$

$$= \frac{c}{1+1} = \frac{c}{2}$$

즉, $\frac{c}{2} = 2$이므로 $c=4$ ················· 배점 30%

$\therefore a-b+2c = -4-0+2\times 4 = 4$ ················· 배점 10%

07 [답] ⑤

곡선 $y=x^2-(n+1)x+a_n$이 x축과 만나므로 이차방정식 $x^2-(n+1)x+a_n=0$의 판별식을 D_1이라 하면

$$D_1 = (n+1)^2 - 4a_n \geq 0 \qquad \therefore a_n \leq \frac{(n+1)^2}{4} \qquad \cdots\cdots \ \text{㉠}$$

곡선 $y=x^2-nx+a_n$이 x축과 만나지 않으므로 이차방정식 $x^2-nx+a_n=0$의 판별식을 D_2라 하면

$$D_2 = n^2 - 4a_n < 0 \qquad \therefore a_n > \frac{n^2}{4} \qquad \cdots\cdots \ \text{㉡}$$

㉠, ㉡에서

$$\frac{n^2}{4} < a_n \leq \frac{(n+1)^2}{4} \qquad \therefore \frac{1}{4} < \frac{a_n}{n^2} \leq \frac{(n+1)^2}{4n^2}$$

이때 $\lim_{n \to \infty} \frac{(n+1)^2}{4n^2} = \lim_{n \to \infty} \frac{n^2+2n+1}{4n^2} = \lim_{n \to \infty} \left(\frac{1}{4}+\frac{1}{2n}+\frac{1}{4n^2}\right) = \frac{1}{4}$이

므로 수열의 극한의 대소 관계에 의하여

$$\lim_{n \to \infty} \frac{a_n}{n^2} = \frac{1}{4}$$

08 [답] ㄴ, ㄷ

ㄱ. [반례] $a_n = -\frac{1}{n}$이면 $a_n < a_{n+1}$이지만 수열 $\{a_n\}$은 0으로 수렴한다.

ㄴ. $-|a_n| \leq a_n \leq |a_n|$에서 $\lim_{n \to \infty} |a_n| = 0$이므로 수열의 극한의 대소 관계에 의하여 $\lim_{n \to \infty} a_n = 0$

따라서 수열 $\{a_n\}$은 수렴한다.

ㄷ. $\lim_{n \to \infty} a_n = \infty$이고 수열 $\{a_n-b_n\}$이 수렴하므로

$$\lim_{n \to \infty} \frac{a_n-b_n}{a_n} = 0$$

$$\lim_{n \to \infty} \left(1-\frac{b_n}{a_n}\right) = 0 \qquad \therefore \lim_{n \to \infty} \frac{b_n}{a_n} = 1$$

따라서 수열 $\left\{\frac{b_n}{a_n}\right\}$은 수렴한다.

ㄹ. [반례] $a_n = n-\frac{1}{n}$, $b_n = n$, $c_n = n+\frac{1}{n}$이면 $a_n < b_n < c_n$이고

$$\lim_{n \to \infty} (c_n-a_n) = \lim_{n \to \infty} \frac{2}{n} = 0$$이지만 수열 $\{b_n\}$은 발산한다.

따라서 보기에서 옳은 것은 ㄴ, ㄷ이다.

09 [답] 5

등비수열 $\left\{(x-3)\left(\frac{x^2+5x-1}{5}\right)^{n-1}\right\}$의 첫째항이 $x-3$, 공비가

$\frac{x^2+5x-1}{5}$이므로 이 등비수열이 수렴하려면

$$x-3=0 \ \text{또는} \ -1 < \frac{x^2+5x-1}{5} \leq 1$$

$$\therefore x=3 \ \text{또는} \ -5 < x^2+5x-1 \leq 5$$

(i) $-5 < x^2+5x-1$에서

$x^2+5x+4 > 0$, $(x+4)(x+1) > 0$

$\therefore x < -4 \ \text{또는} \ x > -1$

(ii) $x^2+5x-1 \leq 5$에서

$x^2+5x-6 \leq 0$, $(x+6)(x-1) \leq 0$

$\therefore -6 \leq x \leq 1$

(i), (ii)에서

$-6 \leq x < -4 \ \text{또는} \ -1 < x \leq 1$

따라서 주어진 등비수열이 수렴하려면

$-6 \leq x < -4 \ \text{또는} \ -1 < x \leq 1 \ \text{또는} \ x=3$

이때 정수 x는 -6, -5, 0, 1, 3의 5개이다.

10 [답] ②

(i) $\left|\frac{x}{4}\right| > 1$, 즉 $x < -4$ 또는 $x > 4$일 때,

$\lim_{n \to \infty} \left(\frac{4}{x}\right)^{2n} = 0$이므로

$$f(x) = \lim_{n \to \infty} \frac{2 \times \left(\frac{x}{4}\right)^{2n+1}-1}{\left(\frac{x}{4}\right)^{2n}+3} = \lim_{n \to \infty} \frac{2 \times \frac{x}{4}-\left(\frac{4}{x}\right)^{2n}}{1+3 \times \left(\frac{4}{x}\right)^{2n}} = \frac{x}{2}$$

이때 $x < -4$ 또는 $x > 4$이므로 $\frac{x}{2} < -2$ 또는 $\frac{x}{2} > 2$

즉, $f(k) = -\frac{1}{3}$을 만족시키는 정수 k가 존재하지 않는다.

(ii) $\frac{x}{4} = -1$, 즉 $x = -4$일 때,

$\lim_{n \to \infty} \left(\frac{x}{4}\right)^{2n} = 1$, $\lim_{n \to \infty} \left(\frac{x}{4}\right)^{2n+1} = -1$이므로

$$f(x) = \lim_{n \to \infty} \frac{2 \times \left(\frac{x}{4}\right)^{2n+1}-1}{\left(\frac{x}{4}\right)^{2n}+3} = \frac{2 \times (-1)-1}{1+3} = -\frac{3}{4}$$

즉, $f(k) = -\frac{1}{3}$을 만족시키는 정수 k가 존재하지 않는다.

(iii) $\frac{x}{4} = 1$, 즉 $x = 4$일 때,

$\lim_{n \to \infty} \left(\frac{x}{4}\right)^{2n} = \lim_{n \to \infty} \left(\frac{x}{4}\right)^{2n+1} = 1$이므로

$$f(x) = \lim_{n \to \infty} \frac{2 \times \left(\frac{x}{4}\right)^{2n+1}-1}{\left(\frac{x}{4}\right)^{2n}+3} = \frac{2 \times 1-1}{1+3} = \frac{1}{4}$$

즉, $f(k) = -\frac{1}{3}$을 만족시키는 정수 k가 존재하지 않는다.

(iv) $\left|\dfrac{x}{4}\right|<1$, 즉 $-4<x<4$일 때,

$$\lim_{n\to\infty}\left(\dfrac{x}{4}\right)^{2n}=\lim_{n\to\infty}\left(\dfrac{x}{4}\right)^{2n+1}=0$$이므로

$$f(x)=\lim_{n\to\infty}\dfrac{2\times\left(\dfrac{x}{4}\right)^{2n+1}-1}{\left(\dfrac{x}{4}\right)^{2n}+3}=-\dfrac{1}{3}$$

이때 $-4<x<4$이므로 $f(k)=-\dfrac{1}{3}$을 만족시키는 정수 k는 -3,

-2, -1, $\cdots$, 3의 7개이다.

(i)~(iv)에서 정수 k의 개수는 7이다.

11 답 ①

㈎에서 $A_1(0, 0)$이고 $n=1$은 홀수이므로 ㈏에서

$A_2(a, 0)$

$n=2$는 짝수이므로 ㈐에서

$A_3(a, a+1)$

같은 방법으로 하면

$A_4(2a, a+1)$, $A_5(2a, 2(a+1))$, $A_6(3a, 2(a+1))$,

$A_7(3a, 3(a+1))$, $A_8(4a, 3(a+1))$, $\cdots$

$\therefore A_{2n}(na, (n-1)(a+1))$

따라서 $\overline{A_1A_{2n}}=\sqrt{(na)^2+(n-1)^2(a+1)^2}$이므로

$$\begin{aligned}\lim_{n\to\infty}\dfrac{\overline{A_1A_{2n}}}{n}&=\lim_{n\to\infty}\dfrac{\sqrt{(na)^2+(n-1)^2(a+1)^2}}{n}\\&=\lim_{n\to\infty}\sqrt{a^2+\left(1-\dfrac{1}{n}\right)^2(a+1)^2}\\&=\sqrt{a^2+(a+1)^2}\\&=\sqrt{2a^2+2a+1}\end{aligned}$$

즉, $\sqrt{2a^2+2a+1}=\dfrac{\sqrt{34}}{2}$이므로

$2a^2+2a+1=\dfrac{17}{2}$

$4a^2+4a-15=0$

$(2a+5)(2a-3)=0$

$\therefore a=\dfrac{3}{2}$ $(\because a>0)$

12 답 2

$P_n(a^n, n)$, $Q_n(a^n, 0)$, $P_{n+1}(a^{n+1}, n+1)$, $Q_{n+1}(a^{n+1}, 0)$이므로 사각형 $P_nQ_nQ_{n+1}P_{n+1}$의 넓이 $S(a)$는

$$\begin{aligned}S(a)&=\dfrac{1}{2}\times(n+n+1)\times(a^{n+1}-a^n)\\&=\dfrac{(2n+1)(a-1)a^n}{2}\end{aligned}$$

따라서 $S(3)=\dfrac{(2n+1)\times2\times3^n}{2}=(2n+1)3^n$,

$S(2)=\dfrac{(2n+1)\times1\times2^n}{2}=(2n+1)2^{n-1}$이므로

$$\begin{aligned}\lim_{n\to\infty}\dfrac{S(3)-S(2)}{n\times3^n}&=\lim_{n\to\infty}\dfrac{(2n+1)3^n-(2n+1)2^{n-1}}{n\times3^n}\\&=\lim_{n\to\infty}\left\{\dfrac{2n+1}{n}-\dfrac{2n+1}{2n}\times\left(\dfrac{2}{3}\right)^n\right\}\\&=\lim_{n\to\infty}\left\{2+\dfrac{1}{n}-\left(1+\dfrac{1}{2n}\right)\times\left(\dfrac{2}{3}\right)^n\right\}\\&=2-1\times0=2\end{aligned}$$

step ❷ 고난도 문제 | 22~26쪽

01 ③	02 ⑤	03 8	04 4	05 ③	06 $\dfrac{1}{2}$
07 ③	08 2	09 $\dfrac{1}{2}$	10 ③	11 ③	12 ①
13 21	14 6	15 5	16 -5	17 ②	18 5
19 52	20 ⑤	21 ④	22 ③	23 4	24 ③
25 16	26 ①				

01 답 ③

이차방정식 $a_nx^2+2a_{n+1}x+a_{n+2}=0$의 한 근이 -1이므로

$a_n-2a_{n+1}+a_{n+2}=0$

$\therefore 2a_{n+1}=a_n+a_{n+2}$

따라서 수열 $\{a_n\}$은 등차수열이므로 첫째항을 a, 공차를 d라 하면

$a_n=a+(n-1)d$

이차방정식 $a_nx^2+2a_{n+1}x+a_{n+2}=0$의 두 근이 -1, b_n이므로 근과 계수의 관계에 의하여 두 근의 곱은

$-b_n=\dfrac{a_{n+2}}{a_n}$

$\therefore b_n=-\dfrac{a_{n+2}}{a_n}=-\dfrac{a+(n+1)d}{a+(n-1)d}=-\dfrac{dn+a+d}{dn+a-d}$

(i) $d=0$일 때,

$$\lim_{n\to\infty}b_n=\lim_{n\to\infty}\left(-\dfrac{a}{a}\right)=-1$$

(ii) $d\neq0$일 때,

$$\begin{aligned}\lim_{n\to\infty}b_n&=\lim_{n\to\infty}\left(-\dfrac{dn+a+d}{dn+a-d}\right)\\&=-\lim_{n\to\infty}\dfrac{d+\dfrac{a+d}{n}}{d+\dfrac{a-d}{n}}=-1\end{aligned}$$

(i), (ii)에서 $\lim_{n\to\infty}b_n=-1$

02 답 ⑤

$a_n=xn-y$에서 $a_{n^2}=xn^2-y$이므로

$$\begin{aligned}&\lim_{n\to\infty}\left(\dfrac{n^2+1}{a_n}-\dfrac{n^3+3n}{a_{n^2}}\right)\\&=\lim_{n\to\infty}\left(\dfrac{n^2+1}{xn-y}-\dfrac{n^3+3n}{xn^2-y}\right)\\&=\lim_{n\to\infty}\dfrac{(n^2+1)(xn^2-y)-(n^3+3n)(xn-y)}{(xn-y)(xn^2-y)}\\&=\lim_{n\to\infty}\dfrac{yn^3-(2x+y)n^2+3yn-y}{x^2n^3-xyn^2-xyn+y^2}\\&=\lim_{n\to\infty}\dfrac{y-\dfrac{2x+y}{n}+\dfrac{3y}{n^2}-\dfrac{y}{n^3}}{x^2-\dfrac{xy}{n}-\dfrac{xy}{n^2}+\dfrac{y^2}{n^3}}\\&=\dfrac{y}{x^2}\end{aligned}$$

즉, $\dfrac{y}{x^2}=\dfrac{1}{5}$이므로

$x^2=5y$

이때 x, y는 한 자리의 자연수이므로

$x=5$, $y=5$

$\therefore x+y=10$

8

정답과 해설

03 답 8

$$\lim_{n \to \infty} (\sqrt{n^2+n}+\sqrt{n^2+2n}+\cdots+\sqrt{n^2+an}-a\sqrt{n^2+an})$$
$$=\lim_{n \to \infty}\{(\sqrt{n^2+n}-\sqrt{n^2+an})+(\sqrt{n^2+2n}-\sqrt{n^2+an})$$
$$+\cdots+(\sqrt{n^2+an}-\sqrt{n^2+an})\}$$

자연수 k에 대하여
$$\lim_{n \to \infty}(\sqrt{n^2+kn}-\sqrt{n^2+an})$$
$$=\lim_{n \to \infty}\frac{(\sqrt{n^2+kn}-\sqrt{n^2+an})(\sqrt{n^2+kn}+\sqrt{n^2+an})}{\sqrt{n^2+kn}+\sqrt{n^2+an}}$$
$$=\lim_{n \to \infty}\frac{(k-a)n}{\sqrt{n^2+kn}+\sqrt{n^2+an}}=\lim_{n \to \infty}\frac{k-a}{\sqrt{1+\dfrac{k}{n}}+\sqrt{1+\dfrac{a}{n}}}$$
$$=\frac{k-a}{1+1}=\frac{k-a}{2} \quad \text{······· 배점 40\%}$$

$$\therefore \lim_{n \to \infty}(\sqrt{n^2+n}+\sqrt{n^2+2n}+\cdots+\sqrt{n^2+an}-a\sqrt{n^2+an})$$
$$=\lim_{n \to \infty}\{(\sqrt{n^2+n}-\sqrt{n^2+an})+(\sqrt{n^2+2n}-\sqrt{n^2+an})$$
$$+\cdots+(\sqrt{n^2+an}-\sqrt{n^2+an})\}$$
$$=\frac{1-a}{2}+\frac{2-a}{2}+\frac{3-a}{2}+\cdots+\frac{a-a}{2}$$
$$=\sum_{k=1}^{a}\frac{k-a}{2}=\frac{1}{2}\times\frac{a(a+1)}{2}-\frac{a^2}{2}$$
$$=\frac{a-a^2}{4} \quad \text{······· 배점 40\%}$$

즉, $\dfrac{a-a^2}{4}=-14$이므로
$$a^2-a-56=0, \ (a+7)(a-8)=0$$
$$\therefore a=8 \ (\because a\text{는 자연수}) \quad \text{······· 배점 20\%}$$

04 답 4

$\lim\limits_{n \to \infty}\dfrac{n^{a+2}+3n^b+2n^3}{n^a+2n^{b+1}}$의 값이 존재하므로 분모의 최고차항의 차수가 분자의 최고차항의 차수보다 크거나 같아야 한다.

$a+2>a$, $b+1>b$이므로 분모의 최고차항의 차수는 $b+1$이다.

$b+1\geq a+2$, $b+1\geq 3$이어야 하므로
$b\geq 2$, $a\leq b-1$

(ⅰ) $b=2$일 때,
$a\leq b-1$에서 $a\leq 1$
이때 a는 음이 아닌 정수이므로
$a=0$ 또는 $a=1$

① $a=0$일 때,
$$c=\lim_{n \to \infty}\frac{n^{a+2}+3n^b+2n^3}{n^a+2n^{b+1}}=\lim_{n \to \infty}\frac{n^2+3n^2+2n^3}{1+2n^3}$$
$$=\lim_{n \to \infty}\frac{2n^3+4n^2}{2n^3+1}=\lim_{n \to \infty}\frac{2+\dfrac{4}{n}}{2+\dfrac{1}{n^3}}=1$$
$$\therefore (b-a)\times c=(2-0)\times 1=2$$

② $a=1$일 때,
$$c=\lim_{n \to \infty}\frac{n^{a+2}+3n^b+2n^3}{n^a+2n^{b+1}}=\lim_{n \to \infty}\frac{n^3+3n^2+2n^3}{n+2n^3}$$
$$=\lim_{n \to \infty}\frac{3n^3+3n^2}{2n^3+n}=\lim_{n \to \infty}\frac{3+\dfrac{3}{n}}{2+\dfrac{1}{n^2}}=\frac{3}{2}$$
$$\therefore (b-a)\times c=(2-1)\times\frac{3}{2}=\frac{3}{2}$$

(ⅱ) $b>2$일 때,
① $a=b-1$일 때,
$$c=\lim_{n \to \infty}\frac{n^{a+2}+3n^b+2n^3}{n^a+2n^{b+1}}$$
$$=\lim_{n \to \infty}\frac{n^{b+1}+3n^b+2n^3}{n^{b-1}+2n^{b+1}}$$
$$=\lim_{n \to \infty}\frac{1+\dfrac{3}{n}+\dfrac{2}{n^{b-2}}}{\dfrac{1}{n^2}+2}$$
$$=\frac{1}{2}$$
$$\therefore (b-a)\times c=1\times\frac{1}{2}=\frac{1}{2}$$
$$\underset{a=b-1\text{에서 } b-a=1}{\underbrace{}}$$

② $a<b-1$일 때,
$$c=\lim_{n \to \infty}\frac{n^{a+2}+3n^b+2n^3}{n^a+2n^{b+1}}$$
$$=\lim_{n \to \infty}\frac{\dfrac{1}{n^{b-a-1}}+\dfrac{3}{n}+\dfrac{2}{n^{b-2}}}{\dfrac{1}{n^{b-a+1}}+2}$$
$$=0$$
$$\therefore (b-a)\times c=0 \longrightarrow b-a\text{의 값에 관계없이 } (b-a)\times c=0\text{이다.}$$

(ⅰ), (ⅱ)에서 서로 다른 $(b-a)\times c$의 값의 합은
$$2+\frac{3}{2}+\frac{1}{2}+0=4$$

05 답 ③

$\sum\limits_{k=1}^{n}\dfrac{a_k}{(k-1)!}=\dfrac{3}{(n+2)!}$의 양변에 $n=1$을 대입하면
$$\frac{a_1}{0!}=\frac{3}{3!} \quad \therefore a_1=\frac{1}{2}$$

한편 $S_n=\sum\limits_{k=1}^{n}\dfrac{a_k}{(k-1)!}$라 하면 $n\geq 2$일 때,
$$\frac{a_n}{(n-1)!}=S_n-S_{n-1}$$
$$=\frac{3}{(n+2)!}-\frac{3}{(n+1)!}$$
$$=\frac{3}{(n+2)!}-\frac{3(n+2)}{(n+2)!}$$
$$=\frac{-3(n+1)}{(n+2)!}$$
$$\therefore a_n=\frac{-3(n+1)}{(n+2)!}\times(n-1)!$$
$$=\frac{-3(n+1)}{(n+2)(n+1)n}$$
$$=-\frac{3}{n^2+2n} \ (\text{단, } n\geq 2)$$
$$\therefore \lim_{n \to \infty}(a_1+n^2 a_n)=\lim_{n \to \infty}\left(\frac{1}{2}-\frac{3n^2}{n^2+2n}\right)$$
$$=\lim_{n \to \infty}\left(\frac{1}{2}-\frac{3}{1+\dfrac{2}{n}}\right)$$
$$=\frac{1}{2}-3=-\frac{5}{2}$$

개념 NOTE

자연수 n에 대하여
$$n!=n(n-1)(n-2)\times\cdots\times 3\times 2\times 1, \ 0!=1$$

06 답 $\frac{1}{2}$

등차수열 $\{a_n\}$의 공차를 d라 하면

$a_n=a_1+(n-1)d$

㈏의 $\dfrac{2^{a_4}\times 2^{a_8}}{2^{a_6}}=\dfrac{1}{16}$에서 $2^{a_4+a_8-a_6}=2^{-4}$

$\therefore a_4+a_8-a_6=-4$

이때 등차수열 $\{a_n\}$에 대하여 $a_4+a_8=2a_6$이므로

$2a_6-a_6=-4,\ a_6=-4$

$a_1+5d=-4 \qquad \therefore a_1=-5d-4 \qquad \cdots\cdots \text{㉠}$

㈐의 $|a_m|=|a_{m+2}|$에서

$a_m=a_{m+2}$ 또는 $a_m=-a_{m+2}$

(ⅰ) $a_m=a_{m+2}$일 때,

　　$a_1+(m-1)d=a_1+(m+1)d$이므로

　　$2d=0 \qquad \therefore d=0$

　　이는 ㈏를 만족시키지 않는다.

(ⅱ) $a_m=-a_{m+2}$일 때,

　　$a_1+(m-1)d=-a_1-(m+1)d$이므로

　　$2a_1+2md=0,\ a_1+md=0$

　　㉠을 대입하면 $-5d-4+md=0$

　　$(m-5)d=4$

　　이때 $m-5$는 -4 이상의 정수이고 ㈏에서 d는 소수이므로

　　$d=2$

(ⅰ), (ⅱ)에서 $d=2$

이를 ㉠에 대입하면 $a_1=-14$

따라서 $a_n=-14+(n-1)\times 2=2n-16$이므로

$a_1+a_2+a_3+\cdots+a_n=\displaystyle\sum_{k=1}^{n} a_k=\sum_{k=1}^{n}(2k-16)$

$\qquad\qquad\qquad\qquad\quad =n(n+1)-16n=n^2-15n$

$\therefore \displaystyle\lim_{n\to\infty}\dfrac{a_1+a_2+a_3+\cdots+a_n}{2n^2+3n+7}=\lim_{n\to\infty}\dfrac{n^2-15n}{2n^2+3n+7}$

$\qquad\qquad\qquad\qquad\qquad =\displaystyle\lim_{n\to\infty}\dfrac{1-\dfrac{15}{n}}{2+\dfrac{3}{n}+\dfrac{7}{n^2}}=\dfrac{1}{2}$

07 답 ③

$\dfrac{1}{\sqrt{3n+3}+\sqrt{3n+6}}<a_n<\dfrac{1}{\sqrt{3n}+\sqrt{3n+3}}$에서

$\displaystyle\sum_{k=1}^{n}\dfrac{1}{\sqrt{3k+3}+\sqrt{3k+6}}=\sum_{k=1}^{n}\dfrac{\sqrt{3k+3}-\sqrt{3k+6}}{(\sqrt{3k+3}+\sqrt{3k+6})(\sqrt{3k+3}-\sqrt{3k+6})}$

$\qquad\qquad\qquad\qquad\quad =\displaystyle\sum_{k=1}^{n}\dfrac{\sqrt{3k+6}-\sqrt{3k+3}}{3}$

$\qquad\qquad\qquad\qquad\quad =\dfrac{1}{3}\{(\sqrt{9}-\sqrt{6})+(\sqrt{12}-\sqrt{9})+(\sqrt{15}-\sqrt{12})$

$\qquad\qquad\qquad\qquad\qquad\qquad +\cdots+(\sqrt{3n+6}-\sqrt{3n+3})\}$

$\qquad\qquad\qquad\qquad\quad =\dfrac{1}{3}(\sqrt{3n+6}-\sqrt{6})$

$\displaystyle\sum_{k=1}^{n}\dfrac{1}{\sqrt{3k}+\sqrt{3k+3}}=\sum_{k=1}^{n}\dfrac{\sqrt{3k}-\sqrt{3k+3}}{(\sqrt{3k}+\sqrt{3k+3})(\sqrt{3k}-\sqrt{3k+3})}$

$\qquad\qquad\qquad\qquad =\displaystyle\sum_{k=1}^{n}\dfrac{\sqrt{3k+3}-\sqrt{3k}}{3}$

$\qquad\qquad\qquad\qquad =\dfrac{1}{3}\{(\sqrt{6}-\sqrt{3})+(\sqrt{9}-\sqrt{6})+(\sqrt{12}-\sqrt{9})$

$\qquad\qquad\qquad\qquad\qquad\qquad +\cdots+(\sqrt{3n+3}-\sqrt{3n})\}$

$\qquad\qquad\qquad\qquad =\dfrac{1}{3}(\sqrt{3n+3}-\sqrt{3})$

따라서 $\dfrac{1}{3}(\sqrt{3n+6}-\sqrt{6})<\displaystyle\sum_{k=1}^{n}a_k<\dfrac{1}{3}(\sqrt{3n+3}-\sqrt{3})$이므로

$\dfrac{\sqrt{3n+6}-\sqrt{6}}{3\sqrt{n+1}}<\dfrac{1}{\sqrt{n+1}}\displaystyle\sum_{k=1}^{n}a_k<\dfrac{\sqrt{3n+3}-\sqrt{3}}{3\sqrt{n+1}}$

이때 $\displaystyle\lim_{n\to\infty}\dfrac{\sqrt{3n+6}-\sqrt{6}}{3\sqrt{n+1}}=\dfrac{\sqrt{3}}{3}$, $\displaystyle\lim_{n\to\infty}\dfrac{\sqrt{3n+3}-\sqrt{3}}{3\sqrt{n+1}}=\dfrac{\sqrt{3}}{3}$이므로 수열의 극한의 대소 관계에 의하여

$\displaystyle\lim_{n\to\infty}\dfrac{1}{\sqrt{n+1}}\sum_{k=1}^{n}a_k=\dfrac{\sqrt{3}}{3}$

08 답 2

$\dfrac{n^2}{2}-1<\left[\dfrac{n^2}{2}\right]\le \dfrac{n^2}{2}$이므로

$\left(\dfrac{2}{n+3}\right)^2\left(\dfrac{n^2}{2}-1\right)<\left(\dfrac{2}{n+3}\right)^2\left[\dfrac{n^2}{2}\right]\le\left(\dfrac{2}{n+3}\right)^2\times\dfrac{n^2}{2}$

$\therefore \dfrac{2n^2-4}{n^2+6n+9}<\left(\dfrac{2}{n+3}\right)^2\left[\dfrac{n^2}{2}\right]\le\dfrac{2n^2}{n^2+6n+9}$

이때 $\displaystyle\lim_{n\to\infty}\dfrac{2n^2-4}{n^2+6n+9}=2$, $\displaystyle\lim_{n\to\infty}\dfrac{2n^2}{n^2+6n+9}=2$이므로 수열의 극한의 대소 관계에 의하여

$\displaystyle\lim_{n\to\infty}\left(\dfrac{2}{n+3}\right)^2\left[\dfrac{n^2}{2}\right]=2$

09 답 $\frac{1}{2}$

㈐에서 두 등차수열 $\{a_n\}$, $\{b_n\}$의 공차가 같고, 이때 공차가 0이 아니므로 공차를 $d\,(d\ne 0)$라 하면

$a_n=a_1+(n-1)d,\ b_n=b_1+(n-1)d$

$\therefore a_n+b_n=a_1+b_1+2(n-1)d=2dn+a_1+b_1-2d \qquad \cdots\cdots \text{㉠}$

㈐의 $a_1+a_3+\cdots+a_{2n-1}<c_n<b_2+b_4+\cdots+b_{2n}$에서

$a_1+a_3+\cdots+a_{2n-1}=\dfrac{n\{2a_1+(n-1)\times 2d\}}{2}$

$\qquad\qquad\qquad\qquad\quad =dn^2+(a_1-d)n$

$b_2+b_4+\cdots+b_{2n}=\dfrac{n\{2(b_1+d)+(n-1)\times 2d\}}{2}$

$\qquad\qquad\qquad\qquad =dn^2+b_1 n$

즉, $dn^2+(a_1-d)n<c_n<dn^2+b_1 n$이고 ㈎에서 $a_n+b_n>0$이므로

$\dfrac{dn^2+(a_1-d)n}{n(a_n+b_n)}<\dfrac{c_n}{n(a_n+b_n)}<\dfrac{dn^2+b_1 n}{n(a_n+b_n)}$

㉠에서

$\dfrac{dn^2+(a_1-d)n}{n(2dn+a_1+b_1-2d)}<\dfrac{c_n}{n(a_n+b_n)}<\dfrac{dn^2+b_1 n}{n(2dn+a_1+b_1-2d)}$

$\therefore \dfrac{dn^2+(a_1-d)n}{2dn^2+(a_1+b_1-2d)n}<\dfrac{c_n}{n(a_n+b_n)}<\dfrac{dn^2+b_1 n}{2dn^2+(a_1+b_1-2d)n}$

이때 $\displaystyle\lim_{n\to\infty}\dfrac{dn^2+(a_1-d)n}{2dn^2+(a_1+b_1-2d)n}=\dfrac{1}{2}$,

$\displaystyle\lim_{n\to\infty}\dfrac{dn^2+b_1 n}{2dn^2+(a_1+b_1-2d)n}=\dfrac{1}{2}$이므로 수열의 극한의 대소 관계에 의하여

$\displaystyle\lim_{n\to\infty}\dfrac{c_n}{n(a_n+b_n)}=\dfrac{1}{2}$

> **개념 NOTE**
>
> 첫째항이 a, 공차가 d인 등차수열의 첫째항부터 제n항까지의 합을 S_n이라 하면
>
> $$S_n=\dfrac{n\{2a+(n-1)d\}}{2}$$

10 답 ③

ㄱ. $a_n = \dfrac{(-1)^n + 3}{2}$에서

$a_1 = 1, a_2 = 2, a_3 = 1, a_4 = 2, \cdots$ ...... ㉠

즉, 수열 $\{a_n\}$은 발산(진동)한다.

ㄴ. $b_n = p \times (-1)^{n+1} + q$에서

$b_1 = p + q, b_2 = -p + q, b_3 = p + q, b_4 = -p + q, \cdots$ ...... ㉡

이때 $p = 0$이면 $b_n = q$로 수열 $\{b_n\}$은 수렴한다.

ㄷ. ㉠, ㉡에서

$a_1 + b_1 = 1 + p + q, a_2 + b_2 = 2 - p + q, a_3 + b_3 = 1 + p + q,$

$a_4 + b_4 = 2 - p + q, \cdots$

수열 $\{a_n + b_n\}$이 수렴하면

$1 + p + q = 2 - p + q, 2p = 1$ $\therefore p = \dfrac{1}{2}$

또 ㉠, ㉡에서

$a_1 b_1 = p + q, a_2 b_2 = 2(-p + q), a_3 b_3 = p + q, a_4 b_4 = 2(-p + q), \cdots$

수열 $\{a_n b_n\}$이 수렴하면

$p + q = 2(-p + q)$ $\therefore q = 3p$

$p = \dfrac{1}{2}$을 대입하면 $q = \dfrac{3}{2}$

따라서 $a_n + b_n = 1 + \dfrac{1}{2} + \dfrac{3}{2} = 3$, $a_n b_n = \dfrac{1}{2} + \dfrac{3}{2} = 2$이므로

$\lim\limits_{n \to \infty} \{(a_n)^2 + (b_n)^2\} = \lim\limits_{n \to \infty} \{(a_n + b_n)^2 - 2a_n b_n\}$

$= 3^2 - 2 \times 2 = 5$

따라서 보기에서 옳은 것은 ㄱ, ㄴ이다.

11 답 ③

수열 $\{a_n\}$의 모든 항이 정수이고 $-1 \leq a_n \leq 1$이므로 수열 $\{a_n\}$의 항은 $-1, 0, 1$ 중 하나이다.

ㄱ. $a_n b_n = \dfrac{1}{n}$이므로 $a_n \neq 0$

즉, 수열 $\{a_n\}$의 항은 -1 또는 1이므로 수열 $\{b_n\}$은 $-\dfrac{1}{n}$ 또는 $\dfrac{1}{n}$

을 항으로 갖는다.

$\therefore \lim\limits_{n \to \infty} b_n = 0$

따라서 수열 $\{b_n\}$은 수렴한다.

ㄴ. $a_{n+1} - a_n = c$에서 $c \neq 0$이면 수열 $\{a_n\}$은 공차가 c인 등차수열이므로 $-1 \leq a_n \leq 1$을 만족시키지 않는다.

따라서 $c = 0$이므로 $a_{n+1} - a_n = 0$ $\therefore a_n = a_{n+1}$

즉, $a_1 = a_2 = a_3 = \cdots = a_n = \cdots$이므로 $\lim\limits_{n \to \infty} a_n = a_1$

따라서 수열 $\{a_n\}$은 수렴한다.

ㄷ. [반례] $a_n = (-1)^n$, $b_n = (-1)^n$이면 수열 $\{a_n\}$은 발산하고 $a_n b_n = 1$이므로 수열 $\{a_n b_n\}$이 수렴하지만 수열 $\{b_n\}$은 발산한다.

따라서 보기에서 옳은 것은 ㄱ, ㄴ이다.

12 답 ①

ㄱ. 수열 $\{a_n\}$이 수렴하므로 $\lim\limits_{n \to \infty} a_n = \alpha$ (α는 실수)라 하자.

$\alpha < 0$일 때, $\lim\limits_{n \to \infty} |a_n| = -\alpha$

$\alpha = 0$일 때, $\lim\limits_{n \to \infty} |a_n| = 0$

$\alpha > 0$일 때, $\lim\limits_{n \to \infty} |a_n| = \alpha$

따라서 수열 $\{|a_n|\}$은 수렴한다.

ㄴ. [반례] $a_n = \dfrac{(-1)^n}{n+1}$이면 $a_1 = -\dfrac{1}{2}$, $a_2 = \dfrac{1}{3}$, $a_3 = -\dfrac{1}{4}$, $a_4 = \dfrac{1}{5}$, $\cdots$

즉, 수열 $\{a_n\}$은 0으로 수렴한다.

이때 $[a_1] = [a_3] = [a_5] = \cdots = -1$, $[a_2] = [a_4] = [a_6] = \cdots = 0$이므로 수열 $\{[a_n]\}$은 발산(진동)한다.

ㄷ. [반례] $a_n = \sqrt{n} - [\sqrt{n}]$이면 $a_{n^2} = n - [n] = 0$이므로 수열 $\{a_{n^2}\}$은 수렴한다.

이때 $a_1 = 0$, $a_2 = \sqrt{2} - 1$, $a_3 = \sqrt{3} - 1$, $a_4 = 0$, $a_5 = \sqrt{5} - 2$, $\cdots$이므로 수열 $\{a_n\}$은 발산한다.

따라서 보기에서 옳은 것은 ㄱ이다.

13 답 21

$5 \times 2^n \times 3^n$의 모든 양의 약수의 합이 a_n이므로

$a_n = (1 + 5)(1 + 2 + \cdots + 2^n)(1 + 3 + \cdots + 3^n)$

$= 6 \times \dfrac{2^{n+1} - 1}{2 - 1} \times \dfrac{3^{n+1} - 1}{3 - 1}$

$= 3(2^{n+1} - 1)(3^{n+1} - 1)$

$= 3(6^{n+1} - 3^{n+1} - 2^{n+1} + 1)$

$\therefore \lim\limits_{n \to \infty} \dfrac{a_n}{r^{n+1} + 6^n} = \lim\limits_{n \to \infty} \dfrac{3(6^{n+1} - 3^{n+1} - 2^{n+1} + 1)}{r^{n+1} + 6^n}$ ...... ㉠

(i) $0 < r < 6$일 때,

$\lim\limits_{n \to \infty} \left(\dfrac{r}{6} \right)^n = 0$이므로 ㉠에서

$\lim\limits_{n \to \infty} \dfrac{3(6^{n+1} - 3^{n+1} - 2^{n+1} + 1)}{r^{n+1} + 6^n}$

$= \lim\limits_{n \to \infty} \dfrac{3 \left\{ 6 - 3 \times \left(\dfrac{1}{2} \right)^n - 2 \times \left(\dfrac{1}{3} \right)^n + \left(\dfrac{1}{6} \right)^n \right\}}{r \left(\dfrac{r}{6} \right)^n + 1} = 18$

즉, 주어진 조건을 만족시킨다.

(ii) $r = 6$일 때,

㉠에서

$\lim\limits_{n \to \infty} \dfrac{3(6^{n+1} - 3^{n+1} - 2^{n+1} + 1)}{6^{n+1} + 6^n}$

$= \lim\limits_{n \to \infty} \dfrac{3 \left\{ 6 - 3 \times \left(\dfrac{1}{2} \right)^n - 2 \times \left(\dfrac{1}{3} \right)^n + \left(\dfrac{1}{6} \right)^n \right\}}{6 + 1} = \dfrac{18}{7}$

즉, 주어진 조건을 만족시킨다.

(iii) $r > 6$일 때,

$\lim\limits_{n \to \infty} \left(\dfrac{6}{r} \right)^n = \lim\limits_{n \to \infty} \left(\dfrac{3}{r} \right)^n = \lim\limits_{n \to \infty} \left(\dfrac{2}{r} \right)^n = \lim\limits_{n \to \infty} \left(\dfrac{1}{r} \right)^n = 0$이므로 ㉠에서

$\lim\limits_{n \to \infty} \dfrac{3(6^{n+1} - 3^{n+1} - 2^{n+1} + 1)}{r^{n+1} + 6^n}$

$= \lim\limits_{n \to \infty} \dfrac{3 \left\{ 6 \times \left(\dfrac{6}{r} \right)^n - 3 \times \left(\dfrac{3}{r} \right)^n - 2 \times \left(\dfrac{2}{r} \right)^n + \left(\dfrac{1}{r} \right)^n \right\}}{r + \left(\dfrac{6}{r} \right)^n} = 0$

즉, 주어진 조건을 만족시키지 않는다.

(i), (ii), (iii)에서 조건을 만족시키는 r의 값의 범위는

$0 < r \leq 6$

이때 자연수 r는 $1, 2, 3, 4, 5, 6$이므로 그 합은

$1 + 2 + 3 + 4 + 5 + 6 = 21$

개념 NOTE

자연수 p, q, r, l, m, n에 대하여 $p^l \times q^m \times r^n$의 모든 양의 약수의 합은

$(1 + p + p^2 + \cdots + p^l)(1 + q + q^2 + \cdots + q^m)(1 + r + r^2 + \cdots + r^n)$

14 답 6

수열 $\left\{(x^2+4x+a)\left(\dfrac{3x-1}{b}\right)^{n-1}\right\}$ 은 첫째항이 x^2+4x+a, 공비가

$\dfrac{3x-1}{b}$ 인 등비수열이므로 이 등비수열이 수렴하려면

$x^2+4x+a=0$ 또는 $-1<\dfrac{3x-1}{b}\leq1$ ·········· 배점 10%

(i) $x^2+4x+a=0$일 때,

$\quad x=-2\pm\sqrt{4-a}$

이때 a는 자연수이므로 x의 값이 정수가 되려면

$\quad a=3$일 때, $x=-1$ 또는 $x=-3$

$\quad a=4$일 때, $x=-2$ ·········· 배점 30%

(ii) $-1<\dfrac{3x-1}{b}\leq1$일 때,

$\quad -b<3x-1\leq b$

$\quad \therefore \dfrac{-b+1}{3}<x\leq\dfrac{b+1}{3}$

이때 b는 자연수이므로

$\quad b=1$일 때, $0<x\leq\dfrac{2}{3}$이므로 정수 x가 존재하지 않는다.

$\quad b=2$일 때, $-\dfrac{1}{3}<x\leq1$이므로 정수 x의 값은 0, 1이다.

$\quad b=3$일 때, $-\dfrac{2}{3}<x\leq\dfrac{4}{3}$이므로 정수 x의 값은 0, 1이다.

$\quad b=4$일 때, $-1<x\leq\dfrac{5}{3}$이므로 정수 x의 값은 0, 1이다.

$\quad b=5$일 때, $-\dfrac{4}{3}<x\leq2$이므로 정수 x의 값은 -1, 0, 1, 2이다.

$\quad b=6$일 때, $-\dfrac{5}{3}<x\leq\dfrac{7}{3}$이므로 정수 x의 값은 -1, 0, 1, 2이다.

$\quad b=7$일 때, $-2<x\leq\dfrac{8}{3}$이므로 정수 x의 값은 -1, 0, 1, 2이다.

$\quad b\geq8$일 때, $\dfrac{-b+1}{3}<-2$, $\dfrac{b+1}{3}\geq3$이므로 정수 x는 -2, -1, 0,

1, 2, 3을 포함하여 6개 이상이다. ·········· 배점 30%

(i), (ii)에서

$a=3$이고 $b=5$, 6, 7일 때, 정수 x는 -3, -1, 0, 1, 2의 5개이다.

$a=4$이고 $b=5$, 6, 7일 때, 정수 x는 -2, -1, 0, 1, 2의 5개이다.

따라서 순서쌍 (a, b)는 $(3, 5)$, $(3, 6)$, $(3, 7)$, $(4, 5)$, $(4, 6)$, $(4, 7)$

의 6개이다. ·········· 배점 30%

15 답 5

이차방정식 $x^2+2\sqrt{a_{n+1}}x+2a_n=0$의 판별식을 D라 하면

$\dfrac{D}{4}=a_{n+1}-2a_n<0$

$\therefore a_{n+1}<2a_n$

즉, $a_n<2a_{n-1}<2^2a_{n-2}<2^3a_{n-3}<\cdots<2^{n-1}a_1$이고 수열 $\{a_n\}$의 모든 항

이 양수이므로

$0<a_n<2^{n-1}a_1$ ······ ㉠

㉠의 각 변에 $\left(\dfrac{2}{5}\right)^n$을 곱하면

$0<\left(\dfrac{2}{5}\right)^n a_n<\dfrac{a_1}{2}\times\left(\dfrac{4}{5}\right)^n$

이때 $\lim\limits_{n\to\infty}\left\{\dfrac{a_1}{2}\times\left(\dfrac{4}{5}\right)^n\right\}=0$이므로 수열의 극한의 대소 관계에 의하여

$\lim\limits_{n\to\infty}\left(\dfrac{2}{5}\right)^n a_n=0$

㉠에서 $0<a_{2n}<2^{2n-1}a_1$

각 변을 5^n으로 나누면

$0<\dfrac{a_{2n}}{5^n}<\dfrac{a_1}{2}\times\left(\dfrac{4}{5}\right)^n$

이때 $\lim\limits_{n\to\infty}\left\{\dfrac{a_1}{2}\times\left(\dfrac{4}{5}\right)^n\right\}=0$이므로 수열의 극한의 대소 관계에 의하여

$\lim\limits_{n\to\infty}\dfrac{a_{2n}}{5^n}=0$

$\therefore \lim\limits_{n\to\infty}\dfrac{a_{2n}+5^{n+1}}{5^n+2^n a_n}=\lim\limits_{n\to\infty}\dfrac{\dfrac{a_{2n}}{5^n}+5}{1+\left(\dfrac{2}{5}\right)^n a_n}=5$

16 답 -5

$\lim\limits_{n\to\infty}\dfrac{\{f(a)\}^{n+1}}{a^{n+1}+b^n}$에서 $|f(a)|$의 값이 $|a|$, $|b|$의 값보다 크면 극한값이

존재하지 않고, 작으면 극한값이 0이므로 $|f(a)|$의 값은 $|a|$ 또는 $|b|$

의 값과 같다.

(i) $|a|<|b|$일 때,

$\quad |f(a)|=|a|$이면 극한값이 0이므로 $|f(a)|=|b|$

$\quad$ ① $f(a)=b$일 때,

$\quad\quad \lim\limits_{n\to\infty}\dfrac{\{f(a)\}^{n+1}}{a^{n+1}+b^n}=\lim\limits_{n\to\infty}\dfrac{b^{n+1}}{a^{n+1}+b^n}=\lim\limits_{n\to\infty}\dfrac{b}{a\left(\dfrac{a}{b}\right)^n+1}=b$

$\quad\quad$ 즉, $b=1$이므로 $f(a)=1$

$\quad\quad -a^2-4a-3=1$, $a^2+4a+4=0$

$\quad\quad (a+2)^2=0$ $\quad \therefore a=-2$

$\quad\quad$ 그런데 이는 $|a|<|b|$를 만족시키지 않는다.

$\quad$ ② $f(a)=-b$일 때,

$\quad\quad \lim\limits_{n\to\infty}\dfrac{\{f(a)\}^{n+1}}{a^{n+1}+b^n}=\lim\limits_{n\to\infty}\dfrac{(-b)^{n+1}}{a^{n+1}+b^n}=\lim\limits_{n\to\infty}\dfrac{-b\times(-1)^n}{a\left(\dfrac{a}{b}\right)^n+1}$

$\quad\quad$ 이때 극한값이 존재하지 않으므로 조건을 만족시키지 않는다.

(ii) $|b|<|a|$일 때,

$\quad |f(a)|=|b|$이면 극한값이 0이므로 $|f(a)|=|a|$

$\quad$ ① $f(a)=a$일 때,

$\quad\quad \lim\limits_{n\to\infty}\dfrac{\{f(a)\}^{n+1}}{a^{n+1}+b^n}=\lim\limits_{n\to\infty}\dfrac{a^{n+1}}{a^{n+1}+b^n}=\lim\limits_{n\to\infty}\dfrac{a}{a+\left(\dfrac{b}{a}\right)^n}=1$

$\quad\quad f(a)=a$에서 $-a^2-4a-3=a$

$\quad\quad a^2+5a+3=0 \longrightarrow D=25-4\times3=13>0$

$\quad\quad$ 이차방정식의 근과 계수의 관계에 의하여 모든 a의 값의 합은

$\quad\quad -5$이다.

$\quad$ ② $f(a)=-a$일 때,

$\quad\quad \lim\limits_{n\to\infty}\dfrac{\{f(a)\}^{n+1}}{a^{n+1}+b^n}=\lim\limits_{n\to\infty}\dfrac{(-a)^{n+1}}{a^{n+1}+b^n}=\lim\limits_{n\to\infty}\dfrac{-a\times(-1)^n}{a+\left(\dfrac{b}{a}\right)^n}$

$\quad\quad$ 이때 극한값이 존재하지 않으므로 조건을 만족시키지 않는다.

(i), (ii)에서 모든 a의 값의 합은 -5이다.

idea
17 답 ②

수열 $\{a_n\}$의 첫째항부터 제n항까지의 합을 S_n이라 하면

$S_n=a_1+a_2+a_3+\cdots+a_n$

㈏의 $a_1+a_2+a_3+\cdots+a_n=pa_{n+1}-q$에서 $S_n=pa_{n+1}-q$이므로

$S_{n-1}=pa_n-q$

$n \geq 2$인 자연수 n에 대하여 $a_n = S_n - S_{n-1}$이므로

$a_n = (pa_{n+1} - q) - (pa_n - q)$

$(p+1)a_n = pa_{n+1}$

$\therefore a_{n+1} = \dfrac{p+1}{p} a_n$ (단, $n \geq 2$)

따라서 $n \geq 2$일 때, 수열 $\{a_n\}$은 공비가 $\dfrac{p+1}{p}$인 등비수열이다.

즉, (개)에서 $n \geq 2$일 때, $a_n = \dfrac{4}{3} \times 3^{n-1} = 4 \times 3^{n-2}$이므로

$\displaystyle\lim_{n\to\infty} \dfrac{a_{2n+1} - 1}{a_{2n} + a_{2n-1}} = \lim_{n\to\infty} \dfrac{4 \times 3^{2n-1} - 1}{4 \times 3^{2n-2} + 4 \times 3^{2n-3}}$

$= \displaystyle\lim_{n\to\infty} \dfrac{\dfrac{4}{3} - \dfrac{1}{3^{2n}}}{\dfrac{4}{9} + \dfrac{4}{27}} = \dfrac{\dfrac{4}{3}}{\dfrac{16}{27}} = \dfrac{9}{4}$

18 답 5

(i) $|x| > 1$, 즉 $x < -1$ 또는 $x > 1$일 때,

$\displaystyle\lim_{n\to\infty} \dfrac{1}{x^{2n}} = 0$이므로

$f(x) = \displaystyle\lim_{n\to\infty} \dfrac{x^{2n+1} + 2x + 1}{x^{2n} + 1}$

$= \displaystyle\lim_{n\to\infty} \dfrac{x + \dfrac{2x}{x^{2n}} + \dfrac{1}{x^{2n}}}{1 + \dfrac{1}{x^{2n}}} = x$

(ii) $x = -1$일 때,

$f(x) = \displaystyle\lim_{n\to\infty} \dfrac{x^{2n+1} + 2x + 1}{x^{2n} + 1}$

$= \dfrac{-1 - 2 + 1}{1 + 1} = -1$

(iii) $x = 1$일 때,

$f(x) = \displaystyle\lim_{n\to\infty} \dfrac{x^{2n+1} + 2x + 1}{x^{2n} + 1}$

$= \dfrac{1 + 2 + 1}{1 + 1} = 2$

(iv) $|x| < 1$, 즉 $-1 < x < 1$일 때,

$\displaystyle\lim_{n\to\infty} x^{2n} = \lim_{n\to\infty} x^{2n+1} = 0$이므로

$f(x) = \displaystyle\lim_{n\to\infty} \dfrac{x^{2n+1} + 2x + 1}{x^{2n} + 1} = 2x + 1$

(i)~(iv)에서 함수 $y = f(x)$의 그래프는 그림과 같다.

$(f \circ f)(a) = 2$에서 $f(f(a)) = 2$

이때 $f(a) = k$라 하면 $f(k) = 2$

함수 $y = f(x)$의 그래프와 직선 $y = 2$가 만나는 점의 x좌표가 k와 같으므로

$k = \dfrac{1}{2}$ 또는 $k = 1$ 또는 $k = 2$

즉, $(f \circ f)(a) = 2$이려면 $f(a) = \dfrac{1}{2}$ 또는 $f(a) = 1$ 또는 $f(a) = 2$이어야 하므로 실수 a의 개수는 함수 $y = f(x)$의 그래프가 세 직선 $y = \dfrac{1}{2}$, $y = 1$, $y = 2$와 만나는 점의 개수와 같다.

함수 $y = f(x)$의 그래프가 세 직선 $y = \dfrac{1}{2}$, $y = 1$, $y = 2$와 만나는 점의 개수는 각각 1, 1, 3이므로 실수 a의 개수는

$1 + 1 + 3 = 5$

19 답 52

(i) $-1 < x < 1$일 때,

$\displaystyle\lim_{n\to\infty} x^n = \lim_{n\to\infty} x^{n+2} = 0$이므로

$f(x) = \displaystyle\lim_{n\to\infty} \dfrac{x^{n+2} + 5}{x^n + x + 1} = \dfrac{5}{x+1}$

(ii) $x = 1$일 때,

$f(x) = \displaystyle\lim_{n\to\infty} \dfrac{x^{n+2} + 5}{x^n + x + 1} = \dfrac{1+5}{1+1+1} = 2$

(iii) $x > 1$일 때,

$\displaystyle\lim_{n\to\infty} \dfrac{1}{x^n} = 0$이므로

$f(x) = \displaystyle\lim_{n\to\infty} \dfrac{x^{n+2} + 5}{x^n + x + 1} = \lim_{n\to\infty} \dfrac{x^2 + \dfrac{5}{x^n}}{1 + \dfrac{x}{x^n} + \dfrac{1}{x^n}} = x^2$

(i), (ii), (iii)에서 함수 $y = f(x)$의 그래프는 그림과 같고, 직선 $g(x) = mx - 1$은 점 $(0, -1)$을 항상 지나고 기울기 m이 양수이다.

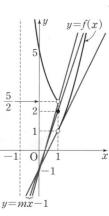

직선 $y = mx - 1$과 곡선 $y = x^2$이 접하면 이차방정식 $mx - 1 = x^2$, 즉 $x^2 - mx + 1 = 0$의 판별식을 D라 할 때,

$D = m^2 - 4 = 0$ $\therefore m = 2$ ($\because m > 0$)

즉, 직선 $y = 2x - 1$과 곡선 $y = x^2$은 점 $(1, 1)$에서 접한다.

직선 $y = mx - 1$이 점 $(1, 2)$를 지나면

$2 = m - 1$ $\therefore m = 3$

직선 $y = mx - 1$이 점 $\left(1, \dfrac{5}{2}\right)$를 지나면

$\dfrac{5}{2} = m - 1$ $\therefore m = \dfrac{7}{2}$

따라서 두 함수 $y = f(x)$, $y = g(x)$의 그래프가 만나는 점의 개수가 2이려면

$m = 3$ 또는 $m > \dfrac{7}{2}$

따라서 모든 10 이하의 자연수 m의 값의 합은

$3 + 4 + 5 + \cdots + 10 = \dfrac{8(3+10)}{2} = 52$

20 답 ⑤

(i) $\left|\dfrac{x-1}{3}\right| > 1$, 즉 $x < -2$ 또는 $x > 4$일 때,

$\displaystyle\lim_{n\to\infty} \left(\dfrac{3}{x-1}\right)^{2n} = 0$이므로

$f(x) = \displaystyle\lim_{n\to\infty} \dfrac{\left(\dfrac{x-1}{3}\right)^{2n+1} + x}{\left(\dfrac{x-1}{3}\right)^{2n} + 2}$

$= \displaystyle\lim_{n\to\infty} \dfrac{\dfrac{x-1}{3} + x \times \left(\dfrac{3}{x-1}\right)^{2n}}{1 + 2 \times \left(\dfrac{3}{x-1}\right)^{2n}} = \dfrac{x-1}{3}$

(ii) $\dfrac{x-1}{3} = -1$, 즉 $x = -2$일 때,

$f(x) = \displaystyle\lim_{n\to\infty} \dfrac{\left(\dfrac{x-1}{3}\right)^{2n+1} + x}{\left(\dfrac{x-1}{3}\right)^{2n} + 2} = \dfrac{-1-2}{1+2} = -1$

(iii) $\dfrac{x-1}{3}=1$, 즉 $x=4$일 때,

$$f(x)=\lim_{n\to\infty}\dfrac{\left(\dfrac{x-1}{3}\right)^{2n+1}+x}{\left(\dfrac{x-1}{3}\right)^{2n}+2}=\dfrac{1+4}{1+2}=\dfrac{5}{3}$$

(iv) $\left|\dfrac{x-1}{3}\right|<1$, 즉 $-2<x<4$일 때,

$$\lim_{n\to\infty}\left(\dfrac{x-1}{3}\right)^{2n}=\lim_{n\to\infty}\left(\dfrac{x-1}{3}\right)^{2n+1}=0$$이므로

$$f(x)=\lim_{n\to\infty}\dfrac{\left(\dfrac{x-1}{3}\right)^{2n+1}+x}{\left(\dfrac{x-1}{3}\right)^{2n}+2}=\dfrac{x}{2}$$

(i)~(iv)에서 함수 $y=f(x)$의 그래프는 그림과 같다.

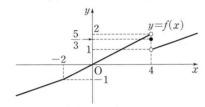

ㄱ. $f(2)=1$, $f(4)=\dfrac{5}{3}$이므로 $f(2)+f(4)=\dfrac{8}{3}$

ㄴ. 함수 $f(x)$는 $x=4$에서만 불연속이므로 불연속인 x의 개수는 1이다.

ㄷ. $g(x)=(x^2-8x+16)f(x)=(x-4)^2f(x)$라 하면 $g(4)=0$이므로

$$\lim_{x\to4+}\dfrac{g(x)-g(4)}{x-4}=\lim_{x\to4+}\dfrac{(x-4)^2\times\dfrac{x-1}{3}}{x-4}$$
$$=\lim_{x\to4+}\dfrac{(x-1)(x-4)}{3}=0$$

$$\lim_{x\to4-}\dfrac{g(x)-g(4)}{x-4}=\lim_{x\to4-}\dfrac{(x-4)^2\times\dfrac{x}{2}}{x-4}$$
$$=\lim_{x\to4-}\dfrac{x(x-4)}{2}=0$$

즉, $\lim\limits_{x\to4+}\dfrac{g(x)-g(4)}{x-4}=\lim\limits_{x\to4-}\dfrac{g(x)-g(4)}{x-4}$이므로 함수 $g(x)$는 $x=4$에서 미분가능하다.

따라서 보기에서 옳은 것은 ㄱ, ㄷ이다.

개념 NOTE
함수 $f(x)$가 $x=a$에서 미분가능하면 미분계수 $f'(a)$가 존재하므로
$$\lim_{x\to a+}\dfrac{f(x)-f(a)}{x-a}=\lim_{x\to a-}\dfrac{f(x)-f(a)}{x-a}$$

---

21 답 ④

직각삼각형 ABC에서
$$\overline{AB}^2=\overline{BC}^2+\overline{AC}^2$$
$$=4n^2+n^2+1$$
$$=5n^2+1$$
$$\therefore \overline{AB}=\sqrt{5n^2+1}\ (\because \overline{AB}>0)$$

점 D를 중심으로 하고 선분 BC에 접하는 원의 접점을 H라 하자.

$\angle DHB=\angle ACB=\dfrac{\pi}{2}$, $\angle B$는 공통이므로

$\triangle DBH\backsim\triangle ABC$ (AA 닮음)

점 D는 선분 AB를 $n:1$로 내분하는 점이므로

$$\overline{AD}:\overline{DB}=n:1$$

따라서 두 삼각형 DBH, ABC의 닮음비가 $1:(n+1)$이므로
$$\overline{DH}:\overline{AC}=1:(n+1)$$
$$\overline{DH}:\sqrt{n^2+1}=1:(n+1)$$
$$\therefore \overline{DH}=\dfrac{\sqrt{n^2+1}}{n+1}$$

점 D가 원의 중심이므로
$$\overline{DE}=\overline{DH}=\dfrac{\sqrt{n^2+1}}{n+1}$$

또 $\overline{DB}:\overline{AB}=1:(n+1)$이므로
$$\overline{DB}:\sqrt{5n^2+1}=1:(n+1)$$
$$\therefore \overline{DB}=\dfrac{\sqrt{5n^2+1}}{n+1}$$

$$\therefore \overline{BE}=\overline{DB}-\overline{DE}=\dfrac{\sqrt{5n^2+1}}{n+1}-\dfrac{\sqrt{n^2+1}}{n+1}=\dfrac{\sqrt{5n^2+1}-\sqrt{n^2+1}}{n+1}$$

$$\therefore \lim_{n\to\infty}\overline{BE}=\lim_{n\to\infty}\dfrac{\sqrt{5n^2+1}-\sqrt{n^2+1}}{n+1}$$
$$=\lim_{n\to\infty}\dfrac{(\sqrt{5n^2+1}-\sqrt{n^2+1})(\sqrt{5n^2+1}+\sqrt{n^2+1})}{(n+1)(\sqrt{5n^2+1}+\sqrt{n^2+1})}$$
$$=\lim_{n\to\infty}\dfrac{4n^2}{(n+1)(\sqrt{5n^2+1}+\sqrt{n^2+1})}$$
$$=\lim_{n\to\infty}\dfrac{4}{\left(1+\dfrac{1}{n}\right)\left(\sqrt{5+\dfrac{1}{n^2}}+\sqrt{1+\dfrac{1}{n^2}}\right)}$$
$$=\dfrac{4}{\sqrt{5}+1}=\dfrac{4(\sqrt{5}-1)}{(\sqrt{5}+1)(\sqrt{5}-1)}$$
$$=\sqrt{5}-1$$

---

22 답 ③

$$f(x)=|x^3-2nx^2|$$
$$=|x^2(x-2n)|$$
$$=\begin{cases}-x^3+2nx^2 & (x<2n)\\ x^3-2nx^2 & (x\geq2n)\end{cases}$$

이므로 함수 $y=f(x)$의 그래프와 직선 $y=nx$는 그림과 같다.

(i) $x<2n$일 때,

함수 $y=f(x)$의 그래프와 직선 $y=nx$가 만나는 점의 x좌표를 구하면

$$-x^3+2nx^2=nx,\ x^3-2nx^2+nx=0$$
$$x(x^2-2nx+n)=0$$
$$\therefore x=0 \text{ 또는 } x=n\pm\sqrt{n^2-n}$$

(ii) $x\geq2n$일 때,

함수 $y=f(x)$의 그래프와 직선 $y=nx$가 만나는 점의 x좌표를 구하면

$$x^3-2nx^2=nx,\ x^3-2nx^2-nx=0$$
$$x(x^2-2nx-n)=0$$
$$\therefore x=0 \text{ 또는 } x=n\pm\sqrt{n^2+n}$$

그런데 $x\geq2n$이므로
$$x=n+\sqrt{n^2+n}$$

(i), (ii)에서

$a_n=n-\sqrt{n^2-n}$, $b_n=n+\sqrt{n^2-n}$, $c_n=n+\sqrt{n^2+n}$

또 두 점 P_2, P_3은 직선 $y=nx$ 위의 점이므로
$$f(b_n)=nb_n,\ f(c_n)=nc_n$$

$$\therefore \lim_{n\to\infty} \frac{f(c_n)-f(b_n)}{b_n-a_n}$$
$$=\lim_{n\to\infty} \frac{n(c_n-b_n)}{b_n-a_n}$$
$$=\lim_{n\to\infty} \frac{n(\sqrt{n^2+n}-\sqrt{n^2-n})}{2\sqrt{n^2-n}}$$
$$=\lim_{n\to\infty} \frac{n(\sqrt{n^2+n}-\sqrt{n^2-n})(\sqrt{n^2+n}+\sqrt{n^2-n})}{2\sqrt{n^2-n}(\sqrt{n^2+n}+\sqrt{n^2-n})}$$
$$=\lim_{n\to\infty} \frac{2n^2}{2\sqrt{n^2-n}(\sqrt{n^2+n}+\sqrt{n^2-n})}$$
$$=\lim_{n\to\infty} \frac{1}{\sqrt{1-\frac{1}{n}}\left(\sqrt{1+\frac{1}{n}}+\sqrt{1-\frac{1}{n}}\right)}$$
$$=\frac{1}{1+1}=\frac{1}{2}$$

23 답 4

직선 OP_n의 기울기는 $\dfrac{an^2}{n}=an$이므로 직선 OP_n의 방정식은
$$y=anx \qquad \therefore anx-y=0$$
$y=ax^2$에서 $y'=2ax$이므로 점 A_n의 x좌표를 x_n이라 하면
$$2ax_n=an \qquad \therefore x_n=\frac{n}{2}$$
$$\therefore \mathrm{A}_n\left(\frac{n}{2},\ \frac{an^2}{4}\right)$$

삼각형 $\mathrm{OA}_n\mathrm{P}_n$의 밑변을 선분 OP_n으로 하면 높이는 점 A_n과 직선 $anx-y=0$ 사이의 거리와 같으므로

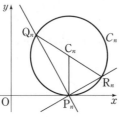

$$\frac{\left|\frac{an^2}{2}-\frac{an^2}{4}\right|}{\sqrt{(an)^2+(-1)^2}}=\frac{an^2}{4\sqrt{a^2n^2+1}}$$
또 $\overline{\mathrm{OP}_n}=\sqrt{n^2+a^2n^4}=n\sqrt{1+a^2n^2}$이므로 삼각형 $\mathrm{OA}_n\mathrm{P}_n$의 넓이 S_n은
$$S_n=\frac{1}{2}\times n\sqrt{1+a^2n^2}\times \frac{an^2}{4\sqrt{a^2n^2+1}}=\frac{a}{8}n^3$$
$$\therefore \lim_{n\to\infty}\frac{S_n}{n^3-an}=\lim_{n\to\infty}\frac{\frac{a}{8}n^3}{n^3-an}=\lim_{n\to\infty}\frac{\frac{a}{8}}{1-\frac{a}{n^2}}=\frac{a}{8}$$

즉, $\dfrac{a}{8}=\dfrac{1}{2}$이므로
$$a=4$$

24 답 ③

중심이 $\mathrm{C}_n(3n,\ 2n)$인 원 C_n이 x축에 접하고 접점이 P_n이므로
$$\mathrm{P}_n(3n,\ 0)$$
직선 $\mathrm{P}_n\mathrm{Q}_n$의 기울기가 $-\sqrt{3}$이므로 원점 O에 대하여
$$\angle \mathrm{OP}_n\mathrm{Q}_n=\frac{\pi}{3}$$
이때 $\angle \mathrm{OP}_n\mathrm{C}_n=\dfrac{\pi}{2}$이므로 $\angle \mathrm{C}_n\mathrm{P}_n\mathrm{Q}_n=\dfrac{\pi}{6}$
삼각형 $\mathrm{C}_n\mathrm{Q}_n\mathrm{P}_n$은 이등변삼각형이므로 $\angle \mathrm{C}_n\mathrm{Q}_n\mathrm{P}_n=\dfrac{\pi}{6}$에서
$$\angle \mathrm{P}_n\mathrm{C}_n\mathrm{Q}_n=\frac{2}{3}\pi$$

또 $4\angle \mathrm{P}_n\mathrm{C}_n\mathrm{R}_n=2\pi-\angle \mathrm{P}_n\mathrm{C}_n\mathrm{Q}_n$에서
$$\angle \mathrm{P}_n\mathrm{C}_n\mathrm{R}_n=\frac{1}{4}\left(2\pi-\frac{2}{3}\pi\right)=\frac{\pi}{3}$$
따라서 삼각형 $\mathrm{C}_n\mathrm{P}_n\mathrm{R}_n$은 정삼각형이므로
$$\angle \mathrm{C}_n\mathrm{P}_n\mathrm{R}_n=\frac{\pi}{3}$$
직선 $\mathrm{P}_n\mathrm{R}_n$이 x축의 양의 방향과 이루는 각의 크기가 $\dfrac{\pi}{6}$이므로 직선 $\mathrm{P}_n\mathrm{R}_n$의 기울기는
$$\tan\frac{\pi}{6}=\frac{1}{\sqrt{3}}$$
직선 $\mathrm{P}_n\mathrm{R}_n$의 방정식은
$$y=\frac{1}{\sqrt{3}}(x-3n)$$
$$\therefore x-\sqrt{3}y-3n=0$$
원의 중심 $\mathrm{C}_n(3n,\ 2n)$과 직선 $x-\sqrt{3}y-3n=0$ 사이의 거리는
$$\frac{|3n-2\sqrt{3}n-3n|}{\sqrt{1^2+(-\sqrt{3})^2}}=\sqrt{3}n$$
원 C_n의 반지름의 길이는 $2n$이므로 원 C_n 위의 점과 직선 $\mathrm{P}_n\mathrm{R}_n$ 사이의 거리의 최댓값 d_n은
$$d_n=2n+\sqrt{3}n=(2+\sqrt{3})n$$
$$\therefore \lim_{n\to\infty}\frac{d_n}{n}=\lim_{n\to\infty}\frac{(2+\sqrt{3})n}{n}=2+\sqrt{3}$$

25 답 16

$f(x)=\begin{cases}-x & (-1\le x<0)\\ x & (0\le x\le 1)\end{cases}$이고 모든 실수 x에 대하여 $f(x+2)=f(x)$
이므로 함수 $y=f(x)$의 그래프는 그림과 같다.

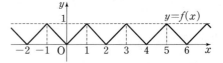

$g(x)=\sqrt{\dfrac{4x+1}{4n^2}}$이라 하자.

함수 $y=g(x)$의 그래프가 직선 $y=1$과 만나는 점의 x좌표를 구하면
$$\sqrt{\frac{4x+1}{4n^2}}=1,\ 4x+1=4n^2$$
$$4x=4n^2-1 \qquad \therefore x=n^2-\frac{1}{4}$$

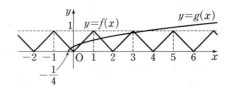

(i) $n=2k-1$ (k는 자연수)일 때,

$n=1$이면 함수 $y=g(x)$의 그래프는 점 $\left(1-\dfrac{1}{4},\ 1\right)$을 지나므로
$$a_1=1$$

$n=3$이면 함수 $y=g(x)$의 그래프는 점 $\left(9-\dfrac{1}{4},\ 1\right)$을 지나므로
$$a_3=9$$
$$\vdots$$

$n=2k-1$이면 함수 $y=g(x)$의 그래프는 점 $\left((2k-1)^2-\dfrac{1}{4},\ 1\right)$을 지나므로
$$a_{2k-1}=(2k-1)^2=4k^2-4k+1$$

(ii) $n=2k$ (k는 자연수)일 때,

$n=2$이면 함수 $y=g(x)$의 그래프는 점 $\left(4-\dfrac{1}{4},\ 1\right)$을 지나므로

$a_2=5$

$n=4$이면 함수 $y=g(x)$의 그래프는 점 $\left(16-\dfrac{1}{4},\ 1\right)$을 지나므로

$a_4=17$

⋮

$n=2k$이면 함수 $y=g(x)$의 그래프는 점 $\left((2k)^2-\dfrac{1}{4},\ 1\right)$을 지나므로

$a_{2k}=(2k)^2+1=4k^2+1$

(i), (ii)에서

$a_{2n-1}=4n^2-4n+1$, $a_{2n}=4n^2+1$

$\therefore \lim\limits_{n\to\infty}\dfrac{16n^4-a_{2n-1}a_{2n}}{n^3}=\lim\limits_{n\to\infty}\dfrac{16n^4-(4n^2-4n+1)(4n^2+1)}{n^3}$

$=\lim\limits_{n\to\infty}\dfrac{16n^3-8n^2+4n-1}{n^3}$

$=\lim\limits_{n\to\infty}\left(16-\dfrac{8}{n}+\dfrac{4}{n^2}-\dfrac{1}{n^3}\right)=16$

26 답 ①

삼각형 $A_nB_nC_n$에서 $\overline{B_nC_n}=\sqrt{3}\times2^{n-1}$이므로

$\overline{A_nC_n}=\overline{B_nC_n}\tan\dfrac{\pi}{6}$

$=\sqrt{3}\times2^{n-1}\times\dfrac{1}{\sqrt{3}}=2^{n-1}$

따라서 삼각형 $A_nB_nC_n$의 넓이 S_n은

$S_n=\dfrac{1}{2}\times\overline{B_nC_n}\times\overline{A_nC_n}$

$=\dfrac{1}{2}\times\sqrt{3}\times2^{n-1}\times2^{n-1}=\sqrt{3}\times2^{2n-3}$

$\dfrac{\overline{A_nC_n}}{\overline{A_nB_n}}=\sin\dfrac{\pi}{6}$이므로 $\dfrac{2^{n-1}}{\overline{A_nB_n}}=\dfrac{1}{2}$

$\therefore \overline{A_nB_n}=2\times2^{n-1}=2^n$

두 직각삼각형 $O_nB_nC_n$, $O_nB_nP_n$은 합동(RHS 합동)이므로

$\overline{B_nP_n}=\overline{B_nC_n}=\sqrt{3}\times2^{n-1}$

$\therefore \overline{A_nP_n}=\overline{A_nB_n}-\overline{B_nP_n}=2^n-\sqrt{3}\times2^{n-1}$

직각삼각형 $A_nP_nO_n$에서 $\angle P_nA_nO_n=\dfrac{\pi}{3}$이므로 $\angle A_nO_nP_n=\dfrac{\pi}{6}$

$\dfrac{\overline{A_nP_n}}{\overline{O_nP_n}}=\tan\dfrac{\pi}{6}$이므로 $\dfrac{2^n-\sqrt{3}\times2^{n-1}}{\overline{O_nP_n}}=\dfrac{1}{\sqrt{3}}$

$\therefore \overline{O_nP_n}=\sqrt{3}(2^n-\sqrt{3}\times2^{n-1})=\sqrt{3}\times2^n-3\times2^{n-1}$

원과 직선 l이 접하는 점을 R_n이라 하면
두 직각삼각형 $A_nP_nO_n$, $A_nR_nO_n$은 합동
(RHS 합동)이므로

$\angle R_nA_nO_n=\angle P_nA_nO_n=\dfrac{\pi}{3}$

$\therefore \angle Q_nA_nP_n=\pi-\dfrac{\pi}{3}-\dfrac{\pi}{3}=\dfrac{\pi}{3}$

따라서 두 직각삼각형 $A_nP_nO_n$, $A_nP_nQ_n$은
합동(ASA 합동)이므로 $\overline{O_nP_n}=\overline{Q_nP_n}$

따라서 삼각형 $Q_nB_nO_n$의 넓이 T_n은

$T_n=\dfrac{1}{2}\times\overline{O_nQ_n}\times\overline{B_nP_n}=\dfrac{1}{2}\times2\overline{O_nP_n}\times\overline{B_nP_n}$

$=\dfrac{1}{2}\times2(\sqrt{3}\times2^n-3\times2^{n-1})\times\sqrt{3}\times2^{n-1}$

$=3\times2^{2n-1}-3\sqrt{3}\times2^{2n-2}$

$\therefore \lim\limits_{n\to\infty}\dfrac{S_n-T_n}{2^n+4^n}=\lim\limits_{n\to\infty}\dfrac{\sqrt{3}\times2^{2n-3}-(3\times2^{2n-1}-3\sqrt{3}\times2^{2n-2})}{2^n+4^n}$

$=\lim\limits_{n\to\infty}\dfrac{\dfrac{\sqrt{3}}{8}-\dfrac{3}{2}+\dfrac{3\sqrt{3}}{4}}{\left(\dfrac{1}{2}\right)^n+1}=\dfrac{7\sqrt{3}-12}{8}$

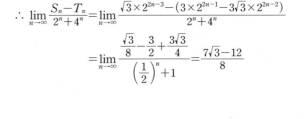

step ❸ 최고난도 문제　　　｜ 27~29쪽

| 01 $\dfrac{1}{2}$ | 02 5 | 03 ② | 04 3π | 05 6 | 06 ④ |
| 07 ⑤ | 08 $\dfrac{3}{5}$ | 09 $\dfrac{1}{3}$ | 10 ③ | 11 12 | |

idea

01 답 $\dfrac{1}{2}$

1단계 x를 n에 대한 식으로 나타내기

(나)에서 $\left[\dfrac{[x]}{n}\right]=\dfrac{[x]}{n}$이므로 $\dfrac{[x]}{n}$가 정수이다.

$\dfrac{[x]}{n}=k$ (k는 정수)로 놓으면

$[x]=kn$ ⋯⋯ ㉠

이때 (가)에서 $0\le x<n^2+1$이므로

$0\le[x]\le n^2$

$\therefore k=0,\ 1,\ 2,\ \cdots,\ n$

(다)에서 $[n(x-[x])]=n(x-[x])$이므로 $n(x-[x])$가 정수이다.

$n(x-[x])=m$ (m은 정수)으로 놓으면

$x-[x]=\dfrac{m}{n}$ ⋯⋯ ㉡

이때 $0\le x-[x]<1$이므로

$m=0,\ 1,\ 2,\ \cdots,\ n-1$

㉠+㉡을 하면 $x=kn+\dfrac{m}{n}$

2단계 a_n 구하기

이때 k는 0부터 n까지의 정수이고, m은 0부터 $n-1$까지의 정수이다.

$k=0$일 때, 모든 실수 x의 값의 합은

$0+\dfrac{1}{n}+\dfrac{2}{n}+\dfrac{3}{n}+\cdots+\dfrac{n-1}{n}=\dfrac{1}{n}\{1+2+3+\cdots+(n-1)\}$

$=\dfrac{1}{n}\times\dfrac{(n-1)n}{2}=\dfrac{n-1}{2}$

$k=1$일 때, 모든 실수 x의 값의 합은

$n+\left(n+\dfrac{1}{n}\right)+\left(n+\dfrac{2}{n}\right)+\left(n+\dfrac{3}{n}\right)+\cdots+\left(n+\dfrac{n-1}{n}\right)$

$=n\times n+\dfrac{1}{n}\{1+2+3+\cdots+(n-1)\}$

$=n^2+\dfrac{n-1}{2}$

$k=2$일 때, 모든 실수 x의 값의 합은

$2n+\left(2n+\dfrac{1}{n}\right)+\left(2n+\dfrac{2}{n}\right)+\left(2n+\dfrac{3}{n}\right)+\cdots+\left(2n+\dfrac{n-1}{n}\right)$

$=2n\times n+\dfrac{1}{n}\{1+2+3+\cdots+(n-1)\}$

$=2n^2+\dfrac{n-1}{2}$

⋮

정답과 해설

$k=n$일 때, 모든 실수 x의 값의 합은

$$n^2+\left(n^2+\frac{1}{n}\right)+\left(n^2+\frac{2}{n}\right)+\left(n^2+\frac{3}{n}\right)+\cdots+\left(n^2+\frac{n-1}{n}\right)$$

$$=n^2\times n+\frac{1}{n}\{1+2+3+\cdots+(n-1)\}$$

$$=n^3+\frac{n-1}{2}$$

따라서 모든 실수 x의 값의 합 a_n은

$$a_n=\frac{n-1}{2}+\left(n^2+\frac{n-1}{2}\right)+\left(2n^2+\frac{n-1}{2}\right)+\cdots+\left(n^3+\frac{n-1}{2}\right)$$

$$=n^2(1+2+3+\cdots+n)+\frac{n-1}{2}\times(n+1)$$

$$=n^2\times\frac{n(n+1)}{2}+\frac{(n-1)(n+1)}{2}$$

$$=\frac{n^4+n^3+n^2-1}{2}$$

3단계 $\displaystyle\lim_{n\to\infty}\frac{a_n}{n^4}$의 값 구하기

$$\therefore \lim_{n\to\infty}\frac{a_n}{n^4}=\lim_{n\to\infty}\frac{n^4+n^3+n^2-1}{2n^4}$$

$$=\lim_{n\to\infty}\left(\frac{1}{2}+\frac{1}{2n}+\frac{1}{2n^2}-\frac{1}{2n^4}\right)=\frac{1}{2}$$

02 답 5

1단계 a_n 구하기

$f(x)=x(x-n)(x-3n^2)=x^3-(3n^2+n)x^2+3n^3x$이므로

$f'(x)=3x^2-2(3n^2+n)x+3n^3$

$f'(x)=0$인 x의 값은

$$x=\frac{3n^2+n\pm\sqrt{(3n^2+n)^2-3\times3n^3}}{3}=\frac{3n^2+n\pm\sqrt{9n^4-3n^3+n^2}}{3}$$

함수 $f(x)$는 최고차항의 계수가 1인 삼차함수이므로

$x=\dfrac{3n^2+n-\sqrt{9n^4-3n^3+n^2}}{3}$에서 극댓값을 갖는다.

$$\therefore a_n=\frac{3n^2+n-\sqrt{9n^4-3n^3+n^2}}{3}\quad\cdots\cdots\text{㉠}$$

2단계 $\dfrac{a_nb_n}{n^3}$의 식 구하기

그림과 같이 함수 $y=f(x)$의 그래프
와 직선 $y=f(a_n)$이 $x=a_n$인 점에서
접하고 $x=b_n$인 점에서 만나므로

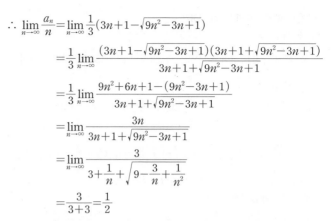

$f(x)-f(a_n)=(x-a_n)^2(x-b_n)$

양변에 $x=0$을 대입하면

$f(0)-f(a_n)=-a_n^2b_n$

$f(0)=0$이므로 $f(a_n)=a_n^2b_n$

이때 $f(x)=x^3-(3n^2+n)x^2+3n^3x$이므로

$a_n^3-(3n^2+n)a_n^2+3n^3a_n=a_n^2b_n$

$$\therefore \frac{a_nb_n}{n^3}=\frac{a_n^2-(3n^2+n)a_n+3n^3}{n^3}$$

3단계 $\displaystyle\lim_{n\to\infty}\frac{a_n}{n}$의 값 구하기

이때 ㉠에서

$$\frac{a_n}{n}=\frac{3n^2+n-\sqrt{9n^4-3n^3+n^2}}{3n}$$

$$=\frac{n(3n+1)-n\sqrt{9n^2-3n+1}}{3n}$$

$$=\frac{1}{3}(3n+1-\sqrt{9n^2-3n+1})$$

$$\therefore \lim_{n\to\infty}\frac{a_n}{n}=\lim_{n\to\infty}\frac{1}{3}(3n+1-\sqrt{9n^2-3n+1})$$

$$=\frac{1}{3}\lim_{n\to\infty}\frac{(3n+1-\sqrt{9n^2-3n+1})(3n+1+\sqrt{9n^2-3n+1})}{3n+1+\sqrt{9n^2-3n+1}}$$

$$=\frac{1}{3}\lim_{n\to\infty}\frac{9n^2+6n+1-(9n^2-3n+1)}{3n+1+\sqrt{9n^2-3n+1}}$$

$$=\lim_{n\to\infty}\frac{3n}{3n+1+\sqrt{9n^2-3n+1}}$$

$$=\lim_{n\to\infty}\frac{3}{3+\frac{1}{n}+\sqrt{9-\frac{3}{n}+\frac{1}{n^2}}}$$

$$=\frac{3}{3+3}=\frac{1}{2}$$

4단계 $\displaystyle\lim_{n\to\infty}\frac{a_nb_n}{n^3}$의 값 구하기

$$\therefore \lim_{n\to\infty}\frac{a_nb_n}{n^3}=\lim_{n\to\infty}\frac{a_n^2-(3n^2+n)a_n+3n^3}{n^3}$$

$$=\lim_{n\to\infty}\left\{\frac{1}{n}\times\left(\frac{a_n}{n}\right)^2-\left(3+\frac{1}{n}\right)\times\frac{a_n}{n}+3\right\}$$

$$=0-3\times\frac{1}{2}+3=\frac{3}{2}$$

5단계 $p+q$의 값 구하기

따라서 $p=2$, $q=3$이므로

$p+q=5$

03 답 ②

1단계 l의 값의 범위 구하기

$\left[\dfrac{a_n}{n^2+kn}\right]=n$에서

$n\leq\dfrac{a_n}{n^2+kn}<n+1$

$n^2+kn>0$이므로

$n(n^2+kn)\leq a_n<(n+1)(n^2+kn)$

$n^3+kn^2\leq a_n<n^3+(k+1)n^2+kn$

$kn^2\leq a_n-n^3<(k+1)n^2+kn$

$$\therefore \frac{1}{(k+1)n^2+kn}<\frac{1}{a_n-n^3}\leq\frac{1}{kn^2}\quad\cdots\cdots\text{㉠}$$

$\left[\dfrac{b_n}{n^2+n}\right]=n+2k$에서

$n+2k\leq\dfrac{b_n}{n^2+n}<n+2k+1$

$n^2+n>0$이므로

$(n+2k)(n^2+n)\leq b_n<(n+2k+1)(n^2+n)$

$n^3+(2k+1)n^2+2kn\leq b_n<n^3+(2k+2)n^2+(2k+1)n$

$$\therefore (2k+1)n^2+2kn\leq b_n-n^3<(2k+2)n^2+(2k+1)n\quad\cdots\cdots\text{㉡}$$

㉠, ㉡에서

$$\frac{(2k+1)n^2+2kn}{(k+1)n^2+kn}<\frac{b_n-n^3}{a_n-n^3}<\frac{(2k+2)n^2+(2k+1)n}{kn^2}$$

이때 $\displaystyle\lim_{n\to\infty}\frac{(2k+1)n^2+2kn}{(k+1)n^2+kn}=\frac{2k+1}{k+1}$,

$\displaystyle\lim_{n\to\infty}\frac{(2k+2)n^2+(2k+1)n}{kn^2}=\frac{2k+2}{k}$이므로 수열의 극한의 대소 관계
에 의하여

$$\frac{2k+1}{k+1}\leq\lim_{n\to\infty}\frac{b_n-n^3}{a_n-n^3}\leq\frac{2k+2}{k}$$

$$\therefore \frac{2k+1}{k+1}\leq l\leq\frac{2k+2}{k}\quad\cdots\cdots\text{㉢}$$

2단계 k의 값에 따라 l의 값 구하기

(i) $k=1$일 때,

ⓒ에서 $\dfrac{3}{2}\le l\le 4$이고 l은 2보다 큰 자연수이므로 l의 값은 3, 4이다.

(ii) $k=2$일 때,

ⓒ에서 $\dfrac{5}{3}\le l\le 3$이고 l은 2보다 큰 자연수이므로 l의 값은 3이다.

(iii) $k\ge 3$일 때,

ⓒ에서 $2-\dfrac{1}{k+1}\le l\le 2+\dfrac{2}{k}$이고 $k\ge 3$이면 $2+\dfrac{2}{k}\le 2+\dfrac{2}{3}$이므로

2보다 큰 자연수 l의 값이 존재하지 않는다.

3단계 $k\times l$의 값의 합 구하기

(i), (ii), (iii)에서 $k\times l$의 값은 1×3, 1×4, 2×3이므로 그 합은

$3+4+6=13$

04 답 3π

1단계 a_n의 범위 구하기

함수 $y=\tan x$의 그래프는 그림과 같다.

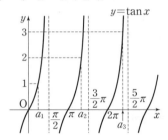

$A_1=\left\{x\,\middle|\,\tan x=1,\ x<\dfrac{\pi}{2}\right\}$이므로 $a_1=\dfrac{\pi}{4}$

같은 방법으로 하면 a_n은 $x<\dfrac{2n-1}{2}\pi$에서 함수 $y=\tan x$의 그래프와

직선 $y=n$이 만나는 점의 x좌표 중 가장 큰 실수이므로

$a_1<a_2<\dfrac{3}{2}\pi$, $a_2<a_3<\dfrac{5}{2}\pi$, $\cdots$

$\therefore (n-1)\pi<a_n<\dfrac{2n-1}{2}\pi$ $\quad\cdots\cdots$ ㉠

2단계 a_n+2b_n 구하기

함수 $y=\cos x$의 그래프는 그림과 같다.

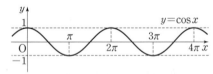

$B_1=\left\{x\,\middle|\,\cos\dfrac{x+a_1}{2}=-1,\ x>a_1\right\}$에서 $a_1=\dfrac{\pi}{4}$이므로

$\dfrac{b_1+a_1}{2}=\pi$ $\quad\therefore b_1=2\pi-a_1$

└→ b_1이 조건을 만족시키는 가장 작은 실수이도록 값을 택한다.

$B_2=\left\{x\,\middle|\,\cos\dfrac{x+a_2}{2}=1,\ x>a_2\right\}$에서 $\pi<a_2<\dfrac{3}{2}\pi$이므로

$\dfrac{b_2+a_2}{2}=2\pi$ $\quad\therefore b_2=4\pi-a_2$

$B_3=\left\{x\,\middle|\,\cos\dfrac{x+a_3}{2}=-1,\ x>a_3\right\}$에서 $2\pi<a_3<\dfrac{5}{2}\pi$이므로

$\dfrac{b_3+a_3}{2}=3\pi$ $\quad\therefore b_3=6\pi-a_3$

$\vdots$

$b_n=2n\pi-a_n$

$\therefore a_n+2b_n=a_n+2(2n\pi-a_n)=4n\pi-a_n$

3단계 $\displaystyle\lim_{n\to\infty}\dfrac{a_n+2b_n}{n}$의 값 구하기

㉠에서 $4n\pi-\dfrac{2n-1}{2}\pi<4n\pi-a_n<4n\pi-(n-1)\pi$

$\left(3n+\dfrac{1}{2}\right)\pi<a_n+2b_n<(3n+1)\pi$

$\therefore \left(3+\dfrac{1}{2n}\right)\pi<\dfrac{a_n+2b_n}{n}<\left(3+\dfrac{1}{n}\right)\pi$

이때 $\displaystyle\lim_{n\to\infty}\left(3+\dfrac{1}{2n}\right)\pi=3\pi$, $\displaystyle\lim_{n\to\infty}\left(3+\dfrac{1}{n}\right)\pi=3\pi$이므로 수열의 극한의

대소 관계에 의하여

$\displaystyle\lim_{n\to\infty}\dfrac{a_n+2b_n}{n}=3\pi$

05 답 6

1단계 $a_n-3=b_n$으로 놓고 짝수 번째 항과 홀수 번째 항의 부호 알기

$a_n-3=b_n$으로 놓으면

$b_1=a_1-3=2-3=-1$ $\quad\cdots\cdots$ ㉠

㈎에서 $b_n b_{n+1}<0$

이때 $b_1<0$이므로 자연수 k에 대하여 $b_{2k-1}<0$, $b_{2k}>0$

2단계 인접한 두 항 사이의 관계 알기

㈏에서 $\dfrac{b_{n+1}}{b_n}>-\dfrac{1}{2}$

$n=2k-1$일 때, $b_{2k-1}<0$이고 $\dfrac{b_{2k}}{b_{2k-1}}>-\dfrac{1}{2}$이므로

$b_{2k}<-\dfrac{1}{2}b_{2k-1}$ $\quad\cdots\cdots$ ㉡

$n=2k$일 때, $b_{2k}>0$이고 $\dfrac{b_{2k+1}}{b_{2k}}>-\dfrac{1}{2}$이므로

$b_{2k+1}>-\dfrac{1}{2}b_{2k}$ $\quad\cdots\cdots$ ㉢

$b_{2k-1}>-\dfrac{1}{2}b_{2k-2}$이므로

$-\dfrac{1}{2}b_{2k-1}<\left(-\dfrac{1}{2}\right)^2 b_{2k-2}$ $\quad\cdots\cdots$ ㉣

3단계 $\displaystyle\lim_{n\to\infty}(a_{2n}+a_{2n+1})$의 값 구하기

㉡, ㉣에서

$b_{2k}<-\dfrac{1}{2}b_{2k-1}<\left(-\dfrac{1}{2}\right)^2 b_{2k-2}<\cdots<\left(-\dfrac{1}{2}\right)^{2k-1}b_1=\dfrac{1}{2^{2k-1}}$ $(\because$ ㉠$)$

즉, $0<b_{2k}<\dfrac{1}{2^{2k-1}}$이므로

$0<a_{2n}-3<\dfrac{1}{2^{2n-1}}$ $\quad\therefore 3<a_{2n}<\dfrac{1}{2^{2n-1}}+3$

이때 $\displaystyle\lim_{n\to\infty}\left(\dfrac{1}{2^{2n-1}}+3\right)=3$이므로 수열의 극한의 대소 관계에 의하여

$\displaystyle\lim_{n\to\infty}a_{2n}=3$

또 ㉡, ㉢에서 같은 방법으로 하면

$b_{2k+1}>-\dfrac{1}{2}b_{2k}>\left(-\dfrac{1}{2}\right)^2 b_{2k-1}>\cdots>\left(-\dfrac{1}{2}\right)^{2k}b_1=-\dfrac{1}{2^{2k}}$ $(\because$ ㉠$)$

즉, $-\dfrac{1}{2^{2k}}<b_{2k+1}<0$이므로

$-\dfrac{1}{2^{2n}}<a_{2n+1}-3<0$ $\quad\therefore -\dfrac{1}{2^{2n}}+3<a_{2n+1}<3$

이때 $\displaystyle\lim_{n\to\infty}\left(-\dfrac{1}{2^{2n}}+3\right)=3$이므로 수열의 극한의 대소 관계에 의하여

$\displaystyle\lim_{n\to\infty}a_{2n+1}=3$

$\therefore \displaystyle\lim_{n\to\infty}(a_{2n}+a_{2n+1})=3+3=6$

06 답 ④

1단계 $f(x)$ 구하기

$|x-1|=(x-3)^2$에서

$x<1$일 때, $-x+1=(x-3)^2$이므로

$x^2-5x+8=0$

이를 만족시키는 실수 x는 존재하지 않는다.

$x\geq1$일 때, $x-1=(x-3)^2$이므로

$x^2-7x+10=0$

$(x-2)(x-5)=0$

$\therefore x=2$ 또는 $x=5$

(i) $|x-1|<(x-3)^2$, 즉 $x<2$ 또는 $x>5$일 때,

$$\lim_{n\to\infty}\left\{\frac{x-1}{(x-3)^2}\right\}^n=0,\ \lim_{n\to\infty}\frac{1}{(x-3)^{2n}}=0$$이므로

$$f(x)=\lim_{n\to\infty}\frac{a(x-3)^{2n}+b(x-1)^{n+1}+1}{(x-1)^n+(x-3)^{2n+1}+1}$$

$\underrightarrow{\quad x-3<-1\ 또는\ x-3>2\quad}$

$$=\lim_{n\to\infty}\frac{a+b(x-1)\left\{\dfrac{x-1}{(x-3)^2}\right\}^n+\dfrac{1}{(x-3)^{2n}}}{\left\{\dfrac{x-1}{(x-3)^2}\right\}^n+x-3+\dfrac{1}{(x-3)^{2n}}}$$

$$=\frac{a}{x-3}$$

(ii) $|x-1|=(x-3)^2$, 즉 $x=2$ 또는 $x=5$일 때

ⓘ $x=2$일 때,

$$f(x)=\lim_{n\to\infty}\frac{a(x-3)^{2n}+b(x-1)^{n+1}+1}{(x-1)^n+(x-3)^{2n+1}+1}$$

$$=\frac{a+b+1}{1-1+1}=a+b+1$$

ⓘ $x=5$일 때,

$$f(x)=\lim_{n\to\infty}\frac{a(x-3)^{2n}+b(x-1)^{n+1}+1}{(x-1)^n+(x-3)^{2n+1}+1}$$

$$=\lim_{n\to\infty}\frac{a\times2^{2n}+b\times4^{n+1}+1}{4^n+2^{2n+1}+1}$$

$$=\lim_{n\to\infty}\frac{a+4b+\dfrac{1}{4^n}}{1+2+\dfrac{1}{4^n}}=\frac{a+4b}{3}$$

(iii) $|x-1|>(x-3)^2$, 즉 $2<x<5$일 때,

$$\lim_{n\to\infty}\left\{\frac{(x-3)^2}{x-1}\right\}^n=0,\ \lim_{n\to\infty}\frac{1}{(x-1)^n}=0$$이므로

$$f(x)=\lim_{n\to\infty}\frac{a(x-3)^{2n}+b(x-1)^{n+1}+1}{(x-1)^n+(x-3)^{2n+1}+1}$$

$\underrightarrow{\quad 1<x-1<4\quad}$

$$=\lim_{n\to\infty}\frac{a\times\left\{\dfrac{(x-3)^2}{x-1}\right\}^n+b(x-1)+\dfrac{1}{(x-1)^n}}{1+(x-3)\left\{\dfrac{(x-3)^2}{x-1}\right\}^n+\dfrac{1}{(x-1)^n}}$$

$$=b(x-1)$$

(i), (ii), (iii)에서

$$f(x)=\begin{cases}\dfrac{a}{x-3} & (x<2\ 또는\ x>5)\\ a+b+1 & (x=2)\\ b(x-1) & (2<x<5)\\ \dfrac{a+4b}{3} & (x=5)\end{cases}$$

2단계 $a+a+b$의 값 구하기

함수 $f(x)$는 $x\neq2$, $x\neq5$인 실수 전체의 집합에서 연속이다.

이때 함수 $f(x)$는 $x=a$에서만 불연속이므로 $x=2$에서 연속이거나 $x=5$에서 연속이어야 한다.

함수 $f(x)$가 $x=2$에서 연속이려면

$$\lim_{x\to2+}f(x)=\lim_{x\to2-}f(x)=f(2)$$이어야 하므로

$$\lim_{x\to2+}b(x-1)=\lim_{x\to2-}\frac{a}{x-3}=a+b+1$$

$b=-a=a+b+1$

$\therefore a=-1,\ b=1$

함수 $f(x)$가 $x=5$에서 연속이려면

$$\lim_{x\to5+}f(x)=\lim_{x\to5-}f(x)=f(5)$$이어야 하므로

$$\lim_{x\to5+}\frac{a}{x-3}=\lim_{x\to5-}b(x-1)=\frac{a+4b}{3}$$

$$\frac{a}{2}=4b=\frac{a+4b}{3}$$

$\dfrac{a}{2}=4b$에서 $\dfrac{a}{b}=8$

이는 $ab<0$을 만족시키지 않으므로 $x=5$에서 불연속이다.

따라서 $a=5$, $a=-1$, $b=1$이므로

$a+a+b=5$

개념 NOTE

함수 $f(x)$가 $x=a$에서 연속이면

$$\lim_{x\to a+}f(x)=\lim_{x\to a-}f(x)=f(a)$$

07 답 ⑤

1단계 $f(x)$ 구하기

(i) $\left|\dfrac{x-1}{k}\right|>1$, 즉 $x<1-k$ 또는 $x>1+k$일 때,

$$\lim_{n\to\infty}\left(\frac{k}{x-1}\right)^{2n}=0$$이므로

$$f(x)=\lim_{n\to\infty}\frac{\left(\dfrac{x-1}{k}\right)^{2n}-1}{\left(\dfrac{x-1}{k}\right)^{2n}+1}=\lim_{n\to\infty}\frac{1-\left(\dfrac{k}{x-1}\right)^{2n}}{1+\left(\dfrac{k}{x-1}\right)^{2n}}=1$$

(ii) $\left|\dfrac{x-1}{k}\right|=1$, 즉 $x=1-k$ 또는 $x=1+k$일 때,

$$f(x)=\lim_{n\to\infty}\frac{\left(\dfrac{x-1}{k}\right)^{2n}-1}{\left(\dfrac{x-1}{k}\right)^{2n}+1}=\frac{1-1}{1+1}=0$$

(iii) $\left|\dfrac{x-1}{k}\right|<1$, 즉 $1-k<x<1+k$일 때,

$$\lim_{n\to\infty}\left(\frac{x-1}{k}\right)^{2n}=0$$이므로

$$f(x)=\lim_{n\to\infty}\frac{\left(\dfrac{x-1}{k}\right)^{2n}-1}{\left(\dfrac{x-1}{k}\right)^{2n}+1}=-1$$

(i), (ii), (iii)에서

$$f(x)=\begin{cases}1 & (x<1-k\ 또는\ x>1+k)\\ 0 & (x=1-k\ 또는\ x=1+k)\\ -1 & (1-k<x<1+k)\end{cases}$$ ......㉠

2단계 k의 값 구하기

함수 $g(x)=\begin{cases}(f\circ f)(x) & (x=k)\\ (x-k)^2 & (x\neq k)\end{cases}$ 이 실수 전체의 집합에서 연속이면

$x=k$에서도 연속이므로 $\displaystyle\lim_{x\to k}g(x)=g(k)$

$$\lim_{x\to k}(x-k)^2=(f\circ f)(k)$$

$\therefore (f\circ f)(k)=0$

$(f \circ f)(k)=0$에서 $f(f(k))=0$이므로 ㉠에서

$f(k)=1-k$ 또는 $f(k)=1+k$

이때 $k>0$에서 $1+k>1$이고, 함수 $f(x)$의 치역은 $\{-1, 0, 1\}$이므로 $f(k)=1+k$를 만족시키는 k의 값은 존재하지 않는다.

$\therefore f(k)=1-k$ ...... ㉡

(i) $1-k=-1$, 즉 $k=2$일 때,

$$f(x)=\begin{cases} 1 & (x<-1 \text{ 또는 } x>3) \\ 0 & (x=-1 \text{ 또는 } x=3) \\ -1 & (-1<x<3) \end{cases}$$

$f(2)=-1$이므로 ㉡을 만족시킨다.

(ii) $1-k=0$, 즉 $k=1$일 때,

$$f(x)=\begin{cases} 1 & (x<0 \text{ 또는 } x>2) \\ 0 & (x=0 \text{ 또는 } x=2) \\ -1 & (0<x<2) \end{cases}$$

$f(1)=-1$이므로 ㉡을 만족시키지 않는다.

(iii) $1-k=1$, 즉 $k=0$일 때,

$k>0$인 조건을 만족시키지 않는다.

(i), (ii), (iii)에서 $k=2$

3단계 $(g \circ f)(k)$의 값 구하기

따라서 $f(x)=\begin{cases} 1 & (x<-1 \text{ 또는 } x>3) \\ 0 & (x=-1 \text{ 또는 } x=3), \\ -1 & (-1<x<3) \end{cases}$

$g(x)=\begin{cases} (f \circ f)(x) & (x=2) \\ (x-2)^2 & (x \neq 2) \end{cases}$이므로

$(g \circ f)(k)=g(f(2))=g(-1)$
$=(-3)^2=9$

08 답 $\dfrac{3}{5}$

1단계 $h(x)$ 구하기

(i) $g(x)<f(x)$일 때,

$\lim\limits_{n \to \infty}\left\{\dfrac{g(x)}{f(x)}\right\}^n=0$이므로

$h(x)=\lim\limits_{n \to \infty}\dfrac{\{f(x)\}^{n+1}+\{g(x)\}^n}{\{f(x)\}^n+\{g(x)\}^{n+1}}$

$=\lim\limits_{n \to \infty}\dfrac{f(x)+\left\{\dfrac{g(x)}{f(x)}\right\}^n}{1+g(x)\left\{\dfrac{g(x)}{f(x)}\right\}^n}=f(x)$

(ii) $g(x)=f(x)$일 때,

$h(x)=\lim\limits_{n \to \infty}\dfrac{\{f(x)\}^{n+1}+\{g(x)\}^n}{\{f(x)\}^n+\{g(x)\}^{n+1}}$

$=\lim\limits_{n \to \infty}\dfrac{\{f(x)\}^{n+1}+\{f(x)\}^n}{\{f(x)\}^n+\{f(x)\}^{n+1}}=1$

(iii) $g(x)>f(x)$일 때,

$\lim\limits_{n \to \infty}\left\{\dfrac{f(x)}{g(x)}\right\}^n=0$이므로

$h(x)=\lim\limits_{n \to \infty}\dfrac{\{f(x)\}^{n+1}+\{g(x)\}^n}{\{f(x)\}^n+\{g(x)\}^{n+1}}$

$=\lim\limits_{n \to \infty}\dfrac{f(x)\left\{\dfrac{f(x)}{g(x)}\right\}^n+1}{\left\{\dfrac{f(x)}{g(x)}\right\}^n+g(x)}=\dfrac{1}{g(x)}$

(i), (ii), (iii)에서

$$h(x)=\begin{cases} f(x) & (g(x)<f(x)) \\ 1 & (g(x)=f(x)) \\ \dfrac{1}{g(x)} & (g(x)>f(x)) \end{cases}$$

두 함수 $y=f(x)$, $y=g(x)$의 그래프는 그림과 같이 서로 다른 두 점에서 만나므로 만나는 두 점의 x좌표를 각각 α, β $(0<\alpha<2<\beta)$라 하면

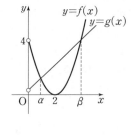

$$h(x)=\begin{cases} (x-2)^2 & (0<x<\alpha \text{ 또는 } x>\beta) \\ 1 & (x=\alpha \text{ 또는 } x=\beta) \\ \dfrac{1}{ax+b} & (\alpha<x<\beta) \end{cases}$$

2단계 a, b의 값 구하기

㉮에서 함수 $h(x)$가 불연속인 x의 개수는 1이므로 $x=\alpha$에서 연속이거나 $x=\beta$에서 연속이어야 한다.

이때 ㉯에서 방정식 $h(x)=k(k>1)$를 만족시키는 실근의 개수의 최댓값이 1이므로 그림과 같이 함수 $h(x)$는 $x=\alpha$에서 연속이고 $f(\beta) \geq 4$이어야 한다.

함수 $h(x)$가 $x=\alpha$에서 연속이어야 하므로

$\lim\limits_{x \to \alpha+}h(x)=\lim\limits_{x \to \alpha-}h(x)=h(\alpha)$

$\lim\limits_{x \to \alpha+}\dfrac{1}{ax+b}=\lim\limits_{x \to \alpha-}(x-2)^2=1$

$\therefore \dfrac{1}{a\alpha+b}=(\alpha-2)^2=1$

$(\alpha-2)^2=1$에서

$\alpha^2-4\alpha+3=0$

$(\alpha-1)(\alpha-3)=0$

$\therefore \alpha=1 (\because 0<\alpha<2)$

$\dfrac{1}{a\alpha+b}=1$에서 $\alpha=1$이므로

$\dfrac{1}{a+b}=1$, $a+b=1$

$\therefore b=1-a$ ...... ㉠

한편 방정식 $f(x)=g(x)$, 즉 $x^2-(a+4)x+4-b=0$의 두 실근이 α, β이므로 근과 계수의 관계에 의하여

$\alpha+\beta=a+4$

$\therefore \beta=a+3 (\because \alpha=1)$

또 $f(\beta) \geq 4$, 즉 $f(a+3) \geq 4$이어야 하므로

$(a+1)^2 \geq 4$, $a^2+2a-3 \geq 0$

$(a+3)(a-1) \geq 0$

$\therefore a \geq 1 (\because a>0)$

이때 $0 \leq b<4$이므로 ㉠을 만족시키는 a, b의 값은

$a=1$, $b=0$

3단계 $h\left(\dfrac{5}{3}\right)$의 값 구하기

따라서 $\beta=a+3=4$이므로

$$h(x)=\begin{cases} (x-2)^2 & (0<x<1 \text{ 또는 } x>4) \\ 1 & (x=1 \text{ 또는 } x=4) \\ \dfrac{1}{x} & (1<x<4) \end{cases}$$

$\therefore h\left(\dfrac{5}{3}\right)=\dfrac{3}{5}$

09 답 $\frac{1}{3}$

1단계 a_n 구하기

원 C_n이 점 P_n에서 직선 l_n에 접하므로 점 P_n을 지나고 직선 l_n에 수직인 직선은 원 C_n의 중심을 지난다.

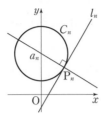

곡선 $y=f(x)$ 위의 점 $P_n(n,\,f(n))$에서의 접선 l_n의 기울기는 $f'(n)$이므로 점 P_n을 지나고 직선 l_n에 수직인 직선의 방정식은

$$y-f(n)=-\frac{1}{f'(n)}(x-n)$$

$$\therefore\ y=-\frac{1}{f'(n)}x+\frac{n}{f'(n)}+f(n)$$

이 직선의 y절편이 a_n이므로 $a_n=\dfrac{n}{f'(n)}+f(n)$

2단계 $\displaystyle\lim_{n\to\infty}\frac{a_n\{a_n-f(n)\}}{n^2}$의 값 구하기

$$\therefore\ \lim_{n\to\infty}\frac{a_n\{a_n-f(n)\}}{n^2}=\lim_{n\to\infty}\frac{\left\{\dfrac{n}{f'(n)}+f(n)\right\}\times\dfrac{n}{f'(n)}}{n^2}$$

$$=\lim_{n\to\infty}\left[\frac{1}{\{f'(n)\}^2}+\frac{f(n)}{nf'(n)}\right]$$

삼차함수 $f(x)$의 최고차항의 계수가 1이므로

$f(x)=x^3+px^2+qx+r\,(p,\,q,\,r$는 상수)라 하면

$f'(x)=3x^2+2px+q$

이때 $\displaystyle\lim_{n\to\infty}\frac{1}{\{f'(n)\}^2}=\lim_{n\to\infty}\frac{1}{(3n^2+2pn+q)^2}=0$,

$\displaystyle\lim_{n\to\infty}\frac{f(n)}{nf'(n)}=\lim_{n\to\infty}\frac{n^3+pn^2+qn+r}{3n^3+2pn^2+qn}=\frac{1}{3}$이므로

$$\lim_{n\to\infty}\frac{a_n\{a_n-f(n)\}}{n^2}=\lim_{n\to\infty}\left[\frac{1}{\{f'(n)\}^2}+\frac{f(n)}{nf'(n)}\right]$$

$$=0+\frac{1}{3}=\frac{1}{3}$$

10 답 ③

1단계 p의 값 구하기

두 점 $A(2,\,0)$, $B(2^{n+1},\,0)$은 x축 위의 점이고 삼각형 ABC에서 $\angle A=\dfrac{\pi}{2}$이므로 점 $C(p,\,q)$는 직선 $x=2$ 위의 점이다.

$\therefore\ p=2$

2단계 q의 값 구하기

$|pq|\leq2^{n+3}$에서 $|2q|\leq2^{n+3}$

$-2^{n+3}\leq2q\leq2^{n+3}$ $\quad\therefore\ -2^{n+2}\leq q\leq2^{n+2}$

$q\neq0$이고 q는 정수이므로 q의 값은 $-2^{n+2},\ -2^{n+2}+1,\ \cdots,\ -2,\ -1,\ 1,\ 2,\ \cdots,\ 2^{n+2}$이다.

3단계 S_n 구하기

삼각형 ABC의 넓이는 $\dfrac{1}{2}\times(2^{n+1}-2)\times|q|=(2^n-1)\times|q|$이므로 모든 삼각형 ABC의 넓이의 합 S_n은

$$S_n=(2^n-1)\times2(1+2+3+\cdots+2^{n+2})$$

$$=(2^n-1)\times2\times\frac{2^{n+2}(2^{n+2}+1)}{2}$$

$$=(2^n-1)(2^{2n+4}+2^{n+2})$$

$$=2^{3n+4}-2^{2n+4}+2^{2n+2}-2^{n+2}$$

$$=16\times8^n-12\times4^n-4\times2^n$$

4단계 $\displaystyle\lim_{n\to\infty}\frac{S_n}{8^n}$의 값 구하기

$$\therefore\ \lim_{n\to\infty}\frac{S_n}{8^n}=\lim_{n\to\infty}\frac{16\times8^n-12\times4^n-4\times2^n}{8^n}$$

$$=\lim_{n\to\infty}\left\{16-12\times\left(\frac{1}{2}\right)^n-4\times\left(\frac{1}{4}\right)^n\right\}$$

$$=16$$

11 답 12

1단계 점 Q_n을 지나고 직선 l_n에 수직인 직선의 방정식 구하기

그림과 같이 점 $Q_n(0,\,2n^2)$을 지나고 직선 l_n에 수직인 직선을 m_n이라 하면 원 C_n의 중심은 직선 m_n 위에 있다.

직선 l_n은 곡선 $y=x^2$ 위의 점 $P_n(2n,\,4n^2)$에서의 접선과 수직이므로 직선 m_n은 이 접선과 평행하다.

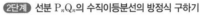

$y=x^2$에서 $y'=2x$이므로 점 P_n에서의 접선의 기울기는 $4n$이다.

따라서 직선 m_n의 기울기는 $4n$이므로 직선 m_n의 방정식은

$y=4nx+2n^2$

2단계 선분 P_nQ_n의 수직이등분선의 방정식 구하기

선분 P_nQ_n의 수직이등분선을 k_n이라 하면 원 C_n의 중심은 직선 k_n 위에 있다.

직선 P_nQ_n의 기울기는 $\dfrac{4n^2-2n^2}{2n}=n$이므로 직선 k_n의 기울기는 $-\dfrac{1}{n}$이다.

선분 P_nQ_n의 중점의 좌표는

$\left(\dfrac{2n}{2},\ \dfrac{4n^2+2n^2}{2}\right)$ $\quad\therefore\ (n,\,3n^2)$

따라서 직선 k_n의 방정식은

$y-3n^2=-\dfrac{1}{n}(x-n)$ $\quad\therefore\ y=-\dfrac{1}{n}x+3n^2+1$

3단계 a_n 구하기

원 C_n의 중심은 두 직선 m_n, k_n이 만나는 점과 같다.

두 직선 m_n, k_n이 만나는 점의 x좌표를 구하면

$4nx+2n^2=-\dfrac{1}{n}x+3n^2+1$

$\left(4n+\dfrac{1}{n}\right)x=n^2+1$ $\quad\therefore\ x=\dfrac{n^2+1}{4n+\dfrac{1}{n}}=\dfrac{n^3+n}{4n^2+1}$

원 C_n의 중심은 직선 $y=4nx+2n^2$ 위의 점이므로 y좌표를 구하면

$y=4n\times\dfrac{n^3+n}{4n^2+1}+2n^2=\dfrac{4n^4+4n^2+2n^2(4n^2+1)}{4n^2+1}=\dfrac{12n^4+6n^2}{4n^2+1}$

원점을 지나고 원 C_n의 넓이를 이등분하는 직선은 원의 중심 $\left(\dfrac{n^3+n}{4n^2+1},\ \dfrac{12n^4+6n^2}{4n^2+1}\right)$을 지나므로 이 직선의 기울기 a_n은

$$a_n=\dfrac{\dfrac{12n^4+6n^2}{4n^2+1}}{\dfrac{n^3+n}{4n^2+1}}=\dfrac{12n^4+6n^2}{n^3+n}=\dfrac{12n^3+6n}{n^2+1}$$

4단계 $\displaystyle\lim_{n\to\infty}\frac{a_n}{n}$의 값 구하기

$$\therefore\ \lim_{n\to\infty}\frac{a_n}{n}=\lim_{n\to\infty}\frac{12n^3+6n}{n^3+n}=\lim_{n\to\infty}\frac{12+\dfrac{6}{n^2}}{1+\dfrac{1}{n^2}}=12$$

02 급수

01 $\dfrac{11}{12}$	02 ④	03 ③	04 ③	05 ④	06 $\dfrac{1}{4}$
07 ④	08 $\dfrac{25}{2}$	09 ③	10 ③	11 ②	

01 답 $\dfrac{11}{12}$

다항식 $a_nx^2+6a_nx-6$이 $x-2n$으로 나누어떨어지므로

$(2n)^2a_n+6\times2na_n-6=0$

$4n^2a_n+12na_n-6=0$

$(2n^2+6n)a_n=3$

$\therefore a_n=\dfrac{3}{2n^2+6n}=\dfrac{3}{2n(n+3)}$

$\therefore \displaystyle\sum_{n=1}^{\infty}a_n=\sum_{n=1}^{\infty}\dfrac{3}{2n(n+3)}=\sum_{n=1}^{\infty}\dfrac{1}{2}\left(\dfrac{1}{n}-\dfrac{1}{n+3}\right)$

$\qquad=\dfrac{1}{2}\lim_{n\to\infty}\sum_{k=1}^{n}\left(\dfrac{1}{k}-\dfrac{1}{k+3}\right)$

$\qquad=\dfrac{1}{2}\lim_{n\to\infty}\left\{\left(1-\dfrac{1}{4}\right)+\left(\dfrac{1}{2}-\dfrac{1}{5}\right)+\left(\dfrac{1}{3}-\dfrac{1}{6}\right)+\left(\dfrac{1}{4}-\dfrac{1}{7}\right)\right.$

$\qquad\qquad\qquad\left.+\cdots+\left(\dfrac{1}{n}-\dfrac{1}{n+3}\right)\right\}$

$\qquad=\dfrac{1}{2}\lim_{n\to\infty}\left(1+\dfrac{1}{2}+\dfrac{1}{3}-\dfrac{1}{n+1}-\dfrac{1}{n+2}-\dfrac{1}{n+3}\right)$

$\qquad=\dfrac{1}{2}\times\dfrac{11}{6}=\dfrac{11}{12}$

02 답 ④

$n^2+n\leq2n^2-3n$에서 $n^2-4n\geq0$

$n(n-4)\geq0$ $\quad\therefore n\geq4$ ($\because n$은 자연수)

따라서 $a_n=\begin{cases}2n^2-3n & (1\leq n\leq3)\\ n^2+n & (n\geq4)\end{cases}$이므로

$\displaystyle\sum_{n=1}^{\infty}\dfrac{1}{a_n}=\sum_{n=1}^{3}\dfrac{1}{2n^2-3n}+\sum_{n=4}^{\infty}\dfrac{1}{n^2+n}$

$\qquad=\left(-1+\dfrac{1}{2}+\dfrac{1}{9}\right)+\sum_{n=4}^{\infty}\dfrac{1}{n(n+1)}$

$\qquad=-\dfrac{7}{18}+\sum_{n=4}^{\infty}\left(\dfrac{1}{n}-\dfrac{1}{n+1}\right)$

$\qquad=-\dfrac{7}{18}+\lim_{n\to\infty}\sum_{k=4}^{n}\left(\dfrac{1}{k}-\dfrac{1}{k+1}\right)$

$\qquad=-\dfrac{7}{18}+\lim_{n\to\infty}\left\{\left(\dfrac{1}{4}-\dfrac{1}{5}\right)+\left(\dfrac{1}{5}-\dfrac{1}{6}\right)+\cdots+\left(\dfrac{1}{n}-\dfrac{1}{n+1}\right)\right\}$

$\qquad=-\dfrac{7}{18}+\lim_{n\to\infty}\left(\dfrac{1}{4}-\dfrac{1}{n+1}\right)$

$\qquad=-\dfrac{7}{18}+\dfrac{1}{4}=-\dfrac{5}{36}$

03 답 ③

$\displaystyle\sum_{n=1}^{\infty}(2a_n-3)$이 수렴하므로

$\lim_{n\to\infty}(2a_n-3)=0$

$b_n=2a_n-3$이라 하면

$2a_n=b_n+3$ $\quad\therefore a_n=\dfrac{1}{2}b_n+\dfrac{3}{2}$

$\lim_{n\to\infty}b_n=0$이므로

$\lim_{n\to\infty}a_n=\lim_{n\to\infty}\left(\dfrac{1}{2}b_n+\dfrac{3}{2}\right)=0+\dfrac{3}{2}=\dfrac{3}{2}$

따라서 $r=\dfrac{3}{2}$이므로

$\lim_{n\to\infty}\dfrac{r^{n+2}-1}{r^n+1}=\lim_{n\to\infty}\dfrac{\left(\dfrac{3}{2}\right)^{n+2}-1}{\left(\dfrac{3}{2}\right)^n+1}=\lim_{n\to\infty}\dfrac{\dfrac{9}{4}-\left(\dfrac{2}{3}\right)^n}{1+\left(\dfrac{2}{3}\right)^n}=\dfrac{9}{4}$

04 답 ③

등차수열 $\{a_n\}$의 첫째항이 4이므로 공차를 d라 하면

$a_n=4+(n-1)d=dn+4-d$

$\displaystyle\sum_{n=1}^{\infty}\left(\dfrac{a_n}{n}-\dfrac{3n+7}{n+2}\right)$이 수렴하므로

$\lim_{n\to\infty}\left(\dfrac{a_n}{n}-\dfrac{3n+7}{n+2}\right)=0$

$\lim_{n\to\infty}\left(\dfrac{dn+4-d}{n}-\dfrac{3n+7}{n+2}\right)=0$

$d-3=0$ $\quad\therefore d=3$

따라서 $a_n=3n+1$이므로

$S=\displaystyle\sum_{n=1}^{\infty}\left(\dfrac{a_n}{n}-\dfrac{3n+7}{n+2}\right)=\sum_{n=1}^{\infty}\left(\dfrac{3n+1}{n}-\dfrac{3n+7}{n+2}\right)$

$\qquad=\displaystyle\sum_{n=1}^{\infty}\left\{3+\dfrac{1}{n}-\left(3+\dfrac{1}{n+2}\right)\right\}$

$\qquad=\displaystyle\sum_{n=1}^{\infty}\left(\dfrac{1}{n}-\dfrac{1}{n+2}\right)$

$\qquad=\lim_{n\to\infty}\sum_{k=1}^{n}\left(\dfrac{1}{k}-\dfrac{1}{k+2}\right)$

$\qquad=\lim_{n\to\infty}\left\{\left(1-\dfrac{1}{3}\right)+\left(\dfrac{1}{2}-\dfrac{1}{4}\right)+\left(\dfrac{1}{3}-\dfrac{1}{5}\right)+\cdots+\left(\dfrac{1}{n}-\dfrac{1}{n+2}\right)\right\}$

$\qquad=\lim_{n\to\infty}\left(1+\dfrac{1}{2}-\dfrac{1}{n+1}-\dfrac{1}{n+2}\right)$

$\qquad=\dfrac{3}{2}$

05 답 ④

ㄱ. [반례] $a_n=1$이면 $\displaystyle\sum_{n=1}^{\infty}a_n$은 수렴하지 않지만 $\lim_{n\to\infty}a_n=1$이므로 수열 $\{a_n\}$은 수렴한다.

ㄴ. $\displaystyle\sum_{n=1}^{\infty}(2a_n+b_n)=S$, $\sum_{n=1}^{\infty}(a_n+2b_n)=T$ (S, T는 실수)라 하면

$\displaystyle\sum_{n=1}^{\infty}a_n=\sum_{n=1}^{\infty}\dfrac{2(2a_n+b_n)-(a_n+2b_n)}{3}=\dfrac{2S-T}{3}$

$\displaystyle\sum_{n=1}^{\infty}b_n=\sum_{n=1}^{\infty}\dfrac{(2a_n+b_n)-2(a_n+2b_n)}{-3}=-\dfrac{S-2T}{3}$

따라서 $\displaystyle\sum_{n=1}^{\infty}a_n$, $\sum_{n=1}^{\infty}b_n$은 수렴한다.

ㄷ. $\displaystyle\sum_{n=1}^{\infty}a_n=\sum_{n=1}^{\infty}b_n=\alpha$이므로

$\displaystyle\sum_{n=1}^{\infty}b_n-\sum_{n=1}^{\infty}a_n=0$ $\quad\therefore \sum_{n=1}^{\infty}(b_n-a_n)=0$

$c_n=b_n-a_n$이라 하면 $\displaystyle\sum_{n=1}^{\infty}c_n=0$이므로

$c_1+c_2+c_3+\cdots+c_n+\cdots=0$ $\qquad\cdots\cdots$ ㉠

이때 $a_n\leq b_n$에서 $b_n-a_n\geq0$이므로 $c_n\geq0$ $\qquad\cdots\cdots$ ㉡

㉠, ㉡에서 $c_n=0$

따라서 $b_n-a_n=0$이므로 $a_n=b_n$

따라서 보기에서 옳은 것은 ㄴ, ㄷ이다.

06 답 $\frac{1}{4}$

$a_1=\frac{1}{3}\times\tan\frac{\pi}{4}=\frac{1}{3}$, $a_2=\frac{1}{3^2}\times\tan\frac{3}{4}\pi=-\frac{1}{3^2}$,

$a_3=\frac{1}{3^3}\times\tan\frac{5}{4}\pi=\frac{1}{3^3}$, $a_4=\frac{1}{3^4}\times\tan\frac{7}{4}\pi=-\frac{1}{3^4}$, $\cdots$

$\therefore a_n=\frac{1}{3}\times\left(-\frac{1}{3}\right)^{n-1}$

$\therefore \sum_{n=1}^{\infty}a_n=\sum_{n=1}^{\infty}\left\{\frac{1}{3}\times\left(-\frac{1}{3}\right)^{n-1}\right\}$

$\qquad\qquad =\dfrac{\frac{1}{3}}{1-\left(-\frac{1}{3}\right)}=\dfrac{1}{4}$

07 답 ④

$a_1=1$, $a_na_{n+1}=3^n$에서

$a_1a_2=3$이므로 $a_2=3$

$a_2a_3=3^2$이므로 $a_3=\dfrac{3^2}{a_2}=3$

$a_3a_4=3^3$이므로 $a_4=\dfrac{3^3}{a_3}=3^2$

$a_4a_5=3^4$이므로 $a_5=\dfrac{3^4}{a_4}=3^2$

$a_5a_6=3^5$이므로 $a_6=\dfrac{3^5}{a_5}=3^3$

$\qquad\qquad\vdots$

따라서 $a_{2n}=3^n$이므로

$\sum_{n=1}^{\infty}\dfrac{1}{a_{2n}}=\sum_{n=1}^{\infty}\dfrac{1}{3^n}=\dfrac{\frac{1}{3}}{1-\frac{1}{3}}=\dfrac{1}{2}$

다른 풀이

$a_na_{n+1}=3^n \qquad \cdots\cdots\ \bigcirc$

$a_{n+1}a_{n+2}=3^{n+1} \qquad \cdots\cdots\ \bigcirc\hspace{-0.5em}\bigcirc$

$\bigcirc\hspace{-0.5em}\bigcirc \div \bigcirc$을 하면

$\dfrac{a_{n+2}}{a_n}=3$

$a_1=1$이고, $\bigcirc$에서 $a_1a_2=3$이므로

$a_2=3$

즉, 수열 $\{a_{2n}\}$은 첫째항이 3이고 공비가 3인 등비수열이므로

$a_{2n}=3\times3^{n-1}=3^n$

$\therefore \sum_{n=1}^{\infty}\dfrac{1}{a_{2n}}=\sum_{n=1}^{\infty}\dfrac{1}{3^n}=\dfrac{\frac{1}{3}}{1-\frac{1}{3}}=\dfrac{1}{2}$

08 답 $\frac{25}{2}$

등비수열 $\{a_n\}$의 첫째항을 a, 공비를 r라 하면

$a_n=ar^{n-1}$

$\sum_{n=1}^{\infty}a_n=10$에서

$\dfrac{a}{1-r}=10 \qquad \therefore a=10(1-r) \qquad \cdots\cdots\ \bigcirc$ ·········· 배점 **20%**

$\sum_{n=1}^{\infty}a_na_{n+1}=-30$에서 $a_na_{n+1}=ar^{n-1}\times ar^n=a^2r\times(r^2)^{n-1}$이므로

$\dfrac{a^2r}{1-r^2}=-30$ ···························· 배점 **20%**

$\bigcirc$을 대입하면

$\dfrac{100(1-r)^2r}{1-r^2}=-30$

$\dfrac{100(1-r)^2r}{(1+r)(1-r)}=-30$

$\dfrac{10(1-r)r}{1+r}=-3$

$10(1-r)r=-3(1+r)$

$10r^2-13r-3=0$

$(5r+1)(2r-3)=0$

$\therefore r=-\dfrac{1}{5}$ $(\because \underline{-1<r<1})$

$\phantom{\therefore r=-\dfrac{1}{5}}$ ↳ 급수 $\sum_{n=1}^{\infty}a_n$이 수렴하므로 $-1<r<1$

이를 $\bigcirc$에 대입하면

$a=10\times\left(1+\dfrac{1}{5}\right)=12$ ·········· 배점 **40%**

따라서 수열 $\{a_{2n-1}\}$은 첫째항이 $a=12$, 공비가 $r^2=\dfrac{1}{25}$인 등비수열이

므로

$\sum_{n=1}^{\infty}a_{2n-1}=\dfrac{12}{1-\frac{1}{25}}=\dfrac{25}{2}$ ·········· 배점 **20%**

09 답 ③

$\sum_{n=1}^{\infty}r^n$이 수렴하므로

$-1<r<1 \qquad \cdots\cdots\ \bigcirc$

ㄱ. $\sum_{n=1}^{\infty}\left(\dfrac{r-1}{2}\right)^n$은 첫째항과 공비가 $\dfrac{r-1}{2}$인 등비급수이고 $\bigcirc$에서

$\quad -2<r-1<0$

$\quad \therefore -1<\dfrac{r-1}{2}<0$

따라서 주어진 등비급수는 수렴한다.

ㄴ. $\sum_{n=1}^{\infty}\left(\dfrac{r}{3}-1\right)^{2n}$은 첫째항과 공비가 $\left(\dfrac{r}{3}-1\right)^2$인 등비급수이고 $\bigcirc$에서

$\quad -\dfrac{1}{3}<\dfrac{r}{3}<\dfrac{1}{3}$

$\quad -\dfrac{4}{3}<\dfrac{r}{3}-1<-\dfrac{2}{3}$

$\quad \therefore \dfrac{4}{9}<\left(\dfrac{r}{3}-1\right)^2<\dfrac{16}{9}$

따라서 주어진 등비급수는 수렴하지 않는 경우가 있다.

ㄷ. $\sum_{n=1}^{\infty}\left(\dfrac{1}{r+1}\right)^n$은 첫째항과 공비가 $\dfrac{1}{r+1}$인 등비급수이고 $\bigcirc$에서

$\quad 0<r+1<2$

$\quad \therefore \dfrac{1}{r+1}>\dfrac{1}{2}$

따라서 주어진 등비급수는 수렴하지 않는 경우가 있다.

ㄹ. $\sum_{n=1}^{\infty}(-r)^n$은 첫째항과 공비가 $-r$인 등비급수이고 $\bigcirc$에서

$\quad -1<-r<1$

$\quad$ 즉, $\sum_{n=1}^{\infty}(-r)^n$은 수렴한다.

$\quad \sum_{n=1}^{\infty}r^n=\alpha$, $\sum_{n=1}^{\infty}(-r)^n=\beta$ (α, β는 실수)라 하면

$\quad \sum_{n=1}^{\infty}\{r^n-2\times(-r)^n\}=\sum_{n=1}^{\infty}r^n-2\sum_{n=1}^{\infty}(-r)^n$

$\qquad\qquad\qquad\qquad\qquad =\alpha-2\beta$

따라서 주어진 등비급수는 수렴한다.

따라서 보기에서 항상 수렴하는 것은 ㄱ, ㄹ이다.

10 답 ③

원 $x^2+y^2=\left(\dfrac{1}{9}\right)^n$의 접선 중 기울기가 -1인 접선의 방정식은

$$y=-x\pm\left(\dfrac{1}{3}\right)^n\sqrt{(-1)^2+1}$$

$$\therefore y=-x\pm\sqrt{2}\times\left(\dfrac{1}{3}\right)^n$$

두 접선 중 제1사분면을 지나는 접선의 방정식은

$$y=-x+\sqrt{2}\times\left(\dfrac{1}{3}\right)^n$$

이 접선이 x축과 만나는 점의 x좌표가 a_n이므로

$$a_n=\sqrt{2}\times\left(\dfrac{1}{3}\right)^n$$

$$\begin{aligned}\therefore \sum_{n=1}^{\infty}a_n&=\sum_{n=1}^{\infty}\left\{\sqrt{2}\times\left(\dfrac{1}{3}\right)^n\right\}\\&=\sqrt{2}\sum_{n=1}^{\infty}\left(\dfrac{1}{3}\right)^n\\&=\sqrt{2}\times\dfrac{\dfrac{1}{3}}{1-\dfrac{1}{3}}\\&=\dfrac{\sqrt{2}}{2}\end{aligned}$$

> **개념 NOTE**
>
> 원 $x^2+y^2=r^2$에 접하고 기울기가 m인 접선의 방정식은
> $$y=mx\pm r\sqrt{m^2+1}$$

11 답 ②

$\overline{B_1C_1}=12$, $\angle B_1=\dfrac{\pi}{3}$이므로 부채꼴 $C_1B_1C_2$의 넓이 S_1은

$$S_1=\dfrac{1}{2}\times 12^2\times\dfrac{\pi}{3}=24\pi$$

직각삼각형 AB_1C_1에서

$$\cos\dfrac{\pi}{3}=\dfrac{\overline{B_1C_1}}{\overline{AB_1}},\ \dfrac{1}{2}=\dfrac{12}{\overline{AB_1}}$$

$$\therefore \overline{AB_1}=24$$

$$\therefore \overline{AC_2}=\overline{AB_1}-\overline{B_1C_1}=24-12=12$$

$\angle A=\dfrac{\pi}{6}$이므로 $\angle AB_2C_2=\dfrac{\pi}{3}$

직각삼각형 AB_2C_2에서

$$\tan\dfrac{\pi}{3}=\dfrac{\overline{AC_2}}{\overline{B_2C_2}},\ \sqrt{3}=\dfrac{12}{\overline{B_2C_2}}$$

$$\therefore \overline{B_2C_2}=4\sqrt{3}$$

부채꼴의 중심각의 크기는 모두 $\dfrac{\pi}{3}$이므로 부채꼴은 닮음이다. 이때 닮음 비는 $12:4\sqrt{3}$, 즉 $3:\sqrt{3}$이므로 넓이의 비는 $9:3$, 즉 $3:1$이다.

따라서 $S_n=24\pi\times\left(\dfrac{1}{3}\right)^{n-1}$이므로

$$\sum_{n=1}^{\infty}S_n=\dfrac{24\pi}{1-\dfrac{1}{3}}=36\pi$$

> **개념 NOTE**
>
> 반지름의 길이가 r, 중심각의 크기가 θ(라디안)인 부채꼴의 호의 길이를 l, 넓이를 S라 하면
> $$l=r\theta,\ S=\dfrac{1}{2}r^2\theta=\dfrac{1}{2}rl$$

01 ⑤	02 ①	03 -1	04 $-\dfrac{\sqrt{6}}{6}$	05 5
06 ①	07 1	08 -6	09 ②	10 6 · 11 ②
12 $\dfrac{1}{12}$	13 $\dfrac{3}{5}$	14 ①	15 $\dfrac{1}{50}$	16 4 · 17 8
18 ③	19 ⑤	20 ③	21 ②	22 ③

01 답 ⑤

㈎의 $\log a_n+\log a_{n+1}+\log b_n=0$에서

$$\log a_n a_{n+1}b_n=0$$

$$a_n a_{n+1}b_n=1$$

$$\therefore b_n=\dfrac{1}{a_n a_{n+1}}=\dfrac{1}{a_{n+1}-a_n}\left(\dfrac{1}{a_n}-\dfrac{1}{a_{n+1}}\right)$$

이때 수열 $\{a_n\}$은 공차가 3인 등차수열이므로 $a_{n+1}-a_n=3$에서

$$b_n=\dfrac{1}{3}\left(\dfrac{1}{a_n}-\dfrac{1}{a_{n+1}}\right)$$

$$\begin{aligned}\therefore \sum_{n=1}^{\infty}b_n&=\sum_{n=1}^{\infty}\dfrac{1}{3}\left(\dfrac{1}{a_n}-\dfrac{1}{a_{n+1}}\right)\\&=\dfrac{1}{3}\lim_{n\to\infty}\sum_{k=1}^{n}\left(\dfrac{1}{a_k}-\dfrac{1}{a_{k+1}}\right)\\&=\dfrac{1}{3}\lim_{n\to\infty}\left\{\left(\dfrac{1}{a_1}-\dfrac{1}{a_2}\right)+\left(\dfrac{1}{a_2}-\dfrac{1}{a_3}\right)+\cdots+\left(\dfrac{1}{a_n}-\dfrac{1}{a_{n+1}}\right)\right\}\\&=\dfrac{1}{3}\lim_{n\to\infty}\left(\dfrac{1}{a_1}-\dfrac{1}{a_{n+1}}\right)\end{aligned}$$

이때 $a_n=a_1+(n-1)\times 3$이므로

$$\begin{aligned}\sum_{n=1}^{\infty}b_n&=\dfrac{1}{3}\lim_{n\to\infty}\left(\dfrac{1}{a_1}-\dfrac{1}{a_{n+1}}\right)\\&=\dfrac{1}{3}\lim_{n\to\infty}\left(\dfrac{1}{a_1}-\dfrac{1}{3n+a_1}\right)=\dfrac{1}{3a_1}\end{aligned}$$

㈏의 $\sum_{n=1}^{\infty}b_n=\dfrac{1}{12}$에서

$$\dfrac{1}{3a_1}=\dfrac{1}{12}$$

$$\therefore a_1=4$$

02 답 ①

$$\sum_{n=1}^{\infty}n(a_n-a_{n+1})$$

$$=\lim_{n\to\infty}\sum_{k=1}^{n}k(a_k-a_{k+1})$$

$$=\lim_{n\to\infty}\{a_1-a_2+2(a_2-a_3)+3(a_3-a_4)+\cdots+n(a_n-a_{n+1})\}$$

$$=\lim_{n\to\infty}(a_1+a_2+a_3+\cdots+a_n-na_{n+1})\qquad\cdots\cdots\ ㉠$$

수열 $\{a_n\}$의 첫째항부터 제n항까지의 합을 S_n이라 하면 $S_n=\dfrac{2n}{n+1}$이므로

$$\begin{aligned}a_{n+1}=S_{n+1}-S_n&=\dfrac{2(n+1)}{n+2}-\dfrac{2n}{n+1}\\&=\dfrac{2(n+1)^2-2n(n+2)}{(n+1)(n+2)}=\dfrac{2}{(n+1)(n+2)}\end{aligned}$$

따라서 ㉠에서

$$\begin{aligned}\sum_{n=1}^{\infty}n(a_n-a_{n+1})&=\lim_{n\to\infty}(a_1+a_2+a_3+\cdots+a_n-na_{n+1})\\&=\lim_{n\to\infty}\left\{\dfrac{2n}{n+1}-\dfrac{2n}{(n+1)(n+2)}\right\}\\&=2-0=2\end{aligned}$$

03 답 −1

$S_n = 2n^2 + 3n + p$에서

$a_1 = S_1 = 5 + p$

$n \geq 2$일 때,

$a_n = S_n - S_{n-1}$

$= 2n^2 + 3n + p - \{2(n-1)^2 + 3(n-1) + p\}$

$= 4n + 1$

$a_2 = 4 \times 2 + 1 = 9$이므로

$\displaystyle\sum_{n=1}^{\infty} \dfrac{1}{a_n a_{n+1}}$

$= \dfrac{1}{a_1 a_2} + \displaystyle\sum_{n=2}^{\infty} \dfrac{1}{a_n a_{n+1}}$

$= \dfrac{1}{(5+p) \times 9} + \displaystyle\sum_{n=2}^{\infty} \dfrac{1}{(4n+1)(4n+5)}$

$= \dfrac{1}{9p+45} + \displaystyle\sum_{n=2}^{\infty} \dfrac{1}{4}\left(\dfrac{1}{4n+1} - \dfrac{1}{4n+5}\right)$

$= \dfrac{1}{9p+45} + \dfrac{1}{4}\displaystyle\lim_{n\to\infty}\sum_{k=2}^{n}\left(\dfrac{1}{4k+1} - \dfrac{1}{4k+5}\right)$

$= \dfrac{1}{9p+45}$

$\quad + \dfrac{1}{4}\displaystyle\lim_{n\to\infty}\left\{\left(\dfrac{1}{9} - \dfrac{1}{13}\right) + \left(\dfrac{1}{13} - \dfrac{1}{17}\right) + \cdots + \left(\dfrac{1}{4n+1} - \dfrac{1}{4n+5}\right)\right\}$

$= \dfrac{1}{9p+45} + \dfrac{1}{4}\displaystyle\lim_{n\to\infty}\left(\dfrac{1}{9} - \dfrac{1}{4n+5}\right)$

$= \dfrac{1}{9p+45} + \dfrac{1}{4} \times \dfrac{1}{9}$

$= \dfrac{1}{9p+45} + \dfrac{1}{36}$

즉, $\dfrac{1}{9p+45} + \dfrac{1}{36} = \dfrac{1}{18}$이므로

$\dfrac{1}{9p+45} = \dfrac{1}{36}$

$9p + 45 = 36$

$9p = -9$

$\therefore p = -1$

04 답 $-\dfrac{\sqrt{6}}{6}$

$a_1 = \dfrac{1}{2}$이고, $a_2 = \dfrac{1}{3} < 1$, $a_{n+2} = a_n a_{n+1}$이므로

$0 < a_n \leq a_1$

$a_{n+2} = a_n a_{n+1} \leq a_1 a_{n+1} = \dfrac{1}{2}a_{n+1}$이므로

$a_3 \leq \dfrac{1}{2}a_2 = \dfrac{1}{2} \times \dfrac{1}{3}$

$a_4 \leq \dfrac{1}{2}a_3 \leq \left(\dfrac{1}{2}\right)^2 \times \dfrac{1}{3}$

$a_5 \leq \dfrac{1}{2}a_4 \leq \left(\dfrac{1}{2}\right)^3 \times \dfrac{1}{3}$

$\vdots$

$\therefore a_n \leq \left(\dfrac{1}{2}\right)^{n-2} \times \dfrac{1}{3}$

이때 $a_n > 0$이므로

$0 < a_n \leq \left(\dfrac{1}{2}\right)^{n-2} \times \dfrac{1}{3}$

이때 $\displaystyle\lim_{n\to\infty}\left(\dfrac{1}{2}\right)^{n-2} \times \dfrac{1}{3} = 0$이므로 수열의 극한의 대소 관계에 의하여

$\displaystyle\lim_{n\to\infty} a_n = 0$

$\therefore \displaystyle\sum_{n=1}^{\infty} \dfrac{a_{n+3} - a_{n+2}}{\sqrt{a_{n+1}a_{n+2}} + \sqrt{a_n a_{n+1}}} = \displaystyle\sum_{n=1}^{\infty} \dfrac{a_{n+3} - a_{n+2}}{\sqrt{a_{n+3}} + \sqrt{a_{n+2}}}$

$= \displaystyle\sum_{n=1}^{\infty} \dfrac{(a_{n+3} - a_{n+2})(\sqrt{a_{n+3}} - \sqrt{a_{n+2}})}{(\sqrt{a_{n+3}} + \sqrt{a_{n+2}})(\sqrt{a_{n+3}} - \sqrt{a_{n+2}})}$

$= \displaystyle\sum_{n=1}^{\infty} \dfrac{(a_{n+3} - a_{n+2})(\sqrt{a_{n+3}} - \sqrt{a_{n+2}})}{a_{n+3} - a_{n+2}}$

$= \displaystyle\sum_{n=1}^{\infty} (\sqrt{a_{n+3}} - \sqrt{a_{n+2}})$

$= \displaystyle\lim_{n\to\infty}\sum_{k=1}^{n} (\sqrt{a_{k+3}} - \sqrt{a_{k+2}})$

$= \displaystyle\lim_{n\to\infty}\{(\sqrt{a_4} - \sqrt{a_3})+(\sqrt{a_5} - \sqrt{a_4})$

$\quad + (\sqrt{a_6} - \sqrt{a_5}) + \cdots + (\sqrt{a_{n+3}} - \sqrt{a_{n+2}})\}$

$= \displaystyle\lim_{n\to\infty}(-\sqrt{a_3} + \sqrt{a_{n+3}})$

$= -\sqrt{a_3} \longrightarrow \displaystyle\lim_{n\to\infty} a_n = 0$이므로 $\displaystyle\lim_{n\to\infty}\sqrt{a_{n+3}} = 0$

$= -\sqrt{a_1 a_2}$

$= -\sqrt{\dfrac{1}{2} \times \dfrac{1}{3}} = -\dfrac{\sqrt{6}}{6}$

idea
05 답 5

$\displaystyle\sum_{k=1}^{n+1}(a_k + b_k)$

$= \displaystyle\sum_{k=1}^{n}(a_k + b_{k+1}) + a_{n+1} + b_1$

$= \displaystyle\sum_{k=1}^{n}\dfrac{1}{(k+1)(k+2)} + a_{n+1} + 5$ (∵ (가), (다))

$= \displaystyle\sum_{k=1}^{n}\left(\dfrac{1}{k+1} - \dfrac{1}{k+2}\right) + a_{n+1} + 5$

$= \left\{\left(\dfrac{1}{2} - \dfrac{1}{3}\right) + \left(\dfrac{1}{3} - \dfrac{1}{4}\right) + \cdots + \left(\dfrac{1}{n+1} - \dfrac{1}{n+2}\right)\right\} + a_{n+1} + 5$

$= \dfrac{1}{2} - \dfrac{1}{n+2} + a_{n+1} + 5$

$= \dfrac{11}{2} - \dfrac{1}{n+2} + a_{n+1}$

$\therefore \displaystyle\sum_{n=1}^{\infty}(a_n + b_n) = \displaystyle\lim_{n\to\infty}\sum_{k=1}^{n+1}(a_k + b_k)$

$\qquad\qquad\qquad = \displaystyle\lim_{n\to\infty}\left(\dfrac{11}{2} - \dfrac{1}{n+2} + a_{n+1}\right)$

이때 (나)의 $\displaystyle\lim_{n\to\infty} a_n = -\dfrac{1}{2}$에서 $\displaystyle\lim_{n\to\infty} a_{n+1} = -\dfrac{1}{2}$이므로

$\displaystyle\sum_{n=1}^{\infty}(a_n + b_n) = \displaystyle\lim_{n\to\infty}\left(\dfrac{11}{2} - \dfrac{1}{n+2} + a_{n+1}\right) = \dfrac{11}{2} - 0 - \dfrac{1}{2} = 5$

06 답 ①

(가)에서 일정한 값을 p라 하면

$\dfrac{a_1 + a_2 + a_3 + \cdots + a_{2n-1} + a_{2n}}{a_1 + a_2 + a_3 + \cdots + a_{n-1} + a_n} = p$ ...... ㉠

등차수열 $\{a_n\}$의 첫째항을 a, 공차를 $d\,(d>0)$라 하면

$a_1 + a_2 + a_3 + \cdots + a_{2n-1} + a_{2n} = \dfrac{2n\{2a + (2n-1)d\}}{2}$

$\qquad\qquad\qquad\qquad\qquad\quad = n\{2a + (2n-1)d\}$

$a_1 + a_2 + a_3 + \cdots + a_{n-1} + a_n = \dfrac{n\{2a + (n-1)d\}}{2}$

이를 ㉠에 대입하면

$\dfrac{n\{2a + (2n-1)d\}}{\dfrac{n\{2a + (n-1)d\}}{2}} = p$

$2\{2a + (2n-1)d\} = p\{2a + (n-1)d\}$

$4dn+4a-2d=dpn+2ap-dp$

$(4d-dp)n+4a-2d-2ap+dp=0$

모든 자연수 n에 대하여 이 식이 성립하므로

$4d-dp=0,\ 4a-2d-2ap+dp=0$

$4d-dp=0$에서 $d(4-p)=0$

$\therefore p=4\ (\because d>0)$

이를 $4a-2d-2ap+dp=0$에 대입하면

$4a-2d-8a+4d=0$

$2d=4a\quad\therefore d=2a$

$\therefore a_n=a+(n-1)\times 2a=2an-a$

(나)의 $\displaystyle\sum_{n=1}^{\infty}\frac{2}{(2n+1)a_n}=\frac{1}{10}$에서

$\displaystyle\sum_{n=1}^{\infty}\frac{2}{(2n+1)a_n}$

$\displaystyle=\sum_{n=1}^{\infty}\frac{2}{(2n+1)(2an-a)}$

$\displaystyle=\sum_{n=1}^{\infty}\frac{2}{a(2n-1)(2n+1)}$

$\displaystyle=\sum_{n=1}^{\infty}\frac{1}{a}\left(\frac{1}{2n-1}-\frac{1}{2n+1}\right)$

$\displaystyle=\frac{1}{a}\lim_{n\to\infty}\sum_{k=1}^{n}\left(\frac{1}{2k-1}-\frac{1}{2k+1}\right)$

$\displaystyle=\frac{1}{a}\lim_{n\to\infty}\left\{\left(1-\frac{1}{3}\right)+\left(\frac{1}{3}-\frac{1}{5}\right)+\cdots+\left(\frac{1}{2n-1}-\frac{1}{2n+1}\right)\right\}$

$\displaystyle=\frac{1}{a}\lim_{n\to\infty}\left(1-\frac{1}{2n+1}\right)$

$\displaystyle=\frac{1}{a}\times 1=\frac{1}{a}$

즉, $\dfrac{1}{a}=\dfrac{1}{10}$이므로 $a=10$

따라서 $a_n=20n-10$이므로

$a_{10}=200-10=190$

07 답 1

$\displaystyle\sum_{n=1}^{\infty}\frac{n}{a_n}$이 수렴하므로 $\displaystyle\lim_{n\to\infty}\frac{n}{a_n}=0$

이때 $\displaystyle\lim_{n\to\infty}n=\infty$이므로 $\displaystyle\lim_{n\to\infty}\frac{1}{a_n}=0$

수열 $\{b_n-a_n\}$이 수렴하므로 $\displaystyle\lim_{n\to\infty}(b_n-a_n)=\alpha\,(\alpha$는 실수$)$라 하면

$\displaystyle\lim_{n\to\infty}(b_n-a_n)\times\lim_{n\to\infty}\frac{1}{a_n}=\alpha\times 0$

$\displaystyle\lim_{n\to\infty}\left(\frac{b_n}{a_n}-1\right)=0\qquad\therefore\lim_{n\to\infty}\frac{b_n}{a_n}=1$

$\displaystyle\therefore\lim_{n\to\infty}\frac{n+b_n+2a_n}{1+3b_n}=\lim_{n\to\infty}\frac{\dfrac{n}{a_n}+\dfrac{b_n}{a_n}+2}{\dfrac{1}{a_n}+3\times\dfrac{b_n}{a_n}}$

$\displaystyle\qquad=\frac{0+1+2}{0+3\times 1}=1$

08 답 −6

$\displaystyle\sum_{n=1}^{\infty}(a_n-n)$이 수렴하므로 $\displaystyle\lim_{n\to\infty}(a_n-n)=0$

$\displaystyle\sum_{n=1}^{\infty}(a_n-n)=\lim_{n\to\infty}\sum_{k=1}^{n}(a_k-k)=\lim_{n\to\infty}\left\{S_n-\frac{n(n+1)}{2}\right\}$이므로

$\displaystyle\lim_{n\to\infty}\left\{S_n-\frac{n(n+1)}{2}\right\}=3$

$b_n=S_n-\dfrac{n(n+1)}{2}$이라 하면 $\displaystyle\lim_{n\to\infty}b_n=3$

$S_n=b_n+\dfrac{n(n+1)}{2}$이므로

$\displaystyle\lim_{n\to\infty}(a_n-2S_n+n^2)=\lim_{n\to\infty}\{a_n-2b_n-n(n+1)+n^2\}$

$\displaystyle\qquad=\lim_{n\to\infty}(a_n-n-2b_n)$

$\displaystyle\qquad=\lim_{n\to\infty}(a_n-n)-2\lim_{n\to\infty}b_n$

$\displaystyle\qquad=0-2\times 3=-6$

09 답 ②

ㄱ. [반례] $a_n=\begin{cases}1 & (n\text{은 짝수})\\0 & (n\text{은 홀수})\end{cases}$이면 $\displaystyle\lim_{n\to\infty}\left(S_{2n}-\sum_{k=1}^{n}a_{2k}\right)=\sum_{k=1}^{n}a_{2k-1}=0$이

지만 $\displaystyle\lim_{n\to\infty}S_{2n},\ \sum_{n=1}^{\infty}a_{2n}$은 발산하므로 $\displaystyle\lim_{n\to\infty}S_{2n}-\sum_{n=1}^{\infty}a_{2n}=0$을 만족시키

지 않는다.

ㄴ. $\displaystyle\sum_{n=1}^{\infty}a_n$이 수렴하므로 $\displaystyle\sum_{n=1}^{\infty}a_n=\alpha\,(\alpha$는 실수$)$라 하면

$\displaystyle\sum_{n=1}^{\infty}a_{n+k}=a_{1+k}+a_{2+k}+a_{3+k}+\cdots+a_{n+k}+\cdots$

$\displaystyle\qquad=\sum_{n=1}^{\infty}a_n-(a_1+a_2+a_3+\cdots+a_k)$

$\displaystyle\qquad=\alpha-(a_1+a_2+a_3+\cdots+a_k)$

따라서 $\displaystyle\sum_{n=1}^{\infty}a_{n+k}$는 수렴한다.

ㄷ. $\displaystyle\sum_{n=1}^{\infty}a_n^2,\ \sum_{n=1}^{\infty}(a_n-1)^2=\sum_{n=1}^{\infty}(a_n^2-2a_n+1)$이 수렴하므로

$\displaystyle\sum_{n=1}^{\infty}(2a_n-1)=\sum_{n=1}^{\infty}\{a_n^2-(a_n^2-2a_n+1)\}$도 수렴한다.

$\displaystyle\therefore\lim_{n\to\infty}(2a_n-1)=0$

$b_n=2a_n-1$이라 하면 $2a_n=b_n+1$

$\displaystyle\therefore a_n=\frac{1}{2}b_n+\frac{1}{2}$

$\displaystyle\lim_{n\to\infty}b_n=0$이므로

$\displaystyle\lim_{n\to\infty}a_n=\lim_{n\to\infty}\left(\frac{1}{2}b_n+\frac{1}{2}\right)=0+\frac{1}{2}=\frac{1}{2}$

즉, $\displaystyle\lim_{n\to\infty}a_n\neq 0$이므로 $\displaystyle\sum_{n=1}^{\infty}a_n$은 발산한다.

따라서 보기에서 옳은 것은 ㄴ이다.

◆idea

10 답 6

(가)에서 모든 자연수 n에 대하여 $a_n>0,\ b_n>0$이므로

$a_n^2>0,\ b_n^2>0$

산술평균과 기하평균의 관계에 의하여

$a_n^2+b_n^2\ge 2\sqrt{a_n^2b_n^2}=2a_nb_n$ (단, 등호는 $a_n^2=b_n^2$일 때 성립)

따라서 $\displaystyle\sum_{k=1}^{n}2a_kb_k\le\sum_{k=1}^{n}(a_k^2+b_k^2)$이므로 (나), (다)에서

$\displaystyle\frac{n^3}{1^2+2^2+3^2+\cdots+n^2}<\sum_{k=1}^{n}2a_kb_k\le\sum_{k=1}^{n}(a_k^2+b_k^2)<3$

$\displaystyle\lim_{n\to\infty}\frac{n^3}{1^2+2^2+3^2+\cdots+n^2}=\lim_{n\to\infty}\frac{n^3}{\dfrac{n(n+1)(2n+1)}{6}}$

$\displaystyle\qquad=\lim_{n\to\infty}\frac{6n^3}{2n^3+3n^2+n}=3$

이므로 수열의 극한의 대소 관계에 의하여

$\displaystyle\lim_{n\to\infty}\sum_{k=1}^{n}2a_kb_k=\lim_{n\to\infty}\sum_{k=1}^{n}(a_k^2+b_k^2)=3$

$$\therefore \sum_{n=1}^{\infty} 2a_n b_n = 3, \ \sum_{n=1}^{\infty}(a_n{}^2 + b_n{}^2) = 3$$

$$\therefore \sum_{n=1}^{\infty}(a_n + b_n)^2 = \sum_{n=1}^{\infty}(a_n{}^2 + b_n{}^2 + 2a_n b_n)$$

$$= \sum_{n=1}^{\infty}(a_n{}^2 + b_n{}^2) + \sum_{n=1}^{\infty} 2a_n b_n$$

$$= 3 + 3 = 6$$

개념 NOTE

$a>0$, $b>0$일 때, 산술평균과 기하평균의 관계는 다음과 같다.

$\dfrac{a+b}{2} \geq \sqrt{ab}$ (단, 등호는 $a=b$일 때 성립)

11 답 ②

직선 $y=x+1$이 x축의 양의 방향과 이루는 각의 크기는 $\dfrac{\pi}{4}$이므로 선분 P_nQ_n을 대각선으로 하는 정사각형의 각 변은 x축 또는 y축에 평행하다. 두 점 P_n, Q_n의 x좌표를 각각 α_n, β_n이라 하면 정사각형의 한 변의 길이는 $|\alpha_n - \beta_n|$이므로

$a_n = (\alpha_n - \beta_n)^2$

α_n, β_n은 곡선 $y=x^2-2nx-2n$과 직선 $y=x+1$이 만나는 점의 x좌표이므로 이차방정식 $x^2-2nx-2n=x+1$, 즉

$x^2-(2n+1)x-2n-1=0$의 두 근이다.

이차방정식의 근과 계수의 관계에 의하여

$\alpha_n + \beta_n = 2n+1$, $\alpha_n \beta_n = -2n-1$

$$\therefore a_n = (\alpha_n - \beta_n)^2 = (\alpha_n + \beta_n)^2 - 4\alpha_n\beta_n$$

$$= (2n+1)^2 - 4(-2n-1)$$

$$= 4n^2 + 12n + 5$$

$$\therefore \sum_{n=1}^{\infty} \frac{1}{a_n} = \sum_{n=1}^{\infty} \frac{1}{4n^2+12n+5}$$

$$= \sum_{n=1}^{\infty} \frac{1}{(2n+1)(2n+5)}$$

$$= \sum_{n=1}^{\infty} \frac{1}{4}\left(\frac{1}{2n+1} - \frac{1}{2n+5}\right)$$

$$= \frac{1}{4}\lim_{n\to\infty}\sum_{k=1}^{n}\left(\frac{1}{2k+1} - \frac{1}{2k+5}\right)$$

$$= \frac{1}{4}\lim_{n\to\infty}\left\{\left(\frac{1}{3}-\frac{1}{7}\right)+\left(\frac{1}{5}-\frac{1}{9}\right)+\left(\frac{1}{7}-\frac{1}{11}\right)+\cdots+\left(\frac{1}{2n+1}-\frac{1}{2n+5}\right)\right\}$$

$$= \frac{1}{4}\lim_{n\to\infty}\left(\frac{1}{3}+\frac{1}{5}-\frac{1}{2n+3}-\frac{1}{2n+5}\right)$$

$$= \frac{1}{4}\times\frac{8}{15} = \frac{2}{15}$$

12 답 $\dfrac{1}{12}$

함수 $y=\sin\pi x$의 주기는 $\dfrac{2\pi}{\pi}=2$이고, 곡선 $y=\sin\pi x$와 직선 $y=\dfrac{x}{n}$는 각각 원점에 대하여 대칭이고, 원점에서 만난다.

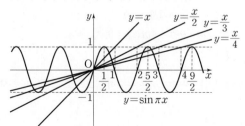

곡선 $y=\sin\pi x$는 점 $\left(\dfrac{1}{2}, 1\right)$, 점 $\left(\dfrac{5}{2}, 1\right)$, 점 $\left(\dfrac{9}{2}, 1\right)$, $\cdots$을 지난다.

직선 $y=x$는 점 $(1, 1)$을 지나므로 $x>0$인 부분에서 곡선 $y=\sin\pi x$와 한 점에서 만나고, 원점에 대하여 대칭이므로 $x<0$인 부분에서도 한 점에서 만난다.

$\therefore a_1 = 3$

직선 $y=\dfrac{x}{2}$는 점 $(2, 1)$을 지나므로 $a_2 = 3$

직선 $y=\dfrac{x}{3}$는 점 $(3, 1)$을 지나므로 $a_3 = 7$

직선 $y=\dfrac{x}{4}$는 점 $(4, 1)$을 지나므로 $a_4 = 7$

$\vdots$

자연수 k에 대하여

$a_{2k-1} = 4k-1$, $a_{2k} = 4k-1$ ············· 배점 **50%**

$$\therefore \sum_{n=1}^{\infty} \frac{1}{a_{2n}a_{2n+1}}$$

$$= \sum_{n=1}^{\infty} \frac{1}{(4n-1)(4n+3)}$$

$$= \sum_{n=1}^{\infty} \frac{1}{4}\left(\frac{1}{4n-1} - \frac{1}{4n+3}\right)$$

$$= \frac{1}{4}\lim_{n\to\infty}\sum_{k=1}^{n}\left(\frac{1}{4k-1} - \frac{1}{4k+3}\right)$$

$$= \frac{1}{4}\lim_{n\to\infty}\left\{\left(\frac{1}{3}-\frac{1}{7}\right)+\left(\frac{1}{7}-\frac{1}{11}\right)+\cdots+\left(\frac{1}{4n-1}-\frac{1}{4n+3}\right)\right\}$$

$$= \frac{1}{4}\lim_{n\to\infty}\left(\frac{1}{3} - \frac{1}{4n+3}\right)$$

$$= \frac{1}{4}\times\frac{1}{3} = \frac{1}{12}$$ ············· 배점 **50%**

13 답 $\dfrac{3}{5}$

$$S_n = \frac{a_1(r^n-1)}{r-1} = \frac{a_1}{r-1}(r^n-1)$$

(i) $0<r<3$일 때,

$$\lim_{n\to\infty}\frac{S_n}{2^n+3^n} = \frac{a_1}{r-1}\lim_{n\to\infty}\frac{r^n-1}{2^n+3^n} = \frac{a_1}{r-1}\lim_{n\to\infty}\frac{\left(\frac{r}{3}\right)^n - \left(\frac{1}{3}\right)^n}{\left(\frac{2}{3}\right)^n + 1} = 0$$

이는 조건을 만족시키지 않는다.

(ii) $r=3$일 때,

$$\lim_{n\to\infty}\frac{S_n}{2^n+3^n} = \frac{a_1}{2}\lim_{n\to\infty}\frac{3^n-1}{2^n+3^n} = \frac{a_1}{2}\lim_{n\to\infty}\frac{1-\left(\frac{1}{3}\right)^n}{\left(\frac{2}{3}\right)^n + 1}$$

$$= \frac{a_1}{2}\times 1 = \frac{a_1}{2}$$

즉, $\dfrac{a_1}{2}=4$이므로 $a_1 = 8$

(iii) $r>3$일 때,

$$\lim_{n\to\infty}\frac{S_n}{2^n+3^n} = \frac{a_1}{r-1}\lim_{n\to\infty}\frac{r^n-1}{2^n+3^n} = \frac{a_1}{r-1}\lim_{n\to\infty}\frac{\left(\frac{r}{3}\right)^n - \left(\frac{1}{3}\right)^n}{\left(\frac{2}{3}\right)^n + 1}$$

이때 극한값이 존재하지 않으므로 조건을 만족시키지 않는다.

(i), (ii), (iii)에서 $r=3$, $a_1=8$이므로

$$\sum_{n=1}^{\infty}\left(\frac{r}{a_1}\right)^n = \sum_{n=1}^{\infty}\left(\frac{3}{8}\right)^n = \frac{\frac{3}{8}}{1-\frac{3}{8}} = \frac{3}{5}$$

14 답 ①

$r^3\sum\limits_{n=1}^{6}a_n+\sum\limits_{n=7}^{\infty}a_n=0$에서 $\sum\limits_{n=7}^{\infty}a_n=-r^3\sum\limits_{n=1}^{6}a_n$

즉, $\sum\limits_{n=7}^{\infty}a_n$은 수렴하므로

$-1<r<0$ 또는 $0<r<1$ ······ ㉠

$a_n=r^{n-1}$이고 $a_7=r^6$이므로

$r^3\sum\limits_{n=1}^{6}a_n+\sum\limits_{n=7}^{\infty}a_n=r^3\times\dfrac{1-r^6}{1-r}+\dfrac{r^6}{1-r}=\dfrac{r^3-r^9+r^6}{1-r}$

즉, $\dfrac{r^3-r^9+r^6}{1-r}=0$이므로

$r^3-r^9+r^6=0$

$r^3(r^6-r^3-1)=0$

$r^6-r^3-1=0\ (\because r\neq0)$

$r^3=s$로 놓으면

$s^2-s-1=0$

$\therefore s=\dfrac{1\pm\sqrt{5}}{2}$

그런데 ㉠에서 $-1<s<0$ 또는 $0<s<1$이므로

$s=\dfrac{1-\sqrt{5}}{2}$ $\therefore r^3=\dfrac{1-\sqrt{5}}{2}$

$\therefore \sum\limits_{n=1}^{\infty}ra_{3n}=\sum\limits_{n=1}^{\infty}(r\times r^{3n-1})=\sum\limits_{n=1}^{\infty}r^{3n}$

$\qquad=\dfrac{r^3}{1-r^3}=\dfrac{\dfrac{1-\sqrt{5}}{2}}{1-\dfrac{1-\sqrt{5}}{2}}$

$\qquad=\dfrac{1-\sqrt{5}}{1+\sqrt{5}}=\dfrac{(1-\sqrt{5})^2}{(1+\sqrt{5})(1-\sqrt{5})}$

$\qquad=\dfrac{6-2\sqrt{5}}{-4}=\dfrac{-3+\sqrt{5}}{2}$

15 답 $\dfrac{1}{50}$

(가)에서 $\log a_n$과 $\log a_{n+1}$의 소수 부분이 서로 같으므로

$\log a_n-\log a_{n+1}=\log\dfrac{a_n}{a_{n+1}}$은 정수이다.

(나)의 $10<\dfrac{a_n}{a_{n+1}}<1000$의 양변에 상용로그를 취하면

$1<\log\dfrac{a_n}{a_{n+1}}<3$

이때 $\log\dfrac{a_n}{a_{n+1}}$이 정수이므로

$\log\dfrac{a_n}{a_{n+1}}=2$

즉, $\dfrac{a_n}{a_{n+1}}=100$이므로 $\dfrac{a_{n+1}}{a_n}=\dfrac{1}{100}$ ·········· 배점 **40%**

따라서 수열 $\{a_n\}$은 공비가 $\dfrac{1}{100}$인 등비수열이므로

$\sum\limits_{n=1}^{\infty}a_n=\dfrac{a_1}{1-\dfrac{1}{100}}=\dfrac{100}{99}a_1$

즉, $\dfrac{100}{99}a_1=200$이므로 $a_1=198$ ·········· 배점 **30%**

수열 $\{a_{n+2}\}$는 첫째항이 $198\times\left(\dfrac{1}{100}\right)^2$이고 공비가 $\dfrac{1}{100}$인 등비수열이므로

$\sum\limits_{n=1}^{\infty}a_{n+2}=\dfrac{198\times\left(\dfrac{1}{100}\right)^2}{1-\dfrac{1}{100}}=\dfrac{1}{50}$ ·········· 배점 **30%**

16 답 4

이차식 $f(x)$의 최고차항의 계수가 1이므로

$f(x)=x^2+ax+b\,(a,\ b$는 상수$)$라 하면

$(x-2)^{n-2}f(x)=(x-2)^{n-2}(x^2+ax+b)$

$\qquad\qquad\quad=(x-2)^{n-2}\{(x-2)^2+(a+4)x+b-4\}$

$\qquad\qquad\quad=(x-2)^n+\{(a+4)x+b-4\}(x-2)^{n-2}$

$(x-2)^{n-2}f(x)$를 $(x-2)^n$으로 나누었을 때의 몫은 1이고 나머지는

$R_n(x)=\{(a+4)x+b-4\}(x-2)^{n-2}$

$R_n(3)=3$에서

$3(a+4)+b-4=3$ $\therefore 3a+b=-5$ ······ ㉠

$\sum\limits_{n=2}^{\infty}R_n\left(\dfrac{3}{2}\right)=1$에서

$\sum\limits_{n=2}^{\infty}R_n\left(\dfrac{3}{2}\right)=\left\{\dfrac{3}{2}(a+4)+b-4\right\}\sum\limits_{n=2}^{\infty}\left(-\dfrac{1}{2}\right)^{n-2}$

$\qquad\qquad\qquad=\left\{\dfrac{3}{2}(a+4)+b-4\right\}\times\dfrac{1}{1-\left(-\dfrac{1}{2}\right)}$

$\qquad\qquad\qquad=a+\dfrac{2}{3}b+\dfrac{4}{3}$

즉, $a+\dfrac{2}{3}b+\dfrac{4}{3}=1$이므로

$3a+2b+4=3$ $\therefore 3a+2b=-1$ ······ ㉡

㉠, ㉡을 연립하여 풀면 $a=-3$, $b=4$

따라서 $f(x)=x^2-3x+4$이므로

$f(3)=9-9+4=4$

17 답 8

$\sum\limits_{n=1}^{\infty}\left(\dfrac{b_m}{a_m}\right)^n$은 첫째항과 공비가 $\dfrac{b_m}{a_m}$인 등비급수이므로 이 등비급수가 수렴하려면

$-1<\dfrac{b_m}{a_m}<1$ $\therefore -1<\dfrac{-2m+p}{2m-9}<1$ ······ ㉠

(ⅰ) $2m-9<0$, 즉 $m<\dfrac{9}{2}$일 때,

㉠에서 $2m-9<-2m+p<-2m+9$

$2m-9<-2m+p$에서 $4m<p+9$

$\therefore m<\dfrac{p+9}{4}$

$-2m+p<-2m+9$에서 $p<9$

$m<\dfrac{p+9}{4}$를 만족시키는 자연수 m의 개수가 4이려면

$\dfrac{p+9}{4}>4$, $p+9>16$ $\qquad$ ├ $m<\dfrac{9}{2}$이므로 $\dfrac{p+9}{4}>4$만 확인한다.

$\therefore p>7$

그런데 $p<9$이므로 $7<p<9$

따라서 정수 p의 값은 8이다.

(ⅱ) $2m-9>0$, 즉 $m>\dfrac{9}{2}$일 때,

㉠에서 $-2m+9<-2m+p<2m-9$

$-2m+9<-2m+p$에서 $p>9$

$-2m+p<2m-9$에서 $4m>p+9$

$\therefore m>\dfrac{p+9}{4}$

이를 만족시키는 자연수 m은 무수히 많으므로 조건을 만족시키지 않는다.

(ⅰ), (ⅱ)에서 $p=8$

18 답 ③

$\sum\limits_{n=1}^{\infty} \dfrac{x^2}{(1-x^2)^{n-1}}$은 첫째항이 x^2, 공비가 $\dfrac{1}{1-x^2}$인 등비급수이므로 이 등

비급수가 수렴하려면

$x^2=0$ 또는 $-1<\dfrac{1}{1-x^2}<1$

$\therefore x=0$ 또는 $-1<\dfrac{1}{1-x^2}<1$

(ⅰ) $x=0$일 때,

$\quad f(x)=\sum\limits_{n=1}^{\infty} \dfrac{x^2}{(1-x^2)^{n-1}}=0$

(ⅱ) $-1<\dfrac{1}{1-x^2}<1$일 때,

$\quad 1-x^2<-1$ 또는 $1-x^2>1$

$\quad x^2>2$ 또는 $x^2<0$

이때 $x^2<0$인 실수 x의 값은 존재하지 않으므로 $x^2>2$에서

$x<-\sqrt{2}$ 또는 $x>\sqrt{2}$

$\therefore f(x)=\sum\limits_{n=1}^{\infty} \dfrac{x^2}{(1-x^2)^{n-1}}$

$\qquad = \dfrac{x^2}{1-\dfrac{1}{1-x^2}} = \dfrac{x^2(1-x^2)}{1-x^2-1}$

$\qquad = x^2-1$

(ⅰ), (ⅱ)에서

$f(x)=\begin{cases} x^2-1 & (x<-\sqrt{2} \text{ 또는 } x>\sqrt{2}) \\ 0 & (x=0) \\ ax^2+bx+c & (-\sqrt{2}\le x<0 \text{ 또는 } 0<x\le\sqrt{2}) \end{cases}$

함수 $f(x)$가 실수 전체의 집합에서 연속이므로 $x=-\sqrt{2}$, $x=0$, $x=\sqrt{2}$

에서도 연속이다.

함수 $f(x)$가 $x=-\sqrt{2}$에서 연속이면

$\lim\limits_{x\to-\sqrt{2}+} f(x)=\lim\limits_{x\to-\sqrt{2}-} f(x)$에서

$\lim\limits_{x\to-\sqrt{2}+}(ax^2+bx+c)=\lim\limits_{x\to-\sqrt{2}-}(x^2-1)$

$2a-\sqrt{2}b+c=1 \quad\cdots\cdots\ \bigcirc$

함수 $f(x)$가 $x=0$에서 연속이면

$\lim\limits_{x\to0} f(x)=f(0)$에서

$\lim\limits_{x\to0}(ax^2+bx+c)=0$

$\therefore c=0$

함수 $f(x)$가 $x=\sqrt{2}$에서 연속이면

$\lim\limits_{x\to\sqrt{2}+} f(x)=\lim\limits_{x\to\sqrt{2}-} f(x)$에서

$\lim\limits_{x\to\sqrt{2}+}(x^2-1)=\lim\limits_{x\to\sqrt{2}-}(ax^2+bx+c)$

$1=2a+\sqrt{2}b+c \quad\cdots\cdots\ \bigcirc$

$\bigcirc$, $\bigcirc$에 $c=0$을 대입하면

$2a-\sqrt{2}b=1$, $2a+\sqrt{2}b=1$

두 식을 연립하여 풀면

$a=\dfrac{1}{2}$, $b=0$

따라서 $f(x)=\begin{cases} x^2-1 & (x<-\sqrt{2} \text{ 또는 } x>\sqrt{2}) \\ 0 & (x=0) \\ \dfrac{1}{2}x^2 & (-\sqrt{2}\le x<0 \text{ 또는 } 0<x\le\sqrt{2}) \end{cases}$ 이므로

$f\left(\dfrac{1}{2}\right)f(3)=\dfrac{1}{8}\times(9-1)=1$

19 답 ⑤

원 O_1의 중심을 E_1이라 하면

$\overline{A_1E_1}=\overline{E_1B_1}=\overline{E_1D_1}=2$

점 C_1은 선분 A_1B_1을 $3:1$로 내분하는 점이

므로

$\overline{A_1C_1}=3$, $\overline{C_1B_1}=1$

$\therefore \overline{E_1C_1}=\overline{E_1B_1}-\overline{C_1B_1}=2-1=1$

$\angle E_1C_1D_1=\dfrac{\pi}{2}$이므로 직각삼각형 $E_1C_1D_1$에서

$\cos(\angle D_1E_1C_1)=\dfrac{\overline{E_1C_1}}{\overline{E_1D_1}}=\dfrac{1}{2}$

$\therefore \angle D_1E_1C_1=\dfrac{\pi}{3}$

$\therefore \angle A_1E_1D_1=\dfrac{2}{3}\pi$

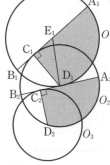

두 선분 A_1C_1, C_1D_1과 호 A_1D_1로 둘러싸인 도형의 넓이는 삼각형

$E_1C_1D_1$의 넓이와 부채꼴 $E_1D_1A_1$의 넓이의 합과 같으므로

$S_1=\dfrac{1}{2}\times\overline{E_1C_1}\times\overline{E_1D_1}\times\sin\dfrac{\pi}{3}+\dfrac{1}{2}\times\overline{A_1E_1}^2\times\dfrac{2}{3}\pi$

$\quad = \dfrac{1}{2}\times1\times2\times\dfrac{\sqrt{3}}{2}+\dfrac{1}{2}\times4\times\dfrac{2}{3}\pi$

$\quad = \dfrac{3\sqrt{3}+8\pi}{6}$

원 O_2의 중심이 점 D_1이므로 원 O_2의 반지

름의 길이는

$\overline{C_1D_1}=\overline{E_1C_1}\tan\dfrac{\pi}{3}$

$\qquad =1\times\sqrt{3}=\sqrt{3}$

두 원 O_1, O_2는 닮음이고 닮음비가 $2:\sqrt{3}$이

므로 넓이의 비는 $4:3$이다.

즉, 두 원 O_n, O_{n+1}의 넓이의 비는 $4:3$이므

로 그림 R_n에 새로 색칠한 부분과 그림 R_{n+1}

에 새로 색칠한 부분의 넓이의 비도 $4:3$이다.

따라서 $\lim\limits_{n\to\infty} S_n$은 첫째항이 $\dfrac{3\sqrt{3}+8\pi}{6}$이고 공비가 $\dfrac{3}{4}$인 등비급수의 합이

므로

$\lim\limits_{n\to\infty} S_n=\dfrac{\dfrac{3\sqrt{3}+8\pi}{6}}{1-\dfrac{3}{4}}=\dfrac{6\sqrt{3}+16\pi}{3}$

개념 NOTE

삼각형 ABC의 넓이는

$\quad S=\dfrac{1}{2}bc\sin A=\dfrac{1}{2}ca\sin B=\dfrac{1}{2}ab\sin C$

---

20 답 ③

직각삼각형 $A_1B_1D_1$에서

$\overline{B_1D_1}=\sqrt{\overline{A_1B_1}^2+\overline{A_1D_1}^2}=\sqrt{4^2+1^2}=\sqrt{17}$

$\therefore \overline{D_1E_1}=\dfrac{\sqrt{17}}{2}$

두 삼각형 $A_2D_1E_1$, $B_2C_1E_1$은 직각이등변삼각형이고 서로 합동(RHA

합동)이므로

$S_1=2\times\triangle A_2D_1E_1=2\times\dfrac{1}{2}\times\left(\dfrac{\sqrt{17}}{2}\right)^2=\dfrac{17}{4}$

두 점 A_2, B_2에서 선분 D_1C_1에 내린 수선의 발을 각각 H_1, H_2라 하고 $\angle B_1D_1C_1=\theta$라 하면

$\angle A_2D_1H_1=\dfrac{\pi}{2}-\theta$

직각삼각형 $A_2D_1H_1$에서

$\overline{D_1H_1}=\overline{A_2D_1}\cos\left(\dfrac{\pi}{2}-\theta\right)=\dfrac{\sqrt{17}}{2}\sin\theta$

직각삼각형 $B_1D_1C_1$에서 $\sin\theta=\dfrac{\overline{B_1C_1}}{\overline{B_1D_1}}=\dfrac{1}{\sqrt{17}}$이므로

$\overline{D_1H_1}=\dfrac{\sqrt{17}}{2}\sin\theta=\dfrac{\sqrt{17}}{2}\times\dfrac{1}{\sqrt{17}}=\dfrac{1}{2}$

이때 $\overline{C_1H_2}=\overline{D_1H_1}=\dfrac{1}{2}$이므로

$\overline{A_2B_2}=\overline{A_1B_1}-2\overline{D_1H_1}=4-2\times\dfrac{1}{2}=3$

두 직사각형 $A_1B_1C_1D_1$, $A_2B_2C_2D_2$는 닮음이고 닮음비는 $4:3$이므로 넓이의 비는 $16:9$이다.

즉, 두 직사각형 $A_nB_nC_nD_n$, $A_{n+1}B_{n+1}C_{n+1}D_{n+1}$의 넓이의 비는 $16:9$이므로 그림 R_n에 새로 색칠한 부분과 그림 R_{n+1}에 새로 색칠한 부분의 넓이의 비도 $16:9$이다.

따라서 $\lim\limits_{n\to\infty}S_n$은 첫째항이 $\dfrac{17}{4}$이고 공비가 $\dfrac{9}{16}$인 등비급수의 합이므로

$\lim\limits_{n\to\infty}S_n=\dfrac{\dfrac{17}{4}}{1-\dfrac{9}{16}}=\dfrac{68}{7}$

21 답 ②

점 D_1은 선분 A_1B_1의 중점이므로 $\overline{A_1D_1}=\overline{D_1B_1}=\dfrac{1}{2}\times 8=4$

점 G_1은 선분 A_1D_1의 중점이므로 $\overline{A_1G_1}=\overline{G_1D_1}=\dfrac{1}{2}\times 4=2$

점 A_2는 선분 G_1D_1의 중점이므로 $\overline{G_1A_2}=\overline{A_2D_1}=\dfrac{1}{2}\times 2=1$

$\therefore \overline{A_1A_2}=\overline{A_1G_1}+\overline{G_1A_2}=2+1=3$

이때 $\overline{A_1A_2}=\overline{B_1B_2}=\overline{C_1C_2}=3$, $\overline{A_1C_2}=\overline{B_1A_2}=\overline{C_1B_2}=5$이고

$\angle C_2A_1A_2=\angle A_2B_1B_2=\angle B_2C_1C_2=\dfrac{\pi}{3}$이므로

$\triangle A_1A_2C_2\equiv\triangle B_1B_2A_2\equiv\triangle C_1C_2B_2$ (SAS 합동)

따라서 $\overline{A_2C_2}=\overline{B_2A_2}=\overline{C_2B_2}$이므로 삼각형 $A_2B_2C_2$는 정삼각형이다.

삼각형 $A_1A_2C_2$에서 코사인법칙에 의하여

$\overline{A_2C_2}^2=\overline{A_1A_2}^2+\overline{A_1C_2}^2-2\times\overline{A_1A_2}\times\overline{A_1C_2}\times\cos\dfrac{\pi}{3}$

$=3^2+5^2-2\times 3\times 5\times\dfrac{1}{2}=19$

$\therefore \overline{A_2C_2}=\sqrt{19}\ (\because \overline{A_2C_2}>0)$

또 $\overline{A_1G_1}=\overline{B_1H_1}=\overline{C_1I_1}=2$, $\overline{A_1F_1}=\overline{B_1D_1}=\overline{C_1E_1}=4$이므로

$S_1=\triangle A_1B_1C_1-\triangle A_2B_2C_2-3\times\triangle A_1G_1F_1$

$=\dfrac{\sqrt{3}}{4}\times 8^2-\dfrac{\sqrt{3}}{4}\times(\sqrt{19})^2-3\times\dfrac{1}{2}\times 2\times 4\times\sin\dfrac{\pi}{3}$

$=16\sqrt{3}-\dfrac{19\sqrt{3}}{4}-6\sqrt{3}=\dfrac{21\sqrt{3}}{4}$

두 정삼각형 $A_1B_1C_1$, $A_2B_2C_2$는 닮음이고 닮음비는 $8:\sqrt{19}$이므로 넓이의 비는 $64:19$이다.

즉, 두 정삼각형 $A_nB_nC_n$, $A_{n+1}B_{n+1}C_{n+1}$의 넓이의 비는 $64:19$이므로 그림 R_n에 새로 색칠한 부분과 그림 R_{n+1}에 새로 색칠한 부분의 넓이의 비도 $64:19$이다.

따라서 $\lim\limits_{n\to\infty}S_n$은 첫째항이 $\dfrac{21\sqrt{3}}{4}$이고 공비가 $\dfrac{19}{64}$인 등비급수의 합이므로

$\lim\limits_{n\to\infty}S_n=\dfrac{\dfrac{21\sqrt{3}}{4}}{1-\dfrac{19}{64}}=\dfrac{112\sqrt{3}}{15}$

삼각형 ABC에 대하여 코사인법칙은 다음과 같다.

$a^2=b^2+c^2-2bc\cos A$
$b^2=c^2+a^2-2ca\cos B$
$c^2=a^2+b^2-2ab\cos C$

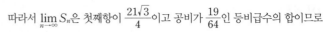

22 답 ③

선분 AE는 원 O의 지름이므로 $\angle ABE=\dfrac{\pi}{2}$

원 O의 반지름의 길이가 2이므로 $\overline{AE}=4$

$\angle BAD=\dfrac{1}{2}\angle BAC=\dfrac{\pi}{3}$이므로 직각삼각형 ABE에서

$\overline{AB}=\overline{AE}\cos\dfrac{\pi}{3}=4\times\dfrac{1}{2}=2$

원 O_1의 중심을 F, 원 O_1이 선분 AB에 접하는 점을 G, 호 BD에 접하는 점을 H라 하고, 원 O_1의 반지름의 길이를 r_1이라 하면

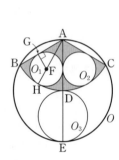

$\overline{AF}=2-r_1$, $\angle GAF=\dfrac{1}{2}\angle BAD=\dfrac{\pi}{6}$

직각삼각형 AGF에서

$\sin\dfrac{\pi}{6}=\dfrac{\overline{FG}}{\overline{AF}}$, $\dfrac{1}{2}=\dfrac{r_1}{2-r_1}$

$2r_1=2-r_1$, $3r_1=2$ $\therefore r_1=\dfrac{2}{3}$

두 원 O_1, O_2는 합동이므로

$S_1=\dfrac{1}{2}\times\overline{AB}^2\times\dfrac{2}{3}\pi-2\times\pi\times r_1^2$

$=\dfrac{1}{2}\times 2^2\times\dfrac{2}{3}\pi-2\times\pi\times\left(\dfrac{2}{3}\right)^2=\dfrac{4}{9}\pi$

$\overline{AD}=\overline{AB}=2$이므로

$\overline{DE}=\overline{AE}-\overline{AD}=4-2=2$

두 원 O, O_3은 닮음이고 닮음비는 $4:2$, 즉 $2:1$이므로 넓이의 비는 $4:1$이다.

즉, 그림 R_2에서 원 O_3의 내부에 새로 색칠한 도형의 넓이는 $\dfrac{1}{4}S_1$이다.

또 두 원 O, O_1은 닮음이고 닮음비는 $2:\dfrac{2}{3}$, 즉 $1:\dfrac{1}{3}$이므로 넓이의 비는 $1:\dfrac{1}{9}$이다.

즉, 그림 R_2에서 원 O_1의 내부에 새로 색칠한 도형의 넓이는 $\dfrac{1}{9}S_1$이므로 원 O_2의 내부에 새로 색칠한 도형의 넓이도 $\dfrac{1}{9}S_1$이다.

따라서 그림 R_2에서 새로 색칠한 도형의 넓이는

$\dfrac{1}{4}S_1+2\times\dfrac{1}{9}S_1=\dfrac{17}{36}S_1$

따라서 $\lim\limits_{n\to\infty}S_n$은 첫째항이 $\dfrac{4}{9}\pi$이고 공비가 $\dfrac{17}{36}$인 등비급수의 합이므로

$\lim\limits_{n\to\infty}S_n=\dfrac{\dfrac{4}{9}\pi}{1-\dfrac{17}{36}}=\dfrac{16}{19}\pi$

01 3	**02** ②	**03** ②	**04** $\frac{5}{24}$	**05** ⑤	**06** $\frac{6}{5}$
07 ③	**08** ⑤	**09** ②			

⭐idea

01 답 3

[1단계] a_{6n-5}, a_{6n-1}, a_{6n} 구하기

㈎의 $\sum\limits_{n=1}^{\infty}\{a_{2n}+(-1)^{n+1}a_{3n}\}=9$에서

$\sum\limits_{n=1}^{\infty}\{a_{2n}+(-1)^{n+1}a_{3n}\}$

$=(a_2+a_3)+(a_4-a_6)+(a_6+a_9)+(a_8-a_{12})+(a_{10}+a_{15})$
$\qquad\qquad\qquad\qquad\qquad\qquad +(a_{12}-a_{18})+\cdots$

$=(a_2+a_3+a_4)+(a_8+a_9+a_{10})+(a_{14}+a_{15}+a_{16})+\cdots$

$=\sum\limits_{n=1}^{\infty}(a_{6n-4}+a_{6n-3}+a_{6n-2})$

$\therefore \sum\limits_{n=1}^{\infty}(a_{6n-4}+a_{6n-3}+a_{6n-2})=9$ ...... ㉠

㈎의 $\sum\limits_{n=1}^{\infty}a_n=\sum\limits_{n=1}^{\infty}\{a_{2n}+(-1)^{n+1}a_{3n}\}$에서

$\sum\limits_{n=1}^{\infty}a_n=\sum\limits_{n=1}^{\infty}(a_{6n-4}+a_{6n-3}+a_{6n-2})$

$\sum\limits_{n=1}^{\infty}a_n-\sum\limits_{n=1}^{\infty}(a_{6n-4}+a_{6n-3}+a_{6n-2})=0$

$\therefore \sum\limits_{n=1}^{\infty}(a_{6n-5}+a_{6n-1}+a_{6n})=0$

이때 수열 $\{a_n\}$의 모든 항이 0보다 크거나 같으므로

$a_{6n-5}=0$, $a_{6n-1}=0$, $a_{6n}=0$ ...... ㉡

[2단계] $\sum\limits_{n=1}^{\infty}a_{6n+3}$의 값 구하기

㉡에서 $a_{6n+1}=0$, $a_{6n+5}=0$, $a_{6n+6}=0$이므로

㈏의 $\sum\limits_{n=1}^{\infty}(a_{6n+2}+a_{6n+4}+a_{6n+6})=\sum\limits_{n=1}^{\infty}(a_{6n+1}+a_{6n+3}+a_{6n+5})$에서

$\sum\limits_{n=1}^{\infty}(a_{6n+2}+a_{6n+4})=\sum\limits_{n=1}^{\infty}a_{6n+3}$

$\sum\limits_{n=1}^{\infty}(a_{6n+2}+a_{6n+4})=\sum\limits_{n=1}^{\infty}a_{6n+3}=k$ (k는 실수)라 하자.

㉠에서

$\sum\limits_{n=1}^{\infty}(a_{6n-4}+a_{6n-3}+a_{6n-2})=a_2+a_3+a_4+\sum\limits_{n=1}^{\infty}(a_{6n+2}+a_{6n+4})+\sum\limits_{n=1}^{\infty}a_{6n+3}$
$\qquad\qquad\qquad\qquad\qquad\qquad =a_2+a_3+a_4+2k$

이때 $\sum\limits_{k=1}^{4}a_k=3$에서 $a_1+a_2+a_3+a_4=3$

㉡에서 $a_1=0$이므로

$a_2+a_3+a_4=3$

$\therefore \sum\limits_{n=1}^{\infty}(a_{6n-4}+a_{6n-3}+a_{6n-2})=a_2+a_3+a_4+2k=3+2k$

즉, $3+2k=9$이므로

$2k=6$ $\therefore k=3$

$\therefore \sum\limits_{n=1}^{\infty}(a_{6n+2}+a_{6n+4})=\sum\limits_{n=1}^{\infty}a_{6n+3}=3$

[3단계] $\sum\limits_{n=1}^{\infty}a_{2n+3}$의 값 구하기

$\therefore \sum\limits_{n=1}^{\infty}a_{2n+3}=a_5+a_7+a_9+a_{11}+a_{13}+a_{15}+\cdots$

$\qquad\qquad =a_9+a_{15}+a_{21}+\cdots$ ($\because$ ㉡)

$\qquad\qquad =\sum\limits_{n=1}^{\infty}a_{6n+3}$

$\qquad\qquad =3$

02 답 ②

[1단계] 두 수열 $\{a_n\}$, $\{b_n\}$의 공차 사이의 관계식 구하기

두 수열 $\{a_n\}$, $\{b_n\}$이 등차수열이므로

$a_n=pn+q$, $b_n=rn+s$ (p, q, r, s는 상수)라 하면

$\sum\limits_{n=1}^{\infty}\left(\dfrac{a_n}{n}+\dfrac{b_n}{n+1}\right)=\sum\limits_{n=1}^{\infty}\left(\dfrac{pn+q}{n}+\dfrac{rn+s}{n+1}\right)$

$\qquad\qquad =\sum\limits_{n=1}^{\infty}\left(p+r+\dfrac{q}{n}+\dfrac{s-r}{n+1}\right)$ ...... ㉠

$\sum\limits_{n=1}^{\infty}\left(p+r+\dfrac{q}{n}+\dfrac{s-r}{n+1}\right)$가 수렴하므로

$\lim\limits_{n\to\infty}\left(p+r+\dfrac{q}{n}+\dfrac{s-r}{n+1}\right)=0$ $\therefore p+r=0$ ...... ㉡

[2단계] a_n, b_n 구하기

이를 ㉠에 대입하면

$\sum\limits_{n=1}^{\infty}\left(\dfrac{a_n}{n}+\dfrac{b_n}{n+1}\right)=\sum\limits_{n=1}^{\infty}\left(\dfrac{q}{n}+\dfrac{s-r}{n+1}\right)$

$\qquad\qquad =\sum\limits_{n=1}^{\infty}\left(\dfrac{q}{n}-\dfrac{q}{n+1}+\dfrac{q+s-r}{n+1}\right)$ ...... ㉢

이때 ㉢에서

$\sum\limits_{n=1}^{\infty}\left(\dfrac{q}{n}-\dfrac{q}{n+1}\right)=q\lim\limits_{n\to\infty}\sum\limits_{k=1}^{n}\left(\dfrac{1}{k}-\dfrac{1}{k+1}\right)$

$\qquad\qquad =q\lim\limits_{n\to\infty}\left\{\left(1-\dfrac{1}{2}\right)+\left(\dfrac{1}{2}-\dfrac{1}{3}\right)+\cdots+\left(\dfrac{1}{n}-\dfrac{1}{n+1}\right)\right\}$

$\qquad\qquad =q\lim\limits_{n\to\infty}\left(1-\dfrac{1}{n+1}\right)=q\times1=q$

$q+s-r\neq0$이면 $\sum\limits_{n=1}^{\infty}\dfrac{q+s-r}{n+1}=(q+s-r)\sum\limits_{n=1}^{\infty}\dfrac{1}{n+1}$은 발산하므로 ㉢

은 발산한다.

따라서 $q+s-r=0$이므로 ㉢에서

$\sum\limits_{n=1}^{\infty}\left(\dfrac{a_n}{n}+\dfrac{b_n}{n+1}\right)=\sum\limits_{n=1}^{\infty}\left(\dfrac{q}{n}-\dfrac{q}{n+1}\right)=q$

$\therefore q=2$

이를 $q+s-r=0$에 대입하면

$2+s-r=0$ $\therefore r-s=2$ ...... ㉣

$b_1=-4$에서 $r+s=-4$ ...... ㉤

㉣, ㉤을 연립하여 풀면 $r=-1$, $s=-3$

$r=-1$을 ㉡에 대입하면 $p-1=0$ $\therefore p=1$

$\therefore a_n=n+2$, $b_n=-n-3$

[3단계] a_5+b_3의 값 구하기

$\therefore a_5+b_3=7+(-6)=1$

[참고] $\sum\limits_{n=1}^{\infty}\dfrac{1}{n+1}=\dfrac{1}{2}+\dfrac{1}{3}+\dfrac{1}{4}+\dfrac{1}{5}+\dfrac{1}{6}+\dfrac{1}{7}+\dfrac{1}{8}+\cdots$

$\qquad >\dfrac{1}{2}+\left(\dfrac{1}{4}+\dfrac{1}{4}\right)+\left(\dfrac{1}{8}+\dfrac{1}{8}+\dfrac{1}{8}+\dfrac{1}{8}\right)+\cdots$

$\qquad =\dfrac{1}{2}+\dfrac{1}{2}+\dfrac{1}{2}+\cdots=\infty$

따라서 $\sum\limits_{n=1}^{\infty}\dfrac{1}{n+1}$은 발산한다.

03 답 ②

[1단계] a_n 구하기

$x^2-1<a<x^2+2x$에서

$x^2-1<a<(x+1)^2-1$ ...... ㉠

(ⅰ) $x=1$일 때,

㉠에서 $0<a<3$

자연수 a의 값이 1, 2일 때, 집합 A는 $x=1$을 원소로 가지므로 1, 2
는 수열 $\{a_n\}$의 항이 될 수 없다.

(ii) $x=2$일 때,

　㉠에서 $3<a<8$

　자연수 a의 값이 4, 5, 6, 7일 때, 집합 A는 $x=2$를 원소로 가지므로
4, 5, 6, 7은 수열 $\{a_n\}$의 항이 될 수 없다.

(ⅰ), (ii)에서 $a=3$이면 ㉠을 만족시키는 자연수 x의 값이 존재하지 않으므로

$a_1=3$

(iii) $x=3$일 때,

　㉠에서 $8<a<15$

　자연수 a의 값이 9, 10, $\cdots$, 14일 때, 집합 A는 $x=3$을 원소로 가지므로 9, 10, $\cdots$, 14는 수열 $\{a_n\}$의 항이 될 수 없다.

(ii), (iii)에서 $a=8$이면 ㉠을 만족시키는 자연수 x의 값이 존재하지 않으므로

$a_2=8$

(iv) $x=4$일 때,

　㉠에서 $15<a<24$

　자연수 a의 값이 16, 17, $\cdots$, 23일 때, 집합 A는 $x=4$를 원소로 가지므로 16, 17, $\cdots$, 23은 수열 $\{a_n\}$의 항이 될 수 없다.

(iii), (iv)에서 $a=15$이면 ㉠을 만족시키는 자연수 x의 값이 존재하지 않으므로

$a_3=15$

같은 방법으로 하면 수열 $\{a_n\}$의 일반항은

$a_n=n^2+2n$

2단계 $\displaystyle\sum_{n=1}^{\infty}\dfrac{1}{a_n}$의 값 구하기

$\therefore \displaystyle\sum_{n=1}^{\infty}\dfrac{1}{a_n}$

$=\displaystyle\sum_{n=1}^{\infty}\dfrac{1}{n^2+2n}=\sum_{n=1}^{\infty}\dfrac{1}{n(n+2)}$

$=\displaystyle\sum_{n=1}^{\infty}\dfrac{1}{2}\left(\dfrac{1}{n}-\dfrac{1}{n+2}\right)=\dfrac{1}{2}\lim_{n\to\infty}\sum_{k=1}^{n}\left(\dfrac{1}{k}-\dfrac{1}{k+2}\right)$

$=\dfrac{1}{2}\displaystyle\lim_{n\to\infty}\left\{\left(1-\dfrac{1}{3}\right)+\left(\dfrac{1}{2}-\dfrac{1}{4}\right)+\left(\dfrac{1}{3}-\dfrac{1}{5}\right)+\cdots+\left(\dfrac{1}{n}-\dfrac{1}{n+2}\right)\right\}$

$=\dfrac{1}{2}\displaystyle\lim_{n\to\infty}\left(1+\dfrac{1}{2}-\dfrac{1}{n+1}-\dfrac{1}{n+2}\right)$

$=\dfrac{1}{2}\times\dfrac{3}{2}=\dfrac{3}{4}$

04 답 $\dfrac{5}{24}$

1단계 $g(x)$ 구하기

함수 $f(x)=\dfrac{-2nx+2n^2+1}{x-n}$의 역함수는

$g(x)=\dfrac{nx+2n^2+1}{x+2n}$

2단계 a_n, b_n 구하기

$(f\circ g)(x)=x\,(x\neq-2n)$,
$(g\circ f)(x)=x\,(x\neq n)$이므로 함수
$y=h(x)$의 그래프와 직선
$y=x\,(x\neq-2n)$가 점 A에서 만나고, 함수 $y=h(x)$의 그래프와 직선
$y=x\,(x\neq n)$가 점 B에서 만날 때, 두 점
A, B가 서로 다른 점이려면 함수
$y=h(x)$의 그래프와 직선 $y=x$가 $x=-2n$, $x=n$인 두 점에서 만나야 한다.

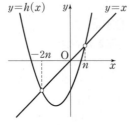

함수 $h(x)$의 최고차항의 계수가 1이므로

$h(x)-x=(x+2n)(x-n)=x^2+nx-2n^2$

$\therefore h(x)=x^2+(n+1)x-2n^2$

이때 $h(x)=x^2+a_nx+b_n$이므로

$a_n=n+1$, $b_n=-2n^2$

3단계 $\displaystyle\sum_{n=1}^{\infty}\dfrac{1}{8a_n-b_n-2}$의 값 구하기

$8a_n-b_n-2=8(n+1)-(-2n^2)-2=2n^2+8n+6$이므로

$\displaystyle\sum_{n=1}^{\infty}\dfrac{1}{8a_n-b_n-2}$

$=\displaystyle\sum_{n=1}^{\infty}\dfrac{1}{2n^2+8n+6}$

$=\displaystyle\sum_{n=1}^{\infty}\dfrac{1}{2(n+1)(n+3)}$

$=\displaystyle\sum_{n=1}^{\infty}\dfrac{1}{4}\left(\dfrac{1}{n+1}-\dfrac{1}{n+3}\right)$

$=\dfrac{1}{4}\displaystyle\lim_{n\to\infty}\sum_{k=1}^{n}\left(\dfrac{1}{k+1}-\dfrac{1}{k+3}\right)$

$=\dfrac{1}{4}\displaystyle\lim_{n\to\infty}\left\{\left(\dfrac{1}{2}-\dfrac{1}{4}\right)+\left(\dfrac{1}{3}-\dfrac{1}{5}\right)+\left(\dfrac{1}{4}-\dfrac{1}{6}\right)+\cdots+\left(\dfrac{1}{n+1}-\dfrac{1}{n+3}\right)\right\}$

$=\dfrac{1}{4}\displaystyle\lim_{n\to\infty}\left(\dfrac{1}{2}+\dfrac{1}{3}-\dfrac{1}{n+2}-\dfrac{1}{n+3}\right)$

$=\dfrac{1}{4}\times\dfrac{5}{6}=\dfrac{5}{24}$

개념 NOTE

유리함수 $y=\dfrac{ax+b}{cx+d}\,(c\neq0,\ ad-bc\neq0)$의 역함수는

$\qquad y=\dfrac{-dx+b}{cx-a}$

05 답 ⑤

1단계 S_n 구하기

(ⅰ) $1\leq k\leq n$일 때, → 점 P_k가 변 AB 위의 점이다.

직각삼각형 AP_kP_{4n-k}에서

$\overline{AP_k}=\dfrac{k}{n}$, $\overline{AP_{4n-k}}=\dfrac{k}{n}$이므로

$a_k=\dfrac{1}{2}\times\dfrac{k}{n}\times\dfrac{k}{n}=\dfrac{k^2}{2n^2}$

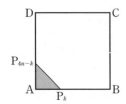

(ii) $n+1\leq k\leq 2n-1$일 때, → 점 P_k가 변 BC 위의 점이다.

$t=k-n$이라 하면

$1\leq t\leq n-1$

두 직각삼각형 ABP_k, ADP_{4n-k}는 합동이고, 삼각형 P_kCP_{4n-k}는 직각이등변삼각형이다.

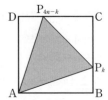

$\overline{BP_k}=\dfrac{t}{n}$, $\overline{CP_k}=\overline{CP_{4n-k}}=1-\dfrac{t}{n}$이므로

$a_k=1\times1-2\times\left(\dfrac{1}{2}\times1\times\dfrac{t}{n}\right)-\dfrac{1}{2}\times\left(1-\dfrac{t}{n}\right)^2$

$\quad=1-\dfrac{t}{n}-\dfrac{1}{2}\left(1-\dfrac{2t}{n}+\dfrac{t^2}{n^2}\right)$

$\quad=\dfrac{1}{2}-\dfrac{t^2}{2n^2}$

(iii) $2n+1\leq k\leq 3n-1$일 때,

(ii)와 같은 삼각형이 만들어지므로

$\displaystyle\sum_{k=2n+1}^{3n-1}a_k=\sum_{k=n+1}^{2n-1}a_k$

(ⅳ) $3n \le k \le 4n-1$일 때,

(ⅰ)과 같은 삼각형이 만들어지므로

$$\sum_{k=3n}^{4n-1} a_k = \sum_{k=1}^{n} a_k$$

(ⅰ)~(ⅳ)에서

$$S_n = \sum_{k=1}^{4n-1} a_k$$

$$= 2\sum_{k=1}^{n} a_k + 2\sum_{k=n+1}^{2n-1} a_k$$

$$= 2\sum_{k=1}^{n} \frac{k^2}{2n^2} + 2\sum_{t=1}^{n-1}\left(\frac{1}{2} - \frac{t^2}{2n^2}\right)$$

$$= \sum_{k=1}^{n} \frac{k^2}{n^2} + (n-1) - \sum_{t=1}^{n-1} \frac{t^2}{n^2}$$

$$= \sum_{k=1}^{n-1} \frac{k^2}{n^2} + 1 + (n-1) - \sum_{t=1}^{n-1} \frac{t^2}{n^2}$$

$$= n$$

2단계 $\sum_{n=1}^{\infty} \dfrac{8}{S_{4n-3}S_{4n+1}}$의 값 구하기

$$\therefore \sum_{n=1}^{\infty} \frac{8}{S_{4n-3}S_{4n+1}}$$

$$= \sum_{n=1}^{\infty} \frac{8}{(4n-3)(4n+1)}$$

$$= \sum_{n=1}^{\infty} 2\left(\frac{1}{4n-3} - \frac{1}{4n+1}\right)$$

$$= 2\lim_{n\to\infty} \sum_{k=1}^{n}\left(\frac{1}{4k-3} - \frac{1}{4k+1}\right)$$

$$= 2\lim_{n\to\infty}\left\{\left(1-\frac{1}{5}\right) + \left(\frac{1}{5}-\frac{1}{9}\right) + \cdots + \left(\frac{1}{4n-3} - \frac{1}{4n+1}\right)\right\}$$

$$= 2\lim_{n\to\infty}\left(1 - \frac{1}{4n+1}\right)$$

$$= 2 \times 1 = 2$$

06 답 $\dfrac{6}{5}$

1단계 수열 $\{a_n + b_n\}$의 항 구하기

원점 O에 대하여 동경 OA_n이 x축의 양의 방향과 이루는 각의 크기를 θ_n이라 하면

$$\theta_{n+1} = \theta_n + \frac{\pi}{2}$$

점 A_n의 x좌표는 $a_n = \cos\theta_n$이므로

$a_1 = \cos\theta_1$

$a_2 = \cos\theta_2 = \cos\left(\theta_1 + \dfrac{\pi}{2}\right) = -\sin\theta_1$

$a_3 = \cos\theta_3 = \cos(\theta_1 + \pi) = -\cos\theta_1$

$a_4 = \cos\theta_4 = \cos\left(\theta_1 + \dfrac{3}{2}\pi\right) = \sin\theta_1$

또 점 A_n의 y좌표는 $b_n = \sin\theta_n$이므로

$b_1 = \sin\theta_1$

$b_2 = \sin\theta_2 = \sin\left(\theta_1 + \dfrac{\pi}{2}\right) = \cos\theta_1$

$b_3 = \sin\theta_3 = \sin(\theta_1 + \pi) = -\sin\theta_1$

$b_4 = \sin\theta_4 = \sin\left(\theta_1 + \dfrac{3}{2}\pi\right) = -\cos\theta_1$

$A_{n+4} = A_n$이므로 수열 $\{a_n + b_n\}$에서 음이 아닌 정수 k에 대하여

$a_{4k+1} + b_{4k+1} = \cos\theta_1 + \sin\theta_1$

$a_{4k+2} + b_{4k+2} = -\sin\theta_1 + \cos\theta_1$

$a_{4k+3} + b_{4k+3} = -\cos\theta_1 - \sin\theta_1 = -(\cos\theta_1 + \sin\theta_1)$

$a_{4k+4} + b_{4k+4} = \sin\theta_1 - \cos\theta_1 = -(-\sin\theta_1 + \cos\theta_1)$

2단계 a_1의 값 구하기

$$\therefore \sum_{n=1}^{\infty} \frac{a_n + b_n}{2^n} = \frac{a_1 + b_1}{2} + \frac{a_2 + b_2}{2^2} + \frac{a_3 + b_3}{2^3} + \frac{a_4 + b_4}{2^4} + \cdots$$

$$= (\cos\theta_1 + \sin\theta_1)\left(\frac{1}{2} - \frac{1}{2^3} + \frac{1}{2^5} - \cdots\right)$$

$$+ (-\sin\theta_1 + \cos\theta_1)\left(\frac{1}{2^2} - \frac{1}{2^4} + \frac{1}{2^6} - \cdots\right)$$

$$= (\cos\theta_1 + \sin\theta_1) \times \frac{\dfrac{1}{2}}{1 - \left(-\dfrac{1}{4}\right)}$$

$$+ (-\sin\theta_1 + \cos\theta_1) \times \frac{\dfrac{1}{4}}{1 - \left(-\dfrac{1}{4}\right)}$$

$$= (\cos\theta_1 + \sin\theta_1) \times \frac{2}{5} + (-\sin\theta_1 + \cos\theta_1) \times \frac{1}{5}$$

$$= \frac{3}{5}\cos\theta_1 + \frac{1}{5}\sin\theta_1$$

즉, $\dfrac{3}{5}\cos\theta_1 + \dfrac{1}{5}\sin\theta_1 = \dfrac{1}{5}$이므로 $3\cos\theta_1 + \sin\theta_1 = 1$

$\sin\theta_1 = 1 - 3\cos\theta_1$

양변을 제곱하면

$\sin^2\theta_1 = 1 - 6\cos\theta_1 + 9\cos^2\theta_1$

$1 - \cos^2\theta_1 = 1 - 6\cos\theta_1 + 9\cos^2\theta_1$

$10\cos^2\theta_1 - 6\cos\theta_1 = 0$, $2\cos\theta_1(5\cos\theta_1 - 3) = 0$

$\therefore \cos\theta_1 = 0$ 또는 $\cos\theta_1 = \dfrac{3}{5}$

이때 $a_1 \ne 0$에서 $\cos\theta_1 \ne 0$이므로

$\cos\theta_1 = \dfrac{3}{5}$ $\therefore a_1 = \dfrac{3}{5}$

3단계 $a_1 + b_2$의 값 구하기

$b_2 = \cos\theta_1 = a_1$이므로

$a_1 + b_2 = 2a_1 = 2 \times \dfrac{3}{5} = \dfrac{6}{5}$

07 답 ③

1단계 S_1의 값 구하기

$1 + i = a_1 + b_1 i$에서

$a_1 = 1$, $b_1 = 1$ $\therefore P_1(1, 1)$

$(1+i)^2 = 2i$이므로

$a_2 = 0$, $b_2 = 2$ $\therefore P_2(0, 2)$

$(1+i)^3 = 2i(1+i) = -2 + 2i$이므로

$a_3 = -2$, $b_3 = 2$ $\therefore P_3(-2, 2)$

따라서 삼각형 $P_1P_2P_3$의 넓이 S_1은

$$S_1 = \frac{1}{2} \times 2 \times 1 = 1$$

2단계 S_n 구하기

$(1+i)^4 = (2i)^2 = -4$, $(1+i)^8 = (-4)^2 = 2^4$이므로 음이 아닌 정수 k에 대하여 $(1+i)^{8k} = 2^{4k}$

$(1+i)^{8k+1} = 2^{4k}(1+i) = 2^{4k} + 2^{4k}i$이므로

$a_{8k+1} = 2^{4k}$, $b_{8k+1} = 2^{4k}$ $\therefore P_{8k+1}(2^{4k}, 2^{4k})$

$(1+i)^{8k+2} = 2^{4k} \times 2i = 2^{4k+1}i$이므로

$a_{8k+2} = 0$, $b_{8k+2} = 2^{4k+1}$ $\therefore P_{8k+2}(0, 2^{4k+1})$

$(1+i)^{8k+3} = 2^{4k}i(1+i) = -2^{4k+1} + 2^{4k+1}i$이므로

$a_{8k+3} = -2^{4k+1}$, $b_{8k+3} = 2^{4k+1}$ $\therefore P_{8k+3}(-2^{4k+1}, 2^{4k+1})$

$(1+i)^{8k+4} = 2^{4k} \times (-4) = -2^{4k+2}$이므로

$a_{8k+4} = -2^{4k+2}$, $b_{8k+4} = 0$ $\therefore P_{8k+4}(-2^{4k+2}, 0)$

$(1+i)^{8k+5}=-2^{4k+2}(1+i)=-2^{4k+2}-2^{4k+2}i$이므로

$a_{8k+5}=-2^{4k+2}$, $b_{8k+5}=-2^{4k+2}$ $\therefore$ $P_{8k+5}(-2^{4k+2}, -2^{4k+2})$

$(1+i)^{8k+6}=-2^{4k+2}\times 2i=-2^{4k+3}i$이므로

$a_{8k+6}=0$, $b_{8k+6}=-2^{4k+3}$ $\therefore$ $P_{8k+6}(0, -2^{4k+3})$

$(1+i)^{8k+7}=-2^{4k+3}i(1+i)=2^{4k+3}-2^{4k+3}i$이므로

$a_{8k+7}=2^{4k+3}$, $b_{8k+7}=-2^{4k+3}$ $\therefore$ $P_{8k+7}(2^{4k+3}, -2^{4k+3})$

$(1+i)^{8k+8}=(2^4)^{k+1}=2^{4k+4}$이므로

$a_{8k+8}=2^{4k+4}$, $b_{8k+8}=0$ $\therefore$ $P_{8k+8}(2^{4k+4}, 0)$

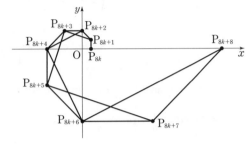

$\overline{P_{8k+2}P_{8k+3}}=2^{4k+1}$, $\overline{OP_{8k+2}}-\overline{P_{8k}P_{8k+1}}=2^{4k+1}-2^{4k}=2^{4k}$이므로 삼각형 $P_{8k+1}P_{8k+2}P_{8k+3}$의 넓이 S_{8k+1}은

$S_{8k+1}=\dfrac{1}{2}\times 2^{4k+1}\times 2^{4k}=2^{8k}$

$\overline{P_{8k+2}P_{8k+3}}=2^{4k+1}$, $\overline{OP_{8k+2}}=2^{4k+1}$이므로 삼각형 $P_{8k+2}P_{8k+3}P_{8k+4}$의 넓이 S_{8k+2}는

$S_{8k+2}=\dfrac{1}{2}\times 2^{4k+1}\times 2^{4k+1}=2^{8k+1}$

$\overline{P_{8k+4}P_{8k+5}}=2^{4k+2}$, $\overline{OP_{8k+4}}-\overline{P_{8k+2}P_{8k+3}}=2^{4k+2}-2^{4k+1}=2^{4k+1}$이므로 삼각형 $P_{8k+3}P_{8k+4}P_{8k+5}$의 넓이 S_{8k+3}은

$S_{8k+3}=\dfrac{1}{2}\times 2^{4k+2}\times 2^{4k+1}=2^{8k+2}$

$\vdots$

따라서 수열 $\{S_n\}$은 첫째항이 $S_1=1$이고, 공비가 2인 등비수열이므로

$S_n=2^{n-1}$

3단계 $\displaystyle\sum_{n=1}^{\infty}\dfrac{1}{S_n}$의 값 구하기

$\therefore$ $\displaystyle\sum_{n=1}^{\infty}\dfrac{1}{S_n}=\sum_{n=1}^{\infty}\left(\dfrac{1}{2}\right)^{n-1}=\dfrac{1}{1-\dfrac{1}{2}}=2$

08 답 ⑤

1단계 S_1의 값 구하기

원 O_1의 중심을 D_1이라 하고, 점 D_1에서 반직선 m에 내린 수선의 발을 E_1, 점 B_1에서 반직선 m에 내린 수선의 발을 F_1이라 하자.

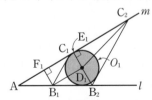

$\angle A=\dfrac{\pi}{6}$, $\angle AB_1C_1=\dfrac{2}{3}\pi$에서

$\angle AC_1B_1=\dfrac{\pi}{6}$ $\cdots\cdots$ ㉠

$\angle C_1B_1B_2=\dfrac{\pi}{3}$이고 $\angle C_1B_1D_1=\angle B_2B_1D_1$이므로
→ 두 직선 B_1C_1, B_1B_2는 원 O_1의 접선이고 점 D_1은 원의 중심이다.

$\angle C_1B_1D_1=\dfrac{\pi}{6}$ $\cdots\cdots$ ㉡

㉠, ㉡에서 반직선 m과 직선 B_1D_1은 평행하므로 $\overline{B_1F_1}=\overline{D_1E_1}$

직각삼각형 $B_1F_1C_1$에서

$\overline{B_1F_1}=\overline{B_1C_1}\sin\dfrac{\pi}{6}=2\times\dfrac{1}{2}=1$

즉, $\overline{D_1E_1}=1$이므로 원 O_1의 반지름의 길이가 1이다.

$\therefore$ $S_1=\pi\times 1^2=\pi$

2단계 S_n 구하기

원 O_1이 직선 B_1C_1과 접하는 점을 G_1, 직선 B_2C_2와 접하는 점을 H_1이라 하면

$\overline{D_1G_1}=\overline{D_1H_1}=1$

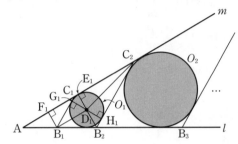

직각삼각형 $D_1G_1B_1$에서

$\tan\dfrac{\pi}{6}=\dfrac{\overline{D_1G_1}}{\overline{B_1G_1}}$, $\dfrac{1}{\sqrt{3}}=\dfrac{1}{\overline{B_1G_1}}$ $\therefore$ $\overline{B_1G_1}=\sqrt{3}$

$\therefore$ $\overline{C_1G_1}=\overline{B_1C_1}-\overline{B_1G_1}=2-\sqrt{3}$

두 직선 B_1C_1, B_2C_2가 평행하므로 $\angle AB_2C_2=\dfrac{2}{3}\pi$

$\angle D_1B_2H_1=\angle D_1B_2B_1$이므로 $\angle D_1B_2H_1=\dfrac{\pi}{3}$

직각삼각형 $D_1B_2H_1$에서

$\tan\dfrac{\pi}{3}=\dfrac{\overline{D_1H_1}}{\overline{B_2H_1}}$, $\sqrt{3}=\dfrac{1}{\overline{B_2H_1}}$ $\therefore$ $\overline{B_2H_1}=\dfrac{\sqrt{3}}{3}$

직각삼각형 AF_1B_1에서

$\tan\dfrac{\pi}{6}=\dfrac{\overline{B_1F_1}}{\overline{AF_1}}$, $\dfrac{1}{\sqrt{3}}=\dfrac{1}{\overline{AF_1}}$ $\therefore$ $\overline{AF_1}=\sqrt{3}$

$\therefore$ $\overline{AC_1}=2\overline{AF_1}=2\sqrt{3}$

또 $\overline{C_1E_1}=\overline{C_1G_1}=2-\sqrt{3}$이므로 $\overline{E_1C_2}=\overline{H_1C_2}=k$라 하면

$\overline{AC_2}=\overline{AC_1}+\overline{C_1E_1}+\overline{E_1C_2}$
$\qquad =2\sqrt{3}+(2-\sqrt{3})+k=2+\sqrt{3}+k$

$\overline{B_2C_2}=\overline{B_2H_1}+\overline{H_1C_2}=\dfrac{\sqrt{3}}{3}+k$

삼각형 AB_2C_2에서 사인법칙에 의하여

$\dfrac{\overline{AC_2}}{\sin\dfrac{2}{3}\pi}=\dfrac{\overline{B_2C_2}}{\sin\dfrac{\pi}{6}}$

$\dfrac{2+\sqrt{3}+k}{\dfrac{\sqrt{3}}{2}}=\dfrac{\dfrac{\sqrt{3}}{3}+k}{\dfrac{1}{2}}$

$2+\sqrt{3}+k=\sqrt{3}\left(\dfrac{\sqrt{3}}{3}+k\right)$, $2+\sqrt{3}+k=1+\sqrt{3}k$

$(\sqrt{3}-1)k=\sqrt{3}+1$

$\therefore$ $k=\dfrac{\sqrt{3}+1}{\sqrt{3}-1}=\dfrac{(\sqrt{3}+1)^2}{(\sqrt{3}-1)(\sqrt{3}+1)}=\dfrac{4+2\sqrt{3}}{2}=2+\sqrt{3}$

$\therefore$ $\overline{B_2C_2}=\dfrac{\sqrt{3}}{3}+k=\dfrac{\sqrt{3}}{3}+(2+\sqrt{3})=\dfrac{6+4\sqrt{3}}{3}$

따라서 두 삼각형 AB_1C_1, AB_2C_2는 닮음이고 닮음비는 $2:\dfrac{6+4\sqrt{3}}{3}$, 즉

$1:\dfrac{3+2\sqrt{3}}{3}$이므로 넓이의 비는 $1:\left(\dfrac{3+2\sqrt{3}}{3}\right)^2$, 즉 $1:\dfrac{7+4\sqrt{3}}{3}$이다.

즉, 두 삼각형 AB_nC_n, $AB_{n+1}C_{n+1}$의 넓이의 비는 $1 : \dfrac{7+4\sqrt{3}}{3}$이므로

두 원 O_n, O_{n+1}의 넓이의 비도 $1 : \dfrac{7+4\sqrt{3}}{3}$이다.

따라서 수열 $\{S_n\}$은 첫째항이 π, 공비가 $\dfrac{7+4\sqrt{3}}{3}$인 등비수열이므로

$$S_n = \pi\left(\dfrac{7+4\sqrt{3}}{3}\right)^{n-1}$$

③단계 $\displaystyle\sum_{n=1}^{\infty}\dfrac{\pi}{S_n}$의 값 구하기

$$\begin{aligned}
\therefore \sum_{n=1}^{\infty}\dfrac{\pi}{S_n} &= \sum_{n=1}^{\infty}\left(\dfrac{3}{7+4\sqrt{3}}\right)^{n-1} \\
&= \dfrac{1}{1-\dfrac{3}{7+4\sqrt{3}}} = \dfrac{7+4\sqrt{3}}{4+4\sqrt{3}} \\
&= \dfrac{(7+4\sqrt{3})(\sqrt{3}-1)}{4(\sqrt{3}+1)(\sqrt{3}-1)} \\
&= \dfrac{5+3\sqrt{3}}{8}
\end{aligned}$$

개념 NOTE

삼각형 ABC의 외접원의 반지름의 길이를 R라 하면 사인법칙은 다음과 같다.

$$\dfrac{a}{\sin A} = \dfrac{b}{\sin B} = \dfrac{c}{\sin C} = 2R$$

09 답 ②

①단계 S_1의 값 구하기

선분 B_1C_1의 중점을 M_1이라 하자.

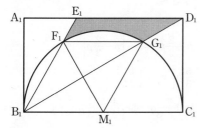

직각삼각형 $A_1B_1D_1$에서

$$\tan(\angle A_1B_1D_1) = \dfrac{\overline{A_1D_1}}{\overline{A_1B_1}} = \dfrac{2\sqrt{3}}{2} = \sqrt{3}$$

$$\therefore \angle A_1B_1D_1 = \dfrac{\pi}{3}$$

$$\therefore \angle B_1D_1A_1 = \angle D_1B_1C_1 = \dfrac{\pi}{6}$$

점 E_1은 선분 A_1D_1을 $1 : 2$로 내분하는 점이므로

$$\overline{A_1E_1} = \dfrac{2\sqrt{3}}{3}, \ \overline{E_1D_1} = \dfrac{4\sqrt{3}}{3}$$

직각삼각형 $A_1B_1E_1$에서

$$\tan(\angle A_1B_1E_1) = \dfrac{\overline{A_1E_1}}{\overline{A_1B_1}} = \dfrac{\frac{2\sqrt{3}}{3}}{2} = \dfrac{\sqrt{3}}{3}$$

$$\therefore \angle A_1B_1E_1 = \dfrac{\pi}{6}$$

$$\therefore \angle F_1B_1G_1 = \dfrac{\pi}{6}$$

즉, 호 F_1G_1에 대한 원주각의 크기가 $\dfrac{\pi}{6}$이므로 중심각의 크기는

$$\angle F_1M_1G_1 = 2 \times \dfrac{\pi}{6} = \dfrac{\pi}{3}$$

따라서 삼각형 $F_1M_1G_1$은 정삼각형이다.

또 $\angle F_1B_1M_1 = \dfrac{\pi}{3}$이므로 삼각형 $B_1M_1F_1$도 정삼각형이다.

$$\therefore \angle G_1F_1M_1 = \angle B_1M_1F_1$$

따라서 두 직선 F_1G_1, B_1C_1은 평행하다.

두 삼각형 $F_1B_1G_1$, $F_1M_1G_1$의 넓이가 같으므로 호 F_1G_1과 두 선분 B_1F_1, B_1G_1로 둘러싸인 부분의 넓이는 부채꼴 $F_1M_1G_1$의 넓이와 같다.

따라서 그림 R_1에 색칠된 부분의 넓이는 삼각형 $E_1B_1D_1$의 넓이에서 부채꼴 $F_1M_1G_1$의 넓이를 뺀 것과 같으므로

$$\begin{aligned}
S_1 &= \dfrac{1}{2} \times \overline{E_1D_1} \times \overline{A_1B_1} - \dfrac{1}{2} \times \left(\dfrac{1}{2}\overline{B_1C_1}\right)^2 \times \dfrac{\pi}{3} \\
&= \dfrac{1}{2} \times \dfrac{4\sqrt{3}}{3} \times 2 - \dfrac{1}{2} \times (\sqrt{3})^2 \times \dfrac{\pi}{3} \\
&= \dfrac{8\sqrt{3}-3\pi}{6}
\end{aligned}$$

②단계 넓이의 비 구하기

$\overline{A_2B_2} : \overline{B_2C_2} = 1 : \sqrt{3}$이므로 두 직사각형 $A_1B_1C_1D_1$, $A_2B_2C_2D_2$는 닮음이다.

또 두 직각삼각형 $A_2B_1B_2$, $D_2B_2C_2$는 합동이므로 $\overline{B_1B_2} = \overline{B_2C_2}$

이때 $\overline{B_1C_2} < \overline{B_1C_1}$이므로 $\overline{B_1B_2} < \overline{B_1M_1}$

따라서 그림과 같이 점 M_1은 점 B_2의 오른쪽에 있다.

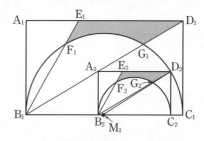

$\overline{A_2B_2} = x \ (x>0)$라 하면 $\overline{A_2B_2} : \overline{B_2C_2} = 1 : \sqrt{3}$이므로

$$\overline{B_2C_2} = \sqrt{3}x$$

$\overline{B_1B_2} = \overline{B_2C_2}$이므로 $\overline{B_1C_2} = 2\sqrt{3}x$

$$\therefore \overline{M_1C_2} = \overline{B_1C_2} - \overline{B_1M_1} = 2\sqrt{3}x - \sqrt{3}$$

직각삼각형 $D_2M_1C_2$에서

$$\overline{D_2M_1}^2 = \overline{M_1C_2}^2 + \overline{C_2D_2}^2$$

$$(\sqrt{3})^2 = (2\sqrt{3}x-\sqrt{3})^2 + x^2, \ 3 = 12x^2 - 12x + 3 + x^2$$

$$13x^2 - 12x = 0, \ x(13x-12) = 0$$

$$\therefore x = \dfrac{12}{13} \ (\because x>0) \quad \therefore \overline{A_2B_2} = \dfrac{12}{13}$$

두 직사각형 $A_1B_1C_1D_1$, $A_2B_2C_2D_2$의 닮음비는 $2 : \dfrac{12}{13}$, 즉 $1 : \dfrac{6}{13}$이므로 넓이의 비는 $1 : \dfrac{36}{169}$이다.

즉, 두 직사각형 $A_nB_nC_nD_n$, $A_{n+1}B_{n+1}C_{n+1}D_{n+1}$의 넓이의 비는

$1 : \dfrac{36}{169}$이므로 그림 R_n에 새로 색칠한 부분과 그림 R_{n+1}에 새로 색칠한 부분의 넓이의 비도 $1 : \dfrac{36}{169}$이다.

③단계 $\displaystyle\lim_{n\to\infty} S_n$의 값 구하기

따라서 $\displaystyle\lim_{n\to\infty} S_n$은 첫째항이 $\dfrac{8\sqrt{3}-3\pi}{6}$이고 공비가 $\dfrac{36}{169}$인 등비급수의 합이므로

$$\lim_{n\to\infty} S_n = \dfrac{\dfrac{8\sqrt{3}-3\pi}{6}}{1-\dfrac{36}{169}} = \dfrac{169}{798}(8\sqrt{3}-3\pi)$$

| 01 ① | 02 ② | 03 ⑤ | 04 -1 | 05 ⑤ | 06 ③ |
| 07 ③ | 08 ④ | 09 179 | 10 ② | 11 ② | |

01 답 ①

이차방정식 $a_{n+2}x^2+4a_{n+1}x+4a_n=0$의 한 근이 -2이므로

$4a_{n+2}-8a_{n+1}+4a_n=0$ $\therefore 2a_{n+1}=a_n+a_{n+2}$

따라서 수열 $\{a_n\}$은 등차수열이므로 첫째항을 a, 공차를 d라 하면

$a_n=a+(n-1)d$

이차방정식 $a_{n+2}x^2+4a_{n+1}x+4a_n=0$의 두 근이 -2, b_n이므로 근과 계수의 관계에 의하여 두 근의 곱은 $-2b_n=\dfrac{4a_n}{a_{n+2}}$

$\therefore b_n=-\dfrac{2a_n}{a_{n+2}}=-\dfrac{2a+2(n-1)d}{a+(n+1)d}=-\dfrac{2dn+2a-2d}{dn+a+d}$

(i) $d=0$일 때,

$\displaystyle\lim_{n\to\infty}b_n=\lim_{n\to\infty}\left(-\dfrac{2a}{a}\right)=-2$

(ii) $d\neq0$일 때,

$\displaystyle\lim_{n\to\infty}b_n=\lim_{n\to\infty}\left(-\dfrac{2dn+2a-2d}{dn+a+d}\right)=-\lim_{n\to\infty}\dfrac{2d+\dfrac{2a-2d}{n}}{d+\dfrac{a+d}{n}}=-2$

(i), (ii)에서 $\displaystyle\lim_{n\to\infty}b_n=-2$

02 답 ②

$S_n=\displaystyle\sum_{k=1}^{n}\dfrac{a_k}{k!}$라 하면 $n\geq2$일 때,

$\dfrac{a_n}{n!}=S_n-S_{n-1}=\dfrac{b}{(n+3)!}-\dfrac{b}{(n+2)!}$

$\quad=\dfrac{b}{(n+3)!}-\dfrac{b(n+3)}{(n+3)!}=\dfrac{-b(n+2)}{(n+3)!}$

$\therefore a_n=\dfrac{-b(n+2)}{(n+3)!}\times n!=\dfrac{-b(n+2)}{(n+3)(n+2)(n+1)}$

$\quad=\dfrac{-b}{n^2+4n+3}$ (단, $n\geq2$)

$\therefore \displaystyle\lim_{n\to\infty}n^2a_n=\lim_{n\to\infty}\dfrac{-bn^2}{n^2+4n+3}=\lim_{n\to\infty}\dfrac{-b}{1+\dfrac{4}{n}+\dfrac{3}{n^2}}=-b$

즉, $-b=-24$이므로 $b=24$

따라서 $\displaystyle\sum_{k=1}^{n}\dfrac{a_k}{k!}=\dfrac{24}{(n+3)!}$이므로 양변에 $n=1$을 대입하면

$\dfrac{a_1}{1!}=\dfrac{24}{4!}$ $\therefore a_1=1$

$\therefore a_1+b=1+24=25$

03 답 ⑤

ㄱ. $a_n=2\times(-1)^n+3$에서

$a_1=1$, $a_2=5$, $a_3=1$, $a_4=5$, $\cdots$ ……㉠

즉, 수열 $\{a_n\}$은 발산(진동)한다.

ㄴ. $b_n=|p\times(-1)^n+q|$에서

$b_1=|-p+q|$, $b_2=|p+q|$,

$b_3=|-p+q|$, $b_4=|p+q|$, $\cdots$ ……㉡

수열 $\{b_n\}$이 수렴하면 $|-p+q|=|p+q|$

$-p+q=p+q$ 또는 $-p+q=-p-q$ $\therefore p=0$ 또는 $q=0$

따라서 수열 $\{b_n\}$이 수렴하면 $pq=0$이다.

ㄷ. ㉠, ㉡에서

$a_1+b_1=1+|-p+q|$, $a_2+b_2=5+|p+q|$,

$a_3+b_3=1+|-p+q|$, $a_4+b_4=5+|p+q|$, $\cdots$

수열 $\{a_n+b_n\}$이 수렴하면

$1+|-p+q|=5+|p+q|$ ……㉢

또 ㉠, ㉡에서

$a_1b_1=|-p+q|$, $a_2b_2=5|p+q|$,

$a_3b_3=|-p+q|$, $a_4b_4=5|p+q|$, $\cdots$

수열 $\{a_nb_n\}$이 수렴하면

$|-p+q|=5|p+q|$

$-p+q=5p+5q$ 또는 $-p+q=-5p-5q$

$\therefore q=-\dfrac{3}{2}p$ 또는 $q=-\dfrac{2}{3}p$

(i) $q=-\dfrac{3}{2}p$일 때,

이를 ㉢에 대입하면

$1+\left|-p-\dfrac{3}{2}p\right|=5+\left|p-\dfrac{3}{2}p\right|$

$1+\left|-\dfrac{5}{2}p\right|=5+\left|-\dfrac{1}{2}p\right|$

$p<0$이면 $1-\dfrac{5}{2}p=5-\dfrac{1}{2}p$, $2p=-4$ $\therefore p=-2$

$q=-\dfrac{3}{2}\times(-2)=3$이므로 $pq=-6$

$p\geq0$이면 $1+\dfrac{5}{2}p=5+\dfrac{1}{2}p$, $2p=4$ $\therefore p=2$

$q=-\dfrac{3}{2}\times2=-3$이므로 $pq=-6$

(ii) $q=-\dfrac{2}{3}p$일 때,

이를 ㉢에 대입하면

$1+\left|-p-\dfrac{2}{3}p\right|=5+\left|p-\dfrac{2}{3}p\right|$

$1+\left|-\dfrac{5}{3}p\right|=5+\left|\dfrac{1}{3}p\right|$

$p<0$이면 $1-\dfrac{5}{3}p=5-\dfrac{1}{3}p$, $\dfrac{4}{3}p=-4$ $\therefore p=-3$

$q=-\dfrac{2}{3}\times(-3)=2$이므로 $pq=-6$

$p\geq0$이면 $1+\dfrac{5}{3}p=5+\dfrac{1}{3}p$, $\dfrac{4}{3}p=4$ $\therefore p=3$

$q=-\dfrac{2}{3}\times3=-2$이므로 $pq=-6$

(i), (ii)에서 $pq=-6$

따라서 보기에서 옳은 것은 ㄱ, ㄴ, ㄷ이다.

04 답 -1

$f(x)=x(x+n^2)(x-2n)=x^3+(n^2-2n)x^2-2n^3x$이므로

$f'(x)=3x^2+2(n^2-2n)x-2n^3$

$f'(x)=0$인 x의 값은

$x=\dfrac{-(n^2-2n)\pm\sqrt{(n^2-2n)^2+6n^3}}{3}=\dfrac{-n^2+2n\pm\sqrt{n^4+2n^3+4n^2}}{3}$

함수 $f(x)$는 최고차항의 계수가 1인 삼차함수이므로

$x=\dfrac{-n^2+2n+\sqrt{n^4+2n^3+4n^2}}{3}$일 때 극소이다.

$\therefore a_n=\dfrac{-n^2+2n+\sqrt{n^4+2n^3+4n^2}}{3}$ ……㉠

그림과 같이 함수 $y=f(x)$의 그래프와 직선
$y=f(a_n)$이 $x=a_n$인 점에서 접하고 $x=b_n$인
점에서 만나므로
$f(x)-f(a_n)=(x-a_n)^2(x-b_n)$

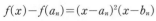

양변에 $x=0$을 대입하면
$f(0)-f(a_n)=-a_n^2 b_n$
$f(0)=0$이므로
$f(a_n)=a_n^2 b_n$
이때 $f(x)=x^3+(n^2-2n)x^2-2n^3 x$이므로
$a_n^3+(n^2-2n)a_n^2-2n^3 a_n=a_n^2 b_n$
$\therefore \dfrac{a_n b_n}{n^3}=\dfrac{a_n^2+(n^2-2n)a_n-2n^3}{n^3}$ ...... ⓛ

이때 ㉠에서
$\dfrac{a_n}{n}=\dfrac{-n^2+2n+\sqrt{n^4+2n^3+4n^2}}{3n}=\dfrac{\sqrt{n^2+2n+4}-n+2}{3}$
$\therefore \displaystyle\lim_{n\to\infty}\dfrac{a_n}{n}=\lim_{n\to\infty}\dfrac{\sqrt{n^2+2n+4}-n+2}{3}$
$\qquad=\displaystyle\lim_{n\to\infty}\dfrac{(\sqrt{n^2+2n+4}-n+2)(\sqrt{n^2+2n+4}+n-2)}{3(\sqrt{n^2+2n+4}+n-2)}$
$\qquad=\displaystyle\lim_{n\to\infty}\dfrac{n^2+2n+4-(n-2)^2}{3(\sqrt{n^2+2n+4}+n-2)}$
$\qquad=\displaystyle\lim_{n\to\infty}\dfrac{2n}{\sqrt{n^2+2n+4}+n-2}$
$\qquad=\displaystyle\lim_{n\to\infty}\dfrac{2}{\sqrt{1+\dfrac{2}{n}+\dfrac{4}{n^2}}+1-\dfrac{2}{n}}$
$\qquad=\dfrac{2}{1+1}=1$

따라서 ⓛ에서
$\displaystyle\lim_{n\to\infty}\dfrac{a_n b_n}{n^3}=\lim_{n\to\infty}\dfrac{a_n^2+(n^2-2n)a_n-2n^3}{n^3}$
$\qquad=\displaystyle\lim_{n\to\infty}\left\{\dfrac{1}{n}\times\left(\dfrac{a_n}{n}\right)^2+\left(1-\dfrac{2}{n}\right)\times\dfrac{a_n}{n}-2\right\}$
$\qquad=0+1\times1-2=-1$

05 답 ⑤

(i) $\left|\dfrac{x}{k}\right|>1$, 즉 $x<-k$ 또는 $x>k$일 때,
$\displaystyle\lim_{n\to\infty}\left(\dfrac{k}{x}\right)^{2n}=0$이므로
$f(x)=\displaystyle\lim_{n\to\infty}\dfrac{\left(\dfrac{x}{k}\right)^{2n}-1}{\left(\dfrac{x}{k}\right)^{2n}+1}=\lim_{n\to\infty}\dfrac{1-\left(\dfrac{k}{x}\right)^{2n}}{1+\left(\dfrac{k}{x}\right)^{2n}}=1$

(ii) $\left|\dfrac{x}{k}\right|=1$, 즉 $x=-k$ 또는 $x=k$일 때,
$f(x)=\displaystyle\lim_{n\to\infty}\dfrac{\left(\dfrac{x}{k}\right)^{2n}-1}{\left(\dfrac{x}{k}\right)^{2n}+1}=\dfrac{1-1}{1+1}=0$

(iii) $\left|\dfrac{x}{k}\right|<1$, 즉 $-k<x<k$일 때,
$\displaystyle\lim_{n\to\infty}\left(\dfrac{x}{k}\right)^{2n}=0$이므로
$f(x)=\displaystyle\lim_{n\to\infty}\dfrac{\left(\dfrac{x}{k}\right)^{2n}-1}{\left(\dfrac{x}{k}\right)^{2n}+1}=-1$

(i), (ii), (iii)에서
$f(x)=\begin{cases}1 & (x<-k \text{ 또는 } x>k)\\ 0 & (x=-k \text{ 또는 } x=k)\\ -1 & (-k<x<k)\end{cases}$

함수 $g(x)=\begin{cases}(f\circ f)(7-x) & (x=k)\\ x^2-2kx+2k^2-1 & (x\neq k)\end{cases}$이 $x=k$에서 연속이므로

$\displaystyle\lim_{x\to k}g(x)=g(k)$
$\displaystyle\lim_{x\to k}(x^2-2kx+2k^2-1)=(f\circ f)(7-k)$
$k^2-2k^2+2k^2-1=f(f(7-k))$
$\therefore f(f(7-k))=k^2-1$ ...... ㉠

이때 함수 $f(x)$의 치역은 $\{-1, 0, 1\}$이므로
$k^2-1=-1$ 또는 $k^2-1=0$ 또는 $k^2-1=1$
$\therefore k=1$ 또는 $k=\sqrt{2}$ $(\because k>0)$

(i) $k=1$일 때,
$f(x)=\begin{cases}1 & (x<-1 \text{ 또는 } x>1)\\ 0 & (x=-1 \text{ 또는 } x=1)\\ -1 & (-1<x<1)\end{cases}$이므로
$f(f(7-k))=f(f(6))=f(1)=0$
이는 ㉠을 만족시킨다.

(ii) $k=\sqrt{2}$일 때,
$f(x)=\begin{cases}1 & (x<-\sqrt{2} \text{ 또는 } x>\sqrt{2})\\ 0 & (x=-\sqrt{2} \text{ 또는 } x=\sqrt{2})\\ -1 & (-\sqrt{2}<x<\sqrt{2})\end{cases}$이므로
$f(f(7-k))=f(f(7-\sqrt{2}))=f(1)=-1$
그런데 $k^2-1=(\sqrt{2})^2-1=1$이므로 ㉠을 만족시키지 않는다.

(i), (ii)에서 $k=1$
따라서 $f(x)=\begin{cases}1 & (x<-1 \text{ 또는 } x>1)\\ 0 & (x=-1 \text{ 또는 } x=1),\\ -1 & (-1<x<1)\end{cases}$

$g(x)=\begin{cases}(f\circ f)(7-x) & (x=1)\\ x^2-2x+1 & (x\neq 1)\end{cases}$이므로

$(g\circ f)\left(\dfrac{1}{2}\right)+(f\circ g)\left(\dfrac{1}{2}\right)=g\left(f\left(\dfrac{1}{2}\right)\right)+f\left(g\left(\dfrac{1}{2}\right)\right)$
$\qquad=g(-1)+f\left(\dfrac{1}{4}\right)$
$\qquad=4+(-1)=3$

06 답 ③

$y=x^2$에서 $y'=2x$이므로 점 $\mathrm{P}_n(n, n^2)$에서의 접선의 기울기는 $2n$이다.
이 접선에 수직이고 점 $\mathrm{P}_n(n, n^2)$을 지나는 직선의 방정식은
$y-n^2=-\dfrac{1}{2n}(x-n)$ $\therefore y=-\dfrac{1}{2n}x+n^2+\dfrac{1}{2}$
이 직선과 곡선 $y=x^2$이 만나는 점의 x좌표를 구하면
$x^2=-\dfrac{1}{2n}x+n^2+\dfrac{1}{2}$
$x^2+\dfrac{1}{2n}x-n\left(n+\dfrac{1}{2n}\right)=0$
$(x-n)\left(x+n+\dfrac{1}{2n}\right)=0$
$\therefore x=n$ 또는 $x=-n-\dfrac{1}{2n}$ → $x=n$인 점은 P_n이다.
$\therefore \mathrm{Q}_n\left(-n-\dfrac{1}{2n}, n^2+\dfrac{1}{4n^2}+1\right)$

선분 P_nQ_n의 수직이등분선은 원 C_n의 중심을 지나고, y축이 원 C_n의 넓이를 이등분하므로 원 C_n의 중심 C_n은 y축 위에 있다.

즉, 선분 P_nQ_n의 수직이등분선이 y축과 만나는 점이 C_n이다.

선분 P_nQ_n의 중점의 좌표는

$$\left(-\frac{1}{4n},\ n^2+\frac{1}{8n^2}+\frac{1}{2}\right)$$

선분 P_nQ_n의 수직이등분선의 기울기는 $2n$이므로 수직이등분선의 방정식은

$$y-\left(n^2+\frac{1}{8n^2}+\frac{1}{2}\right)=2n\left(x+\frac{1}{4n}\right)$$

$$\therefore y=2nx+n^2+\frac{1}{8n^2}+1 \qquad \therefore C_n\left(0,\ n^2+\frac{1}{8n^2}+1\right)$$

따라서 $\overline{OC_n}=n^2+\dfrac{1}{8n^2}+1$이므로

$$\lim_{n\to\infty}\frac{\overline{OC_n}}{n^2}=\lim_{n\to\infty}\left(1+\frac{1}{8n^4}+\frac{1}{n^2}\right)=1$$

07 답 ③

등차수열 $\{a_n\}$의 공차가 2이므로

$$a_n=a_1+(n-1)\times 2=2n+a_1-2$$

$$\therefore \sum_{k=1}^{n}a_k=\sum_{k=1}^{n}(2k+a_1-2)=2\times\frac{n(n+1)}{2}+(a_1-2)n$$
$$=n^2+(a_1-1)n$$

(가)의 $b_n\times\sum_{k=1}^{n}a_k=1$에서 $n=1$이면 $b_1a_1=1$

이때 (나)에서 $\sum_{n=1}^{\infty}b_n<1$이고 수열 $\{b_n\}$의 모든 항이 양수이므로

$b_1\neq 1$ $\quad\therefore a_1\neq 1$

이때 a_1이 자연수이므로 a_1은 2 이상의 자연수이다.

따라서 a_1-1도 자연수이다.

$a_1-1=m$(m은 자연수)으로 놓으면 (가)의 $b_n\times\sum_{k=1}^{n}a_k=1$에서

$$b_n=\frac{1}{n^2+(a_1-1)n}=\frac{1}{n^2+mn}=\frac{1}{n(n+m)}=\frac{1}{m}\left(\frac{1}{n}-\frac{1}{n+m}\right)$$

$$\therefore \sum_{n=1}^{\infty}b_n=\sum_{n=1}^{\infty}\frac{1}{m}\left(\frac{1}{n}-\frac{1}{n+m}\right)=\frac{1}{m}\lim_{n\to\infty}\sum_{k=1}^{n}\left(\frac{1}{k}-\frac{1}{k+m}\right)$$
$$=\frac{1}{m}\lim_{n\to\infty}\left\{\left(1-\frac{1}{1+m}\right)+\left(\frac{1}{2}-\frac{1}{2+m}\right)+\left(\frac{1}{3}-\frac{1}{3+m}\right)\right.$$
$$+\cdots+\left(\frac{1}{m}-\frac{1}{2m}\right)+\left(\frac{1}{1+m}-\frac{1}{1+2m}\right)$$
$$\left.+\left(\frac{1}{2+m}-\frac{1}{2+2m}\right)+\cdots+\left(\frac{1}{n}-\frac{1}{n+m}\right)\right\}$$
$$=\frac{1}{m}\lim_{n\to\infty}\left(1+\frac{1}{2}+\frac{1}{3}+\cdots+\frac{1}{m}-\frac{1}{n+1}-\frac{1}{n+2}-\frac{1}{n+3}\right.$$
$$\left.-\cdots-\frac{1}{n+m}\right)$$
$$=\frac{1}{m}\left(1+\frac{1}{2}+\frac{1}{3}+\cdots+\frac{1}{m}\right)$$

(나)에서 $\sum_{n=1}^{\infty}b_n=\dfrac{11}{18}$이므로

$$\frac{1}{m}\left(1+\frac{1}{2}+\frac{1}{3}+\cdots+\frac{1}{m}\right)=\frac{11}{18}$$

이때 $\dfrac{1}{3}\left(1+\dfrac{1}{2}+\dfrac{1}{3}\right)=\dfrac{11}{18}$이고 m은 자연수이므로

$m=3$

즉, $a_1-1=3$이므로 $a_1=4$

08 답 ④

두 곡선 $y=x^3-(n+1)x^2-n^2x+n^3+2n^2$, $y=x^2$이 만나는 점의 x좌표를 구하면

$$x^3-(n+1)x^2-n^2x+n^3+2n^2=x^2$$
$$x^3-(n+2)x^2-n^2x+n^2(n+2)=0$$
$$x^2\{x-(n+2)\}-n^2\{x-(n+2)\}=0$$
$$(x+n)(x-n)\{x-(n+2)\}=0$$

$\therefore x=-n$ 또는 $x=n$ 또는 $x=n+2$

$P_n(-n,\ n^2)$, $Q_n(n,\ n^2)$, $R_n(n+2,\ n^2+4n+4)$라 하면 삼각형 $P_nQ_nR_n$의 넓이 S_n은

$$S_n=\frac{1}{2}\times 2n\times(4n+4)=4n^2+4n$$

$$\therefore \sum_{n=1}^{\infty}\frac{1}{S_n}=\sum_{n=1}^{\infty}\frac{1}{4n^2+4n}=\sum_{n=1}^{\infty}\frac{1}{4n(n+1)}$$
$$=\sum_{n=1}^{\infty}\frac{1}{4}\left(\frac{1}{n}-\frac{1}{n+1}\right)=\frac{1}{4}\lim_{n\to\infty}\sum_{k=1}^{n}\left(\frac{1}{k}-\frac{1}{k+1}\right)$$
$$=\frac{1}{4}\lim_{n\to\infty}\left\{\left(1-\frac{1}{2}\right)+\left(\frac{1}{2}-\frac{1}{3}\right)+\cdots+\left(\frac{1}{n}-\frac{1}{n+1}\right)\right\}$$
$$=\frac{1}{4}\lim_{n\to\infty}\left(1-\frac{1}{n+1}\right)$$
$$=\frac{1}{4}\times 1=\frac{1}{4}$$

09 답 179

$\overline{A_1B_1}=8$이므로 $\overline{A_1E_1}=4$, $\overline{A_1H_1}=4$, $\overline{E_1I_1}=2$

직각삼각형 $A_1I_1H_1$에서 $\overline{H_1I_1}=\sqrt{6^2+4^2}=2\sqrt{13}$

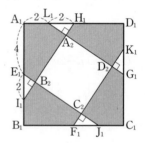

네 직각삼각형 $A_1I_1H_1$, $B_1J_1E_1$, $C_1K_1F_1$, $D_1L_1G_1$이 합동이므로 두 직각삼각형 $A_1I_1H_1$, $B_2I_1E_1$은 닮음 (AA 닮음)이다.

$\overline{A_1I_1}:\overline{B_2I_1}=\overline{H_1I_1}:\overline{E_1I_1}$이므로

$6:\overline{B_2I_1}=2\sqrt{13}:2$

$$\therefore \overline{B_2I_1}=\frac{12}{2\sqrt{13}}=\frac{6\sqrt{13}}{13}$$

또 $\overline{A_1H_1}:\overline{B_2E_1}=\overline{H_1I_1}:\overline{E_1I_1}$이므로

$4:\overline{B_2E_1}=2\sqrt{13}:2$

$$\therefore \overline{B_2E_1}=\frac{8}{2\sqrt{13}}=\frac{4\sqrt{13}}{13}$$

네 삼각형 $B_2E_1I_1$, $C_2F_1J_1$, $D_2G_1K_1$, $A_2H_1L_1$은 합동이므로

$$\overline{A_2B_2}=\overline{H_1I_1}-\overline{B_2I_1}-\overline{B_2E_1}$$
$$=2\sqrt{13}-\frac{6\sqrt{13}}{13}-\frac{4\sqrt{13}}{13}=\frac{16\sqrt{13}}{13}$$

$$\therefore S_1=\square A_1B_1C_1D_1-4\times\triangle B_2E_1I_1-\square A_2B_2C_2D_2$$
$$=8\times 8-4\times\left(\frac{1}{2}\times\frac{6\sqrt{13}}{13}\times\frac{4\sqrt{13}}{13}\right)-\left(\frac{16\sqrt{13}}{13}\right)^2$$
$$=64-\frac{48}{13}-\frac{256}{13}$$
$$=\frac{528}{13}$$

정답과 풀이

두 정사각형 $A_1B_1C_1D_1$, $A_2B_2C_2D_2$는 닮음이고 닮음비는 $8 : \dfrac{16\sqrt{13}}{13}$,

즉 $1 : \dfrac{2\sqrt{13}}{13}$이므로 넓이의 비는 $1 : \dfrac{4}{13}$이다.

즉, 두 정사각형 $A_nB_nC_nD_n$, $A_{n+1}B_{n+1}C_{n+1}D_{n+1}$의 넓이의 비는 $1 : \dfrac{4}{13}$

이므로 그림 R_n에 새로 색칠한 부분과 그림 R_{n+1}에 새로 색칠한 부분의

넓이의 비도 $1 : \dfrac{4}{13}$이다.

따라서 $\lim\limits_{n\to\infty} S_n$은 첫째항이 $\dfrac{528}{13}$이고 공비가 $\dfrac{4}{13}$인 등비급수의 합이므로

$$\lim_{n\to\infty} S_n = \dfrac{\dfrac{528}{13}}{1-\dfrac{4}{13}} = \dfrac{176}{3}$$

따라서 $p=3$, $q=176$이므로

$p+q=179$

10 답 ②

$x^2+1<a<x^2+2x+2$에서

$x^2+1<a<(x+1)^2+1$ ...... ㉠

(ⅰ) $x=1$일 때,

㉠에서 $2<a<5$

자연수 a의 값이 3, 4일 때, 집합 A는 $x=1$을 원소로 가지므로 3,

4는 수열 $\{a_n\}$의 항이 될 수 없다.

(ⅱ) $x=2$일 때,

㉠에서 $5<a<10$

자연수 a의 값이 6, 7, 8, 9일 때, 집합 A는 $x=2$를 원소로 가지므

로 6, 7, 8, 9는 수열 $\{a_n\}$의 항이 될 수 없다.

(ⅰ), (ⅱ)에서 a의 값이 1, 2, 5이면 ㉠을 만족시키는 자연수 x의 값이 존

재하지 않으므로

$a_1=1$, $a_2=2$, $a_3=5$

(ⅲ) $x=3$일 때,

㉠에서 $10<a<17$

자연수 a의 값이 11, 12, $\cdots$, 16일 때, 집합 A는 $x=3$을 원소로 가

지므로 11, 12, $\cdots$, 16은 수열 $\{a_n\}$의 항이 될 수 없다.

(ⅱ), (ⅲ)에서 $a=10$이면 ㉠을 만족시키는 자연수 x의 값이 존재하지 않

으므로

$a_4=10$

같은 방법으로 하면

$a_5=4^2+1=17$, $a_6=5^2+1=26$, $\cdots$

$\therefore a_n=(n-1)^2+1$

이때 $b_n=a_{n+2}-2$이므로

$b_n=(n+1)^2-1=n^2+2n$

$\therefore \displaystyle\sum_{n=1}^{\infty} \dfrac{1}{b_n}$

$=\displaystyle\sum_{n=1}^{\infty} \dfrac{1}{n^2+2n} = \sum_{n=1}^{\infty} \dfrac{1}{n(n+2)}$

$=\displaystyle\sum_{n=1}^{\infty} \dfrac{1}{2}\left(\dfrac{1}{n}-\dfrac{1}{n+2}\right) = \dfrac{1}{2}\lim_{n\to\infty}\sum_{k=1}^{n}\left(\dfrac{1}{k}-\dfrac{1}{k+2}\right)$

$=\dfrac{1}{2}\displaystyle\lim_{n\to\infty}\left\{\left(1-\dfrac{1}{3}\right)+\left(\dfrac{1}{2}-\dfrac{1}{4}\right)+\left(\dfrac{1}{3}-\dfrac{1}{5}\right)+\cdots+\left(\dfrac{1}{n}-\dfrac{1}{n+2}\right)\right\}$

$=\dfrac{1}{2}\displaystyle\lim_{n\to\infty}\left(1+\dfrac{1}{2}-\dfrac{1}{n+1}-\dfrac{1}{n+2}\right)$

$=\dfrac{1}{2}\times\dfrac{3}{2}=\dfrac{3}{4}$

11 답 ②

$\overline{A_1B_1} : \overline{A_1D_1}=1 : \sqrt{3}$이므로 $\angle A_1B_1D_1=\dfrac{\pi}{3}$

$\overline{A_1F_1}=\dfrac{1}{3}\overline{A_1D_1}=2\sqrt{3}$이므로 $\angle A_1B_1F_1=\dfrac{\pi}{6}$

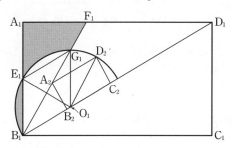

반원의 중심을 O_1이라 하면 $\angle E_1B_1O_1=\dfrac{\pi}{3}$이므로 삼각형 $E_1B_1O_1$은 정

삼각형이다.

따라서 반원의 반지름의 길이는 선분 B_1E_1의 길이와 같고 $\overline{B_1E_1}=3$이다.

호 E_1G_1에 대한 원주각의 크기가 $\dfrac{\pi}{6}$이므로 중심각의 크기는 $\dfrac{\pi}{3}$이다.

즉, 삼각형 $E_1O_1G_1$은 정삼각형이므로 두 삼각형 $E_1B_1O_1$, $E_1O_1G_1$은 합

동이다.

따라서 호 B_1E_1과 선분 B_1E_1로 둘러싸인 부분의 넓이와 호 E_1G_1과 선분

E_1G_1로 둘러싸인 부분의 넓이는 같다.

또 $\angle E_1G_1O_1=\angle G_1O_1C_2$이므로 두 직선 E_1G_1, B_1C_2는 평행하다.

따라서 두 삼각형 $E_1B_1G_1$, $E_1O_1G_1$의 넓이가 같으므로

$S_1=\triangle A_1B_1F_1-\triangle E_1O_1G_1$

$=\dfrac{1}{2}\times2\sqrt{3}\times6-\dfrac{\sqrt{3}}{4}\times3^2$

$=\dfrac{15\sqrt{3}}{4}$

$\overline{A_2B_2}=x\,(x>0)$라 하면 $\overline{A_2B_2} : \overline{B_2C_2}=1 : \sqrt{3}$에서

$\overline{B_2C_2}=\sqrt{3}x$

직각삼각형 $A_2B_1B_2$에서 $\angle A_2B_1B_2=\dfrac{\pi}{6}$이므로

$\overline{B_1B_2}=\sqrt{3}x$

$\therefore \overline{B_1C_2}=\sqrt{3}x+\sqrt{3}x=2\sqrt{3}x$

$\therefore \overline{O_1C_2}=2\sqrt{3}x-3$

직각삼각형 $D_2O_1C_2$에서 피타고라스 정리에 의하여

$(2\sqrt{3}x-3)^2+x^2=3^2$

$13x^2-12\sqrt{3}x=0$, $x(13x-12\sqrt{3})=0$

$\therefore x=\dfrac{12\sqrt{3}}{13}$ ($\because x>0$)

따라서 두 직사각형 $A_1B_1C_1D_1$, $A_2B_2C_2D_2$는 닮음이고 닮음비는

$6 : \dfrac{12\sqrt{3}}{13}$, 즉 $1 : \dfrac{2\sqrt{3}}{13}$이므로 넓이의 비는 $1 : \dfrac{12}{169}$이다.

즉, 두 직사각형 $A_nB_nC_nD_n$, $A_{n+1}B_{n+1}C_{n+1}D_{n+1}$의 넓이의 비는 $1 : \dfrac{12}{169}$

이므로 그림 R_n에 새로 색칠한 부분과 그림 R_{n+1}에 새로 색칠한 부분의

넓이의 비도 $1 : \dfrac{12}{169}$이다.

따라서 $\lim\limits_{n\to\infty} S_n$은 첫째항이 $\dfrac{15\sqrt{3}}{4}$이고 공비가 $\dfrac{12}{169}$인 등비급수의 합이

므로

$$\dfrac{4}{39}\times\lim_{n\to\infty} S_n=\dfrac{4}{39}\times\dfrac{\dfrac{15\sqrt{3}}{4}}{1-\dfrac{12}{169}}=\dfrac{65\sqrt{3}}{157}$$

지수함수와 로그함수의 미분

step① 핵심 문제

| 46~47쪽

01 ⑤	02 ③	03 2	04 4	05 2	06 ④
07 4	08 ②	09 ②	10 ④	11 ①	12 $\frac{3}{e}$

01 답 ⑤

$\lim\limits_{x \to \infty} \dfrac{3}{x} \log_2 (3^{x+1} + 2^{2x}) = \lim\limits_{x \to \infty} \log_2 (3^{x+1} + 2^{2x})^{\frac{3}{x}}$

$= \lim\limits_{x \to \infty} \log_2 \left[4^x \left\{ 3 \times \left(\dfrac{3}{4} \right)^x + 1 \right\} \right]^{\frac{3}{x}}$

$= \log_2 \left[\lim\limits_{x \to \infty} 4^3 \left\{ 3 \times \left(\dfrac{3}{4} \right)^x + 1 \right\}^{\frac{3}{x}} \right]$

$= \log_2 (4^3 \times 1) = \log_2 2^6 = 6$

02 답 ③

$a = \lim\limits_{x \to \infty} \left(\dfrac{x}{x-1} \right)^x = \lim\limits_{x \to \infty} \left(\dfrac{x-1}{x} \right)^{-x}$

$= \lim\limits_{x \to \infty} \left(1 - \dfrac{1}{x} \right)^{-x} = e$

$\lim\limits_{x \to 1} x^{\frac{1}{1-x}}$에서 $x-1=t$로 놓으면 $x \to 1$일 때 $t \to 0$이므로

$b = \lim\limits_{x \to 1} x^{\frac{1}{1-x}} = \lim\limits_{t \to 0} (1+t)^{-\frac{1}{t}}$

$= \lim\limits_{t \to 0} \{(1+t)^{\frac{1}{t}}\}^{-1} = e^{-1} = \dfrac{1}{e}$

$\lim\limits_{x \to -\infty} \left(\dfrac{x-1}{x+1} \right)^{-x}$에서 $-x=s$로 놓으면 $x \to -\infty$일 때 $s \to \infty$이므로

$c = \lim\limits_{x \to -\infty} \left(\dfrac{x-1}{x+1} \right)^{-x} = \lim\limits_{s \to \infty} \left(\dfrac{-s-1}{-s+1} \right)^s$

$= \lim\limits_{s \to \infty} \left(\dfrac{s+1}{s-1} \right)^s = \lim\limits_{s \to \infty} \left(\dfrac{1 + \frac{1}{s}}{1 - \frac{1}{s}} \right)^s$

$= \lim\limits_{s \to \infty} \dfrac{\left(1 + \frac{1}{s} \right)^s}{\left\{ \left(1 - \frac{1}{s} \right)^{-s} \right\}^{-1}} = \dfrac{e}{e^{-1}} = e^2$

$\therefore b < a < c$

03 답 2

$\lim\limits_{x \to \infty} \left\{ \left(1 + \dfrac{1}{2x} \right) \left(1 + \dfrac{1}{2x+1} \right) \left(1 + \dfrac{1}{2x+2} \right) \cdots \left(1 + \dfrac{1}{2x+2x} \right) - 1 \right\}^x$

$= \lim\limits_{x \to \infty} \left(\dfrac{2x+1}{2x} \times \dfrac{2x+2}{2x+1} \times \dfrac{2x+3}{2x+2} \times \cdots \times \dfrac{4x+1}{4x} - 1 \right)^x$

$= \lim\limits_{x \to \infty} \left(\dfrac{4x+1}{2x} - 1 \right)^x$

$= \lim\limits_{x \to \infty} \left(1 + \dfrac{1}{2x} \right)^x$

$= \lim\limits_{x \to \infty} \left\{ \left(1 + \dfrac{1}{2x} \right)^{2x} \right\}^{\frac{1}{2}}$

$= e^{\frac{1}{2}}$

즉, $a = \dfrac{1}{2}$이므로

$4a = 4 \times \dfrac{1}{2} = 2$

04 답 4

$\lim\limits_{x \to \frac{1}{2}} \dfrac{1 - a^{x - \frac{1}{2}}}{1 - ax} = \dfrac{\ln b}{2}$에서 $x \to \dfrac{1}{2}$일 때 (분자)$\to 0$이고 0이 아닌 극한값

이 존재하므로 (분모)$\to 0$이다.

즉, $\lim\limits_{x \to \frac{1}{2}} (1 - ax) = 0$에서

$1 - \dfrac{a}{2} = 0$ $\therefore a = 2$

이를 주어진 식에 대입하면

$\lim\limits_{x \to \frac{1}{2}} \dfrac{1 - 2^{x - \frac{1}{2}}}{1 - 2x} = \dfrac{\ln b}{2}$

이때 $x - \dfrac{1}{2} = t$로 놓으면 $x \to \dfrac{1}{2}$일 때 $t \to 0$이므로

$\lim\limits_{x \to \frac{1}{2}} \dfrac{1 - 2^{x - \frac{1}{2}}}{1 - 2x} = \lim\limits_{t \to 0} \dfrac{1 - 2^t}{-2t} = \dfrac{1}{2} \lim\limits_{t \to 0} \dfrac{2^t - 1}{t} = \dfrac{\ln 2}{2}$

즉, $b = 2$이므로

$ab = 2 \times 2 = 4$

05 답 2

$f(n)$

$= \lim\limits_{x \to 0} \dfrac{x}{\ln(1+x) + \ln(1+2x) + \cdots + \ln(1+nx)}$

$= \lim\limits_{x \to 0} \dfrac{1}{\dfrac{\ln(1+x)}{x} + \dfrac{\ln(1+2x)}{x} + \cdots + \dfrac{\ln(1+nx)}{x}}$

$= \dfrac{1}{\lim\limits_{x \to 0} \dfrac{\ln(1+x)}{x} + \lim\limits_{x \to 0} \dfrac{\ln(1+2x)}{2x} \times 2 + \cdots + \lim\limits_{x \to 0} \dfrac{\ln(1+nx)}{nx} \times n}$

$= \dfrac{1}{1 + 2 + 3 + \cdots + n}$

$= \dfrac{2}{n(n+1)}$

$\therefore \sum\limits_{n=1}^{\infty} f(n) = \sum\limits_{n=1}^{\infty} \dfrac{2}{n(n+1)}$

$= \sum\limits_{n=1}^{\infty} 2 \left(\dfrac{1}{n} - \dfrac{1}{n+1} \right)$

$= \lim\limits_{n \to \infty} \sum\limits_{k=1}^{n} 2 \left(\dfrac{1}{k} - \dfrac{1}{k+1} \right)$

$= 2 \lim\limits_{n \to \infty} \left\{ \left(1 - \dfrac{1}{2} \right) + \left(\dfrac{1}{2} - \dfrac{1}{3} \right) + \cdots + \left(\dfrac{1}{n} - \dfrac{1}{n+1} \right) \right\}$

$= 2 \lim\limits_{n \to \infty} \left(1 - \dfrac{1}{n+1} \right)$

$= 2$

06 답 ④

$\dfrac{f(x)}{e^x - 1} = g(x)$로 놓으면 $\lim\limits_{x \to 0} g(x) = 2$

$f(x) = (e^x - 1)g(x)$이므로

$\lim\limits_{x \to 0} \dfrac{\{f(x)\}^2}{x \log_3 (2x+1)} = \lim\limits_{x \to 0} \dfrac{(e^x - 1)^2 \{g(x)\}^2}{x \log_3 (2x+1)}$

$= \lim\limits_{x \to 0} \left[\dfrac{(e^x - 1)^2}{x^2} \times \dfrac{x}{\log_3 (2x+1)} \times \{g(x)\}^2 \right]$

$= \lim\limits_{x \to 0} \left[\left(\dfrac{e^x - 1}{x} \right)^2 \times \dfrac{2x}{\log_3 (1+2x)} \times \dfrac{\{g(x)\}^2}{2} \right]$

$= 1^2 \times \ln 3 \times \dfrac{2^2}{2} = 2 \ln 3$

07 답 4

$x>0$이므로 주어진 부등식의 각 변을 x로 나누면

$$\dfrac{\ln(1+x)(1+3x)}{x}\le\dfrac{f(x)}{x}\le\dfrac{(e^{2x}-1)(e^{2x}+1)}{x}$$

$$\lim_{x\to 0+}\dfrac{\ln(1+x)(1+3x)}{x}=\lim_{x\to 0+}\dfrac{\ln(1+x)+\ln(1+3x)}{x}$$
$$=\lim_{x\to 0+}\dfrac{\ln(1+x)}{x}+\lim_{x\to 0+}\dfrac{\ln(1+3x)}{3x}\times 3$$
$$=1+3=4$$

$$\lim_{x\to 0+}\dfrac{(e^{2x}-1)(e^{2x}+1)}{x}=\lim_{x\to 0+}\dfrac{e^{4x}-1}{x}=\lim_{x\to 0+}\dfrac{e^{4x}-1}{4x}\times 4$$
$$=1\times 4=4$$

함수의 극한의 대소 관계에 의하여

$$\lim_{x\to 0+}\dfrac{f(x)}{x}=4$$

08 답 ②

$P(t,\ e^{2t+k})$, $Q(t,\ e^{-3t+k})$이므로 $\overline{PQ}=e^{2t+k}-e^{-3t+k}$

$\overline{PQ}=t$를 만족시키는 k의 값이 $f(t)$이므로

$$e^{2t+f(t)}-e^{-3t+f(t)}=t$$

$$e^{f(t)}(e^{2t}-e^{-3t})=t \qquad \therefore e^{f(t)}=\dfrac{t}{e^{2t}-e^{-3t}}$$

$$\therefore \lim_{t\to 0+}e^{f(t)}=\lim_{t\to 0+}\dfrac{t}{e^{2t}-e^{-3t}}=\lim_{t\to 0+}\dfrac{1}{\dfrac{e^{2t}-e^{-3t}}{t}}$$

$$=\dfrac{1}{\lim_{t\to 0+}\dfrac{e^{2t}-1}{t}-\lim_{t\to 0+}\dfrac{e^{-3t}-1}{t}}$$

$$=\dfrac{1}{\lim_{t\to 0+}\dfrac{e^{2t}-1}{2t}\times 2-\lim_{t\to 0+}\dfrac{e^{-3t}-1}{-3t}\times(-3)}$$

$$=\dfrac{1}{1\times 2-1\times(-3)}=\dfrac{1}{5}$$

09 답 ②

두 점 A, P의 중점을 M이라 하면 $M\left(\dfrac{t+1}{2},\ 2\ln t\right)$

직선 AP의 기울기는 $\dfrac{4\ln t}{t-1}$이므로 선분 AP의 수직이등분선의 방정식은

$$y-2\ln t=-\dfrac{t-1}{4\ln t}\left(x-\dfrac{t+1}{2}\right)$$

$$\therefore y=-\dfrac{t-1}{4\ln t}x+\dfrac{(t-1)(t+1)}{8\ln t}+2\ln t$$

따라서 $f(t)=\dfrac{(t-1)(t+1)}{8\ln t}+2\ln t$이므로

$$\lim_{t\to 1}f(t)=\lim_{t\to 1}\left\{\dfrac{(t-1)(t+1)}{8\ln t}+2\ln t\right\}$$

$$=\lim_{t\to 1}\dfrac{(t-1)(t+1)}{8\ln t}+\lim_{t\to 1}2\ln t$$

$$=\lim_{t\to 1}\dfrac{(t-1)(t+1)}{8\ln t}$$

$t-1=s$로 놓으면 $t\to 1$일 때 $s\to 0$이므로

$$\lim_{t\to 1}f(t)=\lim_{t\to 1}\dfrac{(t-1)(t+1)}{8\ln t}$$

$$=\lim_{s\to 0}\left\{\dfrac{s}{\ln(1+s)}\times\dfrac{s+2}{8}\right\}$$

$$=1\times\dfrac{1}{4}=\dfrac{1}{4}$$

10 답 ④

$f(x)=(x^2+x-1)e^x$에서

$$f'(x)=(2x+1)e^x+(x^2+x-1)e^x=(x^2+3x)e^x$$

방정식 $f'(x)=0$에서

$$(x^2+3x)e^x=0$$

$$x(x+3)e^x=0 \qquad \therefore x=-3 \text{ 또는 } x=0$$

이때 $\alpha<\beta$이므로 $\alpha=-3$, $\beta=0$

$$\therefore f(\alpha)=f(-3)=(9-3-1)e^{-3}=\dfrac{5}{e^3}$$

11 답 ①

곡선 $y=f(x)$ 위의 점 $(2, 7)$에서의 접선의 기울기가 $\dfrac{2}{\ln 2}$이므로

$$f(2)=7,\ f'(2)=\dfrac{2}{\ln 2}$$

$f(2)=7$에서 $4\log_a 2+b=7$

$$\therefore b=7-4\log_a 2 \qquad \cdots\cdots \text{㉠}$$

$f(x)=4\log_a x+b$에서 $f'(x)=\dfrac{4}{x\ln a}$

$f'(2)=\dfrac{2}{\ln 2}$에서 $\dfrac{2}{\ln a}=\dfrac{2}{\ln 2}$ $\qquad \therefore a=2$

이를 ㉠에 대입하면 $b=7-4=3$

$$\therefore f'(x)=\dfrac{4}{x\ln 2}$$

$$\therefore \lim_{h\to 0}\dfrac{f(4+ah)-f(4-bh)}{h}$$

$$=\lim_{h\to 0}\dfrac{f(4+2h)-f(4-3h)}{h}$$

$$=\lim_{h\to 0}\dfrac{f(4+2h)-f(4)+f(4)-f(4-3h)}{h}$$

$$=\lim_{h\to 0}\dfrac{f(4+2h)-f(4)}{2h}\times 2+\lim_{h\to 0}\dfrac{f(4-3h)-f(4)}{-3h}\times 3$$

$$=2f'(4)+3f'(4)=5f'(4)$$

$$=\dfrac{5}{\ln 2}$$

12 답 $\dfrac{3}{e}$

함수 $f(x)$가 실수 전체의 집합에서 미분가능하면 실수 전체의 집합에서 연속이므로 $x=1$에서도 연속이다.

즉, $\lim\limits_{x\to 1+}f(x)=\lim\limits_{x\to 1-}f(x)$에서

$$\lim_{x\to 1+}\ln bx=\lim_{x\to 1-}e^{x+a}$$

$$\ln b=e^{1+a} \qquad \cdots\cdots \text{㉠} \qquad\qquad\qquad\text{······ 배점 30\%}$$

미분계수 $f'(1)$이 존재하고 $f'(x)=\begin{cases} e^{x+a} & (x<1) \\ \dfrac{1}{x} & (x>1) \end{cases}$ 이므로

$\lim\limits_{x\to 1+}f'(x)=\lim\limits_{x\to 1-}f'(x)$에서

$$\lim_{x\to 1+}\dfrac{1}{x}=\lim_{x\to 1-}e^{x+a}$$

$$1=e^{1+a},\ 1+a=0 \qquad \therefore a=-1 \qquad\qquad\text{······ 배점 40\%}$$

이를 ㉠에 대입하면

$$\ln b=1 \qquad \therefore b=e \qquad\qquad\qquad\qquad\text{······ 배점 10\%}$$

따라서 $f(x)=\begin{cases} e^{x-1} & (x<1) \\ \ln ex & (x\ge 1) \end{cases}$ 이므로

$$f(0)f(e^2)=e^{-1}\times\ln e^3=\dfrac{3}{e} \qquad\qquad\text{······ 배점 20\%}$$

01 9	02 ③	03 2	04 ③	05 ④	06 13
07 1	08 ②	09 4ln 2	10 $\sqrt{17}$	11 ⑤	12 1
13 e	14 2	15 ⑤	16 ④	17 ②	18 ⑤
19 $\dfrac{27}{4e}$	20 ⑤	21 8			

01 답 9

(개)의 $\log_2\{f(x)-3^{x+1}\}$에서 진수의 조건에 의하여

$f(x)-3^{x+1}>0$ $\therefore f(x)>3^{x+1}$ ······ ㉠

$\log_2\{f(x)-3^{x+1}\}\leq x\leq\log_2\{f(x)-3^{x+1}\}+1$에서

$\log_2\{f(x)-3^{x+1}\}\leq\log_2 2^x\leq\log_2 2\{f(x)-3^{x+1}\}$

로그의 밑이 1보다 크므로

$f(x)-3^{x+1}\leq 2^x\leq 2\{f(x)-3^{x+1}\}$

$f(x)-3^{x+1}\leq 2^x$에서 $f(x)\leq 2^x+3^{x+1}$ ······ ㉡

$2^x\leq 2\{f(x)-3^{x+1}\}$에서 $2^{x-1}\leq f(x)-3^{x+1}$

$\therefore f(x)\geq 2^{x-1}+3^{x+1}$ ······ ㉢

㉠, ㉡, ㉢에서 $2^{x-1}+3^{x+1}\leq f(x)\leq 2^x+3^{x+1}$

이때 (내)에서 $2^{x-1}+3^{x-1}\leq g(x)\leq 2^x+3^{x-1}$이므로

$\dfrac{2^{x-1}+3^{x+1}}{2^x+3^{x-1}}\leq\dfrac{f(x)}{g(x)}\leq\dfrac{2^x+3^{x+1}}{2^{x-1}+3^{x-1}}$

$\displaystyle\lim_{x\to\infty}\dfrac{2^{x-1}+3^{x+1}}{2^x+3^{x-1}}=\lim_{x\to\infty}\dfrac{\frac{1}{2}\times\left(\frac{2}{3}\right)^x+3}{\left(\frac{2}{3}\right)^x+\frac{1}{3}}=\dfrac{3}{\frac{1}{3}}=9$

$\displaystyle\lim_{x\to\infty}\dfrac{2^x+3^{x+1}}{2^{x-1}+3^{x-1}}=\lim_{x\to\infty}\dfrac{\left(\frac{2}{3}\right)^x+3}{\frac{1}{2}\times\left(\frac{2}{3}\right)^x+\frac{1}{3}}=\dfrac{3}{\frac{1}{3}}=9$

함수의 극한의 대소 관계에 의하여

$\displaystyle\lim_{x\to\infty}\dfrac{f(x)}{g(x)}=9$

개념 NOTE

(1) $a>1$일 때,

$\log_a f(x)>\log_a g(x)\Longleftrightarrow f(x)>g(x)$

(2) $0<a<1$일 때,

$\log_a f(x)>\log_a g(x)\Longleftrightarrow f(x)<g(x)$

02 답 ③

ㄱ. $a=2$, $b=4$이면

$f(x)=\dfrac{4^x+\log_2 x}{2^x+\log_4 x}$

$\displaystyle\lim_{x\to 0+}2^x=\lim_{x\to 0+}4^x=1$, $\displaystyle\lim_{x\to 0+}\log_2 x=-\infty$이므로

$\displaystyle\lim_{x\to 0+}\dfrac{2^x}{\log_2 x}=\lim_{x\to 0+}\dfrac{4^x}{\log_2 x}=0$

$\therefore \displaystyle\lim_{x\to 0+}f(x)=\lim_{x\to 0+}\dfrac{4^x+\log_2 x}{2^x+\log_4 x}=\lim_{x\to 0+}\dfrac{4^x+\log_2 x}{2^x+\frac{1}{2}\log_2 x}$

$=\displaystyle\lim_{x\to 0+}\dfrac{\frac{4^x}{\log_2 x}+1}{\frac{2^x}{\log_2 x}+\frac{1}{2}}=\dfrac{1}{\frac{1}{2}}=2$

ㄴ. $0<b<a<1$이면

$\displaystyle\lim_{x\to\infty}a^x=\lim_{x\to\infty}b^x=0$, $\displaystyle\lim_{x\to\infty}\log_a x=\lim_{x\to\infty}\log_b x=-\infty$

$\therefore \displaystyle\lim_{x\to\infty}\dfrac{a^x}{\log_b x}=\lim_{x\to\infty}\dfrac{b^x}{\log_b x}=0$

$\therefore \displaystyle\lim_{x\to\infty}f(x)=\lim_{x\to\infty}\dfrac{b^x+\log_a x}{a^x+\log_b x}=\lim_{x\to\infty}\dfrac{\frac{b^x}{\log_b x}+\frac{\log_a x}{\log_b x}}{\frac{a^x}{\log_b x}+1}$

$=\displaystyle\lim_{x\to\infty}\dfrac{\frac{b^x}{\log_b x}+\frac{\log_x b}{\log_x a}}{\frac{a^x}{\log_b x}+1}=\log_a b\neq 0$ ($\because b\neq 1$)

ㄷ. $\dfrac{1}{x}=t$로 놓으면 $x\to\infty$일 때 $t\to 0+$이므로

$\displaystyle\lim_{x\to\infty}f\left(\dfrac{1}{x}\right)=\lim_{t\to 0+}f(t)=\lim_{t\to 0+}\dfrac{b^t+\log_a t}{a^t+\log_b t}$

$\displaystyle\lim_{t\to 0+}a^t=\lim_{t\to 0+}b^t=1$, $\displaystyle\lim_{t\to 0+}|\log_a t|=\lim_{t\to 0+}|\log_b t|=\infty$이므로

$\displaystyle\lim_{t\to 0+}\dfrac{a^t}{\log_b t}=\lim_{t\to 0+}\dfrac{b^t}{\log_b t}=0$

$\therefore \displaystyle\lim_{x\to\infty}f\left(\dfrac{1}{x}\right)=\lim_{t\to 0+}f(t)=\lim_{t\to 0+}\dfrac{b^t+\log_a t}{a^t+\log_b t}$

$=\displaystyle\lim_{t\to 0+}\dfrac{\frac{b^t}{\log_b t}+\frac{\log_a t}{\log_b t}}{\frac{a^t}{\log_b t}+1}=\lim_{t\to 0+}\dfrac{\frac{b^t}{\log_b t}+\frac{\log_t b}{\log_t a}}{\frac{a^t}{\log_b t}+1}$

$=\log_a b$

따라서 보기에서 옳은 것은 ㄱ, ㄷ이다.

03 답 2

$\dfrac{1}{n}=t$로 놓으면 $n\to\infty$일 때 $t\to 0+$이므로

$f(x)=\displaystyle\lim_{n\to\infty}n(x^{\frac{1}{n}}-1)=\lim_{t\to 0+}\dfrac{x^t-1}{t}=\ln x$

$\therefore \displaystyle\lim_{x\to\infty}2x\{f(x+2)-f(x+1)\}=\lim_{x\to\infty}2x\{\ln(x+2)-\ln(x+1)\}$

$=\displaystyle\lim_{x\to\infty}2x\ln\dfrac{x+2}{x+1}$

$=\displaystyle\lim_{x\to\infty}\ln\left(1+\dfrac{1}{x+1}\right)^{2x}$

$=\displaystyle\lim_{x\to\infty}\ln\left\{\left(1+\dfrac{1}{x+1}\right)^{x+1}\right\}^{\frac{2x}{x+1}}$

$=\displaystyle\lim_{x\to\infty}\dfrac{2x}{x+1}\ln\left(1+\dfrac{1}{x+1}\right)^{x+1}$

$=2\ln e=2$

다른 풀이

$\displaystyle\lim_{x\to\infty}2x\{f(x+2)-f(x+1)\}=\lim_{x\to\infty}2x\{\ln(x+2)-\ln(x+1)\}$

$=\displaystyle\lim_{x\to\infty}2x\ln\dfrac{x+2}{x+1}$

$=\displaystyle\lim_{x\to\infty}\ln\left(\dfrac{x+2}{x+1}\right)^{2x}$

$=\displaystyle\ln\lim_{x\to\infty}\left(\dfrac{1+\frac{2}{x}}{1+\frac{1}{x}}\right)^{2x}$

$=\displaystyle\ln\lim_{x\to\infty}\dfrac{\left\{\left(1+\frac{2}{x}\right)^{\frac{x}{2}}\right\}^4}{\left\{\left(1+\frac{1}{x}\right)^x\right\}^2}$

$=\displaystyle\ln\dfrac{e^4}{e^2}=\ln e^2=2$

04 답 ③

$y=2e^{\frac{x}{2}-1}+1$이라 하면

$$\frac{y-1}{2}=e^{\frac{x}{2}-1}$$

양변에 자연로그를 취하면

$$\ln\frac{y-1}{2}=\frac{x}{2}-1,\quad \frac{x}{2}=\ln\frac{y-1}{2}+1$$

$$\therefore x=2\ln\frac{y-1}{2}+2$$

x와 y를 서로 바꾸면

$$y=2\ln\frac{x-1}{2}+2 \qquad \therefore g(x)=2\ln\frac{x-1}{2}+2$$

$$\therefore \lim_{x\to1}\frac{f(x+1)-3}{g(x+2)-2}=\lim_{x\to1}\frac{2e^{\frac{x+1}{2}-1}-2}{2\ln\frac{x+1}{2}}=\lim_{x\to1}\frac{e^{\frac{x-1}{2}}-1}{\ln\frac{x+1}{2}}$$

$\dfrac{x-1}{2}=t$로 놓으면 $x\to1$일 때 $t\to0$이므로

$$\lim_{x\to1}\frac{f(x+1)-3}{g(x+2)-2}=\lim_{x\to1}\frac{e^{\frac{x-1}{2}}-1}{\ln\frac{x+1}{2}}$$

$$=\lim_{t\to0}\frac{e^t-1}{\ln(1+t)}$$

$$=\lim_{t\to0}\left\{\frac{e^t-1}{t}\times\frac{t}{\ln(1+t)}\right\}$$

$$=1\times1=1$$

05 답 ④

함수 $g(x)$가 실수 전체의 집합에서 연속이면 $x=0$에서도 연속이므로
$\lim\limits_{x\to0+}g(x)=\lim\limits_{x\to0-}g(x)$에서

$$\lim_{x\to0+}(e^x-a)=\lim_{x\to0-}\left(\frac{2}{x}+5\right)\ln\left(\sqrt{\frac{1}{x^2}+3}+\frac{1}{x}+1\right)$$

$$\therefore \lim_{x\to0-}\left(\frac{2}{x}+5\right)\ln\left(\sqrt{\frac{1}{x^2}+3}+\frac{1}{x}+1\right)=1-a \quad\cdots\cdots\text{㉠}$$

$-\dfrac{1}{x}=t$로 놓으면 $x\to0-$일 때 $t\to\infty$이므로

$$\lim_{x\to0-}\left(\frac{2}{x}+5\right)\ln\left(\sqrt{\frac{1}{x^2}+3}+\frac{1}{x}+1\right)$$

$$=\lim_{t\to\infty}(5-2t)\ln(\sqrt{t^2+3}-t+1)$$

$$=\lim_{t\to\infty}\left\{(5-2t)\times\frac{\ln(\sqrt{t^2+3}-t+1)}{\sqrt{t^2+3}-t}\times(\sqrt{t^2+3}-t)\right\}$$

$$=\lim_{t\to\infty}\left\{\frac{\ln(1+\sqrt{t^2+3}-t)}{\sqrt{t^2+3}-t}\times\frac{(5-2t)(\sqrt{t^2+3}-t)(\sqrt{t^2+3}+t)}{\sqrt{t^2+3}+t}\right\}$$

$$=\lim_{t\to\infty}\left\{\frac{\ln(1+\sqrt{t^2+3}-t)}{\sqrt{t^2+3}-t}\times\frac{15-6t}{\sqrt{t^2+3}+t}\right\}$$

$$=\lim_{t\to\infty}\left\{\frac{\ln(1+\sqrt{t^2+3}-t)}{\sqrt{t^2+3}-t}\times\frac{\dfrac{15}{t}-6}{\sqrt{1+\dfrac{3}{t^2}}+1}\right\}$$

$$=1\times\frac{-6}{1+1}=-3$$

$\sqrt{t^2+3}-t=s$로 놓으면 $t\to\infty$일 때 $s\to0$이므로
$$\lim_{t\to\infty}\frac{\ln(1+\sqrt{t^2+3}-t)}{\sqrt{t^2+3}-t}=\lim_{s\to0}\frac{\ln(1+s)}{s}=1$$

㉠에서 $-3=1-a$이므로

$$a=4$$

06 답 13

$f(x)=ax^2+bx+c$ (a, b, c는 상수, $a\ne0$)라 하면 곡선 $y=f(x)$가 점
$(-2, 1)$을 지나므로 $f(-2)=1$에서

$$4a-2b+c=1 \quad\cdots\cdots\text{㉠}$$

$\lim\limits_{x\to0}\dfrac{\ln f(x)}{2x}$에서 $x\to0$일 때 (분모)$\to0$이고 극한값이 존재하므로
(분자)$\to0$이다.

즉, $\lim\limits_{x\to0}\ln f(x)=0$에서

$$\ln f(0)=0, \ln c=0 \qquad \therefore c=1 \quad\cdots\cdots\text{배점 }20\%$$

이를 ㉠에 대입하면

$$4a-2b+1=1 \qquad \therefore b=2a \quad\cdots\cdots\text{배점 }10\%$$

따라서 $f(x)=ax^2+2ax+1$이므로

$$f'(4)=\lim_{x\to0}\frac{\ln f(x)}{2x}+\frac{9}{2}=\lim_{x\to0}\frac{\ln(ax^2+2ax+1)}{2x}+\frac{9}{2}$$

$$=\lim_{x\to0}\left\{\frac{\ln(1+ax^2+2ax)}{ax^2+2ax}\times\frac{ax+2a}{2}\right\}+\frac{9}{2}$$

$$=1\times a+\frac{9}{2}=a+\frac{9}{2} \quad\cdots\cdots\text{배점 }20\%$$

한편 $f'(x)=2ax+2a$이므로

$$f'(4)=8a+2a=10a$$

즉, $a+\dfrac{9}{2}=10a$이므로 $9a=\dfrac{9}{2}$ $\qquad \therefore a=\dfrac{1}{2}$ $\quad\cdots\cdots\text{배점 }30\%$

따라서 $f(x)=\dfrac{1}{2}x^2+x+1$이므로

$$f(4)=8+4+1=13 \quad\cdots\cdots\text{배점 }20\%$$

07 답 1

이차함수 $g(x)$의 최고차항의 계수가 1이므로
$g(x)=x^2+ax+b$ (a, b는 상수)라 하면

$$f(x)g(x)=\begin{cases}\dfrac{x^2+ax+b}{2^{x-1}-1} & (x\ne1)\\[2mm]2(1+a+b) & (x=1)\end{cases}$$

함수 $f(x)g(x)$가 실수 전체의 집합에서 연속이면 $x=1$에서도 연속이
므로 $\lim\limits_{x\to1}f(x)g(x)=f(1)g(1)$에서

$$\lim_{x\to1}\frac{x^2+ax+b}{2^{x-1}-1}=2(1+a+b) \quad\cdots\cdots\text{㉠}$$

$x\to1$일 때 (분모)$\to0$이고 극한값이 존재하므로 (분자)$\to0$이다.

즉, $\lim\limits_{x\to1}(x^2+ax+b)=0$에서

$$1+a+b=0 \qquad \therefore b=-a-1 \quad\cdots\cdots\text{㉡}$$

㉡을 ㉠에 대입하면

$$\lim_{x\to1}\frac{x^2+ax-a-1}{2^{x-1}-1}=0$$

$x-1=t$로 놓으면 $x\to1$일 때 $t\to0$이므로

$$\lim_{x\to1}\frac{x^2+ax-a-1}{2^{x-1}-1}=\lim_{t\to0}\frac{(1+t)^2+a(1+t)-a-1}{2^t-1}$$

$$=\lim_{t\to0}\frac{t^2+(a+2)t}{2^t-1}$$

$$=\lim_{t\to0}\left\{\frac{t}{2^t-1}\times(t+a+2)\right\}$$

$$=\frac{a+2}{\ln2}$$

즉, $\dfrac{a+2}{\ln2}=0$이므로 $a=-2$

이를 ㉡에 대입하면 $b=2-1=1$

따라서 $f(x)g(x)=\begin{cases}\dfrac{x^2-2x+1}{2^{x-1}-1} & (x\ne1)\\[2mm]0 & (x=1)\end{cases}$이므로

$$f(2)g(2)=\frac{4-4+1}{2-1}=1$$

08 답 ②

두 곡선 $y=e^{x-1}$, $y=a^x$이 만나는 점의 x좌표를 구하면

$e^{x-1}=a^x$

양변에 자연로그를 취하면

$x-1=x\ln a$, $(1-\ln a)x=1$ $\qquad \therefore x=\dfrac{1}{1-\ln a}$

즉, $f(a)=\dfrac{1}{1-\ln a}$이므로

$\displaystyle\lim_{a\to e+}\frac{1}{(e-a)f(a)}=\lim_{a\to e+}\frac{1-\ln a}{e-a}$

$a-e=t$로 놓으면 $a\to e+$일 때 $t\to 0+$이므로

$\displaystyle\lim_{a\to e+}\frac{1}{(e-a)f(a)}=\lim_{a\to e+}\frac{1-\ln a}{e-a}$

$\displaystyle\qquad=\lim_{t\to 0+}\frac{1-\ln(e+t)}{-t}$

$\displaystyle\qquad=\lim_{t\to 0+}\frac{\ln(e+t)-\ln e}{t}$

$\displaystyle\qquad=\lim_{t\to 0+}\frac{\ln\left(1+\dfrac{t}{e}\right)}{t}$

$\displaystyle\qquad=\lim_{t\to 0+}\frac{\ln\left(1+\dfrac{t}{e}\right)}{\dfrac{t}{e}}\times\frac{1}{e}$

$\displaystyle\qquad=1\times\frac{1}{e}=\frac{1}{e}$

09 답 $4\ln 2$

두 곡선 $y=2^x$, $y=-2^x+a$가 만나는 점 C의 x좌표를 구하면

$2^x=-2^x+a$, $2\times 2^x=a$

$2^x=\dfrac{a}{2}$ $\qquad \therefore x=\log_2\dfrac{a}{2}$

$\therefore \mathrm{C}\left(\log_2\dfrac{a}{2},\ \dfrac{a}{2}\right)$

$\mathrm{A}(0,\ 1)$, $\mathrm{B}(0,\ a-1)$이므로 $\overline{\mathrm{AB}}=a-2$

$\therefore S(a)=\dfrac{1}{2}\times(a-2)\times\log_2\dfrac{a}{2}$

$\therefore \displaystyle\lim_{a\to 2+}\frac{(a-2)^2}{S(a)}=\lim_{a\to 2+}\frac{(a-2)^2}{\dfrac{1}{2}\times(a-2)\times\log_2\dfrac{a}{2}}$

$\displaystyle\qquad=2\lim_{a\to 2+}\frac{a-2}{\log_2\dfrac{a}{2}}$

$a-2=t$로 놓으면 $a\to 2+$일 때 $t\to 0+$이므로

$\displaystyle\lim_{a\to 2+}\frac{(a-2)^2}{S(a)}=2\lim_{a\to 2+}\frac{a-2}{\log_2\dfrac{a}{2}}$

$\displaystyle\qquad=2\lim_{t\to 0+}\frac{t}{\log_2\dfrac{2+t}{2}}$

$\displaystyle\qquad=2\lim_{t\to 0+}\frac{\dfrac{t}{2}}{\log_2\left(1+\dfrac{t}{2}\right)}\times 2$

$\displaystyle\qquad=2\times\ln 2\times 2=4\ln 2$

10 답 $\sqrt{17}$

$S_1(t)=\dfrac{1}{2}\times\overline{\mathrm{PR}}\times\overline{\mathrm{AP}}$, $S_2(t)=\dfrac{1}{2}\times\overline{\mathrm{QR}}\times\overline{\mathrm{AP}}$이므로

$\dfrac{S_2(t)}{S_1(t)}=\dfrac{\overline{\mathrm{QR}}\times\overline{\mathrm{AP}}}{\overline{\mathrm{PR}}\times\overline{\mathrm{AP}}}=\dfrac{\overline{\mathrm{QR}}}{\overline{\mathrm{PR}}}$

곡선 $y=\ln(4x-3)$이 x축과 만나는 점 A의 x좌표를 구하면

$\ln(4x-3)=0$

$4x-3=1$ $\qquad \therefore x=1$

$\therefore \mathrm{A}(1,\ 0)$

$t>1$이므로 $\overline{\mathrm{AP}}=t-1$

$\mathrm{Q}(t,\ \ln(4t-3))$이므로

$\overline{\mathrm{AQ}}=\sqrt{(t-1)^2+\{\ln(4t-3)\}^2}$

직선 AR가 $\angle\mathrm{QAP}$를 이등분하므로

$\overline{\mathrm{AP}}:\overline{\mathrm{AQ}}=\overline{\mathrm{PR}}:\overline{\mathrm{QR}}$

$\therefore \dfrac{\overline{\mathrm{QR}}}{\overline{\mathrm{PR}}}=\dfrac{\overline{\mathrm{AQ}}}{\overline{\mathrm{AP}}}=\dfrac{\sqrt{(t-1)^2+\{\ln(4t-3)\}^2}}{t-1}$

$\therefore \displaystyle\lim_{t\to 1+}\frac{S_2(t)}{S_1(t)}=\lim_{t\to 1+}\frac{\overline{\mathrm{QR}}}{\overline{\mathrm{PR}}}$

$\displaystyle\qquad=\lim_{t\to 1+}\frac{\sqrt{(t-1)^2+\{\ln(4t-3)\}^2}}{t-1}$

$\displaystyle\qquad=\lim_{t\to 1+}\sqrt{1+\left\{\frac{\ln(4t-3)}{t-1}\right\}^2}$

$t-1=s$로 놓으면 $t\to 1+$일 때 $s\to 0+$이므로

$\displaystyle\lim_{t\to 1+}\frac{S_2(t)}{S_1(t)}=\lim_{t\to 1+}\sqrt{1+\left\{\frac{\ln(4t-3)}{t-1}\right\}^2}$

$\displaystyle\qquad=\lim_{s\to 0+}\sqrt{1+\left\{\frac{\ln(1+4s)}{s}\right\}^2}$

$\displaystyle\qquad=\lim_{s\to 0+}\sqrt{1+\left\{\frac{\ln(1+4s)}{4s}\right\}^2\times 16}$

$\displaystyle\qquad=\sqrt{1+1^2\times 16}=\sqrt{17}$

11 답 ⑤

$y=e^x-1$에서 $y+1=e^x$

양변에 자연로그를 취하면

$\ln(y+1)=x$

x와 y를 서로 바꾸면

$y=\ln(x+1)$

즉, 두 함수 $y=e^x-1$, $y=\ln(x+1)$은 서로 역함수 관계이므로 그 그래프는 직선 $y=x$에 대하여 서로 대칭이다.

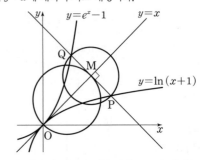

또 직선 $y=x$와 점 P를 지나고 기울기가 -1인 직선은 서로 수직이므로 두 점 P, Q는 직선 $y=x$에 대하여 서로 대칭이다.

$\therefore \mathrm{Q}(b,\ a)$

선분 PQ의 중점을 M이라 하면

$\mathrm{M}\left(\dfrac{a+b}{2},\ \dfrac{a+b}{2}\right)$

$\therefore \overline{\mathrm{PM}}=\sqrt{\left(a-\dfrac{a+b}{2}\right)^2+\left(b-\dfrac{a+b}{2}\right)^2}=\sqrt{\dfrac{(a-b)^2}{2}}$

$\therefore S(a)=\pi\overline{\mathrm{PM}}^2=\dfrac{\pi}{2}(a-b)^2$

또 $\overline{OM} = \sqrt{\left(\dfrac{a+b}{2}\right)^2 + \left(\dfrac{a+b}{2}\right)^2} = \sqrt{\dfrac{(a+b)^2}{2}}$ 이므로

$$T(a) = \pi\left(\dfrac{1}{2}\overline{OM}\right)^2 = \dfrac{\pi}{8}(a+b)^2$$

이때 점 $P(a, b)$는 곡선 $y = \ln(x+1)$ 위의 점이므로

$b = \ln(a+1)$

$$\therefore 4T(a) - S(a) = \dfrac{\pi}{2}(a+b)^2 - \dfrac{\pi}{2}(a-b)^2$$
$$= 2\pi ab = 2\pi a\ln(a+1)$$

$$\therefore \lim_{a \to 0+} \dfrac{4T(a) - S(a)}{\pi a^2} = \lim_{a \to 0+} \dfrac{2\pi a\ln(a+1)}{\pi a^2}$$
$$= 2\lim_{a \to 0+} \dfrac{\ln(1+a)}{a}$$
$$= 2 \times 1 = 2$$

12 답 1

$f_n(x) = (x+1)^n - e^x$ 이라 하면

$f_n'(x) = n(x+1)^{n-1} - e^x$

$f_n(0) = 0$ 이므로

$$a_n = \lim_{x \to 0} \dfrac{\ln(x+1)}{(x+1)^n - e^x} = \lim_{x \to 0} \dfrac{\ln(x+1)}{f_n(x) - f_n(0)}$$
$$= \lim_{x \to 0}\left\{\dfrac{\ln(1+x)}{x} \times \dfrac{x}{f_n(x) - f_n(0)}\right\}$$
$$= 1 \times \dfrac{1}{f_n'(0)}$$
$$= \dfrac{1}{n-1}$$

$$\therefore \sum_{n=2}^{\infty} a_n a_{n+1} = \sum_{n=2}^{\infty}\left(\dfrac{1}{n-1} \times \dfrac{1}{n}\right)$$
$$= \sum_{n=2}^{\infty}\left(\dfrac{1}{n-1} - \dfrac{1}{n}\right)$$
$$= \lim_{n \to \infty}\sum_{k=2}^{n}\left(\dfrac{1}{k-1} - \dfrac{1}{k}\right)$$
$$= \lim_{n \to \infty}\left\{\left(1 - \dfrac{1}{2}\right) + \left(\dfrac{1}{2} - \dfrac{1}{3}\right) + \cdots + \left(\dfrac{1}{n-1} - \dfrac{1}{n}\right)\right\}$$
$$= \lim_{n \to \infty}\left(1 - \dfrac{1}{n}\right) = 1$$

13 답 e

㈎의 $\lim\limits_{x \to 2} \dfrac{g(x)}{x-2} = 0$에서 $x \to 2$일 때 (분모) $\to 0$이고 극한값이 존재하므로 (분자) $\to 0$이다.

즉, $\lim\limits_{x \to 2} g(x) = 0$에서 $g(2) = 0$

따라서 $\lim\limits_{x \to 2} \dfrac{g(x)}{x-2} = \lim\limits_{x \to 2} \dfrac{g(x) - g(2)}{x-2} = g'(2)$이므로

$g'(2) = 0$ .... 배점 **20%**

$g(x) = e^x f(x)$의 양변을 x에 대하여 미분하면

$g'(x) = e^x f(x) + e^x f'(x)$

$\therefore g'(x) = e^x\{f(x) + f'(x)\}$ ...... ㉠

$g(x) = e^x f(x)$의 양변에 $x = 2$를 대입하면

$g(2) = e^2 f(2)$

$e^2 f(2) = 0 \quad \therefore f(2) = 0$

㉠의 양변에 $x = 2$를 대입하면

$g'(2) = e^2\{f(2) + f'(2)\}$

$e^2 f'(2) = 0 \quad \therefore f'(2) = 0$ .... 배점 **30%**

삼차함수 $f(x)$의 최고차항의 계수가 1이고 $f(2) = 0$, $f'(2) = 0$이므로 $f(x) = (x+a)(x-2)^2$ (a는 상수)라 하자.

㈏에서

$$\lim_{x \to 0} \dfrac{f(2x) - g(2x)}{x} = \lim_{x \to 0} \dfrac{f(2x) - e^{2x}f(2x)}{x}$$
$$= \lim_{x \to 0}\left\{f(2x) \times \dfrac{1 - e^{2x}}{x}\right\}$$
$$= \lim_{x \to 0}\left\{(2x+a)(2x-2)^2 \times \dfrac{e^{2x}-1}{2x} \times (-2)\right\}$$
$$= 4a \times 1 \times (-2)$$
$$= -8a$$

즉, $-8a = 8$이므로 $a = -1$ .... 배점 **30%**

따라서 $f(x) = (x-1)(x-2)^2$이므로

$f'(x) = (x-2)^2 + (x-1) \times 2(x-2)$

㉠의 양변에 $x = 1$을 대입하면

$g'(1) = e\{f(1) + f'(1)\} = e(0+1) = e$ .... 배점 **20%**

14 답 2

$\ln f_n(x) = (n-1)\{x - \ln(e^x + 2)\}$에서

$$\ln f_n(x) = (n-1)\ln\dfrac{e^x}{e^x+2}$$
$$= \ln\left(\dfrac{e^x}{e^x+2}\right)^{n-1}$$

$$\therefore f_n(x) = \left(\dfrac{e^x}{e^x+2}\right)^{n-1}$$

$0 < \dfrac{e^x}{e^x+2} < 1$이므로

$$g(x) = \lim_{n \to \infty}\{f_1(x) + f_2(x) + f_3(x) + \cdots + f_n(x)\}$$
$$= \sum_{n=1}^{\infty} f_n(x)$$
$$= \sum_{n=1}^{\infty}\left(\dfrac{e^x}{e^x+2}\right)^{n-1}$$
$$= \dfrac{1}{1 - \dfrac{e^x}{e^x+2}}$$
$$= \dfrac{e^x+2}{2}$$

즉, $g'(x) = \dfrac{1}{2}e^x$이므로

$\ln g'(x) = \ln\left(\dfrac{1}{2}e^x\right) = x - \ln 2$

$$\therefore \sum_{n=1}^{\infty} \dfrac{1}{\ln g'(n) \times \ln g'(n+1)}$$
$$= \sum_{n=1}^{\infty} \dfrac{1}{(n - \ln 2)(n+1-\ln 2)}$$
$$= \sum_{n=1}^{\infty}\left(\dfrac{1}{n-\ln 2} - \dfrac{1}{n+1-\ln 2}\right)$$
$$= \lim_{n \to \infty}\sum_{k=1}^{n}\left(\dfrac{1}{k-\ln 2} - \dfrac{1}{k+1-\ln 2}\right)$$
$$= \lim_{n \to \infty}\left\{\left(\dfrac{1}{1-\ln 2} - \dfrac{1}{2-\ln 2}\right) + \left(\dfrac{1}{2-\ln 2} - \dfrac{1}{3-\ln 2}\right) \right.$$
$$\left. + \cdots + \left(\dfrac{1}{n-\ln 2} - \dfrac{1}{n+1-\ln 2}\right)\right\}$$
$$= \lim_{n \to \infty}\left(\dfrac{1}{1-\ln 2} - \dfrac{1}{n+1-\ln 2}\right)$$
$$= \dfrac{1}{1-\ln 2}$$

$\therefore a = 2$

15 답 ⑤

ㄱ. 두 함수 $f(x)=\ln x$, $g(x)=\ln\dfrac{1}{x}$의 그래프가 만나는 점 P의 x좌

표를 구하면

$\ln x=\ln\dfrac{1}{x}$

$\ln x=-\ln x$, $2\ln x=0$

$\therefore x=1$

따라서 점 P의 좌표는 $(1, f(1))$, 즉 $(1, 0)$이다.

ㄴ. $f(x)=\ln x$에서 $f'(x)=\dfrac{1}{x}$이므로 점 P에서의 접선의 기울기는

$f'(1)=1$

$g(x)=\ln\dfrac{1}{x}=-\ln x$에서 $g'(x)=-\dfrac{1}{x}$이므로 점 P에서의 접선의

기울기는

$g'(1)=-1$

따라서 $f'(1)g'(1)=1\times(-1)=-1$이므로 두 곡선 $y=f(x)$,

$y=g(x)$ 위의 점 P에서의 각각의 접선은 서로 수직이다.

ㄷ. 두 곡선 $y=f(x)$, $y=g(x)$는 x축에 대

하여 서로 대칭이므로 그림과 같다.

곡선 $y=f(x)$ 위의 점 P에서의 접선의

기울기는 $f'(1)=1$이고 1보다 큰 실수 t

에 대하여 $t\to\infty$일 때, 두 점 $P(1, 0)$,

$(t, f(t))$를 지나는 직선의 기울기는 0

에 한없이 가까워진다.

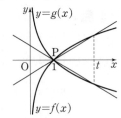

$\therefore 0<\dfrac{f(t)}{t-1}<1$ ...... ㉠

또 곡선 $y=g(x)$ 위의 점 P에서의 접선의 기울기는 $g'(1)=-1$이

고 1보다 큰 실수 t에 대하여 $t\to\infty$일 때, 두 점 $P(1, 0)$, $(t, g(t))$

를 지나는 직선의 기울기는 0에 한없이 가까워진다.

$\therefore -1<\dfrac{g(t)}{t-1}<0$ ...... ㉡

㉠, ㉡에서

$-1<\dfrac{f(t)}{t-1}\times\dfrac{g(t)}{t-1}<0$

$\therefore -1<\dfrac{f(t)g(t)}{(t-1)^2}<0$

따라서 보기에서 옳은 것은 ㄱ, ㄴ, ㄷ이다.

개념 NOTE

두 직선 $y=mx+n$, $y=m'x+n'$이 서로 수직이면 $mm'=-1$이다.

16 답 ④

함수 $\dfrac{f_n(x)}{g_n(x)}=\begin{cases}\dfrac{x^n+kx^2}{(e^x-1)\ln(2x+1)} & (x\neq0)\\ 0 & (x=0)\end{cases}$이 $x>-\dfrac{1}{2}$에서 연속이

므로 $x=0$에서도 연속이다.

즉, $\displaystyle\lim_{x\to0}\dfrac{f_n(x)}{g_n(x)}=\dfrac{f_n(0)}{g_n(0)}$에서

$\displaystyle\lim_{x\to0}\dfrac{x^n+kx^2}{(e^x-1)\ln(2x+1)}=0$

$\displaystyle\lim_{x\to0}\left\{\dfrac{x}{e^x-1}\times\dfrac{2x}{\ln(1+2x)}\times\dfrac{x^{n-2}+k}{2}\right\}=0$

$1\times1\times\dfrac{k}{2}=0$

$\therefore k=0$

따라서 $f_n(x)=x^n$이므로

$h_n(x)=f_n(x)\ln x=x^n\ln x$

$\therefore h_n'(x)=nx^{n-1}\ln x+x^n\times\dfrac{1}{x}$

$\qquad\qquad =x^{n-1}(n\ln x+1)$

이때 $x>0$이므로 $h_n'(x)=0$에서

$n\ln x+1=0$

$\ln x=-\dfrac{1}{n}$

$\therefore x=e^{-\frac{1}{n}}$

따라서 $a_n=e^{-\frac{1}{n}}$이므로

$\dfrac{a_4a_8}{a_3a_6}=\dfrac{e^{-\frac{1}{4}}\times e^{-\frac{1}{8}}}{e^{-\frac{1}{3}}\times e^{-\frac{1}{6}}}=\dfrac{e^{-\frac{3}{8}}}{e^{-\frac{1}{2}}}$

$\qquad\quad =e^{-\frac{3}{8}+\frac{1}{2}}=e^{\frac{1}{8}}$

따라서 $m=\dfrac{1}{8}$이므로

$24m=24\times\dfrac{1}{8}=3$

17 답 ②

㈎에서 $f(x+y)=f(x)f(y)+4f(x)+4f(y)+12$의 양변에

$x=2\ln2$, $y=0$을 대입하면

$f(2\ln2)=f(2\ln2)f(0)+4f(2\ln2)+4f(0)+12$

$f(2\ln2)\{f(0)+3\}+4\{f(0)+3\}=0$

$\{f(2\ln2)+4\}\{f(0)+3\}=0$

이때 ㈏에서 $f(2\ln2)\neq-4$이므로

$f(0)=-3$

도함수의 정의에 의하여

$f'(x)=\displaystyle\lim_{h\to0}\dfrac{f(x+h)-f(x)}{h}$

$\qquad =\displaystyle\lim_{h\to0}\dfrac{f(x)f(h)+4f(x)+4f(h)+12-f(x)}{h}$

$\qquad =\displaystyle\lim_{h\to0}\dfrac{\{f(x)+4\}\{f(h)+3\}}{h}$

$\qquad =\{f(x)+4\}\displaystyle\lim_{h\to0}\dfrac{f(h)-f(0)}{h}$

$\qquad =\{f(x)+4\}\times f'(0)$

$\qquad =\dfrac{1}{2}\{f(x)+4\}$ $(\because$ ㈏$)$

곡선 $y=f(x)$ 위의 $x=2\ln2$인 점에서의 접선의 기울기는

$f'(2\ln2)=\dfrac{1}{2}\{f(2\ln2)+4\}=\dfrac{1}{2}(-2+4)=1$

한편 $g(x)=\dfrac{1}{2}x^2-2\ln x$에서

$g'(x)=x-\dfrac{2}{x}$

곡선 $y=g(x)$ 위의 $x=k$인 점에서의 접선의 기울기는

$g'(k)=k-\dfrac{2}{k}$

두 접선이 서로 수직이므로 $f'(2\ln2)g'(k)=-1$에서

$1\times\left(k-\dfrac{2}{k}\right)=-1$

$k^2+k-2=0$

$(k+2)(k-1)=0$

$\therefore k=1$ $(\because k>0)$

18 답 ⑤

$f(x) = |2^x - 16| + 3$

$= \begin{cases} -2^x + 19 & (x < 4) \\ 2^x - 13 & (x \geq 4) \end{cases}$

이므로 곡선 $y = f(x)$는 그림과 같다.

따라서 곡선 $y = f(x)$와 직선 $y = t$가 만나는 점의
개수 $g(t)$는

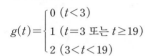

$g(t) = \begin{cases} 0 & (t < 3) \\ 1 & (t = 3 \text{ 또는 } t \geq 19) \\ 2 & (3 < t < 19) \end{cases}$

함수 $f(x)$는 실수 전체의 집합에서 연속이고 함수 $g(x)$는 $x = 3$,
$x = 19$에서 불연속이므로 함수 $\{f(x) - k\}g(x)$가 불연속인 x의 개수가
1이 되려면 $x = 3$에서는 연속이거나 $x = 19$에서는 연속이어야 한다.

(i) 함수 $\{f(x) - k\}g(x)$가 $x = 3$에서 연속일 때,

$\lim\limits_{x \to 3+} \{f(x) - k\}g(x) = \lim\limits_{x \to 3-} \{f(x) - k\}g(x) = \{f(3) - k\}g(3)$

이어야 하므로

$\lim\limits_{x \to 3+}(-2^x + 19 - k) \times 2 = \lim\limits_{x \to 3-}(-2^x + 19 - k) \times 0 = (11 - k) \times 1$

$2(11 - k) = 0 = 11 - k$

$\therefore k = 11$

(ii) 함수 $\{f(x) - k\}g(x)$가 $x = 19$에서 연속일 때,

$\lim\limits_{x \to 19+}\{f(x) - k\}g(x) = \lim\limits_{x \to 19-}\{f(x) - k\}g(x)$이어야 하므로

$\lim\limits_{x \to 19+}(2^x - 13 - k) \times 1 = \lim\limits_{x \to 19-}(2^x - 13 - k) \times 2$

$2^{19} - 13 - k = 2(2^{19} - 13 - k)$

$2^{19} - 13 - k = 0$ $\therefore k = 2^{19} - 13$

(i), (ii)에서

$k = 11$ 또는 $k = 2^{19} - 13$

따라서 k의 최솟값은 11이므로

$a = 11$

$f(x) = \begin{cases} -2^x + 19 & (x < 4) \\ 2^x - 13 & (x \geq 4) \end{cases}$에서

$f'(x) = \begin{cases} -2^x \ln 2 & (x < 4) \\ 2^x \ln 2 & (x > 4) \end{cases}$

$\therefore \dfrac{f'(a)}{\ln 16} = \dfrac{f'(11)}{\ln 16} = \dfrac{2^{11} \ln 2}{4 \ln 2} = 2^9 = 512$

19 답 $\dfrac{27}{4e}$

함수 $f(x)$가 실수 전체의 집합에서 미분가능하면 실수 전체의 집합에서
연속이므로 $x = t$에서도 연속이다.

즉, $\lim\limits_{x \to t+}f(x) = \lim\limits_{x \to t-}f(x)$에서

$\lim\limits_{x \to t+}kx^3a^x = \lim\limits_{x \to t-}x$

$kt^3a^t = t$ $\therefore kt^2a^t = 1$ $\cdots\cdots$ ㉠

$f(x) = \begin{cases} \left(\dfrac{1}{a}\right)^x - 1 & (x < 0) \\ x & (0 \leq x < t) \\ kx^3a^x & (x \geq t) \end{cases}$에서

$f'(x) = \begin{cases} \left(\dfrac{1}{a}\right)^x \ln\dfrac{1}{a} & (x < 0) \\ 1 & (0 < x < t) \\ 3kx^2a^x + kx^3a^x \ln a & (x > t) \end{cases}$

미분계수 $f'(0)$이 존재하므로 $\lim\limits_{x \to 0+}f'(x) = \lim\limits_{x \to 0-}f'(x)$에서

$\lim\limits_{x \to 0+}1 = \lim\limits_{x \to 0-}\left(\dfrac{1}{a}\right)^x \ln\dfrac{1}{a}$

$1 = \ln\dfrac{1}{a}$ $\therefore a = \dfrac{1}{e}$

또 미분계수 $f'(t)$가 존재하므로 $\lim\limits_{x \to t+}f'(x) = \lim\limits_{x \to t-}f'(x)$에서

$\lim\limits_{x \to t+}(3kx^2a^x + kx^3a^x \ln a) = \lim\limits_{x \to t-}1$

$3kt^2a^t + kt^3a^t \ln a = 1$

㉠을 대입하면

$3 + t \ln a = 1$

$3 + t \ln\dfrac{1}{e} = 1 \left(\because a = \dfrac{1}{e}\right)$

$3 - t = 1$ $\therefore t = 2$

$a = \dfrac{1}{e}$, $t = 2$를 ㉠에 대입하면

$4\left(\dfrac{1}{e}\right)^2 k = 1$ $\therefore k = \dfrac{e^2}{4}$

따라서 $x \geq 2$에서 $f(x) = \dfrac{e^2}{4}x^3\left(\dfrac{1}{e}\right)^x$이므로

$f(3) = \dfrac{e^2}{4} \times 27 \times \left(\dfrac{1}{e}\right)^3 = \dfrac{27}{4e}$

20 답 ⑤

(가), (나)에서 $n = 1$일 때, 즉 $0 \leq x < a$일 때,

$f(x) = f(x - a) + \dfrac{b}{e^3}$

$= (x - a)^3 e^{x-a} + \dfrac{b}{e^3}$

$\therefore f(x) = \begin{cases} x^3 e^x & (-a \leq x < 0) \\ (x - a)^3 e^{x-a} + \dfrac{b}{e^3} & (0 \leq x < a) \end{cases}$

함수 $f(x)$가 실수 전체의 집합에서 미분가능하면 실수 전체의 집합에서
연속이므로 $x = 0$에서도 연속이다.

즉, $\lim\limits_{x \to 0+}f(x) = \lim\limits_{x \to 0-}f(x)$에서

$\lim\limits_{x \to 0+}\left\{(x - a)^3 e^{x-a} + \dfrac{b}{e^3}\right\} = \lim\limits_{x \to 0-}x^3 e^x$

$-a^3 e^{-a} + \dfrac{b}{e^3} = 0$ $\cdots\cdots$ ㉠

또 미분계수 $f'(0)$이 존재하고

$f'(x) = \begin{cases} 3x^2 e^x + x^3 e^x & (-a < x < 0) \\ 3(x-a)^2 e^{x-a} + (x-a)^3 e^{x-a} & (0 < x < a) \end{cases}$

$= \begin{cases} x^2(x+3)e^x & (-a < x < 0) \\ (x-a)^2(x-a+3)e^{x-a} & (0 < x < a) \end{cases}$

이므로 $\lim\limits_{x \to 0+}f'(x) = \lim\limits_{x \to 0-}f'(x)$에서

$\lim\limits_{x \to 0+}(x-a)^2(x-a+3)e^{x-a} = \lim\limits_{x \to 0-}x^2(x+3)e^x$

$a^2(3-a)e^{-a} = 0$

$\therefore a = 0$ 또는 $a = 3$ ($\because e^{-a} > 0$)

그런데 a는 양수이므로

$a = 3$

이를 ㉠에 대입하면

$-27e^{-3} + \dfrac{b}{e^3} = 0$, $\dfrac{b}{e^3} = 27e^{-3}$

$\therefore b = 27$

$\therefore a + b = 3 + 27 = 30$

21 답 8

$f(x)=\left[\dfrac{2x}{e}\right]\ln x+(ax+b)[\ln x]$에서

(i) $e-1\le x<e$일 때,

$\dfrac{2(e-1)}{e}\le\dfrac{2x}{e}<2$이므로

$1<2-\dfrac{2}{e}\le\dfrac{2x}{e}<2$

$\therefore\left[\dfrac{2x}{e}\right]=1$

또 $\ln(e-1)\le\ln x<1$이므로

$0=\ln1<\ln(e-1)\le\ln x<1$

$\therefore[\ln x]=0$

$\therefore f(x)=\ln x$

(ii) $e\le x<e+1$일 때,

$2\le\dfrac{2x}{e}<\dfrac{2(e+1)}{e}$이므로

$2\le\dfrac{2x}{e}<2+\dfrac{2}{e}<3$

$\therefore\left[\dfrac{2x}{e}\right]=2$

또 $1\le\ln x<\ln(e+1)$이므로

$1\le\ln x<\ln(e+1)<\ln e^2=2$

$\therefore[\ln x]=1$

$\therefore f(x)=2\ln x+ax+b$

(i), (ii)에서

$f(x)=\begin{cases}\ln x & (e-1\le x<e)\\ 2\ln x+ax+b & (e\le x<e+1)\end{cases}$

$\therefore f'(x)=\begin{cases}\dfrac{1}{x} & (e-1<x<e)\\ \dfrac{2}{x}+a & (e<x<e+1)\end{cases}$

함수 $f(x)$가 $x=e$에서 미분가능하면 $x=e$에서 연속이므로

$\lim\limits_{x\to e+}f(x)=\lim\limits_{x\to e-}f(x)$에서

$\lim\limits_{x\to e+}(2\ln x+ax+b)=\lim\limits_{x\to e-}\ln x$

$2+ae+b=1$

$\therefore ae+b=-1$ …… ㉠

미분계수 $f'(e)$가 존재하므로

$\lim\limits_{x\to e+}f'(x)=\lim\limits_{x\to e-}f'(x)$에서

$\lim\limits_{x\to e+}\left(\dfrac{2}{x}+a\right)=\lim\limits_{x\to e-}\dfrac{1}{x}$

$\dfrac{2}{e}+a=\dfrac{1}{e}$

$\therefore a=-\dfrac{1}{e}$

이를 ㉠에 대입하면

$-1+b=-1$

$\therefore b=0$

따라서 $f(x)=\left[\dfrac{2x}{e}\right]\ln x-\dfrac{1}{e}x[\ln x]$이므로

$f(e^2)=[2e]\ln e^2-e[\ln e^2]$

$\quad\quad\;=5\times2-e\times2$

$\quad\quad\;=-2e+10$

따라서 $p=-2$, $q=10$이므로

$p+q=8$

01 ③	02 ③	03 −1	04 ⑤	05 ③	06 ①
07 61					

idea
01 답 ③

1단계 a_n 구하기

자연수 m에 대하여

$\lim\limits_{x\to0+}\dfrac{\ln f(mx)}{2x}=\lim\limits_{x\to0+}\dfrac{\ln(e^{mx}+mx)}{2x}$

$\quad=\dfrac{1}{2}\lim\limits_{x\to0+}\dfrac{\ln\left\{e^{mx}\left(1+\dfrac{mx}{e^{mx}}\right)\right\}}{x}$

$\quad=\dfrac{1}{2}\lim\limits_{x\to0+}\dfrac{mx+\ln\left(1+\dfrac{mx}{e^{mx}}\right)}{x}$

$\quad=\dfrac{1}{2}\lim\limits_{x\to0+}\left\{m+\dfrac{\ln\left(1+\dfrac{mx}{e^{mx}}\right)}{\dfrac{mx}{e^{mx}}}\times\dfrac{m}{e^{mx}}\right\}$

$\quad\quad\quad\quad\quad\quad\quad\quad\quad {}_{\llcorner\; x\to0+\text{일 때},\;\frac{mx}{e^{mx}}\to0+}$

$\quad=\dfrac{1}{2}(m+1\times m)=m$

$\therefore a_n=\lim\limits_{x\to0+}g_n(x)$

$\quad=\lim\limits_{x\to0+}\dfrac{\ln f(x)\times\ln f(2x)\times\ln f(3x)\times\cdots\times\ln f(nx)}{2^n x^n}$

$\quad=\lim\limits_{x\to0+}\left\{\dfrac{\ln f(x)}{2x}\times\dfrac{\ln f(2x)}{2x}\times\dfrac{\ln f(3x)}{2x}\times\cdots\times\dfrac{\ln f(nx)}{2x}\right\}$

$\quad=1\times2\times3\times\cdots\times n=n!$

2단계 $\sum\limits_{n=1}^{\infty}\dfrac{n}{a_{n+1}}$의 값 구하기

$\therefore\sum\limits_{n=1}^{\infty}\dfrac{n}{a_{n+1}}=\sum\limits_{n=1}^{\infty}\dfrac{n}{(n+1)!}=\sum\limits_{n=1}^{\infty}\dfrac{n\times n!}{n!(n+1)!}$

$\quad=\sum\limits_{n=1}^{\infty}\dfrac{(n+1-1)n!}{n!(n+1)!}$

$\quad=\sum\limits_{n=1}^{\infty}\dfrac{(n+1)!-n!}{n!(n+1)!}$

$\quad=\sum\limits_{n=1}^{\infty}\left\{\dfrac{1}{n!}-\dfrac{1}{(n+1)!}\right\}$

$\quad=\lim\limits_{n\to\infty}\sum\limits_{k=1}^{n}\left\{\dfrac{1}{k!}-\dfrac{1}{(k+1)!}\right\}$

$\quad=\lim\limits_{n\to\infty}\left\{1-\dfrac{1}{2!}+\dfrac{1}{2!}-\dfrac{1}{3!}+\cdots+\dfrac{1}{n!}-\dfrac{1}{(n+1)!}\right\}$

$\quad=\lim\limits_{n\to\infty}\left\{1-\dfrac{1}{(n+1)!}\right\}=1$

02 답 ③

1단계 α의 값 구하기

직선 OP의 기울기는 $\dfrac{a^t-1}{t}$이므로 점 $P(t,\,a^t-1)$을 지나고 직선 OP에 수직인 직선의 방정식은

$y-(a^t-1)=-\dfrac{t}{a^t-1}(x-t)$

이 직선의 x절편이 $g(t)$이므로

$-(a^t-1)=-\dfrac{t}{a^t-1}\{g(t)-t\}$

$\therefore g(t)=t+\dfrac{(a^t-1)^2}{t}$

$$\therefore \lim_{t \to 0+} \frac{g(t)}{f(t)} = \lim_{t \to 0+} \left(\frac{t}{a^t - 1} + \frac{a^t - 1}{t} \right) = \frac{1}{\ln a} + \ln a$$

이때 $a > 1$에서 $\ln a > 0$이므로 산술평균과 기하평균의 관계에 의하여

$$\lim_{t \to 0+} \frac{g(t)}{f(t)} = \frac{1}{\ln a} + \ln a \geq 2 \sqrt{\frac{1}{\ln a} \times \ln a} = 2$$

$$\left(\text{단, 등호는 } \frac{1}{\ln a} = \ln a \text{일 때 성립} \right)$$

$\dfrac{1}{\ln a} = \ln a$에서 $(\ln a)^2 = 1$

$\ln a = 1$ $(\because \ln a > 0)$

$\therefore a = e$

따라서 $\lim\limits_{t \to 0+} \dfrac{g(t)}{f(t)}$는 $a = e$일 때 최솟값 2를 가지므로

$a = e$

2단계 β의 값 구하기

두 곡선 $y = e^x + 1$, $y = \beta^{x-3} + 1$이 만나는 점의 x좌표가 k이므로

$e^k + 1 = \beta^{k-3} + 1$

$\therefore e^k = \beta^{k-3}$

(i) $1 < \beta < e$일 때,

$\lim\limits_{x \to \infty} \left(\dfrac{\beta}{e} \right)^x = 0$이므로

$$\lim_{x \to \infty} \frac{\beta^k (e^x - \beta^x)}{e^k (e^x + \beta^x)} = \lim_{x \to \infty} \frac{\beta^k \left\{ 1 - \left(\frac{\beta}{e} \right)^x \right\}}{\beta^{k-3} \left\{ 1 + \left(\frac{\beta}{e} \right)^x \right\}} = \beta^3$$

즉, $\beta^3 = -8e^3$이므로

$\beta = -2e$

그런데 $1 < \beta < e$이므로 조건을 만족시키지 않는다.

(ii) $\beta = e$일 때,

$$\lim_{x \to \infty} \frac{\beta^k (e^x - \beta^x)}{e^k (e^x + \beta^x)} = \lim_{x \to \infty} \frac{e^k (e^x - e^x)}{e^k (e^x + e^x)} = 0$$

이는 조건을 만족시키지 않는다.

(iii) $\beta > e$일 때,

$\lim\limits_{x \to \infty} \left(\dfrac{e}{\beta} \right)^x = 0$이므로

$$\lim_{x \to \infty} \frac{\beta^k (e^x - \beta^x)}{e^k (e^x + \beta^x)} = \lim_{x \to \infty} \frac{\beta^k \left\{ \left(\frac{e}{\beta} \right)^x - 1 \right\}}{\beta^{k-3} \left\{ \left(\frac{e}{\beta} \right)^x + 1 \right\}} = -\beta^3$$

즉, $-\beta^3 = -8e^3$이므로

$\beta = 2e$

(i), (ii), (iii)에서 $\beta = 2e$

3단계 $\alpha + \beta$의 값 구하기

$\therefore \alpha + \beta = e + 2e = 3e$

03 답 -1

1단계 $f(n)$ 구하기

$0 < k < n$인 자연수 k에 대하여 곡선 $y = \log_2 x$와 직선 $y = k$가 만나는 점의 x좌표를 구하면

$\log_2 x = k$ $\therefore x = 2^k$

이때 곡선 $y = \log_2 x$와 직선 $y = n$ 및 x축, y축으로 둘러싸인 부분의 내부에 있는 점 중 직선 $y = k$ 위에 있는 점은 $(1, k)$, $(2, k)$, $(3, k)$, $\cdots$, $(2^k - 1, k)$의 $(2^k - 1)$개이다.

$$\therefore f(n) = \sum_{k=1}^{n-1} (2^k - 1)$$

$$= \frac{2(2^{n-1} - 1)}{2 - 1} - (n - 1)$$

$$= 2^n - n - 1$$

2단계 $\lim\limits_{n \to \infty} \dfrac{f(n)\{\ln f(n) - n \ln 2\}}{n}$의 값 구하기

$$\therefore \lim_{n \to \infty} \frac{f(n)\{\ln f(n) - n \ln 2\}}{n}$$

$$= \lim_{n \to \infty} \frac{(2^n - n - 1)\{\ln(2^n - n - 1) - n \ln 2\}}{n}$$

$$= \lim_{n \to \infty} \left(\frac{2^n - n - 1}{n} \times \ln \frac{2^n - n - 1}{2^n} \right)$$

$$= \lim_{n \to \infty} \left\{ \frac{2^n - n - 1}{n} \times \ln \left(1 - \frac{n+1}{2^n} \right) \right\}$$

$$= \lim_{n \to \infty} \left\{ \frac{2^n - n - 1}{n} \times \left(-\frac{n+1}{2^n} \right) \times \frac{\ln\left(1 - \frac{n+1}{2^n}\right)}{-\frac{n+1}{2^n}} \right\}$$

$$= -\lim_{n \to \infty} \left\{ \frac{n+1}{n} \times \left(1 - \frac{n+1}{2^n} \right) \times \frac{\ln\left(1 - \frac{n+1}{2^n}\right)}{-\frac{n+1}{2^n}} \right\} \quad \cdots\cdots \ \bigcirc$$

$-\dfrac{n+1}{2^n} = t$로 놓으면 $n \to \infty$일 때 $t \to 0-$이므로

$$\lim_{n \to \infty} \left\{ \left(1 - \frac{n+1}{2^n} \right) \times \frac{\ln\left(1 - \frac{n+1}{2^n}\right)}{-\frac{n+1}{2^n}} \right\} = \lim_{t \to 0-} \left\{ (1 + t) \times \frac{\ln(1+t)}{t} \right\}$$

$$= 1 \times 1 = 1$$

따라서 $\bigcirc$에서

$$\lim_{n \to \infty} \frac{f(n)\{\ln f(n) - n \ln 2\}}{n}$$

$$= -\lim_{n \to \infty} \left\{ \frac{n+1}{n} \times \left(1 - \frac{n+1}{2^n} \right) \times \frac{\ln\left(1 - \frac{n+1}{2^n}\right)}{-\frac{n+1}{2^n}} \right\}$$

$$= -1 \times 1$$

$$= -1$$

04 답 ⑤

1단계 $g(x) = e^{-x} f(x)$로 놓고 부등식 나타내기

$g(x) = e^{-x} f(x)$라 하면

$|e^{-x-h} f(x+h) - e^{-x+h} f(x-h)| \leq h \ln(1+h)$에서

$|g(x+h) - g(x-h)| \leq h \ln(1+h)$

이때 $-1 < h < 0$이면 $\ln(1+h) < 0$이고, $h > 0$이면 $\ln(1+h) > 0$이므로

$h \ln(1+h) > 0$

$\therefore -h \ln(1+h) \leq g(x+h) - g(x-h) \leq h \ln(1+h) \quad \cdots\cdots \ \bigcirc$

2단계 $f(x)$ 구하기

(i) $-1 < h < 0$일 때,

부등식 $\bigcirc$의 각 변을 h로 나누면

$$\ln(1+h) \leq \frac{g(x+h) - g(x-h)}{h} \leq -\ln(1+h)$$

이때 $\lim\limits_{h \to 0-} \ln(1+h) = 0$, $\lim\limits_{h \to 0-} \{-\ln(1+h)\} = 0$이므로 함수의 극한의 대소 관계에 의하여

$$\lim_{h \to 0-} \frac{g(x+h) - g(x-h)}{h} = 0$$

(ii) $h>0$일 때,

부등식 ㉠의 각 변을 h로 나누면

$$-\ln(1+h) \le \frac{g(x+h)-g(x-h)}{h} \le \ln(1+h)$$

이때 $\lim_{h \to 0+}\{-\ln(1+h)\}=0$, $\lim_{h \to 0+}\ln(1+h)=0$이므로 함수의 극

한의 대소 관계에 의하여

$$\lim_{h \to 0+}\frac{g(x+h)-g(x-h)}{h}=0$$

(i), (ii)에서

$$\lim_{h \to 0-}\frac{g(x+h)-g(x-h)}{h}=\lim_{h \to 0+}\frac{g(x+h)-g(x-h)}{h}=0$$이므로

$$\lim_{h \to 0}\frac{g(x+h)-g(x-h)}{h}=0$$

$$\lim_{h \to 0}\frac{g(x+h)-g(x)+g(x)-g(x-h)}{h}=0$$

$$\lim_{h \to 0}\frac{g(x+h)-g(x)}{h}+\lim_{h \to 0}\frac{g(x-h)-g(x)}{-h}=0$$

$2g'(x)=0$ $\quad$ $\therefore$ $g'(x)=0$

$\therefore$ $g(x)=c$ (단, c는 상수)

이때 $g(0)=f(0)=e$이므로 $g(x)=e$

즉, $e^{-x}f(x)=e$이므로 $f(x)=e^{x+1}$

3단계 $f'(1)$의 값 구하기

따라서 $f'(x)=e^{x+1}$이므로

$f'(1)=e^2$

05 답 ③

1단계 두 점 Q, R의 좌표 구하기

곡선 $y=e^x$을 x축의 방향으로 m만큼 평행이동하면

$y=e^{x-m}$ $\quad$ $\therefore$ $g(x)=e^{x-m}$

곡선 $y=e^x$을 y축의 방향으로 e^n만큼 평행이동하면

$y=e^x+e^n$ $\quad$ $\therefore$ $h(x)=e^x+e^n$

점 $P(t, e^t)$을 지나고 x축에 수직인 직선은

$x=t$이므로 곡선 $y=g(x)$와 직선 $x=t$가

만나는 점 Q의 y좌표를 구하면

$y=e^{t-m}$

$\therefore$ Q(t, e^{t-m})

또 점 P를 지나고 y축에 수직인 직선은

$y=e^t$이므로 곡선 $y=h(x)$와 직선 $y=e^t$

이 만나는 점 R의 x좌표를 구하면

$e^x+e^n=e^t$, $e^x=e^t-e^n$

$\therefore$ $x=\ln(e^t-e^n)$

$\therefore$ R$(\ln(e^t-e^n), e^t)$

2단계 $\lim_{t \to \infty}S(t)$ 구하기

따라서 선분 PQ와 선분 PR를 이웃한 두 변으로 하는 직사각형의 넓이

$S(t)$는

$$S(t)=\overline{PQ} \times \overline{PR}$$

$$=(e^t-e^{t-m})\{t-\ln(e^t-e^n)\}$$

$$=e^t(1-e^{-m}) \times \left[t-\ln\left\{e^t\left(1-\frac{e^n}{e^t}\right)\right\}\right]$$

$$=e^t\left(1-\frac{1}{e^m}\right) \times \left\{-\ln\left(1-\frac{e^n}{e^t}\right)\right\}$$

$$=e^t\left(\frac{1}{e^m}-1\right) \times \ln\left(1-\frac{e^n}{e^t}\right)$$

$$\therefore \lim_{t \to \infty}S(t)=\lim_{t \to \infty}\left\{e^t\left(\frac{1}{e^m}-1\right) \times \ln\left(1-\frac{e^n}{e^t}\right)\right\}$$

$$=\lim_{t \to \infty}\left[e^t\left(\frac{1}{e^m}-1\right) \times \left(-\frac{e^n}{e^t}\right) \times \frac{\ln\left(1-\frac{e^n}{e^t}\right)}{-\frac{e^n}{e^t}}\right]$$

$$=e^n\left(1-\frac{1}{e^m}\right)\lim_{t \to \infty}\frac{\ln\left(1-\frac{e^n}{e^t}\right)}{-\frac{e^n}{e^t}}$$

$-\dfrac{e^n}{e^t}=s$로 놓으면 $t \to \infty$일 때 $s \to 0-$이므로

$$\lim_{t \to \infty}S(t)=e^n\left(1-\frac{1}{e^m}\right)\lim_{t \to \infty}\frac{\ln\left(1-\frac{e^n}{e^t}\right)}{-\frac{e^n}{e^t}}$$

$$=e^n\left(1-\frac{1}{e^m}\right)\lim_{s \to 0-}\frac{\ln(1+s)}{s}$$

$$=e^n\left(1-\frac{1}{e^m}\right) \times 1$$

$$=e^n\left(1-\frac{1}{e^m}\right)$$

3단계 $m+n$의 값 구하기

즉, $e^n\left(1-\dfrac{1}{e^m}\right)=e^2-1$이므로

$e^n-e^{n-m}=e^2-1$

이때 m, n이 자연수이므로

$n=2$, $n=m$ $\quad$ $\therefore$ $m=2$

$\therefore$ $m+n=4$

idea

06 답 ①

1단계 $h(x)$ 구하기

a는 양수이므로 $x>0$에서

$f(x)>0$, $g(x) \ge 0$

(i) $f(x)<g(x)$일 때,

$$h(x)=\lim_{n \to \infty}\frac{\{f(x)\}^{n+1}+\{g(x)\}^{n+1}}{\{f(x)\}^n+\{g(x)\}^n}$$

$$=\lim_{n \to \infty}\frac{f(x) \times \left\{\frac{f(x)}{g(x)}\right\}^n+g(x)}{\left\{\frac{f(x)}{g(x)}\right\}^n+1}$$

$$=g(x)$$

(ii) $f(x)=g(x)$일 때,

$$h(x)=\lim_{n \to \infty}\frac{\{f(x)\}^{n+1}+\{g(x)\}^{n+1}}{\{f(x)\}^n+\{g(x)\}^n}$$

$$=\lim_{n \to \infty}\frac{2\{f(x)\}^{n+1}}{2\{f(x)\}^n}$$

$$=f(x)$$

(iii) $f(x)>g(x)$일 때,

$$h(x)=\lim_{n \to \infty}\frac{\{f(x)\}^{n+1}+\{g(x)\}^{n+1}}{\{f(x)\}^n+\{g(x)\}^n}$$

$$=\lim_{n \to \infty}\frac{f(x)+g(x) \times \left\{\frac{g(x)}{f(x)}\right\}^n}{1+\left\{\frac{g(x)}{f(x)}\right\}^n}$$

$$=f(x)$$

(i), (ii), (iii)에서

$$h(x)=\begin{cases} g(x) \ (f(x)<g(x)) \\ f(x) \ (f(x)\geq g(x)) \end{cases}$$

2단계 함수 $h(x)$가 미분가능하지 않은 x의 개수가 1인 조건 알기

$\ln x+1=0$인 x의 값을 구하면

$\ln x=-1$

$\therefore x=\dfrac{1}{e}$

$$\therefore g(x)=|\ln x+1|=\begin{cases} -\ln x-1 \ \left(x<\dfrac{1}{e}\right) \\ \ln x+1 \ \left(x\geq\dfrac{1}{e}\right) \end{cases}$$

따라서 함수 $y=h(x)$의 그래프는 그림과 같다.

(iv) 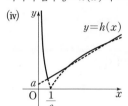 (v)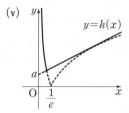

(vi)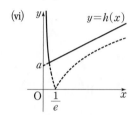

이때 함수 $h(x)$가 미분가능하지 않은 x의 개수가 1이 되려면 함수 $y=h(x)$의 그래프에서 꺾인 점이 한 개만 존재해야 한다.

즉, 두 함수 $y=f(x)$, $y=g(x)$의 그래프는 (v)와 같이 한 점에서 만나고 다른 한 점에서 접하거나 (vi)과 같이 한 점에서만 만나야 한다.

3단계 양수 a의 최솟값 구하기

$x\geq\dfrac{1}{e}$에서 $g(x)=\ln x+1$이므로

$g'(x)=\dfrac{1}{x}$

이때 두 함수 $y=f(x)$, $y=g(x)$의 그래프의 접점에서의 기울기는 서로 같고, 함수 $y=f(x)$의 그래프의 기울기는 $\dfrac{1}{2}$이므로 두 함수 $y=f(x)$, $y=g(x)$의 그래프의 접점의 x좌표를 구하면

$\dfrac{1}{x}=\dfrac{1}{2}$ $\quad\therefore x=2$

따라서 $x=2$인 점에서 두 함수 $y=f(x)$, $y=g(x)$의 그래프가 접하거나 함수 $y=f(x)$의 그래프가 함수 $y=g(x)$의 그래프보다 위쪽에 있어야 하므로 $f(2)\geq g(2)$에서

$1+a\geq\ln 2+1$

$\therefore a\geq\ln 2$

따라서 양수 a의 최솟값은 $\ln 2$이다.

07 답 61

1단계 $h_k(x)=f(x^k)e^{x+1}$으로 놓고 $g'(x)$ 구하기

$f(x)=x-1$에서

$$|f(x^2)|=|x^2-1|=\begin{cases} x^2-1 \ (x<-1 \ 또는 \ x>1) \\ 1-x^2 \ (-1\leq x\leq 1) \end{cases}$$

$h_k(x)=f(x^k)e^{x+1}=(x^k-1)e^{x+1}$이라 하자.

$x<-1$일 때, k가 홀수이면 $h_k(x)<0$, k가 짝수이면 $h_k(x)>0$이므로

$$\begin{aligned} g(x)&=120|f(x^2)|-\sum_{k=1}^{n}|h_k(x)| \\ &=120(x^2-1)-\{-h_1(x)+h_2(x)-h_3(x)+\cdots+(-1)^n h_n(x)\} \\ &=120(x^2-1)+h_1(x)-h_2(x)+h_3(x)-\cdots-(-1)^n h_n(x) \end{aligned}$$

$\therefore g'(x)=240x+h_1'(x)-h_2'(x)+h_3'(x)-\cdots-(-1)^n h_n'(x)$

$-1\leq x\leq 1$일 때, $h_k(x)\leq 0$이므로

$$\begin{aligned} g(x)&=120|f(x^2)|-\sum_{k=1}^{n}|h_k(x)| \\ &=120(1-x^2)-\{-h_1(x)-h_2(x)-h_3(x)-\cdots-h_n(x)\} \\ &=120(1-x^2)+h_1(x)+h_2(x)+h_3(x)+\cdots+h_n(x) \end{aligned}$$

$\therefore g'(x)=-240x+h_1'(x)+h_2'(x)+h_3'(x)+\cdots+h_n'(x)$

2단계 n의 값 구하기

함수 $g(x)$가 $x=-1$에서 미분가능하려면

$\displaystyle\lim_{x\to -1+}g'(x)=\lim_{x\to -1-}g'(x)$이어야 하므로

$\displaystyle\lim_{x\to -1+}\{-240x+h_1'(x)+h_2'(x)+h_3'(x)+\cdots+h_n'(x)\}$

$=\displaystyle\lim_{x\to -1-}\{240x+h_1'(x)-h_2'(x)-h_3'(x)-\cdots-(-1)^n h_n'(x)\}$

$240+h_1'(-1)+h_2'(-1)+h_3'(-1)+\cdots+h_n'(-1)$

$=-240+h_1'(-1)-h_2'(-1)+h_3'(-1)-\cdots-(-1)^n h_n'(-1)$

$\qquad\qquad\qquad\qquad\qquad\qquad\qquad\qquad \cdots\cdots ㉠$

$h_k(x)=(x^k-1)e^{x+1}$에서

$h_k'(x)=kx^{k-1}e^{x+1}+(x^k-1)e^{x+1}$

$\quad=(x^k+kx^{k-1}-1)e^{x+1}$

$$\begin{aligned} \therefore h_k'(-1)&=(-1)^k+k(-1)^{k-1}-1 \\ &=\begin{cases} k-2 \ (k는 \ 홀수) \\ -k \ (k는 \ 짝수) \end{cases} \end{aligned}$$

(i) $n=1$일 때,

㉠을 만족시키지 않는다.

(ii) $n=2m(m은 \ 자연수)$일 때,

㉠에서

$480+2\{h_2'(-1)+h_4'(-1)+\cdots+h_{2m}'(-1)\}=0$

$480+2(-2-4-\cdots-2m)=0$

$480-4(1+2+\cdots+m)=0$

$480-4\times\dfrac{m(m+1)}{2}=0$

$m^2+m-240=0$

$(m+16)(m-15)=0$

$\therefore m=15 \ (\because m은 \ 자연수)$

$\therefore n=2\times 15=30$

(iii) $n=2m+1(m은 \ 자연수)$일 때,

㉠에서

$480+2\{h_2'(-1)+h_4'(-1)+\cdots+h_{2m}'(-1)\}=0$

$480+2(-2-4-\cdots-2m)=0$

$480-4(1+2+\cdots+m)=0$

$480-4\times\dfrac{m(m+1)}{2}=0$

$m^2+m-240=0, \ (m+16)(m-15)=0$

$\therefore m=15 \ (\because m은 \ 자연수)$

$\therefore n=2\times 15+1=31$

3단계 n의 값의 합 구하기

(i), (ii), (iii)에서 자연수 n의 값은 30, 31이므로 그 합은

$30+31=61$

step ① 핵심 문제 | 54~55쪽

01 ③	02 2	03 $\dfrac{7}{5}$	04 ②	05 ④	06 $\dfrac{24}{25}$
07 ⑤	08 ③	09 ⑤	10 2	11 ④	12 6

01 답 ③

$\tan\theta+\cot\theta=\dfrac{\sin\theta}{\cos\theta}+\dfrac{\cos\theta}{\sin\theta}=\dfrac{\sin^2\theta+\cos^2\theta}{\sin\theta\cos\theta}=\dfrac{1}{\sin\theta\cos\theta}$ 이므로

$\dfrac{1}{\sin\theta\cos\theta}=\dfrac{5}{2}$

$\therefore (\csc\theta+\sec\theta)^2-\csc^2\theta\sec^2\theta=\left(\dfrac{1}{\sin\theta}+\dfrac{1}{\cos\theta}\right)^2-\dfrac{1}{\sin^2\theta\cos^2\theta}$

$=\dfrac{(\sin\theta+\cos\theta)^2-1}{\sin^2\theta\cos^2\theta}$

$=\dfrac{\sin^2\theta+2\sin\theta\cos\theta+\cos^2\theta-1}{\sin^2\theta\cos^2\theta}$

$=\dfrac{2\sin\theta\cos\theta}{\sin^2\theta\cos^2\theta}=\dfrac{2}{\sin\theta\cos\theta}$

$=2\times\dfrac{5}{2}=5$

02 답 2

$\csc\theta\sec\theta\cot\theta=\dfrac{1}{\sin\theta}\times\dfrac{1}{\cos\theta}\times\dfrac{\cos\theta}{\sin\theta}=\dfrac{1}{\sin^2\theta}$ ...... ㉠

$\overline{\text{OA}}=\overline{\text{OB}}=2$ 이므로

$\overline{\text{AP}}=\overline{\text{OA}}\tan\theta=2\tan\theta$

$\overline{\text{OH}}=\overline{\text{OB}}\cos\theta=2\cos\theta$

$\overline{\text{BH}}=\overline{\text{OB}}\sin\theta=2\sin\theta$

$\overline{\text{AP}}=\overline{\text{OH}}\times\overline{\text{BH}}$ 이므로

$2\tan\theta=2\cos\theta\times2\sin\theta$, $\dfrac{\sin\theta}{\cos\theta}=2\cos\theta\sin\theta$

$0<\theta<\dfrac{\pi}{2}$ 에서 $\sin\theta>0$ 이므로 $\cos^2\theta=\dfrac{1}{2}$

$\therefore \sin^2\theta=1-\cos^2\theta=1-\dfrac{1}{2}=\dfrac{1}{2}$

따라서 ㉠에서

$\csc\theta\sec\theta\cot\theta=\dfrac{1}{\sin^2\theta}=2$

03 답 $\dfrac{7}{5}$

$(\sin\alpha+\cos\alpha)(\sin\beta+\cos\beta)$

$=\sin\alpha\sin\beta+\sin\alpha\cos\beta+\cos\alpha\sin\beta+\cos\alpha\cos\beta$

$=(\sin\alpha\cos\beta+\cos\alpha\sin\beta)+(\cos\alpha\cos\beta+\sin\alpha\sin\beta)$

$=\sin(\alpha+\beta)+\cos(\alpha-\beta)$ ...... ㉠

$0<\alpha<\dfrac{\pi}{2}$, $0<\beta<\dfrac{\pi}{2}$ 에서 $0<\alpha+\beta<\pi$ 이므로

$\sin(\alpha+\beta)>0$

$\therefore \sin(\alpha+\beta)=\sqrt{1-\cos^2(\alpha+\beta)}=\sqrt{1-\left(-\dfrac{\sqrt3}{2}\right)^2}=\dfrac{1}{2}$

따라서 ㉠에서

$(\sin\alpha+\cos\alpha)(\sin\beta+\cos\beta)=\sin(\alpha+\beta)+\cos(\alpha-\beta)$

$=\dfrac{1}{2}+\dfrac{9}{10}=\dfrac{7}{5}$

04 답 ②

두 직선 $x-2y-3=0$, $ax+y+2=0$, 즉 $y=\dfrac{1}{2}x-\dfrac{3}{2}$, $y=-ax-2$ 가

x축의 양의 방향과 이루는 각의 크기를 각각 α, β라 하면

$\tan\alpha=\dfrac{1}{2}$, $\tan\beta=-a$

이때 두 직선이 이루는 예각의 크기가 θ이므로

$\tan\theta=|\tan(\alpha-\beta)|=\left|\dfrac{\tan\alpha-\tan\beta}{1+\tan\alpha\tan\beta}\right|$

$=\left|\dfrac{\dfrac{1}{2}-(-a)}{1+\dfrac{1}{2}\times(-a)}\right|=\left|\dfrac{1+2a}{2-a}\right|$

즉, $\left|\dfrac{1+2a}{2-a}\right|=3$ 이므로

$1+2a=3(2-a)$ 또는 $1+2a=-3(2-a)$

$\therefore a=1$ 또는 $a=7$

따라서 조건을 만족시키는 모든 상수 a의 값의 합은

$1+7=8$

05 답 ④

삼각형 ABC에서 $\overline{\text{AB}}=\overline{\text{AC}}$ 이므로

$\angle\text{C}=\angle\text{B}=\beta$

삼각형 ABC의 세 내각의 크기의 합은 π이므로

$\alpha+2\beta=\pi$ ...... ㉠

$\alpha+\beta=\pi-\beta$ 이므로

$\tan(\alpha+\beta)=\tan(\pi-\beta)=-\tan\beta$

즉, $-\tan\beta=-\dfrac{3}{2}$ 이므로

$\tan\beta=\dfrac{3}{2}$

㉠에서 $\alpha=\pi-2\beta$ 이므로

$\tan\alpha=\tan(\pi-2\beta)=-\tan2\beta$

$=-\dfrac{2\tan\beta}{1-\tan^2\beta}=-\dfrac{2\times\dfrac{3}{2}}{1-\left(\dfrac{3}{2}\right)^2}=\dfrac{12}{5}$

06 답 $\dfrac{24}{25}$

직각삼각형 AOB에서

$\overline{\text{AB}}=\sqrt{\overline{\text{OB}}^2-\overline{\text{OA}}^2}=\sqrt{5^2-3^2}=4$

$\therefore \sin\alpha=\dfrac{\overline{\text{AB}}}{\overline{\text{OB}}}=\dfrac{4}{5}$, $\cos\alpha=\dfrac{\overline{\text{OA}}}{\overline{\text{OB}}}=\dfrac{3}{5}$

삼각형 OCD에서 코사인법칙에 의하여

$\cos\beta=\dfrac{\overline{\text{OC}}^2+\overline{\text{OD}}^2-\overline{\text{CD}}^2}{2\times\overline{\text{OC}}\times\overline{\text{OD}}}$

$=\dfrac{5^2+5^2-(\sqrt{10})^2}{2\times5\times5}=\dfrac{4}{5}$

$0<\beta<\dfrac{\pi}{2}$ 에서 $\sin\beta>0$ 이므로

$\sin\beta=\sqrt{1-\cos^2\beta}=\sqrt{1-\left(\dfrac{4}{5}\right)^2}=\dfrac{3}{5}$

$\therefore \cos(\alpha-\beta)=\cos\alpha\cos\beta+\sin\alpha\sin\beta$

$=\dfrac{3}{5}\times\dfrac{4}{5}+\dfrac{4}{5}\times\dfrac{3}{5}$

$=\dfrac{24}{25}$

07 답 ⑤

$\alpha+\beta=\dfrac{\pi}{4}$에서 $\beta=\dfrac{\pi}{4}-\alpha$이므로

$2\sqrt{2}\sin\alpha+4\cos\beta$

$=2\sqrt{2}\sin\alpha+4\cos\left(\dfrac{\pi}{4}-\alpha\right)$

$=2\sqrt{2}\sin\alpha+4\left(\cos\dfrac{\pi}{4}\cos\alpha+\sin\dfrac{\pi}{4}\sin\alpha\right)$

$=2\sqrt{2}\sin\alpha+4\left(\dfrac{\sqrt{2}}{2}\cos\alpha+\dfrac{\sqrt{2}}{2}\sin\alpha\right)$

$=4\sqrt{2}\sin\alpha+2\sqrt{2}\cos\alpha$

$=2\sqrt{10}\left(\dfrac{2}{\sqrt{5}}\sin\alpha+\dfrac{1}{\sqrt{5}}\cos\alpha\right)$

$=2\sqrt{10}\sin(\theta+\alpha)$ $\left(\text{단, }\sin\theta=\dfrac{1}{\sqrt{5}},\ \cos\theta=\dfrac{2}{\sqrt{5}}\right)$

$-1\le\sin(\theta+\alpha)\le1$이므로

$-2\sqrt{10}\le2\sqrt{10}\sin(\theta+\alpha)\le2\sqrt{10}$

따라서 구하는 최댓값은 $2\sqrt{10}$이다.

08 답 ③

$a_n=\displaystyle\lim_{x\to0}\dfrac{\tan(2n+1)x-\tan(2n-3)x}{\sin4nx}$

$=\displaystyle\lim_{x\to0}\left[\left\{\dfrac{\tan(2n+1)x}{x}-\dfrac{\tan(2n-3)x}{x}\right\}\times\dfrac{x}{\sin4nx}\right]$

$=\displaystyle\lim_{x\to0}\left[\left\{\dfrac{\tan(2n+1)x}{(2n+1)x}\times(2n+1)-\dfrac{\tan(2n-3)x}{(2n-3)x}\times(2n-3)\right\}\right.$

$\left.\times\dfrac{4nx}{\sin4nx}\times\dfrac{1}{4n}\right]$

$=\{1\times(2n+1)-1\times(2n-3)\}\times1\times\dfrac{1}{4n}$

$=\dfrac{1}{n}$

$\therefore\displaystyle\sum_{n=1}^{\infty}a_na_{n+1}=\sum_{n=1}^{\infty}\dfrac{1}{n(n+1)}$

$=\displaystyle\sum_{n=1}^{\infty}\left(\dfrac{1}{n}-\dfrac{1}{n+1}\right)$

$=\displaystyle\lim_{n\to\infty}\sum_{k=1}^{n}\left(\dfrac{1}{k}-\dfrac{1}{k+1}\right)$

$=\displaystyle\lim_{n\to\infty}\left\{\left(1-\dfrac{1}{2}\right)+\left(\dfrac{1}{2}-\dfrac{1}{3}\right)+\cdots+\left(\dfrac{1}{n}-\dfrac{1}{n+1}\right)\right\}$

$=\displaystyle\lim_{n\to\infty}\left(1-\dfrac{1}{n+1}\right)$

$=1$

09 답 ⑤

함수 $f(x)$가 실수 전체의 집합에서 연속이면 $x=0$에서도 연속이므로

$\displaystyle\lim_{x\to0}f(x)=f(0)$

$x\ne0$일 때, $f(x)=\dfrac{a-4\cos\dfrac{\pi}{2}x}{(e^{2x}-1)^2}$이므로

$\displaystyle\lim_{x\to0}\dfrac{a-4\cos\dfrac{\pi}{2}x}{(e^{2x}-1)^2}=f(0)$ $\quad\cdots\cdots$ ㉠

$x\to0$일 때 (분모)$\to0$이고 극한값이 존재하므로 (분자)$\to0$이다.

즉, $\displaystyle\lim_{x\to0}\left(a-4\cos\dfrac{\pi}{2}x\right)=0$에서

$a-4=0$

$\therefore a=4$

따라서 ㉠에서

$f(0)=\displaystyle\lim_{x\to0}\dfrac{4-4\cos\dfrac{\pi}{2}x}{(e^{2x}-1)^2}=\lim_{x\to0}\dfrac{4\left(1-\cos\dfrac{\pi}{2}x\right)}{(e^{2x}-1)^2}$

$=\displaystyle\lim_{x\to0}\dfrac{4\left(1-\cos\dfrac{\pi}{2}x\right)\left(1+\cos\dfrac{\pi}{2}x\right)}{(e^{2x}-1)^2\left(1+\cos\dfrac{\pi}{2}x\right)}$

$=\displaystyle\lim_{x\to0}\dfrac{4\left(1-\cos^2\dfrac{\pi}{2}x\right)}{(e^{2x}-1)^2\left(1+\cos\dfrac{\pi}{2}x\right)}$

$=\displaystyle\lim_{x\to0}\dfrac{4\sin^2\dfrac{\pi}{2}x}{(e^{2x}-1)^2\left(1+\cos\dfrac{\pi}{2}x\right)}$

$=\displaystyle\lim_{x\to0}\left\{\left(\dfrac{2x}{e^{2x}-1}\right)^2\times\left(\dfrac{\sin\dfrac{\pi}{2}x}{\dfrac{\pi}{2}x}\right)^2\times\dfrac{\dfrac{\pi^2}{4}}{1+\cos\dfrac{\pi}{2}x}\right\}$

$=1^2\times1^2\times\dfrac{\pi^2}{8}=\dfrac{\pi^2}{8}$

$\therefore a\times f(0)=4\times\dfrac{\pi^2}{8}=\dfrac{\pi^2}{2}$

10 답 2

$\mathrm{P}(t,\sin t)\,(0<t<\pi)$, $\mathrm{Q}(t,0)$이므로

$\overline{\mathrm{OQ}}=t$, $\overline{\mathrm{PQ}}=\sin t$, $\overline{\mathrm{OP}}=\sqrt{\overline{\mathrm{OQ}}^2+\overline{\mathrm{PQ}}^2}=\sqrt{t^2+\sin^2 t}$

$\overline{\mathrm{PR}}=\overline{\mathrm{PQ}}=\sin t$이므로

$\overline{\mathrm{OR}}=\overline{\mathrm{OP}}-\overline{\mathrm{PR}}=\sqrt{t^2+\sin^2 t}-\sin t$

$\therefore\displaystyle\lim_{t\to0+}\dfrac{\overline{\mathrm{OQ}}}{\overline{\mathrm{OR}}}=\lim_{t\to0+}\dfrac{t}{\sqrt{t^2+\sin^2 t}-\sin t}$

$=\displaystyle\lim_{t\to0+}\dfrac{t(\sqrt{t^2+\sin^2 t}+\sin t)}{(\sqrt{t^2+\sin^2 t}-\sin t)(\sqrt{t^2+\sin^2 t}+\sin t)}$

$=\displaystyle\lim_{t\to0+}\dfrac{\sqrt{t^2+\sin^2 t}+\sin t}{t}$

$=\displaystyle\lim_{t\to0+}\left\{\sqrt{1+\left(\dfrac{\sin t}{t}\right)^2}+\dfrac{\sin t}{t}\right\}$

$=\sqrt{1+1^2}+1=1+\sqrt{2}$

따라서 $a=1$, $b=1$이므로

$a+b=2$

11 답 ④

$f(x)=e^x\sin x\cos x$에서

$f'(x)=e^x\sin x\cos x+e^x\cos x\cos x-e^x\sin x\sin x$

$\quad\ =e^x(\sin x\cos x+\cos^2 x-\sin^2 x)$

방정식 $f(x)=f'(x)$에서

$e^x\sin x\cos x=e^x(\sin x\cos x+\cos^2 x-\sin^2 x)$

$e^x(\cos^2 x-\sin^2 x)=0$

$e^x\cos 2x=0$ $\quad\therefore\cos 2x=0\ (\because e^x>0)$

이때 $0\le x\le2\pi$에서 $0\le2x\le4\pi$이므로

$2x=\dfrac{\pi}{2}$ 또는 $2x=\dfrac{3}{2}\pi$ 또는 $2x=\dfrac{5}{2}\pi$ 또는 $2x=\dfrac{7}{2}\pi$

$\therefore x=\dfrac{\pi}{4}$ 또는 $x=\dfrac{3}{4}\pi$ 또는 $x=\dfrac{5}{4}\pi$ 또는 $x=\dfrac{7}{4}\pi$

따라서 방정식 $f(x)=f'(x)$를 만족시키는 모든 실수 x의 값의 합은

$\dfrac{\pi}{4}+\dfrac{3}{4}\pi+\dfrac{5}{4}\pi+\dfrac{7}{4}\pi=4\pi$

12 답 6

삼차함수 $f(x)$의 최고차항의 계수가 1이므로

$f(x)=x^3+ax^2+bx+c\,(a,\,b,\,c$는 상수)라 하면

$$g(x)=\begin{cases}(\cos x+1)\sin x & (x\le 0)\\ x^3+ax^2+bx+c & (x>0)\end{cases}$$

함수 $g(x)$가 실수 전체의 집합에서 미분가능하면 실수 전체의 집합에서
연속이므로 $x=0$에서도 연속이다.

즉, $\displaystyle\lim_{x\to 0+}g(x)=\lim_{x\to 0-}g(x)$에서

$\displaystyle\lim_{x\to 0+}(x^3+ax^2+bx+c)=\lim_{x\to 0-}(\cos x+1)\sin x$

$\therefore c=0$ $\cdots\cdots\cdots\cdots\cdots\cdots\cdots\cdots\cdots\cdots$ 배점 **30%**

미분계수 $g'(0)$이 존재하고,

$$g'(x)=\begin{cases}-\sin^2 x+(\cos x+1)\cos x & (x<0)\\ 3x^2+2ax+b & (x>0)\end{cases}$$ 이므로

$\displaystyle\lim_{x\to 0+}g'(x)=\lim_{x\to 0-}g'(x)$에서

$\displaystyle\lim_{x\to 0+}(3x^2+2ax+b)=\lim_{x\to 0-}\{-\sin^2 x+(\cos x+1)\cos x\}$

$\therefore b=2$ $\cdots\cdots\cdots\cdots\cdots\cdots\cdots\cdots\cdots\cdots$ 배점 **30%**

$g(-\pi)=g(1)$에서

$0=1+a+2$ $\therefore a=-3$ $\cdots\cdots\cdots\cdots\cdots$ 배점 **30%**

따라서 $g(x)=\begin{cases}(\cos x+1)\sin x & (x\le 0)\\ x^3-3x^2+2x & (x>0)\end{cases}$ 이므로

$g(3)=27-27+6=6$ $\cdots\cdots\cdots\cdots\cdots\cdots$ 배점 **10%**

step 2 고난도 문제
| 56~59쪽

01 $\dfrac{7}{65}$	02 4	03 ④	04 ③	05 ⑤	06 5
07 ③	08 11	09 12	10 ④	11 20	12 ②
13 8	14 ①	15 4	16 ④	17 $\dfrac{1}{3}$	18 ④
19 ③	20 ⑤	21 $\pi+4$			

01 답 $\dfrac{7}{65}$

$1+\tan^2\theta=\sec^2\theta$이므로 $\sec^2\theta-\tan^2\theta=1$

$(\sec\theta+\tan\theta)(\sec\theta-\tan\theta)=1$

이때 $\sec\theta+\tan\theta=\dfrac{3}{2}$이므로

$\sec\theta-\tan\theta=\dfrac{2}{3}$

위의 식과 $\sec\theta+\tan\theta=\dfrac{3}{2}$을 연립하여 풀면

$\sec\theta=\dfrac{13}{12},\ \tan\theta=\dfrac{5}{12}$ $\therefore \cos\theta=\dfrac{12}{13},\ \cot\theta=\dfrac{12}{5}$

$\cot\theta=\dfrac{\cos\theta}{\sin\theta}$이므로 $\dfrac{\cos\theta}{\sin\theta}=\dfrac{12}{5}$

$\therefore \sin\theta=\dfrac{5}{12}\cos\theta=\dfrac{5}{12}\times\dfrac{12}{13}=\dfrac{5}{13}$ $\therefore \csc\theta=\dfrac{13}{5}$

$\therefore \dfrac{\cos\theta-\sin\theta}{\csc\theta+\cot\theta}=\dfrac{\dfrac{12}{13}-\dfrac{5}{13}}{\dfrac{13}{5}+\dfrac{12}{5}}=\dfrac{\dfrac{7}{13}}{5}=\dfrac{7}{65}$

02 답 4

직선 l의 기울기를 $m\,(m>0)$이라 하면 직선 l의 방정식은

$y=mx$

이 직선이 곡선 $y=-\dfrac{1}{4}x^2+1$과 만나는 두 점 A, B의 x좌표를 각각 α,

β라 하면 방정식 $mx=-\dfrac{1}{4}x^2+1$, 즉 $x^2+4mx-4=0$의 두 근이 α, β

이다.

이차방정식의 근과 계수의 관계에 의하여

$\alpha+\beta=-4m,\ \alpha\beta=-4$ $\cdots\cdots$ ㉠ $\cdots\cdots\cdots$ 배점 **30%**

A$(\alpha,\,m\alpha)$, B$(\beta,\,m\beta)$이고 $\overline{AB}=5$에서 $\overline{AB}^2=25$이므로

$(\beta-\alpha)^2+(m\beta-m\alpha)^2=25$

$(1+m^2)(\beta-\alpha)^2=25$

$(1+m^2)\{(\alpha+\beta)^2-4\alpha\beta\}=25$

$(1+m^2)(16m^2+16)=25\ (\because ㉠)$

$16m^4+32m^2-9=0,\ (4m^2+9)(4m^2-1)=0$

$m^2>0$이므로 $m^2=\dfrac{1}{4}$ $\therefore m=\dfrac{1}{2}\ (\because m>0)$ $\cdots\cdots$ 배점 **30%**

직선 l이 x축의 양의 방향과 이루는 각의 크기가 θ이므로

$\tan\theta=\dfrac{1}{2}$ $\cdots\cdots\cdots\cdots\cdots\cdots\cdots\cdots$ 배점 **10%**

$\therefore \dfrac{\cos\theta}{\csc\theta+\cot\theta}+\dfrac{\cos\theta}{\csc\theta-\cot\theta}$

$=\cos\theta\times\dfrac{2\csc\theta}{\csc^2\theta-\cot^2\theta}$

$=\cos\theta\times 2\csc\theta\ (\because 1+\cot^2\theta=\csc^2\theta)$

$=\cos\theta\times\dfrac{2}{\sin\theta}=\dfrac{2}{\tan\theta}$

$=2\times 2=4$ $\cdots\cdots\cdots\cdots\cdots\cdots\cdots\cdots$ 배점 **30%**

03 답 ④

$\dfrac{3}{2}\pi<\alpha<2\pi$에서 $\cos\alpha>0$이므로 $\sec\alpha>0$

$\therefore \sec\alpha=\sqrt{1+\tan^2\alpha}=\sqrt{1+\left(-\dfrac{5}{12}\right)^2}=\dfrac{13}{12}$

$\therefore \cos\alpha=\dfrac{12}{13}$

$\dfrac{3}{2}\pi<\alpha<2\pi$에서 $\sin\alpha<0$이므로

$\sin\alpha=-\sqrt{1-\cos^2\alpha}=-\sqrt{1-\left(\dfrac{12}{13}\right)^2}=-\dfrac{5}{13}$

$0\le x<\dfrac{\pi}{2}$에서 $\cos x>0$이므로 $\cos x\le\sin(x+\alpha)\le 2\cos x$의 양변을
$\cos x$로 나누면

$1\le\dfrac{\sin(x+\alpha)}{\cos x}\le 2$

$1\le\dfrac{\sin x\cos\alpha+\cos x\sin\alpha}{\cos x}\le 2$

$1\le\tan x\cos\alpha+\sin\alpha\le 2$

$1\le\dfrac{12}{13}\tan x-\dfrac{5}{13}\le 2$

$\dfrac{18}{13}\le\dfrac{12}{13}\tan x\le\dfrac{31}{13}$

$\therefore \dfrac{3}{2}\le\tan x\le\dfrac{31}{12}$

따라서 $\tan x$의 최댓값은 $\dfrac{31}{12}$, 최솟값은 $\dfrac{3}{2}$이므로 그 합은

$\dfrac{31}{12}+\dfrac{3}{2}=\dfrac{49}{12}$

04 답 ③

$\sin\alpha-\cos\beta=1$의 양변을 제곱하면

$\sin^2\alpha-2\sin\alpha\cos\beta+\cos^2\beta=1$ ····· ㉠

$\cos\alpha+\sin\beta=\sqrt{3}$의 양변을 제곱하면

$\cos^2\alpha+2\cos\alpha\sin\beta+\sin^2\beta=3$ ····· ㉡

㉠+㉡을 하면

$\sin^2\alpha+\cos^2\alpha-2(\sin\alpha\cos\beta-\cos\alpha\sin\beta)+\sin^2\beta+\cos^2\beta=4$

$2-2(\sin\alpha\cos\beta-\cos\alpha\sin\beta)=4$

$\sin\alpha\cos\beta-\cos\alpha\sin\beta=-1$

$\therefore \sin(\alpha-\beta)=-1$

이때 $0<\alpha<\pi$, $0<\beta<\pi$에서 $-\pi<\alpha-\beta<\pi$이므로

$\alpha-\beta=-\dfrac{\pi}{2}$ $\therefore \beta=\dfrac{\pi}{2}+\alpha$ ····· ㉢

㉢을 $\sin\alpha-\cos\beta=1$에 대입하면

$\sin\alpha-\cos\left(\dfrac{\pi}{2}+\alpha\right)=1$

$\sin\alpha-(-\sin\alpha)=1$

$2\sin\alpha=1$ $\therefore \sin\alpha=\dfrac{1}{2}$

$\therefore \sin(\alpha+\beta)=\sin\left(\dfrac{\pi}{2}+2\alpha\right)(\because ㉢)$

$\qquad\qquad =\cos2\alpha=1-2\sin^2\alpha$

$\qquad\qquad =1-2\times\left(\dfrac{1}{2}\right)^2=\dfrac{1}{2}$

05 답 ⑤

$g\left(-\dfrac{3}{5}\right)=\alpha$, $g\left(\dfrac{12}{13}\right)=\beta$라 하면

$f(\alpha)=-\dfrac{3}{5}$, $f(\beta)=\dfrac{12}{13}$

$\therefore \cos\alpha=-\dfrac{3}{5}$, $\cos\beta=\dfrac{12}{13}$

함수 $f(x)$가 $0\le x\le\pi$에서 정의되므로

$0\le\alpha\le\pi$, $0\le\beta\le\pi$

즉, $\sin\alpha>0$, $\sin\beta>0$이므로

$\sin\alpha=\sqrt{1-\cos^2\alpha}=\sqrt{1-\left(-\dfrac{3}{5}\right)^2}=\dfrac{4}{5}$

$\sin\beta=\sqrt{1-\cos^2\beta}=\sqrt{1-\left(\dfrac{12}{13}\right)^2}=\dfrac{5}{13}$

$\theta_1=g\left(-\dfrac{3}{5}\right)+g\left(\dfrac{12}{13}\right)=\alpha+\beta$, $\theta_2=g\left(-\dfrac{3}{5}\right)-g\left(\dfrac{12}{13}\right)=\alpha-\beta$이므로

$f(\theta_2)-f(\theta_1)=f(\alpha-\beta)-f(\alpha+\beta)$

$\qquad\qquad =\cos(\alpha-\beta)-\cos(\alpha+\beta)$

$\qquad\qquad =\cos\alpha\cos\beta+\sin\alpha\sin\beta-(\cos\alpha\cos\beta-\sin\alpha\sin\beta)$

$\qquad\qquad =2\sin\alpha\sin\beta$

$\qquad\qquad =2\times\dfrac{4}{5}\times\dfrac{5}{13}$

$\qquad\qquad =\dfrac{8}{13}$

06 답 5

α, β, γ가 이 순서대로 등차수열을 이루므로

$2\beta=\alpha+\gamma$ ····· ㉠

삼각형 ABC의 세 내각의 크기의 합은 π이므로

$\alpha+\beta+\gamma=\pi$ ····· ㉡

㉠을 ㉡에 대입하면

$3\beta=\pi$ $\therefore \beta=\dfrac{\pi}{3}$

$\cos\alpha$, $2\cos\beta$, $8\cos\gamma$가 이 순서대로 등비수열을 이루므로

$(2\cos\beta)^2=\cos\alpha\times8\cos\gamma$

이때 $2\cos\beta=2\cos\dfrac{\pi}{3}=2\times\dfrac{1}{2}=1$이므로

$1=8\cos\alpha\cos\gamma$ $\therefore \cos\alpha\cos\gamma=\dfrac{1}{8}$ ····· ㉢

㉠에서 $\alpha+\gamma=2\beta=\dfrac{2}{3}\pi$이므로

$\cos(\alpha+\gamma)=\cos\alpha\cos\gamma-\sin\alpha\sin\gamma$에서

$\cos\dfrac{2}{3}\pi=\cos\alpha\cos\gamma-\sin\alpha\sin\gamma$

$-\dfrac{1}{2}=\dfrac{1}{8}-\sin\alpha\sin\gamma(\because ㉢)$ $\therefore \sin\alpha\sin\gamma=\dfrac{5}{8}$

$\therefore \tan\alpha\tan\gamma=\dfrac{\sin\alpha\sin\gamma}{\cos\alpha\cos\gamma}=\dfrac{\dfrac{5}{8}}{\dfrac{1}{8}}=5$

07 답 ③

두 삼각형 ABE, ABF에서

$\angle AEB=\angle AFB=\dfrac{\pi}{2}$

$\angle FAB=\alpha\left(0<\alpha<\dfrac{\pi}{2}\right)$라 하면

직각삼각형 FAB에서

$\overline{AF}=\overline{AB}\cos\alpha=5\cos\alpha$

직각삼각형 FAD에서

$\overline{AD}=\overline{AF}\cos\alpha=5\cos^2\alpha$

이때 $\overline{AC}=4$이고 점 D는 선분 AC의 중점이므로

$\overline{AD}=2$

즉, $5\cos^2\alpha=2$이므로

$\cos^2\alpha=\dfrac{2}{5}$ $\therefore \cos\alpha=\dfrac{\sqrt{10}}{5}\left(\because 0<\alpha<\dfrac{\pi}{2}\right)$

$0<\alpha<\dfrac{\pi}{2}$에서 $\sin\alpha>0$이므로

$\sin\alpha=\sqrt{1-\cos^2\alpha}=\sqrt{1-\left(\dfrac{\sqrt{10}}{5}\right)^2}=\dfrac{\sqrt{15}}{5}$

또 $\angle EAB=\beta\left(0<\beta<\dfrac{\pi}{2}\right)$라 하면 직각삼각형 EAB에서

$\overline{AE}=\overline{AB}\cos\beta=5\cos\beta$

직각삼각형 EAC에서

$\overline{AC}=\overline{AE}\cos\beta=5\cos^2\beta$

즉, $5\cos^2\beta=4$이므로

$\cos^2\beta=\dfrac{4}{5}$ $\therefore \cos\beta=\dfrac{2\sqrt{5}}{5}\left(\because 0<\beta<\dfrac{\pi}{2}\right)$

$0<\beta<\dfrac{\pi}{2}$에서 $\sin\beta>0$이므로

$\sin\beta=\sqrt{1-\cos^2\beta}=\sqrt{1-\left(\dfrac{2\sqrt{5}}{5}\right)^2}=\dfrac{\sqrt{5}}{5}$

$\theta=\alpha-\beta$이므로

$\sin\theta=\sin(\alpha-\beta)=\sin\alpha\cos\beta-\cos\alpha\sin\beta$

$\qquad\quad =\dfrac{\sqrt{15}}{5}\times\dfrac{2\sqrt{5}}{5}-\dfrac{\sqrt{10}}{5}\times\dfrac{\sqrt{5}}{5}$

$\qquad\quad =\dfrac{2\sqrt{3}-\sqrt{2}}{5}$

반원의 중심을 O라 하자.

$\overline{AC}=4$이므로 $\overline{AD}=2$

$\overline{OA}=\dfrac{5}{2}$이므로 $\overline{OD}=\overline{OA}-\overline{AD}=\dfrac{1}{2}$

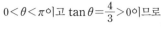

직각삼각형 FDO에서 $\overline{OF}=\dfrac{5}{2}$이므로

$\overline{FD}=\sqrt{\overline{OF}^2-\overline{OD}^2}=\sqrt{\left(\dfrac{5}{2}\right)^2-\left(\dfrac{1}{2}\right)^2}=\sqrt{6}$

직각삼각형 FAD에서

$\overline{AF}=\sqrt{\overline{AD}^2+\overline{FD}^2}=\sqrt{2^2+(\sqrt{6})^2}=\sqrt{10}$

$\angle FAD=\alpha$라 하면

$\sin\alpha=\dfrac{\overline{FD}}{\overline{AF}}=\dfrac{\sqrt{6}}{\sqrt{10}}=\dfrac{\sqrt{15}}{5}$, $\cos\alpha=\dfrac{\overline{AD}}{\overline{AF}}=\dfrac{2}{\sqrt{10}}=\dfrac{\sqrt{10}}{5}$

직각삼각형 EOC에서 $\overline{OE}=\dfrac{5}{2}$, $\overline{OC}=\overline{OB}-\overline{BC}=\dfrac{3}{2}$이므로

$\overline{EC}=\sqrt{\overline{OE}^2-\overline{OC}^2}=\sqrt{\left(\dfrac{5}{2}\right)^2-\left(\dfrac{3}{2}\right)^2}=2$

직각삼각형 EAC에서

$\overline{EA}=\sqrt{\overline{AC}^2+\overline{EC}^2}=\sqrt{4^2+2^2}=2\sqrt{5}$

$\angle EAC=\beta$라 하면

$\sin\beta=\dfrac{\overline{EC}}{\overline{EA}}=\dfrac{2}{2\sqrt{5}}=\dfrac{\sqrt{5}}{5}$, $\cos\beta=\dfrac{\overline{AC}}{\overline{EA}}=\dfrac{4}{2\sqrt{5}}=\dfrac{2\sqrt{5}}{5}$

이때 $\theta=\alpha-\beta$이므로

$\sin\theta=\sin(\alpha-\beta)=\sin\alpha\cos\beta-\cos\alpha\sin\beta$

$\qquad=\dfrac{\sqrt{15}}{5}\times\dfrac{2\sqrt{5}}{5}-\dfrac{\sqrt{10}}{5}\times\dfrac{\sqrt{5}}{5}=\dfrac{2\sqrt{3}-\sqrt{2}}{5}$

08 답 11

$\angle OPA=\alpha$, $\angle OPB=\beta$라 하자.

두 삼각형 POA, PQA에서

$\angle POA=\angle PQA=\dfrac{\pi}{2}$,

$\overline{AO}=\overline{AQ}$, 변 AP는 공통이므로

$\triangle POA\equiv\triangle PQA$ (RHS 합동)

$\therefore \angle QPA=\angle OPA=\alpha$

또 두 삼각형 PRB, POB에서

$\angle PRB=\angle POB=\dfrac{\pi}{2}$,

$\overline{BR}=\overline{BO}$, 변 BP는 공통이므로

$\triangle PRB\equiv\triangle POB$ (RHS 합동)

$\therefore \angle RPB=\angle OPB=\beta$

$\angle RPQ=\theta=2(\alpha+\beta)$이므로 $\tan\theta=\dfrac{4}{3}$에서

$\tan 2(\alpha+\beta)=\dfrac{4}{3}$

$\dfrac{2\tan(\alpha+\beta)}{1-\tan^2(\alpha+\beta)}=\dfrac{4}{3}$

$\tan(\alpha+\beta)=t$로 놓으면

$\dfrac{2t}{1-t^2}=\dfrac{4}{3}$

$2t^2+3t-2=0$

$(t+2)(2t-1)=0$

$\therefore t=-2$ 또는 $t=\dfrac{1}{2}$

$0<\theta<\pi$이고 $\tan\theta=\dfrac{4}{3}>0$이므로

$0<\theta<\dfrac{\pi}{2}$

$\therefore 0<\alpha+\beta<\dfrac{\pi}{4}$

즉, $0<\tan(\alpha+\beta)<1$에서 $0<t<1$이므로

$t=\dfrac{1}{2}$

$\therefore \tan(\alpha+\beta)=\dfrac{1}{2}$

$\overline{OP}=a$이므로 직각삼각형 POA에서

$\tan\alpha=\dfrac{\overline{OA}}{\overline{OP}}=\dfrac{1}{a}$

직각삼각형 POB에서

$\tan\beta=\dfrac{\overline{OB}}{\overline{OP}}=\dfrac{2}{a}$

$\therefore \tan(\alpha+\beta)=\dfrac{\tan\alpha+\tan\beta}{1-\tan\alpha\tan\beta}$

$\qquad\qquad\qquad=\dfrac{\dfrac{1}{a}+\dfrac{2}{a}}{1-\dfrac{1}{a}\times\dfrac{2}{a}}=\dfrac{3a}{a^2-2}$

즉, $\dfrac{3a}{a^2-2}=\dfrac{1}{2}$이므로

$a^2-6a-2=0$, $(a-3)^2-11=0$

$\therefore (a-3)^2=11$

09 답 12

그림과 같이 점 A에서 x축에 내린 수선의 발을 H_1이라 하고 직선 OA가 x축의 양의 방향과 이루는 각의 크기를 α라 하면 $\overline{OH_1}=t$, $\overline{AH_1}=6$이므로

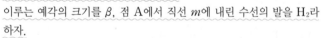

$\tan\alpha=\dfrac{\overline{AH_1}}{\overline{OH_1}}=\dfrac{6}{t}$

또 원점을 지나고 직선 l과 평행한 직선을 m이라 할 때, 직선 m이 직선 OA와 이루는 예각의 크기를 β, 점 A에서 직선 m에 내린 수선의 발을 H_2라 하자.

직선 l은 원 C_1에 접하고 직선 m은 원 C_1의 중심을 지나므로 두 직선 l, m 사이의 거리는 원 C_1의 반지름의 길이와 같다.

즉, 선분 AH_2의 길이는 두 원 C_1, C_2의 반지름의 길이의 합과 같으므로

$\overline{AH_2}=3+3=6$

$\angle AH_1O=\angle AH_2O=\dfrac{\pi}{2}$, $\overline{AH_1}=\overline{AH_2}$, 변 OA는 공통이므로

$\triangle OAH_1\equiv\triangle OAH_2$ (RHS 합동)

$\therefore \beta=\alpha$

직선 l이 x축의 양의 방향과 이루는 각의 크기는 $\alpha+\beta=2\alpha$이므로 직선 l의 기울기 $f(t)$는

$f(t)=\tan 2\alpha=\dfrac{2\tan\alpha}{1-\tan^2\alpha}$

$\qquad\quad=\dfrac{2\times\dfrac{6}{t}}{1-\dfrac{36}{t^2}}=\dfrac{12t}{t^2-36}$

$\therefore \lim_{t\to\infty}tf(t)=\lim_{t\to\infty}\dfrac{12t^2}{t^2-36}=12$

직선 OA가 x축의 양의 방향과 이루는 각의 크기를 α라 하면

$$\tan\alpha=\frac{6}{t}$$

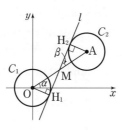

두 직선 l, OA가 이루는 예각의 크기를 β라 하고 두 직선 l, OA가 만나는 점을 M, 직선 l이 원 C_1과 만나는 점을 H_1, 직선 l이 원 C_2와 만나는 점을 H_2라 하자.

$\overline{OH_1}=\overline{AH_2}=3$, $\angle OMH_1=\angle AMH_2$, $\angle OH_1M=\angle AH_2M=\frac{\pi}{2}$이므로

$\triangle OMH_1\equiv\triangle AMH_2$(ASA 합동)

따라서 $\overline{OM}=\overline{AM}$이고 $\overline{OA}=\sqrt{t^2+36}$이므로

$$\overline{OM}=\frac{\sqrt{t^2+36}}{2}$$

$$\therefore \overline{MH_1}=\sqrt{\overline{OM}^2-\overline{OH_1}^2}=\sqrt{\left(\frac{\sqrt{t^2+36}}{2}\right)^2-3^2}=\sqrt{\frac{t^2}{4}}=\frac{t}{2}$$

$$\therefore \tan\beta=\frac{\overline{OH_1}}{\overline{MH_1}}=\frac{3}{\frac{t}{2}}=\frac{6}{t}$$

직선 l이 x축의 양의 방향과 이루는 각의 크기는 $\alpha+\beta$이므로

$$f(t)=\tan(\alpha+\beta)=\frac{\tan\alpha+\tan\beta}{1-\tan\alpha\tan\beta}$$

$$=\frac{\frac{6}{t}+\frac{6}{t}}{1-\frac{6}{t}\times\frac{6}{t}}=\frac{12t}{t^2-36}$$

$$\therefore \lim_{t\to\infty}tf(t)=\lim_{t\to\infty}\frac{12t^2}{t^2-36}=12$$

10 답 ④

$$f(x)=\sqrt{2}(\cos^2 x-\sin^2 x)+2\sqrt{2}\sin x\cos x$$

$$=\sqrt{2}\cos 2x+\sqrt{2}\sin 2x$$

$$=2\left(\frac{\sqrt{2}}{2}\cos 2x+\frac{\sqrt{2}}{2}\sin 2x\right)$$

$$=2\left(\sin\frac{\pi}{4}\cos 2x+\cos\frac{\pi}{4}\sin 2x\right)$$

$$=2\sin\left(2x+\frac{\pi}{4}\right)$$

$2x+\frac{\pi}{4}=t$로 놓으면 $0\le x<\pi$에서

$$0\le 2x<2\pi,\ \frac{\pi}{4}\le 2x+\frac{\pi}{4}<\frac{9}{4}\pi \qquad \therefore \frac{\pi}{4}\le t<\frac{9}{4}\pi$$

$\frac{\pi}{4}\le t<\frac{9}{4}\pi$에서 함수 $y=2\sin t$의 그래프는 그림과 같다.

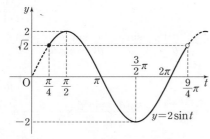

따라서 n의 값에 따라 직선 $y=\sqrt{n}$을 그어 보면

$a_1=2$, $a_2=2$, $a_3=2$, $a_4=1$, $a_5=0$, $a_6=0$, $a_7=0$, $a_8=0$, $a_9=0$, $a_{10}=0$

$$\therefore \sum_{n=1}^{10}a_n=a_1+a_2+a_3+a_4+a_5+a_6+a_7+a_8+a_9+a_{10}$$

$$=2+2+2+1=7$$

11 답 20

$\overline{OA}=1$, $\overline{OB}=2$이므로

$$\overline{AC}=\overline{OA}\sin\theta=\sin\theta$$

$$\overline{BD}=\overline{OB}\sin\left(\frac{\pi}{2}-\theta\right)$$

$$=2\cos\theta$$

$$\therefore \overline{AC}+\overline{BD}$$

$$=\sin\theta+2\cos\theta$$

$$=\sqrt{5}\left(\frac{1}{\sqrt{5}}\sin\theta+\frac{2}{\sqrt{5}}\cos\theta\right)$$

$$=\sqrt{5}\sin(\theta+\beta)\left(단,\ \sin\beta=\frac{2}{\sqrt{5}},\ \cos\beta=\frac{1}{\sqrt{5}}\right)$$

$\sin\beta>0$, $\cos\beta>0$이므로 $0<\beta<\frac{\pi}{2}$라 하면

$$0<\theta+\beta<\pi$$

이때 $\sqrt{5}\sin(\theta+\beta)$는 $\sin(\theta+\beta)=1$, 즉 $\theta+\beta=\frac{\pi}{2}$일 때 최댓값을 가지므로

$$\alpha=\frac{\pi}{2}-\beta$$

$$\therefore 25\sin 2\alpha=25\sin(\pi-2\beta)$$

$$=25\sin 2\beta$$

$$=25\times 2\sin\beta\cos\beta$$

$$=25\times 2\times\frac{2}{\sqrt{5}}\times\frac{1}{\sqrt{5}}$$

$$=20$$

12 답 ②

$$\lim_{x\to 0}\frac{2\sin\frac{x}{2}-\sin x}{x^2\tan x}$$

$$=\lim_{x\to 0}\frac{2\sin\frac{x}{2}-2\sin\frac{x}{2}\cos\frac{x}{2}}{x^2\tan x}$$

$$=\lim_{x\to 0}\frac{2\sin\frac{x}{2}\left(1-\cos\frac{x}{2}\right)}{x^2\tan x}$$

$$=\lim_{x\to 0}\frac{2\sin\frac{x}{2}\left(1-\cos\frac{x}{2}\right)\left(1+\cos\frac{x}{2}\right)}{x^2\tan x\left(1+\cos\frac{x}{2}\right)}$$

$$=\lim_{x\to 0}\frac{2\sin\frac{x}{2}\left(1-\cos^2\frac{x}{2}\right)}{x^2\tan x\left(1+\cos\frac{x}{2}\right)}$$

$$=\lim_{x\to 0}\frac{2\sin^3\frac{x}{2}}{x^2\tan x\left(1+\cos\frac{x}{2}\right)}$$

$$=\lim_{x\to 0}\left\{2\times\frac{\sin^3\frac{x}{2}}{\left(\frac{x}{2}\right)^3}\times\frac{1}{8}\times\frac{x}{\tan x}\times\frac{1}{1+\cos\frac{x}{2}}\right\}$$

$$=2\times 1^3\times\frac{1}{8}\times 1\times\frac{1}{2}$$

$$=\frac{1}{8}$$

13 답 8

$$\lim_{x\to 0}\frac{\ln(1+x^n)}{x^4(\sec 2x-1)}$$

$$=\lim_{x\to 0}\frac{\ln(1+x^n)\times\cos 2x}{x^4\left(\dfrac{1}{\cos 2x}-1\right)\times\cos 2x}$$

$$=\lim_{x\to 0}\frac{\ln(1+x^n)\times\cos 2x}{x^4(1-\cos 2x)}$$

$$=\lim_{x\to 0}\frac{\ln(1+x^n)\times\cos 2x(1+\cos 2x)}{x^4(1-\cos 2x)(1+\cos 2x)}$$

$$=\lim_{x\to 0}\frac{\ln(1+x^n)\times\cos 2x(1+\cos 2x)}{x^4(1-\cos^2 2x)}$$

$$=\lim_{x\to 0}\frac{\ln(1+x^n)\times\cos 2x(1+\cos 2x)}{x^4\sin^2 2x}$$

$$=\lim_{x\to 0}\left\{\frac{\ln(1+x^n)}{x^n}\times\frac{(2x)^2}{\sin^2 2x}\times\frac{1}{4}\times\cos 2x(1+\cos 2x)\times x^{n-6}\right\}$$

$$=1\times 1^2\times\frac{1}{4}\times 2\times\lim_{x\to 0}x^{n-6}$$

$$=\frac{1}{2}\lim_{x\to 0}x^{n-6}$$

이때 $n>6$이면 $\lim_{x\to 0}x^{n-6}=0$, $n<6$이면 $\lim_{x\to 0}x^{n-6}$의 값이 존재하지 않으므로

$n=6$

즉, $\dfrac{1}{2}=\dfrac{1}{a}$이므로 $a=2$

$\therefore a+n=2+6=8$

다른 풀이

$$\lim_{x\to 0}\frac{\ln(1+x^n)}{x^4(\sec 2x-1)}$$

$$=\lim_{x\to 0}\frac{\ln(1+x^n)\times(\sec 2x+1)}{x^4(\sec 2x-1)(\sec 2x+1)}$$

$$=\lim_{x\to 0}\frac{\ln(1+x^n)\times(\sec 2x+1)}{x^4(\sec^2 2x-1)}$$

$$=\lim_{x\to 0}\frac{\ln(1+x^n)\times(\sec 2x+1)}{x^4\tan^2 2x}$$

$$=\lim_{x\to 0}\left\{\frac{\ln(1+x^n)}{x^n}\times\frac{(2x)^2}{\tan^2 2x}\times\frac{1}{4}\times(\sec 2x+1)\times x^{n-6}\right\}$$

$$=1\times 1^2\times\frac{1}{4}\times 2\times\lim_{x\to 0}x^{n-6}$$

$$=\frac{1}{2}\lim_{x\to 0}x^{n-6}$$

즉, $\dfrac{1}{2}\lim_{x\to 0}x^{n-6}=\dfrac{1}{a}$이므로 $\lim_{x\to 0}x^{n-6}=\dfrac{2}{a}$

이때 a는 자연수이므로 $n=6$, $a=2$

$\therefore a+n=8$

14 답 ①

(나)에서 삼차함수 $f(x)$는 최고차항의 계수가 3이고, (가)에서 $f(x)$는 홀수차수의 항만 있으므로 $f(x)=3x^3+ax$ (a는 상수)라 하면 (다)에서

$$\lim_{x\to 0}\frac{\sin f(x)}{x}=\lim_{x\to 0}\frac{\sin(3x^3+ax)}{x}$$

$$=\lim_{x\to 0}\left\{\frac{\sin(3x^3+ax)}{3x^3+ax}\times(3x^2+a)\right\}$$

$$=1\times a=a$$

$\therefore a=2$

$\therefore f(x)=3x^3+2x$

$$\therefore\lim_{x\to 0}\frac{f(\tan x)}{\tan f(x)}$$

$$=\lim_{x\to 0}\frac{3\tan^3 x+2\tan x}{\tan(3x^3+2x)}$$

$$=\lim_{x\to 0}\left\{(3\tan^2 x+2)\times\frac{\tan x}{x}\times\frac{3x^3+2x}{\tan(3x^3+2x)}\times\frac{1}{3x^2+2}\right\}$$

$$=2\times 1\times 1\times\frac{1}{2}=1$$

15 답 4

$\overline{OP}=1$이므로 점 P의 x좌표는

$\overline{OP}\cos\theta=\cos\theta$

점 P의 y좌표는

$\overline{OP}\sin\theta=\sin\theta$

$\therefore P(\cos\theta,\ \sin\theta)$

점 Q의 y좌표는 점 P의 y좌표와 같으므로 점 Q의 x좌표를 구하면

$\ln x=\sin\theta$

$\therefore x=e^{\sin\theta}$

$\therefore Q(e^{\sin\theta},\ \sin\theta)$, $R(e^{\sin\theta},\ 0)$

$\therefore\overline{PQ}=e^{\sin\theta}-\cos\theta$, $\overline{QR}=\sin\theta$, $\overline{AR}=e^{\sin\theta}-1$

한편 삼각형 POA에서 코사인법칙에 의하여

$$\overline{AP}^2=\overline{OA}^2+\overline{OP}^2-2\times\overline{OA}\times\overline{OP}\times\cos\theta$$

$$=1^2+1^2-2\times 1\times 1\times\cos\theta$$

$$=2-2\cos\theta$$

$$\therefore\overline{AP}=\sqrt{2(1-\cos\theta)}$$

따라서 사각형 APQR의 둘레의 길이 $l(\theta)$는

$$l(\theta)=\overline{PQ}+\overline{QR}+\overline{AR}+\overline{AP}$$

$$=e^{\sin\theta}-\cos\theta+\sin\theta+e^{\sin\theta}-1+\sqrt{2(1-\cos\theta)}$$

$$=2e^{\sin\theta}-\cos\theta+\sin\theta-1+\sqrt{2(1-\cos\theta)}$$

$$\therefore\lim_{\theta\to 0+}\frac{l(\theta)}{\theta}$$

$$=\lim_{\theta\to 0+}\frac{2e^{\sin\theta}-\cos\theta+\sin\theta-1+\sqrt{2(1-\cos\theta)}}{\theta}$$

$$=\lim_{\theta\to 0+}\left\{\frac{2(e^{\sin\theta}-1)}{\theta}+\frac{1-\cos\theta}{\theta}+\frac{\sin\theta}{\theta}+\frac{\sqrt{2(1-\cos\theta)}}{\theta}\right\}$$

$$=\lim_{\theta\to 0+}\left\{\frac{2(e^{\sin\theta}-1)}{\sin\theta}\times\frac{\sin\theta}{\theta}+\frac{(1-\cos\theta)(1+\cos\theta)}{\theta(1+\cos\theta)}+\frac{\sin\theta}{\theta}\right.$$
$$\left.+\frac{\sqrt{2(1-\cos\theta)(1+\cos\theta)}}{\theta\sqrt{1+\cos\theta}}\right\}$$

$$=\lim_{\theta\to 0+}\left\{\frac{2(e^{\sin\theta}-1)}{\sin\theta}\times\frac{\sin\theta}{\theta}+\frac{1-\cos^2\theta}{\theta(1+\cos\theta)}+\frac{\sin\theta}{\theta}\right.$$
$$\left.+\frac{\sqrt{2(1-\cos^2\theta)}}{\theta\sqrt{1+\cos\theta}}\right\}$$

$$=\lim_{\theta\to 0+}\left\{\frac{2(e^{\sin\theta}-1)}{\sin\theta}\times\frac{\sin\theta}{\theta}+\frac{\sin^2\theta}{\theta(1+\cos\theta)}+\frac{\sin\theta}{\theta}\right.$$
$$\left.+\frac{\sqrt{2\sin^2\theta}}{\theta\sqrt{1+\cos\theta}}\right\}$$

$$=\lim_{\theta\to 0+}\left\{\frac{2(e^{\sin\theta}-1)}{\sin\theta}\times\frac{\sin\theta}{\theta}+\frac{\sin^2\theta}{\theta^2}\times\frac{\theta}{1+\cos\theta}+\frac{\sin\theta}{\theta}\right.$$
$$\left.+\frac{\sin\theta}{\theta}\times\frac{\sqrt{2}}{\sqrt{1+\cos\theta}}\right\}$$

$$=2\times 1\times 1+1^2\times 0+1+1\times 1$$

$$=4$$

16 답 ④

$\overline{OP}=1$이므로 직각삼각형 OHP에서

$\overline{OH}=\overline{OP}\cos\theta=\cos\theta$

$\therefore f(\theta)=\dfrac{1}{2}\times\overline{OP}\times\overline{OH}\times\sin\theta=\dfrac{1}{2}\sin\theta\cos\theta$

$\angle QPO=\dfrac{\pi}{2}$이므로 $\angle AQR=\dfrac{\pi}{2}-\theta$

직각삼각형 OQP에서

$\overline{OQ}=\dfrac{\overline{OP}}{\cos\theta}=\dfrac{1}{\cos\theta}$

$\therefore \overline{AQ}=\overline{OQ}-\overline{OA}=\dfrac{1}{\cos\theta}-1=\dfrac{1-\cos\theta}{\cos\theta}$

$\therefore g(\theta)=\dfrac{1}{2}\times\overline{AQ}^2\times\left(\dfrac{\pi}{2}-\theta\right)$

$\qquad =\dfrac{1}{2}\left(\dfrac{1-\cos\theta}{\cos\theta}\right)^2\left(\dfrac{\pi}{2}-\theta\right)$

$\therefore \displaystyle\lim_{\theta\to 0+}\dfrac{\sqrt{g(\theta)}}{\theta\times f(\theta)}$

$=\displaystyle\lim_{\theta\to 0+}\dfrac{\dfrac{1-\cos\theta}{\cos\theta}\sqrt{\dfrac{1}{2}\left(\dfrac{\pi}{2}-\theta\right)}}{\dfrac{1}{2}\theta\sin\theta\cos\theta}$

$=\displaystyle\lim_{\theta\to 0+}\dfrac{2(1-\cos\theta)\sqrt{\dfrac{1}{2}\left(\dfrac{\pi}{2}-\theta\right)}}{\theta\sin\theta\cos^2\theta}$

$=\displaystyle\lim_{\theta\to 0+}\dfrac{2(1-\cos\theta)(1+\cos\theta)\sqrt{\dfrac{1}{2}\left(\dfrac{\pi}{2}-\theta\right)}}{\theta\sin\theta\cos^2\theta(1+\cos\theta)}$

$=\displaystyle\lim_{\theta\to 0+}\dfrac{2(1-\cos^2\theta)\sqrt{\dfrac{1}{2}\left(\dfrac{\pi}{2}-\theta\right)}}{\theta\sin\theta\cos^2\theta(1+\cos\theta)}$

$=\displaystyle\lim_{\theta\to 0+}\dfrac{2\sin\theta\sqrt{\dfrac{1}{2}\left(\dfrac{\pi}{2}-\theta\right)}}{\theta\cos^2\theta(1+\cos\theta)}$

$=\displaystyle\lim_{\theta\to 0+}\left\{2\times\dfrac{\sin\theta}{\theta}\times\dfrac{1}{\cos^2\theta(1+\cos\theta)}\times\sqrt{\dfrac{1}{2}\left(\dfrac{\pi}{2}-\theta\right)}\right\}$

$=2\times1\times\dfrac{1}{2}\times\dfrac{\sqrt{\pi}}{2}$

$=\dfrac{\sqrt{\pi}}{2}$

17 답 $\dfrac{1}{3}$

$\overline{OB}=x\,(x>0)$라 하면 삼각형 AOB에서 코사인법칙에 의하여

$\overline{AB}^2=\overline{OA}^2+\overline{OB}^2-2\times\overline{OA}\times\overline{OB}\times\cos\theta$

$3^2=1^2+x^2-2\times1\times x\times\cos\theta$

$x^2-2x\cos\theta-8=0$

$\therefore x=\cos\theta\pm\sqrt{\cos^2\theta+8}$

그런데 $x>0$이므로 $x=\cos\theta+\sqrt{\cos^2\theta+8}$

즉, $\overline{OB}=\cos\theta+\sqrt{\cos^2\theta+8}$이므로

$\overline{BC}=\overline{OC}-\overline{OB}=4-\cos\theta-\sqrt{\cos^2\theta+8}$

점 A에서 x축에 내린 수선의 발을 H라 하면 직각삼각형 OHA에서

$\overline{AH}=\overline{OA}\,|\sin\theta|=|\sin\theta|$

$\therefore S(\theta)=\dfrac{1}{2}\times\overline{AH}\times\overline{BC}$

$\qquad =\dfrac{1}{2}\,|\sin\theta|\,(4-\cos\theta-\sqrt{\cos^2\theta+8})$

$\therefore \displaystyle\lim_{\theta\to 0+}\dfrac{S(\theta)}{\theta^3}$

$=\displaystyle\lim_{\theta\to 0+}\dfrac{\sin\theta\,(4-\cos\theta-\sqrt{\cos^2\theta+8})}{2\theta^3}$ → $\theta\to 0+$일 때, $\sin\theta>0$이다.

$=\displaystyle\lim_{\theta\to 0+}\dfrac{\sin\theta\,(4-\cos\theta-\sqrt{\cos^2\theta+8})(4-\cos\theta+\sqrt{\cos^2\theta+8})}{2\theta^3(4-\cos\theta+\sqrt{\cos^2\theta+8})}$

$=\displaystyle\lim_{\theta\to 0+}\dfrac{\sin\theta\,\{(4-\cos\theta)^2-(\cos^2\theta+8)\}}{2\theta^3(4-\cos\theta+\sqrt{\cos^2\theta+8})}$

$=\displaystyle\lim_{\theta\to 0+}\dfrac{8\sin\theta\,(1-\cos\theta)}{2\theta^3(4-\cos\theta+\sqrt{\cos^2\theta+8})}$

$=\displaystyle\lim_{\theta\to 0+}\dfrac{4\sin\theta\,(1-\cos\theta)(1+\cos\theta)}{\theta^3(4-\cos\theta+\sqrt{\cos^2\theta+8})(1+\cos\theta)}$

$=\displaystyle\lim_{\theta\to 0+}\dfrac{4\sin\theta\,(1-\cos^2\theta)}{\theta^3(4-\cos\theta+\sqrt{\cos^2\theta+8})(1+\cos\theta)}$

$=\displaystyle\lim_{\theta\to 0+}\dfrac{4\sin^3\theta}{\theta^3(4-\cos\theta+\sqrt{\cos^2\theta+8})(1+\cos\theta)}$

$=\displaystyle\lim_{\theta\to 0+}\left\{\dfrac{\sin^3\theta}{\theta^3}\times\dfrac{4}{(4-\cos\theta+\sqrt{\cos^2\theta+8})(1+\cos\theta)}\right\}$

$=1^3\times\dfrac{4}{6\times2}=\dfrac{1}{3}$

18 답 ④

$\overline{AB}=2$, $\angle BPA=\dfrac{\pi}{2}$이므로 직각삼각형 ABP에서

$\overline{AP}=\overline{AB}\cos\theta=2\cos\theta$

$\angle ACP=\pi-3\theta$이므로 삼각형 ACP에서 사인법칙에 의하여

$\dfrac{\overline{AP}}{\sin(\pi-3\theta)}=\dfrac{\overline{PC}}{\sin\theta}=\dfrac{\overline{AC}}{\sin 2\theta}$

$\dfrac{2\cos\theta}{\sin 3\theta}=\dfrac{\overline{PC}}{\sin\theta}=\dfrac{\overline{AC}}{\sin 2\theta}$

$\therefore \overline{PC}=\dfrac{2\sin\theta\cos\theta}{\sin 3\theta}=\dfrac{\sin 2\theta}{\sin 3\theta}$, $\overline{AC}=\dfrac{2\sin 2\theta\cos\theta}{\sin 3\theta}$

두 삼각형 PEC, AED에서

$\angle PCE=\angle ADE=\dfrac{\pi}{2}$, $\angle PEC=\angle AED$이므로

$\triangle PEC\backsim\triangle AED$ (AA 닮음)

$\therefore \angle DAE=\angle CPE=2\theta$

$\angle DAC=3\theta$이므로 직각삼각형 ACD에서

$\overline{AD}=\overline{AC}\cos 3\theta=\dfrac{2\sin 2\theta\cos\theta\cos 3\theta}{\sin 3\theta}$

직각삼각형 AED에서

$\overline{ED}=\overline{AD}\tan 2\theta=\dfrac{2\sin 2\theta\cos\theta\cos 3\theta\tan 2\theta}{\sin 3\theta}$

$\therefore S(\theta)=\dfrac{1}{2}\times\overline{ED}\times\overline{PC}$

$\qquad =\dfrac{1}{2}\times\dfrac{2\sin 2\theta\cos\theta\cos 3\theta\tan 2\theta}{\sin 3\theta}\times\dfrac{\sin 2\theta}{\sin 3\theta}$

$\qquad =\dfrac{\sin^2 2\theta\cos\theta\cos 3\theta\tan 2\theta}{\sin^2 3\theta}$

$\therefore \displaystyle\lim_{\theta\to 0+}\dfrac{S(\theta)}{\theta}$

$=\displaystyle\lim_{\theta\to 0+}\dfrac{\sin^2 2\theta\cos\theta\cos 3\theta\tan 2\theta}{\theta\sin^2 3\theta}$

$=\displaystyle\lim_{\theta\to 0+}\left\{\dfrac{\sin^2 2\theta}{(2\theta)^2}\times\dfrac{(3\theta)^2}{\sin^2 3\theta}\times\dfrac{\tan 2\theta}{2\theta}\times\dfrac{8}{9}\cos\theta\cos 3\theta\right\}$

$=1^2\times1^2\times1\times\dfrac{8}{9}\times1=\dfrac{8}{9}$

19 답 ③

$$f(x) = \lim_{t \to x} \frac{t^2 \sin x - x^2 \sin t}{t - x}$$

$$= \lim_{t \to x} \frac{t^2 \sin x - x^2 \sin x + x^2 \sin x - x^2 \sin t}{t - x}$$

$$= \lim_{t \to x} \frac{(t^2 - x^2)\sin x + x^2(\sin x - \sin t)}{t - x}$$

$$= \sin x \lim_{t \to x} \frac{(t+x)(t-x)}{t-x} - x^2 \lim_{t \to x} \frac{\sin t - \sin x}{t - x}$$

$$= \sin x \lim_{t \to x}(t+x) - x^2 \lim_{t \to x} \frac{\sin t - \sin x}{t - x}$$

$$= 2x \sin x - x^2 \lim_{t \to x} \frac{\sin t - \sin x}{t - x}$$

이때 $g(t) = \sin t$라 하면 $g'(t) = \cos t$이므로

$$f(x) = 2x \sin x - x^2 \lim_{t \to x} \frac{\sin t - \sin x}{t - x}$$

$$= 2x \sin x - x^2 \lim_{t \to x} \frac{g(t) - g(x)}{t - x}$$

$$= 2x \sin x - x^2 g'(x) = 2x \sin x - x^2 \cos x$$

$$\therefore f'(x) = 2 \sin x + 2x \cos x - (2x \cos x - x^2 \sin x)$$

$$= (x^2 + 2)\sin x$$

$$\therefore f'\left(\frac{\pi}{2}\right) = \frac{\pi^2}{4} + 2$$

20 답 ⑤

$h - n\pi = t$로 놓으면 $h \to n\pi$일 때 $t \to 0$이므로

$$a_n = \lim_{h \to n\pi} \frac{f(2h + n\pi) - f(4h - n\pi)}{\sin h}$$

$$= \lim_{t \to 0} \frac{f(3n\pi + 2t) - f(3n\pi + 4t)}{\sin(n\pi + t)} \quad \begin{array}{l} {\scriptstyle 2h + n\pi = 2(n\pi + t) + n\pi = 3n\pi + 2t} \\ {\scriptstyle 4h - n\pi = 4(n\pi + t) - n\pi = 3n\pi + 4t} \end{array}$$

$$= \lim_{t \to 0} \left\{ \frac{f(3n\pi + 2t) - f(3n\pi) + f(3n\pi) - f(3n\pi + 4t)}{t} \right.$$

$$\left. \times \frac{t}{\sin(n\pi + t)} \right\}$$

$$= \lim_{t \to 0} \left\{ \frac{f(3n\pi + 2t) - f(3n\pi)}{2t} \times 2 - \frac{f(3n\pi + 4t) - f(3n\pi)}{4t} \times 4 \right\}$$

$$\times \lim_{t \to 0} \frac{t}{\sin(n\pi + t)}$$

$$= \{2f'(3n\pi) - 4f'(3n\pi)\} \times \lim_{t \to 0} \frac{t}{\sin(n\pi + t)}$$

$$= -2f'(3n\pi) \times \lim_{t \to 0} \frac{t}{\sin(n\pi + t)} \quad \cdots\cdots \ \bigcirc$$

$f(x) = x^2 \sin x + \cos x + x^3 - 2x$에서

$$f'(x) = 2x \sin x + x^2 \cos x - \sin x + 3x^2 - 2$$

$$= (2x - 1)\sin x + x^2 \cos x + 3x^2 - 2$$

$$\therefore f'(3n\pi) = 9n^2\pi^2 \cos 3n\pi + 27n^2\pi^2 - 2$$

(ⅰ) n이 홀수일 때,

$\cos 3n\pi = -1$이므로

$$f'(3n\pi) = 9n^2\pi^2 \cos 3n\pi + 27n^2\pi^2 - 2$$

$$= -9n^2\pi^2 + 27n^2\pi^2 - 2 = 18n^2\pi^2 - 2$$

$\sin(n\pi + t) = -\sin t$이므로

$$\lim_{t \to 0} \frac{t}{\sin(n\pi + t)} = \lim_{t \to 0} \frac{t}{-\sin t} = -1$$

따라서 ㉠에서

$$a_n = -2f'(3n\pi) \times \lim_{t \to 0} \frac{t}{\sin(n\pi + t)}$$

$$= -2(18n^2\pi^2 - 2) \times (-1) = 36n^2\pi^2 - 4$$

(ⅱ) n이 짝수일 때,

$\cos 3n\pi = 1$이므로

$$f'(3n\pi) = 9n^2\pi^2 \cos 3n\pi + 27n^2\pi^2 - 2$$

$$= 9n^2\pi^2 + 27n^2\pi^2 - 2 = 36n^2\pi^2 - 2$$

$\sin(n\pi + t) = \sin t$이므로

$$\lim_{t \to 0} \frac{t}{\sin(n\pi + t)} = \lim_{t \to 0} \frac{t}{\sin t} = 1$$

따라서 ㉠에서

$$a_n = -2f'(3n\pi) \times \lim_{t \to 0} \frac{t}{\sin(n\pi + t)}$$

$$= -2(36n^2\pi^2 - 2) \times 1 = -72n^2\pi^2 + 4$$

(ⅰ), (ⅱ)에서

$$a_n = \begin{cases} 36n^2\pi^2 - 4 & (n\text{은 홀수}) \\ -72n^2\pi^2 + 4 & (n\text{은 짝수}) \end{cases}$$

$$\therefore a_1 + a_2 + a_3 + a_4 = (36\pi^2 - 4) + (-72 \times 2^2\pi^2 + 4) + (36 \times 3^2\pi^2 - 4)$$

$$+ (-72 \times 4^2\pi^2 + 4)$$

$$= 36\pi^2(1 - 2 \times 2^2 + 3^2 - 2 \times 4^2)$$

$$= -30 \times 36\pi^2$$

$$\therefore p = -30$$

21 답 $\pi + 4$

$g(x) = f(x)\sin x$에서

$$g'(x) = f'(x)\sin x + f(x)\cos x \quad \cdots\cdots \ \bigcirc$$

㉠의 양변에 $x = 0$을 대입하면

$$g'(0) = f(0)$$

㈏의 $\lim\limits_{x \to 0} \dfrac{g'(x)}{x} = 8$에서 $x \to 0$일 때 (분모) $\to 0$이고 극한값이 존재하므로 (분자) $\to 0$이어야 한다.

즉, $\lim\limits_{x \to 0} g'(x) = 0$에서

$$g'(0) = 0 \qquad \therefore f(0) = 0 \quad \cdots\cdots\cdots\cdots\cdots\cdots\cdots\cdots\cdots\cdots \text{배점 20\%}$$

$\lim\limits_{x \to 0} \dfrac{g'(x)}{x} = 8$의 좌변에 ㉠을 대입하면

$$\lim_{x \to 0} \frac{g'(x)}{x} = \lim_{x \to 0} \frac{f'(x)\sin x + f(x)\cos x}{x}$$

$$= \lim_{x \to 0} \left\{ f'(x) \times \frac{\sin x}{x} + \frac{f(x) - f(0)}{x} \times \cos x \right\}$$

$$= f'(0) \times 1 + f'(0) \times 1$$

$$= 2f'(0)$$

즉, $2f'(0) = 8$이므로

$$f'(0) = 4 \quad \cdots\cdots\cdots\cdots\cdots\cdots\cdots\cdots\cdots\cdots\cdots\cdots\cdots\cdots\cdots \text{배점 20\%}$$

함수 $f(x)$의 최고차항의 계수가 1이고 $f(0) = 0$, $f'(0) = 4$이므로 $f(x)$는 이차 이상의 함수이다.

(ⅰ) $f(x)$가 이차함수일 때,

$f(x) = x^2 + ax$ (a는 상수)라 하면

$$f'(x) = 2x + a$$

$f'(0) = 4$에서 $a = 4$

따라서 $f(x) = x^2 + 4x$이므로

$$\lim_{x \to \infty} \frac{g(x)}{x^3} = \lim_{x \to \infty} \frac{(x^2 + 4x)\sin x}{x^3}$$

$$= \lim_{x \to \infty} \left(\frac{1}{x} + \frac{4}{x^2} \right) \sin x$$

$$= 0$$

이는 ㈎를 만족시킨다.

(ii) $f(x)$가 삼차 이상의 함수일 때,

3 이상의 자연수 n에 대하여

$f(x)=x^n+a_1x^{n-1}+a_2x^{n-2}+\cdots+a_{n-1}x\,(a_1,\ a_2,\ \cdots,\ a_{n-1}$은 상수)

라 하면

$f'(x)=nx^{n-1}+a_1(n-1)x^{n-2}+a_2(n-2)x^{n-3}+\cdots+a_{n-1}$

$f'(0)=4$에서 $a_{n-1}=4$

따라서 $f(x)=x^n+a_1x^{n-1}+a_2x^{n-2}+\cdots+4x$이므로

$$\lim_{x\to\infty}\frac{g(x)}{x^3}=\lim_{x\to\infty}\frac{(x^n+a_1x^{n-1}+a_2x^{n-2}+\cdots+4x)\sin x}{x^3}$$

$$=\lim_{x\to\infty}(x^{n-3}+a_1x^{n-4}+a_2x^{n-5}+\cdots+4x^{-2})\sin x$$

이때 $n\geq3$이므로 극한값이 존재하지 않는다.

즉, ㈎를 만족시키지 않는다.

(i), (ii)에서 $f(x)=x^2+4x$ ·· 배점 **40%**

따라서 $g(x)=(x^2+4x)\sin x$이므로

$g'(x)=(2x+4)\sin x+(x^2+4x)\cos x$

$\therefore g'\left(\dfrac{\pi}{2}\right)=\pi+4$ ·· 배점 **20%**

step ③ 최고난도 문제　　　　　| 60~61쪽

01 $4-2\sqrt{3}$	**02** 161	**03** ④	**04** 2	**05** ④
06 50	**07** 135			

01 답 $4-2\sqrt{3}$

1단계 직선 PD의 방정식 구하기

그림과 같이 원의 중심 O를 원점으로 하고 정사각형 ABCD의 각 변이 축에 평행하도록 좌표평면 위에 나타내면 원의 반지름의 길이가 1이므로

A$(1,\ 1)$, B$(-1,\ 1)$, C$(-1,\ -1)$, D$(1,\ -1)$

삼각형 OQR는 $\overline{OQ}=\overline{OR}$인 이등변삼각형이므로 $\angle$QOR의 이등분선이 직선 PD와 만나는 점을 M이라 하면 $\overline{OM}\perp\overline{PD}$이고, 점 M은 선분 QR의 중점이다.

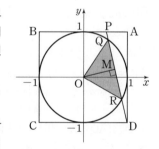

이때 직선 OM이 x축의 양의 방향과 이루는 각을 $\theta\left(0<\theta<\dfrac{\pi}{4}\right)$라 하면

직선 OM의 기울기는 $\tan\theta$이므로 직선 PD의 기울기는 $-\dfrac{1}{\tan\theta}$이다.

즉, 직선 PD의 방정식은

$y+1=-\dfrac{1}{\tan\theta}(x-1)$

$\tan\theta(y+1)=-x+1$

$\therefore x+(\tan\theta)y+\tan\theta-1=0$

2단계 S^2 구하기

선분 OM의 길이는 원점 O와 직선 PD, 즉 직선 $x+(\tan\theta)y+\tan\theta-1=0$ 사이의 거리와 같으므로

$\overline{OM}=\dfrac{|\tan\theta-1|}{\sqrt{1^2+\tan^2\theta}}=\dfrac{1-\tan\theta}{\sqrt{\sec^2\theta}}\left(\because 0<\theta<\dfrac{\pi}{4}\right)$

$=(1-\tan\theta)\cos\theta$

$=\cos\theta-\sin\theta$

직각삼각형 OMQ에서

$\overline{MQ}=\sqrt{\overline{OQ}^2-\overline{OM}^2}=\sqrt{1-(\cos\theta-\sin\theta)^2}$

$=\sqrt{1-(\cos^2\theta-2\sin\theta\cos\theta+\sin^2\theta)}$

$=\sqrt{2\sin\theta\cos\theta}=\sqrt{\sin2\theta}$

$\therefore \overline{QR}=2\overline{MQ}=2\sqrt{\sin2\theta}$

따라서 삼각형 OQR의 넓이 S는

$S=\dfrac{1}{2}\times\overline{QR}\times\overline{OM}=\dfrac{1}{2}\times2\sqrt{\sin2\theta}\times(\cos\theta-\sin\theta)$

$=\sqrt{\sin2\theta}\,(\cos\theta-\sin\theta)$

$\therefore S^2=\sin2\theta\,(\cos\theta-\sin\theta)^2$

$=\sin2\theta\,(\cos^2\theta-2\sin\theta\cos\theta+\sin^2\theta)$

$=\sin2\theta\,(1-\sin2\theta)$

$=-\sin^2 2\theta+\sin2\theta$

$=-\left(\sin2\theta-\dfrac{1}{2}\right)^2+\dfrac{1}{4}$

3단계 S^2이 최대가 될 때의 선분 AP의 길이 구하기

따라서 S^2은 $\sin2\theta=\dfrac{1}{2}$일 때 최댓값을 갖는다.

이때 $0<2\theta<\dfrac{\pi}{2}$이므로 $\sin2\theta=\dfrac{1}{2}$에서

$2\theta=\dfrac{\pi}{6}$　　$\therefore \theta=\dfrac{\pi}{12}$

한편 직선 PD가 직선 $y=1$과 만나는 점의 x좌표를 구하면

$x+\tan\theta+\tan\theta-1=0$

$\therefore x=1-2\tan\theta \longrightarrow$ 점 P의 x좌표이다.

$\therefore \overline{AP}=1-(1-2\tan\theta)=2\tan\theta$

따라서 $\theta=\dfrac{\pi}{12}$일 때 선분 AP의 길이는

$2\tan\dfrac{\pi}{12}=2\tan\left(\dfrac{\pi}{4}-\dfrac{\pi}{6}\right)=2\times\dfrac{\tan\dfrac{\pi}{4}-\tan\dfrac{\pi}{6}}{1+\tan\dfrac{\pi}{4}\tan\dfrac{\pi}{6}}$

$=2\times\dfrac{1-\dfrac{\sqrt{3}}{3}}{1+1\times\dfrac{\sqrt{3}}{3}}=2\times\dfrac{3-\sqrt{3}}{3+\sqrt{3}}$

$=2\times\dfrac{(3-\sqrt{3})^2}{(3+\sqrt{3})(3-\sqrt{3})}=2\times\dfrac{12-6\sqrt{3}}{6}$

$=4-2\sqrt{3}$

02 답 161

1단계 선분 EF의 중점을 O라 할 때, $\tan(\angle OBF)$의 값 구하기

그림과 같이 선분 EF의 중점을 O, 부채꼴 BAF와 원 O가 만나는 점 중 점 F가 아닌 점을 P라 하자.

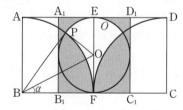

$\angle OBF=\alpha$라 하면

$\tan\alpha=\dfrac{\overline{OF}}{\overline{BF}}=\dfrac{1}{2}$　　　…… ㉠

2단계 S 구하기

$\overline{OF}=\overline{OP}=1$, $\overline{BF}=\overline{BP}=2$, 변 OB는 공통이므로

$\triangle OBF\equiv\triangle OBP$ (SSS 합동)

사각형 PBFO의 넓이를 S_1이라 하면
$$S_1=2\times\triangle OBF=2\times\left(\frac{1}{2}\times\overline{BF}\times\overline{OF}\right)=2\times\left(\frac{1}{2}\times2\times1\right)=2$$

또 $\angle PBF=2\alpha$이므로 중심각이 2α인 부채꼴 PBF의 넓이를 S_2라 하면
$$S_2=\frac{1}{2}\times2^2\times2\alpha=4\alpha$$

$\angle BOF=\frac{\pi}{2}-\alpha$이므로

$\angle FOP=2\angle BOF=\pi-2\alpha$

즉, $\angle POE=2\alpha$이므로 중심각이 2α인 부채꼴 POE의 넓이를 S_3이라 하면
$$S_3=\frac{1}{2}\times1^2\times2\alpha=\alpha$$

$\therefore S=2\times\{\square A_1B_1FE-(S_1-S_2)-S_3\}$
$\qquad =2\times\{2\times1-(2-4\alpha)-\alpha\}=6\alpha$

3단계 $\tan S$의 값 구하기

㉠에서 $\tan\alpha=\frac{1}{2}$이므로

$$\tan2\alpha=\frac{2\tan\alpha}{1-\tan^2\alpha}=\frac{2\times\frac{1}{2}}{1-\left(\frac{1}{2}\right)^2}=\frac{4}{3}$$

$$\tan4\alpha=\frac{2\tan2\alpha}{1-\tan^22\alpha}=\frac{2\times\frac{4}{3}}{1-\left(\frac{4}{3}\right)^2}=-\frac{24}{7}$$

$\therefore \tan S=\tan6\alpha=\tan(2\alpha+4\alpha)=\dfrac{\tan2\alpha+\tan4\alpha}{1-\tan2\alpha\times\tan4\alpha}$

$\qquad =\dfrac{\frac{4}{3}+\left(-\frac{24}{7}\right)}{1-\frac{4}{3}\times\left(-\frac{24}{7}\right)}=-\dfrac{44}{117}$

4단계 $p+q$의 값 구하기

따라서 $p=117$, $q=44$이므로

$p+q=161$

03 답 ④

1단계 $\overline{AP}^2$, $\overline{BP}^2$ 구하기

직선 OP가 x축의 양의 방향과 이루는 각의 크기를 θ라 하면 $\overline{OP}=2\sqrt{2}$이므로 점 P의 x좌표는

$\overline{OP}\cos\theta=2\sqrt{2}\cos\theta$

점 P의 y좌표는

$\overline{OP}\sin\theta=2\sqrt{2}\sin\theta$

$\therefore P(2\sqrt{2}\cos\theta, 2\sqrt{2}\sin\theta)$

선분 AP의 길이는 점 P와 직선 $y=\sqrt{3}x$, 즉 $\sqrt{3}x-y=0$ 사이의 거리와 같으므로

$$\overline{AP}^2=\left\{\frac{|2\sqrt{6}\cos\theta-2\sqrt{2}\sin\theta|}{\sqrt{(\sqrt{3})^2+(-1)^2}}\right\}^2=\frac{(2\sqrt{6}\cos\theta-2\sqrt{2}\sin\theta)^2}{4}$$
$$=(\sqrt{6}\cos\theta-\sqrt{2}\sin\theta)^2$$

또 점 P의 y좌표가 $2\sqrt{2}\sin\theta$이므로

$\overline{BP}^2=(2\sqrt{2}\sin\theta)^2$

2단계 $\overline{AP}^2+\overline{BP}^2$의 식 변형하기

$\therefore \overline{AP}^2+\overline{BP}^2=(\sqrt{6}\cos\theta-\sqrt{2}\sin\theta)^2+(2\sqrt{2}\sin\theta)^2$
$\qquad\qquad\qquad =6\cos^2\theta-4\sqrt{3}\sin\theta\cos\theta+10\sin^2\theta$

이때 $\cos2\theta=2\cos^2\theta-1$에서 $\cos^2\theta=\frac{1+\cos2\theta}{2}$이고,

$\cos2\theta=1-2\sin^2\theta$에서 $\sin^2\theta=\frac{1-\cos2\theta}{2}$이므로

$\overline{AP}^2+\overline{BP}^2=6\cos^2\theta-4\sqrt{3}\sin\theta\cos\theta+10\sin^2\theta$
$\qquad =6\times\frac{1+\cos2\theta}{2}-2\sqrt{3}\sin2\theta+10\times\frac{1-\cos2\theta}{2}$
$\qquad =3+3\cos2\theta-2\sqrt{3}\sin2\theta+5-5\cos2\theta$
$\qquad =8-2\sqrt{3}\sin2\theta-2\cos2\theta$
$\qquad =8-4\left(\frac{\sqrt{3}}{2}\sin2\theta+\frac{1}{2}\cos2\theta\right)$
$\qquad =8-4\left(\cos\frac{\pi}{6}\sin2\theta+\sin\frac{\pi}{6}\cos2\theta\right)$
$\qquad =8-4\sin\left(2\theta+\frac{\pi}{6}\right)$

3단계 $M+m$의 값 구하기

이때 $-1\le\sin\left(2\theta+\frac{\pi}{6}\right)\le1$이므로

$-4\le-4\sin\left(2\theta+\frac{\pi}{6}\right)\le4$ $\quad\therefore 4\le8-4\sin\left(2\theta+\frac{\pi}{6}\right)\le12$

따라서 $\overline{AP}^2+\overline{BP}^2$의 최댓값은 12, 최솟값은 4이므로

$M=12$, $m=4$

$\therefore M+m=16$

04 답 2

1단계 $\overline{AP}^2$, $\overline{PQ}^2$ 구하기

$\overline{OP}=1$이므로 점 P의 x좌표는

$\overline{OP}\cos\theta=\cos\theta$

점 P의 y좌표는

$\overline{OP}\sin\theta=\sin\theta$

$\therefore P(\cos\theta, \sin\theta)$

이때 $A(r+1, 0)$이므로

$\overline{AP}^2=(\cos\theta-r-1)^2+\sin^2\theta$
$\qquad =\cos^2\theta-2(r+1)\cos\theta+(r+1)^2+\sin^2\theta$
$\qquad =1-2(r+1)\cos\theta+(r+1)^2$

또 $\overline{PQ}\perp\overline{AQ}$이므로 직각삼각형 PAQ에서

$\overline{PQ}^2=\overline{AP}^2-\overline{AQ}^2=1-2(r+1)\cos\theta+(r+1)^2-r^2$
$\qquad =2+2r-2(r+1)\cos\theta=2(r+1)(1-\cos\theta)$

2단계 $\overline{QR}^2$ 구하기

$\overline{AQ}=\overline{AR}$, $\angle AQP=\angle ARP=\frac{\pi}{2}$, 변 AP는 공통이므로

$\triangle PAQ\equiv\triangle PAR$ (RHS 합동)

사각형 PRAQ의 넓이를 S라 하면

$$S=2\times\triangle PAQ=2\times\left(\frac{1}{2}\times\overline{PQ}\times\overline{AQ}\right)=\overline{PQ}\times\overline{AQ}$$

또 사각형 PRAQ의 넓이는 $\frac{1}{2}\times\overline{QR}\times\overline{AP}$이므로

$\overline{PQ}\times\overline{AQ}=\frac{1}{2}\times\overline{QR}\times\overline{AP}$

따라서 $\overline{QR}=\dfrac{2\overline{PQ}\times\overline{AQ}}{\overline{AP}}$이므로

$\overline{QR}^2=\dfrac{4\overline{PQ}^2\times\overline{AQ}^2}{\overline{AP}^2}=\dfrac{4\times2(r+1)(1-\cos\theta)\times r^2}{1-2(r+1)\cos\theta+(r+1)^2}$

$\qquad =\dfrac{8r^2(r+1)(1-\cos\theta)}{1-2(r+1)\cos\theta+(r+1)^2}$

$$\therefore \lim_{\theta \to 0+} \frac{\overline{QR}^2}{\theta^2}$$

$$= \lim_{\theta \to 0+} \frac{8r^2(r+1)(1-\cos\theta)}{\theta^2\{1-2(r+1)\cos\theta+(r+1)^2\}}$$

$$= \lim_{\theta \to 0+} \left\{ \frac{8r^2(r+1)}{1-2(r+1)\cos\theta+(r+1)^2} \times \frac{1-\cos\theta}{\theta^2} \right\}$$

$$= \frac{8r^2(r+1)}{1-2(r+1)+(r+1)^2} \times \lim_{\theta \to 0+} \frac{(1-\cos\theta)(1+\cos\theta)}{\theta^2(1+\cos\theta)}$$

$$= \frac{8r^2(r+1)}{r^2} \times \lim_{\theta \to 0+} \frac{1-\cos^2\theta}{\theta^2(1+\cos\theta)}$$

$$= 8(r+1) \times \lim_{\theta \to 0+} \left(\frac{\sin^2\theta}{\theta^2} \times \frac{1}{1+\cos\theta} \right)$$

$$= 8(r+1) \times 1^2 \times \frac{1}{2} = 4(r+1)$$

즉, $4(r+1)=12$이므로

$r+1=3$ $\therefore r=2$

05 답 ④

정$2n$각형의 한 변의 길이는

$1-\cos\dfrac{\pi}{n}$

정$2n$각형의 중심과 각 꼭짓점을 이었을 때 합동인 이등변삼각형이 $2n$개 만들어지고, 이때 이등변삼각형의 꼭지각의 크기는

$\dfrac{2\pi}{2n}=\dfrac{\pi}{n}$

정$2n$각형의 중심에서 정$2n$각형의 한 변에 내린 수선의 길이를 l_n이라 하면

$$l_n = \frac{\dfrac{1}{2}\left(1-\cos\dfrac{\pi}{n}\right)}{\tan\dfrac{\pi}{2n}}$$

$$\therefore S_n = 2n \times \left\{ \frac{1}{2} \times \left(1-\cos\frac{\pi}{n}\right) \times \frac{\dfrac{1}{2}\left(1-\cos\dfrac{\pi}{n}\right)}{\tan\dfrac{\pi}{2n}} \right\}$$

$$= \frac{n\left(1-\cos\dfrac{\pi}{n}\right)^2}{2\tan\dfrac{\pi}{2n}}$$

한편 빗변의 길이가 1이고 한 내각의 크기가 $\dfrac{\pi}{n}$인 직각삼각형의 빗변이 아닌 두 변의 길이는 $\cos\dfrac{\pi}{n}$, $\sin\dfrac{\pi}{n}$이므로

$$T_n = 2n \times \left(\frac{1}{2} \times \cos\frac{\pi}{n} \times \sin\frac{\pi}{n} \right)$$

$$= n\sin\frac{\pi}{n}\cos\frac{\pi}{n} = \frac{n}{2}\sin\frac{2\pi}{n}$$

$$\therefore \lim_{n \to \infty} \frac{n^2 S_n}{T_n} = \lim_{n \to \infty} \frac{n^3\left(1-\cos\dfrac{\pi}{n}\right)^2}{n\tan\dfrac{\pi}{2n}\sin\dfrac{2\pi}{n}}$$

$$= \lim_{n \to \infty} \frac{n^2\left(1-\cos\dfrac{\pi}{n}\right)^2}{\tan\dfrac{\pi}{2n}\sin\dfrac{2\pi}{n}}$$

이때 $\dfrac{\pi}{n}=t$로 놓으면 $n \to \infty$일 때 $t \to 0$이므로

$$\lim_{n \to \infty} \frac{n^2 S_n}{T_n} = \lim_{n \to \infty} \frac{n^2\left(1-\cos\dfrac{\pi}{n}\right)^2}{\tan\dfrac{\pi}{2n}\sin\dfrac{2\pi}{n}} = \lim_{t \to 0} \frac{\pi^2(1-\cos t)^2}{t^2\tan\dfrac{t}{2}\sin 2t}$$

$$= \lim_{t \to 0} \frac{\pi^2(1-\cos t)^2(1+\cos t)^2}{t^2\tan\dfrac{t}{2}\sin 2t(1+\cos t)^2}$$

$$= \lim_{t \to 0} \frac{\pi^2(1-\cos^2 t)^2}{t^2\tan\dfrac{t}{2}\sin 2t(1+\cos t)^2}$$

$$= \lim_{t \to 0} \frac{\pi^2\sin^4 t}{t^2\tan\dfrac{t}{2}\sin 2t(1+\cos t)^2}$$

$$= \lim_{t \to 0} \left\{ \frac{\sin^4 t}{t^4} \times \frac{\dfrac{t}{2}}{\tan\dfrac{t}{2}} \times \frac{2t}{\sin 2t} \times \frac{\pi^2}{(1+\cos t)^2} \right\}$$

$$= 1^4 \times 1 \times 1 \times \frac{\pi^2}{2^2} = \frac{\pi^2}{4}$$

06 답 50

직각삼각형 AHP에서 $\angle APH=\theta$이므로

$\angle HAP = \dfrac{\pi}{2}-\theta$

삼각형 OAP는 $\overline{OA}=\overline{OP}=1$인 이등변삼각형이므로

$\angle AOP = \pi - 2\angle OAP = \pi - 2\times\left(\dfrac{\pi}{2}-\theta\right) = 2\theta$

$\overbrace{\qquad}^{\angle OAP = \angle HAP}$

즉, 직각삼각형 OHP에서

$\overline{OH} = \overline{OP}\cos 2\theta = \cos 2\theta$

$\therefore \overline{AH} = 1 - \overline{OH} = 1 - \cos 2\theta$

$\qquad = 1 - (1-2\sin^2\theta) = 2\sin^2\theta$

$\angle HAQ = \dfrac{1}{2}\angle HAP = \dfrac{1}{2}\left(\dfrac{\pi}{2}-\theta\right) = \dfrac{\pi}{4}-\dfrac{\theta}{2}$이므로 직각삼각형 HAQ 에서

$\overline{HQ} = \overline{AH}\tan\left(\dfrac{\pi}{4}-\dfrac{\theta}{2}\right) = 2\sin^2\theta\tan\left(\dfrac{\pi}{4}-\dfrac{\theta}{2}\right)$

$\therefore f(\theta) = \dfrac{1}{2}\times\overline{AH}\times\overline{HQ} = \dfrac{1}{2}(2\sin^2\theta)^2\tan\left(\dfrac{\pi}{4}-\dfrac{\theta}{2}\right)$

$\qquad = 2\sin^4\theta\tan\left(\dfrac{\pi}{4}-\dfrac{\theta}{2}\right)$

한편 이등변삼각형 OAP의 꼭짓점 O에서 선분 AP에 내린 수선의 발을 H′이라 하면

$\angle POH' = \dfrac{1}{2}\angle AOP = \theta$

직각삼각형 PH′O에서

$\overline{PH'} = \overline{OP}\sin\theta = \sin\theta$

$\therefore \overline{AP} = 2\overline{PH'} = 2\sin\theta$

삼각형 AOP에서 $\angle OAP$의 이등분선이 선분 OP와 만나는 점이 R이 므로

$\overline{AO} : \overline{AP} = \overline{OR} : \overline{PR}$

$1 : 2\sin\theta = \overline{OR} : (1-\overline{OR})$

$2\sin\theta \times \overline{OR} = 1 - \overline{OR}$

$\therefore \overline{OR} = \dfrac{1}{1+2\sin\theta}$

또 직각삼각형 AOS에서 $\angle OAS=\angle HAQ=\dfrac{\pi}{4}-\dfrac{\theta}{2}$이므로

$\overline{OS}=\overline{OA}\tan\left(\dfrac{\pi}{4}-\dfrac{\theta}{2}\right)=\tan\left(\dfrac{\pi}{4}-\dfrac{\theta}{2}\right)$

$\angle POS=\dfrac{\pi}{2}-\angle AOP=\dfrac{\pi}{2}-2\theta$이므로

$g(\theta)=\triangle OSP-\triangle OSR$

$\quad=\dfrac{1}{2}\times\overline{OS}\times\overline{OP}\times\sin\left(\dfrac{\pi}{2}-2\theta\right)-\dfrac{1}{2}\times\overline{OS}\times\overline{OR}\times\sin\left(\dfrac{\pi}{2}-2\theta\right)$

$\quad=\dfrac{1}{2}\times\overline{OS}\times(\overline{OP}-\overline{OR})\times\sin\left(\dfrac{\pi}{2}-2\theta\right)$

$\quad=\dfrac{1}{2}\tan\left(\dfrac{\pi}{4}-\dfrac{\theta}{2}\right)\times\left(1-\dfrac{1}{1+2\sin\theta}\right)\times\cos 2\theta$

$\quad=\dfrac{1}{2}\tan\left(\dfrac{\pi}{4}-\dfrac{\theta}{2}\right)\times\dfrac{2\sin\theta}{1+2\sin\theta}\times\cos 2\theta$

$\quad=\tan\left(\dfrac{\pi}{4}-\dfrac{\theta}{2}\right)\times\dfrac{\sin\theta\cos 2\theta}{1+2\sin\theta}$

3단계 $\displaystyle\lim_{\theta\to 0+}\dfrac{\theta^3\times g(\theta)}{f(\theta)}$의 값 구하기

$\therefore \displaystyle\lim_{\theta\to 0+}\dfrac{\theta^3\times g(\theta)}{f(\theta)}=\lim_{\theta\to 0+}\dfrac{\theta^3\tan\left(\dfrac{\pi}{4}-\dfrac{\theta}{2}\right)\times\dfrac{\sin\theta\cos 2\theta}{1+2\sin\theta}}{2\sin^4\theta\tan\left(\dfrac{\pi}{4}-\dfrac{\theta}{2}\right)}$

$\qquad=\displaystyle\lim_{\theta\to 0+}\dfrac{\theta^3\cos 2\theta}{2\sin^3\theta(1+2\sin\theta)}$

$\qquad=\displaystyle\lim_{\theta\to 0+}\left\{\dfrac{\theta^3}{\sin^3\theta}\times\dfrac{\cos 2\theta}{2(1+2\sin\theta)}\right\}$

$\qquad=1^3\times\dfrac{1}{2}=\dfrac{1}{2}$

4단계 $100k$의 값 구하기

따라서 $k=\dfrac{1}{2}$이므로

$100k=100\times\dfrac{1}{2}=50$

07 답 135

1단계 α, β 사이의 관계식 구하기

$f(x)=a\cos x+x\sin x+b$에서

$f'(x)=-a\sin x+\sin x+x\cos x=(1-a)\sin x+x\cos x$

$f'(x)=0$에서 $(1-a)\sin x+x\cos x=0$

$x\cos x=(a-1)\sin x$

이때 $\cos x=0$이면 $\sin x\neq 0$이고 $a<1$이므로 조건을 만족시키지 않는다.

즉, $\cos x\neq 0$이므로 $\dfrac{\sin x}{\cos x}=\dfrac{x}{a-1}$

$\therefore \tan x=\dfrac{x}{a-1}$ ...... ㉠

㈎에서 α, β는 $-\pi<x<\pi$에서 방정식 ㉠을 만족시키는 근이므로 함수 $y=\tan x$의 그래프와 직선 $y=\dfrac{x}{a-1}$가 $-\pi<x<0$, $0<x<\pi$에서 만나는 두 점의 x좌표가 각각 α, β이다.

이때 함수 $y=\tan x$의 그래프와 직선 $y=\dfrac{x}{a-1}$는 각각 원점에 대하여 대칭이므로

$\beta=-\alpha$ ...... ㉡

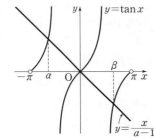

2단계 α, β의 값 구하기

㈏의 $\dfrac{\tan\beta-\tan\alpha}{\beta-\alpha}+\dfrac{1}{\beta}=0$에 ㉡을 대입하면

$\dfrac{\tan(-\alpha)-\tan\alpha}{-2\alpha}-\dfrac{1}{\alpha}=0$, $\dfrac{-2\tan\alpha}{-2\alpha}=\dfrac{1}{\alpha}$

$\tan\alpha=1$ $\therefore \alpha=-\dfrac{3}{4}\pi$ ($\because -\pi<\alpha<0$)

이를 ㉡에 대입하면 $\beta=\dfrac{3}{4}\pi$

3단계 $f(x)$ 구하기

$\beta=\dfrac{3}{4}\pi$는 방정식 ㉠의 한 근이므로

$\tan\dfrac{3}{4}\pi=\dfrac{\dfrac{3}{4}\pi}{a-1}$, $-(a-1)=\dfrac{3}{4}\pi$ $\therefore a=1-\dfrac{3}{4}\pi$

$\displaystyle\lim_{x\to 0}\dfrac{f(x)}{x^2}=c$에서 $x\to 0$일 때 (분모)$\to 0$이고 극한값이 존재하므로 (분자)$\to 0$이다.

즉, $\displaystyle\lim_{x\to 0}f(x)=0$에서

$\displaystyle\lim_{x\to 0}\left\{\left(1-\dfrac{3}{4}\pi\right)\cos x+x\sin x+b\right\}=0$

$1-\dfrac{3}{4}\pi+b=0$ $\therefore b=\dfrac{3}{4}\pi-1$

$\therefore f(x)=\left(1-\dfrac{3}{4}\pi\right)\cos x+x\sin x+\dfrac{3}{4}\pi-1$

4단계 c의 값 구하기

$\therefore c=\displaystyle\lim_{x\to 0}\dfrac{f(x)}{x^2}$

$\qquad=\displaystyle\lim_{x\to 0}\dfrac{\left(1-\dfrac{3}{4}\pi\right)\cos x+x\sin x+\dfrac{3}{4}\pi-1}{x^2}$

$\qquad=\displaystyle\lim_{x\to 0}\dfrac{\left(1-\dfrac{3}{4}\pi\right)(\cos x-1)+x\sin x}{x^2}$

$\qquad=\displaystyle\lim_{x\to 0}\left\{\dfrac{\left(1-\dfrac{3}{4}\pi\right)(\cos x-1)(\cos x+1)}{x^2(\cos x+1)}+\dfrac{\sin x}{x}\right\}$

$\qquad=\displaystyle\lim_{x\to 0}\left\{\dfrac{\left(1-\dfrac{3}{4}\pi\right)(\cos^2 x-1)}{x^2(\cos x+1)}+\dfrac{\sin x}{x}\right\}$

$\qquad=\displaystyle\lim_{x\to 0}\left(-\dfrac{\sin^2 x}{x^2}\times\dfrac{1-\dfrac{3}{4}\pi}{\cos x+1}+\dfrac{\sin x}{x}\right)$

$\qquad=-1^2\times\dfrac{1-\dfrac{3}{4}\pi}{2}+1=\dfrac{1}{2}+\dfrac{3}{8}\pi$

5단계 $f\left(\dfrac{\beta-\alpha}{3}\right)+c$의 값 구하기

$\dfrac{\beta-\alpha}{3}=\dfrac{1}{3}\left(\dfrac{3}{4}\pi+\dfrac{3}{4}\pi\right)=\dfrac{\pi}{2}$이므로

$f\left(\dfrac{\beta-\alpha}{3}\right)+c=f\left(\dfrac{\pi}{2}\right)+\dfrac{1}{2}+\dfrac{3}{8}\pi$

$\qquad=\left(\dfrac{\pi}{2}+\dfrac{3}{4}\pi-1\right)+\dfrac{1}{2}+\dfrac{3}{8}\pi$

$\qquad=-\dfrac{1}{2}+\dfrac{13}{8}\pi$

6단계 $120\times(p+q)$의 값 구하기

따라서 $p=-\dfrac{1}{2}$, $q=\dfrac{13}{8}$이므로

$120\times(p+q)=120\times\dfrac{9}{8}=135$

step ❶ 핵심 문제 | 62~63쪽

01 16	02 ④	03 2	04 ⑤	05 −4	06 ⑤
07 $\frac{5}{3}$	08 ②	09 ⑤	10 $\frac{1}{2}$	11 ④	12 ①

01 답 16

$f(x)=\dfrac{x}{x^2+x+8}$ 에서

$f'(x)=\dfrac{x^2+x+8-x(2x+1)}{(x^2+x+8)^2}$

$=\dfrac{-x^2+8}{(x^2+x+8)^2}$

$f'(x)>0$ 에서

$\dfrac{-x^2+8}{(x^2+x+8)^2}>0$

이때 $(x^2+x+8)^2=\left\{\left(x+\dfrac{1}{2}\right)^2+\dfrac{31}{4}\right\}^2>0$ 이므로

$-x^2+8>0$, $x^2<8$

$\therefore -2\sqrt{2}<x<2\sqrt{2}$

따라서 $\alpha=-2\sqrt{2}$, $\beta=2\sqrt{2}$ 이므로

$\alpha^2+\beta^2=(-2\sqrt{2})^2+(2\sqrt{2})^2=16$

02 답 ④

$g(x)=\dfrac{f(x)}{a+\ln x}$ 에서

$g'(x)=\dfrac{f'(x)\times(a+\ln x)-f(x)\times\dfrac{1}{x}}{(a+\ln x)^2}$

$=\dfrac{f'(x)}{a+\ln x}-\dfrac{f(x)}{x(a+\ln x)^2}$

$\therefore g(1)=\dfrac{f(1)}{a}$, $g'(1)=\dfrac{f'(1)}{a}-\dfrac{f(1)}{a^2}$

$f(1)=ag(1)$ 이므로

$\lim\limits_{h\to0}\dfrac{(a-2h)g(1+h)-f(1)}{h}$

$=\lim\limits_{h\to0}\dfrac{(a-2h)g(1+h)-ag(1)}{h}$

$=\lim\limits_{h\to0}\dfrac{a\{g(1+h)-g(1)\}-2hg(1+h)}{h}$

$=a\lim\limits_{h\to0}\dfrac{g(1+h)-g(1)}{h}-\lim\limits_{h\to0}2g(1+h)$

$=ag'(1)-2g(1)$

즉, $ag'(1)-2g(1)=2+f'(1)$ 이므로

$f'(1)-\dfrac{f(1)}{a}-2\times\dfrac{f(1)}{a}=2+f'(1)$

$-\dfrac{3f(1)}{a}=2$

$\therefore \dfrac{f(1)}{a}=-\dfrac{2}{3}$

$\therefore g(1)=\dfrac{f(1)}{a}$

$=-\dfrac{2}{3}$

03 답 2

$f(x)=\dfrac{\csc x}{\sec x+\csc x}=\dfrac{\dfrac{1}{\sin x}}{\dfrac{1}{\cos x}+\dfrac{1}{\sin x}}$

$=\dfrac{\dfrac{1}{\sin x}}{\dfrac{\sin x+\cos x}{\sin x\cos x}}=\dfrac{\cos x}{\sin x+\cos x}$

$\therefore f'(x)=\dfrac{-\sin x(\sin x+\cos x)-\cos x(\cos x-\sin x)}{(\sin x+\cos x)^2}$

$=\dfrac{-\sin^2 x-\cos^2 x}{\sin^2 x+2\sin x\cos x+\cos^2 x}$

$=-\dfrac{1}{1+\sin 2x}$ ················· 배점 **50%**

이때 $0<x<\dfrac{\pi}{2}$ 에서 $0<2x<\pi$ 이므로

$0<\sin 2x\leq1$

$1<1+\sin 2x\leq2$, $\dfrac{1}{2}\leq\dfrac{1}{1+\sin 2x}<1$

$-1<-\dfrac{1}{1+\sin 2x}\leq-\dfrac{1}{2}$

$\therefore -1<f'(x)\leq-\dfrac{1}{2}$ ················· 배점 **30%**

따라서 $f'(x)$ 의 최댓값은 $-\dfrac{1}{2}$ 이므로

$M=-\dfrac{1}{2}$

$\therefore 8M^2=8\times\dfrac{1}{4}=2$ ················· 배점 **20%**

04 답 ⑤

$\lim\limits_{x\to1}\dfrac{g(x)+1}{x-1}=2$ 에서 $x\to1$ 일 때 (분모) $\to0$ 이고 극한값이 존재하므로 (분자) $\to0$ 이다.

즉, $\lim\limits_{x\to1}\{g(x)+1\}=0$ 에서

$g(1)+1=0$ ∴ $g(1)=-1$ ······ ㉠

따라서 $\lim\limits_{x\to1}\dfrac{g(x)+1}{x-1}=\lim\limits_{x\to1}\dfrac{g(x)-g(1)}{x-1}=g'(1)$ 이므로

$g'(1)=2$ ······ ㉡

$\lim\limits_{x\to1}\dfrac{h(x)-2}{x-1}=12$ 에서 $x\to1$ 일 때 (분모) $\to0$ 이고 극한값이 존재하므로 (분자) $\to0$ 이다.

즉, $\lim\limits_{x\to1}\{h(x)-2\}=0$ 에서

$h(1)-2=0$ ∴ $h(1)=2$ ······ ㉢

따라서 $\lim\limits_{x\to1}\dfrac{h(x)-2}{x-1}=\lim\limits_{x\to1}\dfrac{h(x)-h(1)}{x-1}=h'(1)$ 이므로

$h'(1)=12$ ······ ㉣

$h(x)=(f\circ g)(x)=f(g(x))$ 이고 ㉢에서 $h(1)=2$ 이므로

$f(g(1))=2$

$\therefore f(-1)=2$ ($\because$ ㉠)

$h'(x)=f'(g(x))g'(x)$ 이고 ㉣에서 $h'(1)=12$ 이므로

$f'(g(1))g'(1)=12$

$2f'(-1)=12$ ($\because$ ㉠, ㉡)

$\therefore f'(-1)=6$

$\therefore f(-1)+f'(-1)=2+6$

$=8$

05 답 -4

$f(x)=0$에서

$$\frac{(x-1)^4(x-2)^5}{x^6}=0$$

$\therefore x=1$ 또는 $x=2$ $\therefore A=\{1,\,2\}$

$f(x)=\dfrac{(x-1)^4(x-2)^5}{x^6}$의 양변의 절댓값에 자연로그를 취하면

$\ln|f(x)|=4\ln|x-1|+5\ln|x-2|-6\ln|x|$

양변을 x에 대하여 미분하면

$$\frac{f'(x)}{f(x)}=\frac{4}{x-1}+\frac{5}{x-2}-\frac{6}{x}$$

$$=\frac{4x(x-2)+5x(x-1)-6(x-1)(x-2)}{x(x-1)(x-2)}$$

$$=\frac{3x^2+5x-12}{x(x-1)(x-2)}=\frac{(x+3)(3x-4)}{x(x-1)(x-2)}$$

$\therefore f'(x)=f(x)\times\dfrac{(x+3)(3x-4)}{x(x-1)(x-2)}$

$$=\frac{(x-1)^4(x-2)^5}{x^6}\times\frac{(x+3)(3x-4)}{x(x-1)(x-2)}$$

$$=\frac{(x-1)^3(x-2)^4(x+3)(3x-4)}{x^7}$$

$f'(x)=0$에서

$$\frac{(x-1)^3(x-2)^4(x+3)(3x-4)}{x^7}=0$$

$\therefore x=-3$ 또는 $x=1$ 또는 $x=\dfrac{4}{3}$ 또는 $x=2$

$\therefore B=\left\{-3,\,1,\,\dfrac{4}{3},\,2\right\}$

따라서 $B-A=\left\{-3,\,\dfrac{4}{3}\right\}$이므로

$\alpha\beta=-3\times\dfrac{4}{3}=-4$

다른 풀이 함수 $y=x^n$의 도함수와 곱의 미분법을 이용하여 $f'(x)$ 구하기

$f(x)=\dfrac{(x-1)^4(x-2)^5}{x^6}=x^{-6}(x-1)^4(x-2)^5$이므로

$f'(x)=-6x^{-7}(x-1)^4(x-2)^5+4x^{-6}(x-1)^3(x-2)^5$
$$+5x^{-6}(x-1)^4(x-2)^4$$

$=x^{-7}(x-1)^3(x-2)^4\{-6(x-1)(x-2)+4x(x-2)$
$$+5x(x-1)\}$$

$=x^{-7}(x-1)^3(x-2)^4(3x^2+5x-12)$

$=\dfrac{(x-1)^3(x-2)^4(x+3)(3x-4)}{x^7}$

06 답 ⑤

$g(x)=\ln f(x)=\ln(x+\sqrt{1+x^2})^{10}=10\ln\{x+(1+x^2)^{\frac{1}{2}}\}$에서

$$g'(x)=10\times\frac{1+\frac{1}{2}(1+x^2)^{-\frac{1}{2}}\times 2x}{x+(1+x^2)^{\frac{1}{2}}}$$

$$=\frac{10}{x+\sqrt{1+x^2}}\times\left(1+\frac{x}{\sqrt{1+x^2}}\right)$$

$$=\frac{10}{x+\sqrt{1+x^2}}\times\frac{x+\sqrt{1+x^2}}{\sqrt{1+x^2}}$$

$$=\frac{10}{\sqrt{1+x^2}}$$

$\therefore g'(1)=\dfrac{10}{\sqrt{2}}=5\sqrt{2}$

07 답 $\dfrac{5}{3}$

$x=t+\dfrac{1}{t}$, $y=t-\dfrac{1}{t}$에서

$\dfrac{dx}{dt}=1-\dfrac{1}{t^2}$, $\dfrac{dy}{dt}=1+\dfrac{1}{t^2}$

$\therefore \dfrac{dy}{dx}=\dfrac{\dfrac{dy}{dt}}{\dfrac{dx}{dt}}=\dfrac{1+\dfrac{1}{t^2}}{1-\dfrac{1}{t^2}}=\dfrac{\dfrac{t^2+1}{t^2}}{\dfrac{t^2-1}{t^2}}=\dfrac{t^2+1}{t^2-1}$ (단, $t^2\neq 1$)

한편 $t+\dfrac{1}{t}=\dfrac{5}{2}$에서

$2t^2-5t+2=0$, $(2t-1)(t-2)=0$

$\therefore t=\dfrac{1}{2}$ 또는 $t=2$ ...... ㉠

또 $t-\dfrac{1}{t}=\dfrac{3}{2}$에서

$2t^2-3t-2=0$, $(2t+1)(t-2)=0$

$\therefore t=-\dfrac{1}{2}$ 또는 $t=2$ ...... ㉡

㉠, ㉡에서 $t=2$

따라서 점 $\left(\dfrac{5}{2},\,\dfrac{3}{2}\right)$, 즉 $t=2$에서의 접선의 기울기는

$\dfrac{4+1}{4-1}=\dfrac{5}{3}$

08 답 ②

$x^3+y^3=3xy+4$의 양변을 x에 대하여 미분하면

$3x^2+3y^2\dfrac{dy}{dx}=3y+3x\dfrac{dy}{dx}$, $(3x-3y^2)\dfrac{dy}{dx}=3x^2-3y$

$\therefore \dfrac{dy}{dx}=\dfrac{x^2-y}{x-y^2}$ (단, $x\neq y^2$)

점 $(a,\,b)$에서의 접선의 기울기는 $\dfrac{a^2-b}{a-b^2}$이므로

$\dfrac{a^2-b}{a-b^2}=-1$

$a^2-b=b^2-a$, $a^2-b^2+a-b=0$

$(a-b)(a+b)+a-b=0$

$(a-b)(a+b+1)=0$

$\therefore a=b$ ($\because a>0,\,b>0$)

점 $(a,\,a)$는 곡선 $x^3+y^3=3xy+4$ 위의 점이므로

$a^3+a^3=3a^2+4$, $2a^3-3a^2-4=0$

$(a-2)(2a^2+a+2)=0$ $\therefore a=2$ ($\because a>0$)

$\therefore ab=a^2=4$

09 답 ⑤

함수 $f(x)$의 역함수가 $g(x)$이고 $f(-1)=\dfrac{1}{1+e}$이므로

$g\left(\dfrac{1}{1+e}\right)=-1$

$\therefore g'(f(-1))=g'\left(\dfrac{1}{1+e}\right)=\dfrac{1}{f'\left(g\left(\dfrac{1}{1+e}\right)\right)}=\dfrac{1}{f'(-1)}$

$f(x)=\dfrac{1}{1+e^{-x}}$에서 $f'(x)=\dfrac{e^{-x}}{(1+e^{-x})^2}$이므로

$g'(f(-1))=\dfrac{1}{f'(-1)}=\dfrac{1}{\dfrac{e}{(1+e)^2}}=\dfrac{(1+e)^2}{e}$

10 답 $\dfrac{1}{2}$

함수 $f(x)$의 역함수가 $g(x)$이므로 $g(4)=a$라 하면

$f(a)=4$

$a^3-5a^2+10a-4=4$

$a^3-5a^2+10a-8=0$, $(a-2)(a^2-3a+4)=0$

$\therefore a=2$ ($\because a$는 실수)

$\therefore g(4)=2$

$f(x)=x^3-5x^2+10x-4$에서 $f'(x)=3x^2-10x+10$이므로

$g'(4)=\dfrac{1}{f'(g(4))}=\dfrac{1}{f'(2)}$

$=\dfrac{1}{12-20+10}=\dfrac{1}{2}$

11 답 ④

$f(x)=e^{ax}(\sin bx+\cos bx)$에서

$f'(x)=ae^{ax}(\sin bx+\cos bx)+e^{ax}(b\cos bx-b\sin bx)$

$\qquad=e^{ax}\{(a-b)\sin bx+(a+b)\cos bx\}$

$f''(x)=ae^{ax}\{(a-b)\sin bx+(a+b)\cos bx\}$

$\qquad\qquad\quad +e^{ax}\{b(a-b)\cos bx-b(a+b)\sin bx\}$

$\qquad=e^{ax}\{(a^2-2ab-b^2)\sin bx+(a^2+2ab-b^2)\cos bx\}$

$13f(x)-6f'(x)+f''(x)=0$에서

$13e^{ax}(\sin bx+\cos bx)-6e^{ax}\{(a-b)\sin bx+(a+b)\cos bx\}$

$\qquad +e^{ax}\{(a^2-2ab-b^2)\sin bx+(a^2+2ab-b^2)\cos bx\}=0$

$e^{ax}\{(a^2-2ab-b^2-6a+6b+13)\sin bx$

$\qquad\qquad +(a^2+2ab-b^2-6a-6b+13)\cos bx\}=0$

$e^{ax}>0$이므로 모든 실수 x에 대하여 위의 식이 성립하려면

$a^2-b^2-2ab-6a+6b+13=0$ ...... ㉠

$a^2-b^2+2ab-6a-6b+13=0$ ...... ㉡

㉠-㉡을 하면

$-4ab+12b=0$

$-4b(a-3)=0$ $\qquad \therefore a=3$ ($\because b>0$)

이를 ㉠에 대입하면

$9-b^2-6b-18+6b+13=0$

$b^2=4$ $\qquad \therefore b=2$ ($\because b>0$)

$\therefore a+b=3+2=5$

12 답 ①

$e^{f(x)}=\sqrt{\dfrac{1-\sin x}{1+\sin x}}$의 양변에 자연로그를 취하면

$f(x)=\dfrac{1}{2}\{\ln(1-\sin x)-\ln(1+\sin x)\}$

$\therefore f'(x)=\dfrac{1}{2}\left(\dfrac{-\cos x}{1-\sin x}-\dfrac{\cos x}{1+\sin x}\right)$

$\qquad=\dfrac{1}{2}\times\dfrac{-\cos x-\sin x\cos x-(\cos x-\sin x\cos x)}{(1-\sin x)(1+\sin x)}$

$\qquad=\dfrac{-\cos x}{1-\sin^2 x}=-\dfrac{\cos x}{\cos^2 x}$

$\qquad=-\dfrac{1}{\cos x}=-\sec x$

$\therefore f''(x)=-\sec x\tan x$

$\therefore f''\left(\dfrac{\pi}{4}\right)=-\sqrt{2}\times 1=-\sqrt{2}$

---

01 ③	02 ③	03 8	04 1	05 5	06 2
07 ④	08 8	09 ①	10 ④	11 $\dfrac{1}{3}$	12 ②
13 ①	14 $\dfrac{1}{2}$	15 ①	16 4	17 31	18 ①
19 -4	20 ③	21 ②	22 $\dfrac{7}{6}$	23 $\dfrac{1}{9}$	24 $\dfrac{1}{5}$
25 24	26 $\dfrac{9}{4}$	27 ④	28 ④		

01 답 ③

$g(x)=\dfrac{x}{f(x)}+\dfrac{f(x)}{e^x}$에서

$g'(x)=\dfrac{f(x)-xf'(x)}{\{f(x)\}^2}+\dfrac{e^xf'(x)-e^xf(x)}{(e^x)^2}$

$\therefore g'(x)=\dfrac{f(x)-xf'(x)}{\{f(x)\}^2}+\dfrac{f'(x)-f(x)}{e^x}$ ...... ㉠

$f(0)=1$, $g'(0)=2$이므로 ㉠의 양변에 $x=0$을 대입하면

$g'(0)=\dfrac{1}{f(0)}+f'(0)-f(0)$

$2=1+f'(0)-1$ $\qquad \therefore f'(0)=2$

이차함수 $f(x)$의 최고차항의 계수가 1이고 $f(0)=1$이므로

$f(x)=x^2+ax+1$ (a는 상수)이라 하자.

$f'(x)=2x+a$이므로 $f'(0)=2$에서

$a=2$

따라서 $f(x)=x^2+2x+1$, $f'(x)=2x+2$이므로

$f(1)=1+2+1=4$, $f'(1)=2+2=4$

㉠의 양변에 $x=1$을 대입하면

$g'(1)=\dfrac{f(1)-f'(1)}{\{f(1)\}^2}+\dfrac{f'(1)-f(1)}{e}$

$\qquad=\dfrac{4-4}{16}+\dfrac{4-4}{e}=0$

02 답 ③

원 $x^2+(y+1)^2=1$의 중심 C의 좌표는

$(0,-1)$

원 $x^2+(y+1)^2=1$과 직선 $y=tx$가 만나는 점의 x좌표를 구하면

$x^2+(tx+1)^2=1$

$(t^2+1)x^2+2tx=0$, $x\{(t^2+1)x+2t\}=0$

$\therefore x=0$ 또는 $x=-\dfrac{2t}{t^2+1}$

따라서 두 점 A, B의 좌표를 각각 $(0,0)$,

$\left(-\dfrac{2t}{t^2+1},-\dfrac{2t^2}{t^2+1}\right)$이라 하면 삼각형 ABC

의 넓이 $f(t)$는

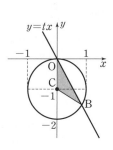

$f(t)=\dfrac{1}{2}\times 1\times\left(-\dfrac{2t}{t^2+1}\right)$

$\qquad=-\dfrac{t}{t^2+1}$

$\therefore f'(t)=-\dfrac{t^2+1-t\times 2t}{(t^2+1)^2}=\dfrac{t^2-1}{(t^2+1)^2}$

$\therefore f'(-\sqrt{3})=\dfrac{3-1}{(3+1)^2}=\dfrac{1}{8}$

03 답 8

함수 $f(x)$는 첫째항이 a이고 공비가 $\dfrac{x}{x^2+b}$인 등비급수의 합과 같다.

$b>1$에서 $|x|<x^2+b$이므로 $-1<\dfrac{x}{x^2+b}<1$

$$\therefore f(x)=a+\frac{ax}{x^2+b}+\frac{ax^2}{(x^2+b)^2}+\frac{ax^3}{(x^2+b)^3}+\cdots$$

$$=\frac{a}{1-\dfrac{x}{x^2+b}}=\frac{ax^2+ab}{x^2-x+b}$$

$$\therefore f'(x)=\frac{2ax(x^2-x+b)-(ax^2+ab)(2x-1)}{(x^2-x+b)^2}$$

$$=\frac{2ax^3-2ax^2+2abx-(2ax^3-ax^2+2abx-ab)}{(x^2-x+b)^2}$$

$$=\frac{a(b-x^2)}{(x^2-x+b)^2} \quad \cdots\cdots \text{㉠}$$

(가)에서

$$\lim_{x\to1}\frac{f(x)-f(1)}{x^2-1}=\lim_{x\to1}\left\{\frac{f(x)-f(1)}{x-1}\times\frac{1}{x+1}\right\}=\frac{1}{2}f'(1)$$

즉, $\dfrac{1}{2}f'(1)=\dfrac{3}{8}$이므로 $f'(1)=\dfrac{3}{4}$

㉠에서 $\dfrac{a(b-1)}{b^2}=\dfrac{3}{4}$ $\quad\cdots\cdots$ ㉡

(나)에서 $f'(2)=0$이므로 ㉠에서

$$\frac{a(b-4)}{(b+2)^2}=0, \ a(b-4)=0 \quad \therefore b=4 \ (\because a>1)$$

이를 ㉡에 대입하면 $\dfrac{3}{16}a=\dfrac{3}{4}$ $\quad \therefore a=4$

$$\therefore a+b=4+4=8$$

04 답 1

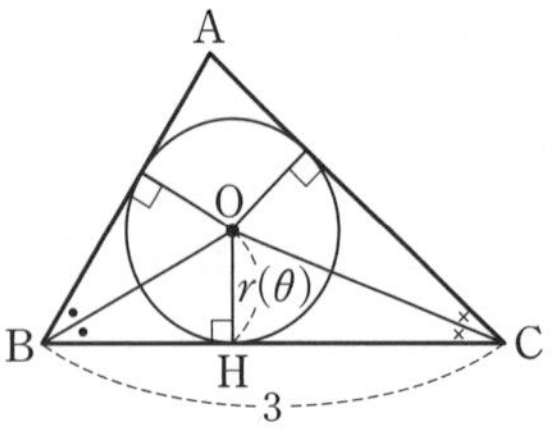

그림과 같이 삼각형 ABC의 내접원의 중심을 O라 하고 점 O에서 변 BC에 내린 수선의 발을 H라 하자.
점 O는 삼각형 ABC의 내심이므로
└─ 삼각형의 세 내각의 이등분선의 교점

$$\angle OBH=\frac{1}{2}\angle ABC=\frac{\pi}{6}$$

$$\angle OCH=\frac{1}{2}\angle ACB=\theta$$

직각삼각형 OBH에서

$$\tan\frac{\pi}{6}=\frac{\overline{OH}}{\overline{BH}} \quad \therefore \overline{BH}=\frac{r(\theta)}{\tan\dfrac{\pi}{6}}=\sqrt{3}\,r(\theta)$$

직각삼각형 OCH에서

$$\tan\theta=\frac{\overline{OH}}{\overline{CH}} \quad \therefore \overline{CH}=\frac{r(\theta)}{\tan\theta}$$

이때 $\overline{BC}=3$에서 $\overline{BH}+\overline{CH}=3$

$$\sqrt{3}\,r(\theta)+\frac{r(\theta)}{\tan\theta}=3 \quad \therefore r(\theta)=\frac{3\tan\theta}{\sqrt{3}\tan\theta+1}$$

$$\therefore r'(\theta)=\frac{3\sec^2\theta(\sqrt{3}\tan\theta+1)-3\tan\theta\times\sqrt{3}\sec^2\theta}{(\sqrt{3}\tan\theta+1)^2}$$

$$=\frac{3\sec^2\theta}{(\sqrt{3}\tan\theta+1)^2}$$

$$\therefore r'\left(\frac{\pi}{6}\right)=\frac{3\times\left(\dfrac{2}{\sqrt{3}}\right)^2}{\left(\sqrt{3}\times\dfrac{\sqrt{3}}{3}+1\right)^2}=\frac{4}{4}=1$$

05 답 5

함수 $f(x)$가 실수 전체의 집합에서 미분가능하면 실수 전체의 집합에서 연속이므로 $x=t$에서도 연속이다.

즉, $\displaystyle\lim_{x\to t+}f(x)=\lim_{x\to t-}f(x)$에서

$$\lim_{x\to t+}\frac{5e\ln x}{x^n}=\lim_{x\to t-}ax$$

$$\frac{5e\ln t}{t^n}=at \quad\cdots\cdots\text{㉠} \hspace{2cm} \text{배점 20\%}$$

$x>t$일 때, $f(x)=\dfrac{5e\ln x}{x^n}$에서

$$f'(x)=\frac{\dfrac{5e}{x}\times x^n-5e\ln x\times nx^{n-1}}{(x^n)^2}=\frac{5e(1-n\ln x)}{x^{n+1}}$$

미분계수 $f'(t)$가 존재하고

$$f'(x)=\begin{cases}a & (x<t)\\ \dfrac{5e(1-n\ln x)}{x^{n+1}} & (x>t)\end{cases}$$이므로

$$\lim_{x\to t+}f'(x)=\lim_{x\to t-}f'(x)$$에서

$$\lim_{x\to t+}\frac{5e(1-n\ln x)}{x^{n+1}}=\lim_{x\to t-}a$$

$$\frac{5e(1-n\ln t)}{t^{n+1}}=a \quad\cdots\cdots\text{㉡} \hspace{1.5cm} \text{배점 20\%}$$

㉡을 ㉠에 대입하면

$$\frac{5e\ln t}{t^n}=\frac{5e(1-n\ln t)}{t^n}$$

$$\ln t=1-n\ln t, \ (n+1)\ln t=1$$

$$\ln t=\frac{1}{n+1} \quad \therefore t=e^{\frac{1}{n+1}} \hspace{1.2cm} \text{배점 20\%}$$

이를 ㉡에 대입하면

$$a=\frac{5e\left(1-\dfrac{n}{n+1}\right)}{e}=\frac{5}{n+1}$$

$$\therefore a(n+1)=5 \hspace{3cm} \text{배점 20\%}$$

이때 a, n이 자연수이므로

$$a=1, \ n=4$$

$$\therefore a+n=5 \hspace{3cm} \text{배점 20\%}$$

06 답 2

$f(x)=(1-x)^{\frac{1}{x}}$의 양변에 자연로그를 취하면

$$\ln f(x)=\frac{\ln(1-x)}{x}$$

양변을 x에 대하여 미분하면

$$\frac{f'(x)}{f(x)}=\frac{\dfrac{-1}{1-x}\times x-\ln(1-x)}{x^2}$$

$$=-\frac{1}{x(1-x)}-\frac{\ln(1-x)}{x^2} \quad\cdots\cdots\text{㉠}$$

$f(x)g(x)=xf(x)+x^2(1-x)f'(x)$에서

$$g(x)=x+x^2(1-x)\times\frac{f'(x)}{f(x)}$$

$$=x+x^2(1-x)\left\{-\frac{1}{x(1-x)}-\frac{\ln(1-x)}{x^2}\right\} \ (\because \text{㉠})$$

$$=-(1-x)\ln(1-x)$$

$$\therefore g'(x)=\ln(1-x)-(1-x)\times\frac{-1}{1-x}$$

$$=\ln(1-x)+1$$

따라서 $1-e \le x < 0$에서 함수 $g'(x)$는
$x=1-e$일 때 최댓값 2를 갖는다.

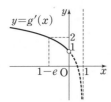

07 답 ④

$g(x)=xf(2x)$에서
$g'(x)=f(2x)+2xf'(2x)$
$\therefore g'(2)=f(4)+4f'(4)$ ······ ㉠

(개)에서 직선 l이 제2사분면을 지나지 않으므로
(기울기)>0, (y절편)≤ 0

(내)에서 직선 l과 x축 및 y축으로 둘러싸인 도형이
넓이가 2인 직각이등변삼각형이므로 x절편을
$a\,(a>0)$라 하면
$\dfrac{1}{2}a^2=2$, $a^2=4$ $\therefore a=2$ ($\because a>0$)

따라서 직선 l의 x절편이 2, y절편이 -2이므로 직선 l의 방정식은
$\dfrac{x}{2}+\dfrac{y}{-2}=1$ $\therefore y=x-2$

점 $(4, f(4))$는 직선 l 위의 점이므로
$f(4)=4-2=2$
$f'(4)$는 직선 l의 기울기이므로
$f'(4)=1$

따라서 ㉠에서
$g'(2)=f(4)+4f'(4)$
$\qquad\quad =2+4\times 1=6$

08 답 8

(개)의 $\displaystyle\lim_{x\to 0}\dfrac{2f(2x)-\pi}{x}=16$에서 (분모) $\to 0$이고 극한값이 존재하므로
(분자) $\to 0$이다.

즉, $\displaystyle\lim_{x\to 0}\{2f(2x)-\pi\}=0$에서
$2f(0)-\pi=0$ $\therefore f(0)=\dfrac{\pi}{2}$

이를 (개)의 좌변에 대입하면
$\displaystyle\lim_{x\to 0}\dfrac{2f(2x)-\pi}{x}=\lim_{x\to 0}\dfrac{2f(2x)-2f(0)}{x}$
$\displaystyle\qquad =\lim_{x\to 0}\dfrac{2\{f(2x)-f(0)\}}{2x}\times 2$
$\displaystyle\qquad =2f'(0)\times 2=4f'(0)$

즉, $4f'(0)=16$이므로 $f'(0)=4$

(내)에서
$g(x)=\dfrac{2-\cos f(2x)}{2+\cos f(2x)}=\dfrac{4-\{2+\cos f(2x)\}}{2+\cos f(2x)}$
$\qquad =\dfrac{4}{2+\cos f(2x)}-1$

$\therefore g'(x)=\dfrac{-4\times\{-\sin f(2x)\}\times f'(2x)\times 2}{\{2+\cos f(2x)\}^2}$
$\qquad\quad =\dfrac{8f'(2x)\sin f(2x)}{\{2+\cos f(2x)\}^2}$

$\therefore g'(0)=\dfrac{8f'(0)\sin f(0)}{\{2+\cos f(0)\}^2}=\dfrac{8\times 4\times 1}{(2+0)^2}=8$

09 답 ①

$\cos 0=\sec 0=1$이므로
$\displaystyle\lim_{x\to 0+}\dfrac{f(\cos x)-f(\sec x)}{x^2}$
$\displaystyle =\lim_{x\to 0+}\dfrac{f(\cos x)-f(1)+f(1)-f(\sec x)}{x^2}$
$\displaystyle =\lim_{x\to 0+}\left\{\dfrac{f(\cos x)-f(1)}{\cos x-1}\times\dfrac{\cos x-1}{x^2}\right.$
$\displaystyle \qquad\qquad\qquad \left. -\dfrac{f(\sec x)-f(1)}{\sec x-1}\times\dfrac{\sec x-1}{x^2}\right\}$
$\displaystyle =\lim_{x\to 0+}\left\{\dfrac{f(\cos x)-f(1)}{\cos x-1}\times\dfrac{(\cos x-1)(\cos x+1)}{x^2(\cos x+1)}\right.$
$\displaystyle \qquad\qquad\qquad \left. -\dfrac{f(\sec x)-f(1)}{\sec x-1}\times\dfrac{(\sec x-1)(\sec x+1)}{x^2(\sec x+1)}\right\}$
$\displaystyle =\lim_{x\to 0+}\left\{\dfrac{f(\cos x)-f(1)}{\cos x-1}\times\dfrac{\cos^2 x-1}{x^2(\cos x+1)}\right.$
$\displaystyle \qquad\qquad\qquad \left. -\dfrac{f(\sec x)-f(1)}{\sec x-1}\times\dfrac{\sec^2 x-1}{x^2(\sec x+1)}\right\}$
$\displaystyle =f'(1)\times\lim_{x\to 0+}\left(-\dfrac{\sin^2 x}{x^2}\times\dfrac{1}{\cos x+1}\right)$
$\displaystyle \qquad\qquad -f'(1)\times\lim_{x\to 0+}\left(\dfrac{\tan^2 x}{x^2}\times\dfrac{1}{\sec x+1}\right)$
$=f'(1)\times\left(-1^2\times\dfrac{1}{2}\right)-f'(1)\times\left(1^2\times\dfrac{1}{2}\right)$
$=-f'(1)$ ······ ㉠

한편 $f(x)=x^{\sin x}$의 양변에 자연로그를 취하면
$\ln f(x)=\sin x\ln x$
양변을 x에 대하여 미분하면
$\dfrac{f'(x)}{f(x)}=\cos x\ln x+\dfrac{\sin x}{x}$

$\therefore f'(x)=f(x)\left(\cos x\ln x+\dfrac{\sin x}{x}\right)$
$\qquad\quad =x^{\sin x}\left(\cos x\ln x+\dfrac{\sin x}{x}\right)$

따라서 ㉠에서
$\displaystyle\lim_{x\to 0+}\dfrac{f(\cos x)-f(\sec x)}{x^2}=-f'(1)$
$\qquad\qquad\qquad\qquad\qquad\quad =-\sin 1$

10 답 ④

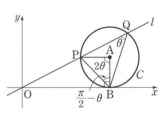

호 PB에 대한 원주각의 크기가 θ
이므로 중심각의 크기는
$\angle\mathrm{PAB}=2\theta$
삼각형 PAB는 이등변삼각형이므
로
$\angle\mathrm{ABP}=\dfrac{\pi-2\theta}{2}$
$\qquad\quad =\dfrac{\pi}{2}-\theta$

원 C가 점 B에서 x축과 접하므로
$\angle\mathrm{OBA}=\dfrac{\pi}{2}$

$\therefore \angle\mathrm{OBP}=\dfrac{\pi}{2}-\left(\dfrac{\pi}{2}-\theta\right)=\theta$

원 C의 중심이 $\mathrm{A}(3, 1)$이고 원 C가 x축에 접하므로 $\mathrm{B}(3, 0)$이고, 원
C의 반지름의 길이는 1이다.

삼각형 PBQ에서 사인법칙에 의하여

$\dfrac{\overline{\text{PB}}}{\sin\theta}=2\times1$ $\quad\therefore\overline{\text{PB}}=2\sin\theta$

삼각형 OBP에서 코사인법칙에 의하여

$\overline{\text{OP}}^2=\overline{\text{OB}}^2+\overline{\text{PB}}^2-2\times\overline{\text{OB}}\times\overline{\text{PB}}\times\cos\theta$

$\qquad=3^2+(2\sin\theta)^2-2\times3\times2\sin\theta\times\cos\theta$

$\qquad=4\sin^2\theta-12\sin\theta\cos\theta+9$

$\therefore f(\theta)=\overline{\text{OP}}=\sqrt{4\sin^2\theta-12\sin\theta\cos\theta+9}$

$\therefore f'(\theta)=\dfrac{8\sin\theta\cos\theta-12\cos^2\theta+12\sin^2\theta}{2\sqrt{4\sin^2\theta-12\sin\theta\cos\theta+9}}$

$\qquad=\dfrac{4\sin\theta\cos\theta-6\cos^2\theta+6\sin^2\theta}{\sqrt{4\sin^2\theta-12\sin\theta\cos\theta+9}}$

따라서 $f(\theta)f'(\theta)=4\sin\theta\cos\theta-6\cos^2\theta+6\sin^2\theta$이므로

$f\left(\dfrac{\pi}{4}\right)f'\left(\dfrac{\pi}{4}\right)=4\times\dfrac{\sqrt{2}}{2}\times\dfrac{\sqrt{2}}{2}-6\times\left(\dfrac{\sqrt{2}}{2}\right)^2+6\times\left(\dfrac{\sqrt{2}}{2}\right)^2=2$

★idea
11 답 $\dfrac{1}{3}$

다항식 $f(f(x))$를 $f(x)-x$로 나누었을 때의 몫이 $g(x)$이고, 나머지를 $h(x)$라 하면

$f(f(x))=\{f(x)-x\}g(x)+h(x)$ ⋯⋯ ㉠

이때 $f(x)-x$가 삼차식이므로 $h(x)$는 이차 이하의 다항식이다.

㉮에서 방정식 $f(x)-x=0$, 즉 $f(x)=x$의 서로 다른 세 실근을 α, β, γ라 하면

$f(\alpha)=\alpha$, $f(\beta)=\beta$, $f(\gamma)=\gamma$

$x=\alpha$를 ㉠의 양변에 대입하면

$f(f(\alpha))=\{f(\alpha)-\alpha\}g(\alpha)+h(\alpha)$

$f(\alpha)=h(\alpha)$ $\quad\therefore h(\alpha)=\alpha$

같은 방법으로 $x=\beta$, $x=\gamma$를 ㉠의 양변에 각각 대입하여 풀면

$h(\beta)=\beta$, $h(\gamma)=\gamma$

이때 $h(x)$는 이차 이하의 다항식이므로 $h(x)=x$

이를 ㉠에 대입하면

$f(f(x))=\{f(x)-x\}g(x)+x$ ⋯⋯ ㉡

㉯의 $\displaystyle\lim_{x\to2}\dfrac{f(x)-5}{x-2}=0$에서 (분모) $\to0$이고 극한값이 존재하므로 (분자) $\to0$이다.

즉, $\displaystyle\lim_{x\to2}\{f(x)-5\}=0$에서

$f(2)-5=0$ $\quad\therefore f(2)=5$

따라서 $\displaystyle\lim_{x\to2}\dfrac{f(x)-5}{x-2}=\lim_{x\to2}\dfrac{f(x)-f(2)}{x-2}=f'(2)$이므로

$f'(2)=0$

㉡의 양변에 $x=2$를 대입하면

$f(f(2))=\{f(2)-2\}g(2)+2$

$8=3g(2)+2$ (∵ ㉰)

$3g(2)=6$ $\quad\therefore g(2)=2$

㉡의 양변을 x에 대하여 미분하면

$f'(f(x))f'(x)=\{f'(x)-1\}g(x)+\{f(x)-x\}g'(x)+1$

양변에 $x=2$를 대입하면

$f'(f(2))f'(2)=\{f'(2)-1\}g(2)+\{f(2)-2\}g'(2)+1$

$0=-2+3g'(2)+1$

$3g'(2)=1$

$\therefore g'(2)=\dfrac{1}{3}$

12 답 ②

$x=\dfrac{e^t+e^{-t}}{2}$, $y=\dfrac{e^t-e^{-t}}{2}$에서

$\dfrac{dx}{dt}=\dfrac{e^t-e^{-t}}{2}$

$\dfrac{dy}{dt}=\dfrac{e^t+e^{-t}}{2}$

ㄱ. $\dfrac{dx}{dt}=y$, $\dfrac{dy}{dt}=x$이므로

$\dfrac{dy}{dx}=\dfrac{\dfrac{dy}{dt}}{\dfrac{dx}{dt}}=\dfrac{x}{y}$

ㄴ. $\left(\dfrac{dx}{dt}\right)^2+\left(\dfrac{dy}{dt}\right)^2=\left(\dfrac{e^t-e^{-t}}{2}\right)^2+\left(\dfrac{e^t+e^{-t}}{2}\right)^2$

$\qquad=\dfrac{e^{2t}+e^{-2t}-2}{4}+\dfrac{e^{2t}+e^{-2t}+2}{4}$

$\qquad=\dfrac{e^{2t}+e^{-2t}}{2}$

이때 $e^{2t}>0$, $e^{-2t}>0$이므로 산술평균과 기하평균의 관계에 의하여

$\dfrac{e^{2t}+e^{-2t}}{2}\geq\sqrt{e^{2t}\times e^{-2t}}=1$ (단, 등호는 $e^{2t}=e^{-2t}$, 즉 $t=0$일 때 성립)

$\therefore\left(\dfrac{dx}{dt}\right)^2+\left(\dfrac{dy}{dt}\right)^2\geq1$

ㄷ. $\dfrac{x}{y}=\dfrac{e^t+e^{-t}}{e^t-e^{-t}}$이므로 양변을 t에 대하여 미분하면

$\dfrac{d}{dt}\left(\dfrac{x}{y}\right)=\dfrac{(e^t-e^{-t})^2-(e^t+e^{-t})^2}{(e^t-e^{-t})^2}$

$\qquad=-\dfrac{4}{(e^t-e^{-t})^2}$

$\therefore\dfrac{d}{dx}\left(\dfrac{x}{y}\right)=\dfrac{d}{dt}\left(\dfrac{x}{y}\right)\times\dfrac{dt}{dx}$

$\qquad=-\dfrac{4}{(e^t-e^{-t})^2}\times\dfrac{2}{e^t-e^{-t}}$

$\qquad=-\dfrac{8}{(e^t-e^{-t})^3}$

$\therefore\displaystyle\lim_{t\to0}\left\{t^3\times\dfrac{d}{dx}\left(\dfrac{x}{y}\right)\right\}=\lim_{t\to0}\left\{-\dfrac{8t^3}{(e^t-e^{-t})^3}\right\}$

$\qquad=-8\lim_{t\to0}\left(\dfrac{t}{e^t-e^{-t}}\right)^3$

$\qquad=-8\lim_{t\to0}\left(\dfrac{te^t}{e^{2t}-1}\right)^3$

$\qquad=-8\lim_{t\to0}\left(\dfrac{2t}{e^{2t}-1}\times\dfrac{e^t}{2}\right)^3$

$\qquad=-8\times\left(1\times\dfrac{1}{2}\right)^3$

$\qquad=-1$

따라서 보기에서 옳은 것은 ㄱ, ㄴ이다.

13 답 ①

$x=\tan t+\tan^2 t+\tan^3 t+\cdots+\tan^n t$,

$y=\cot t+\cot^3 t+\cot^5 t+\cdots+\cot^{2n-1} t$에서

$\dfrac{dx}{dt}=\sec^2 t+2\tan t\sec^2 t+3\tan^2 t\sec^2 t+\cdots+n\tan^{n-1} t\sec^2 t$

$\qquad=\sec^2 t(1+2\tan t+3\tan^2 t+\cdots+n\tan^{n-1} t)$

$\dfrac{dy}{dt}=-\csc^2 t-3\cot^2 t\csc^2 t-5\cot^4 t\csc^2 t$

$\qquad\qquad\qquad\qquad-\cdots-(2n-1)\cot^{2n-2} t\csc^2 t$

$\qquad=-\csc^2 t\{1+3\cot^2 t+5\cot^4 t+\cdots+(2n-1)\cot^{2n-2} t\}$

$$\therefore f_n(t)=\frac{dy}{dx}=\frac{\dfrac{dy}{dt}}{\dfrac{dx}{dt}}$$

$$=\frac{-\csc^2 t\,\{1+3\cot^2 t+5\cot^4 t+\cdots+(2n-1)\cot^{2n-2}t\}}{\sec^2 t\,(1+2\tan t+3\tan^2 t+\cdots+n\tan^{n-1}t)}$$

$$\csc^2\frac{\pi}{4}=\frac{1}{\left(\dfrac{\sqrt{2}}{2}\right)^2}=2,\ \sec^2\frac{\pi}{4}=\frac{1}{\left(\dfrac{\sqrt{2}}{2}\right)^2}=2,\ \tan\frac{\pi}{4}=1,\ \cot\frac{\pi}{4}=1$$

이므로

$$f_n\!\left(\frac{\pi}{4}\right)=\frac{-2\{1+3+5+\cdots+(2n-1)\}}{2(1+2+3+\cdots+n)}$$

$$=-\frac{1+3+5+\cdots+(2n-1)}{1+2+3+\cdots+n}$$

$$=-\frac{\displaystyle\sum_{k=1}^{n}(2k-1)}{\displaystyle\sum_{k=1}^{n}k}$$

$$=-\frac{2\times\dfrac{n(n+1)}{2}-n}{\dfrac{n(n+1)}{2}}$$

$$=-\frac{2n}{n+1}$$

$$\therefore \lim_{n\to\infty}f_n\!\left(\frac{\pi}{4}\right)=-\lim_{n\to\infty}\frac{2n}{n+1}=-2$$

14 답 $\dfrac{1}{2}$

$\overline{\mathrm{OP}}=1$이므로 점 P의 x좌표는

$$\overline{\mathrm{OP}}\cos\theta=\cos\theta$$

점 P의 y좌표는

$$\overline{\mathrm{OP}}\sin\theta=\sin\theta$$

$$\therefore \mathrm{P}(\cos\theta,\ \sin\theta)$$

즉, $\dfrac{a}{4}=\cos\theta$이므로

$$a=4\cos\theta\qquad\cdots\cdots\ \text{㉠}$$

또 $\dfrac{2b}{a}=\sin\theta$이므로

$$b=\frac{1}{2}a\sin\theta$$

$$=\frac{1}{2}\times 4\cos\theta\times\sin\theta\ (\because\ \text{㉠})$$

$$=2\sin\theta\cos\theta$$

$$=\sin 2\theta$$

$$\therefore \frac{da}{d\theta}=-4\sin\theta,\ \frac{db}{d\theta}=2\cos 2\theta$$

$$\therefore \left(\frac{da}{d\theta}\right)^2+\left(\frac{db}{d\theta}\right)^2=(-4\sin\theta)^2+(2\cos 2\theta)^2$$

$$=16\sin^2\theta+4(1-2\sin^2\theta)^2$$

$$=16\sin^4\theta+4$$

이때 $0\le\theta\le\pi$에서 $0\le\sin\theta\le1$이므로 $\left(\dfrac{da}{d\theta}\right)^2+\left(\dfrac{db}{d\theta}\right)^2$의 값이 최대이려면 $\sin\theta=1$이어야 한다.

$$\therefore a=\frac{\pi}{2}\ (\because\ 0\le\theta\le\pi)$$

점 $(a,\ b)$가 나타내는 곡선 C의 접선의 기울기는

$$\frac{db}{da}=\frac{\dfrac{db}{d\theta}}{\dfrac{da}{d\theta}}=\frac{2\cos 2\theta}{-4\sin\theta}=-\frac{\cos 2\theta}{2\sin\theta}$$

따라서 곡선 C 위의 $\theta=\dfrac{\pi}{2}$인 점에서의 접선의 기울기는

$$-\frac{\cos\pi}{2\sin\dfrac{\pi}{2}}=-\frac{-1}{2}=\frac{1}{2}$$

15 답 ①

$e^x-e^y=y$의 양변을 x에 대하여 미분하면

$$e^x-e^y\frac{dy}{dx}=\frac{dy}{dx}$$

$$(1+e^y)\frac{dy}{dx}=e^x$$

$$\therefore \frac{dy}{dx}=\frac{e^x}{1+e^y}$$

점 $(a,\ b)$에서의 접선의 기울기가 1이므로

$$\frac{e^a}{1+e^b}=1$$

$$\therefore e^a=1+e^b\qquad\cdots\cdots\ \text{㉠}$$

점 $(a,\ b)$는 곡선 $e^x-e^y=y$ 위의 점이므로

$$e^a-e^b=b\qquad\cdots\cdots\ \text{㉡}$$

㉠을 ㉡에 대입하면

$$1+e^b-e^b=b$$

$$\therefore b=1$$

이를 ㉠에 대입하면

$$e^a=1+e$$

$$\therefore a=\ln(e+1)$$

$$\therefore a+b=1+\ln(e+1)$$

16 답 4

점 $\mathrm{A}(a,\ 0)$은 곡선 $x^3-y^3=e^{xy}$ 위의 점이므로

$$a^3=1\qquad\therefore a=1\ (\because\ a\text{는 실수})$$

$x^3-y^3=e^{xy}$의 양변을 x에 대하여 미분하면

$$3x^2-3y^2\frac{dy}{dx}=e^{xy}\!\left(y+x\frac{dy}{dx}\right)$$

$$(xe^{xy}+3y^2)\frac{dy}{dx}=3x^2-ye^{xy}$$

$$\therefore \frac{dy}{dx}=\frac{3x^2-ye^{xy}}{xe^{xy}+3y^2}\ (\text{단, }xe^{xy}\neq -3y^2)$$

곡선 $x^3-y^3=e^{xy}$ 위의 점 $\mathrm{A}(1,\ 0)$에서의 접선의 기울기를 m_1이라 하면

$$m_1=\frac{3}{1}=3$$

또 $x^2+kxy+y^2=x$의 양변을 x에 대하여 미분하면

$$2x+ky+kx\frac{dy}{dx}+2y\frac{dy}{dx}=1$$

$$(kx+2y)\frac{dy}{dx}=1-2x-ky$$

$$\therefore \frac{dy}{dx}=\frac{1-2x-ky}{kx+2y}\ (\text{단, }kx\neq -2y)$$

곡선 $x^2+kxy+y^2=x$ 위의 점 $\mathrm{A}(1,\ 0)$에서의 접선의 기울기를 m_2라 하면

$$m_2=\frac{1-2}{k}=-\frac{1}{k}$$

이때 두 접선이 서로 수직이므로 $m_1 m_2=-1$에서

$$3\times\left(-\frac{1}{k}\right)=-1\qquad\therefore k=3$$

$$\therefore a+k=1+3=4$$

17 답 31

곡선 $2(x^2-1)y^3=x^2+nx-2$와 직선 $y=1$이 만나는 점의 x좌표를 구하면

$2(x^2-1)=x^2+nx-2$

$x^2-nx=0$

$x(x-n)=0$

$\therefore x=0$ 또는 $x=n$

이때 $a=0$, $b=n$이라 하자.

$2(x^2-1)y^3=x^2+nx-2$의 양변을 x에 대하여 미분하면

$4xy^3+2(x^2-1)\times 3y^2\dfrac{dy}{dx}=2x+n$

$\therefore \dfrac{dy}{dx}=\dfrac{2x+n-4xy^3}{6y^2(x^2-1)}$ (단, $x^2\neq 1$, $y\neq 0$)

$\therefore f(n)=\dfrac{2x+n-4xy^3}{6y^2(x^2-1)}$

점 $(0, 1)$에서의 접선의 기울기 $f(a)$는

$f(a)=\dfrac{n}{6\times(-1)}=-\dfrac{n}{6}$

점 $(n, 1)$에서의 접선의 기울기 $f(b)$는

$f(b)=\dfrac{2n+n-4n}{6(n^2-1)}=-\dfrac{n}{6(n^2-1)}$

$\therefore g(n)=36f(a)f(b)$

$\qquad =36\times\left(-\dfrac{n}{6}\right)\times\left\{-\dfrac{n}{6(n^2-1)}\right\}$

$\qquad =\dfrac{n^2}{n^2-1}$

$\therefore \displaystyle\sum_{n=2}^{10}\ln g(n)$

$=\displaystyle\sum_{n=2}^{10}\ln\dfrac{n^2}{n^2-1}$

$=\displaystyle\sum_{n=2}^{10}\ln\left(\dfrac{n}{n-1}\times\dfrac{n}{n+1}\right)$

$=\ln\left(\dfrac{2}{1}\times\dfrac{2}{3}\right)+\ln\left(\dfrac{3}{2}\times\dfrac{3}{4}\right)+\ln\left(\dfrac{4}{3}\times\dfrac{4}{5}\right)+\cdots+\ln\left(\dfrac{10}{9}\times\dfrac{10}{11}\right)$

$=\ln\left(\dfrac{2}{1}\times\dfrac{2}{3}\times\dfrac{3}{2}\times\dfrac{3}{4}\times\dfrac{4}{3}\times\dfrac{4}{5}\times\cdots\times\dfrac{10}{9}\times\dfrac{10}{11}\right)$

$=\ln\dfrac{20}{11}$

따라서 $p=11$, $q=20$이므로

$p+q=31$

18 답 ①

$f(x)+f(4-x)=5$의 양변에 $x=1$을 대입하면

$f(1)+f(3)=5$

$7+f(3)=5$ $\qquad \therefore f(3)=-2$

함수 $f(x)$의 역함수가 $g(x)$이므로

$g(-2)=3$

$f(x)+f(4-x)=5$의 양변을 x에 대하여 미분하면

$f'(x)-f'(4-x)=0$

양변에 $x=1$을 대입하면

$f'(1)-f'(3)=0$

$4-f'(3)=0$ $\qquad \therefore f'(3)=4$

$\therefore g'(-2)=\dfrac{1}{f'(g(-2))}$

$\qquad\qquad =\dfrac{1}{f'(3)}=\dfrac{1}{4}$

19 답 -4

함수 $f(x)$의 역함수가 $g(x)$이므로

$g\left(xf(x)-\dfrac{x-1}{e^x+1}\right)=x$에서

$xf(x)-\dfrac{x-1}{e^x+1}=f(x)$, $(x-1)f(x)=\dfrac{x-1}{e^x+1}$

$x\neq 1$이므로 $f(x)=\dfrac{1}{e^x+1}$ ·················· 배점 30%

$g\left(\dfrac{1}{2}\right)=a$라 하면 $f(a)=\dfrac{1}{2}$이므로

$\dfrac{1}{e^a+1}=\dfrac{1}{2}$

$e^a+1=2$, $e^a=1$ $\qquad \therefore a=0$

$\therefore g\left(\dfrac{1}{2}\right)=0$ ·················· 배점 30%

$f'(x)=-\dfrac{e^x}{(e^x+1)^2}$이므로

$g'\left(\dfrac{1}{2}\right)=\dfrac{1}{f'\left(g\left(\dfrac{1}{2}\right)\right)}=\dfrac{1}{f'(0)}=\dfrac{1}{-\dfrac{1}{4}}=-4$ ·················· 배점 40%

20 답 ③

$\displaystyle\lim_{x\to-2}\dfrac{g(x)}{x+2}=b$에서 $x\to-2$일 때 (분모)$\to 0$이고 극한값이 존재하므로 (분자)$\to 0$이다.

즉, $\displaystyle\lim_{x\to-2}g(x)=0$에서 $g(-2)=0$

$\therefore b=\displaystyle\lim_{x\to-2}\dfrac{g(x)}{x+2}=\displaystyle\lim_{x\to-2}\dfrac{g(x)-g(-2)}{x-(-2)}=g'(-2)$

함수 $f(x)$의 역함수가 $g(x)$이므로 $g(-2)=0$에서 $f(0)=-2$

$f(x)=\ln\left(\dfrac{\sec x+\tan x}{a}\right)$에서 $f(0)=\ln\dfrac{1}{a}$이므로

$\ln\dfrac{1}{a}=-2$, $\ln a=2$ $\qquad \therefore a=e^2$

$\therefore b=g'(-2)=\dfrac{1}{f'(g(-2))}=\dfrac{1}{f'(0)}$ ······ ㉠

$f(x)=\ln\left(\dfrac{\sec x+\tan x}{e^2}\right)=\ln(\sec x+\tan x)-2$이므로

$f'(x)=\dfrac{\sec x\tan x+\sec^2 x}{\sec x+\tan x}=\dfrac{\sec x(\sec x+\tan x)}{\sec x+\tan x}=\sec x$

따라서 ㉠에서 $b=\dfrac{1}{f'(0)}=1$

$\therefore ab=e^2\times 1=e^2$

idea

21 답 ②

함수 $f(x)$의 역함수가 $g(x)$이므로 $g(1)=2$에서 $f(2)=1$

$f'(x)=3+\{f(x)\}^4$의 양변에 $x=2$를 대입하면

$f'(2)=3+\{f(2)\}^4=3+1=4$

$f'(x)=3+\{f(x)\}^4$에서 x 대신 $g(x)$를 대입하면

$f'(g(x))=3+\{f(g(x))\}^4$

$\therefore f'(g(x))=3+x^4$

양변에 $x=2$를 대입하면

$f'(g(2))=3+16=19$

$\therefore g'(2)=\dfrac{1}{f'(g(2))}=\dfrac{1}{19}$

$\therefore f'(2)g'(2)=4\times\dfrac{1}{19}=\dfrac{4}{19}$

22 답 $\dfrac{7}{6}$

$\lim\limits_{x\to 3}\dfrac{f(x)-1}{x-3}=2$에서 $x\to 3$일 때 (분모)$\to 0$이고 극한값이 존재하므로
(분자)$\to 0$이다.

즉, $\lim\limits_{x\to 3}\{f(x)-1\}=0$에서

$f(3)-1=0$ $\qquad\therefore f(3)=1$

따라서 $\lim\limits_{x\to 3}\dfrac{f(x)-1}{x-3}=\lim\limits_{x\to 3}\dfrac{f(x)-f(3)}{x-3}=f'(3)$이므로

$f'(3)=2$

함수 $f(3x)$의 역함수가 $g(x)$이므로

$f(3x)=g^{-1}(x)$ $\qquad\qquad\cdots\cdots\ \unicode{x27E0}$

$\unicode{x27E0}$의 양변에 $x=1$을 대입하면

$f(3)=g^{-1}(1),\ g^{-1}(1)=1$

$\therefore g(1)=1$

$\lim\limits_{x\to 1}\dfrac{g(x)-a}{x-1}=b$에서 $x\to 1$일 때 (분모)$\to 0$이고 극한값이 존재하므
로 (분자)$\to 0$이다.

즉, $\lim\limits_{x\to 1}\{g(x)-a\}=0$에서

$g(1)-a=0$ $\qquad\therefore a=g(1)=1$

$\therefore b=\lim\limits_{x\to 1}\dfrac{g(x)-1}{x-1}=\lim\limits_{x\to 1}\dfrac{g(x)-g(1)}{x-1}=g'(1)$ $\quad\cdots\cdots\ \unicode{x27E1}$

$\unicode{x27E0}$의 양변을 x에 대하여 미분하면

$3f'(3x)=\dfrac{1}{g'(g^{-1}(x))}$

양변에 $x=1$을 대입하면

$3f'(3)=\dfrac{1}{g'(g^{-1}(1))}$

$6=\dfrac{1}{g'(1)}$

$\therefore g'(1)=\dfrac{1}{6}$

$\unicode{x27E1}$에서 $b=\dfrac{1}{6}$

$\therefore a+b=1+\dfrac{1}{6}=\dfrac{7}{6}$

다른 풀이

$\lim\limits_{x\to 3}\dfrac{f(x)-1}{x-3}=2$에서 $f(3)=1,\ f'(3)=2$

함수 $f(3x)$의 역함수가 $g(x)$이므로

$g(f(3x))=x$ $\qquad\qquad\cdots\cdots\ \unicode{x27E0}$

$\unicode{x27E0}$의 양변에 $x=1$을 대입하면

$g(f(3))=1$ $\qquad\therefore g(1)=1$

$\lim\limits_{x\to 1}\dfrac{g(x)-a}{x-1}=b$에서

$a=g(1)=1,\ b=g'(1)$ $\quad\cdots\cdots\ \unicode{x27E1}$

$\unicode{x27E0}$의 양변을 x에 대하여 미분하면

$g'(f(3x))\times 3f'(3x)=1$

양변에 $x=1$을 대입하면

$g'(f(3))\times 3f'(3)=1$

$g'(1)\times 3\times 2=1$ $\qquad\therefore g'(1)=\dfrac{1}{6}$

$\unicode{x27E1}$에서 $b=\dfrac{1}{6}$

$\therefore a+b=1+\dfrac{1}{6}=\dfrac{7}{6}$

23 답 $\dfrac{1}{9}$

$\lim\limits_{x\to 0}\dfrac{f(x)+g(x)}{x+f(x)}=1$에서 $f(0)\neq 0$이면

$\lim\limits_{x\to 0}\dfrac{f(x)+g(x)}{x+f(x)}=\dfrac{f(0)+g(0)}{f(0)}$이므로

$\dfrac{f(0)+g(0)}{f(0)}=1$

$f(0)+g(0)=f(0)$ $\qquad\therefore g(0)=0$

함수 $f(x)$의 역함수가 $g(x)$이므로 $f(0)=0$이 되어 조건을 만족시키지
않는다.

$\therefore f(0)=0,\ g(0)=0$

$\therefore \lim\limits_{x\to 0}\dfrac{f(x)+g(x)}{x+f(x)}=\lim\limits_{x\to 0}\dfrac{\dfrac{f(x)}{x}+\dfrac{g(x)}{x}}{1+\dfrac{f(x)}{x}}$

$\qquad\qquad\qquad=\lim\limits_{x\to 0}\dfrac{\dfrac{f(x)-f(0)}{x}+\dfrac{g(x)-g(0)}{x}}{1+\dfrac{f(x)-f(0)}{x}}$

$\qquad\qquad\qquad=\dfrac{f'(0)+g'(0)}{1+f'(0)}$

즉, $\dfrac{f'(0)+g'(0)}{1+f'(0)}=1$이므로

$f'(0)+g'(0)=1+f'(0)$

$\therefore g'(0)=1$

$\therefore f'(0)=\dfrac{1}{g'(f(0))}=\dfrac{1}{g'(0)}=1$

삼차함수 $f(x)$의 최고차항의 계수가 1이고 $f(0)=0$이므로
$f(x)=x^3+ax^2+bx\,(a,\ b$는 상수)라 하면

$f'(x)=3x^2+2ax+b$

$f'(0)=1$이므로 $b=1$

$g(3)=1$에서 $f(1)=3$이므로

$1+a+1=3$

$\therefore a=1$

$\therefore f(x)=x^3+x^2+x,\ f'(x)=3x^2+2x+1$

$g(-6)=k$라 하면 $f(k)=-6$이므로

$k^3+k^2+k=-6,\ k^3+k^2+k+6=0$

$(k+2)(k^2-k+3)=0$

$\therefore k=-2\ (\because\ k$는 실수$)$

즉, $g(-6)=-2$이므로

$g'(-6)=\dfrac{1}{f'(g(-6))}=\dfrac{1}{f'(-2)}$

$\qquad\qquad=\dfrac{1}{12-4+1}=\dfrac{1}{9}$

24 답 $\dfrac{1}{5}$

㈎의 식의 양변에 $x=0,\ y=0$을 대입하면

$f(0)=f(0)\sqrt{1+\{f(0)\}^2}+f(0)\sqrt{1+\{f(0)\}^2}$

$f(0)[2\sqrt{1+\{f(0)\}^2}-1]=0$

$\therefore f(0)=0$ 또는 $\sqrt{1+\{f(0)\}^2}=\dfrac{1}{2}$

그런데 $1+\{f(0)\}^2\geq 1$이므로 $\sqrt{1+\{f(0)\}^2}\geq 1$

$\therefore f(0)=0$

도함수의 정의에 의하여

$$f'(x)=\lim_{h\to 0}\frac{f(x+h)-f(x)}{h}$$

$$=\lim_{h\to 0}\frac{f(x)\sqrt{1+\{f(h)\}^2}+f(h)\sqrt{1+\{f(x)\}^2}-f(x)}{h}$$

$$=\lim_{h\to 0}\left[f(x)\times\frac{\sqrt{1+\{f(h)\}^2}-1}{h}+\frac{f(h)}{h}\times\sqrt{1+\{f(x)\}^2}\right]$$

$$=f(x)\lim_{h\to 0}\frac{[\sqrt{1+\{f(h)\}^2}-1][\sqrt{1+\{f(h)\}^2}+1]}{h[\sqrt{1+\{f(h)\}^2}+1]}$$

$$\qquad\qquad +\sqrt{1+\{f(x)\}^2}\lim_{h\to 0}\frac{f(h)}{h}$$

$$=f(x)\lim_{h\to 0}\frac{\{f(h)\}^2}{h[\sqrt{1+\{f(h)\}^2}+1]}+\sqrt{1+\{f(x)\}^2}\lim_{h\to 0}\frac{f(h)}{h}$$

$$=f(x)\lim_{h\to 0}\left[\frac{f(h)-f(0)}{h}\times\frac{f(h)}{\sqrt{1+\{f(h)\}^2}+1}\right]$$

$$\qquad\qquad +\sqrt{1+\{f(x)\}^2}\lim_{h\to 0}\frac{f(h)-f(0)}{h}$$

$$=f(x)\times f'(0)\times 0+\sqrt{1+\{f(x)\}^2}\times f'(0)$$

$$=4\sqrt{1+\{f(x)\}^2}\;(\because \text{(나)})$$

함수 $f(x)$의 역함수가 $g(x)$이고 (나)에서 $f(\ln 2)=\dfrac{3}{4}$이므로

$$g\left(\frac{3}{4}\right)=\ln 2$$

$$\therefore g'\left(\frac{3}{4}\right)=\frac{1}{f'\left(g\left(\frac{3}{4}\right)\right)}=\frac{1}{f'(\ln 2)}$$

$$=\frac{1}{4\sqrt{1+\{f(\ln 2)\}^2}}$$

$$=\frac{1}{4\sqrt{1+\frac{9}{16}}}$$

$$=\frac{1}{4\times\frac{5}{4}}=\frac{1}{5}$$

25 답 24

(가)에서 $f(g(x))=2x+\ln(1+x^3)$이므로 양변을 x에 대하여 미분하면

$$f'(g(x))g'(x)=2+\frac{3x^2}{1+x^3}\qquad\qquad\cdots\cdots\;\text{㉠}$$

㉠의 양변에 $x=0$을 대입하면

$$f'(g(0))g'(0)=2$$

$$f'(3)\times\frac{1}{2}=2\;(\because \text{(나)})$$

$$\therefore f'(3)=4$$

$h(x)=f'(g(x))$라 하면 $h'(x)=f''(g(x))g'(x)$이고

$h(0)=f'(g(0))=f'(3)=4$이므로

$$\lim_{x\to 0}\frac{f'(g(x))-4}{x}=\lim_{x\to 0}\frac{h(x)-h(0)}{x}$$

$$=h'(0)$$

$$=f''(g(0))g'(0)$$

$$=\frac{1}{2}f''(3)\;(\because \text{(나)})\qquad\cdots\cdots\;\text{㉡}$$

㉠의 양변을 x에 대하여 미분하면

$$f''(g(x))\{g'(x)\}^2+f'(g(x))g''(x)=\frac{6x(1+x^3)-3x^2\times 3x^2}{(1+x^3)^2}$$

$$\therefore f''(g(x))\{g'(x)\}^2+f'(g(x))g''(x)=\frac{3x(2-x^3)}{(1+x^3)^2}$$

양변에 $x=0$을 대입하면

$$f''(g(0))\{g'(0)\}^2+f'(g(0))g''(0)=0$$

$$\frac{1}{4}f''(3)-3f'(3)=0\;(\because \text{(나)})$$

$$\therefore f''(3)=12f'(3)=12\times 4=48$$

따라서 ㉡에서

$$\lim_{x\to 0}\frac{f'(g(x))-4}{x}=\frac{1}{2}f''(3)=\frac{1}{2}\times 48=24$$

✦idea 26 답 $\dfrac{9}{4}$

$$3f(x)-f(3-x)=\frac{3^x}{(\ln 3)^2}\qquad\cdots\cdots\;\text{㉠}$$

㉠의 양변에 x 대신 $3-x$를 대입하면

$$3f(3-x)-f(x)=\frac{3^{3-x}}{(\ln 3)^2}\qquad\cdots\cdots\;\text{㉡}$$

㉠$\times 3+$㉡을 하면

$$8f(x)=\frac{3^{x+1}+3^{3-x}}{(\ln 3)^2}$$

$$\therefore f(x)=\frac{3^{x+1}+3^{3-x}}{8(\ln 3)^2}$$

$$f'(x)=\frac{3^{x+1}\ln 3-3^{3-x}\ln 3}{8(\ln 3)^2}=\frac{3^{x+1}-3^{3-x}}{8\ln 3}\text{이므로}$$

$$f''(x)=\frac{3^{x+1}\ln 3+3^{3-x}\ln 3}{8\ln 3}=\frac{3^{x+1}+3^{3-x}}{8}$$

이때 $3^{x+1}>0$, $3^{3-x}>0$이므로 산술평균과 기하평균의 관계에 의하여

$$f''(x)=\frac{3^{x+1}+3^{3-x}}{8}\geq\frac{2\sqrt{3^{x+1}\times 3^{3-x}}}{8}=\frac{9}{4}$$

$$\text{(단, 등호는 }3^{x+1}=3^{3-x}\text{, 즉 }x=1\text{일 때 성립)}$$

따라서 함수 $f''(x)$의 최솟값은 $\dfrac{9}{4}$이다.

27 답 ④

$f(x)=\sin(2x+2k|x|)-\dfrac{2}{k}|x|$에서

$$f(x)=\begin{cases}\sin(2-2k)x+\dfrac{2}{k}x & (x<0)\\[2mm]\sin(2+2k)x-\dfrac{2}{k}x & (x\geq 0)\end{cases}$$

$$\therefore f'(x)=\begin{cases}(2-2k)\cos(2-2k)x+\dfrac{2}{k} & (x<0)\\[2mm](2+2k)\cos(2+2k)x-\dfrac{2}{k} & (x>0)\end{cases}$$

함수 $f(x)$가 실수 전체의 집합에서 미분가능하므로 $x=0$에서도 미분가능하다.

즉, 미분계수 $f'(0)$이 존재하므로 $\lim\limits_{x\to 0+}f'(x)=\lim\limits_{x\to 0-}f'(x)$에서

$$\lim_{x\to 0+}\left\{(2+2k)\cos(2+2k)x-\frac{2}{k}\right\}$$

$$=\lim_{x\to 0-}\left\{(2-2k)\cos(2-2k)x+\frac{2}{k}\right\}$$

$$2+2k-\frac{2}{k}=2-2k+\frac{2}{k}$$

$$4k-\frac{4}{k}=0,\;k^2-1=0$$

$$(k+1)(k-1)=0$$

$$\therefore k=-1\text{ 또는 }k=1\qquad\cdots\cdots\;\text{㉠}$$

$$f''(x)=\begin{cases}-(2-2k)^2\sin(2-2k)x & (x<0)\\-(2+2k)^2\sin(2+2k)x & (x>0)\end{cases}\text{이므로}$$

$$f''\left(\frac{\pi}{8}\right)=-(2+2k)^2\sin\frac{(1+k)\pi}{4}$$

㉠에서

$k=-1$일 때, $f''\left(\dfrac{\pi}{8}\right)=0$

$k=1$일 때, $f''\left(\dfrac{\pi}{8}\right)=-16\sin\dfrac{\pi}{2}=-16$

그런데 $f''\left(\dfrac{\pi}{8}\right)=-16$이므로 $k=1$

따라서 $f(x)=\begin{cases}2x & (x<0)\\\sin4x-2x & (x\geq0)\end{cases}$이므로

$$f\left(-\frac{\pi}{3}\right)+f\left(\frac{\pi}{6}\right)=-\frac{2}{3}\pi+\left(\frac{\sqrt{3}}{2}-\frac{\pi}{3}\right)$$
$$=\frac{\sqrt{3}}{2}-\pi$$

28 답 ④

㈎의 $f(1)=e$에서

$(1+a+b)e=e,\ 1+a+b=1$

$\therefore\ b=-a$

$f(x)=(x^2+ax-a)e^x$이므로

$f'(x)=(2x+a)e^x+(x^2+ax-a)e^x$
$\quad=\{x^2+(a+2)x\}e^x$

㈎의 $f'(1)=e$에서

$(a+3)e=e,\ a+3=1$

$\therefore\ a=-2$

$\therefore\ f(x)=(x^2-2x+2)e^x,\ f'(x)=x^2e^x$

$h(x)=f^{-1}(x)g(x)$에서

$h'(x)=(f^{-1})'(x)g(x)+f^{-1}(x)g'(x)$

㈎의 $f(1)=e$에서 $f^{-1}(e)=1$

$\therefore\ h'(e)=(f^{-1})'(e)g(e)+f^{-1}(e)g'(e)$
$\quad=\dfrac{g(e)}{f'(f^{-1}(e))}+g'(e)$
$\quad=\dfrac{g(e)}{f'(1)}+g'(e)$
$\quad=\dfrac{g(e)}{e}+g'(e)\quad\cdots\cdots\ ㉠$

㈏의 $g(f(x))=f'(x)$에서 양변에 $x=1$을 대입하면

$g(f(1))=f'(1)\qquad\therefore\ g(e)=e$

㈏의 $g(f(x))=f'(x)$에서 양변을 x에 대하여 미분하면

$g'(f(x))f'(x)=f''(x)$

양변에 $x=1$을 대입하면

$g'(f(1))f'(1)=f''(1)$

$g'(e)\times e=f''(1)\qquad\cdots\cdots\ ㉡$

$f'(x)=x^2e^x$에서

$f''(x)=2xe^x+x^2e^x=x(x+2)e^x$

$\therefore\ f''(1)=3e$

이를 ㉡에 대입하면

$g'(e)\times e=3e\qquad\therefore\ g'(e)=3$

따라서 ㉠에서

$h'(e)=\dfrac{g(e)}{e}+g'(e)=\dfrac{e}{e}+3=4$

01 답 ③

1단계 ㄱ이 옳은지 확인하기

ㄱ. $f_2(x)=\dfrac{1}{(2x+1)^2}+\dfrac{2}{(2x+1)^3}$이므로

$f_2'(x)=-\dfrac{2(2x+1)\times2}{(2x+1)^4}-\dfrac{2\times3(2x+1)^2\times2}{(2x+1)^6}$
$\quad=-\dfrac{4}{(2x+1)^3}-\dfrac{12}{(2x+1)^4}$

$\therefore\ f_2'(1)=-\dfrac{4}{27}-\dfrac{4}{27}=-\dfrac{8}{27}$

2단계 ㄴ이 옳은지 확인하기

ㄴ. $f_n(x)=\dfrac{1}{(2x+1)^2}+\dfrac{2}{(2x+1)^3}+\cdots+\dfrac{n}{(2x+1)^{n+1}}$이므로

$f_n(0)=\displaystyle\sum_{k=1}^{n}k=\dfrac{n(n+1)}{2}$

$\left\{\dfrac{k}{(2x+1)^{k+1}}\right\}'=-\dfrac{k(k+1)(2x+1)^k\times2}{(2x+1)^{2k+2}}=-\dfrac{2k(k+1)}{(2x+1)^{k+2}}$이므로

$f_n'(x)=-\dfrac{4}{(2x+1)^3}-\dfrac{12}{(2x+1)^4}-\cdots-\dfrac{2n(n+1)}{(2x+1)^{n+2}}\quad\cdots\cdots\ ㉠$

$f_n'(0)=\displaystyle\sum_{k=1}^{n}\{-2k(k+1)\}=-2\sum_{k=1}^{n}(k^2+k)$
$\quad=-2\left\{\dfrac{n(n+1)(2n+1)}{6}+\dfrac{n(n+1)}{2}\right\}$
$\quad=-\dfrac{2n(n+1)(n+2)}{3}$

$\therefore\ \dfrac{f_n'(0)}{f_n(0)}=\dfrac{-\dfrac{2n(n+1)(n+2)}{3}}{\dfrac{n(n+1)}{2}}=-\dfrac{4}{3}(n+2)$

$\therefore\ \displaystyle\sum_{n=1}^{10}\dfrac{f_n'(0)}{f_n(0)}=-\dfrac{4}{3}\sum_{n=1}^{10}(n+2)=-\dfrac{4}{3}\times\left(\dfrac{10\times11}{2}+2\times10\right)$
$\quad=-\dfrac{4}{3}\times(55+20)=-100$

3단계 ㄷ이 옳은지 확인하기

ㄷ. ㉠에서 $f_n'(-1)=\displaystyle\sum_{k=1}^{n}\left\{-\dfrac{2k(k+1)}{(-1)^{k+2}}\right\}=\sum_{k=1}^{n}\dfrac{2k(k+1)}{(-1)^{k+1}}$

자연수 m에 대하여

(i) $n=2m-1$일 때,

$f_{2m-1}'(-1)$
$=2\{1\times2-2\times3+3\times4-4\times5+\cdots+(2m-3)(2m-2)$
$\qquad\qquad-(2m-2)(2m-1)\}+2(2m-1)\times2m$
$=2[2(1-3)+4(3-5)+\cdots+(2m-2)\{2m-3-(2m-1)\}]$
$\qquad\qquad+4m(2m-1)$
$=2\times2\times(-2)\times\{1+2+3+\cdots+(m-1)\}+4m(2m-1)$
$=-8\times\dfrac{(m-1)m}{2}+4m(2m-1)$
$=-4m(m-1)+4m(2m-1)=4m^2$

이때 $f_n'(-1)>100$에서 $4m^2>100,\ m^2-25>0$

$(m+5)(m-5)>0\qquad\therefore\ m<-5$ 또는 $m>5$

그런데 m은 자연수이므로 m의 최솟값은 6이다.

따라서 자연수 n의 최솟값은 11이다.

(ii) $n=2m$일 때,

$f_{2m}{}'(-1)$

$=2\{1\times 2-2\times 3+3\times 4-4\times 5$
$\qquad\qquad\qquad +\cdots+(2m-1)\times 2m-2m(2m+1)\}$

$=2[2(1-3)+4(3-5)+\cdots+2m\{2m-1-(2m+1)\}]$

$=2\times 2\times(-2)\times(1+2+3+\cdots+m)$

$=-8\times\dfrac{m(m+1)}{2}=-4m(m+1)$

이때 m은 자연수이므로

$f_{2m}{}'(-1)=-4m(m+1)<0$

즉, 주어진 부등식을 만족시키는 m의 값이 존재하지 않는다.

(i), (ii)에서 자연수 n의 최솟값은 11이다.

4단계 옳은 것 구하기

따라서 보기에서 옳은 것은 ㄱ, ㄷ이다.

02 답 11

1단계 $f(t)$의 식 세우기

곡선 $y=\ln(1+e^{2x}-e^{-2t})$과 직선 $y=x+t$가 만나는 두 점의 좌표를 $(\alpha,\ \alpha+t),\ (\beta,\ \beta+t)\ (\alpha<\beta)$라 하면

$f(t)=\sqrt{(\beta-\alpha)^2+(\beta-\alpha)^2}=\sqrt{2}(\beta-\alpha)\ (\because \alpha<\beta)$

2단계 곡선과 직선이 만나는 점의 x좌표 구하기

$\ln(1+e^{2x}-e^{-2t})=x+t$에서

$1+e^{2x}-e^{-2t}=e^{x+t}$　$\therefore e^{2x}-e^x\times e^t+1-e^{-2t}=0$

$e^x=k\,(k>0)$로 놓으면

$k^2-e^t k+1-e^{-2t}=0$　$\therefore k=\dfrac{e^t\pm\sqrt{e^{2t}+4e^{-2t}-4}}{2}$

즉, $e^x=\dfrac{e^t\pm\sqrt{e^{2t}+4e^{-2t}-4}}{2}$이므로

$x=\ln\dfrac{e^t\pm\sqrt{e^{2t}+4e^{-2t}-4}}{2}$

이때 $\alpha,\ \beta$는 방정식 $\ln(1+e^{2x}-e^{-2t})=x+t$의 서로 다른 두 실근이므로

$\alpha=\ln\dfrac{e^t-\sqrt{e^{2t}+4e^{-2t}-4}}{2},\ \beta=\ln\dfrac{e^t+\sqrt{e^{2t}+4e^{-2t}-4}}{2}$

3단계 $f'(\ln 2)$의 값 구하기

이때 $g(t)=\sqrt{e^{2t}+4e^{-2t}-4}$라 하면

$\alpha=\ln\dfrac{e^t-g(t)}{2},\ \beta=\ln\dfrac{e^t+g(t)}{2}$이므로

$f(t)=\sqrt{2}(\beta-\alpha)=\sqrt{2}[\ln\{e^t+g(t)\}-\ln\{e^t-g(t)\}]$

$\therefore f'(t)=\sqrt{2}\left\{\dfrac{e^t+g'(t)}{e^t+g(t)}-\dfrac{e^t-g'(t)}{e^t-g(t)}\right\}$

$\therefore f'(\ln 2)=\sqrt{2}\left\{\dfrac{2+g'(\ln 2)}{2+g(\ln 2)}-\dfrac{2-g'(\ln 2)}{2-g(\ln 2)}\right\}$　……㉠

$g(t)=\sqrt{e^{2t}+4e^{-2t}-4}$에서

$g'(t)=\dfrac{1}{2}(e^{2t}+4e^{-2t}-4)^{-\frac{1}{2}}(2e^{2t}-8e^{-2t})=\dfrac{e^{2t}-4e^{-2t}}{\sqrt{e^{2t}+4e^{-2t}-4}}$

$\therefore g(\ln 2)=\sqrt{4+4\times\dfrac{1}{4}-4}=1,\ g'(\ln 2)=\dfrac{4-4\times\dfrac{1}{4}}{\sqrt{4+4\times\dfrac{1}{4}-4}}=3$

이를 ㉠에 대입하면

$f'(\ln 2)=\sqrt{2}\left(\dfrac{2+3}{2+1}-\dfrac{2-3}{2-1}\right)=\sqrt{2}\left(\dfrac{5}{3}+1\right)=\dfrac{8\sqrt{2}}{3}$

4단계 $p+q$의 값 구하기

따라서 $p=3,\ q=8$이므로 $p+q=11$

03 답 ②

1단계 $a,\ b$의 값 구하기

$f(x)=(x-a)^m(x-b)^n$에서

$f'(x)=m(x-a)^{m-1}(x-b)^n+(x-a)^m\times n(x-b)^{n-1}$
$\quad=(x-a)^{m-1}(x-b)^{n-1}\{m(x-b)+n(x-a)\}$
$\quad=(x-a)^{m-1}(x-b)^{n-1}\{(m+n)x-bm-an\}$

$\therefore g(x)=\dfrac{f(x)}{f'(x)}=\dfrac{(x-a)^m(x-b)^n}{(x-a)^{m-1}(x-b)^{n-1}\{(m+n)x-bm-an\}}$
$\qquad\quad=\dfrac{(x-a)(x-b)}{(m+n)x-bm-an}$

㉮에서 $g(2)=0$이므로

$\dfrac{(2-a)(2-b)}{2(m+n)-bm-an}=0,\ \dfrac{(2-a)(2-b)}{(2-b)m+(2-a)n}=0$

$\therefore a=2$ 또는 $b=2$　……㉠

$\dfrac{g(x)}{x-b}=\dfrac{x-a}{(m+n)x-bm-an}$이므로 함수 $y=\dfrac{g(x)}{x-b}$의 그래프는 점 $(a,\ 0)$을 지나고, 점근선은 두 직선 $x=\dfrac{bm+an}{m+n},\ y=\dfrac{1}{m+n}$이다.

이때 $m,\ n$이 자연수이므로 $\dfrac{1}{m+n}>0$

따라서 함수 $y=\left|\dfrac{g(x)}{x-b}\right|$의 그래프의 개형은 그림과 같다.

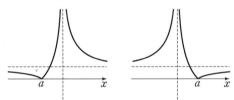

㉯에서 함수 $\left|\dfrac{g(x)}{x-b}\right|$는 $x=1$에서 미분가능하지 않으므로

$a=1$

따라서 ㉠에서 $b=2$

2단계 $m,\ n$의 값 구하기

㉯에서 함수 $\left|\dfrac{g(x)}{x-b}\right|$는 $x=\dfrac{7}{5}$에서 함숫값이 존재하지 않으므로

$\dfrac{bm+an}{m+n}=\dfrac{7}{5}$

$\therefore \dfrac{2m+n}{m+n}=\dfrac{7}{5}$　……㉡

㉰에서 $\displaystyle\lim_{x\to a}\dfrac{f(x)}{(x-a)^3}=\lim_{x\to 1}\dfrac{(x-1)^m(x-2)^n}{(x-1)^3}$의 극한값이 존재하지 않으므로

$m<3$

그런데 m은 자연수이므로

$m=1$ 또는 $m=2$

(i) $m=1$일 때,

㉡에 대입하면 $\dfrac{2+n}{1+n}=\dfrac{7}{5}$

$10+5n=7+7n,\ 2n=3$　$\therefore n=\dfrac{3}{2}$

그런데 n은 자연수이므로 조건을 만족시키지 않는다.

(ii) $m=2$일 때,

㉡에 대입하면 $\dfrac{4+n}{2+n}=\dfrac{7}{5}$

$20+5n=14+7n,\ 2n=6$　$\therefore n=3$

(i), (ii)에서 $m=2,\ n=3$

정답과 해설

76

3단계 $g'(n-m)$의 값 구하기

따라서 $g(x)=\dfrac{(x-1)(x-2)}{5x-7}=\dfrac{x^2-3x+2}{5x-7}$이므로

$$g'(x)=\frac{(2x-3)(5x-7)-(x^2-3x+2)\times5}{(5x-7)^2}$$

$$=\frac{5x^2-14x+11}{(5x-7)^2}$$

$$\therefore g'(n-m)=g'(1)=\frac{5-14+11}{4}=\frac{1}{2}$$

개념 NOTE

유리함수 $y=\dfrac{ax+b}{cx+d}$ $(c\ne0,\ ad-bc\ne0)$의 정의역은 $\left\{x\,\middle|\,x\ne-\dfrac{d}{c}\text{인 실수}\right\}$이고

그래프의 점근선은 두 직선 $x=-\dfrac{d}{c},\ y=\dfrac{a}{c}$이다.

---

idea

04 답 ⑤

1단계 ab에 대한 식 구하기

삼각형 ABC에서 코사인법칙에 의하여

$\overline{AC}^2=a^2+b^2-2ab\cos x$

삼각형 ACD에서 코사인법칙에 의하여

$\overline{AC}^2=3^2+4^2-2\times3\times4\times\cos y$

$\quad=25-24\cos y$

즉, $a^2+b^2-2ab\cos x=25-24\cos y$이므로

양변을 x에 대하여 미분하면

$$2ab\sin x=24\sin y\frac{dy}{dx}\qquad\therefore\frac{dy}{dx}=\frac{ab\sin x}{12\sin y}\quad\cdots\cdots\ \unicode{0x1F7E0}$$

(가)에서 $\displaystyle\lim_{\varDelta x\to0}\frac{\varDelta y}{\varDelta x}=\frac{dy}{dx}=2$이므로

$$\frac{ab\sin x}{12\sin y}=2\qquad\therefore ab=\frac{24\sin y}{\sin x}\quad\cdots\cdots\ \unicode{0x24C1}$$

2단계 $x+y$의 값 구하기

사각형 ABCD의 넓이 S는

$S=\triangle ABC+\triangle ACD$

$\quad=\dfrac{1}{2}ab\sin x+\dfrac{1}{2}\times3\times4\times\sin y$

$\quad=\dfrac{1}{2}ab\sin x+6\sin y$

$$\therefore\frac{dS}{dy}=\frac{1}{2}ab\cos x\frac{dx}{dy}+6\cos y$$

$$=\frac{1}{2}ab\cos x\times\frac{12\sin y}{ab\sin x}+6\cos y\ (\because\ \unicode{0x1F7E0})$$

$$=\frac{6\cos x\sin y}{\sin x}+6\cos y$$

$$=\frac{6(\cos x\sin y+\sin x\cos y)}{\sin x}$$

$$=\frac{6\sin(x+y)}{\sin x}$$

(나)에서 $\displaystyle\lim_{\varDelta y\to0}\frac{\varDelta S}{\varDelta y}=\frac{dS}{dy}=0$이므로

$$\frac{6\sin(x+y)}{\sin x}=0\qquad\therefore\sin(x+y)=0$$

이때 $0<x<\pi,\ 0<y<\pi$에서 $0<x+y<2\pi$이므로

$x+y=\pi$

3단계 ab의 값 구하기

따라서 $y=\pi-x$이므로 이를 $\unicode{0x24C1}$에 대입하면

$$ab=\frac{24\sin(\pi-x)}{\sin x}=\frac{24\sin x}{\sin x}=24$$

---

05 답 6

1단계 곡선 C의 방정식 구하기

두 점 A, B에서 x축에 내린 수선의 발을 각각
A′, B′이라 하자.

A$(a,\ e^a-1)$, B$(b,\ e^b-1)$이므로 삼각형
OAB의 넓이를 S라 하면

$S=\triangle OBB'-\triangle OAA'-\square AA'B'B$

$\quad=\dfrac{1}{2}b(e^b-1)-\dfrac{1}{2}a(e^a-1)$

$\qquad\qquad-\dfrac{1}{2}(b-a)(e^a-1+e^b-1)$

$\quad=\dfrac{1}{2}b(e^b-1)-\dfrac{1}{2}a(e^a-1)-\dfrac{1}{2}b(e^a-1)-\dfrac{1}{2}b(e^b-1)$

$\qquad\qquad\qquad+\dfrac{1}{2}a(e^a-1)+\dfrac{1}{2}a(e^b-1)$

$\quad=\dfrac{1}{2}a(e^b-1)-\dfrac{1}{2}b(e^a-1)$

즉, $\dfrac{1}{2}a(e^b-1)-\dfrac{1}{2}b(e^a-1)=k$이므로

$a(e^b-1)-b(e^a-1)=2k$

따라서 점 $(a,\ b)$가 나타내는 곡선 C의 방정식은

$x(e^y-1)-y(e^x-1)=2k\quad\cdots\cdots\ \unicode{0x1F7E0}$

2단계 p의 값 구하기

$\unicode{0x1F7E0}$의 양변을 x에 대하여 미분하면

$$e^y-1+xe^y\frac{dy}{dx}-\frac{dy}{dx}(e^x-1)-ye^x=0$$

$$(xe^y-e^x+1)\frac{dy}{dx}=ye^x-e^y+1$$

$$\therefore\frac{dy}{dx}=\frac{ye^x-e^y+1}{xe^y-e^x+1}\ (\text{단},\ xe^y-e^x+1\ne0)$$

즉, 점 Q$(1,\ 2)$에서의 접선의 기울기는 $\dfrac{2e-e^2+1}{e^2-e+1}$이고, 직선 PQ의 기

울기는 $\dfrac{2}{1-p}$이므로

$$\frac{2e-e^2+1}{e^2-e+1}\times\frac{2}{1-p}=-1,\ p-1=\frac{4e-2e^2+2}{e^2-e+1}$$

$$\therefore p=\frac{4e-2e^2+2}{e^2-e+1}+1=\frac{-e^2+3e+3}{e^2-e+1}$$

3단계 $2k$의 값 구하기

점 Q$(1,\ 2)$는 곡선 C 위의 점이므로 $\unicode{0x1F7E0}$에 $x=1$, $y=2$를 대입하면

$e^2-1-2(e-1)=2k$

$\therefore 2k=e^2-2e+1$

4단계 $m+n$의 값 구하기

$$\therefore p\times(2k+e)=\frac{-e^2+3e+3}{e^2-e+1}\times(e^2-e+1)=-e^2+3e+3$$

따라서 $m=3$, $n=3$이므로 $m+n=6$

---

06 답 ⑤

1단계 $f(x)$의 역함수가 존재할 조건 구하기

$f(x)=x^3+ax^2+ax+1$에서

$f'(x)=3x^2+2ax+a$

함수 $f(x)$의 최고차항의 계수가 양수이므로 역함수가 존재하려면 모든
실수 x에서 $f'(x)\ge0$이어야 한다.

즉, 이차방정식 $f'(x)=0$의 판별식을 D라 하면

$\dfrac{D}{4}=a^2-3a\le0,\ a(a-3)\le0$

그런데 $a\ne0$이므로 $0<a\le3\quad\cdots\cdots\ \unicode{0x1F7E0}$

$\displaystyle\lim_{x \to 1} \frac{g(h(x))}{x-1}$에서 $x \to 1$일 때 (분모)$\to 0$이고 극한값이 존재하므로 (분자)$\to 0$이다.

즉, $\displaystyle\lim_{x \to 1} g(h(x))=0$에서 $g(h(1))=0$

이때 $h(x)=\dfrac{x}{\sqrt{2x^2-1}}$에서 $h(1)=1$이므로 $g(1)=0$

$\therefore \displaystyle\lim_{x \to 1} \frac{g(h(x))}{x-1}=\lim_{x \to 1} \frac{g(h(x))-g(h(1))}{x-1}$

$\qquad =\displaystyle\lim_{x \to 1}\left\{\frac{g(h(x))-g(h(1))}{h(x)-h(1)} \times \frac{h(x)-h(1)}{x-1}\right\}$

$\qquad =g'(h(1))h'(1)=g'(1)h'(1)$

$\qquad =\dfrac{1}{f'(g(1))} \times h'(1)$

$\qquad =\dfrac{1}{f'(0)} \times h'(1) \qquad \cdots\cdots \text{ⓛ}$

$f'(x)=3x^2+2ax+a$에서 $f'(0)=a$

$h(x)=\dfrac{x}{\sqrt{2x^2-1}}=\dfrac{x}{(2x^2-1)^{\frac{1}{2}}}$에서

$h'(x)=\dfrac{(2x^2-1)^{\frac{1}{2}}-x \times \frac{1}{2}(2x^2-1)^{-\frac{1}{2}} \times 4x}{2x^2-1}$

$\qquad =\dfrac{\sqrt{2x^2-1}-\dfrac{2x^2}{\sqrt{2x^2-1}}}{2x^2-1}$

$\therefore h'(1)=\dfrac{1-2}{1}=-1$

따라서 ⓛ에서

$\displaystyle\lim_{x \to 1} \frac{g(h(x))}{x-1}=\dfrac{1}{f'(0)} \times h'(1)=\dfrac{1}{a} \times(-1)=-\dfrac{1}{a}$

즉, $-\dfrac{1}{a} \geq -\dfrac{1}{3}$이므로 $a<0$ 또는 $a \geq 3$ $\cdots\cdots \text{ⓒ}$

㉠, ㉢에서 $a=3$

07 답 15

함수 $h(x)$가 실수 전체의 집합에서 미분가능하면 실수 전체의 집합에서 연속이므로 $x=0$, $x=1$에서도 연속이다.

(i) 함수 $h(x)$가 $x=0$에서 연속일 때,

$\displaystyle\lim_{x \to 0+} h(x)=\lim_{x \to 0-} h(x)$이므로

$\displaystyle\lim_{x \to 0+} \frac{1}{\pi}\sin\pi x=\lim_{x \to 0-} f(g^{-1}(x))$

$\therefore f(g^{-1}(0))=0$

이때 $g^{-1}(0)=\alpha$라 하면 $f(\alpha)=0$이므로

$\alpha^3-\alpha=0$, $\alpha(\alpha+1)(\alpha-1)=0$

$\therefore \alpha=-1$ 또는 $\alpha=0$ 또는 $\alpha=1$ $\cdots\cdots \text{㉠}$

(ii) 함수 $h(x)$가 $x=1$에서 연속일 때,

$\displaystyle\lim_{x \to 1+} h(x)=\lim_{x \to 1-} h(x)$이므로

$\displaystyle\lim_{x \to 1+} f(g^{-1}(x))=\lim_{x \to 1-} \frac{1}{\pi}\sin\pi x$

$\therefore f(g^{-1}(1))=0$

이때 $g(0)=1$이므로 $g^{-1}(1)=0$

$\therefore f(g^{-1}(1))=f(0)=0$

또 함수 $h(x)$가 $x=0$, $x=1$에서 미분가능하므로

$h'(x)=\begin{cases} f'(g^{-1}(x))(g^{-1})'(x) & (x<0 \text{ 또는 } x>1) \\ \cos\pi x & (0<x<1) \end{cases}$에서 미분계수

$h'(0)$, $h'(1)$이 존재한다.

(iii) 미분계수 $h'(0)$이 존재할 때,

$\displaystyle\lim_{x \to 0+} h'(x)=\lim_{x \to 0-} h'(x)$에서

$\displaystyle\lim_{x \to 0+} \cos\pi x=\lim_{x \to 0-} f'(g^{-1}(x))(g^{-1})'(x)$

$f'(g^{-1}(0))(g^{-1})'(0)=1$

$f'(g^{-1}(0)) \times \dfrac{1}{g'(g^{-1}(0))}=1$

$f'(\alpha) \times \dfrac{1}{g'(\alpha)}=1 \; (\because g^{-1}(0)=\alpha)$

$\therefore f'(\alpha)=g'(\alpha)$

이때 $f'(x)=3x^2-1$, $g'(x)=3ax^2+2x+b$이므로

$3\alpha^2-1=3a\alpha^2+2\alpha+b \qquad \cdots\cdots \text{ⓛ}$

(iv) 미분계수 $h'(1)$이 존재할 때,

$\displaystyle\lim_{x \to 1+} h'(x)=\lim_{x \to 1-} h'(x)$에서

$\displaystyle\lim_{x \to 1+} f'(g^{-1}(x))(g^{-1})'(x)=\lim_{x \to 1-} \cos\pi x$

$f'(g^{-1}(1))(g^{-1})'(1)=-1$

$f'(g^{-1}(1)) \times \dfrac{1}{g'(g^{-1}(1))}=-1$

$f'(0) \times \dfrac{1}{g'(0)}=-1 \; (\because g^{-1}(1)=0)$

$\therefore f'(0)=-g'(0)$

이때 $f'(0)=-1$이므로 $g'(0)=1$ $\qquad \therefore b=1$

한편 삼차함수 $g(x)$는 역함수가 존재하므로 일대일함수이고,

$g'(0)=1>0$이므로 x의 값이 증가하면 $g(x)$의 값도 증가한다.

이때 $g^{-1}(0)=\alpha$에서 $g(\alpha)=0$이고, $g(0)=1$이므로

$g(\alpha)<g(0) \qquad \therefore \alpha<0$

따라서 ㉠에서 $\alpha=-1$

$b=1$, $\alpha=-1$을 ⓛ에 대입하면

$3-1=3a-2+1$, $3a=3 \qquad \therefore a=1$

$\therefore g(x)=x^3+x^2+x+1$

$\therefore g(a+b)=g(2)=8+4+2+1=15$

08 답 ①

$f(t)=\alpha(t)-\beta(t)$이므로

$f'(t)=\alpha'(t)-\beta'(t)$

$\therefore f(10)f'(10)=\{\alpha(10)-\beta(10)\}\{\alpha'(10)-\beta'(10)\} \qquad \cdots\cdots \text{㉠}$

곡선 $y=x^3+4x^2-60x+10$과 직선 $y=10$이 만나는 점의 x좌표를 구하면

$x^3+4x^2-60x+10=10$, $x(x^2+4x-60)=0$

$x(x+10)(x-6)=0 \qquad \therefore x=-10$ 또는 $x=0$ 또는 $x=6$

이때 x좌표가 가장 큰 점의 x좌표가 $\alpha(10)$이므로 $\alpha(10)=6$

x좌표가 가장 작은 점의 x좌표가 $\beta(10)$이므로 $\beta(10)=-10$

$g(x)=x^3+4x^2-60x+10$이라 하면
$g'(x)=3x^2+8x-60$
이때 두 점 $A(\alpha(t),\,t)$, $B(\beta(t),\,t)$는 곡선 $y=g(x)$ 위의 점이므로
$g(\alpha(t))=t$, $g(\beta(t))=t$
즉, 두 함수 $g(t)$, $\alpha(t)$는 서로 역함수 관계이고, 두 함수 $g(t)$, $\beta(t)$도 서로 역함수 관계이다.
$\alpha(10)=6$, $\beta(10)=-10$이므로

$\alpha'(10)=\dfrac{1}{g'(\alpha(10))}$

$\quad\quad\;=\dfrac{1}{g'(6)}$

$\quad\quad\;=\dfrac{1}{108+48-60}=\dfrac{1}{96}$

$\beta'(10)=\dfrac{1}{g'(\beta(10))}$

$\quad\quad\;=\dfrac{1}{g'(-10)}$

$\quad\quad\;=\dfrac{1}{300-80-60}=\dfrac{1}{160}$

4단계 $f(10)f'(10)$**의 값 구하기**

따라서 ㉠에서
$f(10)f'(10)=\{\alpha(10)-\beta(10)\}\{\alpha'(10)-\beta'(10)\}$

$\quad\quad\quad\quad\quad\;=\{6-(-10)\}\left(\dfrac{1}{96}-\dfrac{1}{160}\right)$

$\quad\quad\quad\quad\quad\;=16\times\dfrac{1}{240}=\dfrac{1}{15}$

09 **답** 3

1단계 t, $g(t)$**를 s에 대한 식으로 나타내기**

$P(t,\,0)$, $Q(s,\,f(s))$라 하면 곡선 $y=f(x)$ 위의 점 Q에서의 접선과 직선 PQ가 서로 수직이다.
$f(x)=e^x+x$에서 $f'(x)=e^x+1$
즉, 점 Q에서의 접선의 기울기는 $f'(s)=e^s+1$

직선 PQ의 기울기는 $\dfrac{f(s)}{s-t}=\dfrac{e^s+s}{s-t}$이므로

$(e^s+1)\times\dfrac{e^s+s}{s-t}=-1$

$(e^s+1)(e^s+s)=t-s$
$\therefore t=(e^s+1)(e^s+s)+s$ ...... ㉠
또 $f(s)$의 값이 $g(t)$이므로
$g(t)=e^s+s$ ...... ㉡

2단계 $g'(t)$ **구하기**

함수 $g(t)$의 역함수가 $h(t)$이므로 $h(1)=k$라 하면 $g(k)=1$
$e^s+s=1$을 만족시키는 s의 값은 $s=0$이므로 이때 k의 값은 ㉠에서
$k=(1+1)\times1+0=2$
즉, $g(2)=1$, $h(1)=2$이므로

$h'(1)=\dfrac{1}{g'(h(1))}=\dfrac{1}{g'(2)}$ ...... ㉢

㉡의 양변을 t에 대하여 미분하면

$g'(t)=(e^s+1)\dfrac{ds}{dt}$

이때 ㉠의 양변을 t에 대하여 미분하면

$1=\{e^s(e^s+s)+(e^s+1)^2+1\}\dfrac{ds}{dt}$

$\therefore \dfrac{ds}{dt}=\dfrac{1}{e^s(e^s+s)+(e^s+1)^2+1}$

$\therefore g'(t)=(e^s+1)\dfrac{ds}{dt}=\dfrac{e^s+1}{e^s(e^s+s)+(e^s+1)^2+1}$

3단계 $h'(1)$**의 값 구하기**

$s=0$일 때 $t=2$이므로

$g'(2)=\dfrac{1+1}{1+2^2+1}=\dfrac{1}{3}$

따라서 ㉢에서

$h'(1)=\dfrac{1}{g'(2)}=3$

⭐idea 10 **답** ③

1단계 $f'(1)$**의 값 구하기**

$\displaystyle\lim_{x\to1}\dfrac{f'(x)-4}{x-1}$에서 $x\to1$일 때 (분모) $\to0$이고 극한값이 존재하므로 (분자) $\to0$이다.
즉, $\displaystyle\lim_{x\to1}\{f'(x)-4\}=0$에서
$f'(1)-4=0$ $\therefore f'(1)=4$

2단계 $f'(x)$ **구하기**

$f\left(\dfrac{x}{y}\right)=\dfrac{f(x)}{y}+xf\left(\dfrac{1}{y}\right)$ ...... ㉠

㉠의 양변에 $x=1$, $y=1$을 대입하면
$f(1)=f(1)+f(1)$ $\therefore f(1)=0$

또 ㉠의 양변에 $\dfrac{1}{y}$ 대신 $1+\dfrac{h}{x}$를 대입하면

$f\left(x\left(1+\dfrac{h}{x}\right)\right)=f(x)\left(1+\dfrac{h}{x}\right)+xf\left(1+\dfrac{h}{x}\right)$

$\therefore f(x+h)=f(x)+\dfrac{h}{x}f(x)+xf\left(1+\dfrac{h}{x}\right)$

도함수의 정의에 의하여

$f'(x)=\displaystyle\lim_{h\to0}\dfrac{f(x+h)-f(x)}{h}$

$\quad\quad=\displaystyle\lim_{h\to0}\dfrac{f(x)+\dfrac{h}{x}f(x)+xf\left(1+\dfrac{h}{x}\right)-f(x)}{h}$

$\quad\quad=\displaystyle\lim_{h\to0}\left\{\dfrac{f(x)}{x}+\dfrac{f\left(1+\dfrac{h}{x}\right)}{\dfrac{h}{x}}\right\}$

$\quad\quad=\dfrac{f(x)}{x}+\displaystyle\lim_{h\to0}\dfrac{f\left(1+\dfrac{h}{x}\right)-f(1)}{\dfrac{h}{x}}$

$\quad\quad=\dfrac{f(x)}{x}+f'(1)$

$\quad\quad=\dfrac{f(x)}{x}+4$ ...... ㉡

3단계 $f''(8)$**의 값 구하기**

$\therefore f''(x)=\dfrac{xf'(x)-f(x)}{x^2}$

$\quad\quad\quad=\dfrac{x\left\{\dfrac{f(x)}{x}+4\right\}-f(x)}{x^2}$ (∵ ㉡)

$\quad\quad\quad=\dfrac{4}{x}$

$\therefore f''(8)=\dfrac{1}{2}$

06 도함수의 활용

01 $\dfrac{29}{20}$	02 -14	03 2	04 2	05 ④	06 7
07 ③	08 96	09 6	10 ④	11 ④	12 $\dfrac{e}{4}$
13 ⑤	14 4				

01 답 $\dfrac{29}{20}$

곡선 $x^2+2ye^x+y^3=3$과 y축이 만나는 점 A의 x좌표는 0이므로 y좌표를 구하면

$2y+y^3=3,\ y^3+2y-3=0$

$(y-1)(y^2+y+3)=0$

$\therefore y=1\ (\because y$는 실수$)$

$\therefore A(0,\ 1)$

$x^2+2ye^x+y^3=3$의 양변을 x에 대하여 미분하면

$2x+2e^x\dfrac{dy}{dx}+2ye^x+3y^2\dfrac{dy}{dx}=0$

$(2e^x+3y^2)\dfrac{dy}{dx}=-2x-2ye^x$

$\therefore \dfrac{dy}{dx}=-\dfrac{2x+2ye^x}{2e^x+3y^2}$

점 A$(0,\ 1)$에서의 접선 l의 기울기는

$-\dfrac{2}{2+3}=-\dfrac{2}{5}$

따라서 점 A에서의 접선 l의 방정식은

$y=-\dfrac{2}{5}x+1$

한편 점 A를 지나고 직선 l에 수직인 직선 m의 기울기는 $\dfrac{5}{2}$이므로 직선 m의 방정식은

$y=\dfrac{5}{2}x+1$

따라서 두 직선 l, m과 x축으로 둘러싸인 부분의 넓이는

$\dfrac{1}{2}\times\left(\dfrac{5}{2}+\dfrac{2}{5}\right)\times1=\dfrac{29}{20}$

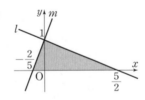

02 답 -14

$x=\dfrac{1}{1+t},\ y=3t-4$에서

$\dfrac{dx}{dt}=-\dfrac{1}{(1+t)^2},\ \dfrac{dy}{dt}=3$

$\therefore \dfrac{dy}{dx}=\dfrac{\dfrac{dy}{dt}}{\dfrac{dx}{dt}}=\dfrac{3}{-\dfrac{1}{(1+t)^2}}=-3(1+t)^2$

접선의 기울기가 -12이므로

$-3(1+t)^2=-12,\ (1+t)^2=4$

$t^2+2t-3=0,\ (t+3)(t-1)=0$

$\therefore t=-3$ 또는 $t=1$

(i) $t=-3$일 때,

$x=-\dfrac{1}{2},\ y=-13$이므로 접선의 방정식은

$y+13=-12\left(x+\dfrac{1}{2}\right)$　　$\therefore y=-12x-19$

$\therefore k=-19$

(ii) $t=1$일 때,

$x=\dfrac{1}{2},\ y=-1$이므로 접선의 방정식은

$y+1=-12\left(x-\dfrac{1}{2}\right)$　　$\therefore y=-12x+5$

$\therefore k=5$

(i), (ii)에서 모든 상수 k의 값의 합은

$-19+5=-14$

03 답 2

곡선 $y=\dfrac{x^2}{e^{x-1}}+1$이 y축과 만나는 점이 B이므로 $x=0$을 대입하면

$y=1$　　$\therefore B(0,\ 1)$

$f(x)=\dfrac{x^2}{e^{x-1}}+1$이라 하면

$f'(x)=\dfrac{2xe^{x-1}-x^2e^{x-1}}{(e^{x-1})^2}=\dfrac{2x-x^2}{e^{x-1}}$

A$\left(t,\ \dfrac{t^2}{e^{t-1}}+1\right)$이라 하면 점 A에서의 접선의 기울기는 $f'(t)=\dfrac{2t-t^2}{e^{t-1}}$

이므로 접선의 방정식은

$y-\left(\dfrac{t^2}{e^{t-1}}+1\right)=\dfrac{2t-t^2}{e^{t-1}}(x-t)$

이 직선이 점 B$(0,\ 1)$을 지나므로

$1-\left(\dfrac{t^2}{e^{t-1}}+1\right)=\dfrac{2t-t^2}{e^{t-1}}\times(-t)$

$-\dfrac{t^2}{e^{t-1}}=-\dfrac{2t^2-t^3}{e^{t-1}}$

$t^2=2t^2-t^3,\ t^3-t^2=0$

$t^2(t-1)=0$　　$\therefore t=0$ 또는 $t=1$

그런데 점 B의 x좌표가 0이므로 A$(1,\ 2)$

두 점 A$(1,\ 2)$, B$(0,\ 1)$을 지나는 직선의 기울기는 1이고, 선분 AB의 중점은 $\left(\dfrac{1}{2},\ \dfrac{3}{2}\right)$이므로 선분 AB의 수직이등분선의 방정식은

$y-\dfrac{3}{2}=-\left(x-\dfrac{1}{2}\right)$　　$\therefore y=-x+2$

따라서 선분 AB의 수직이등분선의 y절편은 2이다.

04 답 2

$f(x)=\sin x-1,\ g(x)=\sin^2x+a$라 하면

$f'(x)=\cos x,\ g'(x)=2\sin x\cos x$

두 곡선 $y=f(x),\ y=g(x)$가 $x=t\left(0<t<\dfrac{\pi}{2}\right)$인 점에서 공통인 접선을 갖는다고 하면

$f'(t)=g'(t),\ f(t)=g(t)$

$f'(t)=g'(t)$에서

$\cos t=2\sin t\cos t$

$\cos t(2\sin t-1)=0$

이때 $0<t<\dfrac{\pi}{2}$에서 $\cos t>0$이므로

$\sin t=\dfrac{1}{2}$　　$\therefore t=\dfrac{\pi}{6}\left(\because 0<t<\dfrac{\pi}{2}\right)$

$f\left(\dfrac{\pi}{6}\right)=g\left(\dfrac{\pi}{6}\right)$에서

$\dfrac{1}{2}-1=\left(\dfrac{1}{2}\right)^2+a$ $\qquad\therefore a=-\dfrac{3}{4}$

두 곡선 $y=\sin x-1$, $y=\sin^2 x-\dfrac{3}{4}$의 공통인 접선은 점 $\left(\dfrac{\pi}{6},\ -\dfrac{1}{2}\right)$을

지나고 접선의 기울기는 $\dfrac{\sqrt{3}}{2}$이므로 접선의 방정식은

$y+\dfrac{1}{2}=\dfrac{\sqrt{3}}{2}\left(x-\dfrac{\pi}{6}\right)$ $\qquad\therefore y=\dfrac{\sqrt{3}}{2}x-\dfrac{\sqrt{3}}{12}\pi-\dfrac{1}{2}$

즉, $m=\dfrac{\sqrt{3}}{2}$, $n=-\dfrac{\sqrt{3}}{12}\pi-\dfrac{1}{2}$이므로

$amn=-\dfrac{3}{4}\times\dfrac{\sqrt{3}}{2}\times\left(-\dfrac{\sqrt{3}}{12}\pi-\dfrac{1}{2}\right)$

$\qquad\quad=\dfrac{3}{32}\pi+\dfrac{3\sqrt{3}}{16}$

따라서 $p=\dfrac{3}{32}$, $q=\dfrac{3}{16}$이므로 $\dfrac{q}{p}=2$

05 답 ④

$f(x)=-\dfrac{1}{2}x^2+6x+\dfrac{a}{x}$에서

$f'(x)=-x+6-\dfrac{a}{x^2}$

함수 $f(x)$가 $x>0$에서 감소하려면 $x>0$에서 $f'(x)\leq0$이어야 하므로

$-x+6-\dfrac{a}{x^2}\leq0$

$\therefore x^3-6x^2+a\geq0\ (\because x^2>0)$

이때 $g(x)=x^3-6x^2+a$라 하면

$g'(x)=3x^2-12x=3x(x-4)$

$g'(x)=0$인 x의 값은 $x=4\ (\because x>0)$

$x>0$에서 함수 $g(x)$의 증가와 감소를 표로 나타내면 다음과 같다.

x	0	$\cdots$	4	$\cdots$
$g'(x)$		$-$	0	$+$
$g(x)$		$\searrow$	$a-32$ 극소	$\nearrow$

함수 $g(x)$의 최솟값이 $a-32$이므로 $x>0$에서 $g(x)\geq0$이 성립하려면

$a-32\geq0$ $\quad\therefore a\geq32$

따라서 a의 최솟값은 32이다.

06 답 7

$f(x)=ax+\dfrac{b}{x}+8\ln x+4$에서

$f'(x)=a-\dfrac{b}{x^2}+\dfrac{8}{x}$

함수 $f(x)$가 $x=1$에서 극값 6을 가지므로

$f'(1)=0$, $f(1)=6$

$f'(1)=0$에서 $a-b+8=0$ $\quad\therefore a-b=-8$ $\quad\cdots\cdots$ ㉠

$f(1)=6$에서 $a+b+4=6$ $\quad\therefore a+b=2$ $\quad\cdots\cdots$ ㉡

㉠, ㉡을 연립하여 풀면 $a=-3$, $b=5$

$\therefore a+2b=-3+10=7$

개념 NOTE

함수 $f(x)$가 $x=a$에서 극값 b를 가지면
$\quad f'(a)=0$, $f(a)=b$

07 답 ③

$f(x)=x-2\cos x$라 하면

$f'(x)=1+2\sin x$

$f''(x)=2\cos x$

$f''(x)=0$인 x의 값은

$x=\dfrac{\pi}{2}$ 또는 $x=\dfrac{3}{2}\pi\ (\because\ 0<x<2\pi)$

이때 $0<x<\dfrac{\pi}{2}$에서 $f''(x)>0$, $\dfrac{\pi}{2}<x<\dfrac{3}{2}\pi$에서 $f''(x)<0$,

$\dfrac{3}{2}\pi<x<2\pi$에서 $f''(x)>0$이므로 곡선 $y=f(x)$는 열린구간

$\left(0,\ \dfrac{\pi}{2}\right)$, $\left(\dfrac{3}{2}\pi,\ 2\pi\right)$에서 아래로 볼록하고, 열린구간 $\left(\dfrac{\pi}{2},\ \dfrac{3}{2}\pi\right)$에서 위

로 볼록하다.

따라서 $a=\dfrac{\pi}{2}$, $b=\dfrac{3}{2}\pi$이므로

$b-a=\pi$

08 답 96

$f(x)=\dfrac{2}{x^2+b}$라 하면

$f'(x)=-\dfrac{2\times2x}{(x^2+b)^2}=-\dfrac{4x}{(x^2+b)^2}$

$f''(x)=\dfrac{-4(x^2+b)^2+4x\times2(x^2+b)\times2x}{(x^2+b)^4}=\dfrac{12x^2-4b}{(x^2+b)^3}$

점 $(2,\ a)$가 변곡점이므로

$f(2)=a$, $f''(2)=0$

$f(2)=a$에서 $\dfrac{2}{4+b}=a$ $\qquad\cdots\cdots$ ㉠

$f''(2)=0$에서 $\dfrac{48-4b}{(4+b)^3}=0$

$48-4b=0$ $\quad\therefore b=12$

이를 ㉠에 대입하면

$a=\dfrac{2}{4+12}=\dfrac{1}{8}$

$\therefore \dfrac{b}{a}=\dfrac{12}{\dfrac{1}{8}}=96$

비법 NOTE

점 $(a,\ b)$가 곡선 $y=f(x)$의 변곡점이면
$\quad f(a)=b$, $f''(a)=0$

09 답 6

$g(x)=\ln(\sin x+2)$라 하면

$g'(x)=\dfrac{\cos x}{\sin x+2}$

$g'(x)=0$인 x의 값은

$x=\dfrac{\pi}{2}$ 또는 $x=\dfrac{3}{2}\pi\ (\because\ 0\leq x\leq2\pi)$

$0\leq x\leq2\pi$에서 함수 $g(x)$의 증가와 감소를 표로 나타내면 다음과 같다.

x	0	$\cdots$	$\dfrac{\pi}{2}$	$\cdots$	$\dfrac{3}{2}\pi$	$\cdots$	2π
$g'(x)$		$+$	0	$-$	0	$+$	
$g(x)$	$\ln2$	$\nearrow$	$\ln3$ 극대	$\searrow$	0 극소	$\nearrow$	$\ln2$

따라서 함수 $y=g(x)$의 그래프는 그림과 같다.

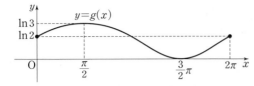

함수 $y=g(x)$의 그래프는 x축과 한 점에서 만나므로 $f(0)=1$

함수 $y=g(x)$의 그래프는 직선 $y=\ln 2$와 서로 다른 세 점에서 만나므로 $f(\ln 2)=3$

함수 $y=g(x)$의 그래프는 직선 $y=1$과 서로 다른 두 점에서 만나므로

$f(1)=2 \longrightarrow \ln 2<1=\ln e<\ln 3$

$\therefore f(0)+f(\ln 2)+f(1)=1+3+2=6$

10 답 ④

점 $\mathrm{P}(t, 2e^{-t})$에서 y축에 내린 수선의 발이 A이므로

$\mathrm{A}(0, 2e^{-t})$

$f(x)=2e^{-x}$이라 하면

$f'(x)=-2e^{-x}$

점 $\mathrm{P}(t, 2e^{-t})$에서의 접선의 기울기는 $f'(t)=-2e^{-t}$이므로 접선의 방정식은

$y-2e^{-t}=-2e^{-t}(x-t)$

$\therefore y=-2e^{-t}x+2te^{-t}+2e^{-t}$

$\therefore \mathrm{B}(0, 2te^{-t}+2e^{-t})$

$\overline{\mathrm{AB}}=2te^{-t}$, $\overline{\mathrm{AP}}=t$이므로 삼각형 APB의 넓이를 $S(t)$라 하면

$S(t)=\dfrac{1}{2}\times\overline{\mathrm{AB}}\times\overline{\mathrm{AP}}$

$\quad\quad =\dfrac{1}{2}\times 2te^{-t}\times t$

$\quad\quad =t^2e^{-t}$

$S'(t)=2te^{-t}-t^2e^{-t}=-t(t-2)e^{-t}$

$S'(t)=0$인 t의 값은 $t=2$ ($\because t>0$, $e^{-t}>0$)

$t>0$에서 함수 $S(t)$의 증가와 감소를 표로 나타내면 다음과 같다.

t	0	$\cdots$	2	$\cdots$
$S'(t)$		$+$	0	$-$
$S(t)$		$\nearrow$	극대	$\searrow$

따라서 함수 $S(t)$는 $t=2$일 때 최대이므로 삼각형 APB의 넓이가 최대가 되도록 하는 t의 값은 2이다.

11 답 ④

$f(x)=g(x)$에서 $e^x=k\sin x$

$\therefore \dfrac{\sin x}{e^x}=\dfrac{1}{k}$

이 방정식의 실근의 개수는 함수 $y=\dfrac{\sin x}{e^x}$의 그래프와 직선 $y=\dfrac{1}{k}$이 만나는 점의 개수와 같다.

$h(x)=\dfrac{\sin x}{e^x}$라 하면

$h'(x)=\dfrac{\cos x\times e^x-\sin x\times e^x}{(e^x)^2}=\dfrac{\cos x-\sin x}{e^x}$

$h'(x)=0$에서 $\cos x=\sin x$

이때 $x>0$이므로

$x=\dfrac{\pi}{4}$ 또는 $x=\dfrac{5}{4}\pi$ 또는 $x=\dfrac{9}{4}\pi$ 또는 $x=\dfrac{13}{4}\pi\cdots$

$x>0$에서 함수 $h(x)$의 증가와 감소를 표로 나타내면 다음과 같다.

x	0	$\cdots$	$\dfrac{\pi}{4}$	$\cdots$	$\dfrac{5}{4}\pi$	$\cdots$	$\dfrac{9}{4}\pi$
$h'(x)$		$+$	0	$-$	0	$+$	0
$h(x)$		$\nearrow$	$\dfrac{1}{\sqrt{2}e^{\frac{\pi}{4}}}$ 극대	$\searrow$	$-\dfrac{1}{\sqrt{2}e^{\frac{5}{4}\pi}}$ 극소	$\nearrow$	$\dfrac{1}{\sqrt{2}e^{\frac{9}{4}\pi}}$ 극대

x	$\cdots$	$\dfrac{13}{4}\pi$	$\cdots$	$\dfrac{17}{4}\pi$	$\cdots$	
$h'(x)$	$-$	0	$+$	0	$-$	
$h(x)$	$\searrow$	$-\dfrac{1}{\sqrt{2}e^{\frac{13}{4}\pi}}$ 극소	$\nearrow$	$\dfrac{1}{\sqrt{2}e^{\frac{17}{4}\pi}}$ 극대	$\searrow$	$\cdots$

$x>0$에서 함수 $y=h(x)$의 그래프는 그림과 같다.

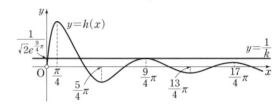

따라서 함수 $y=h(x)$의 그래프와 세 점에서 만나도록 직선 $y=\dfrac{1}{k}$을 그어 보면

$\dfrac{1}{k}=\dfrac{1}{\sqrt{2}e^{\frac{9}{4}\pi}}$

$\therefore k=\sqrt{2}e^{\frac{9}{4}\pi}$

12 답 $\dfrac{e}{4}$

$f(x)\geq g(x)$에서

$\sqrt{x}\geq a\ln 4x$

$\sqrt{x}-a\ln 4x\geq 0$

$h(x)=\sqrt{x}-a\ln 4x$라 하면

$h'(x)=\dfrac{1}{2\sqrt{x}}-\dfrac{a}{x}$

$\quad\quad =\dfrac{\sqrt{x}-2a}{2x}$

$h'(x)=0$에서

$\sqrt{x}-2a=0$ $\therefore x=4a^2$

$x>0$에서 함수 $h(x)$의 증가와 감소를 표로 나타내면 다음과 같다.

x	0	$\cdots$	$4a^2$	$\cdots$
$h'(x)$		$-$	0	$+$
$h(x)$		$\searrow$	$2a(1-\ln 4a)$ 극소	$\nearrow$

함수 $h(x)$의 최솟값이 $2a(1-\ln 4a)$이므로 $x>0$에서 $h(x)\geq 0$이 성립하려면

$2a(1-\ln 4a)\geq 0$

$1-\ln 4a\geq 0$ ($\because a>0$)

$\ln 4a\leq 1$

$\therefore 0<a\leq\dfrac{e}{4}$ ($\because a>0$)

따라서 양수 a의 최댓값은 $\dfrac{e}{4}$이다.

$x>0$에서 부등식 $f(x)\geq g(x)$가 성립하려면 그림과 같이 곡선 $y=\sqrt{x}$가 곡선 $y=a\ln 4x$보다 위쪽에 있거나 두 곡선이 접해야 한다.

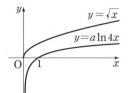

$f(x)=\sqrt{x}$, $g(x)=a\ln 4x$에서

$f'(x)=\dfrac{1}{2\sqrt{x}}$, $g'(x)=\dfrac{a}{x}$

두 곡선 $y=f(x)$, $y=g(x)$가 접할 때의 접점의 x좌표를 $t\,(t>0)$라 하면 $x=t$인 점에서 두 곡선이 만나므로 $f(t)=g(t)$에서

$\sqrt{t}=a\ln 4t$ ...... ㉠

$x=t$인 점에서의 두 곡선의 접선의 기울기가 같으므로 $f'(t)=g'(t)$에서

$\dfrac{1}{2\sqrt{t}}=\dfrac{a}{t}$ $\therefore a=\dfrac{\sqrt{t}}{2}$ ...... ㉡

이를 ㉠에 대입하면

$\sqrt{t}=\dfrac{\sqrt{t}}{2}\ln 4t$, $\ln 4t=2\ (\because t>0)$

$4t=e^2$ $\therefore t=\dfrac{e^2}{4}$

이를 ㉡에 대입하면 $a=\dfrac{e}{4}$

따라서 $0<a\leq\dfrac{e}{4}$이므로 양수 a의 최댓값은 $\dfrac{e}{4}$이다.

13 답 ⑤

시각 t에서의 점 P의 속도를 $v(t)$, 가속도를 $a(t)$라 하면

$v(t)=f'(t)$

$=\dfrac{2(2t-5)}{t^2-5t+7}-2(t-2)$

$=\dfrac{4t-10-(2t-4)(t^2-5t+7)}{t^2-5t+7}$

$=\dfrac{-2t^3+14t^2-30t+18}{t^2-5t+7}$

$a(t)=f''(t)$

$=\dfrac{(-6t^2+28t-30)(t^2-5t+7)-(-2t^3+14t^2-30t+18)(2t-5)}{(t^2-5t+7)^2}$

$=\dfrac{-6t^4+58t^3-212t^2+346t-210-(-4t^4+38t^3-130t^2+186t-90)}{(t^2-5t+7)^2}$

$=\dfrac{-2t^4+20t^3-82t^2+160t-120}{(t^2-5t+7)^2}$

ㄱ. $v(t)=0$에서

$2t^3-14t^2+30t-18=0$

$t^3-7t^2+15t-9=0$

$(t-1)(t-3)^2=0$

$\therefore t=1$ 또는 $t=3$

따라서 점 P의 속도가 0이 되는 시각은 1 또는 3이다.

ㄴ. $a(t)=0$에서

$2t^4-20t^3+82t^2-160t+120=0$

$t^4-10t^3+41t^2-80t+60=0$

$(t-2)(t-3)(t^2-5t+10)=0$

$\therefore t=2$ 또는 $t=3\ (\because t\geq 0)$

따라서 점 P의 가속도가 0이 되는 t의 값은 2, 3이므로 그 합은

$2+3=5$

ㄷ. 함수 $f(t)$의 증가와 감소를 표로 나타내면 다음과 같다.

t	0	...	1	...	3	...
$f'(t)$		+	0	−	0	−
$f(t)$	$2\ln 7-4$	↗	$2\ln 3-1$ 극대	↘	-1	↘

이때 $e>2.7$에서 $7<(2.7)^2<e^2$이므로

$\ln 7<2$

$2\ln 7<4$ $\therefore 2\ln 7-4<0$

또 $f(1)=2\ln 3-1>0$이므로 함수 $y=f(t)$의 그래프는 그림과 같다. 따라서 함수 $y=f(t)$의 그래프는 t축과 서로 다른 두 점에서 만나므로 점 P는 원점을 두 번 지난다.

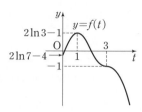

따라서 보기에서 옳은 것은 ㄱ, ㄴ, ㄷ이다.

14 답 4

$x=\sin\{\ln(t^2+1)\}$, $y=\cos\{\ln(t^2+1)\}$에서

$\dfrac{dx}{dt}=\dfrac{2t}{t^2+1}\cos\{\ln(t^2+1)\}$

$\dfrac{dy}{dt}=-\dfrac{2t}{t^2+1}\sin\{\ln(t^2+1)\}$ ...... 배점 20%

시각 t에서의 점 P의 속력은

$\sqrt{\left(\dfrac{dx}{dt}\right)^2+\left(\dfrac{dy}{dt}\right)^2}$

$=\sqrt{\left(\dfrac{2t}{t^2+1}\right)^2\cos^2\{\ln(t^2+1)\}+\left(-\dfrac{2t}{t^2+1}\right)^2\sin^2\{\ln(t^2+1)\}}$

$=\sqrt{\left(\dfrac{2t}{t^2+1}\right)^2[\sin^2\{\ln(t^2+1)\}+\cos^2\{\ln(t^2+1)\}]}$

$=\dfrac{2t}{t^2+1}$ ...... 배점 30%

점 P의 속력이 $\dfrac{1}{2}$이면 $\dfrac{2t}{t^2+1}=\dfrac{1}{2}$에서

$t^2+1=4t$

$t^2-4t+1=0$

$\therefore t=2\pm\sqrt{3}$

따라서 점 P의 속력이 $\dfrac{1}{2}$이 되는 모든 t의 값의 합은

$(2+\sqrt{3})+(2-\sqrt{3})=4$ ...... 배점 50%

step 2 고난도 문제 | 74~78쪽

01 10	02 ③	03 ①	04 ④	05 $5\sqrt{2}$	06 25
07 ③	08 $\dfrac{3}{16}$	09 49	10 17	11 ④	12 3
13 ③	14 ③	15 6	16 ⑤	17 424	18 e^6
19 $\dfrac{2}{3}$	20 ③	21 e	22 -42	23 ②	24 ④
25 e	26 $0<a\leq 1$	27 ②	28 ⑤		

01 답 10

$\displaystyle\lim_{x \to 1}\dfrac{f(x)-\dfrac{\pi}{6}}{x-1}=k$에서 $x \to 1$일 때 (분모)$\to 0$이고 극한값이 존재하므로 (분자)$\to 0$이다.

즉, $\displaystyle\lim_{x \to 1}\left\{f(x)-\dfrac{\pi}{6}\right\}=0$에서

$f(1)-\dfrac{\pi}{6}=0$ $\therefore f(1)=\dfrac{\pi}{6}$ ······ ㉠

따라서 $\displaystyle\lim_{x \to 1}\dfrac{f(x)-\dfrac{\pi}{6}}{x-1}=\lim_{x \to 1}\dfrac{f(x)-f(1)}{x-1}=f'(1)$이므로

$f'(1)=k$ ······ ㉡

$h(x)=(g \circ f)(x)$라 하면

$h(1)=(g \circ f)(1)=g(f(1))$

$\qquad =g\left(\dfrac{\pi}{6}\right)$ $(\because ㉠)$

$\qquad =\dfrac{1}{2}$

$g(x)=\sin x$에서 $g'(x)=\cos x$이고 $h(x)=(g \circ f)(x)$에서

$h'(x)=g'(f(x))f'(x)$이므로 함수 $y=h(x)$의 그래프 위의 점

$(1,\ (g \circ f)(1))$, 즉 $\left(1,\ \dfrac{1}{2}\right)$에서의 접선의 기울기는

$h'(1)=g'(f(1))f'(1)$

$\qquad =g'\left(\dfrac{\pi}{6}\right)k$ $(\because ㉠,\ ㉡)$

$\qquad =\dfrac{\sqrt{3}}{2}k$

점 $\left(1,\ \dfrac{1}{2}\right)$에서의 접선의 방정식은

$y-\dfrac{1}{2}=\dfrac{\sqrt{3}}{2}k(x-1)$

이 직선이 원점을 지나므로

$-\dfrac{1}{2}=-\dfrac{\sqrt{3}}{2}k$ $\therefore k=\dfrac{1}{\sqrt{3}}$

$\therefore 30k^2=30 \times \left(\dfrac{1}{\sqrt{3}}\right)^2=10$

02 답 ③

$f(x)=x^2 e^{-x}$이라 하면

$f'(x)=2xe^{-x}-x^2 e^{-x}=(2x-x^2)e^{-x}$

점 $\mathrm{A}(a,\ 0)$에서 곡선 $y=f(x)$에 그은 접선의 접점의 좌표를 $(t,\ t^2 e^{-t})$이라 하면 이 점에서의 접선의 기울기는

$f'(t)=(2t-t^2)e^{-t}$

점 $(t,\ t^2 e^{-t})$에서의 접선의 방정식은

$y-t^2 e^{-t}=(2t-t^2)e^{-t}(x-t)$

이 직선이 점 A를 지나므로

$-t^2 e^{-t}=(2t-t^2)e^{-t}(a-t)$

$-t^2 e^{-t}=\{t^3-(a+2)t^2+2at\}e^{-t}$

$\therefore t\{t^2-(a+1)t+2a\}e^{-t}=0$

그런데 $e^{-t}>0$이므로

$t=0$ 또는 $t^2-(a+1)t+2a=0$

이때 $t=0$이면 $f'(0)=0$이므로 접선은 x축이다.

따라서 이차방정식 $t^2-(a+1)t+2a=0$의 두 실근을 $\alpha,\ \beta$라 하면

$f'(\alpha)=m_1,\ f'(\beta)=m_2$
$\quad\underset{\longrightarrow}{\hspace{1.5cm}} D=(a+1)^2-8a=a^2-6a+1>0\ (\because a<0)$

이차방정식 $t^2-(a+1)t+2a=0$에서 근과 계수의 관계에 의하여

$\alpha+\beta=a+1,\ \alpha\beta=2a$ ······ ㉠

$\therefore m_1 m_2 = f'(\alpha)f'(\beta)$

$\qquad =(2\alpha-\alpha^2)e^{-\alpha} \times (2\beta-\beta^2)e^{-\beta}$

$\qquad =\alpha\beta(\alpha-2)(\beta-2)e^{-\alpha-\beta}$

$\qquad =\alpha\beta\{\alpha\beta-2(\alpha+\beta)+4\}e^{-(\alpha+\beta)}$

$\qquad =2a\{2a-2(a+1)+4\}e^{-(a+1)}$ $(\because ㉠)$

$\qquad =4ae^{-(a+1)}$

즉, $4ae^{-(a+1)}=-4$이므로

$a=-1$

⭐idea 03 답 ①

두 곡선 $y=f(x),\ y=f^{-1}(x)$는 직선 $y=x$에 대하여 서로 대칭이다.

이때 직선 $y=\dfrac{2}{\pi}\left(x+\dfrac{a}{4}\right)$가 곡선 $y=f^{-1}(x)$의 접선이므로 직선 $y=\dfrac{2}{\pi}\left(x+\dfrac{a}{4}\right)$를 직선 $y=x$에 대하여 대칭이동한 직선은 곡선 $y=f(x)$의 접선이다.

$y=\dfrac{2}{\pi}\left(x+\dfrac{a}{4}\right)$에서 x와 y를 서로 바꾸면

$x=\dfrac{2}{\pi}\left(y+\dfrac{a}{4}\right),\ y+\dfrac{a}{4}=\dfrac{\pi}{2}x$ $\therefore y=\dfrac{\pi}{2}x-\dfrac{a}{4}$

$f(x)=\sin^2\dfrac{\pi}{2}x$에서

$f'(x)=2\sin\dfrac{\pi}{2}x \times \cos\dfrac{\pi}{2}x \times \dfrac{\pi}{2}=\dfrac{\pi}{2}\sin\pi x$

직선 $y=\dfrac{\pi}{2}x-\dfrac{a}{4}$가 곡선 $y=f(x)$의 접선이므로 접점의 좌표를 $\left(t,\ \sin^2\dfrac{\pi}{2}t\right)(0 \le t \le 1)$라 하면 $f'(t)=\dfrac{\pi}{2}$에서

$\dfrac{\pi}{2}\sin\pi t=\dfrac{\pi}{2},\ \sin\pi t=1$

이때 $0 \le t \le 1$에서 $0 \le \pi t \le \pi$이므로

$\pi t=\dfrac{\pi}{2}$ $\therefore t=\dfrac{1}{2}$

따라서 접점의 좌표는 $\left(\dfrac{1}{2},\ \sin^2\dfrac{\pi}{4}\right)$, 즉 $\left(\dfrac{1}{2},\ \dfrac{1}{2}\right)$이고 이 점은 직선 $y=\dfrac{\pi}{2}x-\dfrac{a}{4}$ 위의 점이므로

$\dfrac{1}{2}=\dfrac{\pi}{4}-\dfrac{a}{4},\ \dfrac{a}{4}=\dfrac{\pi}{4}-\dfrac{1}{2}$ $\therefore a=\pi-2$

다른 풀이

$f(x)=\sin^2\dfrac{\pi}{2}x$에서 $f'(x)=\dfrac{\pi}{2}\sin\pi x$

직선 $y=\dfrac{2}{\pi}\left(x+\dfrac{a}{4}\right)$는 곡선 $y=f^{-1}(x)$의 접선이므로 접점의 x좌표를 $t(0 \le t \le 1)$라 하면

$(f^{-1})'(t)=\dfrac{2}{\pi}$

$f^{-1}(t)=k$라 하면 $(f^{-1})'(t)=\dfrac{1}{f'(f^{-1}(t))}$이므로

$\dfrac{1}{f'(k)}=\dfrac{2}{\pi},\ f'(k)=\dfrac{\pi}{2}$

$\dfrac{\pi}{2}\sin\pi k=\dfrac{\pi}{2}$ $\therefore \sin\pi k=1$ ······ ㉠

$f^{-1}(t)=k$에서 $f(k)=t$이므로 $\sin^2\dfrac{\pi}{2}k=t$

$\cos\pi k=1-2\sin^2\dfrac{\pi}{2}k$에서 $\sin^2\dfrac{\pi}{2}k=\dfrac{1-\cos\pi k}{2}$이므로

$\dfrac{1-\cos\pi k}{2}=t$ $\therefore \cos\pi k=1-2t$ ······ ㉡

$\sin^2 \pi k + \cos^2 \pi k = 1$이므로 ㉠, ㉡을 대입하면

$1^2 + (1-2t)^2 = 1$

$(2t-1)^2 = 0$ ∴ $t = \dfrac{1}{2}$

이때 $f\left(\dfrac{1}{2}\right) = \dfrac{1}{2}$이므로

$f^{-1}\left(\dfrac{1}{2}\right) = \dfrac{1}{2}$

즉, 곡선 $y = f^{-1}(x)$와 직선 $y = \dfrac{2}{\pi}\left(x + \dfrac{a}{4}\right)$의 접점의 좌표는 $\left(\dfrac{1}{2}, \dfrac{1}{2}\right)$이다.

따라서 점 $\left(\dfrac{1}{2}, \dfrac{1}{2}\right)$은 직선 $y = \dfrac{2}{\pi}\left(x + \dfrac{a}{4}\right)$ 위의 점이므로

$\dfrac{1}{2} = \dfrac{2}{\pi}\left(\dfrac{1}{2} + \dfrac{a}{4}\right)$

$\dfrac{1}{2} + \dfrac{a}{4} = \dfrac{\pi}{4}$, $\dfrac{a}{4} = \dfrac{\pi}{4} - \dfrac{1}{2}$

∴ $a = \pi - 2$

04 답 ④

$f(x) = \dfrac{2x}{x-2}$라 하면

$f'(x) = \dfrac{2(x-2) - 2x}{(x-2)^2} = -\dfrac{4}{(x-2)^2}$

$P\left(t, \dfrac{2t}{t-2}\right)(t > 2)$라 하면 점 P에서의 접선의 기울기는

$f'(t) = -\dfrac{4}{(t-2)^2}$

점 P에서의 접선의 방정식은

$y - \dfrac{2t}{t-2} = -\dfrac{4}{(t-2)^2}(x-t)$

∴ $y = -\dfrac{4}{(t-2)^2}x + \dfrac{2t^2}{(t-2)^2}$ ...... ㉠

직선 ㉠이 직선 $x=2$와 만나는 점 A의 y좌표를 구하면

$y = \dfrac{-8 + 2t^2}{(t-2)^2} = \dfrac{2(t+2)(t-2)}{(t-2)^2}$

$= \dfrac{2t+4}{t-2} = 2 + \dfrac{8}{t-2}$

∴ $A\left(2, 2 + \dfrac{8}{t-2}\right)$

또 직선 ㉠이 직선 $y=2$와 만나는 점 B의 x좌표를 구하면

$2 = -\dfrac{4}{(t-2)^2}x + \dfrac{2t^2}{(t-2)^2}$

$\dfrac{4}{(t-2)^2}x = \dfrac{2t^2}{(t-2)^2} - 2$, $\dfrac{4}{(t-2)^2}x = \dfrac{8t-8}{(t-2)^2}$

∴ $x = 2t - 2$

∴ $B(2t-2, 2)$

∴ $\overline{AB} = \sqrt{(2t-4)^2 + \left(-\dfrac{8}{t-2}\right)^2}$

$= \sqrt{4(t-2)^2 + \dfrac{64}{(t-2)^2}}$

이때 $t > 2$에서 $t - 2 > 0$이므로 산술평균과 기하평균의 관계에 의하여

$4(t-2)^2 + \dfrac{64}{(t-2)^2} \geq 2\sqrt{4(t-2)^2 \times \dfrac{64}{(t-2)^2}} = 2 \times 16 = 32$

$\left(단, 등호는 4(t-2)^2 = \dfrac{64}{(t-2)^2}일 때 성립\right)$

따라서 $\overline{AB} \geq \sqrt{32} = 4\sqrt{2}$이므로 선분 AB의 길이의 최솟값은 $4\sqrt{2}$이다.

05 답 $5\sqrt{2}$

두 직선 l, m이 x축의 양의 방향과 이루는 각의 크기가 모두 $\dfrac{\pi}{4}$이므로 두 직선 l, m의 기울기는

$\tan \dfrac{\pi}{4} = 1$ ················ 배점 10%

$x = 3\cos t - 1$, $y = 4\sin t + 2$에서

$\dfrac{dx}{dt} = -3\sin t$, $\dfrac{dy}{dt} = 4\cos t$

∴ $\dfrac{dy}{dx} = \dfrac{\dfrac{dy}{dt}}{\dfrac{dx}{dt}} = \dfrac{4\cos t}{-3\sin t} = -\dfrac{4}{3\tan t}$ (단, $\tan t \neq 0$)

즉, $-\dfrac{4}{3\tan t} = 1$이므로

$\tan t = -\dfrac{4}{3}$ ················ 배점 20%

$\tan t < 0$이므로 t는 제2사분면의 각 또는 제4사분면의 각이다.

(ⅰ) t가 제2사분면의 각일 때,

$\tan t = -\dfrac{4}{3}$에서 $\sin t = \dfrac{4}{5}$, $\cos t = -\dfrac{3}{5}$

∴ $x = 3\cos t - 1 = -\dfrac{9}{5} - 1 = -\dfrac{14}{5}$, $y = 4\sin t + 2 = \dfrac{16}{5} + 2 = \dfrac{26}{5}$

따라서 점 $\left(-\dfrac{14}{5}, \dfrac{26}{5}\right)$에서의 접선의 방정식은

$y - \dfrac{26}{5} = x + \dfrac{14}{5}$ ∴ $y = x + 8$ ········ 배점 30%

(ⅱ) t가 제4사분면의 각일 때,

$\tan t = -\dfrac{4}{3}$에서 $\sin t = -\dfrac{4}{5}$, $\cos t = \dfrac{3}{5}$

∴ $x = 3\cos t - 1 = \dfrac{9}{5} - 1 = \dfrac{4}{5}$, $y = 4\sin t + 2 = -\dfrac{16}{5} + 2 = -\dfrac{6}{5}$

따라서 점 $\left(\dfrac{4}{5}, -\dfrac{6}{5}\right)$에서의 접선의 방정식은

$y + \dfrac{6}{5} = x - \dfrac{4}{5}$ ∴ $y = x - 2$ ········ 배점 30%

(ⅰ), (ⅱ)에서 두 직선 l, m은 $y = x + 8$, $y = x - 2$이고 두 직선 l, m 사이의 거리는 직선 $x - y + 8 = 0$과 직선 $y = x - 2$ 위의 점 $(0, -2)$ 사이의 거리와 같으므로

$\dfrac{|2 + 8|}{\sqrt{1^2 + (-1)^2}} = \dfrac{10}{\sqrt{2}} = 5\sqrt{2}$ ········ 배점 10%

06 답 25

함수 $f(x)$가 임의의 실수 x_1, x_2에 대하여 $x_1 \neq x_2$이면 $f(x_1) \neq f(x_2)$를 만족시키므로 함수 $f(x)$는 실수 전체의 집합에서 증가하거나 감소한다.

∴ $f'(x) \geq 0$ 또는 $f'(x) \leq 0$

$f(x) = \dfrac{a}{4}x + 2\cos x(\sin x - 1)$에서

$f'(x) = \dfrac{a}{4} - 2\sin x(\sin x - 1) + 2\cos^2 x$

$= \dfrac{a}{4} - 2\sin^2 x + 2\sin x + 2(1 - \sin^2 x)$

$= -4\sin^2 x + 2\sin x + \dfrac{a}{4} + 2$

이때 $\sin x = t$로 놓으면 $-1 \leq t \leq 1$이고 $f'(x) = -4t^2 + 2t + \dfrac{a}{4} + 2$이므로 $g(t) = -4t^2 + 2t + \dfrac{a}{4} + 2 = -4\left(t - \dfrac{1}{4}\right)^2 + \dfrac{a}{4} + \dfrac{9}{4}$라 하자.

(i) $-1 \le t \le 1$에서 $g(t) \ge 0$일 때,

$g(-1) \ge 0$이어야 하므로

$\dfrac{a}{4} - 4 \ge 0$

$\therefore a \ge 16$

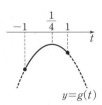

(ii) $-1 \le t \le 1$에서 $g(t) \le 0$일 때,

$g\left(\dfrac{1}{4}\right) \le 0$이어야 하므로

$\dfrac{a}{4} + \dfrac{9}{4} \le 0$

$\therefore a \le -9$

(i), (ii)에서 $a \le -9$ 또는 $a \ge 16$

따라서 $p = -9$, $q = 16$이므로

$q - p = 25$

07 답 ③

ㄱ. $f(x) = e^x \cos x$라 하면

$f'(x) = e^x \cos x - e^x \sin x = e^x(\cos x - \sin x)$

$0 < x < \dfrac{\pi}{4}$에서 $e^x > 0$, $\cos x > \sin x$이므로

$f'(x) > 0$

따라서 $0 < x < \dfrac{\pi}{4}$에서 함수 $f(x)$는 증가하므로 $0 < \alpha < \beta < \dfrac{\pi}{4}$인 α,

β에 대하여

$f(\alpha) < f(\beta)$

$\therefore e^\alpha \cos \alpha < e^\beta \cos \beta$

ㄴ. $g(x) = \tan x - x$라 하면

$g'(x) = \sec^2 x - 1 = \tan^2 x$

$0 < x < \dfrac{\pi}{2}$에서 $\tan^2 x > 0$이므로

$g'(x) > 0$

따라서 $0 < x < \dfrac{\pi}{2}$에서 함수 $g(x)$는 증가하므로 $0 < \alpha < \beta < \dfrac{\pi}{2}$인 α,

β에 대하여

$g(\alpha) < g(\beta)$

$\tan \alpha - \alpha < \tan \beta - \beta$

$\therefore \tan \alpha - \tan \beta < \alpha - \beta$

ㄷ. $h(x) = \dfrac{\sin x}{x}$라 하면

$h'(x) = \dfrac{x \cos x - \sin x}{x^2}$

이때 $p(x) = x \cos x - \sin x$라 하면

$p'(x) = \cos x - x \sin x - \cos x = -x \sin x$

$0 < x < \pi$에서 $0 < \sin x \le 1$이므로 $-x \sin x < 0$

$\therefore p'(x) < 0$

따라서 $0 < x < \pi$에서 함수 $p(x)$는 감소하고 $p(0) = 0$이므로

$p(x) < 0$ $\therefore h'(x) < 0$

따라서 $0 < x < \pi$에서 함수 $h(x)$는 감소하므로 $0 < \alpha < \beta < \pi$인 α,

β에 대하여

$h(\alpha) > h(\beta)$

$\dfrac{\sin \alpha}{\alpha} > \dfrac{\sin \beta}{\beta}$

$\therefore \dfrac{\sin \alpha}{\sin \beta} > \dfrac{\alpha}{\beta}$

따라서 보기에서 옳은 것은 ㄱ, ㄷ이다.

08 답 $\dfrac{3}{16}$

$f(x) = \dfrac{-tx + t^2 + 1}{x^2 - 4}$에서

$f'(x) = \dfrac{-t(x^2 - 4) - (-tx + t^2 + 1) \times 2x}{(x^2 - 4)^2}$

$= \dfrac{tx^2 - 2(t^2 + 1)x + 4t}{(x^2 - 4)^2}$

$= \dfrac{(tx - 2)(x - 2t)}{(x^2 - 4)^2}$

$f'(x) = 0$인 x의 값은 $x = \dfrac{2}{t}$ 또는 $x = 2t$

(i) $\dfrac{2}{t} < 2t$일 때,

$t > 0$이므로 $2 < 2t^2$, $t^2 > 1$ $\therefore t > 1$

함수 $f(x)$의 증가와 감소를 표로 나타내면 다음과 같다.

x	$\cdots$	-2	$\cdots$	$\dfrac{2}{t}$	$\cdots$	2	$\cdots$	$2t$	$\cdots$
$f'(x)$	$+$		$+$	0	$-$		$-$	0	$+$
$f(x)$	↗		↗	극대	↘		↘	극소	↗

즉, 함수 $f(x)$는 $x = 2t$에서 극소이고 극솟값은

$g(t) = f(2t) = \dfrac{-2t^2 + t^2 + 1}{4t^2 - 4} = \dfrac{-(t^2 - 1)}{4(t^2 - 1)} = -\dfrac{1}{4}$

$\therefore g(5) = -\dfrac{1}{4}$

(ii) $\dfrac{2}{t} > 2t$일 때,

$t > 0$이므로 $2 > 2t^2$, $t^2 < 1$ $\therefore 0 < t < 1$

함수 $f(x)$의 증가와 감소를 표로 나타내면 다음과 같다.

x	$\cdots$	-2	$\cdots$	$2t$	$\cdots$	2	$\cdots$	$\dfrac{2}{t}$	$\cdots$
$f'(x)$	$+$		$+$	0	$-$		$-$	0	$+$
$f(x)$	↗		↗	극대	↘		↘	극소	↗

즉, 함수 $f(x)$는 $x = \dfrac{2}{t}$에서 극소이고 극솟값은

$g(t) = f\left(\dfrac{2}{t}\right) = \dfrac{-2 + t^2 + 1}{\dfrac{4}{t^2} - 4} = \dfrac{t^2(t^2 - 1)}{4 - 4t^2} = -\dfrac{t^2}{4}$

$\therefore g\left(\dfrac{1}{2}\right) = -\dfrac{1}{16}$

(i), (ii)에서

$g\left(\dfrac{1}{2}\right) - g(5) = -\dfrac{1}{16} - \left(-\dfrac{1}{4}\right) = \dfrac{3}{16}$

09 답 49

㈎에서 이차함수 $f(x)$는 극댓값을 가지므로 $f(x)$의 최고차항의 계수를

k라 하면

$k < 0$

또 $x = a$에서 극댓값 0을 갖는다고 하면

$f(a) = 0$, $f'(a) = 0$

$\therefore f(x) = k(x - a)^2$

$g(x) = e^x f(x) = k e^x (x - a)^2$이라 하면

$g'(x) = k e^x (x - a)^2 + k e^x \times 2(x - a)$

$= k e^x (x - a)(x - a + 2)$

$g'(x) = 0$인 x의 값은 $x = a - 2$ 또는 $x = a$

함수 $g(x)$의 증가와 감소를 표로 나타내면 다음과 같다.

x	$\cdots$	$a-2$	$\cdots$	a	$\cdots$
$g'(x)$	$-$	0	$+$	0	$-$
$g(x)$	$\searrow$	극소	$\nearrow$	극대	$\searrow$

㈏에서 함수 $g(x)$는 $x=1$에서 극솟값을 가지므로

$a-2=1$ $\therefore a=3$

$h(x)=\dfrac{f(x)}{x}=\dfrac{k(x-3)^2}{x}$이라 하면

$h'(x)=\dfrac{2k(x-3)\times x-k(x-3)^2}{x^2}$

$\quad\;\;=\dfrac{k(x-3)(x+3)}{x^2}$

$h'(x)=0$인 x의 값은 $x=-3$ 또는 $x=3$

함수 $h(x)$의 증가와 감소를 표로 나타내면 다음과 같다.

x	$\cdots$	-3	$\cdots$	0	$\cdots$	3	$\cdots$
$h'(x)$	$-$	0	$+$		$+$	0	$-$
$h(x)$	$\searrow$	극소	$\nearrow$		$\nearrow$	극대	$\searrow$

함수 $h(x)$는 $x=-3$에서 극소이고 극솟값은

$h(-3)=\dfrac{36k}{-3}=-12k$

㈐에서 함수 $h(x)$의 극솟값이 12이므로

$-12k=12$ $\therefore k=-1$

따라서 $f(x)=-(x-3)^2$이므로

$|f(10)|=|-49|=49$

10 답 17

$f(x)=t(\ln x)^2-x^2$에서

$f'(x)=\dfrac{2t\ln x}{x}-2x=\dfrac{2t\ln x-2x^2}{x}$

함수 $f(x)$가 $x=k$에서 극대이므로 $f'(k)=0$에서

$\dfrac{2t\ln k-2k^2}{k}=0,\ 2t\ln k-2k^2=0$

$\therefore t\ln k=k^2$

이때 실수 k의 값이 $g(t)$이므로

$t\ln g(t)=\{g(t)\}^2$ ······ ㉠

㉠에 $t=a$를 대입하면

$a\ln g(a)=\{g(a)\}^2$

$2a=e^4$ ($\because g(a)=e^2$)

$\therefore a=\dfrac{e^4}{2}$

㉠의 양변을 t에 대하여 미분하면

$\ln g(t)+t\times\dfrac{g'(t)}{g(t)}=2g(t)g'(t)$

양변에 $t=a$를 대입하면

$\ln g(a)+a\times\dfrac{g'(a)}{g(a)}=2g(a)g'(a)$

$2+\dfrac{e^4}{2}\times\dfrac{g'(a)}{e^2}=2e^2g'(a)$ $\left(\because a=\dfrac{e^4}{2},\ g(a)=e^2\right)$

$\dfrac{3}{2}e^2g'(a)=2$ $\therefore g'(a)=\dfrac{4}{3e^2}$

$\therefore a\times\{g'(a)\}^2=\dfrac{e^4}{2}\times\dfrac{16}{9e^4}=\dfrac{8}{9}$

따라서 $p=9,\ q=8$이므로 $p+q=17$

11 답 ④

$f(x)=\dfrac{a}{4}\sin 4x-8a\sin^2 x-bx-5$에서

$f'(x)=a\cos 4x-16a\sin x\cos x-b$

$\qquad=a(1-2\sin^2 2x)-8a\sin 2x-b$

$\qquad=-2a\sin^2 2x-8a\sin 2x+a-b$

이때 $\sin 2x=t$로 놓으면 $-1\le t\le 1$이고 $f'(x)=-2at^2-8at+a-b$

이므로 $g(t)=-2at^2-8at+a-b=-2a(t+2)^2+9a-b$라 하자.

함수 $f(x)$가 극값을 갖지 않으려면 $-1\le t\le 1$에서 $g(t)\ge 0$ 또는 $g(t)\le 0$이어야 한다.

(i) $-1\le t\le 1$에서 $g(t)\ge 0$일 때,

$g(1)\ge 0$이어야 하므로

$-9a-b\ge 0$ $\therefore b\le -9a$

이때 $a,\ b$는 $1\le a\le 20,\ -20\le b\le 20$

인 정수이므로

$a=1$일 때, b는 $-20,\ -19,\ -18,\ \cdots,$

-9의 12개이다.

$a=2$일 때, b는 $-20,\ -19,\ -18$의 3

개이다.

$3\le a\le 20$일 때, $b\le -27$이므로 b는 존재하지 않는다.

따라서 순서쌍 $(a,\ b)$의 개수는

$12+3=15$

(ii) $-1\le t\le 1$에서 $g(t)\le 0$일 때,

$g(-1)\le 0$이어야 하므로

$7a-b\le 0$ $\therefore b\ge 7a$

이때 $a,\ b$는 $1\le a\le 20,\ -20\le b\le 20$

인 정수이므로

$a=1$일 때, b는 $7,\ 8,\ 9,\ \cdots,\ 20$의 14개

이다.

$a=2$일 때, b는 $14,\ 15,\ 16,\ \cdots,\ 20$의 7

개이다.

$3\le a\le 20$일 때, $b\ge 21$이므로 b는 존재하지 않는다.

따라서 순서쌍 $(a,\ b)$의 개수는

$14+7=21$

(i), (ii)에서 조건을 만족시키는 순서쌍 $(a,\ b)$의 개수는

$15+21=36$

12 답 3

$f(x)=9\sqrt{\dfrac{x}{4a-x}}=9x^{\frac{1}{2}}(4a-x)^{-\frac{1}{2}}$이라 하면

$f'(x)=9\times\dfrac{1}{2}x^{-\frac{1}{2}}(4a-x)^{-\frac{1}{2}}+9x^{\frac{1}{2}}\times\left\{-\dfrac{1}{2}(4a-x)^{-\frac{3}{2}}\times(-1)\right\}$

$\qquad=\dfrac{9}{2}x^{-\frac{1}{2}}(4a-x)^{-\frac{3}{2}}(4a-x+x)$

$\qquad=18ax^{-\frac{1}{2}}(4a-x)^{-\frac{3}{2}}$

$f''(x)=18a\times\left(-\dfrac{1}{2}x^{-\frac{3}{2}}\right)(4a-x)^{-\frac{3}{2}}$

$\qquad\qquad\qquad+18ax^{-\frac{1}{2}}\times\left\{-\dfrac{3}{2}(4a-x)^{-\frac{5}{2}}\times(-1)\right\}$

$\qquad=-9ax^{-\frac{3}{2}}(4a-x)^{-\frac{5}{2}}\{(4a-x)-3x\}$

$\qquad=36ax^{-\frac{3}{2}}(4a-x)^{-\frac{5}{2}}(x-a)$

$f''(x)=0$인 x의 값은 $x=a$ $(\because 0<x<4a)$

이때 $0<x<a$에서 $f''(x)<0$, $a<x<4a$에서 $f''(x)>0$

따라서 $x=a$의 좌우에서 $f''(x)$의 부호가 바뀌므로 곡선 $y=f(x)$의 변곡점의 좌표는

$A(a, 3\sqrt{3})$

곡선 $y=f(x)$ 위의 점 A에서의 접선 l의 기울기는

$f'(a)=18a\times a^{-\frac{1}{2}}\times (3a)^{-\frac{3}{2}}=\dfrac{2\sqrt{3}}{a}$

점 A에서의 접선 l의 방정식은

$y-3\sqrt{3}=\dfrac{2\sqrt{3}}{a}(x-a)$

$\therefore y=\dfrac{2\sqrt{3}}{a}x+\sqrt{3}$

따라서 직선 l은 양수 a의 값에 관계없이 점 $(0, \sqrt{3})$을 지나므로

$\alpha=0$, $\beta=\sqrt{3}$

$\therefore \alpha^2+\beta^2=3$

13 답 ③

ㄱ. $3\{f'(x)\}^2+f(x)f''(x)<0$에서 $\{f'(x)\}^2\geq 0$이므로

$f(x)f''(x)<0$

이때 어떤 열린구간에서 $f(x)>0$이면

$f''(x)<0$

따라서 그 구간에서 곡선 $y=f(x)$는 위로 볼록하다.

ㄴ. $g(x)=\{f(x)\}^4$이라 하면

$g'(x)=4\{f(x)\}^3 f'(x)$

$g''(x)=12\{f(x)\}^2\{f'(x)\}^2+4\{f(x)\}^3 f''(x)$

$\quad\quad =4\{f(x)\}^2[3\{f'(x)\}^2+f(x)f''(x)]$

이때 어떤 열린구간에서 $f(x)\neq 0$이면 $\{f(x)\}^2>0$이고,

$3\{f'(x)\}^2+f(x)f''(x)<0$이므로

$g''(x)<0$

따라서 그 구간에서 곡선 $y=g(x)$, 즉 $y=\{f(x)\}^4$은 위로 볼록하다. …… ㉠

ㄷ. $g(x)=\{f(x)\}^4$이라 하면 $f(3)=1$, $f(8)=2$에서

$g(3)=1$, $g(8)=16$

두 점 $(3, 1)$, $(8, 16)$을 지나는 직선의 방정식은

$y-1=\dfrac{15}{5}(x-3)$

$\therefore y=3x-8$

이때 ㉠에서 곡선 $y=\{f(x)\}^4$은 위로 볼록하므로 열린구간 $(3, 8)$에서 곡선 $y=\{f(x)\}^4$은 직선 $y=3x-8$보다 위쪽에 있다.

$\therefore \{f(x)\}^4>3x-8$

따라서 보기에서 옳은 것은 ㄱ, ㄷ이다.

14 답 ③

$f(x)=ae^{3x}+be^x$에서

$f'(x)=3ae^{3x}+be^x$, $f''(x)=9ae^{3x}+be^x$

㈎에서 $x_1<\ln\dfrac{2}{3}<x_2$를 만족시키는 모든 실수 x_1, x_2에 대하여

$f''(x_1)f''(x_2)<0$이므로 $f''(x_1)$과 $f''(x_2)$의 부호가 서로 다르다.

즉, 곡선 $y=f(x)$는 $x=\ln\dfrac{2}{3}$에서 변곡점을 가지므로

$f''\left(\ln\dfrac{2}{3}\right)=0$

$9a\times\left(\dfrac{2}{3}\right)^3+b\times\dfrac{2}{3}=0$, $\dfrac{8}{3}a+\dfrac{2}{3}b=0$ $\therefore b=-4a$

$f'(x)=3ae^{3x}-4ae^x=ae^x(3e^{2x}-4)$이므로

$f'(x)=0$에서 $3e^{2x}-4=0$ $(\because e^x>0)$

$e^{2x}=\dfrac{4}{3}$, $2x=\ln\dfrac{4}{3}$

$\therefore x=\dfrac{1}{2}\ln\dfrac{4}{3}$

함수 $f(x)$의 증가와 감소를 표로 나타내면 다음과 같다.

x	$\cdots$	$\dfrac{1}{2}\ln\dfrac{4}{3}$	$\cdots$
$f'(x)$	$-$	0	$+$
$f(x)$	$\searrow$	극소	$\nearrow$

이때 ㈏에서 구간 $[k, \infty)$에서 함수 $f(x)$의 역함수가 존재하려면 구간 $[k, \infty)$에서 $f(x)$는 항상 증가하거나 감소해야 한다.

함수 $f(x)$는 구간 $\left[\dfrac{1}{2}\ln\dfrac{4}{3}, \infty\right)$에서 증가하므로

$k\geq \dfrac{1}{2}\ln\dfrac{4}{3}$

$\therefore m=\dfrac{1}{2}\ln\dfrac{4}{3}$

$f(x)=ae^{3x}-4ae^x$에서

$f(2m)=f\left(\ln\dfrac{4}{3}\right)=a\times\left(\dfrac{4}{3}\right)^3-4a\times\dfrac{4}{3}=-\dfrac{80}{27}a$

즉, $-\dfrac{80}{27}a=-\dfrac{80}{9}$이므로 $a=3$

따라서 $f(x)=3e^{3x}-12e^x$이므로

$f(0)=3-12=-9$

15 답 6

$f(x)=\dfrac{2x^2}{x^2+2x+2}$에서

$f'(x)=\dfrac{4x(x^2+2x+2)-2x^2(2x+2)}{(x^2+2x+2)^2}$

$\quad\quad =\dfrac{4x^2+8x}{(x^2+2x+2)^2}=\dfrac{4x(x+2)}{(x^2+2x+2)^2}$

$f'(x)=0$인 x의 값은 $x=-2$ 또는 $x=0$

함수 $f(x)$의 증가와 감소를 표로 나타내면 다음과 같다.

x	$\cdots$	-2	$\cdots$	0	$\cdots$
$f'(x)$	$+$	0	$-$	0	$+$
$f(x)$	$\nearrow$	4 극대	$\searrow$	0 극소	$\nearrow$

$\lim\limits_{x\to\infty}f(x)=2$, $\lim\limits_{x\to-\infty}f(x)=2$이므로 점근선은 직선 $y=2$이다.

따라서 함수 $y=f(x)$의 그래프는 그림과 같다.

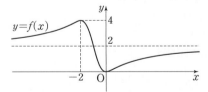

함수 $y=f(x)$의 그래프와 직선 $y=t$가 만나는 점의 개수 $g(t)$는

$g(t)=\begin{cases} 0 \ (t<0 \text{ 또는 } t>4) \\ 1 \ (t=0 \text{ 또는 } t=2 \text{ 또는 } t=4) \\ 2 \ (0<t<2 \text{ 또는 } 2<t<4) \end{cases}$

따라서 함수 $g(t)$가 불연속인 t의 값은 0, 2, 4이므로 그 합은

$0+2+4=6$

16 답 ⑤

ㄱ. $f(x)=\dfrac{x^n}{\ln x}$에서

$$f'(x)=\dfrac{nx^{n-1}\ln x-x^n\times\dfrac{1}{x}}{(\ln x)^2}$$

$$=\dfrac{x^{n-1}(n\ln x-1)}{(\ln x)^2} \quad\cdots\cdots\ \text{㉠}$$

$f'(x)=0$에서

$x^{n-1}(n\ln x-1)=0$

$n\ln x-1=0\ (\because\ x>1)$

$\ln x=\dfrac{1}{n}$

$\therefore\ x=e^{\frac{1}{n}}$

$x>1$에서 함수 $f(x)$의 증가와 감소를 표로 나타내면 다음과 같다.

x	1	$\cdots$	$e^{\frac{1}{n}}$	$\cdots$
$f'(x)$		$-$	0	$+$
$f(x)$		$\searrow$	극소	$\nearrow$

따라서 함수 $f(x)$는 $x=e^{\frac{1}{n}}$에서 극솟값을 갖는다.

ㄴ. $n=1$일 때, $f(x)=\dfrac{x}{\ln x}$

㉠에서 $f'(x)=\dfrac{\ln x-1}{(\ln x)^2}$이므로

$$f''(x)=\dfrac{\dfrac{1}{x}\times(\ln x)^2-(\ln x-1)\times 2\ln x\times\dfrac{1}{x}}{(\ln x)^4}$$

$$=\dfrac{2-\ln x}{x(\ln x)^3}$$

$f''(x)=0$에서

$2-\ln x=0,\ \ln x=2$

$\therefore\ x=e^2$

이때 $1<x<e^2$에서 $f''(x)>0$, $x>e^2$에서 $f''(x)<0$

따라서 $x=e^2$의 좌우에서 $f''(x)$의 부호가 바뀌므로 곡선 $y=f(x)$의 변곡점의 좌표는

$$\left(e^2,\ \dfrac{e^2}{2}\right)$$

$a=e^2$, $f(a)=\dfrac{e^2}{2}$이므로

$a=2f(a)$

ㄷ. $n=2$일 때, $f(x)=\dfrac{x^2}{\ln x}$

㉠에서 $f'(x)=\dfrac{x(2\ln x-1)}{(\ln x)^2}$

$f'(x)=0$에서

$x(2\ln x-1)=0$

$2\ln x-1=0\ (\because\ x>1)$

$\ln x=\dfrac{1}{2}\quad\therefore\ x=e^{\frac{1}{2}}=\sqrt{e}$

$x>1$에서 함수 $f(x)$의 증가와 감소를 표로 나타내면 다음과 같다.

x	1	$\cdots$	$\sqrt{e}$	$\cdots$
$f'(x)$		$-$	0	$+$
$f(x)$		$\searrow$	$2e$ 극소	$\nearrow$

$\displaystyle\lim_{x\to 1+}f(x)=\infty$, $\displaystyle\lim_{x\to\infty}f(x)=\infty$이므로 점근선은 직선 $x=1$이다.

따라서 곡선 $y=f(x)$는 그림과 같으므로 곡선 $y=f(x)$와 직선 $y=k$가 만나지 않으려면

$k<2e$

이를 만족시키는 자연수 k는 1, 2, 3, 4, 5의 5개이다.

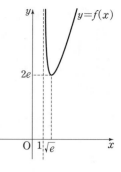

따라서 보기에서 옳은 것은 ㄱ, ㄴ, ㄷ이다.

17 답 424

$A(t,\ e^{nt-3}+4)$라 하면 선분 AB의 길이의 최솟값은 점 A와 직선 $y=nx-3$ 사이의 거리의 최솟값과 같다.

점 A와 직선 $y=nx-3$, 즉 $nx-y-3=0$ 사이의 거리는

$$\dfrac{|nt-(e^{nt-3}+4)-3|}{\sqrt{n^2+(-1)^2}}=\dfrac{|nt-e^{nt-3}-7|}{\sqrt{n^2+1}}=\dfrac{e^{nt-3}-nt+7}{\sqrt{n^2+1}}$$

$f(t)=e^{nt-3}-nt+7$이라 하면

$f'(t)=ne^{nt-3}-n$

$\quad\ =n(e^{nt-3}-1)$

$f'(t)=0$에서

$e^{nt-3}-1=0,\ e^{nt-3}=1$

$nt-3=0\quad\therefore\ t=\dfrac{3}{n}$

함수 $f(t)$의 증가와 감소를 표로 나타내면 다음과 같다.

t	$\cdots$	$\dfrac{3}{n}$	$\cdots$
$f'(t)$	$-$	0	$+$
$f(t)$	$\searrow$	5 극소	$\nearrow$

함수 $f(t)$는 $t=\dfrac{3}{n}$에서 최솟값 5를 가지므로 선분 AB의 길이의 최솟값은 $\dfrac{5}{\sqrt{n^2+1}}$이다.

따라서 $a_n=\dfrac{5}{\sqrt{n^2+1}}$이므로

$$\sum_{n=1}^{8}\dfrac{50}{a_n{}^2}=2\sum_{n=1}^{8}(n^2+1)$$

$$=2\left(\dfrac{8\times 9\times 17}{6}+8\times 1\right)$$

$$=2\times 212$$

$$=424$$

18 답 e^6

$f(x)=\dfrac{x^3}{a^x}$에서

$$f'(x)=\dfrac{3x^2 a^x-x^3 a^x\ln a}{(a^x)^2}$$

$$=\dfrac{3x^2-x^3\ln a}{a^x}$$

$$=\dfrac{x^2(3-x\ln a)}{a^x}$$

$f'(x)=0$인 x의 값은

$x=0$ 또는 $x=\dfrac{3}{\ln a}$

함수 $f(x)$의 증가와 감소를 표로 나타내면 다음과 같다.

x	$\cdots$	0	$\cdots$	$\dfrac{3}{\ln a}$	$\cdots$
$f'(x)$	$+$	0	$+$	0	$-$
$f(x)$	↗		↗	극대	↘

따라서 함수 $f(x)$는 $x=\dfrac{3}{\ln a}$에서 최댓값 $f\left(\dfrac{3}{\ln a}\right)$을 가지므로

$$\alpha=\dfrac{3}{\ln a}$$

$$\beta=f\left(\dfrac{3}{\ln a}\right)=\dfrac{\left(\dfrac{3}{\ln a}\right)^3}{a^{\frac{3}{\ln a}}}$$

$$=\dfrac{27}{(\ln a)^3\times a^{3\log_a e}}=\dfrac{27}{e^3(\ln a)^3} \quad\cdots\cdots\text{배점 } \textbf{40\%}$$

$f'(x)=\dfrac{3x^2-x^3\ln a}{a^x}$에서

$$f''(x)=\dfrac{(6x-3x^2\ln a)a^x-(3x^2-x^3\ln a)a^x\ln a}{(a^x)^2}$$

$$=\dfrac{6x-3x^2\ln a-(3x^2-x^3\ln a)\ln a}{a^x}$$

$$=\dfrac{x\{6-6x\ln a+x^2(\ln a)^2\}}{a^x}$$

$f''(x)=0$에서

$$x\{6-6x\ln a+x^2(\ln a)^2\}=0$$

$\therefore x=0$ 또는 $(\ln a)^2x^2-6x\ln a+6=0$

이때 이차방정식 $(\ln a)^2x^2-6x\ln a+6=0$의 판별식을 D라 하면

$$\dfrac{D}{4}=9(\ln a)^2-6(\ln a)^2=3(\ln a)^2>0$$

즉, 이차방정식 $(\ln a)^2x^2-6x\ln a+6=0$은 서로 다른 두 실근을 갖는다.
이때 $x=0$은 이차방정식 $(\ln a)^2x^2-6x\ln a+6=0$의 근이 아니므로 곡선 $y=f(x)$의 변곡점은 3개이다.
이차방정식 $(\ln a)^2x^2-6x\ln a+6=0$에서 근과 계수의 관계에 의하여 두 근의 합은

$$-\dfrac{-6\ln a}{(\ln a)^2}=\dfrac{6}{\ln a}$$

곡선 $y=f(x)$의 모든 변곡점의 x좌표의 합은

$$\gamma=0+\dfrac{6}{\ln a}=\dfrac{6}{\ln a} \quad\cdots\cdots\text{배점 } \textbf{40\%}$$

$$\therefore \dfrac{\beta\gamma}{\alpha^3}=\dfrac{\dfrac{27}{e^3(\ln a)^3}\times\dfrac{6}{\ln a}}{\left(\dfrac{3}{\ln a}\right)^3}=\dfrac{6}{e^3\ln a}$$

즉, $\dfrac{6}{e^3\ln a}\leq\dfrac{1}{e^3}$이므로

$\ln a\geq6 \qquad \therefore a\geq e^6$

따라서 a의 최솟값은 e^6이다. $\quad\cdots\cdots\text{배점 } \textbf{20\%}$

idea
19 답 $\dfrac{2}{3}$

$0<a<b$에서 $\dfrac{b}{a}>1$

$\dfrac{b}{a}=t$로 놓으면 $t>1$이고

$$\dfrac{b^2-a^2+2ab}{b^2+3a^2}=\dfrac{\left(\dfrac{b}{a}\right)^2-1+2\times\dfrac{b}{a}}{\left(\dfrac{b}{a}\right)^2+3}=\dfrac{t^2-1+2t}{t^2+3}$$

$f(t)=\dfrac{t^2-1+2t}{t^2+3}$라 하면

$$f'(t)=\dfrac{(2t+2)(t^2+3)-(t^2-1+2t)\times 2t}{(t^2+3)^2}$$

$$=\dfrac{-2t^2+8t+6}{(t^2+3)^2}$$

$$=\dfrac{-2(t^2-4t-3)}{(t^2+3)^2}$$

$f'(t)=0$인 t의 값은
$t=2+\sqrt{7} \ (\because t>1)$

$t>1$에서 함수 $f(t)$의 증가와 감소를 표로 나타내면 다음과 같다.

t	1	$\cdots$	$2+\sqrt{7}$	$\cdots$
$f'(t)$		$+$	0	$-$
$f(t)$		↗	극대	↘

함수 $f(t)$는 $t=2+\sqrt{7}$에서 최댓값 $f(2+\sqrt{7})$을 가지므로

$$f(2+\sqrt{7})=\dfrac{(2+\sqrt{7})^2-1+2(2+\sqrt{7})}{(2+\sqrt{7})^2+3}$$

$$=\dfrac{14+6\sqrt{7}}{14+4\sqrt{7}}=\dfrac{7+3\sqrt{7}}{7+2\sqrt{7}}$$

$$=\dfrac{(7+3\sqrt{7})(7-2\sqrt{7})}{(7+2\sqrt{7})(7-2\sqrt{7})}$$

$$=\dfrac{7+7\sqrt{7}}{21}=\dfrac{1+\sqrt{7}}{3}$$

따라서 $p=\dfrac{1}{3}$, $q=\dfrac{1}{3}$이므로

$$p+q=\dfrac{2}{3}$$

다른 풀이

$0<a<b$에서 $0<\dfrac{a}{b}<1$

$\dfrac{a}{b}=t$로 놓으면 $0<t<1$이고

$$\dfrac{b^2-a^2+2ab}{b^2+3a^2}=\dfrac{1-\left(\dfrac{a}{b}\right)^2+2\times\dfrac{a}{b}}{1+3\times\left(\dfrac{a}{b}\right)^2}=\dfrac{1-t^2+2t}{1+3t^2}$$

$f(t)=\dfrac{1-t^2+2t}{1+3t^2}$라 하면

$$f'(t)=\dfrac{(-2t+2)(1+3t^2)-(1-t^2+2t)\times 6t}{(1+3t^2)^2}$$

$$=\dfrac{-6t^2-8t+2}{(1+3t^2)^2}$$

$$=\dfrac{-2(3t^2+4t-1)}{(1+3t^2)^2}$$

$f'(t)=0$인 t의 값은

$t=\dfrac{-2+\sqrt{7}}{3} \ (\because 0<t<1)$

$0<t<1$에서 함수 $f(t)$는 $t=\dfrac{-2+\sqrt{7}}{3}$에서 최댓값 $f\left(\dfrac{-2+\sqrt{7}}{3}\right)$을 가지므로

$$f\left(\dfrac{-2+\sqrt{7}}{3}\right)=\dfrac{1+\sqrt{7}}{3}$$

따라서 $p=\dfrac{1}{3}$, $q=\dfrac{1}{3}$이므로

$$p+q=\dfrac{2}{3}$$

20 답 ③

ㄱ. $f(x)=x^n-1$, $g(x)=\log_3(x^4+2n)$에서

$$f'(x)=nx^{n-1}, \quad g'(x)=\frac{4x^3}{(x^4+2n)\ln 3}$$

$h(x)=g(f(x))$에서 $h'(x)=g'(f(x))f'(x)$이므로

$$\begin{aligned}h'(1)&=g'(f(1))f'(1)=g'(0)\times n\\&=0\times n=0\end{aligned}$$

ㄴ. $h'(x)=g'(f(x))f'(x)=\dfrac{4nx^{n-1}(x^n-1)^3}{\{(x^n-1)^4+2n\}\ln 3}$

$0<x<1$일 때 $x^{n-1}>0$이고 $-1<x^n-1<0$이므로

$(x^n-1)^3<0$ $\quad\therefore h'(x)<0$

따라서 열린구간 $(0, 1)$에서 함수 $h(x)$는 감소한다.

ㄷ. $h'(x)=0$인 x의 값은 $x=1$ $(\because x>0)$

$x>0$에서 함수 $h(x)$의 증가와 감소를 표로 나타내면 다음과 같다.

x	0	$\cdots$	1	$\cdots$
$h'(x)$		$-$	0	$+$
$h(x)$		$\searrow$	$\log_3 2n$ 극소	$\nearrow$

이때 $h(0)=\log_3(2n+1)$이므로 함수 $y=h(x)$의 그래프는 그림과 같다.

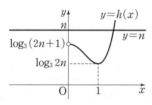

자연수 n에 대하여 $n=\log_3 3^n\geq\log_3(2n+1)$이므로 함수 $y=h(x)$의 그래프와 직선 $y=n$이 만나는 점의 개수는 1이다.

즉, $x>0$일 때 방정식 $h(x)=n$의 서로 다른 실근의 개수는 1이다.

따라서 보기에서 옳은 것은 ㄱ, ㄷ이다.

21 답 e

방정식 $e^x=x^a$의 양변에 $x=1$을 대입하면 성립하지 않으므로 이 방정식은 1을 근으로 갖지 않는다.

$x>0$일 때 $e^x=x^a$의 양변에 자연로그를 취하면

$x=a\ln x$ $\quad\therefore \dfrac{x}{\ln x}=a$

즉, 방정식 $e^x=x^a$의 양의 실근은 $x>0$, $x\neq 1$에서 함수 $y=\dfrac{x}{\ln x}$의 그래프와 직선 $y=a$가 만나는 점의 x좌표와 같다.

$f(x)=\dfrac{x}{\ln x}$라 하면

$$f'(x)=\frac{\ln x-x\times\frac{1}{x}}{(\ln x)^2}=\frac{\ln x-1}{(\ln x)^2}$$

$f'(x)=0$인 x의 값은 $x=e$

$x>0$, $x\neq 1$에서 함수 $f(x)$의 증가와 감소를 표로 나타내면 다음과 같다.

x	0	$\cdots$	1	$\cdots$	e	$\cdots$
$f'(x)$		$-$		$-$	0	$+$
$f(x)$		$\searrow$		$\searrow$	e 극소	$\nearrow$

$\displaystyle\lim_{x\to 1-}f(x)=-\infty$, $\displaystyle\lim_{x\to 1+}f(x)=\infty$이므로 점근선은 직선 $x=1$이다.

따라서 함수 $y=f(x)$의 그래프는 그림과 같으므로 만나는 점이 존재하도록 직선 $y=a$를 그어 보면 a의 값의 범위는

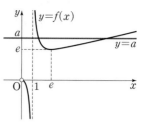

$a<0$ 또는 $a\geq e$

그런데 $a>0$이므로 $a\geq e$

따라서 양수 a의 최솟값은 e이다.

[참고] $x-1=t$로 놓으면 $x\to 1+$일 때 $t\to 0+$이므로

$$\lim_{x\to 1+}f(x)=\lim_{x\to 1+}\frac{x}{\ln x}=\lim_{t\to 0+}\frac{1+t}{\ln(1+t)}$$

$$=\lim_{t\to 0+}\left\{\frac{t}{\ln(1+t)}\times\frac{1+t}{t}\right\}$$

$\displaystyle\lim_{t\to 0+}\frac{t}{\ln(1+t)}=1$, $\displaystyle\lim_{t\to 0+}\frac{1+t}{t}=\lim_{t\to 0+}\left(\frac{1}{t}+1\right)=\infty$이므로

$$\lim_{x\to 1+}f(x)=\infty$$

$x\to 1-$일 때 $t\to 0-$이므로

$$\lim_{x\to 1-}f(x)=\lim_{x\to 1-}\frac{x}{\ln x}$$

$$=\lim_{t\to 0-}\frac{1+t}{\ln(1+t)}$$

$$=\lim_{t\to 0-}\left\{\frac{t}{\ln(1+t)}\times\frac{1+t}{t}\right\}$$

$\displaystyle\lim_{t\to 0-}\frac{t}{\ln(1+t)}=1$, $\displaystyle\lim_{t\to 0-}\frac{1+t}{t}=\lim_{t\to 0-}\left(\frac{1}{t}+1\right)=-\infty$이므로

$$\lim_{x\to 1-}f(x)=-\infty$$

22 답 -42

(i) $\sin x=0$일 때,

$\dfrac{\pi}{2}<x<\dfrac{3}{2}\pi$에서 $x=\pi$

$x=\pi$일 때, k의 값에 관계없이 방정식

$x\sin x+\sin 2x+3\tan x=k\sin x$가 성립하므로 $x=\pi$는 주어진 방정식의 실근이다.

(ii) $\sin x\neq 0$일 때,

방정식 $x\sin x+\sin 2x+3\tan x=k\sin x$에서

$$x\sin x+2\sin x\cos x+\frac{3\sin x}{\cos x}=k\sin x$$

양변을 $\sin x$로 나누면

$$x+2\cos x+\frac{3}{\cos x}=k$$

따라서 함수 $y=x+2\cos x+\dfrac{3}{\cos x}$의 그래프와 직선 $y=k$가 한 점에서 만나야 한다.

$f(x)=x+2\cos x+\dfrac{3}{\cos x}=x+2\cos x+3\sec x$라 하면

$f'(x)=1-2\sin x+3\sec x\tan x$

$f'(x)=0$에서

$$1-2\sin x+\frac{3\sin x}{\cos^2 x}=0$$

$\cos^2 x-2\sin x\cos^2 x+3\sin x=0$ $(\because \cos^2 x>0)$

$(1-\sin^2 x)-2\sin x(1-\sin^2 x)+3\sin x=0$

$2\sin^3 x-\sin^2 x+\sin x+1=0$

$\sin x=t$로 놓으면 $-1<t<1$이고

$2t^3-t^2+t+1=0$

$(2t+1)(t^2-t+1)=0$ $\quad\therefore t=-\dfrac{1}{2}$ $(\because -1<t<1)$

즉, $\sin x = -\dfrac{1}{2}$이므로

$x = \dfrac{7}{6}\pi \left(\because \dfrac{\pi}{2} < x < \dfrac{3}{2}\pi \right)$

$\dfrac{\pi}{2} < x < \dfrac{3}{2}\pi$에서 함수 $f(x)$의 증가와 감소를 표로 나타내면 다음과 같다.

x	$\dfrac{\pi}{2}$	$\cdots$	π	$\cdots$	$\dfrac{7}{6}\pi$	$\cdots$	$\dfrac{3}{2}\pi$
$f'(x)$		$+$		$+$	0	$-$	
$f(x)$		$\nearrow$		$\nearrow$	극대	$\searrow$	

$f(\pi) = \pi - 2 - 3 = \pi - 5$,

$f\left(\dfrac{7}{6}\pi\right) = \dfrac{7}{6}\pi - \sqrt{3} - 2\sqrt{3} = \dfrac{7}{6}\pi - 3\sqrt{3}$이고

$\lim\limits_{x \to \frac{\pi}{2}+} f(x) = -\infty$, $\lim\limits_{x \to \frac{3}{2}\pi-} f(x) = -\infty$이므로 점근선은 직선

$x = \dfrac{\pi}{2}$, $x = \dfrac{3}{2}\pi$이다.

이때 $\dfrac{7}{6}\pi - 3\sqrt{3} < \dfrac{7 \times 3.6}{6} - 3 \times \dfrac{3}{2} < 0$이므로 함수 $y = f(x)$의 그래프는 그림과 같다.

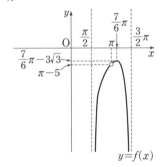

함수 $y = f(x)$의 그래프와 한 점에서 만나도록 직선 $y = k$를 그어 보면 k의 최댓값은

$k = \dfrac{7}{6}\pi - 3\sqrt{3}$

(i), (ii)에서 k의 최댓값은 $\dfrac{7}{6}\pi - 3\sqrt{3}$이므로

$a = \dfrac{7}{6}$, $b = -3$

$\therefore 12ab = 12 \times \dfrac{7}{6} \times (-3) = -42$

23 답 ②

ㄱ. $f(x) = \dfrac{\ln x}{x}$에서

$f'(x) = \dfrac{\dfrac{1}{x} \times x - \ln x}{x^2} = \dfrac{1 - \ln x}{x^2}$

$f'(x) = 0$인 x의 값은 $x = e$

$x > 0$에서 함수 $f(x)$의 증가와 감소를 표로 나타내면 다음과 같다.

x	0	$\cdots$	e	$\cdots$
$f'(x)$		$+$	0	$-$
$f(x)$		$\nearrow$	$\dfrac{1}{e}$ 극대	$\searrow$

따라서 함수 $f(x)$는 $x = e$에서 최댓값 $\dfrac{1}{e}$을 갖는다.

ㄴ. $x > e$에서 $f'(x) < 0$이므로 함수 $f(x)$는 감소한다.

즉, $e < \alpha < \beta$이면 $f(\beta) < f(\alpha)$ $\quad \therefore \dfrac{\ln \beta}{\beta} < \dfrac{\ln \alpha}{\alpha}$

이때 $1 < \ln \alpha < \ln \beta$이므로 $\dfrac{\alpha}{\beta} < \dfrac{\ln \alpha}{\ln \beta}$

또 $1 < \ln \alpha < \ln \beta$에서 $\dfrac{1}{\ln \beta} < \dfrac{\ln \alpha}{\ln \beta} < 1$

$\therefore \dfrac{\alpha}{\beta} < \dfrac{\ln \alpha}{\ln \beta} < 1$ $\qquad\qquad \cdots\cdots$ ㉠

$e < \alpha < \beta$에서 $\dfrac{e}{\alpha} < 1 < \dfrac{\beta}{\alpha}$ $\qquad\qquad \cdots\cdots$ ㉡

㉠, ㉡에서 $\dfrac{\alpha}{\beta} < \dfrac{\ln \alpha}{\ln \beta} < \dfrac{\beta}{\alpha}$

ㄷ. $x > 0$에서 $-1 \le \sin x \le 1$이므로

$-1 \le -\sin x \le 1$ $\quad \therefore k - 1 \le -\sin x + k \le k + 1$

이때 $x > 0$에서 $f(x) \le g(x)$가 성립하려면

($f(x)$의 최댓값) $\le$ ($g(x)$의 최솟값)이어야 하므로

$\dfrac{1}{e} \le k - 1$ $\quad \therefore k \ge \dfrac{1}{e} + 1$

따라서 k의 최솟값은 $\dfrac{1}{e} + 1$이다.

따라서 보기에서 옳은 것은 ㄱ, ㄴ이다.

24 답 ④

함수 $f(x)$가 역함수를 가지려면 실수 전체의 집합에서 증가하거나 감소해야 한다.

$f(x) = e^{x+1}\{x^2 + (n-2)x - n + 3\} + ax$에서

$f'(x) = e^{x+1}\{x^2 + (n-2)x - n + 3\} + e^{x+1}(2x + n - 2) + a$
$\quad = e^{x+1}(x^2 + nx + 1) + a$

이때 $\lim\limits_{x \to \infty} f'(x) = \infty$이므로 $f'(x) \ge 0$이어야 한다.

따라서 $e^{x+1}(x^2 + nx + 1) + a \ge 0$, 즉 $e^{x+1}(x^2 + nx + 1) \ge -a$가 성립해야 한다.

$h(x) = e^{x+1}(x^2 + nx + 1)$이라 하면

$h'(x) = e^{x+1}(x^2 + nx + 1) + e^{x+1}(2x + n)$
$\quad = e^{x+1}\{x^2 + (n+2)x + n + 1\}$
$\quad = e^{x+1}(x + n + 1)(x + 1)$

$h'(x) = 0$인 x의 값은 $x = -n - 1$ 또는 $x = -1$ $(\because e^{x+1} > 0)$

함수 $h(x)$의 증가와 감소를 표로 나타내면 다음과 같다.

x	$\cdots$	$-n-1$	$\cdots$	-1	$\cdots$
$h'(x)$	$+$	0	$-$	0	$+$
$h(x)$	$\nearrow$	$\dfrac{n+2}{e^n}$ 극대	$\searrow$	$2-n$ 극소	$\nearrow$

또 $\lim\limits_{x \to \infty} h(x) = \infty$, $\lim\limits_{x \to -\infty} h(x) = 0$이므로 함수 $y = h(x)$의 그래프는 그림과 같다.

따라서 함수 $h(x)$의 최솟값이 $2 - n$이므로 $h(x) \ge -a$가 성립하려면

$2 - n \ge -a$ $\quad \therefore a \ge n - 2$

실수 a의 최솟값이 $n - 2$이므로 $g(n) = n - 2$

$1 \le g(n) \le 8$에서 $1 \le n - 2 \le 8$ $\quad \therefore 3 \le n \le 10$

따라서 자연수 n의 값은 3, 4, 5, $\cdots$, 10이므로 모든 n의 값의 합은

$3 + 4 + 5 + \cdots + 10 = \dfrac{8(3 + 10)}{2} = 52$

25 답 e

$f(x)=\dfrac{\ln(x+1)}{x}$이라 하면

$f'(x)=\dfrac{\dfrac{x}{x+1}-\ln(x+1)}{x^2}=\dfrac{x-(x+1)\ln(x+1)}{x^2(x+1)}$

이때 $g(x)=x-(x+1)\ln(x+1)$이라 하면

$g'(x)=1-\ln(x+1)-(x+1)\times\dfrac{1}{x+1}=-\ln(x+1)$

$x>0$에서 $g'(x)<0$

따라서 $x>0$에서 함수 $g(x)$는 감소하고 $g(0)=0$이므로

$g(x)<0$

$\therefore f'(x)<0$

따라서 $x>0$에서 함수 $f(x)$는 감소하고

$\displaystyle\lim_{x\to0+}f(x)=1$이므로 함수 $y=f(x)$의 그래프는 그

림과 같다.

$x>0$에서 $f(x)<1$이므로 $f(x)<\ln a$가 성립하려면

$\ln a\geq1$

$\therefore a\geq e$

따라서 양수 a의 최솟값은 e이다.

다른 풀이

$f(x)=\dfrac{\ln(x+1)}{x}$이라 하면

$f'(x)=\dfrac{\dfrac{x}{x+1}-\ln(x+1)}{x^2}=\dfrac{\dfrac{1}{x+1}-\dfrac{\ln(x+1)}{x}}{}$

$=\dfrac{\dfrac{1}{x+1}-\dfrac{\ln(x+1)-\ln 1}{(x+1)-1}}{x}$

이때 $g(x)=\ln x$라 하면 함수 $g(x)$는 닫힌구간 $[1, x+1]$에서 연속이고 열린구간 $(1, x+1)$에서 미분가능하므로 평균값의 정리에 의하여

$\dfrac{g(x+1)-g(1)}{(x+1)-1}=g'(c)$인 c가 열린구간 $(1, x+1)$에 적어도 하나 존재한다.

$g(x)=\ln x$에서 $g'(x)=\dfrac{1}{x}$이므로

$g'(c)=\dfrac{1}{c}$

또 $1<c<x+1$이므로

$\dfrac{1}{x+1}<\dfrac{1}{c}$

$\therefore f'(x)=\dfrac{\dfrac{1}{x+1}-\dfrac{\ln(x+1)-\ln 1}{(x+1)-1}}{x}=\dfrac{\dfrac{1}{x+1}-\dfrac{1}{c}}{x}<0$

즉, $x>0$에서 함수 $f(x)$는 감소하고 $\displaystyle\lim_{x\to0+}f(x)=1$이므로

$f(x)<1$

$x>0$에서 $f(x)<\ln a$가 성립하려면

$\ln a\geq1$

$\therefore a\geq e$

따라서 양수 a의 최솟값은 e이다.

개념 NOTE

함수 $f(x)$가 닫힌구간 $[a, b]$에서 연속이고 열린구간 (a, b)에서 미분가능하면

$$\dfrac{f(b)-f(a)}{b-a}=f'(c)$$

인 c가 열린구간 (a, b)에 적어도 하나 존재한다.

26 답 $0<a\leq1$

$f(t)=(t-2)^2e^{at^2}$에서 시각 t에서의 점 P의 속도는

$f'(t)=2(t-2)e^{at^2}+2at(t-2)^2e^{at^2}=2(t-2)(at^2-2at+1)e^{at^2}$

$f'(t)=0$에서 $(t-2)(at^2-2at+1)=0$ $(\because e^{at^2}>0)$

$\therefore t=2$ 또는 $at^2-2at+1=0$

이때 $t=2$를 이차방정식 $at^2-2at+1=0$에 대입하면 성립하지 않으므로 이차방정식 $at^2-2at+1=0$은 2를 근으로 갖지 않는다.

점 P는 $f'(t)=0$인 t의 값의 좌우에서 부호가 바뀔 때 운동 방향이 바뀌므로 점 P가 운동 방향을 한 번만 바꾸려면 이차방정식 $at^2-2at+1=0$이 중근 또는 허근을 가져야 한다.

이차방정식 $at^2-2at+1=0$의 판별식을 D라 하면

$\dfrac{D}{4}=a^2-a\leq0$, $a(a-1)\leq0$ $\therefore 0\leq a\leq1$

그런데 $a>0$이므로 $0<a\leq1$

27 답 ②

시각 t에서의 점 P의 위치를 (a, b)라 하면 점 P는 곡선 $y=x^2e^{x-1}$ 위의 점이므로

$b=a^2e^{a-1}$

$\therefore \dfrac{db}{dt}=2ae^{a-1}\dfrac{da}{dt}+a^2e^{a-1}\dfrac{da}{dt}=(a^2+2a)e^{a-1}\dfrac{da}{dt}$

시각 t에서의 점 $P(a, b)$의 속도는 $\left(\dfrac{da}{dt}, \dfrac{db}{dt}\right)$이므로

$\left(\dfrac{da}{dt}, (a^2+2a)e^{a-1}\dfrac{da}{dt}\right)$

점 P의 속력이 v_0이므로

$v_0=\sqrt{\left(\dfrac{da}{dt}\right)^2+\left\{(a^2+2a)e^{a-1}\dfrac{da}{dt}\right\}^2}$

$=\sqrt{\{1+a^2(a+2)^2e^{2a-2}\}\left(\dfrac{da}{dt}\right)^2}$

$=\sqrt{1+a^2(a+2)^2e^{2a-2}}\dfrac{da}{dt}$

$\therefore \dfrac{da}{dt}=\dfrac{v_0}{\sqrt{1+a^2(a+2)^2e^{2a-2}}}$ ...... ㉠

$y=x^2e^{x-1}$에서 $y'=2xe^{x-1}+x^2e^{x-1}=x(x+2)e^{x-1}$

곡선 $y=x^2e^{x-1}$ 위의 점 $P(a, a^2e^{a-1})$에서의 접선 l의 방정식은

$y-a^2e^{a-1}=a(a+2)e^{a-1}(x-a)$

$\therefore y=a(a+2)e^{a-1}x-a^2(a+1)e^{a-1}$

접선 l과 x축이 만나는 점 Q의 x좌표를 구하면

$0=a(a+2)e^{a-1}x-a^2(a+1)e^{a-1}$

$(a+2)x=a(a+1)$ $\therefore x=\dfrac{a^2+a}{a+2}$

$Q\left(\dfrac{a^2+a}{a+2}, 0\right)$이므로

$\dfrac{d}{dt}\left(\dfrac{a^2+a}{a+2}\right)=\dfrac{(2a+1)(a+2)-(a^2+a)}{(a+2)^2}\times\dfrac{da}{dt}$

$=\dfrac{a^2+4a+2}{(a+2)^2}\times\dfrac{v_0}{\sqrt{1+a^2(a+2)^2e^{2a-2}}}$ $(\because ㉠)$

$a=1$일 때 시각 t에서의 점 Q의 속도는 $\left(\dfrac{7v_0}{9\sqrt{10}}, 0\right)$이므로 점 Q의 속력은

$\sqrt{\left(\dfrac{7v_0}{9\sqrt{10}}\right)^2+0}=\dfrac{7v_0}{9\sqrt{10}}$

즉, $\dfrac{7v_0}{9\sqrt{10}}=\dfrac{7}{9}$이므로 $v_0=\sqrt{10}$

28 답 ⑤

점 P는 점 A에서 출발하여 호 AB를 따라 점 B를 향하여 매초 1의 일정한 속력으로 움직이므로 t초 후의 호 AP의 길이는

$$t \left(\text{단}, \ 0<t<\frac{\pi}{2}\right)$$

이때 부채꼴 POA의 반지름의 길이가 1이므로 부채꼴의 중심각의 크기를 θ라 하면

$$1 \times \theta = t \qquad \therefore \ \theta = t$$

$$\therefore \ \mathrm{P}(\cos t, \ \sin t)$$

직선 OP의 기울기는 $\tan t$이므로 직선 OP의 방정식은

$$y = (\tan t) x$$

또 두 점 A(1, 0), B(0, 1)을 지나는 직선 AB의 방정식은

$$x + y = 1$$

$$\therefore \ y = -x + 1$$

두 직선 $y = (\tan t)x$, $y = -x + 1$이 만나는 점 Q의 x좌표를 구하면

$$(\tan t)x = -x + 1$$

$$(1 + \tan t)x = 1$$

$$\therefore \ x = \frac{1}{1 + \tan t}$$

$Q\left(\dfrac{1}{1+\tan t}, \ \dfrac{\tan t}{1+\tan t}\right)$이므로

$$\frac{d}{dt}\left(\frac{1}{1+\tan t}\right) = -\frac{\sec^2 t}{(1+\tan t)^2}$$

$$\frac{d}{dt}\left(\frac{\tan t}{1+\tan t}\right) = \frac{\sec^2 t(1+\tan t) - \tan t \times \sec^2 t}{(1+\tan t)^2}$$

$$= \frac{\sec^2 t}{(1+\tan t)^2}$$

따라서 t초 후의 점 Q의 속도는

$$\left(-\frac{\sec^2 t}{(1+\tan t)^2}, \ \frac{\sec^2 t}{(1+\tan t)^2}\right)$$

점 P의 x좌표가 $\dfrac{4}{5}$이므로

$$\cos t = \frac{4}{5}$$

$$\therefore \ \sec t = \frac{5}{4}$$

$0 < t < \dfrac{\pi}{2}$에서 $\sin t > 0$이므로

$$\sin t = \sqrt{1 - \cos^2 t}$$

$$= \sqrt{1 - \left(\frac{4}{5}\right)^2}$$

$$= \frac{3}{5}$$

$$\therefore \ \tan t = \frac{\sin t}{\cos t} = \frac{3}{4}$$

점 P의 x좌표가 $\dfrac{4}{5}$인 순간 점 Q의 속도는

$$\left(-\frac{\left(\frac{5}{4}\right)^2}{\left(1+\frac{3}{4}\right)^2}, \ \frac{\left(\frac{5}{4}\right)^2}{\left(1+\frac{3}{4}\right)^2}\right)$$

$$\therefore \ \left(-\frac{25}{49}, \ \frac{25}{49}\right)$$

따라서 $a = -\dfrac{25}{49}$, $b = \dfrac{25}{49}$이므로

$$b - a = \frac{50}{49}$$

---

step ③ 최고난도 문제

01 5	02 ③	03 ⑤	04 5	05 ③	06 43
07 24	08 ①	09 2	10 30	11 ③	

01 답 5

1단계 두 점 A, B의 좌표 구하기

$h(x) = e^x$이라 하면 $h'(x) = e^x$

곡선 $y = h(x)$ 위의 점 $\mathrm{P}(t, \ e^t)$에서의 접선 l의 기울기는 $h'(t) = e^t$이므로 접선 l의 방정식은

$$y - e^t = e^t(x - t) \qquad \therefore \ y = e^t x + (1-t)e^t$$

직선 l과 x축이 만나는 점 A의 x좌표를 구하면

$$0 = e^t x + (1-t)e^t \qquad \therefore \ x = t - 1$$

$$\therefore \ \mathrm{A}(t-1, \ 0)$$

원 C와 x축은 점 B에서 접하고 원 C의 중심이 $\mathrm{C}(f(t), \ g(t))$이므로

$$\mathrm{B}(f(t), \ 0)$$

2단계 $f(t)$, $g(t)$ 구하기

원 C와 직선 l은 점 P에서 접하므로

$$\overline{\mathrm{AB}} = \overline{\mathrm{AP}}$$

$$\overline{\mathrm{AB}} = f(t) - (t-1),$$

$$\overline{\mathrm{AP}} = \sqrt{1^2 + (e^t)^2} = \sqrt{1 + e^{2t}}$$이므로

$$f(t) - (t-1) = \sqrt{1 + e^{2t}}$$

$$\therefore \ f(t) = \sqrt{1 + e^{2t}} + t - 1$$

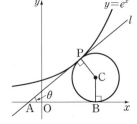

또 직선 l과 직선 CP가 서로 수직이므로

$$e^t \times \frac{g(t) - e^t}{f(t) - t} = -1$$

$$g(t) - e^t = -\frac{f(t) - t}{e^t}$$

$$\therefore \ g(t) = e^t - \frac{f(t) - t}{e^t} = e^t - \frac{1}{e^t}(\sqrt{1 + e^{2t}} - 1)$$

3단계 $\displaystyle\lim_{\theta \to 0+} \frac{10\{f(t) + g(t) - t\}}{\theta}$의 값 구하기

$\angle \mathrm{PAB} = \theta$는 직선 l이 x축의 양의 방향과 이루는 각의 크기와 같으므로

$$\tan \theta = e^t$$

$$\therefore \ f(t) + g(t) - t = \sqrt{1 + e^{2t}} - 1 + e^t - \frac{1}{e^t}(\sqrt{1 + e^{2t}} - 1)$$

$$= \sqrt{1 + \tan^2\theta} - 1 + \tan\theta - \frac{1}{\tan\theta}(\sqrt{1 + \tan^2\theta} - 1)$$

$$= \sqrt{\sec^2\theta} - 1 + \tan\theta - \frac{1}{\tan\theta}(\sqrt{\sec^2\theta} - 1)$$

$$= \sec\theta - 1 + \tan\theta - \frac{\sec\theta - 1}{\tan\theta} \left(\because \ 0 < \theta < \frac{\pi}{2}\right)$$

$$\therefore \ \lim_{\theta \to 0+} \frac{10\{f(t) + g(t) - t\}}{\theta}$$

$$= 10\lim_{\theta \to 0+}\left(\frac{\sec\theta - 1}{\theta} + \frac{\tan\theta}{\theta} - \frac{\sec\theta - 1}{\theta\tan\theta}\right)$$

$$= 10\lim_{\theta \to 0+}\left\{\frac{\sec^2\theta - 1}{\theta(\sec\theta + 1)} + \frac{\tan\theta}{\theta} - \frac{\sec^2\theta - 1}{\theta\tan\theta(\sec\theta + 1)}\right\}$$

$$= 10\lim_{\theta \to 0+}\left\{\frac{\tan^2\theta}{\theta(\sec\theta + 1)} + \frac{\tan\theta}{\theta} - \frac{\tan\theta}{\theta(\sec\theta + 1)}\right\}$$

$$= 10\lim_{\theta \to 0+}\left(\frac{\tan\theta}{\theta} \times \frac{\tan\theta}{\sec\theta + 1} + \frac{\tan\theta}{\theta} - \frac{\tan\theta}{\theta} \times \frac{1}{\sec\theta + 1}\right)$$

$$= 10\left(1 \times 0 + 1 - 1 \times \frac{1}{2}\right)$$

$$= 10 \times \frac{1}{2} = 5$$

02 답 ③

1단계 $f(n)$ 구하기

$g(x)=(x-n)e^x$이라 하면

$g'(x)=e^x+(x-n)e^x=(x-n+1)e^x$

접점의 좌표를 $(t,\ (t-n)e^t)$이라 하면 접선의 기울기는

$g'(t)=(t-n+1)e^t$이므로 접선의 방정식은

$y-(t-n)e^t=(t-n+1)e^t(x-t)$

이 직선이 점 $(a,\ 0)$을 지나므로

$-(t-n)e^t=(t-n+1)e^t(a-t)$

$t-n=(t-n+1)(t-a)\ (\because e^t>0)$

$\therefore t^2-(n+a)t+an+n-a=0\qquad\cdots\cdots$ ㉠

방정식 ㉠의 실근이 접점의 x좌표이므로 방정식 ㉠의 서로 다른 실근의 개수가 $f(n)$이다.

이차방정식 ㉠의 판별식을 D라 하면

$D=(n+a)^2-4(an+n-a)$
$\quad=n^2-2an+a^2-4n+4a$
$\quad=(n-a)^2-4(n-a)$
$\quad=(n-a)(n-a-4)$

$\therefore f(n)=\begin{cases}2\ (n<a\ \text{또는}\ n>a+4)\\1\ (n=a\ \text{또는}\ n=a+4)\\0\ (a<n<a+4)\end{cases}$

2단계 ㄱ이 옳은지 확인하기

ㄱ. $a=0$일 때,

$f(n)=\begin{cases}2\ (n<0\ \text{또는}\ n>4)\\1\ (n=0\ \text{또는}\ n=4)\\0\ (0<n<4)\end{cases}$

$\therefore f(4)=1$

3단계 ㄴ이 옳은지 확인하기

ㄴ. $f(n)=1$인 정수 n은 a, $a+4$이므로 $f(n)=1$인 정수 n의 개수는 2이다.

즉, $f(n)=1$인 정수 n의 개수가 1인 정수 a는 존재하지 않는다.

4단계 ㄷ이 옳은지 확인하기

ㄷ. $f(n)$이 가질 수 있는 값은 0, 1, 2뿐이므로 $\sum\limits_{n=1}^{5}f(n)=5$를 만족시키는 경우는 다음과 같다.

(i) $f(1)=0$, $f(2)=0$, $f(3)=1$, $f(4)=2$, $f(5)=2$인 경우

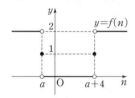

$f(3)=f(a+4)=1$이어야 하므로

$3=a+4\qquad\therefore a=-1$

(ii) $f(1)=2$, $f(2)=2$, $f(3)=1$, $f(4)=0$, $f(5)=0$인 경우

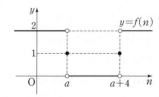

$f(3)=f(a)=1$이어야 하므로

$a=3$

(i), (ii)에서 $a=-1$ 또는 $a=3$

5단계 옳은 것 구하기

따라서 보기에서 옳은 것은 ㄱ, ㄷ이다.

idea
03 답 ⑤

1단계 $f\left(\dfrac{1}{2}\right)$, $f^{-1}\left(\dfrac{1}{2}\right)$의 값 구하기

함수 $g(x)$가 $x=\dfrac{1}{2}$에서 극값 0을 가지므로

$g\left(\dfrac{1}{2}\right)=0$, $g'\left(\dfrac{1}{2}\right)=0$

$g\left(\dfrac{1}{2}\right)=0$에서

$\dfrac{1}{2}\left\{f\left(\dfrac{1}{2}\right)-f^{-1}\left(\dfrac{1}{2}\right)\right\}=0$

$\therefore f\left(\dfrac{1}{2}\right)=f^{-1}\left(\dfrac{1}{2}\right)$

즉, 두 함수 $y=f(x)$, $y=f^{-1}(x)$의 그래프는 $x=\dfrac{1}{2}$인 점에서 만난다.

모든 실수 x에 대하여 $f'(x)>0$이므로 함수 $f(x)$는 실수 전체의 집합에서 증가한다.

따라서 두 함수 $y=f(x)$, $y=f^{-1}(x)$의 그래프가 만나는 점은 함수 $y=f(x)$의 그래프와 직선 $y=x$가 만나는 점과 같으므로

$f\left(\dfrac{1}{2}\right)=\dfrac{1}{2}$

$\therefore f^{-1}\left(\dfrac{1}{2}\right)=f\left(\dfrac{1}{2}\right)=\dfrac{1}{2}$

2단계 $f'\left(\dfrac{1}{2}\right)$의 값 구하기

$g(x)=x\{f(x)-f^{-1}(x)\}-\dfrac{3}{8}\ln 2x$에서

$g'(x)=f(x)-f^{-1}(x)+x\{f'(x)-(f^{-1})'(x)\}-\dfrac{3}{8x}$

$g'\left(\dfrac{1}{2}\right)=0$에서

$f\left(\dfrac{1}{2}\right)-f^{-1}\left(\dfrac{1}{2}\right)+\dfrac{1}{2}\left\{f'\left(\dfrac{1}{2}\right)-(f^{-1})'\left(\dfrac{1}{2}\right)\right\}-\dfrac{3}{4}=0$

$\dfrac{1}{2}\left\{f'\left(\dfrac{1}{2}\right)-(f^{-1})'\left(\dfrac{1}{2}\right)\right\}=\dfrac{3}{4}\ \left(\because f\left(\dfrac{1}{2}\right)=f^{-1}\left(\dfrac{1}{2}\right)\right)$

$f'\left(\dfrac{1}{2}\right)-\dfrac{1}{f'\left(f^{-1}\left(\dfrac{1}{2}\right)\right)}=\dfrac{3}{2}$

$f'\left(\dfrac{1}{2}\right)-\dfrac{1}{f'\left(\dfrac{1}{2}\right)}=\dfrac{3}{2}$

$f'\left(\dfrac{1}{2}\right)=t\,(t>0)$로 놓으면

└▸ $f'(x)>0$이므로 $f'\left(\dfrac{1}{2}\right)>0$

$t-\dfrac{1}{t}=\dfrac{3}{2}$

$2t^2-3t-2=0$

$(2t+1)(t-2)=0$

$\therefore t=2\ (\because t>0)$

$\therefore f'\left(\dfrac{1}{2}\right)=2$

3단계 $f\left(\dfrac{1}{2}\right)+f'\left(\dfrac{1}{2}\right)$의 값 구하기

$\therefore f\left(\dfrac{1}{2}\right)+f'\left(\dfrac{1}{2}\right)=\dfrac{1}{2}+2=\dfrac{5}{2}$

04 답 5

1단계 $f(x)$의 모든 극값의 곱이 유리수일 조건 구하기

$f(x)=(ax^2+bx)e^{-x}$에서

$f'(x)=(2ax+b)e^{-x}-(ax^2+bx)e^{-x}$

$\quad\quad=\{-ax^2+(2a-b)x+b\}e^{-x}$

$f'(x)=0$에서

$ax^2-(2a-b)x-b=0\ (\because e^{-x}>0)\ \cdots\cdots\ \bigcirc$

이때 함수 $f(x)$가 극값을 가지려면 이차방정식 $\bigcirc$이 서로 다른 두 실근을 가져야 하므로 두 실근을 α, β라 하면 근과 계수의 관계에 의하여

$\alpha+\beta=\dfrac{2a-b}{a}$, $\alpha\beta=-\dfrac{b}{a}\ \cdots\cdots\ \bigcirc\!\!\bigcirc$

$x=\alpha$, $x=\beta$에서 함수 $f(x)$는 극값을 가지므로 함수 $f(x)$의 극댓값과 극솟값의 곱은

$f(\alpha)f(\beta)=(a\alpha^2+b\alpha)e^{-\alpha}\times(a\beta^2+b\beta)e^{-\beta}$

$\quad\quad=a\beta(a\alpha+b)(a\beta+b)e^{-\alpha-\beta}$

$\quad\quad=a\beta\{a^2\alpha\beta+ab(\alpha+\beta)+b^2\}e^{-(\alpha+\beta)}$

$\quad\quad=-\dfrac{b}{a}\left\{a^2\times\left(-\dfrac{b}{a}\right)+ab\times\dfrac{2a-b}{a}+b^2\right\}e^{-\frac{2a-b}{a}}\ (\because \bigcirc\!\!\bigcirc)$

$\quad\quad=-\dfrac{b}{a}\times ab\times e^{-\frac{2a-b}{a}}$

$\quad\quad=-b^2e^{-\frac{2a-b}{a}}$

이때 $-b^2e^{-\frac{2a-b}{a}}$이 유리수이므로

$b=0$ 또는 $\dfrac{2a-b}{a}=0$

$\therefore b=0$ 또는 $b=2a$

2단계 $f(2)$의 최댓값 구하기

(i) $b=0$일 때,

$\quad f(x)=ax^2e^{-x}$에서

$\quad f'(x)=(-ax^2+2ax)e^{-x}$

$\quad\quad\quad=-ax(x-2)e^{-x}$

$f'(x)=0$인 x의 값은 $x=0$ 또는 $x=2$

$a>0$이므로 함수 $f(x)$의 증가와 감소를 표로 나타내면 다음과 같다.

x	$\cdots$	0	$\cdots$	2	$\cdots$
$f'(x)$	$-$	0	$+$	0	$-$
$f(x)$	$\searrow$	0 극소	$\nearrow$	$4ae^{-2}$ 극대	$\searrow$

$\lim\limits_{x\to\infty}f(x)=0$, $\lim\limits_{x\to-\infty}f(x)=\infty$이므로 점근선은 x축이다.

따라서 함수 $y=|f(x)|$의 그래프는 그림과 같다.

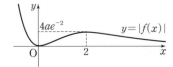

함수 $y=|f(x)|$의 그래프가 직선 $y=k$와 만나는 점의 개수 $g(k)$는

$g(k)=\begin{cases}0\ (k<0)\\1\ (k=0\ \text{또는}\ k>4ae^{-2})\\3\ (0<k<4ae^{-2})\\2\ (k=4ae^{-2})\end{cases}$

이는 ㈎를 만족시킨다.

㈏에서 $g(k)=3$을 만족시키는 정수 k의 개수가 4이므로

$4<4ae^{-2}\leq5$

따라서 $f(2)=4ae^{-2}$의 최댓값은 5이다.

(ii) $b=2a$일 때,

$\quad f(x)=(ax^2+2ax)e^{-x}$에서

$\quad f'(x)=(-ax^2+2a)e^{-x}$

$\quad\quad\quad=-a(x^2-2)e^{-x}$

$f'(x)=0$인 x의 값은 $x=-\sqrt{2}$ 또는 $x=\sqrt{2}$

$a>0$이므로 함수 $f(x)$의 증가와 감소를 표로 나타내면 다음과 같다.

x	$\cdots$	$-\sqrt{2}$	$\cdots$	$\sqrt{2}$	$\cdots$
$f'(x)$	$-$	0	$+$	0	$-$
$f(x)$	$\searrow$	$2a(1-\sqrt{2})e^{\sqrt{2}}$ 극소	$\nearrow$	$2a(1+\sqrt{2})e^{-\sqrt{2}}$ 극대	$\searrow$

$\lim\limits_{x\to\infty}f(x)=0$, $\lim\limits_{x\to-\infty}f(x)=\infty$이므로 점근선은 x축이고, $f(0)=0$이다.

따라서 함수 $y=|f(x)|$의 그래프는 그림과 같다.

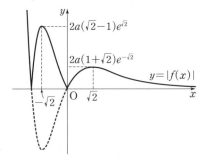

그런데 함수 $y=|f(x)|$의 그래프가 직선 $y=k$와 만나는 점의 개수, 즉 $g(k)$의 값이 4 이상인 경우가 있으므로 ㈎를 만족시키지 않는다.

(i), (ii)에서 $f(2)$의 최댓값은 5이다.

05 답 ③

1단계 삼각형 CDE의 넓이에 대한 식 세우기

삼각형 CDE의 밑변을 선분 CD라 하자.

삼각형 CDE의 넓이가 최대가 되려면 밑변 CD에 대하여 삼각형 CDE의 높이가 최대가 되어야 한다.

즉, 삼각형 CDE의 높이는 직선 CD와 직선 BE가 그림과 같이 서로 수직일 때 최대가 되므로 이때 삼각형 CDE의 넓이도 최대가 된다.

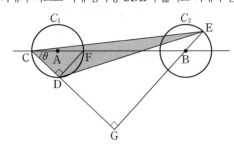

$\angle BCD=\theta\left(0<\theta<\dfrac{\pi}{2}\right)$라 하고, 직선 AB와 원 C_1이 만나는 두 점 중 점 C가 아닌 점을 F라 하면 $\angle CDF=\dfrac{\pi}{2}$이므로

$\overline{CD}=\overline{CF}\cos\theta=2\cos\theta$

또 두 직선 CD, BE가 서로 수직일 때 만나는 점을 G라 하면

$\overline{BG}=\overline{BC}\sin\theta=(\overline{AB}+1)\sin\theta=6\sin\theta$

$\therefore \overline{EG}=\overline{BG}+1=6\sin\theta+1$

따라서 삼각형 CDE의 넓이를 $S(\theta)$라 하면

$S(\theta)=\dfrac{1}{2}\times\overline{CD}\times\overline{EG}=\dfrac{1}{2}\times2\cos\theta\times(6\sin\theta+1)$

$\quad\quad=\cos\theta(6\sin\theta+1)$

2단계 삼각형 CDE의 넓이의 최댓값 구하기

$S'(\theta)=-\sin\theta(6\sin\theta+1)+6\cos^2\theta$

$\qquad=-6\sin^2\theta-\sin\theta+6(1-\sin^2\theta)$

$\qquad=-12\sin^2\theta-\sin\theta+6$

$\qquad=-(4\sin\theta+3)(3\sin\theta-2)$

$0<\theta<\dfrac{\pi}{2}$일 때, $0<\sin\theta<1$이므로 $S'(\theta)=0$에서 $\sin\theta=\dfrac{2}{3}$

$0<\theta<\dfrac{\pi}{2}$에서 $S'(\theta)=0$, 즉 $\sin\theta=\dfrac{2}{3}$를 만족시키는 θ의 값을 θ_1이라 하고 함수 $S(\theta)$의 증가와 감소를 표로 나타내면 다음과 같다.

θ	0	$\cdots$	θ_1	$\cdots$	$\dfrac{\pi}{2}$
$S'(\theta)$		$+$	0	$-$	
$S(\theta)$		↗	극대	↘	

따라서 함수 $S(\theta)$는 $\theta=\theta_1$일 때 최대이므로 삼각형 CDE의 넓이의 최댓값은

$S(\theta_1)=\cos\theta_1(6\sin\theta_1+1)$

$0<\theta_1<\dfrac{\pi}{2}$에서 $\cos\theta_1>0$이고 $\sin\theta_1=\dfrac{2}{3}$이므로

$\cos\theta_1=\sqrt{1-\sin^2\theta_1}=\sqrt{1-\left(\dfrac{2}{3}\right)^2}=\dfrac{\sqrt{5}}{3}$

$\therefore S(\theta_1)=\cos\theta_1(6\sin\theta_1+1)=\dfrac{\sqrt{5}}{3}\left(6\times\dfrac{2}{3}+1\right)=\dfrac{5\sqrt{5}}{3}$

06 답 43

1단계 주어진 부등식에서 곡선과 직선의 위치 관계 파악하기

$-e^{-x+1}\le ax+b\le e^{x-2}$에서 $f(x)=e^{x-2}$, $g(x)=-e^{-x+1}$이라 하면 직선 $y=ax+b$는 두 곡선 $y=f(x)$, $y=g(x)$ 사이에 있거나 두 곡선에 접해야 한다.

2단계 ab의 값의 범위 구하기

그림과 같이 기울기가 a인 직선이 $x=t$인 점에서 곡선 $y=f(x)$에 접하고, $x=s$인 점에서 곡선 $y=g(x)$에 접한다고 하자.

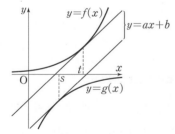

$f(x)=e^{x-2}$에서 $f'(x)=e^{x-2}$

곡선 $y=f(x)$ 위의 점 $(t,\ e^{t-2})$에서의 접선의 기울기는 $f'(t)=e^{t-2}$이므로 접선의 방정식은

$y-e^{t-2}=e^{t-2}(x-t)$ $\qquad\therefore y=e^{t-2}x+(1-t)e^{t-2}$ $\qquad\cdots\cdots$ ㉠

$g(x)=-e^{-x+1}$에서 $g'(x)=e^{-x+1}$

곡선 $y=g(x)$ 위의 점 $(s,\ -e^{-s+1})$에서의 접선의 기울기는 $g'(s)=e^{-s+1}$이므로 접선의 방정식은

$y+e^{-s+1}=e^{-s+1}(x-s)$ $\qquad\therefore y=e^{-s+1}x-(s+1)e^{-s+1}$ $\qquad\cdots\cdots$ ㉡

두 접선 ㉠, ㉡의 기울기가 같으므로 $e^{t-2}=e^{-s+1}$에서

$t-2=-s+1$ $\qquad\therefore s=-t+3$

이를 ㉡에 대입하면 $y=e^{t-2}x+(t-4)e^{t-2}$ $\qquad\cdots\cdots$ ㉢

㉠, ㉢에서

$a=e^{t-2}$, $(t-4)e^{t-2}\le b\le(1-t)e^{t-2}$

$\therefore (t-4)e^{2t-4}\le ab\le(1-t)e^{2t-4}$ $\qquad\cdots\cdots$ ㉣

3단계 $|M\times m^3|$의 값 구하기

그림과 같이 두 직선 ㉠, ㉢이 일치하면

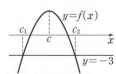

$(1-t)e^{t-2}=(t-4)e^{t-2}$

$e^{t-2}(2t-5)=0$

$\therefore t=\dfrac{5}{2}$ $(\because e^{t-2}>0)$

즉, $t=\dfrac{5}{2}$일 때 두 접선이 일치하므로

$t\le\dfrac{5}{2}$

㉣에서 $h(t)=(1-t)e^{2t-4}$이라 하면

$h'(t)=-e^{2t-4}+2(1-t)e^{2t-4}=(1-2t)e^{2t-4}$

$h'(t)=0$인 t의 값은 $t=\dfrac{1}{2}$ $(\because e^{2t-4}>0)$

$t\le\dfrac{5}{2}$에서 함수 $h(t)$의 증가와 감소를 표로 나타내면 다음과 같다.

t	$\cdots$	$\dfrac{1}{2}$	$\cdots$	$\dfrac{5}{2}$
$h'(t)$	$+$	0	$-$	
$h(t)$	↗	$\dfrac{1}{2}e^{-3}$ 극대	↘	$-\dfrac{3}{2}e$

따라서 함수 $h(t)$는 $t=\dfrac{1}{2}$에서 최댓값 $\dfrac{1}{2}e^{-3}$을 가지므로

$M=\dfrac{1}{2}e^{-3}$

또 ㉣에서 $k(t)=(t-4)e^{2t-4}$이라 하면

$k'(t)=e^{2t-4}+2(t-4)e^{2t-4}=(2t-7)e^{2t-4}$

$t\le\dfrac{5}{2}$에서 $k'(t)<0$이므로 함수 $k(t)$는 감소한다.

따라서 $t\le\dfrac{5}{2}$에서 함수 $k(t)$는 $t=\dfrac{5}{2}$에서 최솟값 $-\dfrac{3}{2}e$를 가지므로

$m=-\dfrac{3}{2}e$

$\therefore |M\times m^3|=\left|\dfrac{1}{2}e^{-3}\times\left(-\dfrac{3}{2}e\right)^3\right|=\dfrac{27}{16}$

4단계 $p+q$의 값 구하기

따라서 $p=16$, $q=27$이므로

$p+q=43$

07 답 24

1단계 주어진 조건 파악하기

$g(x)=\{f(x)+2\}e^{f(x)}$에서

$g'(x)=f'(x)e^{f(x)}+\{f(x)+2\}e^{f(x)}\times f'(x)$

$\qquad=f'(x)\{f(x)+3\}e^{f(x)}$

$g'(x)=0$에서 $f'(x)=0$ 또는 $f(x)+3=0$ $(\because e^{f(x)}>0)$

한편 함수 $g(x)=\{f(x)+2\}e^{f(x)}$이 최댓값을 가지려면 이차함수 $f(x)$의 최고차항의 계수가 음수이어야 한다.

그림과 같이 이차함수 $y=f(x)$의 그래프의 꼭짓점의 x좌표를 c, $f(x)+3=0$을 만족시키는 x의 값을 c_1, $c_2(c_1<c_2)$라 하면 $f'(c)=0$, $f(c_1)+3=0$, $f(c_2)+3=0$

$x<c_1$일 때, $f'(x)>0$, $f(x)+3<0$이므로 $g'(x)<0$

$c_1<x<c$일 때, $f'(x)>0$, $f(x)+3>0$이므로 $g'(x)>0$

$c<x<c_2$일 때, $f'(x)<0$, $f(x)+3>0$이므로 $g'(x)<0$

$x<c_2$일 때, $f'(x)<0$, $f(x)+3<0$이므로 $g'(x)>0$

함수 $g(x)$의 증가와 감소를 표로 나타내면 다음과 같다.

x	$\cdots$	c_1	$\cdots$	c	$\cdots$	c_2	$\cdots$
$g'(x)$	$-$	0	$+$	0	$-$	0	$+$
$g(x)$	$\searrow$	극소	$\nearrow$	극대	$\searrow$	극소	$\nearrow$

따라서 함수 $g(x)$는 $x=c$에서 최대이고 $x=c_1$, $x=c_2$에서 최소이므로
㈎, ㈏에 의하여
$$f'(a)=0, \ f(b)+3=0, \ f(b+6)+3=0 \qquad \cdots\cdots ㉠$$

2단계 $f(x)$를 a에 대한 식으로 나타내기

이차함수 $f(x)$의 최고차항의 계수를 $k\,(k<0)$라 하면 ㉠에서 방정식 $f(x)+3=0$의 두 근이 b, $b+6$이므로
$$f(x)+3=k(x-b)(x-b-6)$$
$$\therefore f(x)=k(x-b)(x-b-6)-3 \qquad \cdots\cdots ㉡$$
$$f'(x)=k(x-b-6)+k(x-b)=2k(x-b-3)$$이고, ㉠에서
$f'(a)=0$이므로 $2k(a-b-3)=0$
$a-b-3=0\,(\because k<0) \qquad \therefore b=a-3$

이를 ㉡에 대입하면 $f(x)=k(x-a+3)(x-a-3)-3$
㈎의 $f(a)=6$에서
$-9k-3=6$, $9k=-9 \qquad \therefore k=-1$
$$\therefore f(x)=-(x-a+3)(x-a-3)-3$$

3단계 $(\alpha-\beta)^2$의 값 구하기

방정식 $f(x)=0$에서
$-(x-a+3)(x-a-3)-3=0$
$(x-a)^2=6 \qquad \therefore x=a-\sqrt6$ 또는 $x=a+\sqrt6$
따라서 두 근 α, β가 $a-\sqrt6$, $a+\sqrt6$이므로
$(\alpha-\beta)^2=\{(a+\sqrt6)-(a-\sqrt6)\}^2=24$

다른 풀이 **3단계** $(\alpha-\beta)^2$의 값 구하기

방정식 $f(x)=0$에서
$-\{(x-a)^2-9\}-3=0$, $x^2-2ax+a^2-6=0$
이 이차방정식의 두 실근이 α, β이므로 근과 계수의 관계에 의하여
$\alpha+\beta=2a$, $\alpha\beta=a^2-6$
$$\therefore (\alpha-\beta)^2=(\alpha+\beta)^2-4\alpha\beta$$
$$=(2a)^2-4(a^2-6)=24$$

08 답 ①

1단계 주어진 함수를 $\sin x+\cos x=t$로 치환하여 나타내기

$2\sin^3 x+2\cos^3 x-3\sqrt2\sin\left(x+\dfrac{\pi}{4}\right)$

$=2(\sin^3 x+\cos^3 x)-3\sqrt2\left(\sin x\cos\dfrac{\pi}{4}+\cos x\sin\dfrac{\pi}{4}\right)$

$=2(\sin x+\cos x)(\sin^2 x-\sin x\cos x+\cos^2 x)$
$\qquad\qquad\qquad -3\sqrt2\left(\dfrac{1}{\sqrt2}\sin x+\dfrac{1}{\sqrt2}\cos x\right)$

$=2(\sin x+\cos x)(1-\sin x\cos x)-3(\sin x+\cos x) \quad \cdots\cdots ㉠$

이때 $\sin x+\cos x=t$로 놓고 양변을 제곱하면
$\sin^2 x+2\sin x\cos x+\cos^2 x=t^2$
$2\sin x\cos x=t^2-1 \qquad \therefore \sin x\cos x=\dfrac{t^2-1}{2}$

㉠에서 $2t\left(1-\dfrac{t^2-1}{2}\right)-3t=-t-t(t^2-1)=-t^3$

또 $\sin 2x=2\sin x\cos x=t^2-1$이므로
$$f(x)=\left\{2\sin^3 x+2\cos^3 x-3\sqrt2\sin\left(x+\dfrac{\pi}{4}\right)\right\}e^{-\sin 2x}$$
$$=-t^3 e^{1-t^2}$$

2단계 모든 α의 값 구하기

$g(t)=-t^3 e^{1-t^2}$이라 하자.

$t=\sin x+\cos x=\sqrt2\left(\dfrac{1}{\sqrt2}\sin x+\dfrac{1}{\sqrt2}\cos x\right)=\sqrt2\sin\left(x+\dfrac{\pi}{4}\right)$이므로

$0\le x\le 2\pi$에서 $-1\le\sin\left(x+\dfrac{\pi}{4}\right)\le 1$

$-\sqrt2\le\sqrt2\sin\left(x+\dfrac{\pi}{4}\right)\le\sqrt2$

$\therefore -\sqrt2\le t\le\sqrt2$

$g'(t)=-3t^2 e^{1-t^2}+2t^4 e^{1-t^2}=t^2(2t^2-3)e^{1-t^2}$이므로

$g'(t)=0$인 t의 값은 $t=-\dfrac{\sqrt6}{2}$ 또는 $t=0$ 또는 $t=\dfrac{\sqrt6}{2}\,(\because e^{1-t^2}>0)$

$-\sqrt2\le t\le\sqrt2$에서 함수 $g(t)$의 증가와 감소를 표로 나타내면 다음과 같다.

t	$-\sqrt2$	$\cdots$	$-\dfrac{\sqrt6}{2}$	$\cdots$	0	$\cdots$	$\dfrac{\sqrt6}{2}$	$\cdots$	$\sqrt2$
$g'(t)$		$+$	0	$-$	0	$-$	0	$+$	
$g(t)$		$\nearrow$	극대	$\searrow$		$\searrow$	극소	$\nearrow$	

따라서 함수 $g(t)$는 $t=-\dfrac{\sqrt6}{2}$에서 최댓값을 갖는다.

$t=\sqrt2\sin\left(x+\dfrac{\pi}{4}\right)$이고 함수 $f(x)$는 $x=\alpha$에서 최댓값을 가지므로

$\sqrt2\sin\left(\alpha+\dfrac{\pi}{4}\right)=-\dfrac{\sqrt6}{2}$, $\sin\left(\alpha+\dfrac{\pi}{4}\right)=-\dfrac{\sqrt3}{2}$

이때 $0\le\alpha\le 2\pi$에서 $\dfrac{\pi}{4}\le\alpha+\dfrac{\pi}{4}\le\dfrac{9}{4}\pi$이므로

$\alpha+\dfrac{\pi}{4}=\dfrac{4}{3}\pi$ 또는 $\alpha+\dfrac{\pi}{4}=\dfrac{5}{3}\pi$

$\therefore \alpha=\dfrac{13}{12}\pi$ 또는 $\alpha=\dfrac{17}{12}\pi$

3단계 $M-m$의 값 구하기

따라서 $M=\dfrac{17}{12}\pi$, $m=\dfrac{13}{12}\pi$이므로

$$M-m=\dfrac{4}{12}\pi=\dfrac{\pi}{3}$$

09 답 2

1단계 b, c를 a에 대한 식으로 나타내기

$f_1(x)=\dfrac{2(x+1)^2}{x^2+1}$, $f_2(x)=x^3+ax^2+bx+c$라 하면

$f_1'(x)=\dfrac{4(x+1)(x^2+1)-2(x+1)^2\times 2x}{(x^2+1)^2}$

$\qquad=\dfrac{-4(x+1)(x-1)}{(x^2+1)^2}$

$f_2'(x)=3x^2+2ax+b$

함수 $f(x)$가 실수 전체의 집합에서 미분가능하면 실수 전체의 집합에서 연속이므로 $x=1$에서도 연속이다.

즉, $\displaystyle\lim_{x\to 1+}f_2(x)=\lim_{x\to 1-}f_1(x)$에서

$\displaystyle\lim_{x\to 1+}(x^3+ax^2+bx+c)=\lim_{x\to 1-}\dfrac{2(x+1)^2}{x^2+1}$

$1+a+b+c=4 \qquad \therefore a+b+c=3 \qquad \cdots\cdots ㉠$

미분계수 $f'(1)$이 존재하므로 $\displaystyle\lim_{x\to 1+}f_2'(x)=\lim_{x\to 1-}f_1'(x)$에서

$\displaystyle\lim_{x\to 1+}(3x^2+2ax+b)=\lim_{x\to 1-}\dfrac{-4(x+1)(x-1)}{(x^2+1)^2}$

$3+2a+b=0 \qquad \therefore b=-2a-3 \qquad \cdots\cdots ㉡$

이를 ㉠에 대입하면

$a-2a-3+c=3$ $\therefore c=a+6$ ...... ㉢

2단계 $g(0)=2$를 만족시키는 조건 알기

$f_1'(x)=0$인 x의 값은 $x=-1$ 또는 $x=1$

$x\leq1$에서 함수 $f_1(x)$의 증가와 감소를 표로 나타내면 다음과 같다.

x	$\cdots$	-1	$\cdots$	1
$f_1'(x)$	$-$	0	$+$	
$f_1(x)$	$\searrow$	0 극소	$\nearrow$	4

$\lim\limits_{x\to-\infty}f_1(x)=2$이므로 점근선은 직선 $y=2$이고, $f_1(0)=2$이다.

따라서 함수 $y=f_1(x)$의 그래프는 그림과 같다.

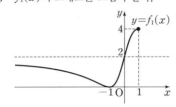

방정식 $f(x)=t$의 실근의 개수 $g(t)$는 함수 $y=f(x)$의 그래프와 직선 $y=t$가 만나는 점의 개수와 같다.

이때 $g(0)=2$이므로 함수 $y=f(x)$의 그래프와 x축이 서로 다른 두 점에서 만나야 한다.

$x\leq1$에서 함수 $y=f_1(x)$의 그래프와 x축은 한 점에서 만나므로 $x>1$에서 함수 $y=f_2(x)$의 그래프와 x축은 한 점에서 만나야 한다.

이때 함수 $f_2(x)$는 최고차항의 계수가 양수인 삼차함수이고 $x=1$에서 함수 $f(x)$가 미분가능하므로 함수 $y=f(x)$의 그래프의 개형은 그림과 같다.

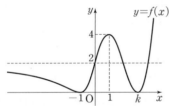

함수 $y=f(x)$의 그래프가 $x>1$에서 x축과 만나는 점의 x좌표를 $k(k>1)$라 하면

$f_2(k)=0$, $f_2'(k)=0$

3단계 a, b, c의 값 구하기

㉡, ㉢에서

$f_2(x)=x^3+ax^2-(2a+3)x+a+6$, $f_2'(x)=3x^2+2ax-2a-3$

$f_2(k)=0$에서 $k^3+ak^2-(2a+3)k+a+6=0$ ...... ㉣

$f_2'(k)=0$에서 $3k^2+2ak-2a-3=0$

$(3k+2a+3)(k-1)=0$

$\therefore k=-\dfrac{2a+3}{3}$ ($\because k>1$)

이를 ㉣에 대입하면

$\left(-\dfrac{2a+3}{3}\right)^3+a\left(-\dfrac{2a+3}{3}\right)^2-(2a+3)\left(-\dfrac{2a+3}{3}\right)+a+6=0$

$-\dfrac{8a^3+36a^2+54a+27}{27}+\dfrac{4a^3+12a^2+9a}{9}+\dfrac{4a^2+12a+9}{3}+a+6=0$

$-8a^3-36a^2-54a-27+(12a^3+36a^2+27a)+(36a^2+108a+81)$
$\qquad\qquad\qquad\qquad\qquad\qquad\qquad +(27a+162)=0$

$4a^3+36a^2+108a+216=0$

$4(a+6)(a^2+3a+9)=0$

$\therefore a=-6$ ($\because a$는 실수)

이를 ㉡, ㉢에 각각 대입하면

$b=12-3=9$, $c=-6+6=0$

4단계 $f(2)$의 값 구하기

따라서 $x>1$에서 $f(x)=x^3-6x^2+9x$이므로

$f(2)=8-24+18=2$

10 답 30

1단계 a의 값 구하기

방정식 $f(x)=-x+k$에서

$x+\dfrac{2a^2}{x-1}=-x+k$

$\therefore 2x+\dfrac{2a^2}{x-1}=k$

방정식 $f(x)=-x+k$의 실근의 개수 $g(k)$는 함수 $y=2x+\dfrac{2a^2}{x-1}$의 그래프와 직선 $y=k$가 만나는 점의 개수와 같다.

$h(x)=2x+\dfrac{2a^2}{x-1}$이라 하면

$h'(x)=2-\dfrac{2a^2}{(x-1)^2}$

$\qquad=\dfrac{2(x-1)^2-2a^2}{(x-1)^2}$

$\qquad=\dfrac{2(x-1+a)(x-1-a)}{(x-1)^2}$

$h'(x)=0$인 x의 값은

$x=-a+1$ 또는 $x=a+1$

함수 $h(x)$의 증가와 감소를 표로 나타내면 다음과 같다.

x	$\cdots$	$-a+1$	$\cdots$	1	$\cdots$	$a+1$	$\cdots$
$h'(x)$	$+$	0	$-$		$-$	0	$+$
$h(x)$	$\nearrow$	$-4a+2$ 극대	$\searrow$		$\searrow$	$4a+2$ 극소	$\nearrow$

$\lim\limits_{x\to1-}h(x)=-\infty$, $\lim\limits_{x\to1+}h(x)=\infty$이므로 점근선은 직선 $x=1$이다.

따라서 함수 $y=h(x)$의 그래프는 그림과 같다.

이때 $g(k)=0$이려면 함수 $y=h(x)$의 그래프와 직선 $y=k$가 만나지 않아야 한다.

즉, $g(k)=0$인 자연수 k의 개수가 9이려면

$9<4a+2\leq10$

$7<4a\leq8$

$\therefore \dfrac{7}{4}<a\leq2$

그런데 a는 자연수이므로

$a=2$

2단계 b^2-2b의 값 구하기

$f(x)=x+\dfrac{8}{x-1}$이므로

$f'(x)=1-\dfrac{8}{(x-1)^2}$

점 $P(0, b)$에서 곡선 $y=f(x)$에 그은 두 접선의 접점의 x좌표를 각각 α, β라 하면 접선의 방정식은 각각

$y-\left(\alpha+\dfrac{8}{\alpha-1}\right)=\left\{1-\dfrac{8}{(\alpha-1)^2}\right\}(x-\alpha)$

$y-\left(\beta+\dfrac{8}{\beta-1}\right)=\left\{1-\dfrac{8}{(\beta-1)^2}\right\}(x-\beta)$

이 두 직선이 점 P$(0, b)$를 지나므로

$$b - \left(\alpha + \frac{8}{\alpha-1}\right) = \left\{1 - \frac{8}{(\alpha-1)^2}\right\}(-\alpha) \quad \cdots\cdots \text{㉠}$$

$$b - \left(\beta + \frac{8}{\beta-1}\right) = \left\{1 - \frac{8}{(\beta-1)^2}\right\}(-\beta)$$

㉠에서

$$b - \frac{8}{\alpha-1} - \frac{8\alpha}{(\alpha-1)^2} = 0$$

$$b(\alpha-1)^2 - 8(\alpha-1) - 8\alpha = 0$$

$$b(\alpha-1)^2 - 16(\alpha-1) - 8 = 0$$

즉, $\alpha-1$은 이차방정식 $bx^2 - 16x - 8 = 0$의 한 실근이다.

같은 방법으로 하면 $\beta-1$도 이차방정식 $bx^2 - 16x - 8 = 0$의 한 실근이므로 근과 계수의 관계에 의하여

$$(\alpha-1) + (\beta-1) = \frac{16}{b}, \ (\alpha-1)(\beta-1) = -\frac{8}{b} \quad \cdots\cdots \text{㉡}$$

두 접선이 서로 수직이므로

$$\left\{1 - \frac{8}{(\alpha-1)^2}\right\}\left\{1 - \frac{8}{(\beta-1)^2}\right\} = -1$$

$$\frac{8}{(\alpha-1)^2} + \frac{8}{(\beta-1)^2} - \frac{64}{(\alpha-1)^2(\beta-1)^2} - 2 = 0$$

$$\frac{4\{(\alpha-1)^2 + (\beta-1)^2\} - 32}{\{(\alpha-1)(\beta-1)\}^2} - 1 = 0$$

$$\frac{4[\{(\alpha-1)+(\beta-1)\}^2 - 2(\alpha-1)(\beta-1)] - 32}{\{(\alpha-1)(\beta-1)\}^2} - 1 = 0$$

㉡을 대입하면

$$\frac{4\left\{\left(\frac{16}{b}\right)^2 - 2\times\left(-\frac{8}{b}\right)\right\} - 32}{\left(-\frac{8}{b}\right)^2} - 1 = 0$$

$$\frac{\frac{4\times16^2}{b^2} + \frac{4\times16}{b} - 32}{\frac{64}{b^2}} - 1 = 0$$

$$16 + b - \frac{b^2}{2} - 1 = 0$$

$$\therefore b^2 - 2b = 30$$

---

idea
11 답 ③

1단계 $|v(t)|$ 구하기

그림과 같이 중심이 같고 반지름의 길이가 각각 1, 2인 두 원을 생각하자.

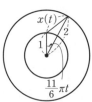

시계의 시침과 분침이 $t=0$일 때 12시 정각에서 동시에 출발하여 $t=12$일 때 다시 12시 정각이 되었으므로 t의 단위는 시간이다.

따라서 시침은 한 시간에 $\frac{2\pi}{12} = \frac{\pi}{6}$만큼 회전하고 분침은 한 시간에 2π만큼 회전하므로 시각 t에 대하여 시침, 분침은 각각 $\frac{\pi}{6}t$, $2\pi t$만큼씩 회전한 위치에 있다.

즉, 시침과 분침이 이루는 각의 크기는

$$2\pi t - \frac{\pi}{6}t = \frac{11}{6}\pi t$$

시침과 분침의 끝 점 사이의 거리가 $x(t)$이므로 코사인법칙에 의하여

$$\{x(t)\}^2 = 1^2 + 2^2 - 2\times1\times2\times\cos\frac{11}{6}\pi t = 5 - 4\cos\frac{11}{6}\pi t$$

$x(t)>0$이므로 $x(t) = \sqrt{5 - 4\cos\frac{11}{6}\pi t}$

$$\therefore v(t) = x'(t)$$

$$= \frac{4\sin\frac{11}{6}\pi t \times \frac{11}{6}\pi}{2\sqrt{5 - 4\cos\frac{11}{6}\pi t}}$$

$$= \frac{\frac{11}{3}\pi\sin\frac{11}{6}\pi t}{\sqrt{5 - 4\cos\frac{11}{6}\pi t}}$$

$$\therefore |v(t)| = \left|\frac{\frac{11}{3}\pi\sin\frac{11}{6}\pi t}{\sqrt{5 - 4\cos\frac{11}{6}\pi t}}\right|$$

2단계 $|v(t)|$가 최댓값을 갖는 조건 알기

$\cos\frac{11}{6}\pi t = s$로 놓으면 $2 \le t \le 3$에서

$$\frac{11}{3}\pi \le \frac{11}{6}\pi t \le \frac{11}{2}\pi$$

$$-1 \le \cos\frac{11}{6}\pi t \le 1$$

$$\therefore -1 \le s \le 1$$

또 $\left|\sin\frac{11}{6}\pi t\right| = \sqrt{1 - \cos^2\frac{11}{6}\pi t} = \sqrt{1-s^2}$이므로

$$|v(t)| = \frac{11}{3}\pi\sqrt{\frac{1-s^2}{5-4s}}$$

$f(s) = \frac{1-s^2}{5-4s}$이라 하면

$$f'(s) = \frac{-2s(5-4s) - (1-s^2)\times(-4)}{(5-4s)^2}$$

$$= \frac{4s^2 - 10s + 4}{(5-4s)^2}$$

$$= \frac{2(2s-1)(s-2)}{(5-4s)^2}$$

$f'(s) = 0$인 s의 값은

$$s = \frac{1}{2} \ (\because -1 \le s \le 1)$$

$-1 \le s \le 1$에서 함수 $f(s)$의 증가와 감소를 표로 나타내면 다음과 같다.

s	-1	$\cdots$	$\frac{1}{2}$	$\cdots$	1
$f'(s)$		$+$	0	$-$	
$f(s)$		$\nearrow$	극대	$\searrow$	

따라서 함수 $f(s)$는 $s = \frac{1}{2}$에서 최댓값을 가지므로 $|v(t)|$가 최댓값을 가지려면 $\cos\frac{11}{6}\pi t = \frac{1}{2}$이어야 한다.

3단계 모든 t의 값의 곱 구하기

$2\pi + \frac{5}{3}\pi \le \frac{11}{6}\pi t \le 4\pi + \frac{3}{2}\pi$이므로

$\cos\frac{11}{6}\pi t = \frac{1}{2}$에서

$$\frac{11}{6}\pi t = 2\pi + \frac{5}{3}\pi \text{ 또는 } \frac{11}{6}\pi t = 4\pi + \frac{\pi}{3}$$

$$\frac{11}{6}\pi t = \frac{11}{3}\pi \text{ 또는 } \frac{11}{6}\pi t = \frac{13}{3}\pi$$

$$\therefore t = 2 \text{ 또는 } t = \frac{26}{11}$$

따라서 모든 t의 값의 곱은

$$2 \times \frac{26}{11} = \frac{52}{11}$$

01 ⑤	**02** $1-\sqrt{2}$	**03** ②	**04** ④	**05** 50
06 ⑤	**07** ①	**08** 1	**09** $\dfrac{7}{2}$	**10** ③	**11** $\dfrac{5}{2}$
12 ③	**13** 4	**14** $2\sqrt{11}$		

01 답 ⑤

ㄱ. $c=1$일 때, 점 $\mathrm{P}(b, 1)$은 함수 $g(x)=\ln\dfrac{b^2}{x}$의 그래프 위의 점이므로 $g(b)=1$에서

$\ln b=1$ $\therefore b=e$ ...... ㉠

점 $\mathrm{P}(e, 1)$은 함수 $f(x)=a+\ln x$의 그래프 위의 점이므로 $f(e)=1$에서

$a+1=1$ $\therefore a=0$ ...... ㉡

$\therefore a+b=0+e=e$

ㄴ. $f(x)=a+\ln x$에서 $f'(x)=\dfrac{1}{x}$이므로 점 $\mathrm{P}(b, c)$에서의 접선의 기울기는 $f'(b)=\dfrac{1}{b}$

$g(x)=\ln\dfrac{b^2}{x}=\ln b^2-\ln x$에서 $g'(x)=-\dfrac{1}{x}$이므로 점 $\mathrm{P}(b, c)$에서의 접선의 기울기는 $g'(b)=-\dfrac{1}{b}$

두 함수 $y=f(x)$, $y=g(x)$의 그래프 위의 점 P에서의 각각의 접선이 서로 수직이므로 $f'(b)g'(b)=-1$에서

$\dfrac{1}{b}\times\left(-\dfrac{1}{b}\right)=-1$, $\dfrac{1}{b^2}=1$

$b^2=1$ $\therefore b=1$ $(\because b>0)$

점 $\mathrm{P}(1, c)$는 함수 $g(x)=\ln\dfrac{1}{x}$의 그래프 위의 점이므로

$g(1)=c$에서 $c=0$

점 $\mathrm{P}(1, 0)$은 함수 $f(x)=a+\ln x$의 그래프 위의 점이므로 $f(1)=0$에서 $a=0$

$\therefore a+b+c=0+1+0=1$

ㄷ. $c=1$이면 ㉠, ㉡에서 $a=0$, $b=e$이므로

$\mathrm{P}(e, 1)$, $f(x)=\ln x$, $g(x)=\ln\dfrac{e^2}{x}=2-\ln x$

함수 $y=f(x)$의 그래프 위의 점 P에서의 접선의 기울기는 $f'(e)=\dfrac{1}{e}$이고

e보다 큰 실수 t에 대하여 두 점 $\mathrm{P}(e, 1)$, $(t, f(t))$를 지나는 직선의 기울기는

$0<\dfrac{f(t)-1}{t-e}<\dfrac{1}{e}$ ...... ㉢

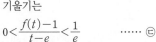

또 함수 $y=g(x)$의 그래프 위의 점 P에서의 접선의 기울기는 $g'(e)=-\dfrac{1}{e}$이고 e보다 큰 실수 t에 대하여 두 점 $\mathrm{P}(e, 1)$, $(t, g(t))$를 지나는 직선의 기울기는

$-\dfrac{1}{e}<\dfrac{g(t)-1}{t-e}<0$ ...... ㉣

㉢, ㉣에서

$-\dfrac{1}{e^2}<\dfrac{\{f(t)-1\}\{g(t)-1\}}{(t-e)^2}<0$

따라서 보기에서 옳은 것은 ㄱ, ㄴ, ㄷ이다.

02 답 $1-\sqrt{2}$

α, β, γ, δ가 이 순서대로 등차수열을 이루므로 공차를 $d\,(d>0)$라 하면

$\beta=\alpha+d$, $\gamma=\alpha+2d$, $\delta=\alpha+3d$

$\therefore \alpha+\delta=\beta+\gamma$ ...... ㉠

사각형 ABCD의 네 내각의 크기의 합은 2π이므로

$\alpha+\beta+\gamma+\delta=2\pi$ ...... ㉡

㉠, ㉡에서 $\alpha+\delta=\pi$, $\beta+\gamma=\pi$

$\therefore \delta=\pi-\alpha$, $\gamma=\pi-\beta$ ...... ㉢

$-2\sqrt{2}+\tan\alpha$, $\tan\beta$, $\tan\gamma$, $2-\tan\delta$가 이 순서대로 등비수열을 이루므로 공비를 r라 하면

$\tan\beta=r(-2\sqrt{2}+\tan\alpha)$ ...... ㉣

$\tan\gamma=r\tan\beta$ ...... ㉤

$2-\tan\delta=r\tan\gamma$ ...... ㉥

㉢에서 $\gamma=\pi-\beta$를 ㉤에 대입하면

$\tan(\pi-\beta)=r\tan\beta$

$-\tan\beta=r\tan\beta$, $(r+1)\tan\beta=0$

이때 $\tan\beta=0$이면 $\beta=\pi$이므로 $\gamma=0$

이는 조건을 만족시키지 않으므로 $r=-1$

이를 ㉣에 대입하면 $\tan\beta=2\sqrt{2}-\tan\alpha$

$\tan\alpha+\tan\beta=2\sqrt{2}$ ...... ㉦

$r=-1$을 ㉥에 대입하면 $2-\tan\delta=-\tan\gamma$

$\tan\delta-\tan\gamma=2$

㉢을 대입하면 $\tan(\pi-\alpha)-\tan(\pi-\beta)=2$

$\tan\beta-\tan\alpha=2$ ...... ㉧

㉦, ㉧을 연립하여 풀면

$\tan\alpha=\sqrt{2}-1$, $\tan\beta=\sqrt{2}+1$

㉢에서 $\gamma=\pi-\beta$이므로

$\tan(\alpha+\beta-\gamma)=\tan\{-\pi+(\alpha+2\beta)\}=\tan(\alpha+2\beta)$

$\qquad=\dfrac{\tan\alpha+\tan2\beta}{1-\tan\alpha\tan2\beta}$

$\tan\beta=\sqrt{2}+1$에서

$\tan2\beta=\dfrac{2\tan\beta}{1-\tan^2\beta}=\dfrac{2(\sqrt{2}+1)}{1-(\sqrt{2}+1)^2}=\dfrac{2(\sqrt{2}+1)}{-2\sqrt{2}-2}=-1$

$\therefore \tan(\alpha+\beta-\gamma)=\dfrac{\tan\alpha+\tan2\beta}{1-\tan\alpha\tan2\beta}$

$\qquad=\dfrac{(\sqrt{2}-1)-1}{1-(\sqrt{2}-1)\times(-1)}$

$\qquad=\dfrac{\sqrt{2}-2}{\sqrt{2}}=1-\sqrt{2}$

03 답 ②

$\angle\mathrm{OPA}=\alpha$, $\angle\mathrm{OPB}=\beta$라 하자.

두 삼각형 POA, PQA에서

$\angle\mathrm{POA}=\angle\mathrm{PQA}=\dfrac{\pi}{2}$,

$\overline{\mathrm{AO}}=\overline{\mathrm{AQ}}$, 변 AP는 공통이므로

$\triangle\mathrm{POA}\equiv\triangle\mathrm{PQA}$ (RHS 합동)

$\therefore \angle\mathrm{QPA}=\angle\mathrm{OPA}=\alpha$

또 두 삼각형 PRB, POB에서

$\angle\mathrm{PRB}=\angle\mathrm{POB}=\dfrac{\pi}{2}$, $\overline{\mathrm{BR}}=\overline{\mathrm{BO}}$, 변 BP는 공통이므로

$\triangle\mathrm{PRB}\equiv\triangle\mathrm{POB}$ (RHS 합동)

$\therefore \angle\mathrm{RPB}=\angle\mathrm{OPB}=\beta$

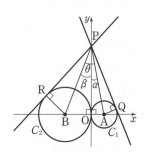

$\tan 2\theta = \dfrac{12}{5}$ 에서

$\tan 2(\alpha+\beta) = \dfrac{12}{5}$, $\dfrac{2\tan(\alpha+\beta)}{1-\tan^2(\alpha+\beta)} = \dfrac{12}{5}$

$\tan(\alpha+\beta) = t$ 로 놓으면

$\dfrac{2t}{1-t^2} = \dfrac{12}{5}$, $6t^2 + 5t - 6 = 0$

$(2t+3)(3t-2) = 0$ $\quad \therefore t = -\dfrac{3}{2}$ 또는 $t = \dfrac{2}{3}$

$0 < 2(\alpha+\beta) < \pi$ 이고 $\tan 2(\alpha+\beta) = \dfrac{12}{5} > 0$ 이므로

$0 < 2(\alpha+\beta) < \dfrac{\pi}{2}$ $\quad \therefore 0 < \alpha+\beta < \dfrac{\pi}{4}$

즉, $0 < \tan(\alpha+\beta) < 1$ 에서 $0 < t < 1$ 이므로

$t = \dfrac{2}{3}$ $\quad \therefore \tan(\alpha+\beta) = \dfrac{2}{3}$

$\overline{OP} = a$ 이므로 직각삼각형 POA에서 $\tan\alpha = \dfrac{\overline{OA}}{\overline{OP}} = \dfrac{2}{a}$

직각삼각형 POB에서 $\tan\beta = \dfrac{\overline{OB}}{\overline{OP}} = \dfrac{4}{a}$

$\therefore \tan(\alpha+\beta) = \dfrac{\tan\alpha + \tan\beta}{1 - \tan\alpha\tan\beta} = \dfrac{\dfrac{2}{a} + \dfrac{4}{a}}{1 - \dfrac{2}{a} \times \dfrac{4}{a}} = \dfrac{6a}{a^2 - 8}$

즉, $\dfrac{6a}{a^2 - 8} = \dfrac{2}{3}$ 이므로

$9a = a^2 - 8$ $\quad \therefore a^2 - 9a = 8$

04 답 ④

∠POB $= \theta$ 이므로 ∠AOP $= \dfrac{\pi}{2} - \theta$

∠OAS $= \alpha$ 라 하면 삼각형 AOP는

$\overline{OA} = \overline{OP} = 1$ 인 이등변삼각형이므로

∠OPA $=$ ∠OAP $= 2\alpha$

$\therefore$ ∠AOP $= \pi - 4\alpha$

즉, $\dfrac{\pi}{2} - \theta = \pi - 4\alpha$ 이므로

$\alpha = \dfrac{\pi}{8} + \dfrac{\theta}{4}$

직각삼각형 PHO에서

$\overline{OH} = \overline{OP}\cos\left(\dfrac{\pi}{2} - \theta\right) = \sin\theta$

$\therefore \overline{AH} = \overline{OA} - \overline{OH} = 1 - \sin\theta$

직각삼각형 AHQ에서

$\overline{HQ} = \overline{AH}\tan\alpha = (1 - \sin\theta)\tan\left(\dfrac{\pi}{8} + \dfrac{\theta}{4}\right)$

한편 이등변삼각형 AOP의 꼭짓점 O에서 선분 AP에 내린 수선의 발을 H′이라 하면

∠POH′ $= \dfrac{1}{2}$ ∠AOP $= \dfrac{\pi}{4} - \dfrac{\theta}{2}$

직각삼각형 PH′O에서

$\overline{PH'} = \overline{OP}\sin\left(\dfrac{\pi}{4} - \dfrac{\theta}{2}\right) = \sin\left(\dfrac{\pi}{4} - \dfrac{\theta}{2}\right)$

$\therefore \overline{AP} = 2\overline{PH'} = 2\sin\left(\dfrac{\pi}{4} - \dfrac{\theta}{2}\right)$

삼각형 AOP에서 ∠OAP의 이등분선이 선분 OP와 만나는 점이 R이므로

$\overline{AO} : \overline{AP} = \overline{OR} : \overline{PR}$

$1 : 2\sin\left(\dfrac{\pi}{4} - \dfrac{\theta}{2}\right) = \overline{OR} : (1 - \overline{OR})$

$2\sin\left(\dfrac{\pi}{4} - \dfrac{\theta}{2}\right) \times \overline{OR} = 1 - \overline{OR}$

$\therefore \overline{OR} = \dfrac{1}{1 + 2\sin\left(\dfrac{\pi}{4} - \dfrac{\theta}{2}\right)}$

$\therefore f(\theta) = \triangle AOR - \triangle AOQ$

$\qquad = \dfrac{1}{2} \times \overline{OA} \times \overline{OR} \times \sin\left(\dfrac{\pi}{2} - \theta\right) - \dfrac{1}{2} \times \overline{OA} \times \overline{HQ}$

$\qquad = \dfrac{1}{2} \times \dfrac{\cos\theta}{1 + 2\sin\left(\dfrac{\pi}{4} - \dfrac{\theta}{2}\right)} - \dfrac{1}{2}(1 - \sin\theta)\tan\left(\dfrac{\pi}{8} + \dfrac{\theta}{4}\right)$

또 직각삼각형 AOS에서 ∠OAS $= \dfrac{\pi}{8} + \dfrac{\theta}{4}$ 이므로

$\overline{OS} = \overline{OA}\tan\left(\dfrac{\pi}{8} + \dfrac{\theta}{4}\right) = \tan\left(\dfrac{\pi}{8} + \dfrac{\theta}{4}\right)$

$\therefore g(\theta) = \triangle POS - \triangle ROS$

$\qquad = \dfrac{1}{2} \times \overline{OP} \times \overline{OS} \times \sin\theta - \dfrac{1}{2} \times \overline{OR} \times \overline{OS} \times \sin\theta$

$\qquad = \dfrac{1}{2} \times \overline{OS} \times \sin\theta \times (\overline{OP} - \overline{OR})$

$\qquad = \dfrac{1}{2}\tan\left(\dfrac{\pi}{8} + \dfrac{\theta}{4}\right)\sin\theta \times \left\{ 1 - \dfrac{1}{1 + 2\sin\left(\dfrac{\pi}{4} - \dfrac{\theta}{2}\right)} \right\}$

$\dfrac{\pi}{2} - \theta = t$ 로 놓으면 $\theta \to \dfrac{\pi}{2}-$ 일 때 $t \to 0+$ 이므로

$\displaystyle\lim_{\theta \to \frac{\pi}{2}-} \dfrac{f(\theta)}{g(\theta)}$

$= \displaystyle\lim_{\theta \to \frac{\pi}{2}-} \dfrac{\dfrac{\cos\theta}{1 + 2\sin\left(\dfrac{\pi}{4} - \dfrac{\theta}{2}\right)} - (1 - \sin\theta)\tan\left(\dfrac{\pi}{8} + \dfrac{\theta}{4}\right)}{\tan\left(\dfrac{\pi}{8} + \dfrac{\theta}{4}\right)\sin\theta \times \left\{ 1 - \dfrac{1}{1 + 2\sin\left(\dfrac{\pi}{4} - \dfrac{\theta}{2}\right)} \right\}}$

$= \displaystyle\lim_{t \to 0+} \dfrac{\dfrac{\cos\left(\dfrac{\pi}{2} - t\right)}{1 + 2\sin\dfrac{t}{2}} - \left\{ 1 - \sin\left(\dfrac{\pi}{2} - t\right) \right\}\tan\left(\dfrac{\pi}{4} - \dfrac{t}{4}\right)}{\tan\left(\dfrac{\pi}{4} - \dfrac{t}{4}\right) \times \sin\left(\dfrac{\pi}{2} - t\right) \times \left(1 - \dfrac{1}{1 + 2\sin\dfrac{t}{2}} \right)}$

$= \displaystyle\lim_{t \to 0+} \dfrac{\dfrac{\sin t}{1 + 2\sin\dfrac{t}{2}} - (1 - \cos t)\tan\left(\dfrac{\pi}{4} - \dfrac{t}{4}\right)}{\tan\left(\dfrac{\pi}{4} - \dfrac{t}{4}\right) \times \cos t \times \dfrac{2\sin\dfrac{t}{2}}{1 + 2\sin\dfrac{t}{2}}}$

$= \displaystyle\lim_{t \to 0+} \dfrac{\sin t}{\tan\left(\dfrac{\pi}{4} - \dfrac{t}{2}\right) \times \cos t \times 2\sin\dfrac{t}{2}}$

$\qquad - \displaystyle\lim_{t \to 0+} \dfrac{(1 - \cos^2 t)\left(1 + 2\sin\dfrac{t}{2}\right)}{2\sin\dfrac{t}{2} \times \cos t(1 + \cos t)}$

$= \displaystyle\lim_{t \to 0+} \left\{ \dfrac{\sin t}{t} \times \dfrac{\dfrac{t}{2}}{\sin\dfrac{t}{2}} \times \dfrac{1}{\tan\left(\dfrac{\pi}{4} - \dfrac{t}{2}\right) \times \cos t} \right\}$

$\qquad - \displaystyle\lim_{t \to 0+} \left\{ \dfrac{\sin^2 t}{t^2} \times \dfrac{\dfrac{t}{2}}{\sin\dfrac{t}{2}} \times \dfrac{t\left(1 + 2\sin\dfrac{t}{2}\right)}{\cos t(1 + \cos t)} \right\}$

$= 1 \times 1 \times 1 - 1^2 \times 1 \times 0 = 1$

05 답 50

$f(x)=x\cos x+a\sin x+b$에서

$f'(x)=\cos x-x\sin x+a\cos x=(1+a)\cos x-x\sin x$

$f'(x)=0$에서 $(1+a)\cos x-x\sin x=0$

$x\sin x=(1+a)\cos x$

이때 $\cos x\neq0$, $x\neq0$이므로

$\dfrac{\sin x}{\cos x}=\dfrac{1+a}{x}$

$\therefore \tan x=\dfrac{a+1}{x}$　　$\cdots\cdots$ ㉠

㈎에서 α, β는 $-\pi<x<\pi$에서 방정식 ㉠을 만족시키는 근이므로 두 함수 $y=\tan x$, $y=\dfrac{a+1}{x}$의 그래프가 $-\pi<x<0$, $0<x<\pi$에서 만나는 두 점의 x좌표가 각각 α, β이다.

이때 두 함수 $y=\tan x$, $y=\dfrac{a+1}{x}$의 그래프는 각각 원점에 대하여 대칭이므로

$\beta=-\alpha$　　$\cdots\cdots$ ㉡

㈏의 $\dfrac{\tan\beta-\tan\alpha}{\beta-\alpha}+\dfrac{\sqrt3}{\beta}=0$에 ㉡을 대입하면

$\dfrac{\tan(-\alpha)-\tan\alpha}{-2\alpha}-\dfrac{\sqrt3}{\alpha}=0$

$\dfrac{-2\tan\alpha}{-2\alpha}=\dfrac{\sqrt3}{\alpha}$, $\tan\alpha=\sqrt3$

$\therefore \alpha=-\dfrac{2}{3}\pi$ $(\because -\pi<\alpha<0)$

이를 ㉡에 대입하면 $\beta=\dfrac{2}{3}\pi$

$\beta=\dfrac{2}{3}\pi$는 방정식 ㉠의 한 근이므로

$\tan\dfrac{2}{3}\pi=\dfrac{a+1}{\dfrac{2}{3}\pi}$, $-\dfrac{2\sqrt3}{3}\pi=a+1$

$\therefore a=-1-\dfrac{2\sqrt3}{3}\pi$　　$\cdots\cdots$ ㉢

$\displaystyle\lim_{x\to0}\dfrac{f(x)-a}{x}=c$에서 $x\to0$일 때 (분모)$\to0$이고 극한값이 존재하므로 (분자)$\to0$이다.

즉, $\displaystyle\lim_{x\to0}\{f(x)-a\}=0$에서

$f(0)=a$　　$\therefore b=a$

따라서 $\displaystyle\lim_{x\to0}\dfrac{f(x)-a}{x}=\lim_{x\to0}\dfrac{f(x)-f(0)}{x}=f'(0)$이므로

$f'(0)=c$

$f'(x)=(1+a)\cos x-x\sin x$에서

$c=a+1$

$\dfrac{\beta-\alpha}{8}=\dfrac{1}{8}\left(\dfrac{2}{3}\pi+\dfrac{2}{3}\pi\right)=\dfrac{\pi}{6}$이므로

$f\left(\dfrac{\beta-\alpha}{8}\right)-c=f\left(\dfrac{\pi}{6}\right)-a-1$

$\qquad=\left(\dfrac{\pi}{6}\times\dfrac{\sqrt3}{2}+\dfrac{1}{2}a+a\right)-a-1$

$\qquad=\dfrac{\sqrt3}{12}\pi+\dfrac{1}{2}a-1$

$\qquad=\dfrac{\sqrt3}{12}\pi+\dfrac{1}{2}\left(-1-\dfrac{2\sqrt3}{3}\pi\right)-1$ $(\because$ ㉢$)$

$\qquad=-\dfrac{3}{2}-\dfrac{\sqrt3}{4}\pi$

따라서 $p=-\dfrac{3}{2}$, $q=-\dfrac{1}{4}$이므로

$40(q-p)=40\times\dfrac{5}{4}=50$

06 답 ⑤

㈎의 $f(e)=e^2$에서

$e^2+ae+b=e^2$

$\therefore b=-ae$

$f(x)=(x^2+ax-ae)\ln x$이므로

$f'(x)=(2x+a)\ln x+(x^2+ax-ae)\times\dfrac{1}{x}$

$\qquad=(2x+a)\ln x+x+a-\dfrac{ae}{x}$

㈎의 $f'(e)=2e$에서

$2e+a+e+a-a=2e$

$\therefore a=-e$

$\therefore f(x)=(x^2-ex+e^2)\ln x$,

$\qquad f'(x)=(2x-e)\ln x+x-e+\dfrac{e^2}{x}$

$h(x)=f^{-1}(x)g(x)$에서

$h'(x)=(f^{-1})'(x)g(x)+f^{-1}(x)g'(x)$

㈎의 $f(e)=e^2$에서

$f^{-1}(e^2)=e$

$\therefore h'(e^2)=(f^{-1})'(e^2)g(e^2)+f^{-1}(e^2)g'(e^2)$

$\qquad=\dfrac{g(e^2)}{f'(f^{-1}(e^2))}+eg'(e^2)$

$\qquad=\dfrac{g(e^2)}{f'(e)}+eg'(e^2)$

$\qquad=\dfrac{g(e^2)}{2e}+eg'(e^2)$　　$\cdots\cdots$ ㉠

㈏의 $g(f(x))=f'(x)$에서 양변에 $x=e$를 대입하면

$g(f(e))=f'(e)$

$\therefore g(e^2)=2e$

㈏의 $g(f(x))=f'(x)$에서 양변을 x에 대하여 미분하면

$g'(f(x))f'(x)=f''(x)$

양변에 $x=e$를 대입하면

$g'(f(e))f'(e)=f''(e)$

$2eg'(e^2)=f''(e)$　　$\cdots\cdots$ ㉡

$f'(x)=(2x-e)\ln x+x-e+\dfrac{e^2}{x}$에서

$f''(x)=2\ln x+(2x-e)\times\dfrac{1}{x}+1-\dfrac{e^2}{x^2}$

$\qquad=2\ln x-\dfrac{e}{x}-\dfrac{e^2}{x^2}+3$

$\therefore f''(e)=2-1-1+3=3$

이를 ㉡에 대입하면

$2eg'(e^2)=3$

$\therefore g'(e^2)=\dfrac{3}{2e}$

따라서 ㉠에서

$h'(e^2)=\dfrac{g(e^2)}{2e}+eg'(e^2)$

$\qquad=\dfrac{2e}{2e}+e\times\dfrac{3}{2e}$

$\qquad=1+\dfrac{3}{2}=\dfrac{5}{2}$

07 답 ①

곡선 $y=\ln(1+e^{2\sqrt{3}x}+e^{-2t})$과 직선 $y=\sqrt{3}x+t$가 만나는 두 점의 좌표를 $(\alpha, \sqrt{3}\alpha+t)$, $(\beta, \sqrt{3}\beta+t)$ $(\alpha<\beta)$라 하면

$f(t)=\sqrt{(\beta-\alpha)^2+3(\beta-\alpha)^2}=2(\beta-\alpha)$ $(\because \alpha<\beta)$

$\ln(1+e^{2\sqrt{3}x}+e^{-2t})=\sqrt{3}x+t$에서

$1+e^{2\sqrt{3}x}+e^{-2t}=e^{\sqrt{3}x+t}$

$\therefore e^{2\sqrt{3}x}-e^{\sqrt{3}x}\times e^{t}+1+e^{-2t}=0$

$e^{\sqrt{3}x}=k\,(k>0)$로 놓으면

$k^2-e^{t}k+1+e^{-2t}=0$

$\therefore k=\dfrac{e^{t}\pm\sqrt{e^{2t}-4e^{-2t}-4}}{2}$

즉, $e^{\sqrt{3}x}=\dfrac{e^{t}\pm\sqrt{e^{2t}-4e^{-2t}-4}}{2}$이므로

$\sqrt{3}x=\ln\dfrac{e^{t}\pm\sqrt{e^{2t}-4e^{-2t}-4}}{2}$

$\therefore x=\dfrac{\sqrt{3}}{3}\ln\dfrac{e^{t}\pm\sqrt{e^{2t}-4e^{-2t}-4}}{2}$

이때 α, β는 방정식 $\ln(1+e^{2\sqrt{3}x}+e^{-2t})=\sqrt{3}x+t$의 서로 다른 두 실근이므로

$\alpha=\dfrac{\sqrt{3}}{3}\ln\dfrac{e^{t}-\sqrt{e^{2t}-4e^{-2t}-4}}{2}$, $\beta=\dfrac{\sqrt{3}}{3}\ln\dfrac{e^{t}+\sqrt{e^{2t}-4e^{-2t}-4}}{2}$

이때 $g(t)=\sqrt{e^{2t}-4e^{-2t}-4}$라 하면

$\alpha=\dfrac{\sqrt{3}}{3}\ln\dfrac{e^{t}-g(t)}{2}$, $\beta=\dfrac{\sqrt{3}}{3}\ln\dfrac{e^{t}+g(t)}{2}$이므로

$f(t)=2(\beta-\alpha)=\dfrac{2\sqrt{3}}{3}[\ln\{e^{t}+g(t)\}-\ln\{e^{t}-g(t)\}]$

$\therefore f'(t)=\dfrac{2\sqrt{3}}{3}\left\{\dfrac{e^{t}+g'(t)}{e^{t}+g(t)}-\dfrac{e^{t}-g'(t)}{e^{t}-g(t)}\right\}$

$\therefore f'\left(\dfrac{\ln 6}{2}\right)=\dfrac{2\sqrt{3}}{3}\left[\dfrac{\sqrt{6}+g'\left(\frac{\ln 6}{2}\right)}{\sqrt{6}+g\left(\frac{\ln 6}{2}\right)}-\dfrac{\sqrt{6}-g'\left(\frac{\ln 6}{2}\right)}{\sqrt{6}-g\left(\frac{\ln 6}{2}\right)}\right]$ ...... ㉠

$g(t)=\sqrt{e^{2t}-4e^{-2t}-4}$에서

$g'(t)=\dfrac{1}{2}(e^{2t}-4e^{-2t}-4)^{-\frac{1}{2}}(2e^{2t}+8e^{-2t})=\dfrac{e^{2t}+4e^{-2t}}{\sqrt{e^{2t}-4e^{-2t}-4}}$이므로

$g\left(\dfrac{\ln 6}{2}\right)=\sqrt{6-4\times\dfrac{1}{6}-4}=\dfrac{2\sqrt{3}}{3}$

$g'\left(\dfrac{\ln 6}{2}\right)=\dfrac{6+4\times\frac{1}{6}}{\sqrt{6-4\times\frac{1}{6}-4}}=\dfrac{10\sqrt{3}}{3}$

이를 ㉠에 대입하면

$f'\left(\dfrac{\ln 6}{2}\right)=\dfrac{2\sqrt{3}}{3}\left(\dfrac{\sqrt{6}+\frac{10\sqrt{3}}{3}}{\sqrt{6}+\frac{2\sqrt{3}}{3}}-\dfrac{\sqrt{6}-\frac{10\sqrt{3}}{3}}{\sqrt{6}-\frac{2\sqrt{3}}{3}}\right)$

$=\dfrac{2\sqrt{3}}{3}\left(\dfrac{3\sqrt{2}+10}{3\sqrt{2}+2}-\dfrac{3\sqrt{2}-10}{3\sqrt{2}-2}\right)$

$=\dfrac{2\sqrt{3}}{3}\times\dfrac{(3\sqrt{2}+10)(3\sqrt{2}-2)-(3\sqrt{2}-10)(3\sqrt{2}+2)}{(3\sqrt{2}+2)(3\sqrt{2}-2)}$

$=\dfrac{2\sqrt{3}}{3}\times\dfrac{24\sqrt{2}}{7}$

$=\dfrac{16\sqrt{6}}{7}$

따라서 $p=7$, $q=16$이므로

$p+q=23$

08 답 1

함수 $h(x)$가 실수 전체의 집합에서 미분가능하면 실수 전체의 집합에서 연속이므로 $x=-1$, $x=0$에서도 연속이다.

(i) 함수 $h(x)$가 $x=-1$에서 연속일 때,

$\displaystyle\lim_{x\to-1+}h(x)=\lim_{x\to-1-}h(x)$이므로

$\displaystyle\lim_{x\to-1+}\left(-\dfrac{1}{\pi}\sin\pi x\right)=\lim_{x\to-1-}f(g^{-1}(x))$

$\therefore f(g^{-1}(-1))=0$

이때 $g(0)=-1$이므로 $g^{-1}(-1)=0$

$\therefore f(0)=0$

(ii) 함수 $h(x)$가 $x=0$에서 연속일 때,

$\displaystyle\lim_{x\to 0+}h(x)=\lim_{x\to 0-}h(x)$이므로

$\displaystyle\lim_{x\to 0+}f(g^{-1}(x))=\lim_{x\to 0-}\left(-\dfrac{1}{\pi}\sin\pi x\right)$

$\therefore f(g^{-1}(0))=0$

이때 $g^{-1}(0)=\alpha$라 하면 $f(\alpha)=0$이므로

$\alpha^3-\alpha=0$, $\alpha(\alpha+1)(\alpha-1)=0$

$\therefore \alpha=-1$ 또는 $\alpha=0$ 또는 $\alpha=1$ ...... ㉠

또 함수 $h(x)$가 $x=-1$, $x=0$에서 미분가능하므로

$h'(x)=\begin{cases} f'(g^{-1}(x))(g^{-1})'(x) & (x<-1 \text{ 또는 } x>0) \\ -\cos\pi x & (-1<x<0) \end{cases}$에서 미분계수

$h'(-1)$, $h'(0)$이 존재한다.

(iii) 미분계수 $h'(-1)$이 존재할 때,

$\displaystyle\lim_{x\to-1+}h'(x)=\lim_{x\to-1-}h'(x)$에서

$\displaystyle\lim_{x\to-1+}(-\cos\pi x)=\lim_{x\to-1-}f'(g^{-1}(x))(g^{-1})'(x)$

$f'(g^{-1}(-1))(g^{-1})'(-1)=1$

$f'(g^{-1}(-1))\times\dfrac{1}{g'(g^{-1}(-1))}=1$

$f'(0)\times\dfrac{1}{g'(0)}=1\,(\because g^{-1}(-1)=0)$

$\therefore f'(0)=g'(0)$

이때 $f'(x)=3x^2-1$, $g'(x)=3ax^2-2x+b$이므로

$b=-1$

(iv) 미분계수 $h'(0)$이 존재할 때,

$\displaystyle\lim_{x\to 0+}h'(x)=\lim_{x\to 0-}h'(x)$에서

$\displaystyle\lim_{x\to 0+}f'(g^{-1}(x))(g^{-1})'(x)=\lim_{x\to 0-}(-\cos\pi x)$

$f'(g^{-1}(0))(g^{-1})'(0)=-1$

$f'(g^{-1}(0))\times\dfrac{1}{g'(g^{-1}(0))}=-1$

$f'(\alpha)\times\dfrac{1}{g'(\alpha)}=-1\,(\because g^{-1}(0)=\alpha)$

$f'(\alpha)=-g'(\alpha)$

$\therefore 3\alpha^2-1=-3a\alpha^2+2\alpha-b$ ...... ㉡

한편 삼차함수 $g(x)$는 역함수가 존재하므로 일대일대응이고,

$g'(0)=-1<0$이므로 x의 값이 증가하면 $g(x)$의 값은 감소한다.

이때 $g^{-1}(0)=\alpha$에서 $g(\alpha)=0$이고, $g(0)=-1$이므로

$g(0)<g(\alpha)$ $\therefore \alpha<0$

따라서 ㉠에서 $\alpha=-1$

$b=-1$, $\alpha=-1$을 ㉡에 대입하면

$3-1=-3a-2+1$, $3a=-3$ $\therefore a=-1$

$\therefore ab=-1\times(-1)=1$

09 답 $\dfrac{7}{2}$

$P(t, 0)$, $Q(s, f(s))$라 하면 곡선 $y=f(x)$ 위의 점 Q에서의 접선과 직선 PQ가 서로 수직이다.

$f(x)=e^x+x+1$에서

$f'(x)=e^x+1$

즉, 점 Q에서의 접선의 기울기는

$f'(s)=e^s+1$

직선 PQ의 기울기는 $\dfrac{f(s)}{s-t}=\dfrac{e^s+s+1}{s-t}$이므로

$(e^s+1)\times\dfrac{e^s+s+1}{s-t}=-1$

$(e^s+1)(e^s+s+1)=t-s$

$\therefore t=(e^s+1)(e^s+s+1)+s$ ……㉠

또 $f(s)$의 값이 $g(t)$이므로

$g(t)=e^s+s+1$ ……㉡

$h(t)=g^{-1}(t)$이므로 $h(2)=k$라 하면 $g^{-1}(2)=k$

$\therefore g(k)=2$

$e^s+s+1=2$를 만족시키는 s의 값은 $s=0$이므로 이때 k의 값은 ㉠에서

$k=(1+1)\times(1+1)=4$

즉, $g(4)=2$, $h(2)=4$이므로

$h'(2)=\dfrac{1}{g'(h(2))}=\dfrac{1}{g'(4)}$ ……㉢

㉡의 양변을 t에 대하여 미분하면

$g'(t)=(e^s+1)\dfrac{ds}{dt}$

이때 ㉠의 양변을 t에 대하여 미분하면

$1=\{e^s(e^s+s+1)+(e^s+1)^2+1\}\dfrac{ds}{dt}$

$\therefore \dfrac{ds}{dt}=\dfrac{1}{e^s(e^s+s+1)+(e^s+1)^2+1}$

$\therefore g'(t)=(e^s+1)\dfrac{ds}{dt}$

$=\dfrac{e^s+1}{e^s(e^s+s+1)+(e^s+1)^2+1}$

$s=0$일 때 $t=4$이므로

$g'(4)=\dfrac{1+1}{2+2^2+1}=\dfrac{2}{7}$

따라서 ㉢에서

$h'(2)=\dfrac{1}{g'(4)}=\dfrac{7}{2}$

10 답 ③

ㄱ. $f(x)=e^{nx}$, $g(x)=\ln\left(\sin\dfrac{\pi}{2}x+2n\right)$에서

$f'(x)=ne^{nx}$, $g'(x)=\dfrac{\dfrac{\pi}{2}\cos\dfrac{\pi}{2}x}{\sin\dfrac{\pi}{2}x+2n}$

$h(x)=g(f(x))$에서 $h'(x)=g'(f(x))f'(x)$이므로

$h'(0)=g'(f(0))f'(0)$

$=ng'(1)=n\times0=0$

ㄴ. $h'(x)=g'(f(x))f'(x)=\dfrac{\dfrac{\pi}{2}\cos\left(\dfrac{\pi}{2}e^{nx}\right)\times ne^{nx}}{\sin\left(\dfrac{\pi}{2}e^{nx}\right)+2n}$

이때 모든 실수 x에서 $ne^{nx}>0$

$x<0$에서 $0<e^{nx}<1$이므로

$0<\dfrac{\pi}{2}e^{nx}<\dfrac{\pi}{2}$

이때 $0<\sin\left(\dfrac{\pi}{2}e^{nx}\right)<1$, $0<\cos\left(\dfrac{\pi}{2}e^{nx}\right)<1$이므로

$2n<\sin\left(\dfrac{\pi}{2}e^{nx}\right)+2n<2n+1$, $0<\dfrac{\pi}{2}\cos\left(\dfrac{\pi}{2}e^{nx}\right)<\dfrac{\pi}{2}$

따라서 $x<0$에서 $h'(x)>0$이므로 함수 $h(x)$는 증가한다.

ㄷ. $n=2$일 때,

$h(x)=\ln\left\{\sin\left(\dfrac{\pi}{2}e^{2x}\right)+4\right\}$

$h'(x)=\dfrac{\pi e^{2x}\cos\left(\dfrac{\pi}{2}e^{2x}\right)}{\sin\left(\dfrac{\pi}{2}e^{2x}\right)+4}$

$h'(x)=0$에서 $\pi e^{2x}\cos\left(\dfrac{\pi}{2}e^{2x}\right)=0$

$\cos\left(\dfrac{\pi}{2}e^{2x}\right)=0$ ($\because e^{2x}>0$)

$0<x<\dfrac{\ln 5}{2}$에서 $\dfrac{\pi}{2}<\dfrac{\pi}{2}e^{2x}<\dfrac{5}{2}\pi$이므로

$\dfrac{\pi}{2}e^{2x}=\dfrac{3}{2}\pi$, $e^{2x}=3$ $\therefore x=\dfrac{\ln 3}{2}$

$0<x<\dfrac{\ln 5}{2}$에서 함수 $h(x)$의 증가와 감소를 표로 나타내면 다음과 같다.

x	0	$\cdots$	$\dfrac{\ln 3}{2}$	$\cdots$	$\dfrac{\ln 5}{2}$
$h'(x)$		$-$	0	$+$	
$h(x)$		$\searrow$	$\ln 3$ 극소	$\nearrow$	

이때 $h(0)=\ln 5$, $h\left(\dfrac{\ln 5}{2}\right)=\ln 5$이므로 함수 $y=h(x)$의 그래프는 그림과 같다.

따라서 $0<x<\dfrac{\ln 5}{2}$에서 함수 $y=h(x)$의 그래프와 직선 $y=\ln 4$가 만나는 점의 개수는 2이므로 방정식 $h(x)=\ln 4$의 서로 다른 실근의 개수는 2이다.

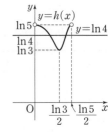

따라서 보기에서 옳은 것은 ㄱ, ㄷ이다.

11 답 $\dfrac{5}{2}$

점 P는 점 A에서 출발하여 호 AB를 따라 점 B를 향해 매초 1의 일정한 속력으로 움직이므로 t초 후의 호 AP의 길이는

t (단, $0<t<\dfrac{\pi}{2}$)

이때 부채꼴 POA의 반지름의 길이가 1이므로 부채꼴의 중심각의 크기를 θ라 하면

$1\times\theta=t$ $\therefore \theta=t$

$\therefore P(\cos t, \sin t)$

직선 OP의 기울기는 $\tan t$이므로 직선 OP의 방정식은

$y=(\tan t)x$

곡선 $y=(x-1)^2$과 직선 $y=(\tan t)x$가 만나는 점 Q의 x좌표를 구하면

$(x-1)^2=(\tan t)x$

$x^2-(2+\tan t)x+1=0$

$\therefore x=\dfrac{2+\tan t\pm\sqrt{\tan^2 t+4\tan t}}{2}$

이때 $0<x<1$이므로

$x=1+\dfrac{1}{2}(\tan t-\sqrt{\tan^2 t+4\tan t})$

$\therefore \dfrac{dx}{dt}=\dfrac{1}{2}\left(\sec^2 t-\dfrac{1}{2}\times\dfrac{2\tan t\sec^2 t+4\sec^2 t}{\sqrt{\tan^2 t+4\tan t}}\right)$

$=\dfrac{1}{2}\sec^2 t\left(1-\dfrac{\tan t+2}{\sqrt{\tan^2 t+4\tan t}}\right)$

또 점 Q는 곡선 $y=(x-1)^2$ 위의 점이므로 점 Q의 y좌표는

$y=\dfrac{1}{4}(\tan t-\sqrt{\tan^2 t+4\tan t})^2$

$\therefore \dfrac{dy}{dt}=\dfrac{1}{4}\times 2(\tan t-\sqrt{\tan^2 t+4\tan t})$

$\times\left(\sec^2 t-\dfrac{1}{2}\times\dfrac{2\tan t\sec^2 t+4\sec^2 t}{\sqrt{\tan^2 t+4\tan t}}\right)$

$=\dfrac{1}{2}\sec^2 t(\tan t-\sqrt{\tan^2 t+4\tan t})\left(1-\dfrac{\tan t+2}{\sqrt{\tan^2 t+4\tan t}}\right)$

점 P의 x좌표가 $\dfrac{\sqrt{5}}{5}$이므로

$\cos t=\dfrac{\sqrt{5}}{5}$　　$\therefore \sec t=\sqrt{5}$

$0<t<\dfrac{\pi}{2}$에서 $\tan t>0$이므로

$\tan t=\sqrt{\sec^2 t-1}=\sqrt{(\sqrt{5})^2-1}=2$

따라서 점 P의 x좌표가 $\dfrac{\sqrt{5}}{5}$일 때의 점 Q의 속도 $\left(\dfrac{dx}{dt},\dfrac{dy}{dt}\right)$가 (a, b)이므로

$a=\dfrac{1}{2}\times(\sqrt{5})^2\times\left(1-\dfrac{2+2}{\sqrt{4+8}}\right)$

$=\dfrac{5}{2}\times\left(1-\dfrac{2\sqrt{3}}{3}\right)$

$=\dfrac{5}{2}-\dfrac{5\sqrt{3}}{3}$

$b=\dfrac{1}{2}\times(\sqrt{5})^2\times(2-\sqrt{4+8})\left(1-\dfrac{2+2}{\sqrt{4+8}}\right)$

$=\dfrac{5}{2}(2-2\sqrt{3})\left(1-\dfrac{2\sqrt{3}}{3}\right)$

$=15-\dfrac{25\sqrt{3}}{3}$

$\therefore b-5a=15-\dfrac{25\sqrt{3}}{3}-5\left(\dfrac{5}{2}-\dfrac{5\sqrt{3}}{3}\right)$

$=15-\dfrac{25}{2}$

$=\dfrac{5}{2}$

12 답 ③

$g(x)=(x+n)e^x$이라 하면

$g'(x)=e^x+(x+n)e^x=(x+n+1)e^x$

접점의 좌표를 $(t, (t+n)e^t)$이라 하면 접선의 기울기는

$g'(t)=(t+n+1)e^t$이므로 접선의 방정식은

$y-(t+n)e^t=(t+n+1)e^t(x-t)$

이 직선이 점 $(a, 0)$을 지나므로

$-(t+n)e^t=(t+n+1)e^t(a-t)$

$t+n=(t+n+1)(t-a)$ $(\because e^t>0)$

$\therefore t^2+(n-a)t-an-n-a=0$ ……㉠

방정식 ㉠의 실근이 접점의 x좌표이므로 방정식 ㉠의 서로 다른 실근의 개수가 $f(n)$이다.

이차방정식 ㉠의 판별식을 D라 하면

$D=(n-a)^2-4(-an-n-a)$

$=n^2+2an+a^2+4n+4a$

$=(n+a)^2+4(n+a)$

$=(n+a)(n+a+4)$

$\therefore f(n)=\begin{cases}2\ (n<-a-4\ 또는\ n>-a)\\1\ (n=-a-4\ 또는\ n=-a)\\0\ (-a-4<n<-a)\end{cases}$

ㄱ. $a=-4$일 때,

$f(n)=\begin{cases}2\ (n<0\ 또는\ n>4)\\1\ (n=0\ 또는\ n=4)\\0\ (0<n<4)\end{cases}$

$\therefore f(0)+f(5)=1+2=3$

ㄴ. $f(n)=0$이려면 $-a-4<n<-a$

이때 a는 정수이므로 정수 n의 값은

$-a-3,\ -a-2,\ -a-1$

모든 정수 n의 값의 합이 3이므로

$-a-3+(-a-2)+(-a-1)=3$

$-3a-6=3$

$\therefore a=-3$

ㄷ. $f(n)$이 가질 수 있는 값은 0, 1, 2뿐이므로 $\displaystyle\sum_{n=1}^{6}f(n)=7$을 만족시키는 경우는 다음과 같다.

(i) $f(1)=0,\ f(2)=0,\ f(3)=1,\ f(4)=2,\ f(5)=2,\ f(6)=2$인 경우

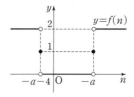

$f(3)=f(-a)=1$이어야 하므로

$3=-a$　　$\therefore a=-3$

(ii) $f(1)=2,\ f(2)=2,\ f(3)=2,\ f(4)=1,\ f(5)=0,\ f(6)=0$인 경우

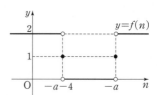

$f(4)=f(-a-4)=1$이어야 하므로

$4=-a-4$　　$\therefore a=-8$

(i), (ii)에서 $a=-8$ 또는 $a=-3$

따라서 모든 정수 a의 값의 합은

$-8+(-3)=-11$

따라서 보기에서 옳은 것은 ㄱ, ㄷ이다.

13 답 4

$-e^{-x-2}\leq ax+b\leq e^x$에서 $f(x)=e^x$, $g(x)=-e^{-x-2}$이라 하면 직선 $y=ax+b$는 두 곡선 $y=f(x)$, $y=g(x)$ 사이에 있거나 두 곡선에 접해야 한다.

그림과 같이 기울기가 a인 직선이 $x=t$인 점에서 곡선 $y=f(x)$에 접하고, $x=s$인 점에서 곡선 $y=g(x)$에 접한다고 하자.

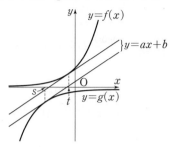

$f(x)=e^x$에서 $f'(x)=e^x$

곡선 $y=f(x)$ 위의 점 (t, e^t)에서의 접선의 기울기는 $f'(t)=e^t$이므로 접선의 방정식은

$y-e^t=e^t(x-t)$

$\therefore y=e^t x+(1-t)e^t$ ...... ㉠

$g(x)=-e^{-x-2}$에서 $g'(x)=e^{-x-2}$

곡선 $y=g(x)$ 위의 점 $(s, -e^{-s-2})$에서의 접선의 기울기는

$g'(s)=e^{-s-2}$이므로 접선의 방정식은

$y+e^{-s-2}=e^{-s-2}(x-s)$

$\therefore y=e^{-s-2}x-(s+1)e^{-s-2}$ ...... ㉡

두 접선 ㉠, ㉡의 기울기가 같으므로 $e^t=e^{-s-2}$에서

$t=-s-2$

$\therefore s=-t-2$

이를 ㉡에 대입하면

$y=e^t x+(t+1)e^t$ ...... ㉢

㉠, ㉢에서

$a=e^t$, $(t+1)e^t \le b \le (1-t)e^t$

$\therefore (t+1)e^{3t} \le a^2 b \le (1-t)e^{3t}$ ...... ㉣

그림과 같이 두 직선 ㉠, ㉢이 일치하면

$(1-t)e^t=(t+1)e^t$

$2te^t=0$

$\therefore t=0$ $(\because e^t>0)$

즉, $t=0$일 때 두 접선이 일치하므로

$t \le 0$

㉣에서 $h(t)=(1-t)e^{3t}$이라 하면

$h'(t)=-e^{3t}+3(1-t)e^{3t}$

$\quad =(2-3t)e^{3t}$

$t \le 0$에서 $h'(t)>0$이므로 함수 $h(t)$는 증가한다.

따라서 함수 $h(t)$는 $t=0$에서 최댓값 1을 가지므로

$M=1$

또 ㉣에서 $k(t)=(t+1)e^{3t}$이라 하면

$k'(t)=e^{3t}+3(t+1)e^{3t}$

$\quad =(3t+4)e^{3t}$

$k'(t)=0$인 t의 값은 $t=-\dfrac{4}{3}$ $(\because e^{3t}>0)$

$t \le 0$에서 함수 $k(t)$의 증가와 감소를 표로 나타내면 다음과 같다.

t	$\cdots$	$-\dfrac{4}{3}$	$\cdots$	0
$k'(t)$	$-$	0	$+$	
$k(t)$	$\searrow$	$-\dfrac{1}{3e^4}$ 극소	$\nearrow$	1

따라서 $t \le 0$일 때 함수 $k(t)$는 $t=-\dfrac{4}{3}$에서 최솟값 $-\dfrac{1}{3e^4}$을 가지므로

$m=-\dfrac{1}{3e^4}$

$\therefore \ln\left|\dfrac{M}{3m}\right|=\ln|-e^4|=4$

14 답 $2\sqrt{11}$

$g(x)=\{4-f(x)\}e^{-f(x)}$에서

$g'(x)=-f'(x)e^{-f(x)}-\{4-f(x)\}e^{-f(x)} \times f'(x)$

$\quad\quad =f'(x)\{f(x)-5\}e^{-f(x)}$

$g'(x)=0$에서

$f'(x)=0$ 또는 $f(x)-5=0$ $(\because e^{-f(x)}>0)$

그림과 같이 이차함수 $y=f(x)$의 그래프의 꼭 짓점의 x좌표를 c, $f(x)-5=0$을 만족시키는 x의 값을 c_1, $c_2(c_1<c_2)$라 하면

$f'(c)=0$, $f(c_1)-5=0$, $f(c_2)-5=0$

$x<c_1$일 때, $f'(x)<0$, $f(x)-5>0$이므로

$g'(x)<0$

$c_1<x<c$일 때, $f'(x)<0$, $f(x)-5<0$이므로 $g'(x)>0$

$c<x<c_2$일 때, $f'(x)>0$, $f(x)-5<0$이므로 $g'(x)<0$

$x<c_2$일 때, $f'(x)>0$, $f(x)-5>0$이므로 $g'(x)>0$

함수 $g(x)$의 증가와 감소를 표로 나타내면 다음과 같다.

x	$\cdots$	c_1	$\cdots$	c	$\cdots$	c_2	$\cdots$
$g'(x)$	$-$	0	$+$	0	$-$	0	$+$
$g(x)$	$\searrow$	극소	$\nearrow$	극대	$\searrow$	극소	$\nearrow$

따라서 함수 $g(x)$는 $x=c$에서 최대이고 $x=c_1$, $x=c_2$에서 최소이므로 ㈎, ㈏에 의하여

$f'(b)=0$, $f(a)-5=0$, $f(a+8)-5=0$ ...... ㉠

이차함수 $f(x)$의 최고차항의 계수를 $k(k>0)$라 하면 ㉠에서 방정식 $f(x)-5=0$의 두 근이 a, $a+8$이므로

$f(x)-5=k(x-a)(x-a-8)$

$\therefore f(x)=k(x-a)(x-a-8)+5$ ...... ㉡

$f'(x)=k(x-a-8)+k(x-a)=2k(x-a-4)$이고, ㉠에서 $f'(b)=0$이므로

$2k(b-a-4)=0$

$b-a-4=0$ $(\because k>0)$

$\therefore a=b-4$

이를 ㉡에 대입하면

$f(x)=k(x-b+4)(x-b-4)+5$

㈏의 $f(b)=-11$에서

$-16k+5=-11$

$-16k=-16$

$\therefore k=1$

$\therefore f(x)=(x-b+4)(x-b-4)+5$

방정식 $f(x)=0$에서

$(x-b+4)(x-b-4)+5=0$

$(x-b)^2=11$

$\therefore x=b-\sqrt{11}$ 또는 $x=b+\sqrt{11}$

따라서 두 근 α, β가 $b-\sqrt{11}$, $b+\sqrt{11}$이므로

$|\alpha-\beta|=|(b-\sqrt{11})-(b+\sqrt{11})|=2\sqrt{11}$

07 여러 가지 적분법

step ① 핵심 문제

|---|---|---|---|
01 0	02 $\dfrac{1}{e^2}+1$	03 $\pi+\dfrac{1}{2}$	04 ⑤
05 $\dfrac{8}{15}$	06 ③	07 1	08 ③	09 35	10 ③
11 2	12 15	13 ③	14 ③	15 $6\ln 2-3$

88~89쪽

01 답 0

$x>0$에서 $0<\dfrac{1}{x+1}<1$이므로

$$f'(x)=\sum_{n=1}^{\infty}\left(\dfrac{1}{x+1}\right)^{n-1}=\dfrac{1}{1-\dfrac{1}{x+1}}=\dfrac{x+1}{x}=1+\dfrac{1}{x}$$

$$\therefore f(x)=\int f'(x)\,dx=\int\left(1+\dfrac{1}{x}\right)dx$$
$$=x+\ln x+C$$

이때 $f(1)=-e$에서

$1+C=-e$　　$\therefore C=-e-1$

따라서 $f(x)=x+\ln x-e-1$이므로

$f(e)=e+1-e-1=0$

02 답 $\dfrac{1}{e^2}+1$

(i) $x<0$일 때,

$$f(x)=\int f'(x)\,dx=\int(e^x-1)\,dx$$
$$=e^x-x+C_1 \quad\text{......... 배점 20\%}$$

(ii) $x>0$일 때,

$$f(x)=\int f'(x)\,dx=\int\dfrac{8^x-2^x}{2^x+1}dx$$
$$=\int\dfrac{2^x(2^x+1)(2^x-1)}{2^x+1}dx=\int(4^x-2^x)\,dx$$
$$=\dfrac{4^x}{\ln 4}-\dfrac{2^x}{\ln 2}+C_2=\dfrac{4^x}{2\ln 2}-\dfrac{2^x}{\ln 2}+C_2$$

이때 $f(1)=\dfrac{1}{2\ln 2}$에서

$$\dfrac{4}{2\ln 2}-\dfrac{2}{\ln 2}+C_2=\dfrac{1}{2\ln 2}\quad\therefore C_2=\dfrac{1}{2\ln 2}$$

$$\therefore f(x)=\dfrac{4^x}{2\ln 2}-\dfrac{2^x}{\ln 2}+\dfrac{1}{2\ln 2}\quad\text{......... 배점 40\%}$$

(i), (ii)에서

$$f(x)=\begin{cases} e^x-x+C_1 & (x<0) \\ \dfrac{4^x}{2\ln 2}-\dfrac{2^x}{\ln 2}+\dfrac{1}{2\ln 2} & (x>0) \end{cases}$$

함수 $f(x)$가 실수 전체의 집합에서 연속이면 $x=0$에서도 연속이므로

$\lim\limits_{x\to 0+}f(x)=\lim\limits_{x\to 0-}f(x)$에서

$$\lim_{x\to 0+}\left(\dfrac{4^x}{2\ln 2}-\dfrac{2^x}{\ln 2}+\dfrac{1}{2\ln 2}\right)=\lim_{x\to 0-}(e^x-x+C_1)$$

$$\dfrac{1}{2\ln 2}-\dfrac{1}{\ln 2}+\dfrac{1}{2\ln 2}=1+C_1\quad\therefore C_1=-1 \quad\text{......... 배점 30\%}$$

따라서 $x<0$에서 $f(x)=e^x-x-1$이므로

$$f(-2)=\dfrac{1}{e^2}+2-1=\dfrac{1}{e^2}+1 \quad\text{......... 배점 10\%}$$

03 답 $\pi+\dfrac{1}{2}$

$$f(x)=\int\dfrac{\sin^2 x}{1-\cos x}dx=\int\dfrac{1-\cos^2 x}{1-\cos x}dx$$
$$=\int\dfrac{(1+\cos x)(1-\cos x)}{1-\cos x}dx=\int(1+\cos x)\,dx$$
$$=x+\sin x+C$$

$f(x)\le x$에서 $x+\sin x+C\le x$　　$\therefore \sin x\le -C$

$0<x<2\pi$에서 이를 만족시키는 x의 값의 범위가 $\dfrac{7}{6}\pi\le x\le\dfrac{11}{6}\pi$이므로

$$-C=-\dfrac{1}{2}\quad\therefore C=\dfrac{1}{2}$$

따라서 $f(x)=x+\sin x+\dfrac{1}{2}$이므로

$$f(\pi)=\pi+0+\dfrac{1}{2}=\pi+\dfrac{1}{2}$$

비법 NOTE

삼각함수를 포함하는 피적분함수가 간단히 적분되지 않으면 다음과 같은 삼각함수 사이의 관계, 삼각함수의 덧셈정리 등을 이용하여 피적분함수를 변형한 후 구한다.

• $\sin^2 x+\cos^2 x=1$, $1+\tan^2 x=\sec^2 x$, $1+\cot^2 x=\csc^2 x$
• $\sin(\alpha\pm\beta)=\sin\alpha\cos\beta\pm\cos\alpha\sin\beta$ (복부호 동순)
　$\cos(\alpha\pm\beta)=\cos\alpha\cos\beta\mp\sin\alpha\sin\beta$ (복부호 동순)
　$\tan(\alpha\pm\beta)=\dfrac{\tan\alpha\pm\tan\beta}{1\mp\tan\alpha\tan\beta}$ (복부호 동순)

04 답 ⑤

$\sqrt{x-1}\,f'(x)=3x-4$에서 $f'(x)=\dfrac{3x-4}{\sqrt{x-1}}$

$$\therefore f(x)=\int f'(x)\,dx=\int\dfrac{3x-4}{\sqrt{x-1}}dx$$

$x-1=t$로 놓으면 $1=\dfrac{dt}{dx}$이므로

$$f(x)=\int\dfrac{3x-4}{\sqrt{x-1}}dx=\int\dfrac{3(t+1)-4}{\sqrt{t}}dt$$
$$=\int\dfrac{3t-1}{\sqrt{t}}dt=\int\left(3t^{\frac{1}{2}}-t^{-\frac{1}{2}}\right)dt$$
$$=2t^{\frac{3}{2}}-2t^{\frac{1}{2}}+C=2(x-1)^{\frac{3}{2}}-2(x-1)^{\frac{1}{2}}+C$$

$$\therefore f(5)-f(2)=(2\times 8-2\times 2+C)-(2-2+C)=12$$

05 답 $\dfrac{8}{15}$

$$f(x)=\int(-\cos x+\cos^5 x)\,dx=\int\cos x(\cos^4 x-1)\,dx$$
$$=\int\cos x\{(1-\sin^2 x)^2-1\}\,dx$$
$$=\int\cos x(\sin^4 x-2\sin^2 x)\,dx$$

$\sin x=t$로 놓으면 $\cos x=\dfrac{dt}{dx}$이므로

$$f(x)=\int\cos x(\sin^4 x-2\sin^2 x)\,dx=\int(t^4-2t^2)\,dt$$
$$=\dfrac{1}{5}t^5-\dfrac{2}{3}t^3+C=\dfrac{1}{5}\sin^5 x-\dfrac{2}{3}\sin^3 x+C$$

이때 $f(0)=1$에서 $C=1$

따라서 $f(x)=\dfrac{1}{5}\sin^5 x-\dfrac{2}{3}\sin^3 x+1$이므로

$$f\left(\dfrac{\pi}{2}\right)=\dfrac{1}{5}-\dfrac{2}{3}+1=\dfrac{8}{15}$$

06 답 ③

$f'(x)=\dfrac{4x-5}{x^2-x-2}$에서

$f(x)=\displaystyle\int f'(x)\,dx=\int\dfrac{4x-5}{x^2-x-2}\,dx$

이때 $x^2-x-2=(x+1)(x-2)$이므로

$\dfrac{4x-5}{x^2-x-2}=\dfrac{A}{x+1}+\dfrac{B}{x-2}$ (A, B는 상수)로 놓으면

$\dfrac{4x-5}{x^2-x-2}=\dfrac{(A+B)x-2A+B}{(x+1)(x-2)}$

따라서 $A+B=4$, $-2A+B=-5$이므로 두 식을 연립하여 풀면

$A=3$, $B=1$

$\therefore f(x)=\displaystyle\int\dfrac{4x-5}{x^2-x-2}\,dx$

$\qquad=\displaystyle\int\left(\dfrac{3}{x+1}+\dfrac{1}{x-2}\right)dx$

$\qquad=3\ln|x+1|+\ln|x-2|+C$

이때 $f(0)=0$에서

$\ln 2+C=0$ $\quad\therefore C=-\ln 2$

따라서 $f(x)=3\ln|x+1|+\ln|x-2|-\ln 2$이므로

$f(1)=3\ln 2-\ln 2=2\ln 2$

07 답 1

$f'(x)=\sin(\ln x)$에서

$f(x)=\displaystyle\int f'(x)\,dx=\int\sin(\ln x)\,dx$

$\ln x=t$로 놓으면 $x=e^t$이고 $1=e^t\dfrac{dt}{dx}$이므로

$f(x)=\displaystyle\int\sin(\ln x)\,dx=\int e^t\sin t\,dt$

$g(t)=\sin t$, $h'(t)=e^t$이라 하면 $g'(t)=\cos t$, $h(t)=e^t$이므로

$\displaystyle\int e^t\sin t\,dt=e^t\sin t-\int e^t\cos t\,dt$ $\quad\cdots\cdots$ ㉠

$\displaystyle\int e^t\cos t\,dt$에서 $u(t)=\cos t$, $v'(t)=e^t$이라 하면 $u'(t)=-\sin t$, $v(t)=e^t$이므로

$\displaystyle\int e^t\cos t\,dt=e^t\cos t+\int e^t\sin t\,dt$

이를 ㉠에 대입하면

$\displaystyle\int e^t\sin t\,dt=e^t\sin t-\left(e^t\cos t+\int e^t\sin t\,dt\right)$

$2\displaystyle\int e^t\sin t\,dt=e^t(\sin t-\cos t)$

$\therefore \displaystyle\int e^t\sin t\,dt=\dfrac{1}{2}e^t(\sin t-\cos t)+C$

$\therefore f(x)=\displaystyle\int e^t\sin t\,dt$

$\qquad=\dfrac{1}{2}e^t(\sin t-\cos t)+C$

$\qquad=\dfrac{1}{2}x\{\sin(\ln x)-\cos(\ln x)\}+C$

이때 $f(1)=\dfrac{1}{2}$에서

$\dfrac{1}{2}(0-1)+C=\dfrac{1}{2}$ $\quad\therefore C=1$

따라서 $f(x)=\dfrac{1}{2}x\{\sin(\ln x)-\cos(\ln x)\}+1$이므로

$f(e^{\frac{\pi}{4}})=\dfrac{1}{2}e^{\frac{\pi}{4}}\left(\dfrac{\sqrt2}{2}-\dfrac{\sqrt2}{2}\right)+1=1$

08 답 ③

$f(|x-2|)=\begin{cases}\sqrt{-x+2} & (x\le 2)\\ \sqrt{x-2} & (x\ge 2)\end{cases}$이므로

$\displaystyle\int_0^3 f(|x-2|)\,dx=\int_0^2\sqrt{-x+2}\,dx+\int_2^3\sqrt{x-2}\,dx$

$\qquad=\left[-\dfrac{2}{3}(-x+2)^{\frac{3}{2}}\right]_0^2+\left[\dfrac{2}{3}(x-2)^{\frac{3}{2}}\right]_2^3$

$\qquad=\dfrac{4\sqrt2}{3}+\dfrac{2}{3}=\dfrac{4\sqrt2+2}{3}$

09 답 35

$\displaystyle\int_0^{\frac{\pi}{6}}(1-\tan^4 x)\,dx=\int_0^{\frac{\pi}{6}}(1+\tan^2 x)(1-\tan^2 x)\,dx$

$\qquad=\displaystyle\int_0^{\frac{\pi}{6}}\sec^2 x(1-\tan^2 x)\,dx$

$\tan x=t$로 놓으면 $\sec^2 x=\dfrac{dt}{dx}$이고 $x=0$일 때 $t=0$, $x=\dfrac{\pi}{6}$일 때 $t=\dfrac{\sqrt3}{3}$이므로

$\displaystyle\int_0^{\frac{\pi}{6}}(1-\tan^4 x)\,dx=\int_0^{\frac{\pi}{6}}\sec^2 x(1-\tan^2 x)\,dx$

$\qquad=\displaystyle\int_0^{\frac{\sqrt3}{3}}(1-t^2)\,dt$

$\qquad=\left[t-\dfrac{1}{3}t^3\right]_0^{\frac{\sqrt3}{3}}=\dfrac{8\sqrt3}{27}$

따라서 $p=27$, $q=8$이므로

$p+q=35$

10 답 ③

$x=2\sin\theta\left(-\dfrac{\pi}{2}\le\theta\le\dfrac{\pi}{2}\right)$라 하면 $1=2\cos\theta\dfrac{d\theta}{dx}$이고 $x=0$일 때 $\theta=0$, $x=\sqrt3$일 때 $\theta=\dfrac{\pi}{3}$이므로

$\displaystyle\int_0^{\sqrt3}\dfrac{1}{\sqrt{4-x^2}}\,dx=\int_0^{\frac{\pi}{3}}\dfrac{2\cos\theta}{\sqrt{4-4\sin^2\theta}}\,d\theta$

$\qquad=\displaystyle\int_0^{\frac{\pi}{3}}\dfrac{2\cos\theta}{2\sqrt{1-\sin^2\theta}}\,d\theta$

$\qquad=\displaystyle\int_0^{\frac{\pi}{3}}\dfrac{\cos\theta}{\sqrt{\cos^2\theta}}\,d\theta$

$\qquad=\displaystyle\int_0^{\frac{\pi}{3}}\,d\theta$

$\qquad=\left[\theta\right]_0^{\frac{\pi}{3}}=\dfrac{\pi}{3}$

11 답 2

$u(x)=\ln x$, $v'(x)=f'(x)$라 하면 $u'(x)=\dfrac{1}{x}$, $v(x)=f(x)$이므로

$\displaystyle\int_1^e f'(x)\ln x\,dx=\left[f(x)\ln x\right]_1^e-\int_1^e\dfrac{f(x)}{x}\,dx$

$\qquad=f(e)-\displaystyle\int_1^e\dfrac{f(x)}{x}\,dx$

$\qquad=3-\displaystyle\int_1^e\dfrac{f(x)}{x}\,dx$

즉, $3-\displaystyle\int_1^e\dfrac{f(x)}{x}\,dx=1$이므로

$\displaystyle\int_1^e\dfrac{f(x)}{x}\,dx=2$

12 답 15

$\int_0^1 e^t f(t)\,dt = a\,(a$는 상수$)$로 놓으면 $f(x) = x^2 + a$

$\int_0^1 e^t f(t)\,dt = a$에서 $\int_0^1 (t^2 + a)e^t\,dt = a$

$g(t) = t^2 + a$, $h'(t) = e^t$이라 하면 $g'(t) = 2t$, $h(t) = e^t$이므로

$\int_0^1 (t^2 + a)e^t\,dt = \left[(t^2 + a)e^t\right]_0^1 - \int_0^1 2te^t\,dt$

$\qquad\qquad\qquad\quad = (1+a)e - a - 2\int_0^1 te^t\,dt \quad \cdots\cdots \ \ominus$

$\int_0^1 te^t\,dt$에서 $u(t) = t$, $v'(t) = e^t$이라 하면 $u'(t) = 1$, $v(t) = e^t$이므로

$\int_0^1 te^t\,dt = \left[te^t\right]_0^1 - \int_0^1 e^t\,dt$

$\qquad\qquad = e - \left[e^t\right]_0^1 = e - (e-1) = 1$

이를 $\ominus$에 대입하면

$\int_0^1 (t^2 + a)e^t\,dt = (1+a)e - a - 2$

즉, $(1+a)e - a - 2 = a$이므로

$(e-2)a = -e + 2$ $\qquad \therefore a = -1$

따라서 $f(x) = x^2 - 1$이므로

$f(-4) = 16 - 1 = 15$

13 답 ③

$\int_0^{\ln t} f(x)\,dx = (t\ln t + a)^2 - a$의 양변에 $t=1$을 대입하면

$0 = a^2 - a$, $a(a-1) = 0$

$\therefore a = 1 \ (\because a \neq 0)$

따라서 $\int_0^{\ln t} f(x)\,dx = (t\ln t + 1)^2 - 1$의 양변을 t에 대하여 미분하면

$f(\ln t) \times \dfrac{1}{t} = 2(t\ln t + 1) \times \left(\ln t + t \times \dfrac{1}{t}\right)$

$f(\ln t) = 2t(t\ln t + 1)(\ln t + 1) \quad \cdots\cdots \ \ominus$

$\ln t = 1$인 t의 값은 $t = e$

$\ominus$의 양변에 $t = e$를 대입하면

$f(1) = 2e(e+1) \times 2 = 4e^2 + 4e$

> **비법 NOTE**
>
> 함수 $f(x)$의 한 부정적분을 $F(x)$라 하면
>
> $\dfrac{d}{dt}\displaystyle\int_a^{g(t)} f(x)\,dx = \dfrac{d}{dt}\{F(g(t)) - F(a)\}$
>
> $\qquad\qquad\qquad\quad = F'(g(t))g'(t)$
>
> $\qquad\qquad\qquad\quad = f(g(t))g'(t)$

14 답 ③

$f(x) = \displaystyle\int_0^x \dfrac{2t-1}{t^2 - t + 1}\,dt$의 양변을 x에 대하여 미분하면

$f'(x) = \dfrac{2x-1}{x^2 - x + 1}$

$f'(x) = 0$인 x의 값은 $x = \dfrac{1}{2}$

함수 $f(x)$의 증가와 감소를 표로 나타내면 다음과 같다.

x	$\cdots$	$\dfrac{1}{2}$	$\cdots$
$f'(x)$	$-$	0	$+$
$f(x)$	$\searrow$	극소	$\nearrow$

따라서 함수 $f(x)$는 $x = \dfrac{1}{2}$에서 최솟값 $f\left(\dfrac{1}{2}\right)$을 가지므로

$f\left(\dfrac{1}{2}\right) = \displaystyle\int_0^{\frac{1}{2}} \dfrac{2t-1}{t^2 - t + 1}\,dt = \int_0^{\frac{1}{2}} \dfrac{(t^2 - t + 1)'}{t^2 - t + 1}\,dt$

$\qquad\quad = \left[\ln(t^2 - t + 1)\right]_0^{\frac{1}{2}} = \ln\dfrac{3}{4}$

15 답 $6\ln 2 - 3$

함수 $f(x)$의 한 부정적분을 $F(x)$라 하면

$\displaystyle\lim_{h \to 0} \dfrac{1}{h} \int_{2-2h}^{2+h} f(x)\,dx$

$= \displaystyle\lim_{h \to 0} \dfrac{F(2+h) - F(2-2h)}{h}$

$= \displaystyle\lim_{h \to 0} \dfrac{F(2+h) - F(2) - F(2-2h) + F(2)}{h}$

$= \displaystyle\lim_{h \to 0} \dfrac{F(2+h) - F(2)}{h} + \lim_{h \to 0} \dfrac{F(2-2h) - F(2)}{-2h} \times 2$

$= F'(2) + 2F'(2) = 3F'(2)$

$= 3f(2)$ $\qquad\qquad\qquad\qquad\qquad\quad$ ···· 배점 40%

$f'(x) = x\ln x$에서

$f(x) = \displaystyle\int f'(x)\,dx = \int x\ln x\,dx$

$u(x) = \ln x$, $v'(x) = x$라 하면 $u'(x) = \dfrac{1}{x}$, $v(x) = \dfrac{1}{2}x^2$이므로

$f(x) = \displaystyle\int x\ln x\,dx = \dfrac{1}{2}x^2\ln x - \int \dfrac{1}{2}x\,dx$

$\qquad = \dfrac{1}{2}x^2\ln x - \dfrac{1}{4}x^2 + C$ $\qquad\qquad$ ···· 배점 40%

이때 $f(1) = -\dfrac{1}{4}$에서 $-\dfrac{1}{4} + C = -\dfrac{1}{4}$ $\qquad \therefore C = 0$ ···· 배점 10%

따라서 $f(x) = \dfrac{1}{2}x^2\ln x - \dfrac{1}{4}x^2$이므로

$\displaystyle\lim_{h \to 0} \dfrac{1}{h} \int_{2-2h}^{2+h} f(x)\,dx = 3f(2) = 3(2\ln 2 - 1) = 6\ln 2 - 3$ ···· 배점 10%

---

step ② 고난도 문제 | 90~94쪽

01 ②	02 ④	03 $\dfrac{5}{2}$	04 ⑤	05 ①	06 0
07 $\dfrac{e^9}{6}$	08 ②	09 $\dfrac{1}{2}$	10 72	11 ①	12 -2
13 ②	14 52	15 0	16 $1 + \dfrac{3}{\pi}$		17 $\dfrac{16}{15}$
18 ③	19 $\dfrac{4}{3} - 2\sqrt{3}$		20 ⑤	21 $\dfrac{\pi}{12\ln 3}$	
22 ①	23 105	24 ②	25 $3e^2 + 3$		26 4
27 2	28 $6e$	29 ⑤			

01 답 ②

$x > 0$일 때, $f'(x) = 2 - \dfrac{3}{x^2}$에서

$f(x) = \displaystyle\int f'(x)\,dx = \int \left(2 - \dfrac{3}{x^2}\right)dx$

$\qquad = \displaystyle\int (2 - 3x^{-2})\,dx = 2x + \dfrac{3}{x} + C_1$

이때 $f(1)=5$에서

$2+3+C_1=5$ $\therefore C_1=0$

$\therefore f(x)=2x+\dfrac{3}{x}$ (단, $x>0$)

㈎에서 $x<0$일 때,

$g'(x)=f'(-x)=2-\dfrac{3}{(-x)^2}=2-\dfrac{3}{x^2}$

$\therefore g(x)=\int g'(x)\,dx=\int\left(2-\dfrac{3}{x^2}\right)dx=2x+\dfrac{3}{x}+C_2$

㈏의 $f(2)+g(-2)=9$에서

$\left(4+\dfrac{3}{2}\right)+\left(-4-\dfrac{3}{2}+C_2\right)=9$ $\therefore C_2=9$

따라서 $x<0$에서 $g(x)=2x+\dfrac{3}{x}+9$이므로

$g(-3)=-6-1+9=2$

02 답 ④

$f'(x)=e^{-x}+e^{-2x}$에서

$f(x)=\int f'(x)\,dx=\int(e^{-x}+e^{-2x})\,dx$

$\qquad=\dfrac{e^{-x}}{\ln e^{-1}}+\dfrac{e^{-2x}}{\ln e^{-2}}+C=-e^{-x}-\dfrac{1}{2}e^{-2x}+C$

$\therefore f'(n)+f(n)=e^{-n}+e^{-2n}+\left(-e^{-n}-\dfrac{1}{2}e^{-2n}+C\right)$

$\qquad\qquad\qquad\quad=\dfrac{1}{2}e^{-2n}+C$

$\displaystyle\sum_{n=1}^{\infty}\{f'(n)+f(n)\}$의 값이 존재하므로

$\displaystyle\lim_{n\to\infty}\{f'(n)+f(n)\}=0$

$\displaystyle\lim_{n\to\infty}\left(\dfrac{1}{2}e^{-2n}+C\right)=0$ $\therefore C=0\left(\because 0<\dfrac{1}{e^2}<1\right)$

$\therefore a=\displaystyle\sum_{n=1}^{\infty}\{f'(n)+f(n)\}=\sum_{n=1}^{\infty}\dfrac{1}{2}e^{-2n}=\dfrac{1}{2}\sum_{n=1}^{\infty}\left(\dfrac{1}{e^2}\right)^n$

$\qquad=\dfrac{1}{2}\times\dfrac{\dfrac{1}{e^2}}{1-\dfrac{1}{e^2}}=\dfrac{1}{2e^2-2}$

03 답 $\dfrac{5}{2}$

$f(x)=t$로 놓으면 $x=g(t)$이므로 $f'(f(x))+\dfrac{1}{f'(x)}=\dfrac{1}{\{f(x)\}^2}$에서

$f'(t)+\dfrac{1}{f'(g(t))}=\dfrac{1}{t^2}$

역함수의 미분법에 의하여 $\dfrac{1}{f'(g(t))}=g'(t)$이므로

$f'(t)+g'(t)=\dfrac{1}{t^2}$ ························· 배점 **40%**

즉, $\int\{f'(t)+g'(t)\}\,dt=\int t^{-2}\,dt$이므로

$f(t)+g(t)=-\dfrac{1}{t}+C$

양변에 $t=1$을 대입하면

$f(1)+g(1)=-1+C$

이때 $f(1)=1$에서 $g(1)=1$이므로

$1+1=-1+C$ $\therefore C=3$ ·············· 배점 **40%**

따라서 $f(t)+g(t)=-\dfrac{1}{t}+3$이므로

$f(2)+g(2)=-\dfrac{1}{2}+3=\dfrac{5}{2}$ ·············· 배점 **20%**

04 답 ⑤

$f(x)=\displaystyle\int\sec x\,dx=\int\dfrac{1}{\cos x}\,dx$

$\qquad=\displaystyle\int\dfrac{\cos x}{\cos^2 x}\,dx=\int\dfrac{\cos x}{1-\sin^2 x}\,dx$

$\sin x=t$로 놓으면 $\cos x=\dfrac{dt}{dx}$이므로

$f(x)=\displaystyle\int\dfrac{\cos x}{1-\sin^2 x}\,dx=\int\dfrac{1}{1-t^2}\,dt$

$\qquad=-\displaystyle\int\dfrac{1}{(t+1)(t-1)}\,dt=\int\dfrac{1}{2}\left(\dfrac{1}{t+1}-\dfrac{1}{t-1}\right)dt$

$\qquad=\dfrac{1}{2}(\ln|t+1|-\ln|t-1|)+C$

$\qquad=\dfrac{1}{2}\ln\left|\dfrac{t+1}{t-1}\right|+C=\dfrac{1}{2}\ln\left|\dfrac{\sin x+1}{\sin x-1}\right|+C$

이때 $f(0)=\dfrac{\ln 2}{2}$에서 $C=\dfrac{\ln 2}{2}$

따라서 $f(x)=\dfrac{1}{2}\ln\left|\dfrac{\sin x+1}{\sin x-1}\right|+\dfrac{\ln 2}{2}$이므로

$f\left(\dfrac{\pi}{6}\right)=\dfrac{1}{2}\ln\left|\dfrac{\dfrac{1}{2}+1}{\dfrac{1}{2}-1}\right|+\dfrac{\ln 2}{2}=\dfrac{\ln 3}{2}+\dfrac{\ln 2}{2}=\dfrac{\ln 6}{2}$

다른 풀이

$f(x)=\displaystyle\int\sec x\,dx=\int\dfrac{\sec x(\tan x+\sec x)}{\tan x+\sec x}\,dx$

$\qquad=\displaystyle\int\dfrac{\sec^2 x+\sec x\tan x}{\tan x+\sec x}\,dx=\int\dfrac{(\tan x+\sec x)'}{\tan x+\sec x}\,dx$

$\qquad=\ln|\tan x+\sec x|+C$

이때 $f(0)=\dfrac{\ln 2}{2}$에서 $C=\dfrac{\ln 2}{2}$

따라서 $f(x)=\ln|\tan x+\sec x|+\dfrac{\ln 2}{2}$이므로

$f\left(\dfrac{\pi}{6}\right)=\ln\left|\dfrac{\sqrt{3}}{3}+\dfrac{2\sqrt{3}}{3}\right|+\dfrac{\ln 2}{2}=\dfrac{\ln 3}{2}+\dfrac{\ln 2}{2}=\dfrac{\ln 6}{2}$

05 답 ①

$F(x)=\displaystyle\int f(x)\,dx=\int\dfrac{1-2f\left(\dfrac{1}{x}\right)}{x^2}\,dx$

$\qquad=\displaystyle\int\dfrac{1}{x^2}\left\{1-2f\left(\dfrac{1}{x}\right)\right\}dx$

$\dfrac{1}{x}=t$로 놓으면 $-\dfrac{1}{x^2}=\dfrac{dt}{dx}$이므로

$F(x)=\displaystyle\int\dfrac{1}{x^2}\left\{1-2f\left(\dfrac{1}{x}\right)\right\}dx$

$\qquad=\displaystyle\int\{-1+2f(t)\}\,dt$

$\qquad=-t+2F(t)+C$

$\qquad=-\dfrac{1}{x}+2F\left(\dfrac{1}{x}\right)+C$

$F(x)=-\dfrac{1}{x}+2F\left(\dfrac{1}{x}\right)+C$의 양변에 $x=1$을 대입하면

$F(1)=-1+2F(1)+C$

이때 $F(1)=1$에서

$1=-1+2+C$ $\therefore C=0$

따라서 $F(x)=-\dfrac{1}{x}+2F\left(\dfrac{1}{x}\right)$이므로

$F(-1)=1+2F(-1)$

$\therefore F(-1)=-1$

06 답 0

$xf(x)f'(x)=3(\ln x)^2+1$에서

$f(x)f'(x)=\dfrac{1}{x}\{3(\ln x)^2+1\}$

$2f(x)f'(x)=\dfrac{2}{x}\{3(\ln x)^2+1\}$

$[\{f(x)\}^2]'=\dfrac{2}{x}\{3(\ln x)^2+1\}$

$\therefore \{f(x)\}^2=\displaystyle\int \dfrac{2}{x}\{3(\ln x)^2+1\}\,dx$

$\ln x=t$로 놓으면 $\dfrac{1}{x}=\dfrac{dt}{dx}$이므로

$\{f(x)\}^2=\displaystyle\int \dfrac{2}{x}\{3(\ln x)^2+1\}\,dx=\int 2(3t^2+1)\,dt$

$\qquad\quad=\displaystyle\int (6t^2+2)\,dt=2t^3+2t+C$

$\qquad\quad=2(\ln x)^3+2\ln x+C$

$\{f(x)\}^2=2(\ln x)^3+2\ln x+C$의 양변에 $x=1$을 대입하면

$\{f(1)\}^2=C$

이때 $f(1)=2$에서 $C=4$

따라서 $\{f(x)\}^2=2(\ln x)^3+2\ln x+4$이므로

$\left\{f\left(\dfrac{1}{e}\right)\right\}^2=-2-2+4=0 \qquad \therefore f\left(\dfrac{1}{e}\right)=0$

07 답 $\dfrac{e^9}{6}$

㈔의 $\displaystyle\int \ln f'(x)\,dx=\int \ln(x+1)\,dx+x^3+3x^2$의 양변을 x에 대하여 미분하면

$\ln f'(x)=\ln(x+1)+3x^2+6x$

$\ln \dfrac{f'(x)}{x+1}=3x^2+6x$, $\dfrac{f'(x)}{x+1}=e^{3x^2+6x}$

$\therefore f'(x)=(x+1)e^{3x^2+6x}$

$\therefore f(x)=\displaystyle\int f'(x)\,dx=\int (x+1)e^{3x^2+6x}\,dx$

$3x^2+6x=t$로 놓으면 $6x+6=\dfrac{dt}{dx}$이므로

$f(x)=\displaystyle\int (x+1)e^{3x^2+6x}\,dx=\int \dfrac{1}{6}e^t\,dt$

$\qquad\quad=\dfrac{1}{6}e^t+C=\dfrac{1}{6}e^{3x^2+6x}+C$

$x\geq 0$일 때, $3x^2+6x=3(x+1)^2-3$은 $x=0$에서 최솟값 0을 가지므로 함수 $f(x)$는 $x=0$에서 최솟값 $\dfrac{1}{6}+C$를 갖는다.

즉, ㈎에서 $\dfrac{1}{6}+C=\dfrac{1}{6}$이므로 $C=0$

따라서 $f(x)=\dfrac{1}{6}e^{3x^2+6x}$이므로

$f(1)=\dfrac{e^9}{6}$

08 답 ②

$3\{f(x)\}^2f'(x)=\{f(3x-1)\}^2f'(3x-1)$에서

$\displaystyle\int 3\{f(x)\}^2f'(x)\,dx=\int \{f(3x-1)\}^2f'(3x-1)\,dx \qquad \cdots\cdots\ \bigcirc$

㉠의 좌변에서 $f(x)=t$로 놓으면 $f'(x)=\dfrac{dt}{dx}$이므로

$\displaystyle\int 3\{f(x)\}^2f'(x)\,dx=\int 3t^2\,dt=t^3+C_1=\{f(x)\}^3+C_1$

㉠의 우변에서 $f(3x-1)=s$로 놓으면 $3f'(3x-1)=\dfrac{ds}{dx}$이므로

$\displaystyle\int \{f(3x-1)\}^2f'(3x-1)\,dx=\int \dfrac{1}{3}s^2\,ds=\dfrac{1}{9}s^3+C_2$

$\qquad\qquad\qquad\qquad\qquad=\dfrac{1}{9}\{f(3x-1)\}^3+C_2$

즉, $\{f(x)\}^3+C_1=\dfrac{1}{9}\{f(3x-1)\}^3+C_2$이므로

$9\{f(x)\}^3=\{f(3x-1)\}^3+C_3 \qquad \cdots\cdots\ \bigcirc\!\!\!\!\bigcirc$

㉡의 양변에 $x=-\dfrac{1}{3}$을 대입하면

$9\left\{f\left(-\dfrac{1}{3}\right)\right\}^3=\{f(-2)\}^3+C_3$

이때 $f\left(-\dfrac{1}{3}\right)=\dfrac{1}{3}$에서

$9\times\left(\dfrac{1}{3}\right)^3=\{f(-2)\}^3+C_3$

$\therefore \{f(-2)\}^3=\dfrac{1}{3}-C_3 \qquad \cdots\cdots\ \bigcirc\!\!\!\!\bigcirc$

㉡의 양변에 $x=-2$를 대입하면

$9\{f(-2)\}^3=\{f(-7)\}^3+C_3$

$9\left(\dfrac{1}{3}-C_3\right)=\{f(-7)\}^3+C_3 (\because\ \bigcirc\!\!\!\!\bigcirc)$

$\therefore \{f(-7)\}^3=3-10C_3 \qquad \cdots\cdots\ \bigcirc\!\!\!\!\bigcirc$

㉡의 양변에 $x=-7$을 대입하면

$9\{f(-7)\}^3=\{f(-22)\}^3+C_3$

$9(3-10C_3)=\{f(-22)\}^3+C_3 (\because\ \bigcirc\!\!\!\!\bigcirc)$

이때 $f(-22)=-4$에서

$91C_3=91 \qquad \therefore C_3=1$

따라서 $9\{f(x)\}^3=\{f(3x-1)\}^3+1$이므로 양변에 $x=\dfrac{1}{2}$을 대입하면

$9\left\{f\left(\dfrac{1}{2}\right)\right\}^3=\left\{f\left(\dfrac{1}{2}\right)\right\}^3+1$, $8\left\{f\left(\dfrac{1}{2}\right)\right\}^3=1$

$\left\{f\left(\dfrac{1}{2}\right)\right\}^3=\dfrac{1}{8} \qquad \therefore f\left(\dfrac{1}{2}\right)=\dfrac{1}{2}$

✦ idea
09 답 $\dfrac{1}{2}$

㈔의 $f(x)=-f'(x)=f''(x)$에서

$f(x)=-f'(x) \qquad \cdots\cdots\ \bigcirc$

$f'(x)=-f''(x) \qquad \cdots\cdots\ \bigcirc\!\!\!\!\bigcirc$

㉠$-$㉡을 하면

$f(x)-f'(x)=-f'(x)+f''(x)$

㈎의 $f(x)>f'(x)$에서 $f(x)-f'(x)>0$이므로

$\dfrac{f'(x)-f''(x)}{f(x)-f'(x)}=-1$

$\dfrac{\{f(x)-f'(x)\}'}{f(x)-f'(x)}=-1$

즉, $\displaystyle\int \dfrac{\{f(x)-f'(x)\}'}{f(x)-f'(x)}\,dx=-\int dx$이므로

$\ln \{f(x)-f'(x)\}=-x+C$

㈔에서 $f'(x)=-f(x)$이므로

$\ln \{2f(x)\}=-x+C$

이때 $f(0)=1$에서 $C=\ln 2$

따라서 $\ln \{2f(x)\}=-x+\ln 2$이므로 $2f(x)=e^{-x+\ln 2}$

$\therefore f(x)=\dfrac{1}{2}e^{-x+\ln 2} \qquad \therefore f(\ln 2)=\dfrac{1}{2}$

정답과 해설

10 답 72

(내)의 $\dfrac{xf'(x)-f(x)}{x^2}=xe^x$에서

$\left\{\dfrac{f(x)}{x}\right\}'=xe^x$ $\therefore \dfrac{f(x)}{x}=\int xe^x\,dx$

$u(x)=x,\ v'(x)=e^x$이라 하면 $u'(x)=1,\ v(x)=e^x$이므로

$\dfrac{f(x)}{x}=\int xe^x\,dx=xe^x-\int e^x\,dx$

$\qquad =xe^x-e^x+C=(x-1)e^x+C$

이때 $f(1)=0$에서 $C=0$

$\therefore \dfrac{f(x)}{x}=(x-1)e^x$

따라서 $x\neq0$일 때, $f(x)=(x^2-x)e^x$이므로

$f(3)\times f(-3)=6e^3\times12e^{-3}=72$

11 답 ①

(i) $x<1$일 때,

$f(x)=\int f'(x)\,dx=\int(3x^2+4x+1)\,dx=x^3+2x^2+x+C_1$

(ii) $x>1$일 때,

$f(x)=\int f'(x)\,dx=\int \ln x\,dx$

$u(x)=\ln x,\ v'(x)=1$이라 하면 $u'(x)=\dfrac{1}{x},\ v(x)=x$이므로

$f(x)=\int \ln x\,dx=x\ln x-\int dx=x\ln x-x+C_2$

(i), (ii)에서

$f(x)=\begin{cases}x^3+2x^2+x+C_1 & (x<1)\\ x\ln x-x+C_2 & (x>1)\end{cases}$

함수 $\{f(x)\}^2$이 미분가능하면 연속이므로 $x=1$에서도 연속이다.

즉, $\displaystyle\lim_{x\to1+}\{f(x)\}^2=\lim_{x\to1-}\{f(x)\}^2$에서

$\displaystyle\lim_{x\to1+}(x\ln x-x+C_2)^2=\lim_{x\to1-}(x^3+2x^2+x+C_1)^2$

$\therefore (C_2-1)^2=(C_1+4)^2$ ...... ㉠

함수 $\{f(x)\}^2$이 미분가능하면 $x=1$에서의 미분계수가 존재하고

$[\{f(x)\}^2]'=2f(x)f'(x)$이므로

$\displaystyle\lim_{x\to1+}2f(x)f'(x)=\lim_{x\to1-}2f(x)f'(x)$

$\displaystyle\lim_{x\to1+}2(x\ln x-x+C_2)\ln x=\lim_{x\to1-}2(x^3+2x^2+x+C_1)(3x^2+4x+1)$

$0=2(C_1+4)\times8$

$C_1+4=0$ $\therefore C_1=-4$

이를 ㉠에 대입하면

$(C_2-1)^2=0$ $\therefore C_2=1$

따라서 $f(x)=\begin{cases}x^3+2x^2+x-4 & (x<1)\\ x\ln x-x+1 & (x>1)\end{cases}$이므로

$f(0)+f(e^2)=-4+(2e^2-e^2+1)=e^2-3$

idea
★12 답 -2

(내)의 $2f(x+y)=-f(x)f(y)+xy(xy-2x-2y)$의 양변에 $x=0$, $y=0$을 대입하면

$2f(0)=-\{f(0)\}^2$

$f(0)\{f(0)+2\}=0$

$\therefore f(0)=-2$ 또는 $f(0)=0$

그런데 (가)에서 $f(x)<0$이므로 $f(0)=-2$

도함수의 정의에 의하여

$f'(x)=\displaystyle\lim_{h\to0}\dfrac{f(x+h)-f(x)}{h}=\dfrac{1}{2}\lim_{h\to0}\dfrac{2f(x+h)-2f(x)}{h}$

$\qquad =\dfrac{1}{2}\displaystyle\lim_{h\to0}\dfrac{-f(x)f(h)+xh(xh-2x-2h)+f(0)f(x)}{h}$

$\qquad =\dfrac{1}{2}\displaystyle\lim_{h\to0}\dfrac{-f(x)\{f(h)-f(0)\}+x^2h^2-2x^2h-2xh^2}{h}$

$\qquad =\dfrac{1}{2}\displaystyle\lim_{h\to0}\left[\dfrac{f(h)-f(0)}{h}\times\{-f(x)\}+x^2h-2x^2-2xh\right]$

$\qquad =\dfrac{1}{2}\{-f'(0)f(x)-2x^2\}$

$\qquad =-f(x)-x^2\ (\because f'(0)=2)$

즉, $f'(x)=-f(x)-x^2$이므로

$f(x)+f'(x)=-x^2$

양변에 e^x을 곱하면

$e^xf(x)+e^xf'(x)=-x^2e^x$

$\therefore \{e^xf(x)\}'=-x^2e^x$

$\therefore e^xf(x)=\displaystyle\int(-x^2e^x)\,dx=-\int x^2e^x\,dx$

$g(x)=x^2,\ h(x)=e^x$이라 하면 $g'(x)=2x,\ h(x)=e^x$이므로

$e^xf(x)=-\displaystyle\int x^2e^x\,dx=-x^2e^x+\int 2xe^x\,dx$

$u(x)=2x,\ v'(x)=e^x$이라 하면 $u'(x)=2,\ v(x)=e^x$이므로

$e^xf(x)=-x^2e^x+\displaystyle\int 2xe^x\,dx$

$\qquad =-x^2e^x+2xe^x-\displaystyle\int 2e^x\,dx$

$\qquad =-x^2e^x+2xe^x-2e^x+C$

$e^xf(x)=-x^2e^x+2xe^x-2e^x+C$에서 $e^x>0$이므로

$f(x)=-x^2+2x-2+\dfrac{C}{e^x}$

이때 $f(0)=-2$에서

$-2+C=-2$

$\therefore C=0$

따라서 $f(x)=-x^2+2x-2$이므로

$f(2)=-4+4-2=-2$

13 답 ②

$2f(x)+\dfrac{1}{x^2}f\left(\dfrac{1}{x}\right)=\dfrac{1}{x}+\dfrac{1}{x^2}$ ...... ㉠

양변에 x 대신 $\dfrac{1}{x}$을 대입하면

$2f\left(\dfrac{1}{x}\right)+x^2f(x)=x+x^2$

$x>0$이므로 양변을 $2x^2$으로 나누면

$\dfrac{1}{x^2}f\left(\dfrac{1}{x}\right)+\dfrac{1}{2}f(x)=\dfrac{1}{2x}+\dfrac{1}{2}$ ...... ㉡

㉠-㉡을 하면

$\dfrac{3}{2}f(x)=\dfrac{1}{2x}+\dfrac{1}{x^2}-\dfrac{1}{2}$

$\therefore f(x)=\dfrac{1}{3x}+\dfrac{2}{3x^2}-\dfrac{1}{3}$

$\therefore \displaystyle\int_{\frac{1}{2}}^{2}f(x)\,dx=\int_{\frac{1}{2}}^{2}\left(\dfrac{1}{3x}+\dfrac{2}{3x^2}-\dfrac{1}{3}\right)dx$

$\qquad =\left[\dfrac{1}{3}\ln x-\dfrac{2}{3x}-\dfrac{1}{3}x\right]_{\frac{1}{2}}^{2}$

$\qquad =\dfrac{2\ln 2}{3}+\dfrac{1}{2}$

14 답 52

$f(x)=0$인 x의 값을 구하면

$ae^x-2=0$, $e^x=\dfrac{2}{a}$ ∴ $x=\ln\dfrac{2}{a}$

∴ $|f(x)|=|ae^x-2|=\begin{cases}-ae^x+2 & \left(x\leq\ln\dfrac{2}{a}\right)\\ ae^x-2 & \left(x\geq\ln\dfrac{2}{a}\right)\end{cases}$

이때 $a>1$이면 $\dfrac{2}{a}<2$이므로

$g(a)=\displaystyle\int_0^{\ln2}|f(x)|\,dx$

$\quad=\displaystyle\int_0^{\ln\frac{2}{a}}(-ae^x+2)\,dx+\int_{\ln\frac{2}{a}}^{\ln2}(ae^x-2)\,dx$

$\quad=\left[-ae^x+2x\right]_0^{\ln\frac{2}{a}}+\left[ae^x-2x\right]_{\ln\frac{2}{a}}^{\ln2}$

$\quad=\left(-2+2\ln\dfrac{2}{a}+a\right)+\left(2a-2\ln2-2+2\ln\dfrac{2}{a}\right)$

$\quad=3a-4\ln a+2\ln2-4$ .... 배점 **50%**

∴ $g'(a)=3-\dfrac{4}{a}$

$g'(a)=0$인 a의 값은 $a=\dfrac{4}{3}$

$a>1$에서 함수 $g(a)$의 증가와 감소를 표로 나타내면 다음과 같다.

a	1	$\cdots$	$\dfrac{4}{3}$	$\cdots$
$g'(a)$		$-$	0	$+$
$g(a)$		$\searrow$	극소	$\nearrow$

따라서 함수 $g(a)$는 $a=\dfrac{4}{3}$에서 극솟값 $g\left(\dfrac{4}{3}\right)$를 가지므로

$g\left(\dfrac{4}{3}\right)=4-4\ln\dfrac{4}{3}+2\ln2-4$

$\qquad=-4\ln4+4\ln3+2\ln2$

$\qquad=-8\ln2+4\ln3+2\ln2$

$\qquad=-6\ln2+4\ln3$ .... 배점 **40%**

따라서 $p=-6$, $q=4$이므로

$p^2+q^2=36+16=52$ .... 배점 **10%**

15 답 0

$f'(x)=f'(-x)$에서 $\displaystyle\int f'(x)\,dx=\int f'(-x)\,dx$

∴ $f(x)=\displaystyle\int f'(-x)\,dx$

$-x=t$로 놓으면 $-1=\dfrac{dt}{dx}$이므로

$f(x)=\displaystyle\int f'(-x)\,dx=-\int f'(t)\,dt$

$\qquad=-f(t)+C=-f(-x)+C$

즉, $f(x)=-f(-x)+C$이므로 양변에 $x=0$을 대입하면

$f(0)=-f(0)+C$

이때 $f(0)=0$에서 $C=0$

따라서 $f(x)=-f(-x)$이므로 $g(x)=\{\cos x+f'(x)\}f(x)$라 하면

$g(-x)=\{\cos(-x)+f'(-x)\}f(-x)$

$\qquad=\{\cos x+f'(x)\}\times\{-f(x)\}=-g(x)$

∴ $\displaystyle\int_{-\frac{\pi}{4}}^{\frac{\pi}{4}}\{\cos x+f'(x)\}f(x)\,dx=0$

16 답 $1+\dfrac{3}{\pi}$

$f(x)+f(-x)=1+\cos\dfrac{\pi}{6}x$에서

$\displaystyle\int_{-1}^1\{f(x)+f(-x)\}\,dx=\int_{-1}^1\left(1+\cos\dfrac{\pi}{6}x\right)dx$

$\displaystyle\int_{-1}^1 f(x)\,dx+\int_{-1}^1 f(-x)\,dx=\int_{-1}^1\left(1+\cos\dfrac{\pi}{6}x\right)dx$ ...... ㉠

두 함수 $y=f(x)$, $y=f(-x)$의 그래프는 y축에 대하여 대칭이므로

$\displaystyle\int_{-1}^1 f(x)\,dx=\int_{-1}^1 f(-x)\,dx$

즉, ㉠에서 $2\displaystyle\int_{-1}^1 f(x)\,dx=\int_{-1}^1\left(1+\cos\dfrac{\pi}{6}x\right)dx$이므로

$\displaystyle\int_{-1}^1 f(x)\,dx=\dfrac{1}{2}\int_{-1}^1\left(1+\cos\dfrac{\pi}{6}x\right)dx$

$\qquad=\dfrac{1}{2}\times2\displaystyle\int_0^1\left(1+\cos\dfrac{\pi}{6}x\right)dx$

$\qquad=\displaystyle\int_0^1\left(1+\cos\dfrac{\pi}{6}x\right)dx$

$\qquad=\left[x+\dfrac{6}{\pi}\sin\dfrac{\pi}{6}x\right]_0^1$

$\qquad=1+\dfrac{3}{\pi}$

17 답 $\dfrac{16}{15}$

$f(x)-g(x)=\displaystyle\int_{\ln3}^{\ln x}\dfrac{1}{e^t-e^{-t}}\,dt-\int_{\ln3}^{\ln x}\dfrac{e^{-t}}{e^t-e^{-t}}\,dt$

$\qquad=\displaystyle\int_{\ln3}^{\ln x}\dfrac{1-e^{-t}}{e^t-e^{-t}}\,dt=\int_{\ln3}^{\ln x}\dfrac{e^t-1}{e^{2t}-1}\,dt$

$\qquad=\displaystyle\int_{\ln3}^{\ln x}\dfrac{e^t-1}{(e^t+1)(e^t-1)}\,dt$

$\qquad=\displaystyle\int_{\ln3}^{\ln x}\dfrac{1}{e^t+1}\,dt$

$e^t+1=s$로 놓으면 $e^t=\dfrac{ds}{dt}$, 즉 $s-1=\dfrac{ds}{dt}$이고 $t=\ln3$일 때 $s=4$,

$t=\ln x$일 때 $s=x+1$이므로

$f(x)-g(x)=\displaystyle\int_{\ln3}^{\ln x}\dfrac{1}{e^t+1}\,dt$

$\qquad=\displaystyle\int_4^{x+1}\dfrac{1}{s(s-1)}\,ds$

$\qquad=\displaystyle\int_4^{x+1}\left(\dfrac{1}{s-1}-\dfrac{1}{s}\right)ds$

$\qquad=\left[\ln(s-1)-\ln s\right]_4^{x+1}$

$\qquad=\ln x-\ln(x+1)-\ln3+\ln4$

$\qquad=\ln\dfrac{4x}{3(x+1)}$

∴ $f(4)-g(4)=\ln\dfrac{16}{15}$

∴ $k=\dfrac{16}{15}$

18 답 ③

(나)의 $\displaystyle\int_{-1}^1(x+2n)^2 f(x)\,dx=n^2$에서 $x+2n=t$로 놓으면 $1=\dfrac{dt}{dx}$이고

$x=-1$일 때 $t=2n-1$, $x=1$일 때 $t=2n+1$이므로

$\displaystyle\int_{-1}^1(x+2n)^2 f(x)\,dx=\int_{2n-1}^{2n+1}t^2 f(t-2n)\,dt$

$\qquad=\displaystyle\int_{2n-1}^{2n+1}t^2 f(t)\,dt$ (∵ (가))

즉, $\int_{2n-1}^{2n+1} x^2 f(x)\,dx = n^2$이므로

$$\int_0^{21} x^2 f(x)\,dx = \int_0^1 x^2 f(x)\,dx + \int_1^3 x^2 f(x)\,dx + \int_3^5 x^2 f(x)\,dx$$
$$+ \int_5^7 x^2 f(x)\,dx + \cdots + \int_{19}^{21} x^2 f(x)\,dx$$
$$= 2 + 1^2 + 2^2 + 3^2 + \cdots + 10^2$$
$$= 2 + \sum_{k=1}^{10} k^2$$
$$= 2 + \frac{10 \times 11 \times 21}{6}$$
$$= 2 + 385 = 387$$

19 답 $\dfrac{4}{3} - 2\sqrt{3}$

함수 $y = f(x)$의 그래프에서 $f(0) = \dfrac{\pi}{3}$, $f(3) = \dfrac{\pi}{4}$

$f(x) = t$로 놓으면 $f'(x) = \dfrac{dt}{dx}$이고 $x = 0$일 때 $t = \dfrac{\pi}{3}$, $x = 3$일 때

$t = \dfrac{\pi}{4}$이므로

$$\int_0^3 \frac{f'(x)}{\cos^4 f(x)}\,dx = \int_{\frac{\pi}{3}}^{\frac{\pi}{4}} \frac{1}{\cos^4 t}\,dt = \int_{\frac{\pi}{3}}^{\frac{\pi}{4}} \sec^4 t\,dt$$
$$= \int_{\frac{\pi}{3}}^{\frac{\pi}{4}} \sec^2 t\,(1 + \tan^2 t)\,dt$$

$\tan t = s$로 놓으면 $\sec^2 t = \dfrac{ds}{dt}$이고 $t = \dfrac{\pi}{3}$일 때 $s = \sqrt{3}$, $t = \dfrac{\pi}{4}$일 때

$s = 1$이므로

$$\int_0^3 \frac{f'(x)}{\cos^4 f(x)}\,dx = \int_{\frac{\pi}{3}}^{\frac{\pi}{4}} \sec^2 t\,(1 + \tan^2 t)\,dt$$
$$= \int_{\sqrt{3}}^1 (1 + s^2)\,ds$$
$$= \left[s + \frac{1}{3}s^3 \right]_{\sqrt{3}}^1$$
$$= \frac{4}{3} - 2\sqrt{3}$$

다른 풀이

$$\int_0^3 \frac{f'(x)}{\cos^4 f(x)}\,dx = \int_0^3 f'(x)\sec^4 f(x)\,dx$$
$$= \int_0^3 f'(x)\sec^2 f(x)\{1 + \tan^2 f(x)\}\,dx$$

$\tan f(x) = t$로 놓으면 $f'(x)\sec^2 f(x) = \dfrac{dt}{dx}$이고 $x = 0$일 때

$t = \tan \dfrac{\pi}{3} = \sqrt{3}$, $x = 3$일 때 $t = \tan \dfrac{\pi}{4} = 1$이므로

$$\int_0^3 \frac{f'(x)}{\cos^4 f(x)}\,dx = \int_0^3 f'(x)\sec^2 f(x)\{1 + \tan^2 f(x)\}\,dx$$
$$= \int_{\sqrt{3}}^1 (1 + t^2)\,dt$$
$$= \left[t + \frac{1}{3}t^3 \right]_{\sqrt{3}}^1$$
$$= \frac{4}{3} - 2\sqrt{3}$$

20 답 ⑤

ㄱ. $f(1+x) = f(1-x)$, $f(2+x) = f(2-x)$이므로

$$f(x+2) = f(2-x) = f(1+(1-x))$$
$$= f(1-(1-x))$$
$$= f(x) \qquad \cdots\cdots \text{㉠}$$

ㄴ. $\int_2^5 f'(x)\,dx = 4$에서 $f(5) - f(2) = 4$

이때 ㉠의 $f(x+2) = f(x)$에서

$f(5) = f(3) = f(1)$, $f(2) = f(0)$

$\therefore f(1) - f(0) = 4 \qquad \cdots\cdots \text{㉡}$

ㄷ. $\int_0^1 f(f(x))f'(x)\,dx = 6$에서 $f(x) = t$로 놓으면 $f'(x) = \dfrac{dt}{dx}$이고

$x = 0$일 때 $t = f(0)$, $x = 1$일 때 $t = f(1)$이다.

이때 $f(0) = k$라 하면 ㉡에서 $f(1) = k + 4$이므로

$$\int_0^1 f(f(x))f'(x)\,dx = \int_k^{k+4} f(t)\,dt$$
$$= \int_k^{k+2} f(t)\,dt + \int_{k+2}^{k+4} f(t)\,dt$$
$$= \int_0^2 f(t)\,dt + \int_0^2 f(t)\,dt \ (\because \text{㉠})$$
$$= 2\int_0^2 f(t)\,dt$$

즉, $2\int_0^2 f(t)\,dt = 6$이므로 $\int_0^2 f(t)\,dt = 3$

$$\int_0^1 f(t)\,dt + \int_1^2 f(t)\,dt = 3$$

이때 $f(1+x) = f(1-x)$에서 $\int_0^1 f(t)\,dt = \int_1^2 f(t)\,dt$이므로

$$\int_1^2 f(t)\,dt + \int_1^2 f(t)\,dt = 3$$
$$2\int_1^2 f(t)\,dt = 3 \qquad \therefore \int_1^2 f(t)\,dt = \frac{3}{2}$$

$$\therefore \int_1^{10} f(x)\,dx = \int_1^2 f(x)\,dx + \int_2^4 f(x)\,dx + \int_4^6 f(x)\,dx$$
$$+ \int_6^8 f(x)\,dx + \int_8^{10} f(x)\,dx$$
$$= \int_1^2 f(x)\,dx + 4\int_0^2 f(x)\,dx \ (\because \text{㉠})$$
$$= \frac{3}{2} + 4 \times 3 = \frac{27}{2}$$

따라서 보기에서 옳은 것은 ㄱ, ㄴ, ㄷ이다.

21 답 $\dfrac{\pi}{12\ln 3}$

$$\int_0^{\frac{1}{2}} \frac{1}{3^{-x} + 3^x}\,dx = \int_0^{\frac{1}{2}} \frac{3^x}{1 + 3^{2x}}\,dx$$

$3^x = t$로 놓으면 $3^x \ln 3 = \dfrac{dt}{dx}$이고 $x = 0$일 때 $t = 1$, $x = \dfrac{1}{2}$일 때

$t = \sqrt{3}$이므로

$$\int_0^{\frac{1}{2}} \frac{1}{3^{-x} + 3^x}\,dx = \int_0^{\frac{1}{2}} \frac{3^x}{1 + 3^{2x}}\,dx$$
$$= \frac{1}{\ln 3} \int_1^{\sqrt{3}} \frac{1}{1 + t^2}\,dt \qquad \cdots\cdots \text{㉠}$$

$\int_1^{\sqrt{3}} \dfrac{1}{1+t^2}\,dt$에서 $t = \tan\theta \left(-\dfrac{\pi}{2} < \theta < \dfrac{\pi}{2} \right)$로 놓으면 $1 = \sec^2\theta \dfrac{d\theta}{dt}$

이고 $t = 1$일 때 $\theta = \dfrac{\pi}{4}$, $t = \sqrt{3}$일 때 $\theta = \dfrac{\pi}{3}$이므로

$$\int_1^{\sqrt{3}} \frac{1}{1+t^2}\,dt = \int_{\frac{\pi}{4}}^{\frac{\pi}{3}} \frac{\sec^2\theta}{1 + \tan^2\theta}\,d\theta = \int_{\frac{\pi}{4}}^{\frac{\pi}{3}} \frac{\sec^2\theta}{\sec^2\theta}\,d\theta$$
$$= \int_{\frac{\pi}{4}}^{\frac{\pi}{3}} d\theta = \left[\theta \right]_{\frac{\pi}{4}}^{\frac{\pi}{3}} = \frac{\pi}{12}$$

이를 ㉠에 대입하면

$$\int_0^{\frac{1}{2}} \frac{1}{3^{-x} + 3^x}\,dx = \frac{1}{\ln 3} \times \frac{\pi}{12} = \frac{\pi}{12\ln 3}$$

22 답 ①

∠BPA는 호 AB에 대한 원주각이고 이
때 중심각의 크기는 $\angle BOA = \dfrac{\pi}{2}$이므로

$\angle BPA = \dfrac{\pi}{4}$

삼각형 AOB는 직각이등변삼각형이므로

$\angle ABO = \dfrac{\pi}{4}$

$\therefore \angle QBR = \pi - \left(\dfrac{\pi}{4} + \dfrac{\pi}{4} + \theta \right) = \dfrac{\pi}{2} - \theta$

직각삼각형 QRB에서

$\overline{BQ} = \overline{OB} + \overline{OQ} = 2 + 2\cos\theta$

$\therefore \overline{BR} = \overline{BQ}\cos\left(\dfrac{\pi}{2} - \theta \right) = (2 + 2\cos\theta)\sin\theta$

삼각형 APB의 외접원의 반지름의 길이가 2이므로 사인법칙에 의하여

$\dfrac{\overline{BP}}{\sin\theta} = 2 \times 2 \quad \therefore \overline{BP} = 4\sin\theta$

$\therefore f(\theta) = \overline{PR} = \overline{BP} - \overline{BR}$

$\qquad = 4\sin\theta - (2 + 2\cos\theta)\sin\theta$

$\qquad = 2(1 - \cos\theta)\sin\theta$

$\therefore \displaystyle\int_{\frac{\pi}{6}}^{\frac{\pi}{3}} f(\theta)\,d\theta = \int_{\frac{\pi}{6}}^{\frac{\pi}{3}} 2(1 - \cos\theta)\sin\theta\,d\theta$

$1 - \cos\theta = t$로 놓으면 $\sin\theta = \dfrac{dt}{d\theta}$이고 $\theta = \dfrac{\pi}{6}$일 때 $t = 1 - \dfrac{\sqrt{3}}{2}$, $\theta = \dfrac{\pi}{3}$

일 때 $t = \dfrac{1}{2}$이므로

$\displaystyle\int_{\frac{\pi}{6}}^{\frac{\pi}{3}} f(\theta)\,d\theta = \int_{\frac{\pi}{6}}^{\frac{\pi}{3}} 2(1 - \cos\theta)\sin\theta\,d\theta = \int_{1-\frac{\sqrt{3}}{2}}^{\frac{1}{2}} 2t\,dt$

$\qquad = \left[t^2 \right]_{1-\frac{\sqrt{3}}{2}}^{\frac{1}{2}} = \dfrac{2\sqrt{3} - 3}{2}$

23 답 105

$a_n = \displaystyle\int_{\frac{1}{n}}^{n} xe^{nx}\,dx$에서 $u(x) = x$, $v'(x) = e^{nx}$이라 하면 $u'(x) = 1$,

$v(x) = \dfrac{1}{n}e^{nx}$이므로

$a_n = \displaystyle\int_{\frac{1}{n}}^{n} xe^{nx}\,dx = \left[\dfrac{1}{n}xe^{nx} \right]_{\frac{1}{n}}^{n} - \int_{\frac{1}{n}}^{n} \dfrac{1}{n}e^{nx}\,dx$

$\quad = e^{n^2} - \dfrac{e}{n^2} - \left[\dfrac{1}{n^2}e^{nx} \right]_{\frac{1}{n}}^{n} = e^{n^2} - \dfrac{e}{n^2} - \left(\dfrac{e^{n^2}}{n^2} - \dfrac{e}{n^2} \right)$

$\quad = e^{n^2} - \dfrac{e^{n^2}}{n^2} = \left(1 - \dfrac{1}{n^2} \right)e^{n^2}$

$\quad = \dfrac{(n-1)(n+1)}{n^2}e^{n^2}$

$\therefore b_6 = a_2 \times a_3 \times a_4 \times a_5 \times a_6$

$\quad = \dfrac{1 \times 3}{2 \times 2} \times \dfrac{2 \times 4}{3 \times 3} \times \dfrac{3 \times 5}{4 \times 4} \times \dfrac{4 \times 6}{5 \times 5} \times \dfrac{5 \times 7}{6 \times 6} \times e^{2^2} \times e^{3^2} \times e^{4^2} \times e^{5^2} \times e^{6^2}$

$\quad = \dfrac{1}{2} \times \dfrac{7}{6} \times e^{2^2 + 3^2 + 4^2 + 5^2 + 6^2} \longrightarrow 2^2 + 3^2 + 4^2 + 5^2 + 6^2 = \dfrac{6 \times 7 \times 13}{6} - 1^2 = 90$

$\quad = \dfrac{7}{12}e^{90}$

$\therefore \ln b_6 = \ln \dfrac{7}{12}e^{90} = 90 + \ln \dfrac{7}{12}$

따라서 $p = 90$, $q = \dfrac{7}{12}$이므로

$2pq = 2 \times 90 \times \dfrac{7}{12} = 105$

24 답 ②

(나)의 $\displaystyle\int_{-1}^{1} \{f(x)\}^2 g'(x)\,dx = 120$에서 $u_1(x) = \{f(x)\}^2$,

$v_1'(x) = g'(x)$라 하면 $u_1'(x) = 2f(x)f'(x)$, $v_1(x) = g(x)$이므로

$\displaystyle\int_{-1}^{1} \{f(x)\}^2 g'(x)\,dx$

$= \left[\{f(x)\}^2 g(x) \right]_{-1}^{1} - \displaystyle\int_{-1}^{1} 2f(x)f'(x)g(x)\,dx$

$= \{f(1)\}^2 g(1) - \{f(-1)\}^2 g(-1) - 2\displaystyle\int_{-1}^{1} f(x)f'(x)g(x)\,dx$

$\qquad\qquad\qquad\qquad\qquad\qquad\qquad\qquad \cdots\cdots\; \bigcirc$

이때 (가)의 $f(x)g(x) = x^4 - 1$에서

$f(1)g(1) = 0$, $f(-1)g(-1) = 0$

따라서 $\bigcirc$에서

$\displaystyle\int_{-1}^{1} \{f(x)\}^2 g'(x)\,dx = -2\int_{-1}^{1} (x^4 - 1)f'(x)\,dx \qquad \cdots\cdots\; \bigcirc$

$u_2(x) = x^4 - 1$, $v_2'(x) = f'(x)$라 하면 $u_2'(x) = 4x^3$, $v_2(x) = f(x)$이

므로

$\displaystyle\int_{-1}^{1} (x^4 - 1)f'(x)\,dx = \left[(x^4 - 1)f(x) \right]_{-1}^{1} - \int_{-1}^{1} 4x^3 f(x)\,dx$

$\qquad\qquad\qquad\qquad = -4\displaystyle\int_{-1}^{1} x^3 f(x)\,dx$

이를 $\bigcirc$에 대입하면

$\displaystyle\int_{-1}^{1} \{f(x)\}^2 g'(x)\,dx = 8\int_{-1}^{1} x^3 f(x)\,dx$

즉, $8\displaystyle\int_{-1}^{1} x^3 f(x)\,dx = 120$이므로

$\displaystyle\int_{-1}^{1} x^3 f(x)\,dx = 15$

25 답 $3e^2 + 3$

$\displaystyle\int_{ke}^{2ke^2} f^{-1}(x)\,dx$에서 $f^{-1}(x) = t$로 놓으면 $x = f(t)$이므로

$1 = f'(t)\dfrac{dt}{dx}$이다.

$f(x) = kxe^x$에서 $f(1) = ke$, $f(2) = 2ke^2$이므로

$f^{-1}(ke) = 1$, $f^{-1}(2ke^2) = 2$

즉, $x = ke$일 때 $t = 1$, $x = 2ke^2$일 때 $t = 2$이므로

$\displaystyle\int_{ke}^{2ke^2} f^{-1}(x)\,dx = \int_{1}^{2} tf'(t)\,dt$

$g(t) = t$, $h'(t) = f'(t)$라 하면 $g'(t) = 1$, $h(t) = f(t)$이므로

$\displaystyle\int_{ke}^{2ke^2} f^{-1}(x)\,dx = \int_{1}^{2} tf'(t)\,dt$

$\qquad\qquad\qquad = \left[tf(t) \right]_{1}^{2} - \displaystyle\int_{1}^{2} f(t)\,dt$

$\qquad\qquad\qquad = 2f(2) - f(1) - \displaystyle\int_{1}^{2} f(t)\,dt$

$\qquad\qquad\qquad = 4ke^2 - ke - \displaystyle\int_{1}^{2} f(t)\,dt$

이를 $\displaystyle\int_{1}^{2} f(x)\,dx + \int_{ke}^{2ke^2} f^{-1}(x)\,dx = 12e^2 - 3e$에 대입하면

$\displaystyle\int_{1}^{2} f(x)\,dx + 4ke^2 - ke - \int_{1}^{2} f(t)\,dt = 12e^2 - 3e$

$4ke^2 - ke = 12e^2 - 3e$

$k(4e^2 - e) = 3(4e^2 - e)$

$\therefore k = 3$

$\therefore f(x) = 3xe^x$

따라서 $\int_0^2 f(x)\,dx=\int_0^2 3xe^x\,dx$에서 $u(x)=3x$, $v'(x)=e^x$이라 하면 $u'(x)=3$, $v(x)=e^x$이므로

$$\int_0^2 f(x)\,dx=\int_0^2 3xe^x\,dx$$
$$=\Big[3xe^x\Big]_0^2-\int_0^2 3e^x\,dx$$
$$=6e^2-\Big[3e^x\Big]_0^2$$
$$=6e^2-(3e^2-3)=3e^2+3$$

다른 풀이

$\int_{ke}^{2ke^2} f^{-1}(x)\,dx$에서 $f^{-1}(x)=t$로 놓으면 $x=f(t)$이므로

$1=f'(t)\dfrac{dt}{dx}$이다.

$f(x)=kxe^x$에서 $f(1)=ke$, $f(2)=2ke^2$이므로

$f^{-1}(ke)=1$, $f^{-1}(2ke^2)=2$

즉, $x=ke$일 때 $t=1$, $x=2ke^2$일 때 $t=2$이므로

$$\int_{ke}^{2ke^2} f^{-1}(x)\,dx=\int_1^2 tf'(t)\,dt$$

$\therefore \int_1^2 f(x)\,dx+\int_{ke}^{2ke^2} f^{-1}(x)\,dx=\int_1^2 f(x)\,dx+\int_1^2 xf'(x)\,dx$

$$=\int_1^2 \{f(x)+xf'(x)\}\,dx$$
$$=\int_1^2 \{xf(x)\}'\,dx$$
$$=\Big[xf(x)\Big]_1^2$$
$$=2f(2)-f(1)$$
$$=4ke^2-ke$$

즉, $4ke^2-ke=12e^2-3e$이므로 $k=3$

$\therefore f(x)=3xe^x$

26 답 4

$f(t)=2^{t+b}\cos t$라 하고 함수 $f(t)$의 한 부정적분을 $F(t)$라 하면

$$\lim_{x\to 0}\frac{1}{\sec^2 ax-1}\int_0^{x^2} 2^{t+b}\cos t\,dt$$
$$=\lim_{x\to 0}\frac{F(x^2)-F(0)}{\sec^2 ax-1}=\lim_{x\to 0}\frac{F(x^2)-F(0)}{\tan^2 ax}$$
$$=\lim_{x\to 0}\left\{\frac{F(x^2)-F(0)}{x^2}\times\left(\frac{ax}{\tan ax}\right)^2\times\frac{1}{a^2}\right\}$$
$$=F'(0)\times 1^2\times\frac{1}{a^2}$$
$$=\frac{1}{a^2}f(0)=\frac{2^b}{a^2}$$

이때 a, b는 소수이고 $\dfrac{2^b}{a^2}$이 자연수이므로

$a=2$, $b=2,\ 3,\ 5,\ 7,\ \cdots$

따라서 $a+b$의 최솟값은 $2+2=4$

27 답 2

$\int_{f(1)}^{f(x)} f(t)\,dt=xf(x)-1-\int_1^x f(t)\,dt$의 양변을 x에 대하여 미분하면

$f(f(x))f'(x)=f(x)+xf'(x)-f(x)$

$f(f(x))f'(x)=xf'(x)$

$\therefore f(f(x))=x\ (\because f'(x)>0)$

즉, $f(x)=f^{-1}(x)$이므로

$g(x)=f(x)$

역함수의 미분법에 의하여 $\dfrac{1}{f'(g(x))}=g'(x)$이므로

$$\int_1^3 \frac{1}{f'(g(x))}\,dx=\int_1^3 g'(x)\,dx=\int_1^3 f'(x)\,dx$$
$$=f(3)-f(1)$$
$$=3-f(1)\ (\because f(3)=3)$$

$\int_{f(1)}^{f(x)} f(t)\,dt=xf(x)-1-\int_1^x f(t)\,dt$의 양변에 $x=1$을 대입하면

$0=f(1)-1$ $\therefore f(1)=1$

$\therefore \int_1^3 \dfrac{1}{f'(g(x))}\,dx=3-f(1)=3-1=2$

28 답 $6e$

$\int_x^{x+1} tf(t-x)\,dt$에서 $t-x=s$로 놓으면 $1=\dfrac{ds}{dt}$이고 $t=x$일 때 $s=0$, $t=x+1$일 때 $s=1$이므로

$$\int_x^{x+1} tf(t-x)\,dt=\int_0^1 (s+x)f(s)\,ds$$
$$=\int_0^1 sf(s)\,ds+x\int_0^1 f(s)\,ds$$

$\int_0^1 f(s)\,ds=a$, $\int_0^1 sf(s)\,ds=b$ (a, b는 상수)로 놓으면

$f(x)=e^x+ax+b$ ⸱⸱⸱⸱⸱⸱⸱⸱⸱⸱⸱⸱⸱⸱ 배점 20%

$\int_0^1 f(s)\,ds=a$에서

$$\int_0^1 f(s)\,ds=\int_0^1 (e^s+as+b)\,ds=\Big[e^s+\frac{a}{2}s^2+bs\Big]_0^1$$
$$=e+\frac{a}{2}+b-1$$

즉, $e+\dfrac{a}{2}+b-1=a$이므로 $\dfrac{a}{2}-b=e-1$ ⸱⸱⸱⸱⸱⸱ ㉠ ⸱⸱⸱⸱⸱⸱⸱⸱ 배점 20%

$\int_0^1 sf(s)\,ds=b$에서

$$\int_0^1 sf(s)\,ds=\int_0^1 (se^s+as^2+bs)\,ds$$
$$=\int_0^1 se^s\,ds+\int_0^1 (as^2+bs)\,ds$$

$\int_0^1 se^s\,ds$에서 $u(s)=s$, $v'(s)=e^s$이라 하면 $u'(s)=1$, $v(s)=e^s$이므로

$$\int_0^1 sf(s)\,ds=\int_0^1 se^s\,ds+\int_0^1 (as^2+bs)\,ds$$
$$=\Big[se^s\Big]_0^1-\int_0^1 e^s\,ds+\Big[\frac{a}{3}s^3+\frac{b}{2}s^2\Big]_0^1$$
$$=e-\Big[e^s\Big]_0^1+\frac{a}{3}+\frac{b}{2}$$
$$=e-(e-1)+\frac{a}{3}+\frac{b}{2}$$
$$=1+\frac{a}{3}+\frac{b}{2}$$

즉, $1+\dfrac{a}{3}+\dfrac{b}{2}=b$이므로 $\dfrac{a}{3}-\dfrac{b}{2}=-1$ ⸱⸱⸱⸱⸱⸱ ㉡ ⸱⸱⸱⸱⸱⸱⸱⸱ 배점 30%

㉠, ㉡을 연립하여 풀면

$a=-6e-6$, $b=-4e-2$ ⸱⸱⸱⸱⸱⸱⸱⸱⸱⸱⸱⸱⸱⸱ 배점 10%

$\therefore \int_0^1 (1-3x)f(x)\,dx=\int_0^1 f(x)\,dx-3\int_0^1 xf(x)\,dx$

$$=a-3b=-6e-6-3(-4e-2)$$
$$=6e$$ ⸱⸱⸱⸱⸱⸱⸱⸱⸱⸱⸱⸱⸱⸱⸱⸱ 배점 20%

29 답 ⑤

(내)의 $\ln f(x) + 2\int_0^x (x-t)f(t)\,dt = 0$에서

$$\ln f(x) + 2x\int_0^x f(t)\,dt - 2\int_0^x tf(t)\,dt = 0$$

양변을 x에 대하여 미분하면

$$\frac{f'(x)}{f(x)} + 2\int_0^x f(t)\,dt + 2xf(x) - 2xf(x) = 0$$

$$\frac{f'(x)}{f(x)} = -2\int_0^x f(t)\,dt$$

$$\therefore f'(x) = -2f(x)\int_0^x f(t)\,dt \qquad \cdots\cdots \ \bigcirc$$

ㄱ. (가)에서 $f(x) > 0$이므로 $x > 0$에서 $\int_0^x f(t)\,dt > 0$

따라서 $x > 0$에서 $f'(x) = -2f(x)\int_0^x f(t)\,dt < 0$이므로 함수

$f(x)$는 감소한다.

ㄴ. $\bigcirc$에서 $f'(x) = 0$인 x의 값은 $x = 0$

함수 $f(x)$의 증가와 감소를 표로 나타내면 다음과 같다.

x	$\cdots$	0	$\cdots$
$f'(x)$	$+$	0	$-$
$f(x)$	$\nearrow$	극대	$\searrow$

$x < 0$에서 $f(x) > 0$이고 $\int_0^x f(t)\,dt = -\int_x^0 f(t)\,dt < 0$이므로 $f'(x) > 0$

함수 $f(x)$는 $x = 0$에서 최댓값 $f(0)$을 갖는다.

(내)의 $\ln f(x) + 2\int_0^x (x-t)f(t)\,dt = 0$의 양변에 $x = 0$을 대입하면

$$\ln f(0) = 0 \qquad \therefore f(0) = 1 \qquad \cdots\cdots \ \bigcirc$$

따라서 함수 $f(x)$의 최댓값은 1이다.

ㄷ. $F(x) = \int_0^x f(t)\,dt \qquad \cdots\cdots \ \bigcirc$

$\bigcirc$의 양변을 x에 대하여 미분하면 $F'(x) = f(x)$

따라서 $\bigcirc$에서

$$f'(x) = -2f(x)\int_0^x f(t)\,dt = -2F'(x)F(x) = -[\{F(x)\}^2]'$$

$$\therefore f(x) = \int f'(x)\,dx = -\{F(x)\}^2 + C$$

이때 $\bigcirc$의 양변에 $x = 0$을 대입하면 $F(0) = 0$이므로

$$f(0) = C$$

$\bigcirc$에서 $f(0) = 1$이므로 $C = 1$

따라서 $f(x) = -\{F(x)\}^2 + 1$이므로

$$f(1) = -\{F(1)\}^2 + 1 \qquad \therefore f(1) + \{F(1)\}^2 = 1$$

따라서 보기에서 옳은 것은 ㄱ, ㄴ, ㄷ이다.

---

step ③ 최고난도 문제

| 95~97쪽

01 ①	02 $\frac{2}{5}$	03 ⑤	04 3π	05 115	06 ④
07 30	08 ③	09 32	10 10	11 ④	

01 답 ①

1단계 $f_n(2)$ 구하기

$$f_n'(x) = \sum_{k=1}^{n}(2-k)x^{1-k} = 1 + 0 - x^{-2} - 2x^{-3} - \cdots - (n-2)x^{1-n}$$

$$f_n(1) = n-4$$

(i) $n = 1$일 때,

$f_1'(x) = 1$이므로

$$f_1(x) = \int f_1'(x)\,dx = \int dx = x + C_1$$

이때 $f_1(1) = -3$이므로

$$1 + C_1 = -3 \qquad \therefore C_1 = -4$$

따라서 $f_1(x) = x - 4$이므로 $f_1(2) = -2$

(ii) $n = 2$일 때,

$f_2'(x) = 1$이므로

$$f_2(x) = \int f_2'(x)\,dx = \int dx = x + C_2$$

이때 $f_2(1) = -2$이므로

$$1 + C_2 = -2 \qquad \therefore C_2 = -3$$

따라서 $f_2(x) = x - 3$이므로 $f_2(2) = -1$

(iii) $n \geq 3$일 때,

$f_n'(x) = 1 + 0 - x^{-2} - 2x^{-3} - \cdots - (n-2)x^{1-n}$이므로

$$f_n(x) = \int f_n'(x)\,dx$$

$$= \int \{1 - x^{-2} - 2x^{-3} - \cdots - (n-2)x^{1-n}\}\,dx$$

$$= x + x^{-1} + x^{-2} + \cdots + x^{-(n-2)} + C_3$$

이때 $f_n(1) = n-4$이므로

$$1 + 1 + 1 + \cdots + 1 + C_3 = n-4$$

$$n-1 + C_3 = n-4 \qquad \therefore C_3 = -3$$

따라서 $f_n(x) = x + x^{-1} + x^{-2} + \cdots + x^{-(n-2)} - 3$이므로

$$f_n(2) = 2 + \frac{1}{2} + \frac{1}{2^2} + \cdots + \frac{1}{2^{n-2}} - 3 = -1 + \sum_{k=1}^{n-2}\left(\frac{1}{2}\right)^k$$

$$= -1 + \frac{\frac{1}{2}\left\{1 - \left(\frac{1}{2}\right)^{n-2}\right\}}{1 - \frac{1}{2}} = -\left(\frac{1}{2}\right)^{n-2}$$

(i), (ii), (iii)에서

$$f_n(2) = -\left(\frac{1}{2}\right)^{n-2}$$

2단계 $\displaystyle\lim_{n\to\infty}\sum_{k=1}^{n}f_k(2)$의 값 구하기

$$\therefore \lim_{n\to\infty}\sum_{k=1}^{n}f_k(2) = \lim_{n\to\infty}\sum_{k=1}^{n}\left\{-\left(\frac{1}{2}\right)^{k-2}\right\} = -\sum_{n=1}^{\infty}\left(\frac{1}{2}\right)^{n-2}$$

$$= -\frac{2}{1 - \frac{1}{2}} = -4$$

02 답 $\frac{2}{5}$

1단계 두 점 P, Q의 좌표 구하기

점 $(t, f(t))$를 지나고 이 점에서의 접선과 수직인 직선의 방정식은

$$y - f(t) = -\frac{1}{f'(t)}(x-t)$$

$$\therefore y = -\frac{1}{f'(t)}x + \frac{t}{f'(t)} + f(t) \qquad \cdots\cdots \ \bigcirc$$

$\bigcirc$에 $y = 0$을 대입하면

$$0 = -\frac{1}{f'(t)}x + \frac{t}{f'(t)} + f(t)$$

$$\frac{1}{f'(t)}x = \frac{t}{f'(t)} + f(t)$$

$$\therefore x = t + f(t)f'(t) \qquad \therefore \text{P}(t + f(t)f'(t),\ 0)$$

$\bigcirc$에 $x = 0$을 대입하면

$$y = \frac{t}{f'(t)} + f(t) \qquad \therefore \text{Q}\left(0,\ \frac{t}{f'(t)} + f(t)\right)$$

㈎에서 $f(t)>0$, $f'(t)>0$이므로 삼각형 OPQ의 넓이는

$$\frac{1}{2}\{t+f(t)f'(t)\}\left\{\frac{t}{f'(t)}+f(t)\right\}=\frac{1}{2f'(t)}\{t+f(t)f'(t)\}^2$$

㈏에서

$$\frac{1}{2f'(t)}\{t+f(t)f'(t)\}^2=\frac{1}{2}f'(t)$$

$$\{t+f(t)f'(t)\}^2=\{f'(t)\}^2$$

$$\{t+f(t)f'(t)\}^2-\{f'(t)\}^2=0$$

$$\{t+f(t)f'(t)+f'(t)\}\{t+f(t)f'(t)-f'(t)\}=0$$

이때 $0<t<1$에서 $f(t)>0$, $f'(t)>0$이므로

$$t+f(t)f'(t)+f'(t)>0$$

따라서 $t+f(t)f'(t)-f'(t)=0$이므로

$$f(t)f'(t)=f'(t)-t$$

$$2f(t)f'(t)=2f'(t)-2t$$

$$[\{f(t)\}^2]'=2f'(t)-2t$$

즉, $\{f(t)\}^2=\int\{2f'(t)-2t\}\,dt$이므로

$$\{f(t)\}^2=2f(t)-t^2+C$$

㈐에서 $f\left(\dfrac{3}{5}\right)=\dfrac{1}{5}$이므로

$$\left\{f\left(\frac{3}{5}\right)\right\}^2=2f\left(\frac{3}{5}\right)-\frac{9}{25}+C$$

$$\frac{1}{25}=\frac{2}{5}-\frac{9}{25}+C$$

$$\therefore C=0$$

따라서 $\{f(t)\}^2=2f(t)-t^2$이므로

$$\{f(t)\}^2-2f(t)+t^2=0$$

$$\therefore f(t)=1\pm\sqrt{1-t^2}$$

그런데 ㈐의 $f\left(\dfrac{3}{5}\right)=\dfrac{1}{5}$을 만족시키려면

$$f(t)=1-\sqrt{1-t^2}$$

㈎에서 $\dfrac{1}{5}\leq x\leq\dfrac{4}{5}$에서 $f'(x)>0$이므로 함수 $f(x)$는 증가한다.

따라서 함수 $f(x)$는 $x=\dfrac{4}{5}$일 때 최댓값 $f\left(\dfrac{4}{5}\right)$를 가지므로

$$f\left(\frac{4}{5}\right)=1-\sqrt{1-\frac{16}{25}}=1-\frac{3}{5}=\frac{2}{5}$$

03 답 ⑤

ㄱ. $f'(x)=\dfrac{1-x^2\{f(x)\}^3}{x^3\{f(x)\}^2}$의 양변에 x 대신 $g(x)$를 대입하면

$$f'(g(x))=\frac{1-\{g(x)\}^2\{f(g(x))\}^3}{\{g(x)\}^3\{f(g(x))\}^2}$$

두 함수 $f(x)$, $g(x)$가 역함수 관계이면 $f(g(x))=x$이고, 역함수의 미분법에 의하여 $f'(g(x))=\dfrac{1}{g'(x)}$이므로

$$\frac{1}{g'(x)}=\frac{1-x^3\{g(x)\}^2}{x^2\{g(x)\}^3}$$

$$\therefore g'(x)=\frac{x^2\{g(x)\}^3}{1-x^3\{g(x)\}^2} \quad\cdots\cdots \text{㉠}$$

이때 $f(1)=2$에서 $g(2)=1$이므로

$$g'(2)=\frac{4\{g(2)\}^3}{1-8\{g(2)\}^2}=\frac{4}{1-8}=-\frac{4}{7}$$

ㄴ. ㉠의 $g'(x)=\dfrac{x^2\{g(x)\}^3}{1-x^3\{g(x)\}^2}$에서

$$g'(x)[1-x^3\{g(x)\}^2]=x^2\{g(x)\}^3$$

$$g'(x)=x^3g'(x)\{g(x)\}^2+x^2\{g(x)\}^3$$

$$=x^2\{g(x)\}^2\{xg'(x)+g(x)\}$$

$$\therefore g(x)=\int g'(x)\,dx=\int x^2\{g(x)\}^2\{xg'(x)+g(x)\}\,dx$$

$xg(x)=t$로 놓으면 $g(x)+xg'(x)=\dfrac{dt}{dx}$이므로

$$g(x)=\int x^2\{g(x)\}^2\{xg'(x)+g(x)\}\,dx$$

$$=\int t^2\,dt=\frac{1}{3}t^3+C$$

$$=\frac{1}{3}\{xg(x)\}^3+C$$

이때 $g(2)=1$이므로

$$g(2)=\frac{1}{3}\{2g(2)\}^3+C$$

$$1=\frac{8}{3}+C \qquad \therefore C=-\frac{5}{3}$$

$$\therefore g(x)=\frac{1}{3}x^3\{g(x)\}^3-\frac{5}{3} \quad\cdots\cdots \text{㉡}$$

ㄷ. ㉡의 양변에 $x=1$을 대입하면

$$g(1)=\frac{1}{3}\{g(1)\}^3-\frac{5}{3}$$

$$\{g(1)\}^3-3g(1)-5=0$$

$g(1)=s$로 놓으면 $s^3-3s-5=0$

$h(s)=s^3-3s-5$라 하면

$$h'(s)=3s^2-3=3(s+1)(s-1)$$

$h'(s)=0$인 s의 값은 $s=-1$ 또는 $s=1$

함수 $h(s)$의 증가와 감소를 표로 나타내면 다음과 같다.

s	$\cdots$	-1	$\cdots$	1	$\cdots$
$h'(s)$	$+$	0	$-$	0	$+$
$h(s)$	↗	-3 극대	↘	-7 극소	↗

따라서 함수 $y=h(s)$의 그래프는 그림과 같다.

한편 함수 $h(s)$는 닫힌구간 $\left[2,\dfrac{5}{2}\right]$에서 연속

이고 $h(2)=-3<0$, $h\left(\dfrac{5}{2}\right)=\dfrac{25}{8}>0$이므로

사잇값의 정리에 의하여 방정식 $h(s)=0$은 열린구간 $\left(2,\dfrac{5}{2}\right)$에서 적어도 하나의 실근을 갖는다.

그런데 함수 $y=h(s)$의 그래프는 s축과 한 점에서만 만나므로 방정식 $h(s)=0$의 근은 $g(1)$뿐이다.

$$\therefore 2<g(1)<\frac{5}{2}$$

따라서 보기에서 옳은 것은 ㄱ, ㄴ, ㄷ이다.

개념 NOTE

함수 $f(x)$가 닫힌구간 $[a, b]$에서 연속이고 $f(a)f(b)<0$일 때, 사잇값의 정리에 의하여 $f(c)=0$인 c가 열린구간 (a, b)에 적어도 하나 존재한다. 따라서 방정식 $f(x)=0$은 열린구간 (a, b)에서 적어도 하나의 실근을 갖는다.

04 답 3π

1단계 $f(x)+g(x)$의 식 세우기

㈔에서

$$f'(x)=g(x)\sin x \qquad \cdots\cdots \ \text{㉠}$$
$$g'(x)=f(x)\sin x \qquad \cdots\cdots \ \text{㉡}$$

㉠+㉡을 하면

$$f'(x)+g'(x)=\{f(x)+g(x)\}\sin x$$

㈎의 $f(x)>g(x)>0$에서 $f(x)+g(x)>0$이므로

$$\frac{f'(x)+g'(x)}{f(x)+g(x)}=\sin x$$

즉, $\displaystyle\int \frac{f'(x)+g'(x)}{f(x)+g(x)}dx=\int \sin x\,dx$이므로

$$\ln\{f(x)+g(x)\}=-\cos x+C_1$$
$$\therefore f(x)+g(x)=e^{-\cos x+C_1} \qquad \cdots\cdots \ \text{㉢}$$

2단계 $f(x)-g(x)$의 식 세우기

㉠-㉡을 하면

$$f'(x)-g'(x)=-\{f(x)-g(x)\}\sin x$$

㈎의 $f(x)>g(x)>0$에서 $f(x)-g(x)>0$이므로

$$\frac{f'(x)-g'(x)}{f(x)-g(x)}=-\sin x$$

즉, $\displaystyle\int \frac{f'(x)-g'(x)}{f(x)-g(x)}dx=\int (-\sin x)\,dx$이므로

$$\ln\{f(x)-g(x)\}=\cos x+C_2$$
$$\therefore f(x)-g(x)=e^{\cos x+C_2} \qquad \cdots\cdots \ \text{㉣}$$

3단계 $f(x)$ 구하기

㉢+㉣을 하면

$$2f(x)=e^{-\cos x+C_1}+e^{\cos x+C_2}$$
$$f(x)=\frac{1}{2}(e^{-\cos x+C_1}+e^{\cos x+C_2})$$

$$\therefore f'(x)=\frac{1}{2}(e^{-\cos x+C_1}\sin x-e^{\cos x+C_2}\sin x)$$
$$=\frac{1}{2}\sin x\,(e^{-\cos x+C_1}-e^{\cos x+C_2})$$

㈐에서 곡선 $y=f(x)$가 점 $\left(\dfrac{\pi}{2}, 1\right)$을 지나고 $x=\dfrac{\pi}{2}$에서의 접선의 기울기가 0이므로

$$f\left(\frac{\pi}{2}\right)=1, \ f'\left(\frac{\pi}{2}\right)=0$$

$f\left(\dfrac{\pi}{2}\right)=1$에서

$$\frac{1}{2}(e^{C_1}+e^{C_2})=1$$
$$\therefore e^{C_1}+e^{C_2}=2 \qquad \cdots\cdots \ \text{㉤}$$

$f'\left(\dfrac{\pi}{2}\right)=0$에서

$$\frac{1}{2}(e^{C_1}-e^{C_2})=0$$
$$e^{C_1}=e^{C_2} \qquad \therefore C_1=C_2$$

이를 ㉤에 대입하면

$$e^{C_1}+e^{C_1}=2, \ e^{C_1}=1 \qquad \therefore C_1=0$$

$$\therefore f'(x)=\frac{1}{2}\sin x\,(e^{-\cos x}-e^{\cos x})$$

4단계 극값을 갖는 모든 x의 값의 합 구하기

$f'(x)=0$에서

$$\sin x=0 \ \text{또는} \ e^{-\cos x}-e^{\cos x}=0$$

$\sin x=0$에서 $x=\pi \ (\because \ 0<x<2\pi)$

$e^{-\cos x}-e^{\cos x}=0$에서 $e^{-\cos x}=e^{\cos x}$

$$-\cos x=\cos x, \ \cos x=0$$
$$\therefore x=\frac{\pi}{2} \ \text{또는} \ x=\frac{3}{2}\pi \ \left(\because \ 0<x<2\pi\right)$$

따라서 $f'(x)=0$인 x의 값은 $\dfrac{\pi}{2}$, π, $\dfrac{3}{2}\pi$이고 각각의 값의 좌우에서 $f'(x)$의 부호가 바뀌므로 함수 $f(x)$는 $x=\dfrac{\pi}{2}$, $x=\pi$, $x=\dfrac{3}{2}\pi$에서 극값을 갖는다.

따라서 함수 $f(x)$가 극값을 갖는 모든 x의 값의 합은

$$\frac{\pi}{2}+\pi+\frac{3}{2}\pi=3\pi$$

05 답 115

1단계 $f(x)$의 식 세우기

㈎의 $\displaystyle\lim_{x\to 0}\frac{\sin(\pi\times f(x))}{x}=0$에서 $x\to 0$일 때 (분모) $\to 0$이고 극한값이 존재하므로 (분자) $\to 0$이다.

즉, $\displaystyle\lim_{x\to 0}\sin(\pi\times f(x))=0$에서

$$\sin(\pi f(0))=0 \qquad \therefore f(0)=n \ (\text{단, } n\text{은 정수})$$

삼차함수 $f(x)$의 최고차항의 계수가 9이므로

$$f(x)=9x^3+ax^2+bx+n \ (a, b\text{는 상수})\text{이라 하자.}$$

2단계 $f(x)$ 구하기

$h(x)=\sin(\pi\times f(x))$라 하면 $h(0)=0$이므로

$$\lim_{x\to 0}\frac{\sin(\pi\times f(x))}{x}=\lim_{x\to 0}\frac{h(x)-h(0)}{x}=h'(0)$$
$$\therefore h'(0)=0$$

$h'(x)=\cos(\pi\times f(x))\times \pi f'(x)$이고 $f'(x)=27x^2+2ax+b$이므로

$$h'(0)=\cos n\pi \times b\pi$$
$$\cos n\pi \times b\pi=0$$
$$\therefore b=0 \ (\because \ \cos n\pi\neq 0)$$
$$\therefore f(x)=9x^3+ax^2+n$$

함수 $g(x)$는 $0\leq x<1$일 때 $g(x)=f(x)$이고 실수 전체의 집합에서 연속이므로 $x=1$에서도 연속이다.

즉, $\displaystyle\lim_{x\to 1+}g(x)=\lim_{x\to 1-}g(x)$에서

$$\lim_{x\to 0+}g(x)=\lim_{x\to 1-}g(x) \ (\because \ g(x+1)=g(x))$$
$$\lim_{x\to 0+}(9x^3+ax^2+n)=\lim_{x\to 1-}(9x^3+ax^2+n)$$
$$n=9+a+n \qquad \therefore a=-9$$

따라서 $f(x)=9x^3-9x^2+n$이므로

$$f'(x)=27x^2-18x=9x(3x-2)$$

$f'(x)=0$인 x의 값은 $x=0$ 또는 $x=\dfrac{2}{3}$

함수 $f(x)$의 증가와 감소를 표로 나타내면 다음과 같다.

x	$\cdots$	0	$\cdots$	$\dfrac{2}{3}$	$\cdots$
$f'(x)$	$+$	0	$-$	0	$+$
$f(x)$	↗	n 극대	↘	$n-\dfrac{4}{3}$ 극소	↗

따라서 함수 $f(x)$는 $x=0$에서 극댓값 n을 갖고, $x=\dfrac{2}{3}$에서 극솟값 $n-\dfrac{4}{3}$를 갖는다.

(나)에서 $f(x)$의 극댓값과 극솟값의 곱이 5이므로

$n\left(n-\dfrac{4}{3}\right)=5,\ 3n^2-4n-15=0$

$(3n+5)(n-3)=0$

$\therefore n=3\ (\because n\text{은 정수})$

$\therefore f(x)=9x^3-9x^2+3$

3단계 $\displaystyle\int_0^5 xg(x)\,dx$**의 값 구하기**

$0\le x<1$일 때 $g(x)=f(x)=9x^3-9x^2+3$이고 $g(x+1)=g(x)$이므로

$\displaystyle\int_0^5 xg(x)\,dx$

$=\displaystyle\int_0^1 xg(x)\,dx+\int_1^2 xg(x)\,dx+\int_2^3 xg(x)\,dx+\int_3^4 xg(x)\,dx$
$\qquad\qquad\qquad\qquad\qquad\qquad\qquad\quad +\displaystyle\int_4^5 xg(x)\,dx$

$=\displaystyle\int_0^1 xg(x)\,dx+\int_0^1 (x+1)g(x+1)\,dx+\int_0^1 (x+2)g(x+2)\,dx$
$\qquad\qquad\quad +\displaystyle\int_0^1 (x+3)g(x+3)\,dx+\int_0^1 (x+4)g(x+4)\,dx$

$=\displaystyle\int_0^1 xg(x)\,dx+\int_0^1 (x+1)g(x)\,dx+\int_0^1 (x+2)g(x)\,dx$
$\qquad\qquad\quad +\displaystyle\int_0^1 (x+3)g(x)\,dx+\int_0^1 (x+4)g(x)\,dx$

$=\displaystyle\int_0^1 (5x+10)g(x)\,dx$

$=\displaystyle\int_0^1 (5x+10)(9x^3-9x^2+3)\,dx$

$=\displaystyle\int_0^1 (45x^4+45x^3-90x^2+15x+30)\,dx$

$=\left[9x^5+\dfrac{45}{4}x^4-30x^3+\dfrac{15}{2}x^2+30x\right]_0^1$

$=\dfrac{111}{4}$

4단계 $p+q$**의 값 구하기**

따라서 $p=4,\ q=111$이므로

$p+q=115$

비법 NOTE

함수 $y=f(x)$의 그래프를 x축의 방향으로 p만큼 평행이동한 그래프가 나타내는 함수 $y=f(x-p)$에 대하여

$$\int_a^b f(x)\,dx=\int_{a+p}^{b+p} f(x-p)\,dx$$

---

06 답 ④

1단계 $\displaystyle\int_{-a}^a \ln f(x)\,dx$**를 구간을 나누어 나타내기**

$\displaystyle\int_{-a}^a \ln f(x)\,dx=8$에서

$\displaystyle\int_{-a}^0 \ln f(x)\,dx+\int_0^a \ln f(x)\,dx=8$ …… ㉠

2단계 $\displaystyle\int_{-a}^0 \ln f(x)\,dx$ **변형하기**

$\displaystyle\int_{-a}^0 \ln f(x)\,dx$에서 $x=-t$로 놓으면 $1=-\dfrac{dt}{dx}$이고 $x=-a$일 때 $t=a$, $x=0$일 때 $t=0$이므로

$\displaystyle\int_{-a}^0 \ln f(x)\,dx=-\int_a^0 \ln f(-t)\,dt$
$\qquad\qquad\qquad\quad =\displaystyle\int_0^a \ln f(-t)\,dt$

3단계 a**의 값 구하기**

따라서 ㉠에서

$\displaystyle\int_{-a}^0 \ln f(x)\,dx+\int_0^a \ln f(x)\,dx$

$=\displaystyle\int_0^a \ln f(-x)\,dx+\int_0^a \ln f(x)\,dx$

$=\displaystyle\int_0^a \{\ln f(-x)+\ln f(x)\}\,dx=\int_0^a \ln f(-x)f(x)\,dx$

$=\displaystyle\int_0^a \ln e^x\,dx=\int_0^a x\,dx$

$=\left[\dfrac{1}{2}x^2\right]_0^a=\dfrac{1}{2}a^2$

즉, $\dfrac{1}{2}a^2=8$이므로

$a^2=16\qquad\therefore a=4\ (\because a>0)$

---

07 답 30

1단계 a**의 값 구하기**

$\left|\displaystyle\int_k^x \{f(t)+b\}\,dt\right|=\int_k^x |f(t)+b|\,dt$를 만족시키려면 $x<k$ 또는 $x>k$에서 $f(x)+b$의 부호가 바뀌지 않아야 한다. …… ㉠

$f(x)=a(x^3-x)e^{x^2}$에서

$f'(x)=a(3x^2-1)e^{x^2}+a(x^3-x)e^{x^2}\times 2x$
$\qquad\ =a(2x^4+x^2-1)e^{x^2}=a(x^2+1)(2x^2-1)e^{x^2}$

$f'(x)=0$인 x의 값은 $x=-\dfrac{\sqrt{2}}{2}$ 또는 $x=\dfrac{\sqrt{2}}{2}$

$a>0$이므로 함수 $f(x)$의 증가와 감소를 표로 나타내면 다음과 같다.

x	$\cdots$	$-\dfrac{\sqrt{2}}{2}$	$\cdots$	$\dfrac{\sqrt{2}}{2}$	$\cdots$
$f'(x)$	$+$	0	$-$	0	$+$
$f(x)$	↗	$\dfrac{a}{4}\sqrt{2e}$ 극대	↘	$-\dfrac{a}{4}\sqrt{2e}$ 극소	↗

$f(-x)=a(-x^3+x)e^{x^2}=-a(x^3-x)e^{x^2}=-f(x)$이므로 함수 $y=f(x)$의 그래프는 원점에 대하여 대칭이고 $f(0)=0$이다.

따라서 함수 $y=f(x)$의 그래프는 그림과 같다.

이때 ㉠을 만족시키려면 함수 $y=f(x)$의 그래프와 직선 $y=-b$가 서로 다른 두 점에서 만나거나 한 점에서만 만나야 하므로

└ 접하는 점의 좌우에서는 $f(x)+b$의 부호가 바뀌지 않는다.

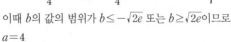

$-b\le -\dfrac{a}{4}\sqrt{2e}$ 또는 $-b\ge \dfrac{a}{4}\sqrt{2e}$

$\therefore b\le -\dfrac{a}{4}\sqrt{2e}$ 또는 $b\ge \dfrac{a}{4}\sqrt{2e}$

이때 b의 값의 범위가 $b\le -\sqrt{2e}$ 또는 $b\ge \sqrt{2e}$이므로

$a=4$

2단계 $\displaystyle\int_1^a f(x)\,dx$**의 값 구하기**

따라서 $f(x)=4(x^3-x)e^{x^2}$이므로

$\displaystyle\int_1^a f(x)\,dx=\int_1^4 4(x^3-x)e^{x^2}\,dx=\int_1^4 4x(x^2-1)e^{x^2}\,dx$

$x^2=s$로 놓으면 $2x=\dfrac{ds}{dx}$이고 $x=1$일 때 $s=1$, $x=4$일 때 $s=16$이므로

$\displaystyle\int_1^a f(x)\,dx=\int_1^4 4x(x^2-1)e^{x^2}\,dx=\int_1^{16} 2(s-1)e^s\,ds$

$u(s)=2(s-1)$, $v'(s)=e^s$이라 하면 $u'(s)=2$, $v(s)=e^s$이므로

$$\int_1^a f(x)\,dx=\int_1^{16}2(s-1)e^s\,ds$$
$$=\left[2(s-1)e^s\right]_1^{16}-\int_1^{16}2e^s\,ds$$
$$=30e^{16}-\left[2e^s\right]_1^{16}$$
$$=30e^{16}-(2e^{16}-2e)$$
$$=28e^{16}+2e$$

3단계 $p+q$의 값 구하기

따라서 $p=28$, $q=2$이므로

$p+q=30$

08 답 ③

1단계 $\{f(x)\}^2$ 구하기

$2xf(x)f'(x)+2f(x)f'(x)-\{f(x)\}^2=(x+1)^3e^x$에서

$2(x+1)f(x)f'(x)-\{f(x)\}^2=(x+1)^3e^x$

$\dfrac{2(x+1)f(x)f'(x)-\{f(x)\}^2}{(x+1)^2}=(x+1)e^x$

$\left[\dfrac{\{f(x)\}^2}{x+1}\right]'=(x+1)e^x$

$\therefore \dfrac{\{f(x)\}^2}{x+1}=\int(x+1)e^x\,dx$

$g(x)=x+1$, $h'(x)=e^x$이라 하면 $g'(x)=1$, $h(x)=e^x$이므로

$$\dfrac{\{f(x)\}^2}{x+1}=\int(x+1)e^x\,dx$$
$$=(x+1)e^x-\int e^x\,dx$$
$$=(x+1)e^x-e^x+C$$
$$=xe^x+C$$

이때 $f(0)=1$에서 $\{f(0)\}^2=C$ $\therefore C=1$

따라서 $\dfrac{\{f(x)\}^2}{x+1}=xe^x+1$이므로

$\{f(x)\}^2=(x^2+x)e^x+x+1$

2단계 $\displaystyle\int_0^2\{f(x)\}^2\,dx$의 값 구하기

$$\int_0^2\{f(x)\}^2\,dx=\int_0^2\{(x^2+x)e^x+x+1\}\,dx$$
$$=\int_0^2(x^2+x)e^x\,dx+\int_0^2(x+1)\,dx \quad\cdots\cdots\ \text{㉠}$$

$\displaystyle\int_0^2(x^2+x)e^x\,dx$에서 $u_1(x)=x^2+x$, $v_1'(x)=e^x$이라 하면

$u_1'(x)=2x+1$, $v_1(x)=e^x$이므로

$$\int_0^2(x^2+x)e^x\,dx=\left[(x^2+x)e^x\right]_0^2-\int_0^2(2x+1)e^x\,dx$$
$$=6e^2-\int_0^2(2x+1)e^x\,dx$$

$\displaystyle\int_0^2(2x+1)e^x\,dx$에서 $u_2'(x)=2x+1$, $v_2'(x)=e^x$이라 하면

$u_2'(x)=2$, $v_2(x)=e^x$이므로

$$\int_0^2(x^2+x)e^x\,dx=6e^2-\int_0^2(2x+1)e^x\,dx$$
$$=6e^2-\left[(2x+1)e^x\right]_0^2+\int_0^2 2e^x\,dx$$
$$=6e^2-(5e^2-1)+\left[2e^x\right]_0^2$$
$$=e^2+1+(2e^2-2)$$
$$=3e^2-1$$

이를 ㉠에 대입하면

$$\int_0^2\{f(x)\}^2\,dx=3e^2-1+\int_0^2(x+1)\,dx$$
$$=3e^2-1+\left[\dfrac{1}{2}x^2+x\right]_0^2$$
$$=3e^2-1+4=3e^2+3$$

09 답 32

1단계 $\displaystyle\int_1^4\dfrac{x^2}{\{g(x)\}^2}\,dx$의 값 구하기

$$\int_1^4\dfrac{\{xf(x)\}^2+x\{g(x)\}^2}{\{f(x)g(x)\}^2}\,dx$$
$$=\int_1^4\dfrac{x^2}{\{g(x)\}^2}\,dx+\int_1^4\dfrac{x}{\{f(x)\}^2}\,dx \quad\cdots\cdots\ \text{㉠}$$

㈏의 $\{g(x)\}^2\{g'(x)f(x)-g(x)f'(x)\}=x\{f(x)\}^2$에서

$\dfrac{g'(x)f(x)-g(x)f'(x)}{\{f(x)\}^2}=\dfrac{x}{\{g(x)\}^2}$ $(\because$ ㉮$)$

$\therefore \left\{\dfrac{g(x)}{f(x)}\right\}'=\dfrac{x}{\{g(x)\}^2} \quad\cdots\cdots\ \text{㉡}$

㉠의 $\displaystyle\int_1^4\dfrac{x^2}{\{g(x)\}^2}\,dx=\int_1^4\left(x\times\dfrac{x}{\{g(x)\}^2}\right)dx$에서 $u(x)=x$,

$v'(x)=\dfrac{x}{\{g(x)\}^2}$라 하면 $u'(x)=1$, ㉡에서 $v(x)=\dfrac{g(x)}{f(x)}$이므로

$$\int_1^4\dfrac{x^2}{\{g(x)\}^2}\,dx=\int_1^4\left(x\times\dfrac{x}{\{g(x)\}^2}\right)dx$$
$$=\left[x\times\dfrac{g(x)}{f(x)}\right]_1^4-\int_1^4\dfrac{g(x)}{f(x)}\,dx$$
$$=\dfrac{4g(4)}{f(4)}-\dfrac{g(1)}{f(1)}-\int_1^4\dfrac{g(x)}{f(x)}\,dx$$
$$=\dfrac{4\times4f(4)}{f(4)}-\dfrac{f(1)}{f(1)}-4 \ (\because\ \text{㉰})$$
$$=16-1-4=11$$

2단계 $\displaystyle\int_1^4\dfrac{x}{\{f(x)\}^2}\,dx$의 값 구하기

㉠의 $\displaystyle\int_1^4\dfrac{x}{\{f(x)\}^2}\,dx=\int_1^4\left(\dfrac{x}{\{g(x)\}^2}\times\dfrac{\{g(x)\}^2}{\{f(x)\}^2}\right)dx$에서

$\dfrac{g(x)}{f(x)}=t$로 놓으면 ㉡에서 $\dfrac{x}{\{g(x)\}^2}=\dfrac{dt}{dx}$이고 $x=1$일 때

$t=\dfrac{g(1)}{f(1)}=\dfrac{f(1)}{f(1)}=1$, $x=4$일 때 $t=\dfrac{g(4)}{f(4)}=\dfrac{4f(4)}{f(4)}=4$이므로

$$\int_1^4\dfrac{x}{\{f(x)\}^2}\,dx=\int_1^4\left(\dfrac{x}{\{g(x)\}^2}\times\dfrac{\{g(x)\}^2}{\{f(x)\}^2}\right)dx$$
$$=\int_1^4 t^2\,dt=\left[\dfrac{1}{3}t^3\right]_1^4=21$$

3단계 $\displaystyle\int_1^4\dfrac{\{xf(x)\}^2+x\{g(x)\}^2}{\{f(x)g(x)\}^2}\,dx$의 값 구하기

따라서 ㉠에서

$$\int_1^4\dfrac{\{xf(x)\}^2+x\{g(x)\}^2}{\{f(x)g(x)\}^2}\,dx=\int_1^4\dfrac{x^2}{\{g(x)\}^2}\,dx+\int_1^4\dfrac{x}{\{f(x)\}^2}\,dx$$
$$=11+21=32$$

10 답 10

1단계 $f(x)$, $f'(x)$, $f''(x)$ 사이의 관계식 구하기

㈏의 $\dfrac{1}{2}f(x)=\displaystyle\int_0^x f(t)\cos(x-t)\,dt$에서

$\dfrac{1}{2}f(x)=\displaystyle\int_0^x f(t)(\cos x\cos t+\sin x\sin t)\,dt$

$\dfrac{1}{2}f(x)=\cos x\displaystyle\int_0^x f(t)\cos t\,dt+\sin x\int_0^x f(t)\sin t\,dt \quad\cdots\cdots\ \text{㉠}$

양변을 x에 대하여 미분하면

$$\frac{1}{2}f'(x)=-\sin x\int_0^x f(t)\cos t\,dt+f(x)\cos^2 x$$
$$+\cos x\int_0^x f(t)\sin t\,dt+f(x)\sin^2 x$$

$$\frac{1}{2}f'(x)=-\sin x\int_0^x f(t)\cos t\,dt+\cos x\int_0^x f(t)\sin t\,dt$$
$$+(\sin^2 x+\cos^2 x)f(x)$$

$$\frac{1}{2}f'(x)=-\sin x\int_0^x f(t)\cos t\,dt+\cos x\int_0^x f(t)\sin t\,dt+f(x)$$

양변을 x에 대하여 미분하면

$$\frac{1}{2}f''(x)=-\cos x\int_0^x f(t)\cos t\,dt-f(x)\sin x\cos x$$
$$-\sin x\int_0^x f(t)\sin t\,dt+f(x)\sin x\cos x+f'(x)$$

$$\frac{1}{2}f''(x)=-\cos x\int_0^x f(t)\cos t\,dt-\sin x\int_0^x f(t)\sin t\,dt+f'(x)$$

$$\frac{1}{2}f''(x)=-\frac{1}{2}f(x)+f'(x)\ (\because ㉠)$$

$$f''(x)=-f(x)+2f'(x)$$

$$\therefore\ f'(x)-f''(x)=f(x)-f'(x)$$

2단계 $f(x)-f''(x)$ 구하기

㈎의 $f(x)>f'(x)$에서 $f(x)-f'(x)>0$이므로

$$\frac{f'(x)-f''(x)}{f(x)-f'(x)}=1$$

즉, $\displaystyle\int\frac{f'(x)-f''(x)}{f(x)-f'(x)}dx=\int dx$이므로

$$\ln\{f(x)-f'(x)\}=x+C$$

양변에 $x=0$을 대입하면

$$\ln\{f(0)-f'(0)\}=C\qquad\cdots\cdots ㉡$$

㈏의 양변에 $x=0$을 대입하면

$$\frac{1}{2}f(0)=0\quad\therefore f(0)=0$$

또 $f'(0)=-1$이므로 ㉡에 대입하면

$$C=0$$

따라서 $\ln\{f(x)-f'(x)\}=x$이므로

$$f(x)-f'(x)=e^x\qquad\cdots\cdots ㉢$$
$$f'(x)-f''(x)=e^x\qquad\cdots\cdots ㉣$$

㉢+㉣을 하면

$$f(x)-f''(x)=2e^x$$

3단계 $f(\ln 5)-f''(\ln 5)$의 값 구하기

$$\therefore f(\ln 5)-f''(\ln 5)=2\times 5=10$$

11 답 ④

1단계 ㄱ이 옳은지 확인하기

ㄱ. $F(x)=\displaystyle\int_0^x f(t)\,dt$의 양변에 $x=1$을 대입하면

$$F(1)=\int_0^1 f(t)\,dt\qquad\cdots\cdots ㉠$$

㈏에서

$$\int_0^1 F(x)\,dx=\int_0^1\{f(x)-x\}\,dx\ (\because ㈎)$$
$$=\int_0^1 f(x)\,dx-\left[\frac{1}{2}x^2\right]_0^1$$
$$=\int_0^1 f(x)\,dx-\frac{1}{2}$$

즉, $\displaystyle\int_0^1 f(x)\,dx-\frac{1}{2}=e-\frac{5}{2}$이므로

$$\int_0^1 f(x)\,dx=e-2$$

따라서 ㉠에서

$$F(1)=\int_0^1 f(t)\,dt=e-2\qquad\cdots\cdots ㉡$$

2단계 ㄴ이 옳은지 확인하기

ㄴ. $\displaystyle\int_0^1 xF(x)\,dx=\int_0^1 x\{f(x)-x\}\,dx\ (\because ㈎)$

$$=\int_0^1\{xf(x)-x^2\}\,dx$$
$$=\int_0^1 xf(x)\,dx-\left[\frac{1}{3}x^3\right]_0^1$$
$$=\int_0^1 xf(x)\,dx-\frac{1}{3}\qquad\cdots\cdots ㉢$$

$F(x)=\displaystyle\int_0^x f(t)\,dt$의 양변을 x에 대하여 미분하면

$$F'(x)=f(x)$$

$\displaystyle\int_0^1 xf(x)\,dx$에서 $u(x)=x$, $v'(x)=f(x)$라 하면 $u'(x)=1$, $v(x)=F(x)$이므로

$$\int_0^1 xf(x)\,dx=\left[xF(x)\right]_0^1-\int_0^1 F(x)\,dx$$
$$=F(1)-\left(e-\frac{5}{2}\right)(\because ㈏)$$
$$=(e-2)-\left(e-\frac{5}{2}\right)(\because ㉡)$$
$$=\frac{1}{2}$$

이를 ㉢에 대입하면

$$\int_0^1 xF(x)\,dx=\frac{1}{2}-\frac{1}{3}=\frac{1}{6}\qquad\cdots\cdots ㉣$$

3단계 ㄷ이 옳은지 확인하기

ㄷ. $\displaystyle\int_0^1\{F(x)\}^2\,dx=\int_0^1 F(x)\{f(x)-x\}\,dx\ (\because ㈎)$

$$=\int_0^1 F(x)f(x)\,dx-\int_0^1 xF(x)\,dx$$
$$=\int_0^1 F(x)f(x)\,dx-\frac{1}{6}\ (\because ㉣)\qquad\cdots\cdots ㉤$$

$\displaystyle\int_0^1 F(x)f(x)\,dx$에서 $F(x)=s$로 놓으면 $f(x)=\dfrac{ds}{dx}$이다.

$F(x)=\displaystyle\int_0^x f(t)\,dt$의 양변에 $x=0$을 대입하면 $F(0)=0$

즉, $x=0$일 때 $s=F(0)=0$, $x=1$일 때 ㉡에서 $s=F(1)=e-2$이므로

$$\int_0^1 F(x)f(x)\,dx=\int_0^{e-2} s\,ds$$
$$=\left[\frac{1}{2}s^2\right]_0^{e-2}$$
$$=\frac{1}{2}(e-2)^2$$
$$=\frac{1}{2}e^2-2e+2$$

이를 ㉤에 대입하면

$$\int_0^1\{F(x)\}^2\,dx=\frac{1}{2}e^2-2e+2-\frac{1}{6}$$
$$=\frac{1}{2}e^2-2e+\frac{11}{6}$$

4단계 옳은 것 구하기

따라서 보기에서 옳은 것은 ㄴ, ㄷ이다.

08 정적분의 활용

01 ④	02 ④	03 $\dfrac{e^3}{2}$	04 ②	05 $\dfrac{e^2}{2}-e$
06 $\ln 2$	07 $\dfrac{2}{3}$	08 $\dfrac{3}{4}e^2-\dfrac{1}{4}$		09 ② 10 2
11 ③	12 ②			

01 답 ④

$$\lim_{n\to\infty}\sum_{k=1}^{n}f(x_k)\Delta x=\int_a^b f(x)\,dx \ \left(\text{단, }\Delta x=\frac{b-a}{n},\ x_k=a+k\Delta x\right)$$

ㄱ. $a=2$, $b=6$, $\Delta x=\dfrac{6-2}{n}=\dfrac{4}{n}$, $x_k=2+\dfrac{4k}{n}$라 하면

$$\lim_{n\to\infty}\frac{1}{n}\sum_{k=1}^{n}\frac{k}{n}f\left(2+\frac{4k}{n}\right)=\frac{1}{16}\lim_{n\to\infty}\sum_{k=1}^{n}\frac{4k}{n}f\left(2+\frac{4k}{n}\right)\times\frac{4}{n}$$
$$=\frac{1}{16}\lim_{n\to\infty}\sum_{k=1}^{n}(x_k-2)f(x_k)\,\Delta x$$
$$=\frac{1}{16}\int_2^6 (x-2)f(x)\,dx$$

ㄴ. $a=0$, $b=4$, $\Delta x=\dfrac{4-0}{n}=\dfrac{4}{n}$, $x_k=\dfrac{4k}{n}$라 하면

$$\lim_{n\to\infty}\frac{1}{n}\sum_{k=1}^{n}\frac{k}{n}f\left(2+\frac{4k}{n}\right)=\frac{1}{16}\lim_{n\to\infty}\sum_{k=1}^{n}\frac{4k}{n}f\left(2+\frac{4k}{n}\right)\times\frac{4}{n}$$
$$=\frac{1}{16}\lim_{n\to\infty}\sum_{k=1}^{n}x_k f(2+x_k)\,\Delta x$$
$$=\frac{1}{16}\int_0^4 xf(2+x)\,dx$$

ㄷ. $a=1$, $b=3$, $\Delta x=\dfrac{3-1}{n}=\dfrac{2}{n}$, $x_k=1+\dfrac{2k}{n}$라 하면

$$\lim_{n\to\infty}\frac{1}{n}\sum_{k=1}^{n}\frac{k}{n}f\left(2+\frac{4k}{n}\right)=\frac{1}{4}\lim_{n\to\infty}\sum_{k=1}^{n}\frac{2k}{n}f\left(2\left(1+\frac{2k}{n}\right)\right)\times\frac{2}{n}$$
$$=\frac{1}{4}\lim_{n\to\infty}\sum_{k=1}^{n}(x_k-1)f(2x_k)\,\Delta x$$
$$=\frac{1}{4}\int_1^3 (x-1)f(2x)\,dx$$

따라서 보기에서 옳은 것은 ㄱ, ㄷ이다.

02 답 ④

$$\lim_{n\to\infty}\sum_{k=1}^{n}\frac{k\pi}{n^2}f\left(\frac{\pi}{2}+\frac{k\pi}{n}\right)=\frac{1}{\pi}\lim_{n\to\infty}\sum_{k=1}^{n}\frac{k\pi}{n}f\left(\frac{\pi}{2}+\frac{k\pi}{n}\right)\times\frac{\pi}{n}$$
$$=\frac{1}{\pi}\int_{\frac{\pi}{2}}^{\frac{3}{2}\pi}\left(x-\frac{\pi}{2}\right)f(x)\,dx$$
$$=\frac{1}{\pi}\int_{\frac{\pi}{2}}^{\frac{3}{2}\pi}\left(x-\frac{\pi}{2}\right)\cos x\,dx$$

$u(x)=x-\dfrac{\pi}{2}$, $v'(x)=\cos x$라 하면 $u'(x)=1$, $v(x)=\sin x$이므로

$$\lim_{n\to\infty}\sum_{k=1}^{n}\frac{k\pi}{n^2}f\left(\frac{\pi}{2}+\frac{k\pi}{n}\right)=\frac{1}{\pi}\int_{\frac{\pi}{2}}^{\frac{3}{2}\pi}\left(x-\frac{\pi}{2}\right)\cos x\,dx$$
$$=\frac{1}{\pi}\left[\left(x-\frac{\pi}{2}\right)\sin x\right]_{\frac{\pi}{2}}^{\frac{3}{2}\pi}-\frac{1}{\pi}\int_{\frac{\pi}{2}}^{\frac{3}{2}\pi}\sin x\,dx$$
$$=\frac{1}{\pi}\times(-\pi)-\frac{1}{\pi}\left[-\cos x\right]_{\frac{\pi}{2}}^{\frac{3}{2}\pi}$$
$$=-1-\frac{1}{\pi}\times 0=-1$$

03 답 $\dfrac{e^3}{2}$

$x_k=1+\dfrac{2k}{n}$이므로 $f(x_k)=e^{1+\frac{2k}{n}}$

$$\therefore S_k=\frac{1}{2}\times x_k\times f(x_k)=\frac{1}{2}\left(1+\frac{2k}{n}\right)e^{1+\frac{2k}{n}}$$
$$\therefore \lim_{n\to\infty}\frac{1}{n}\sum_{k=1}^{n}S_k=\lim_{n\to\infty}\frac{1}{n}\sum_{k=1}^{n}\frac{1}{2}\left(1+\frac{2k}{n}\right)e^{1+\frac{2k}{n}}$$
$$=\frac{1}{4}\lim_{n\to\infty}\sum_{k=1}^{n}\left(1+\frac{2k}{n}\right)e^{1+\frac{2k}{n}}\times\frac{2}{n}$$
$$=\frac{1}{4}\int_1^3 xe^x\,dx$$

$u(x)=x$, $v'(x)=e^x$이라 하면 $u'(x)=1$, $v(x)=e^x$이므로

$$\lim_{n\to\infty}\frac{1}{n}\sum_{k=1}^{n}S_k=\frac{1}{4}\int_1^3 xe^x\,dx$$
$$=\frac{1}{4}\left[xe^x\right]_1^3-\frac{1}{4}\int_1^3 e^x\,dx$$
$$=\frac{1}{4}(3e^3-e)-\frac{1}{4}\left[e^x\right]_1^3$$
$$=\frac{1}{4}(3e^3-e)-\frac{1}{4}(e^3-e)$$
$$=\frac{e^3}{2}$$

04 답 ②

$x>0$에서 $\dfrac{1}{x}>0$

곡선 $y=\dfrac{1}{x}$과 두 직선 $x=1$, $x=2$ 및 x축으로 둘러싸인 부분의 넓이 S는

$$S=\int_1^2 \frac{1}{x}\,dx$$
$$=\left[\ln x\right]_1^2$$
$$=\ln 2$$

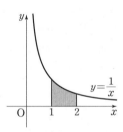

(i) $0<a<1$일 때,

곡선 $y=\dfrac{1}{x}$과 두 직선 $x=1$, $x=a$ 및 x축으로 둘러싸인 부분의 넓이는

$$\int_a^1 \frac{1}{x}\,dx=\left[\ln x\right]_a^1=-\ln a$$

이 넓이가 $2S$이므로

$$-\ln a=2\ln 2$$
$$\ln a=-2\ln 2$$
$$\therefore a=2^{-2}=\frac{1}{4}$$

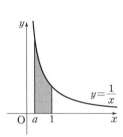

(ii) $a>1$일 때,

곡선 $y=\dfrac{1}{x}$과 두 직선 $x=1$, $x=a$ 및 x축으로 둘러싸인 부분의 넓이는

$$\int_1^a \frac{1}{x}\,dx=\left[\ln x\right]_1^a=\ln a$$

이 넓이가 $2S$이므로

$$\ln a=2\ln 2$$
$$\therefore a=2^2=4$$

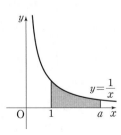

(i), (ii)에서 모든 양수 a의 값의 합은

$$\frac{1}{4}+4=\frac{17}{4}$$

05 답 $\dfrac{e^2}{2}-e$

곡선 $y=a^x\,(a>1)$과 직선 $y=x$가 접하
는 점의 x좌표를 t라 하자.

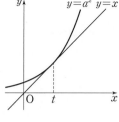

$y=a^x$에서 $y'=a^x\ln a$

이때 $x=t$인 점에서의 접선의 기울기가 1
이므로

$a^t\ln a=1$ ······ ㉠

접점 $(t,\,t)$가 곡선 $y=a^x$ 위의 점이므로

$t=a^t$ ······ ㉡

㉡을 ㉠에 대입하면

$t\ln a=1,\ \ln a=\dfrac{1}{t}$

$\therefore a=e^{\frac{1}{t}}$ ······ ㉢

㉢을 ㉡에 대입하면 $t=(e^{\frac{1}{t}})^t=e$

이를 ㉢에 대입하면 $a=e^{\frac{1}{e}}$

따라서 구하는 넓이를 S라 하면

$S=\displaystyle\int_0^e (e^{\frac{1}{e}x}-x)\,dx=\left[e\times e^{\frac{1}{e}x}-\dfrac{1}{2}x^2\right]_0^e=\dfrac{e^2}{2}-e$

06 답 $\ln 2$

$f(x-1)=\dfrac{1}{x-1}$이고 $x>1$에서 $\dfrac{1}{x-1}>\dfrac{1}{x}$이므로

$A_n=\displaystyle\int_n^{n+1}\left(\dfrac{1}{x-1}-\dfrac{1}{x}\right)dx=\left[\ln(x-1)-\ln x\right]_n^{n+1}$

$=\ln n-\ln(n+1)-\ln(n-1)+\ln n$

$=\ln\dfrac{n^2}{(n-1)(n+1)}$ ·················· 배점 50%

$\therefore \displaystyle\lim_{n\to\infty}\sum_{k=2}^n A_k$

$=\displaystyle\lim_{n\to\infty}\sum_{k=2}^n \ln\dfrac{k^2}{(k-1)(k+1)}$

$=\displaystyle\lim_{n\to\infty}\left\{\ln\dfrac{2^2}{1\times3}+\ln\dfrac{3^2}{2\times4}+\ln\dfrac{4^2}{3\times5}+\cdots+\ln\dfrac{n^2}{(n-1)(n+1)}\right\}$

$=\displaystyle\lim_{n\to\infty}\ln\left(\dfrac{2}{1}\times\dfrac{2}{3}\times\dfrac{3}{2}\times\dfrac{3}{4}\times\dfrac{4}{3}\times\dfrac{4}{5}\times\cdots\times\dfrac{n}{n-1}\times\dfrac{n}{n+1}\right)$

$=\displaystyle\lim_{n\to\infty}\ln\dfrac{2n}{n+1}=\ln\displaystyle\lim_{n\to\infty}\dfrac{2n}{n+1}=\ln 2$ ············ 배점 50%

07 답 $\dfrac{2}{3}$

두 곡선 $y=f(x)$, $y=g(x)$는 직선 $y=x$
에 대하여 서로 대칭이므로 두 곡선으로
둘러싸인 부분의 넓이는 곡선 $y=f(x)$와
직선 $y=x$로 둘러싸인 부분의 넓이의 2배
와 같다.

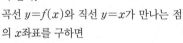

곡선 $y=f(x)$와 직선 $y=x$가 만나는 점
의 x좌표를 구하면

$\sqrt{4x-3}=x,\ 4x-3=x^2$

$x^2-4x+3=0,\ (x-1)(x-3)=0$

$\therefore x=1$ 또는 $x=3$

$1\le x\le3$에서 $\sqrt{4x-3}\ge x$이므로 구하는 넓이를 S라 하면

$S=2\displaystyle\int_1^3(\sqrt{4x-3}-x)\,dx$

$=2\left[\dfrac{1}{6}(4x-3)^{\frac{3}{2}}-\dfrac{1}{2}x^2\right]_1^3=2\times\dfrac{1}{3}=\dfrac{2}{3}$

08 답 $\dfrac{3}{4}e^2-\dfrac{1}{4}$

$f(x)=x\ln x$에서

$f'(x)=\ln x+1$

$x\ge1$에서 $f'(x)>0$이므로 함수 $f(x)$는 $x\ge1$에서 증가한다.

곡선 $y=f(x)$와 직선 $y=x$가 만나는 점의 x좌표를 구하면

$x\ln x=x,\ x(\ln x-1)=0$

$\therefore x=e\ (\because x\ge1)$

두 곡선 $y=f(x)$, $y=g(x)$는 직선
$y=x$에 대하여 서로 대칭이므로 그림에
서 빗금 친 두 부분의 넓이가 같다.

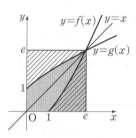

$\therefore \displaystyle\int_0^e g(x)\,dx=e^2-\int_1^e f(x)\,dx$

$=e^2-\displaystyle\int_1^e x\ln x\,dx$

$u(x)=\ln x,\ v'(x)=x$라 하면

$u'(x)=\dfrac{1}{x},\ v(x)=\dfrac{1}{2}x^2$이므로

$\displaystyle\int_0^e g(x)\,dx=e^2-\int_1^e x\ln x\,dx$

$=e^2-\left[\dfrac{1}{2}x^2\ln x\right]_1^e+\displaystyle\int_1^e \dfrac{1}{2}x\,dx$

$=e^2-\dfrac{e^2}{2}+\left[\dfrac{1}{4}x^2\right]_1^e$

$=\dfrac{e^2}{2}+\left(\dfrac{e^2}{4}-\dfrac{1}{4}\right)=\dfrac{3}{4}e^2-\dfrac{1}{4}$

09 답 ②

점 $(x,\,0)\,(0\le x\le k)$을 지나고 x축에 수직인 평면으로 입체도형을 자
른 단면의 넓이를 $S(x)$라 하면

$S(x)=\left(\sqrt{\dfrac{e^x}{e^x+1}}\right)^2=\dfrac{e^x}{e^x+1}$

따라서 입체도형의 부피를 V라 하면

$V=\displaystyle\int_0^k S(x)\,dx=\int_0^k \dfrac{e^x}{e^x+1}\,dx$

$=\displaystyle\int_0^k \dfrac{(e^x+1)'}{e^x+1}\,dx=\left[\ln(e^x+1)\right]_0^k$

$=\ln(e^k+1)-\ln2=\ln\dfrac{e^k+1}{2}$

즉, $\ln\dfrac{e^k+1}{2}=\ln7$이므로

$\dfrac{e^k+1}{2}=7,\ e^k+1=14$

$e^k=13$ $\therefore k=\ln13$

10 답 2

두 점 P, Q가 만날 때의 위치가 같으므로 두 점이 만나는 시각을 $t=a$
라 하면

$0+\displaystyle\int_0^a v_{\text{P}}(t)\,dt=0+\int_0^a v_{\text{Q}}(t)\,dt$

$\displaystyle\int_0^a \cos t\,dt=\int_0^a \sin t\,dt$

$\left[\sin t\right]_0^a=\left[-\cos t\right]_0^a$

$\sin a=-\cos a+1$

$\sin a+\cos a=1$

$$\sqrt{2}\left(\frac{\sqrt{2}}{2}\sin a+\frac{\sqrt{2}}{2}\cos a\right)=1$$

$$\sqrt{2}\left(\sin a\cos\frac{\pi}{4}+\cos a\sin\frac{\pi}{4}\right)=1$$

$$\sqrt{2}\sin\left(a+\frac{\pi}{4}\right)=1,\ \sin\left(a+\frac{\pi}{4}\right)=\frac{\sqrt{2}}{2}$$

이때 $a>0$에서 $a+\dfrac{\pi}{4}>\dfrac{\pi}{4}$이므로

$$a+\frac{\pi}{4}=\frac{3}{4}\pi\ \text{또는}\ a+\frac{\pi}{4}=\frac{9}{4}\pi\ \text{또는}\ a+\frac{\pi}{4}=\frac{11}{4}\pi\ \cdots$$

$$\therefore a=\frac{\pi}{2}\ \text{또는}\ a=2\pi\ \text{또는}\ a=\frac{5}{2}\pi\ \cdots$$

따라서 두 점 P, Q가 출발 후 처음으로 다시 만날 때의 시각은 $t=\dfrac{\pi}{2}$이다.

시각 $t=0$에서 $t=\dfrac{\pi}{2}$까지 점 P가 움직인 거리는

$$\int_0^{\frac{\pi}{2}}|v_{\mathrm P}(t)|\,dt=\int_0^{\frac{\pi}{2}}\cos t\,dt$$
$$=\Big[\sin t\Big]_0^{\frac{\pi}{2}}=1$$

시각 $t=0$에서 $t=\dfrac{\pi}{2}$까지 점 Q가 움직인 거리는

$$\int_0^{\frac{\pi}{2}}|v_{\mathrm Q}(t)|\,dt=\int_0^{\frac{\pi}{2}}\sin t\,dt$$
$$=\Big[-\cos t\Big]_0^{\frac{\pi}{2}}=1$$

따라서 두 점 P, Q가 출발 후 처음으로 다시 만날 때까지 두 점이 움직인 거리의 합은
$1+1=2$

11 답 ③

$x=t$, $y=\ln(1-t^2)$을 각각 t에 대하여 미분하면

$$\frac{dx}{dt}=1,\ \frac{dy}{dt}=-\frac{2t}{1-t^2}$$

따라서 시각 $t=0$에서 $t=\dfrac{1}{2}$까지 점 P가 움직인 거리는

$$\int_0^{\frac{1}{2}}\sqrt{\left(\frac{dx}{dt}\right)^2+\left(\frac{dy}{dt}\right)^2}\,dt=\int_0^{\frac{1}{2}}\sqrt{1^2+\left(-\frac{2t}{1-t^2}\right)^2}\,dt$$
$$=\int_0^{\frac{1}{2}}\sqrt{\frac{(1-t^2)^2+4t^2}{(1-t^2)^2}}\,dt$$
$$=\int_0^{\frac{1}{2}}\sqrt{\frac{t^4+2t^2+1}{(1-t^2)^2}}\,dt$$
$$=\int_0^{\frac{1}{2}}\sqrt{\frac{(t^2+1)^2}{(1-t^2)^2}}\,dt$$
$$=\int_0^{\frac{1}{2}}\frac{t^2+1}{1-t^2}\,dt\ (\because 0\le t<1)$$
$$=\int_0^{\frac{1}{2}}\left(-\frac{2}{t^2-1}-1\right)dt$$
$$=\int_0^{\frac{1}{2}}\left\{-\frac{2}{(t-1)(t+1)}-1\right\}dt$$
$$=\int_0^{\frac{1}{2}}\left(-\frac{1}{t-1}+\frac{1}{t+1}-1\right)dt$$
$$=\Big[-\ln|t-1|+\ln(t+1)-t\Big]_0^{\frac{1}{2}}$$
$$=-\ln\frac{1}{2}+\ln\frac{3}{2}-\frac{1}{2}$$
$$=\ln 3-\frac{1}{2}$$

12 답 ②

$y=\dfrac{1}{8}e^{2x}+\dfrac{1}{2}e^{-2x}$의 양변을 x에 대하여 미분하면

$$\frac{dy}{dx}=\frac{1}{4}e^{2x}-e^{-2x}$$

$0\le x\le\ln a$에서 곡선의 길이는

$$\int_0^{\ln a}\sqrt{1+\left(\frac{dy}{dx}\right)^2}\,dx=\int_0^{\ln a}\sqrt{1+\left(\frac{1}{4}e^{2x}-e^{-2x}\right)^2}\,dx$$
$$=\int_0^{\ln a}\sqrt{\frac{1}{16}e^{4x}+\frac{1}{2}+e^{-4x}}\,dx$$
$$=\int_0^{\ln a}\sqrt{\left(\frac{1}{4}e^{2x}+e^{-2x}\right)^2}\,dx$$
$$=\int_0^{\ln a}\left(\frac{1}{4}e^{2x}+e^{-2x}\right)dx\ \left(\because \frac{1}{4}e^{2x}+e^{-2x}>0\right)$$
$$=\left[\frac{1}{8}e^{2x}-\frac{1}{2}e^{-2x}\right]_0^{\ln a}$$
$$=\frac{1}{8}a^2-\frac{1}{2a^2}+\frac{3}{8}$$

즉, $\dfrac{1}{8}a^2-\dfrac{1}{2a^2}+\dfrac{3}{8}=\dfrac{3}{4}$이므로

$a^4-3a^2-4=0,\ (a^2+1)(a+2)(a-2)=0$

$\therefore a=2\ (\because a>1)$

step 2 고난도 문제 | 100~103쪽

01 ③	02 ①	03 10	04 ②	05 ③	06 ③
07 ③	08 $\dfrac{e}{2}$	09 ①	10 $2-\sqrt{2}$		11 ①
12 24	13 $\dfrac{\pi}{2}+2-2\sqrt{2}$	14 4	15 ⑤		16 6
17 ①	18 ④	19 ②			

01 답 ③

$$\lim_{n\to\infty}\sum_{k=1}^n\frac{k^2+2kn}{k^3+3k^2n+n^3}=\lim_{n\to\infty}\sum_{k=1}^n\frac{\left(\frac{k}{n}\right)^2+2\times\frac{k}{n}}{\left(\frac{k}{n}\right)^3+3\left(\frac{k}{n}\right)^2+1}\times\frac{1}{n}$$
$$=\int_0^1\frac{x^2+2x}{x^3+3x^2+1}\,dx$$
$$=\int_0^1\frac{(x^3+3x^2+1)'}{3(x^3+3x^2+1)}\,dx$$
$$=\left[\frac{1}{3}\ln(x^3+3x^2+1)\right]_0^1=\frac{\ln 5}{3}$$

02 답 ①

$$\lim_{n\to\infty}\sum_{k=1}^n\frac{n}{n+k}\ln\left(1+\frac{1}{n}\right)\ln\left(1+\frac{k}{n}\right)$$
$$=\lim_{n\to\infty}\sum_{k=1}^n\frac{n}{n+k}\ln\left(1+\frac{1}{n}\right)\ln\left(1+\frac{k}{n}\right)\times\frac{1}{n}\times n$$
$$=\lim_{n\to\infty}\left\{n\ln\left(1+\frac{1}{n}\right)\sum_{k=1}^n\frac{n}{n+k}\ln\left(1+\frac{k}{n}\right)\times\frac{1}{n}\right\}$$
$$=\lim_{n\to\infty}\ln\left(1+\frac{1}{n}\right)^n\times\lim_{n\to\infty}\sum_{k=1}^n\frac{1}{1+\frac{k}{n}}\ln\left(1+\frac{k}{n}\right)\times\frac{1}{n}$$
$$=\ln e\times\int_1^2\frac{\ln x}{x}\,dx=\int_1^2\frac{\ln x}{x}\,dx$$

$\ln x = t$로 놓으면 $\dfrac{1}{x} = \dfrac{dt}{dx}$이고 $x=1$일 때 $t=0$, $x=2$일 때 $t=\ln 2$이므로

$$\lim_{n \to \infty} \sum_{k=1}^{n} \frac{n}{n+k} \ln\left(1+\frac{1}{n}\right) \ln\left(1+\frac{k}{n}\right) = \int_1^2 \frac{\ln x}{x} dx$$
$$= \int_0^{\ln 2} t \, dt$$
$$= \left[\frac{1}{2} t^2 \right]_0^{\ln 2}$$
$$= \frac{(\ln 2)^2}{2}$$

03 답 10

$\lim\limits_{n \to \infty} \dfrac{1}{n} \sum\limits_{k=1}^{n} \dfrac{k}{n} f'\left(\dfrac{4k}{n}\right) = -\dfrac{1}{2}$에서

$$\lim_{n \to \infty} \frac{1}{n} \sum_{k=1}^{n} \frac{k}{n} f'\left(\frac{4k}{n}\right) = \frac{1}{16} \lim_{n \to \infty} \sum_{k=1}^{n} \frac{4k}{n} f'\left(\frac{4k}{n}\right) \times \frac{4}{n}$$
$$= \frac{1}{16} \int_0^4 x f'(x) \, dx$$

즉, $\dfrac{1}{16} \displaystyle\int_0^4 x f'(x) \, dx = -\dfrac{1}{2}$이므로 $\displaystyle\int_0^4 x f'(x) \, dx = -8$

$u(x) = x$, $v'(x) = f'(x)$라 하면 $u'(x) = 1$, $v(x) = f(x)$이므로

$$\int_0^4 x f'(x) \, dx = \left[x f(x) \right]_0^4 - \int_0^4 f(x) \, dx$$
$$= 4f(4) - \int_0^4 f(x) \, dx$$
$$= -\int_0^4 f(x) \, dx \ (\because f(4) = 0)$$

즉, $-\displaystyle\int_0^4 f(x) \, dx = -8$이므로 $\displaystyle\int_0^4 f(x) \, dx = 8$ $\qquad$ …… ㉠

$\lim\limits_{n \to \infty} \dfrac{1}{n} \sum\limits_{k=1}^{n} f\left(\dfrac{3k}{n}\right) = 3$에서

$$\lim_{n \to \infty} \frac{1}{n} \sum_{k=1}^{n} f\left(\frac{3k}{n}\right) = \frac{1}{3} \lim_{n \to \infty} \sum_{k=1}^{n} f\left(\frac{3k}{n}\right) \times \frac{3}{n}$$
$$= \frac{1}{3} \int_0^3 f(x) \, dx$$

즉, $\dfrac{1}{3} \displaystyle\int_0^3 f(x) \, dx = 3$이므로 $\displaystyle\int_0^3 f(x) \, dx = 9$ $\qquad$ …… ㉡

㉠-㉡을 하면

$$\int_0^4 f(x) \, dx - \int_0^3 f(x) \, dx = -1$$
$$\int_0^4 f(x) \, dx + \int_3^0 f(x) \, dx = -1$$
$$\therefore \int_3^4 f(x) \, dx = -1$$

$$\therefore \int_0^4 |f(x)| \, dx = \int_0^3 f(x) \, dx + \int_3^4 \{-f(x)\} \, dx$$
$$= \int_0^3 f(x) \, dx - \int_3^4 f(x) \, dx$$
$$= 9 - (-1)$$
$$= 10$$

04 답 ②

반원의 호 AB를 $2n$등분 하였으므로 반원의 중심을 O라 하면

$\angle \mathrm{AOP}_k = \dfrac{k\pi}{2n}$, $\angle \mathrm{BOP}_{2n-k} = \dfrac{k\pi}{2n}$

$\therefore \angle \mathrm{P}_k \mathrm{OP}_{2n-k} = \pi - 2 \times \dfrac{k\pi}{2n} = \pi - \dfrac{k\pi}{n}$

삼각형 AOP_k의 넓이는

$\dfrac{1}{2} \times 1^2 \times \sin\dfrac{k\pi}{2n} = \dfrac{1}{2}\sin\dfrac{k\pi}{2n}$

삼각형 $\mathrm{P}_k \mathrm{OP}_{2n-k}$의 넓이는

$\dfrac{1}{2} \times 1^2 \times \sin\left(\pi - \dfrac{k\pi}{n}\right) = \dfrac{1}{2}\sin\dfrac{k\pi}{n}$

사각형 $\mathrm{AP}_k \mathrm{P}_{2n-k} \mathrm{B}$의 넓이 S_k는

$$S_k = 2 \times \triangle \mathrm{AOP}_k + \triangle \mathrm{P}_k \mathrm{OP}_{2n-k}$$
$$= \sin\frac{k\pi}{2n} + \frac{1}{2}\sin\frac{k\pi}{n}$$

$$\therefore \lim_{n \to \infty} \frac{1}{n} \sum_{k=1}^{n-1} S_k = \lim_{n \to \infty} \frac{1}{n} \sum_{k=1}^{n-1} \left(\sin\frac{k\pi}{2n} + \frac{1}{2}\sin\frac{k\pi}{n} \right)$$
$$= \lim_{n \to \infty} \left(\frac{2}{\pi} \sum_{k=1}^{n-1} \sin\frac{k\pi}{2n} \times \frac{\pi}{2n} + \frac{1}{2\pi} \sum_{k=1}^{n-1} \sin\frac{k\pi}{n} \times \frac{\pi}{n} \right)$$
$$= \frac{2}{\pi} \int_0^{\frac{\pi}{2}} \sin x \, dx + \frac{1}{2\pi} \int_0^{\pi} \sin x \, dx$$
$$= \frac{2}{\pi} \left[-\cos x \right]_0^{\frac{\pi}{2}} + \frac{1}{2\pi} \left[-\cos x \right]_0^{\pi}$$
$$= \frac{2}{\pi} \times 1 + \frac{1}{2\pi} \times 2 = \frac{3}{\pi}$$

다른 풀이

반원의 호 AB를 $2n$등분 하였으므로 반원의 중심을 O라 하면

$\angle \mathrm{AOP}_n = \dfrac{\pi}{2}$, $\angle \mathrm{AOP}_k = \dfrac{k\pi}{2n}$, $\angle \mathrm{BOP}_{2n-k} = \dfrac{k\pi}{2n}$

두 점 P_k, P_{2n-k}는 직선 OP_n에 대하여 대칭이므로 선분 $\mathrm{P}_k \mathrm{P}_{2n-k}$는 선분 AB에 평행하다.

직선 OP_n이 선분 $\mathrm{P}_k \mathrm{P}_{2n-k}$와 만나는 점을 H라 하면 직각삼각형 OHP_k에서

$\angle \mathrm{HOP}_k = \dfrac{\pi}{2} - \dfrac{k\pi}{2n}$이므로

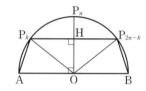

$\overline{\mathrm{HP}_k} = \overline{\mathrm{OP}_k} \sin\left(\dfrac{\pi}{2} - \dfrac{k\pi}{2n} \right) = \cos\dfrac{k\pi}{2n}$

$\therefore \overline{\mathrm{P}_k \mathrm{P}_{2n-k}} = 2\overline{\mathrm{HP}_k} = 2\cos\dfrac{k\pi}{2n}$

또 $\overline{\mathrm{OH}} = \overline{\mathrm{OP}_k} \cos\left(\dfrac{\pi}{2} - \dfrac{k\pi}{2n} \right) = \sin\dfrac{k\pi}{2n}$이므로 사각형 $\mathrm{AP}_k \mathrm{P}_{2n-k} \mathrm{B}$의 넓이 S_k는

$$S_k = \frac{1}{2} \times (\overline{\mathrm{P}_k \mathrm{P}_{2n-k}} + \overline{\mathrm{AB}}) \times \overline{\mathrm{OH}}$$
$$= \frac{1}{2} \times \left(2\cos\frac{k\pi}{2n} + 2 \right) \times \sin\frac{k\pi}{2n}$$
$$= \left(\cos\frac{k\pi}{2n} + 1 \right) \sin\frac{k\pi}{2n}$$

$$\therefore \lim_{n \to \infty} \frac{1}{n} \sum_{k=1}^{n-1} S_k = \lim_{n \to \infty} \frac{1}{n} \sum_{k=1}^{n-1} \left(\cos\frac{k\pi}{2n} + 1 \right) \sin\frac{k\pi}{2n}$$
$$= \frac{2}{\pi} \lim_{n \to \infty} \sum_{k=1}^{n-1} \left(\cos\frac{k\pi}{2n} + 1 \right) \sin\frac{k\pi}{2n} \times \frac{\pi}{2n}$$
$$= \frac{2}{\pi} \int_0^{\frac{\pi}{2}} (\cos x + 1) \sin x \, dx$$

$\cos x + 1 = t$로 놓으면 $-\sin x = \dfrac{dt}{dx}$이고 $x=0$일 때 $t=2$, $x=\dfrac{\pi}{2}$일 때 $t=1$이므로

$$\lim_{n \to \infty} \frac{1}{n} \sum_{k=1}^{n-1} S_k = \frac{2}{\pi} \int_0^{\frac{\pi}{2}} (\cos x + 1) \sin x \, dx$$
$$= -\frac{2}{\pi} \int_2^1 t \, dt = \frac{2}{\pi} \int_1^2 t \, dt$$
$$= \frac{2}{\pi} \left[\frac{1}{2} t^2 \right]_1^2 = \frac{2}{\pi} \times \frac{3}{2}$$
$$= \frac{3}{\pi}$$

05 답 ③

$A=\int_0^1 2xf(x^2)\,dx$에서 $x^2=t$로 놓으면 $2x=\dfrac{dt}{dx}$이고 $x=0$일 때

$t=0$, $x=1$일 때 $t=1$이므로

$A=\int_0^1 2xf(x^2)\,dx=\int_0^1 f(t)\,dt=\int_0^1 f(x)\,dx$

$0\le x\le 1$에서 함수 $f(x)=\sin\dfrac{\pi}{2}x$의 그래프는 그림과 같고 두 함수 $y=f(x)$, $y=f^{-1}(x)$의 그래프는 직선 $y=x$에 대하여 서로 대칭이므로

$B=\int_0^1 f^{-1}(x)\,dx$

$\quad=1\times 1-\int_0^1 f(x)\,dx=1-A$

$\therefore A+B=1$

$C=\int_0^1 \dfrac{f(x)+f^{-1}(x)}{2}\,dx=\dfrac{1}{2}(A+B)=\dfrac{1}{2}$이므로 C는 직선 $y=x$와 x축 및 직선 $x=1$로 둘러싸인 부분의 넓이와 같다.

$\therefore B<C<A$

06 답 ③

$g(x)=f'(a)(x-a)+f(a)$는 곡선 $f(x)=x\sin x$ 위의 점 $(a,\,f(a))$에서의 접선의 방정식이다.

$f'(x)=\sin x+x\cos x$이므로

$g(x)=(\sin a+a\cos a)(x-a)+a\sin a$

$\therefore g(x)=(\sin a+a\cos a)x-a^2\cos a$

㈎의 $g(0)=0$에서 $-a^2\cos a=0$

$\therefore a=\dfrac{\pi}{2}$ 또는 $a=\dfrac{3}{2}\pi$ $(\because 0<a<2\pi)$

(ⅰ) $a=\dfrac{\pi}{2}$일 때,

$\quad g(x)=x$이므로

$\quad f(x)-g(x)=x\sin x-x=x(\sin x-1)$

$\quad 0\le x\le 2\pi$에서 $-1\le \sin x\le 1$이므로

$\quad f(x)-g(x)\le 0 \quad \therefore f(x)\le g(x)$

$\quad$이는 ㈏를 만족시키지 않는다.

(ⅱ) $a=\dfrac{3}{2}\pi$일 때,

$\quad g(x)=-x$이므로

$\quad f(x)-g(x)=x\sin x+x=x(\sin x+1)$

$\quad 0\le x\le 2\pi$에서 $-1\le \sin x\le 1$이므로

$\quad f(x)-g(x)\ge 0 \quad \therefore f(x)\ge g(x)$

$\quad$이는 ㈏를 만족시킨다.

(ⅰ), (ⅱ)에서 $a=\dfrac{3}{2}\pi$, $g(x)=-x$

두 함수 $y=f(x)$, $y=g(x)$의 그래프가 만나는 점의 x좌표를 구하면

$x\sin x=-x$, $x(\sin x+1)=0$

$\therefore x=0$ 또는 $x=\dfrac{3}{2}\pi$ $(\because 0\le x\le 2\pi)$

따라서 구하는 넓이를 S라 하면

$S=\int_0^{\frac{3}{2}\pi}\{x\sin x-(-x)\}\,dx$

$\quad=\int_0^{\frac{3}{2}\pi}x\sin x\,dx+\int_0^{\frac{3}{2}\pi}x\,dx \quad\cdots\cdots$ ㉠

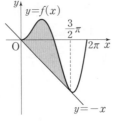

$\int_0^{\frac{3}{2}\pi}x\sin x\,dx$에서 $u(x)=x$, $v'(x)=\sin x$라 하면 $u'(x)=1$,

$v(x)=-\cos x$이므로

$\int_0^{\frac{3}{2}\pi}x\sin x\,dx=\Big[-x\cos x\Big]_0^{\frac{3}{2}\pi}+\int_0^{\frac{3}{2}\pi}\cos x\,dx$

$\qquad\qquad\qquad\quad=0+\Big[\sin x\Big]_0^{\frac{3}{2}\pi}$

$\qquad\qquad\qquad\quad=-1$

이를 ㉠에 대입하면

$S=-1+\int_0^{\frac{3}{2}\pi}x\,dx$

$\quad=-1+\Big[\dfrac{1}{2}x^2\Big]_0^{\frac{3}{2}\pi}$

$\quad=-1+\dfrac{9}{8}\pi^2$

✦ idea
07 답 ③

두 곡선 $y=e^{-x+2}-1$, $y=\ln(x+1)$ 및 x축으로 둘러싸인 부분의 넓이를 C라 하면

$A+C=\int_0^2(e^{-x+2}-1)\,dx \quad\cdots\cdots$ ㉠

$B+C=\int_0^2\ln(x+1)\,dx \quad\cdots\cdots$ ㉡

㉠$-$㉡을 하면

$A-B=\int_0^2(e^{-x+2}-1)\,dx-\int_0^2\ln(x+1)\,dx \quad\cdots\cdots$ ㉢

㉢의 $\int_0^2(e^{-x+2}-1)\,dx$에서

$\int_0^2(e^{-x+2}-1)\,dx=\Big[-e^{-x+2}-x\Big]_0^2$

$\qquad\qquad\qquad\qquad\quad=e^2-3$

㉢의 $\int_0^2\ln(x+1)\,dx$에서 $u(x)=\ln(x+1)$, $v'(x)=1$이라 하면

$u'(x)=\dfrac{1}{x+1}$, $v(x)=x$이므로

$\int_0^2\ln(x+1)\,dx=\Big[x\ln(x+1)\Big]_0^2-\int_0^2\dfrac{x}{x+1}\,dx$

$\qquad\qquad\qquad=2\ln 3-\int_0^2\Big(-\dfrac{1}{x+1}+1\Big)\,dx$

$\qquad\qquad\qquad=2\ln 3-\Big[-\ln(x+1)+x\Big]_0^2$

$\qquad\qquad\qquad=2\ln 3-(-\ln 3+2)=3\ln 3-2$

따라서 ㉢에서

$A-B=\int_0^2(e^{-x+2}-1)\,dx-\int_0^2\ln(x+1)\,dx$

$\qquad=e^2-3-(3\ln 3-2)=e^2-1-3\ln 3$

08 답 $\dfrac{e}{2}$

곡선 $y=ke^x$ 위의 점 P에서의 접선이 직선 $y=x$이다.

$f(x)=ke^x$이라 하면 $f'(x)=ke^x$

점 P의 x좌표를 t라 하면 점 P에서의 접선의 기울기가 1이므로

$ke^t=1 \quad\cdots\cdots$ ㉠

점 P$(t,\,t)$가 곡선 $y=ke^x$ 위의 점이므로

$t=ke^t \quad\cdots\cdots$ ㉡

㉠, ㉡에서 $t=1$, $k=\dfrac{1}{e}$

$f(x)=\dfrac{1}{e}\times e^x=e^{x-1}$이므로

$A=\displaystyle\int_0^1 (e^{x-1}-x)\,dx$

$\quad=\left[e^{x-1}-\dfrac{1}{2}x^2\right]_0^1$

$\quad=\dfrac{1}{2}-\dfrac{1}{e}$

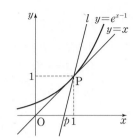

직선 l의 x절편을 p라 하면

$B=A+\dfrac{1}{2}\times p\times 1=\dfrac{1}{2}-\dfrac{1}{e}+\dfrac{p}{2}$

$2A=B$에서

$2\left(\dfrac{1}{2}-\dfrac{1}{e}\right)=\dfrac{1}{2}-\dfrac{1}{e}+\dfrac{p}{2}$

$\dfrac{p}{2}=\dfrac{1}{2}-\dfrac{1}{e}$

$\therefore p=1-\dfrac{2}{e}$

따라서 직선 l은 두 점 $\left(1-\dfrac{2}{e},\,0\right)$, $(1,\,1)$을 지나므로 직선 l의 기울기는

$\dfrac{1-0}{1-\left(1-\dfrac{2}{e}\right)}=\dfrac{e}{2}$

09 답 ①

$f(x)=27\sin x$, $g(x)=\tan x+a$라 하면

$f'(x)=27\cos x$, $g'(x)=\sec^2 x$

두 곡선 $y=f(x)$, $y=g(x)$가 $x=\alpha$인 점에서 접하므로

$f'(\alpha)=g'(\alpha)$, $f(\alpha)=g(\alpha)$

$f'(\alpha)=g'(\alpha)$에서

$27\cos\alpha=\sec^2\alpha$, $\cos^3\alpha=\dfrac{1}{27}$

$\therefore \cos\alpha=\dfrac{1}{3}\ (\because \cos\alpha>0)$

이때 $\sin\alpha\ge 0$이므로

$\sin\alpha=\sqrt{1-\cos^2\alpha}=\sqrt{1-\dfrac{1}{9}}=\dfrac{2\sqrt{2}}{3}$

$\therefore \tan\alpha=\dfrac{\sin\alpha}{\cos\alpha}=2\sqrt{2}$

$f(\alpha)=g(\alpha)$에서

$27\sin\alpha=\tan\alpha+a$

$\therefore a=27\sin\alpha-\tan\alpha$

$\quad=27\times\dfrac{2\sqrt{2}}{3}-2\sqrt{2}=16\sqrt{2}$

$0\le x\le\alpha$에서 $27\sin x\le\tan x+16\sqrt{2}$이므로
두 곡선 $y=27\sin x$, $y=\tan x+16\sqrt{2}$ 및 y축으로 둘러싸인 부분의 넓이 S는

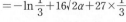

$S=\displaystyle\int_0^\alpha (\tan x+16\sqrt{2}-27\sin x)\,dx$

$\quad=\displaystyle\int_0^\alpha \left(-\dfrac{-\sin x}{\cos x}+16\sqrt{2}-27\sin x\right)dx$

$\quad=\left[-\ln(\cos x)+16\sqrt{2}x+27\cos x\right]_0^\alpha$

$\quad=-\ln(\cos\alpha)+16\sqrt{2}\alpha+27\cos\alpha-27$

$\quad=-\ln\dfrac{1}{3}+16\sqrt{2}\alpha+27\times\dfrac{1}{3}-27$

$\quad=\ln 3-18+16\sqrt{2}\alpha$

$\therefore S-16\sqrt{2}\alpha=\ln 3-18$

10 답 $2-\sqrt{2}$

$0<x<\dfrac{\pi}{2}$에서 두 곡선 $y=2\sin x\cos x$, $y=k\sin x$가 만나는 점의 x

좌표를 α라 하면

$2\sin\alpha\cos\alpha=k\sin\alpha$

$\sin\alpha(2\cos\alpha-k)=0$

$\therefore \cos\alpha=\dfrac{k}{2}\ (\because \sin\alpha>0)$ $\quad\cdots\cdots$ ㉠

곡선 $y=2\sin x\cos x$와 x축으로 둘러싸인 부분의 넓이를 S_1이라 하면

$S_1=\displaystyle\int_0^{\frac{\pi}{2}} 2\sin x\cos x\,dx$

$\quad=\displaystyle\int_0^{\frac{\pi}{2}} \sin 2x\,dx$

$\quad=\left[-\dfrac{1}{2}\cos 2x\right]_0^{\frac{\pi}{2}}$

$\quad=1$

두 곡선 $y=2\sin x\cos x$, $y=k\sin x$로 둘러싸인 부분의 넓이를 S_2라 하면

$S_2=\displaystyle\int_0^\alpha (2\sin x\cos x-k\sin x)\,dx$

$\quad=\displaystyle\int_0^\alpha (\sin 2x-k\sin x)\,dx$

$\quad=\left[-\dfrac{1}{2}\cos 2x+k\cos x\right]_0^\alpha$

$\quad=-\dfrac{1}{2}\cos 2\alpha+k\cos\alpha+\dfrac{1}{2}-k$

$\quad=-\dfrac{1}{2}(2\cos^2\alpha-1)+k\cos\alpha+\dfrac{1}{2}-k$

$\quad=-\cos^2\alpha+k\cos\alpha+1-k$

$\quad=-\dfrac{k^2}{4}+k\times\dfrac{k}{2}+1-k\ (\because ㉠)$

$\quad=\dfrac{k^2}{4}-k+1$

$S_1=2S_2$이므로

$1=2\left(\dfrac{k^2}{4}-k+1\right)$

$1=\dfrac{k^2}{2}-2k+2$, $k^2-4k+2=0$

$\therefore k=2\pm\sqrt{2}$

그런데 $0<k<2$이므로 ← ㉠에서 $k=2\cos\alpha$이고 $0<\alpha<\dfrac{\pi}{2}$이므로

$k=2-\sqrt{2}$ $\qquad 0<k<2$

11 답 ①

모든 실수 x에 대하여 $f'(x)>0$이므로 함수 $f(x)$는 실수 전체의 집합에서 증가한다.

점 $A(t,\,f(t))$를 지나고 이 점에서의 접선과 수직인 직선의 방정식은

$y-f(t)=-\dfrac{1}{f'(t)}(x-t)$

$\therefore y=-\dfrac{1}{f'(t)}x+\dfrac{t}{f'(t)}+f(t)$

$y=0$을 대입하면

$0=-\dfrac{1}{f'(t)}x+\dfrac{t}{f'(t)}+f(t)$

$\dfrac{1}{f'(t)}x=\dfrac{t}{f'(t)}+f(t)$

$\therefore x=t+f(t)f'(t)$

$\therefore C(t+f(t)f'(t),\,0)$

B$(t, 0)$이므로 삼각형 ABC의 넓이를 S라 하면

$S = \dfrac{1}{2} \times \overline{BC} \times \overline{AB} = \dfrac{1}{2} \times f(t)f'(t) \times f(t) = \dfrac{1}{2}\{f(t)\}^2 f'(t)$

즉, $\dfrac{1}{2}\{f(t)\}^2 f'(t) = \dfrac{1}{2}(e^{3t} - 2e^{2t} + e^t)$이므로

$\{f(t)\}^2 f'(t) = e^{3t} - 2e^{2t} + e^t$

이때 $[\{f(t)\}^3]' = 3\{f(t)\}^2 f'(t)$이므로

$\dfrac{1}{3}[\{f(t)\}^3]' = e^{3t} - 2e^{2t} + e^t$

즉, $\displaystyle\int \dfrac{1}{3}[\{f(t)\}^3]' \, dt = \int (e^{3t} - 2e^{2t} + e^t) \, dt$이므로

$\dfrac{1}{3}\{f(t)\}^3 = \dfrac{1}{3}e^{3t} - e^{2t} + e^t + C$

양변에 $x = 0$을 대입하면

$\dfrac{1}{3}\{f(0)\}^3 = \dfrac{1}{3} - 1 + 1 + C$

이때 $f(0) = 0$에서 $0 = \dfrac{1}{3} + C$ $\therefore C = -\dfrac{1}{3}$

따라서 $\dfrac{1}{3}\{f(t)\}^3 = \dfrac{1}{3}e^{3t} - e^{2t} + e^t - \dfrac{1}{3}$이므로

$\{f(t)\}^3 = e^{3t} - 3e^{2t} + 3e^t - 1 = (e^t - 1)^3$

$\therefore f(t) = e^t - 1$

따라서 구하는 넓이는

$\displaystyle\int_0^1 (e^x - 1) \, dx = \Big[e^x - x \Big]_0^1 = e - 2$

12 📕 24

함수 $f(x)$의 역함수가 존재하므로 $f(x)$는 일대일대응이고, ㈎에서 $f(1) < f(3) < f(7)$이므로 함수 $f(x)$는 $1 \leq x \leq 7$에서 증가한다.
따라서 두 함수 $y = f(x)$, $y = g(x)$의 그래프가 만나는 점은 함수 $y = f(x)$의 그래프와 직선 $y = x$가 만나는 점과 같고 ㈎에서 $f(1) = 1$, $f(3) = 3$, $f(7) = 7$이므로 두 함수 $y = f(x)$, $y = g(x)$의 그래프가 만나는 점의 좌표는 $(1, 1)$, $(3, 3)$, $(7, 7)$이다.
또 ㈏에서 $x \neq 3$인 모든 실수 x에 대하여 $f''(x) < 0$이므로 함수 $y = f(x)$의 그래프는 위로 볼록하다.
따라서 $1 \leq x \leq 7$에서 두 함수 $y = f(x)$, $y = g(x)$의 그래프는 그림과 같다.

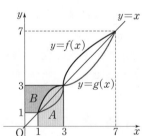

$A = \displaystyle\int_1^3 f(x) \, dx$, $B = \displaystyle\int_1^3 g(x) \, dx$

라 하면 ㈐에서 $B = 3$이므로

$A = \displaystyle\int_1^3 f(x) \, dx = 3 \times 3 - 1 \times 1 - B$

  $= 9 - 1 - 3 = 5$

㈐의 $\displaystyle\int_1^7 f(x) \, dx = 27$에서

$\displaystyle\int_1^3 f(x) \, dx + \int_3^7 f(x) \, dx = 27$

$5 + \displaystyle\int_3^7 f(x) \, dx = 27$ $\therefore \displaystyle\int_3^7 f(x) \, dx = 22$

이때 $3 \leq x \leq 7$에서 $f(x) \geq x$이므로

$\displaystyle\int_3^7 |f(x) - x| \, dx = \int_3^7 \{f(x) - x\} \, dx$

                   $= \displaystyle\int_3^7 f(x) \, dx - \Big[\dfrac{1}{2}x^2 \Big]_3^7$

                   $= 22 - 20 = 2$

$\therefore 12 \displaystyle\int_3^7 |f(x) - x| \, dx = 12 \times 2 = 24$

13 📕 $\dfrac{\pi}{2} + 2 - 2\sqrt{2}$

$f(\alpha) = t$, $g(\beta) = t$이므로

$\alpha = f^{-1}(t)$, $\beta = g^{-1}(t)$

$\therefore \displaystyle\int_0^1 |\beta - \alpha| \, dt = \int_0^1 |g^{-1}(t) - f^{-1}(t)| \, dt$

                 $= \displaystyle\int_0^1 |g^{-1}(y) - f^{-1}(y)| \, dy$

따라서 구하는 값은 그림과 같이 두 곡선 $x = g^{-1}(y)$, $x = f^{-1}(y)$, 즉 두 곡선 $y = g(x)$, $y = f(x)$와 두 직선 $y = 0$, $y = 1$로 둘러싸인 부분의 넓이와 같다.

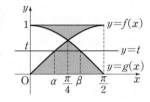

두 곡선 $y = f(x)$, $y = g(x)$가 만나는 점의 x좌표를 구하면

$\sin x = \cos x$

$\therefore x = \dfrac{\pi}{4} \left(\because 0 \leq x \leq \dfrac{\pi}{2} \right)$

$\therefore \displaystyle\int_0^1 |\beta - \alpha| \, dt$

  $= \dfrac{\pi}{2} \times 1 - \displaystyle\int_0^{\frac{\pi}{4}} (\cos x - \sin x) \, dx - \int_{\frac{\pi}{4}}^{\frac{\pi}{2}} (\sin x - \cos x) \, dx$

  $= \dfrac{\pi}{2} - \Big[\sin x + \cos x \Big]_0^{\frac{\pi}{4}} - \Big[-\cos x - \sin x \Big]_{\frac{\pi}{4}}^{\frac{\pi}{2}}$

  $= \dfrac{\pi}{2} - (\sqrt{2} - 1) - (-1 + \sqrt{2})$

  $= \dfrac{\pi}{2} + 2 - 2\sqrt{2}$

14 📕 4

곡선 $y = \sqrt{2x}$와 직선 $y = ax$가 만나는 점의 x좌표를 구하면

$\sqrt{2x} = ax$

$2x = a^2 x^2$

$x(a^2 x - 2) = 0$

$\therefore x = 0$ 또는 $x = \dfrac{2}{a^2}$

점 $(x, 0) \left(0 \leq x \leq \dfrac{2}{a^2} \right)$을 지나고 x축에 수직인 평면으로 자른 단면의 넓이를 $S(x)$라 하면

$S(x) = (\sqrt{2x} - ax)^2$

       $= 2x - 2ax\sqrt{2x} + a^2 x^2$

입체도형의 부피를 V라 하면

$V = \displaystyle\int_0^{\frac{2}{a^2}} S(x) \, dx$

  $= \displaystyle\int_0^{\frac{2}{a^2}} (2x - 2ax\sqrt{2x} + a^2 x^2) \, dx$

  $= \displaystyle\int_0^{\frac{2}{a^2}} (2x - 2\sqrt{2}ax^{\frac{3}{2}} + a^2 x^2) \, dx$

  $= \Big[x^2 - \dfrac{4\sqrt{2}}{5}ax^{\frac{5}{2}} + \dfrac{a^2}{3}x^3 \Big]_0^{\frac{2}{a^2}}$

  $= \dfrac{4}{15a^4}$

즉, $\dfrac{4}{15a^4} = 15$이므로

$a^4 = \dfrac{4}{15^2}$, $a^2 = \dfrac{2}{15} (\because a^2 > 0)$

$\therefore 30a^2 = 30 \times \dfrac{2}{15} = 4$

15 답 ⑤

구의 중심을 원점으로 하고, 원점을 지나고 구를 자른 평면에 수직인 직선을 x축, 평행한 직선을 y축으로 하자.

점 $(x, 0)$을 지나고 x축에 수직인 평면으로 구를 자른 단면은 반지름의 길이가

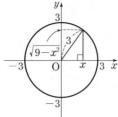

$\sqrt{9-x^2}$인 원이므로 단면의 넓이를 $S(x)$라 하면

$$S(x)=\pi(\sqrt{9-x^2})^2$$
$$=\pi(9-x^2)$$

두 입체도형 중 크기가 작은 입체도형의 부피를 V_1이라 하면

$$V_1=\int_2^3 S(x)\,dx$$
$$=\int_2^3 \pi(9-x^2)\,dx$$
$$=\pi\left[9x-\frac{1}{3}x^3\right]_2^3$$
$$=\frac{8}{3}\pi$$

이때 반지름의 길이가 3인 구의 부피는 $\frac{4}{3}\times\pi\times3^3=36\pi$이므로 두 입체도형 중 크기가 큰 입체도형의 부피를 V_2라 하면

$$V_2=36\pi-V_1$$
$$=36\pi-\frac{8}{3}\pi$$
$$=\frac{100}{3}\pi$$

따라서 두 입체도형의 부피의 차는

$$\frac{100}{3}\pi-\frac{8}{3}\pi=\frac{92}{3}\pi$$

16 답 6

입체도형 A를 밑면의 중심을 포함하고 밑면에 수직인 평면으로 자른 단면이 나타내는 포물선의 식을 $y=ax^2\,(a>0)$이라 하자.

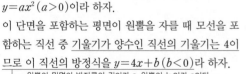
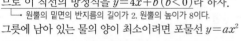

이 단면을 포함하는 평면이 원뿔을 자를 때 모선을 포함하는 직선 중 기울기가 양수인 직선의 기울기는 4이므로 이 직선의 방정식을 $y=4x+b\,(b<0)$라 하자.

└→ 원뿔의 밑면의 반지름의 길이가 2, 원뿔의 높이가 8이다.

그릇에 남아 있는 물의 양이 최소이려면 포물선 $y=ax^2$과 직선 $y=4x+b$가 접해야 하므로 이차방정식 $ax^2=4x+b$, 즉 $ax^2-4x-b=0$의 판별식을 D라 할 때,

$$\frac{D}{4}=4+ab=0$$
$$ab=-4$$
$$\therefore b=-\frac{4}{a}$$
$$\therefore h=8-\frac{4}{a}$$

한편 원뿔의 부피는 $\frac{1}{3}\times\pi\times2^2\times8=\frac{32}{3}\pi$이고 남아 있는 물의 양의 최솟값이 $\frac{5}{3}\pi$이므로 입체도형 A의 부피는

$$\frac{32}{3}\pi-\frac{5}{3}\pi=9\pi$$

입체도형 A를 밑면과 평행한 평면으로 자른 단면은 반지름의 길이가 x인 원이므로 입체도형 A의 부피는

$$\int_0^h \pi x^2\,dy=\int_0^{8-\frac{4}{a}}\frac{\pi}{a}y\,dy\ (\because y=ax^2)$$
$$=\frac{\pi}{a}\left[\frac{1}{2}y^2\right]_0^{8-\frac{4}{a}}$$
$$=\frac{\pi}{a}\times\frac{1}{2}\left(8-\frac{4}{a}\right)^2$$
$$=\frac{\pi}{2a}\left(8-\frac{4}{a}\right)^2$$

즉, $\frac{\pi}{2a}\left(8-\frac{4}{a}\right)^2=9\pi$이므로

$$\left(8-\frac{4}{a}\right)^2=18a,\ 16(2a-1)^2=18a^3$$
$$8(4a^2-4a+1)=9a^3,\ 9a^3-32a^2+32a-8=0$$
$$(a-2)(9a^2-14a+4)=0$$
$$\therefore a=2\ \text{또는}\ a=\frac{7\pm\sqrt{13}}{9}$$

이때 $h=8-\frac{4}{a}$가 자연수이므로 $a=2$일 때,

$$h=8-2=6$$

17 답 ①

곡선 $y=x^2$과 직선 $y=t^2 x-\frac{\ln t}{8}$가 만나는 서로 다른 두 점의 x좌표를 α, β라 하면 α, β는 이차방정식 $x^2=t^2 x-\frac{\ln t}{8}$, 즉 $x^2-t^2 x+\frac{\ln t}{8}=0$의 두 근이다.

이차방정식의 근과 계수의 관계에 의하여

$$\alpha+\beta=t^2$$

이때 곡선 $y=x^2$과 직선 $y=t^2 x-\frac{\ln t}{8}$가 만나는 서로 다른 두 점의 중점의 x좌표는

$$\frac{\alpha+\beta}{2}=\frac{t^2}{2}$$

이 중점은 직선 $y=t^2 x-\frac{\ln t}{8}$ 위의 점이므로 y좌표는

$$y=t^2\times\frac{t^2}{2}-\frac{\ln t}{8}=\frac{t^4}{2}-\frac{\ln t}{8}$$

따라서 점 P의 위치 (x, y)는

$$x=\frac{t^2}{2},\ y=\frac{t^4}{2}-\frac{\ln t}{8}$$
$$\therefore \frac{dx}{dt}=t,\ \frac{dy}{dt}=2t^3-\frac{1}{8t}$$

따라서 시각 $t=1$에서 $t=e$까지 점 P가 움직인 거리는

$$\int_1^e \sqrt{\left(\frac{dx}{dt}\right)^2+\left(\frac{dy}{dt}\right)^2}\,dt=\int_1^e \sqrt{t^2+\left(2t^3-\frac{1}{8t}\right)^2}\,dt$$
$$=\int_1^e \sqrt{t^2+4t^6-\frac{t^2}{2}+\frac{1}{64t^2}}\,dt$$
$$=\int_1^e \sqrt{4t^6+\frac{t^2}{2}+\frac{1}{64t^2}}\,dt$$
$$=\int_1^e \sqrt{\left(2t^3+\frac{1}{8t}\right)^2}\,dt$$
$$=\int_1^e \left(2t^3+\frac{1}{8t}\right)dt$$
$$=\left[\frac{1}{2}t^4+\frac{1}{8}\ln t\right]_1^e$$
$$=\frac{e^4}{2}+\frac{1}{8}-\frac{1}{2}=\frac{e^4}{2}-\frac{3}{8}$$

18 답 ④

(가)에서

$$\int_0^t \sqrt{1+\{g'(x)\}^2}\,dx = 2\int_0^t \sqrt{1+\{f'(x)\}^2}\,dx$$

양변을 t에 대하여 미분하면

$\sqrt{1+\{g'(t)\}^2} = 2\sqrt{1+\{f'(t)\}^2}$

$1+\{g'(t)\}^2 = 4+4\{f'(t)\}^2$

$\therefore \{g'(t)\}^2 = 3+4\{f'(t)\}^2$

$\therefore \displaystyle\int_1^2 f''(x)\{g'(x)\}^2\,dx$

$\qquad = \displaystyle\int_1^2 f''(x)[3+4\{f'(x)\}^2]\,dx$

$\qquad = 3\displaystyle\int_1^2 f''(x)\,dx + 4\int_1^2 f''(x)\{f'(x)\}^2\,dx$

$f'(x)=s$로 놓으면 $f''(x)=\dfrac{ds}{dx}$이고 $x=1$일 때 $s=f'(1)=3$, $x=2$

일 때 $s=f'(2)=6$이므로

$\displaystyle\int_1^2 f''(x)\{g'(x)\}^2\,dx = 3\int_1^2 f''(x)\,dx + 4\int_1^2 f''(x)\{f'(x)\}^2\,dx$

$\qquad = 3\displaystyle\int_1^2 f''(x)\,dx + 4\int_3^6 s^2\,ds$

$\qquad = 3\Big[f'(x)\Big]_1^2 + 4\Big[\dfrac{1}{3}s^3\Big]_3^6$

$\qquad = 3\{f'(2)-f'(1)\} + 4\times 63$

$\qquad = 3(6-3)+252$

$\qquad = 261$

19 답 ②

$f(x)>0$이므로 $f(x)=\{1-f(x)\}\{f'(x)\}^2$의 양변을 $f(x)$로 나누면

$1 = \Big\{\dfrac{1}{f(x)}-1\Big\}\{f'(x)\}^2$

$1 = \dfrac{\{f'(x)\}^2}{f(x)} - \{f'(x)\}^2$

$\therefore 1+\{f'(x)\}^2 = \dfrac{\{f'(x)\}^2}{f(x)}$

$0\le x\le 1$에서 곡선 $y=f(x)$의 길이는

$\displaystyle\int_0^1 \sqrt{1+\{f'(x)\}^2}\,dx = \int_0^1 \sqrt{\dfrac{\{f'(x)\}^2}{f(x)}}\,dx$

$\qquad = \displaystyle\int_0^1 \dfrac{f'(x)}{\sqrt{f(x)}}\,dx \;(\because f(x)>0,\ f'(x)>0)$

$f(x)=t$로 놓으면 $f'(x)=\dfrac{dt}{dx}$이고 $x=0$일 때 $t=f(0)$, $x=1$일 때

$t=f(1)$이므로

$\displaystyle\int_0^1 \sqrt{1+\{f'(x)\}^2}\,dx = \int_0^1 \dfrac{f'(x)}{\sqrt{f(x)}}\,dx = \int_{f(0)}^{f(1)} \dfrac{1}{\sqrt{t}}\,dt$

$\qquad = \Big[2\sqrt{t}\Big]_{f(0)}^{f(1)} = 2\sqrt{f(1)} - 2\sqrt{f(0)}$

즉, $2\sqrt{f(1)}-2\sqrt{f(0)}=\dfrac{4}{3}$이므로

$\sqrt{f(1)}-\sqrt{f(0)}=\dfrac{2}{3}$ ...... ㉠

$f(x)=\{1-f(x)\}\{f'(x)\}^2$의 양변에 $x=0$을 대입하면

$f(0)=\{1-f(0)\}\{f'(0)\}^2$

$f(0)=\{1-f(0)\}\Big(\dfrac{\sqrt{15}}{15}\Big)^2 \;\Big(\because f'(0)=\dfrac{\sqrt{15}}{15}\Big)$

$15f(0)=1-f(0)$, $16f(0)=1$

$\therefore f(0)=\dfrac{1}{16}$

이를 ㉠에 대입하면

$\sqrt{f(1)}-\dfrac{1}{4}=\dfrac{2}{3}$, $\sqrt{f(1)}=\dfrac{11}{12}$

$\therefore f(1)=\dfrac{121}{144}$

따라서 $p=144$, $q=121$이므로

$p+q=265$

step **3** 최고난도 문제 | 104~105쪽

01 ④	02 ④	03 $e^2+\dfrac{1}{e^2}-2$	04 143	05 ①
06 15	07 ①			

01 답 ④

1단계 $a\le x\le b$에서 곡선 $y=f(x)$와 x축으로 둘러싸인 두 부분의 넓이 구하기

곡선 $y=f(x)$가 x축과 만나는 세 점의 x좌표 중 a, b가 아닌 점의 x좌표를 c라 하고, $0\le x\le a$에서 곡선 $y=f(x)$와 x축 및 y축으로 둘러싸인 부분의 넓이를 A, $a\le x\le c$에서 곡선 $y=f(x)$와 x축으로 둘러싸인 부분의 넓이를 B, $c\le x\le b$에서 곡선 $y=f(x)$와 x축으로 둘러싸인 부분의 넓이를 C라 하자.

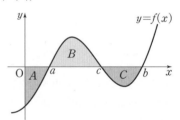

$\displaystyle\int_a^b f(x)\,dx=2$에서 $B-C=2$ ...... ㉠

$\displaystyle\int_a^b |f(x)|\,dx=8$에서 $B+C=8$ ...... ㉡

㉠, ㉡을 연립하여 풀면

$B=5$, $C=3$

2단계 $\displaystyle\int_0^a |f(x)|\,dx$의 값 구하기

$F(x)=\displaystyle\int_0^x f(t)\,dt$라 하자.

$F(0)=0$이고 $F'(x)=f(x)$이므로 $x\ge 0$에서 함수 $F(x)$의 증가와 감소를 표로 나타내면 다음과 같다.

x	0	$\cdots$	a	$\cdots$	c	$\cdots$	b	$\cdots$
$F'(x)$		$-$	0	$+$	0	$-$	0	$+$
$F(x)$	0	$\searrow$	극소	$\nearrow$	극대	$\searrow$	극소	$\nearrow$

이때 $x\ge 0$에서 방정식 $F(x)=0$이 서로 다른 세 실근을 갖고 함수 $y=F(x)$의 그래프가 원점을 지나므로 함수 $y=F(x)$의 그래프는 $x>0$에서 x축과 서로 다른 두 점에서 만난다.

(i) 함수 $y=F(x)$의 그래프가 $x=c$에서 x축에 접할 때, 함수 $y=F(x)$의 그래프는 그림과 같다.

즉, $F(c)=0$이므로

$$\int_0^c f(t)\,dt=0$$

$$\int_0^a f(x)\,dx+\int_a^c f(x)\,dx=0$$

$$-A+B=0$$

이때 $B=5$이므로

$$-A+5=0 \qquad \therefore A=5$$

(ii) 함수 $y=F(x)$의 그래프가 $x=b$에서 x축에 접할 때, 함수 $y=F(x)$의 그래프는 그림과 같다.

즉, $F(b)=0$이므로

$$\int_0^b f(t)\,dt=0$$

$$\int_0^a f(x)\,dx+\int_a^c f(x)\,dx$$
$$+\int_c^b f(x)\,dx=0$$

$$-A+B-C=0$$

이때 $B=5$, $C=3$이므로

$$-A+5-3=0 \qquad \therefore A=2$$

(i), (ii)에서 $A=2$ 또는 $A=5$

3단계 $\displaystyle\int_1^{e^b}\left|\frac{f(\ln x)}{x}\right|dx$의 **최댓값 구하기**

$\displaystyle\int_1^{e^b}\left|\frac{f(\ln x)}{x}\right|dx$에서 $\ln x=s$로 놓으면 $\dfrac{1}{x}=\dfrac{ds}{dx}$이고 $x=1$일 때 $s=0$, $x=e^b$일 때 $s=b$이므로

$$\int_1^{e^b}\left|\frac{f(\ln x)}{x}\right|dx=\int_0^b |f(s)|\,ds=A+B+C$$

$A=2$일 때, $A+B+C=2+5+3=10$
$A=5$일 때, $A+B+C=5+5+3=13$

따라서 $\displaystyle\int_1^{e^b}\left|\frac{f(\ln x)}{x}\right|dx$의 최댓값은 13이다.

02 답 ④

1단계 넓이가 최대일 때, t의 값 구하기

$f(x)=-xe^x$에서

$f'(x)=-e^x-xe^x=-(x+1)e^x$

$f''(x)=-e^x-(x+1)e^x=-(x+2)e^x$

$f'(x)=0$인 x의 값은 $x=-1$

$f''(x)=0$인 x의 값은 $x=-2$

함수 $f(x)$의 증가와 감소를 표로 나타내면 다음과 같다.

x	$\cdots$	-2	$\cdots$	-1	$\cdots$
$f'(x)$	$+$	$+$	$+$	0	$-$
$f''(x)$	$+$	0	$-$	$-$	$-$
$f(x)$	↗	$\dfrac{2}{e^2}$ 변곡점	↗	$\dfrac{1}{e}$ 극대	↘

곡선 $y=f(x)$ 위의 점 $(t, f(t))$에서의 접선의 방정식은

$y-(-te^t)=-(t+1)e^t(x-t)$

$\therefore y=-(t+1)e^t x+t^2 e^t \qquad\cdots\cdots\ \text{㉠}$

접선의 y절편을 $g(t)$라 하면 $g(t)=t^2 e^t$이므로

$g'(t)=2te^t+t^2 e^t=t(t+2)e^t$

$g'(t)=0$인 t의 값은 $t=-2\ (\because t<0)$

$t<0$에서 함수 $g(t)$의 증가와 감소를 표로 나타내면 다음과 같다.

t	$\cdots$	-2	$\cdots$	0
$g'(t)$	$+$	0	$-$	
$g(t)$	↗	극대	↘	

즉, 접선의 y절편은 $t=-2$일 때 최대이다.

따라서 곡선 $y=f(x)$와 점 $(t, f(t))$에서의 접선은 그림과 같고, 곡선 $y=f(x)$와 점 $(t, f(t))$에서의 접선 및 y축으로 둘러싸인 부분의 넓이는 $t=-2$일 때 최대이다.

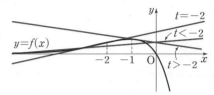

2단계 넓이의 최댓값 구하기

$t=-2$일 때, 접선의 방정식은 ㉠에서

$$y=\frac{1}{e^2}x+\frac{4}{e^2}$$

이때 구하는 넓이의 최댓값을 S라 하면

$$S=\int_{-2}^0\left(\frac{1}{e^2}x+\frac{4}{e^2}+xe^x\right)dx$$

$$=\int_{-2}^0\left(\frac{1}{e^2}x+\frac{4}{e^2}\right)dx+\int_{-2}^0 xe^x\,dx \qquad\cdots\cdots\ \text{㉡}$$

$\displaystyle\int_{-2}^0 xe^x\,dx$에서 $u(x)=x$, $v'(x)=e^x$이라 하면 $u'(x)=1$, $v(x)=e^x$이므로

$$\int_{-2}^0 xe^x\,dx=\Big[xe^x\Big]_{-2}^0-\int_{-2}^0 e^x\,dx$$

$$=\frac{2}{e^2}-\Big[e^x\Big]_{-2}^0$$

$$=\frac{2}{e^2}-\left(1-\frac{1}{e^2}\right)$$

$$=\frac{3}{e^2}-1$$

이를 ㉡에 대입하면

$$S=\int_{-2}^0\left(\frac{1}{e^2}x+\frac{4}{e^2}\right)dx+\frac{3}{e^2}-1$$

$$=\left[\frac{1}{2e^2}x^2+\frac{4}{e^2}x\right]_{-2}^0+\frac{3}{e^2}-1$$

$$=\frac{6}{e^2}+\frac{3}{e^2}-1$$

$$=\frac{9}{e^2}-1$$

03 답 $e^2+\dfrac{1}{e^2}-2$

1단계 S, T의 식 세우기

점 P의 x좌표를 $t\,(t>0)$라 하면 점 P에서의 접선의 방정식은

$y-f(t)=f'(t)(x-t)$

$\therefore y=f'(t)x-tf'(t)+f(t)$

$y=0$을 대입하면

$f'(t)x-tf'(t)+f(t)=0$

$f'(t)x=tf'(t)-f(t)$

$$\therefore x=t-\frac{f(t)}{f'(t)}$$

$$\therefore Q\left(t-\frac{f(t)}{f'(t)},\ 0\right)$$

이때 P$(t, f(t))$, R$(t, 0)$이므로

$$\overline{QR}=\frac{f(t)}{f'(t)}, \quad \overline{PR}=f(t)$$

삼각형 PQR의 넓이 S는

$$S=\frac{1}{2}\times\frac{f(t)}{f'(t)}\times f(t)=\frac{\{f(t)\}^2}{2f'(t)}$$

곡선 $y=f(x)$와 x축, y축 및 선분 PR로
둘러싸인 부분의 넓이 T는

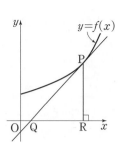

$$T=\int_0^t f(x)\,dx$$

2단계 $f(t)$ 구하기

$T=2S$에서

$$\int_0^t f(x)\,dx=\frac{\{f(t)\}^2}{f'(t)}$$

양변을 t에 대하여 미분하면

$$f(t)=\frac{2f(t)\{f'(t)\}^2-\{f(t)\}^2 f''(t)}{\{f'(t)\}^2}$$

$$f(t)\{f'(t)\}^2=2f(t)\{f'(t)\}^2-\{f(t)\}^2 f''(t)$$

$$f(t)\{f'(t)\}^2=\{f(t)\}^2 f''(t)$$

이때 $f(t)>0$, $f'(t)>0$이므로 양변을 $\{f(t)\}^2 f'(t)$로 나누면

$$\frac{f'(t)}{f(t)}=\frac{f''(t)}{f'(t)}$$

즉, $\displaystyle\int\frac{f'(t)}{f(t)}\,dt=\int\frac{f''(t)}{f'(t)}\,dt$이므로

$$\ln f(t)=\ln f'(t)+C_1$$

$$\ln f(t)-\ln f'(t)=C_1$$

$$\ln\frac{f(t)}{f'(t)}=C_1$$

$$\therefore \frac{f(t)}{f'(t)}=e^{C_1}$$

이때 $\dfrac{f'(t)}{f(t)}=\dfrac{1}{e^{C_1}}$이므로

$$\int\frac{f'(t)}{f(t)}\,dt=\int\frac{1}{e^{C_1}}\,dt$$

$$\ln f(t)=\frac{1}{e^{C_1}}t+C_2$$

이때 $f(0)=1$에서

$$C_2=0$$

따라서 $\ln f(t)=\dfrac{1}{e^{C_1}}t$이므로 $f(1)=e$에서

$$1=\frac{1}{e^{C_1}} \quad \therefore C_1=0$$

따라서 $\ln f(t)=t$이므로

$$f(t)=e^t$$

3단계 넓이 구하기

두 곡선 $y=f(x)$, $y=\dfrac{1}{f(x)}$이 만나는 점의 x좌표를 구하면

$$e^x=\frac{1}{e^x}, \quad e^{2x}=1$$

$$\therefore x=0$$

따라서 구하는 넓이를 S라 하면

$$S=\int_0^2 (e^x-e^{-x})\,dx$$

$$=\left[e^x+e^{-x}\right]_0^2$$

$$=e^2+\frac{1}{e^2}-2$$

---

04 답 143

1단계 $\displaystyle\int_1^8 xf'(x)\,dx$에 부분적분법 적용하기

$\displaystyle\int_1^8 xf'(x)\,dx$에서 $u(x)=x$, $v'(x)=f'(x)$라 하면 $u'(x)=1$, $v(x)=f(x)$이므로

$$\int_1^8 xf'(x)\,dx=\left[xf(x)\right]_1^8-\int_1^8 f(x)\,dx$$

$$=8f(8)-f(1)-\int_1^8 f(x)\,dx$$

$$=8f(8)-1-\int_1^8 f(x)\,dx \ (\because \text{(가)}) \quad\cdots\cdots \text{㉠}$$

2단계 $f(8)$의 값 구하기

(나)의 $g(2x)=2f(x)$의 양변에 $x=1$을 대입하면

$$g(2)=2f(1)$$

(가)에서 $f(1)=1$이므로

$$g(2)=2$$

$\therefore f(2)=2 \longrightarrow$ 두 함수 $f(x)$, $g(x)$는 서로 역함수이다.

(나)의 $g(2x)=2f(x)$의 양변에 $x=2$를 대입하면

$$g(4)=2f(2) \quad \therefore g(4)=4$$

$$\therefore f(4)=4$$

(나)의 $g(2x)=2f(x)$의 양변에 $x=4$를 대입하면

$$g(8)=2f(4) \quad \therefore g(8)=8$$

$$\therefore f(8)=8$$

3단계 $\displaystyle\int_1^8 f(x)\,dx$의 값 구하기

(나)에서 $g(2x)=2f(x)$이고 (가)에서 $\displaystyle\int_1^2 f(x)\,dx=\dfrac{5}{4}$이므로

$$\int_1^2 g(2x)\,dx=\int_1^2 2f(x)\,dx$$

$$=2\int_1^2 f(x)\,dx$$

$$=2\times\frac{5}{4}=\frac{5}{2}$$

$\displaystyle\int_1^2 g(2x)\,dx$에서 $2x=t$로 놓으면 $2=\dfrac{dt}{dx}$이고 $x=1$일 때 $t=2$, $x=2$일 때 $t=4$이므로

$$\int_1^2 g(2x)\,dx=\int_2^4 \frac{1}{2}g(t)\,dt$$

$$=\frac{1}{2}\int_2^4 g(t)\,dt$$

즉, $\dfrac{1}{2}\displaystyle\int_2^4 g(t)\,dt=\dfrac{5}{2}$이므로

$$\int_2^4 g(t)\,dt=5$$

함수 $f(x)$는 실수 전체의 집합에서 증가하고,
두 함수 $y=f(x)$, $y=g(x)$의 그래프는 직선
$y=x$에 대하여 서로 대칭이므로

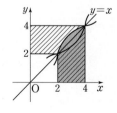

$$\int_2^4 f(x)\,dx+\int_2^4 g(x)\,dx=4\times 4-2\times 2$$

$$\cdots\cdots \text{㉡}$$

$$\int_2^4 f(x)\,dx+5=12$$

$$\therefore \int_2^4 f(x)\,dx=7$$

(나)에서 $g(2x)=2f(x)$이고 $\displaystyle\int_2^4 f(x)\,dx=7$이므로

$$\int_2^4 g(2x)\,dx=\int_2^4 2f(x)\,dx=2\int_2^4 f(x)\,dx=2\times 7=14$$

$\int_2^4 g(2x)\,dx$에서 $2x=t$로 놓으면 $2=\dfrac{dt}{dx}$이고 $x=2$일 때 $t=4$,

$x=4$일 때 $t=8$이므로

$$\int_2^4 g(2x)\,dx=\int_4^8 \frac{1}{2}g(t)\,dt$$
$$=\frac{1}{2}\int_4^8 g(t)\,dt$$

즉, $\dfrac{1}{2}\displaystyle\int_4^8 g(t)\,dt=14$이므로

$$\int_4^8 g(t)\,dt=28$$

ⓛ과 같은 방법으로 하면

$$\int_4^8 f(x)\,dx+\int_4^8 g(x)\,dx=8\times8-4\times4$$
$$\int_4^8 f(x)\,dx+28=48$$
$$\therefore \int_4^8 f(x)\,dx=20$$
$$\therefore \int_1^8 f(x)\,dx=\int_1^2 f(x)\,dx+\int_2^4 f(x)\,dx+\int_4^8 f(x)\,dx$$
$$=\frac{5}{4}+7+20=\frac{113}{4}$$

4단계 $\displaystyle\int_1^8 xf'(x)\,dx$의 값 구하기

따라서 ㉠에서

$$\int_1^8 xf'(x)\,dx=8f(8)-1-\int_1^8 f(x)\,dx$$
$$=8\times8-1-\frac{113}{4}$$
$$=\frac{139}{4}$$

5단계 $p+q$의 값 구하기

따라서 $p=4$, $q=139$이므로

$$p+q=143$$

05 답 ①

1단계 $h'(t)$ 구하기

두 곡선 $y=f(x)$, $y=g(x)$가 만나는 점의 x좌표를 구하면

$$\sin x=\cos x$$
$$\therefore x=\frac{\pi}{4}\left(\because 0\le x\le\frac{\pi}{2}\right)$$

곡선 $y=f(x)$와 직선 $y=t$가 만나는 점 A의 x좌표를 $\alpha(t)$라 하면

$$\sin\alpha(t)=t \quad\cdots\cdots ㉠$$

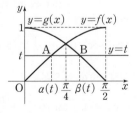

곡선 $y=g(x)$와 직선 $y=t$가 만나는 점 B의 x좌표를 $\beta(t)$라 하면 $\alpha(t)$, $\beta(t)$는 직선 $x=\dfrac{\pi}{4}$에 대하여 대칭이므로

$$\alpha(t)+\beta(t)=\frac{\pi}{2}$$
$$\therefore \beta(t)=\frac{\pi}{2}-\alpha(t)$$

선분 AB의 길이 $h(t)$는

$$h(t)=|\alpha(t)-\beta(t)|$$
$$=\left|\alpha(t)-\left\{\frac{\pi}{2}-\alpha(t)\right\}\right|$$
$$=\left|2\alpha(t)-\frac{\pi}{2}\right|$$

$$\therefore h'(t)=|2\alpha'(t)|$$

㉠의 양변을 t에 대하여 미분하면

$$\alpha'(t)\cos\alpha(t)=1$$
$$\therefore \alpha'(t)=\frac{1}{\cos\alpha(t)}$$

따라서 $h'(t)=|2\alpha'(t)|=\left|\dfrac{2}{\cos\alpha(t)}\right|$이므로

$$h'(t)=-\frac{2}{\cos\alpha(t)} \ \text{또는} \ h'(t)=\frac{2}{\cos\alpha(t)}$$

2단계 k_1, k_2의 값 구하기

이차방정식 $3x^2-(12-4\sqrt{3})x-16\sqrt{3}=0$에서

$$(3x+4\sqrt{3})(x-4)=0$$
$$\therefore x=-\frac{4\sqrt{3}}{3} \ \text{또는} \ x=4$$

이 두 근이 $h'(k_1)$, $h'(k_2)$이고 $h'(k_1)<h'(k_2)$, $\cos\alpha(t)>0$이므로

$$-\frac{2}{\cos\alpha(k_1)}=-\frac{4\sqrt{3}}{3}, \ \frac{2}{\cos\alpha(k_2)}=4$$

$-\dfrac{2}{\cos\alpha(k_1)}=-\dfrac{4\sqrt{3}}{3}$에서

$$\cos\alpha(k_1)=\frac{\sqrt{3}}{2}$$
$$\therefore \alpha(k_1)=\frac{\pi}{6}\left(\because 0<\alpha(t)<\frac{\pi}{2}\right)$$

㉠에서 $\sin\alpha(k_1)=k_1$이므로

$$k_1=\sin\frac{\pi}{6}=\frac{1}{2}$$

$\dfrac{2}{\cos\alpha(k_2)}=4$에서

$$\cos\alpha(k_2)=\frac{1}{2}$$
$$\therefore \alpha(k_2)=\frac{\pi}{3}\left(\because 0<\alpha(t)<\frac{\pi}{2}\right)$$

㉠에서 $\sin\alpha(k_2)=k_2$이므로

$$k_2=\sin\frac{\pi}{3}=\frac{\sqrt{3}}{2}$$

3단계 $\sqrt{3}S_1+S_2$의 값 구하기

두 곡선 $y=f(x)$, $y=g(x)$가 직선 $x=\dfrac{\pi}{4}$에 대하여 대칭이므로

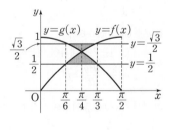

$$S_1=2\int_{\frac{\pi}{6}}^{\frac{\pi}{4}}\left(\sin x-\frac{1}{2}\right)dx$$
$$=2\left[-\cos x-\frac{1}{2}x\right]_{\frac{\pi}{6}}^{\frac{\pi}{4}}$$
$$=2\left(-\frac{\sqrt{2}}{2}-\frac{\pi}{8}+\frac{\sqrt{3}}{2}+\frac{\pi}{12}\right)$$
$$=-\sqrt{2}+\sqrt{3}-\frac{\pi}{12}$$

$$S_2=2\int_{\frac{\pi}{6}}^{\frac{\pi}{4}}\left(\frac{\sqrt{3}}{2}-\cos x\right)dx$$
$$=2\left[\frac{\sqrt{3}}{2}x-\sin x\right]_{\frac{\pi}{6}}^{\frac{\pi}{4}}$$
$$=2\left(\frac{\sqrt{3}}{8}\pi-\frac{\sqrt{2}}{2}-\frac{\sqrt{3}}{12}\pi+\frac{1}{2}\right)$$
$$=-\sqrt{2}+1+\frac{\sqrt{3}}{12}\pi$$

$$\therefore \sqrt{3}S_1+S_2=\sqrt{3}\left(-\sqrt{2}+\sqrt{3}-\frac{\pi}{12}\right)+\left(-\sqrt{2}+1+\frac{\sqrt{3}}{12}\pi\right)$$
$$=-\sqrt{6}+3-\frac{\sqrt{3}}{12}\pi+\left(-\sqrt{2}+1+\frac{\sqrt{3}}{12}\pi\right)$$
$$=4-\sqrt{6}-\sqrt{2}$$

06 답 15

$x=2\ln t$, $y=f(t)$를 각각 t에 대하여 미분하면

$\dfrac{dx}{dt}=\dfrac{2}{t}$, $\dfrac{dy}{dt}=f'(t)$ ...... ㉠

점 P의 위치가 점 $(0, f(1))$일 때의 시각은 $t=1$

시각 $t=1$에서 t까지 점 P가 움직인 거리 s는

$s=\displaystyle\int_1^t \sqrt{\left(\dfrac{dx}{dt}\right)^2+\left(\dfrac{dy}{dt}\right)^2}\,dt$

$=\displaystyle\int_1^t \sqrt{\left(\dfrac{2}{t}\right)^2+\{f'(t)\}^2}\,dt$

$=\displaystyle\int_1^t \sqrt{\dfrac{4}{t^2}+\{f'(t)\}^2}\,dt$ ...... ㉡

이때 $t=\dfrac{s+\sqrt{s^2+4}}{2}$에서

$2t-s=\sqrt{s^2+4}$

$(2t-s)^2=s^2+4$

$4t^2-4ts+s^2=s^2+4$

$4ts=4t^2-4$ $\therefore s=t-\dfrac{1}{t}$

㉡에서 $\displaystyle\int_1^t \sqrt{\dfrac{4}{t^2}+\{f'(t)\}^2}\,dt=t-\dfrac{1}{t}$

양변을 t에 대하여 미분하면

$\sqrt{\dfrac{4}{t^2}+\{f'(t)\}^2}=1+\dfrac{1}{t^2}$

$\dfrac{4}{t^2}+\{f'(t)\}^2=1+\dfrac{2}{t^2}+\dfrac{1}{t^4}$

$\{f'(t)\}^2=1-\dfrac{2}{t^2}+\dfrac{1}{t^4}=\left(1-\dfrac{1}{t^2}\right)^2$

$\therefore f'(t)=1-\dfrac{1}{t^2}$ 또는 $f'(t)=-1+\dfrac{1}{t^2}$ ...... ㉢

㉠에서 $t=2$일 때 점 P의 속도는 $(1, f'(2))$이므로

$f'(2)=\dfrac{3}{4}$

㉢에서 이를 만족시키려면

$f'(t)=1-\dfrac{1}{t^2}$ ...... ㉣

㉠에서 양변을 t에 대하여 미분하면

$\dfrac{d^2x}{dt^2}=-\dfrac{2}{t^2}$, $\dfrac{d^2y}{dt^2}=f''(t)$

㉣에서 $f''(t)=\dfrac{2}{t^3}$이므로 시각 $t=2$일 때 점 P의 가속도는 $\left(-\dfrac{1}{2}, \dfrac{1}{4}\right)$

따라서 $a=\dfrac{1}{4}$이므로

$60a=60\times\dfrac{1}{4}=15$

07 답 ①

$t=0$일 때 점 P의 위치는 $(0, 0)$

점 P가 원 C와 만날 때, 원점에서 점 P까지의 거리가 반지름의 길이 $\dfrac{3}{4}$

과 같으므로

$\sqrt{t^2\cos^2 t+t^2\sin^2 t}=\dfrac{3}{4}$

$\sqrt{t^2(\sin^2 t+\cos^2 t)}=\dfrac{3}{4}$ $\therefore t=\dfrac{3}{4}$ ($\because t\geq 0$)

$x=t\cos t$, $y=t\sin t$의 양변을 t에 대하여 미분하면

$\dfrac{dx}{dt}=\cos t-t\sin t$, $\dfrac{dy}{dt}=\sin t+t\cos t$

따라서 점 P가 출발 후 시각 $t=\dfrac{3}{4}$까지 움직인 거리를 l이라 하면

$l=\displaystyle\int_0^{\frac{3}{4}} \sqrt{\left(\dfrac{dx}{dt}\right)^2+\left(\dfrac{dy}{dt}\right)^2}\,dt$

$=\displaystyle\int_0^{\frac{3}{4}} \sqrt{(\cos t-t\sin t)^2+(\sin t+t\cos t)^2}\,dt$

$=\displaystyle\int_0^{\frac{3}{4}} \sqrt{\cos^2 t-2t\sin t\cos t+t^2\sin^2 t+\sin^2 t+2t\sin t\cos t+t^2\cos^2 t}\,dt$

$=\displaystyle\int_0^{\frac{3}{4}} \sqrt{\sin^2 t+\cos^2 t+t^2(\sin^2 t+\cos^2 t)}\,dt$

$=\displaystyle\int_0^{\frac{3}{4}} \sqrt{1+t^2}\,dt$

$t=\tan\theta \left(0\leq\theta<\dfrac{\pi}{2}\right)$로 놓으면 $1=\sec^2\theta\dfrac{d\theta}{dt}$이고 $t=0$일 때 $\theta=0$이

므로 $t=\dfrac{3}{4}$일 때 $\theta=\alpha \left(\tan\alpha=\dfrac{3}{4}\right)$라 하면

$l=\displaystyle\int_0^{\frac{3}{4}} \sqrt{1+t^2}\,dt=\displaystyle\int_0^\alpha \sqrt{1+\tan^2\theta}\sec^2\theta\,d\theta$

$=\displaystyle\int_0^\alpha \sqrt{\sec^2\theta}\sec^2\theta\,d\theta=\displaystyle\int_0^\alpha \sec^3\theta\,d\theta$

$\displaystyle\int_0^\alpha \sec^3\theta\,d\theta$에서 $u(\theta)=\sec\theta$, $v'(\theta)=\sec^2\theta$라 하면

$u'(\theta)=\sec\theta\tan\theta$, $v(\theta)=\tan\theta$이므로

$\displaystyle\int_0^\alpha \sec^3\theta\,d\theta=\Big[\sec\theta\tan\theta\Big]_0^\alpha-\displaystyle\int_0^\alpha \sec\theta\tan^2\theta\,d\theta$

$=\sec\alpha\tan\alpha-\displaystyle\int_0^\alpha \sec\theta(\sec^2\theta-1)\,d\theta$

$=\sec\alpha\tan\alpha-\displaystyle\int_0^\alpha \sec^3\theta\,d\theta+\displaystyle\int_0^\alpha \sec\theta\,d\theta$

$2\displaystyle\int_0^\alpha \sec^3\theta\,d\theta=\sec\alpha\tan\alpha+\displaystyle\int_0^\alpha \sec\theta\,d\theta$

$\therefore l=\displaystyle\int_0^\alpha \sec^3\theta\,d\theta=\dfrac{1}{2}\sec\alpha\tan\alpha+\dfrac{1}{2}\displaystyle\int_0^\alpha \sec\theta\,d\theta$ ...... ㉠

$(\sec\theta+\tan\theta)'=\sec\theta\tan\theta+\sec^2\theta=\sec\theta(\sec\theta+\tan\theta)$이므로

$\displaystyle\int_0^\alpha \sec\theta\,d\theta=\displaystyle\int_0^\alpha \dfrac{\sec\theta(\sec\theta+\tan\theta)}{\sec\theta+\tan\theta}\,d\theta$

$=\Big[\ln(\sec\theta+\tan\theta)\Big]_0^\alpha$

$=\ln(\sec\alpha+\tan\alpha)$

이를 ㉠에 대입하면

$l=\dfrac{1}{2}\sec\alpha\tan\alpha+\dfrac{1}{2}\ln(\sec\alpha+\tan\alpha)$ ...... ㉡

이때 $\tan\alpha=\dfrac{3}{4}$이므로

$\sec\alpha=\sqrt{1+\tan^2\alpha}=\sqrt{1+\dfrac{9}{16}}=\dfrac{5}{4}$

이를 ㉡에 대입하면

$l=\dfrac{1}{2}\times\dfrac{5}{4}\times\dfrac{3}{4}+\dfrac{1}{2}\ln\left(\dfrac{5}{4}+\dfrac{3}{4}\right)$

$=\dfrac{15}{32}+\dfrac{1}{2}\ln 2$

따라서 $a=\dfrac{15}{32}$, $b=\dfrac{1}{2}$이므로

$32(a+b)=32\left(\dfrac{15}{32}+\dfrac{1}{2}\right)=31$

01 ③	**02** ②	**03** ③	**04** 15	**05** ③	**06** ④
07 ⑤	**08** 11	**09** ④	**10** ③	**11** 35	**12** 278
13 15					

01 답 ③

$x>0$일 때, (가)에서 $g'(x)=f'(x)=\dfrac{(\ln x)^2+1}{x}$이므로

$g(x)=\displaystyle\int g'(x)\,dx=\int \dfrac{(\ln x)^2+1}{x}\,dx$

$\ln x=t$로 놓으면 $\dfrac{1}{x}=\dfrac{dt}{dx}$이므로

$g(x)=\displaystyle\int \dfrac{(\ln x)^2+1}{x}\,dx=\int (t^2+1)\,dt$

$\qquad =\dfrac{1}{3}t^3+t+C_1=\dfrac{1}{3}(\ln x)^3+\ln x+C_1$

$x<0$일 때, (가)에서 $g'(x)=f'(-x)=\dfrac{\{\ln(-x)\}^2+1}{-x}$이므로

$g(x)=\displaystyle\int g'(x)\,dx=\int \dfrac{\{\ln(-x)\}^2+1}{-x}\,dx$

$\ln(-x)=s$로 놓으면 $\dfrac{1}{x}=\dfrac{ds}{dx}$이므로

$g(x)=\displaystyle\int \dfrac{\{\ln(-x)\}^2+1}{-x}\,dx=-\int (s^2+1)\,ds$

$\qquad =-\dfrac{1}{3}s^3-s+C_2=-\dfrac{1}{3}\{\ln(-x)\}^3-\ln(-x)+C_2$

(나)의 $g(e^3)+g(-e^3)=6$에서

$(9+3+C_1)+(-9-3+C_2)=6$

$\therefore C_1+C_2=6 \qquad \cdots\cdots \ \bigcirc$

(나)의 $g(e^3)-g(-e^3)=6$에서

$(9+3+C_1)-(-9-3+C_2)=6$

$\therefore C_1-C_2=-18 \qquad \cdots\cdots \ \bigcirc$

$\bigcirc$, $\bigcirc$을 연립하여 풀면 $C_1=-6$, $C_2=12$

따라서 $g(x)=\begin{cases} -\dfrac{1}{3}\{\ln(-x)\}^3-\ln(-x)+12 & (x<0) \\ \dfrac{1}{3}(\ln x)^3+\ln x-6 & (x>0) \end{cases}$ 이므로

$g(-e)+g(1)=\left(-\dfrac{1}{3}-1+12\right)+(-6)=\dfrac{14}{3}$

02 답 ②

$\dfrac{f(x)-xf'(x)}{\{f(x)\}^2}=xe^{-x}$에서

$\left\{\dfrac{x}{f(x)}\right\}'=xe^{-x} \qquad \therefore \dfrac{x}{f(x)}=\displaystyle\int xe^{-x}\,dx$

$u(x)=x$, $v'(x)=e^{-x}$이라 하면 $u'(x)=1$, $v(x)=-e^{-x}$이므로

$\dfrac{x}{f(x)}=\displaystyle\int xe^{-x}\,dx=-xe^{-x}+\int e^{-x}\,dx$

$\qquad =-xe^{-x}-e^{-x}+C=-(x+1)e^{-x}+C$

이때 $f(1)=-\dfrac{e}{2}$에서

$\dfrac{1}{f(1)}=-\dfrac{2}{e}+C$, $-\dfrac{2}{e}=-\dfrac{2}{e}+C \qquad \therefore C=0$

$\therefore \dfrac{x}{f(x)}=-(x+1)e^{-x}$

양변에 $x=2$를 대입하면

$\dfrac{2}{f(2)}=-\dfrac{3}{e^2} \qquad \therefore f(2)=-\dfrac{2e^2}{3}$

03 답 ③

$3f(x)+\dfrac{1}{x}f\left(\dfrac{1}{x}\right)=x+\dfrac{1}{x^2} \qquad \cdots\cdots \ \bigcirc$

양변에 x 대신 $\dfrac{1}{x}$을 대입하면

$3f\left(\dfrac{1}{x}\right)+xf(x)=\dfrac{1}{x}+x^2$

$x>0$이므로 양변을 $3x$로 나누면

$\dfrac{1}{x}f\left(\dfrac{1}{x}\right)+\dfrac{1}{3}f(x)=\dfrac{1}{3x^2}+\dfrac{1}{3}x \qquad \cdots\cdots \ \bigcirc$

$\bigcirc-\bigcirc$을 하면

$\dfrac{8}{3}f(x)=\dfrac{2}{3}x+\dfrac{2}{3x^2} \qquad \therefore f(x)=\dfrac{1}{4}x+\dfrac{1}{4x^2}$

$\therefore \displaystyle\int_1^2 f(x)\,dx=\int_1^2 \left(\dfrac{1}{4}x+\dfrac{1}{4x^2}\right)dx$

$\qquad =\left[\dfrac{1}{8}x^2-\dfrac{1}{4x}\right]_1^2=\dfrac{1}{2}$

04 답 15

$\displaystyle\int_2^7 f'(x)\,dx=6$에서

$f(7)-f(2)=6$

이때 $f(x+2)=f(x)$이므로 $f(7)=f(5)=f(3)=f(1)$

$\therefore f(1)-f(2)=6 \qquad \cdots\cdots \ \bigcirc$

$\displaystyle\int_1^2 f(f(x))f'(x)\,dx=-10$에서 $f(x)=t$로 놓으면 $f'(x)=\dfrac{dt}{dx}$이고

$x=1$일 때 $t=f(1)$, $x=2$일 때 $t=f(2)$이므로 $f(1)=k$라 하면 $\bigcirc$에서

$f(2)=k-6$

$\therefore \displaystyle\int_1^2 f(f(x))f'(x)\,dx$

$\qquad =\displaystyle\int_k^{k-6} f(t)\,dt=-\int_{k-6}^k f(t)\,dt$

$\qquad =-\displaystyle\int_{k-6}^{k-4} f(t)\,dt-\int_{k-4}^{k-2} f(t)\,dt-\int_{k-2}^k f(t)\,dt$

$\qquad =-\displaystyle\int_0^2 f(t)\,dt-\int_0^2 f(t)\,dt-\int_0^2 f(t)\,dt$

$\qquad =-3\displaystyle\int_0^2 f(t)\,dt$

즉, $-3\displaystyle\int_0^2 f(t)\,dt=-10$이므로

$\displaystyle\int_0^2 f(t)\,dt=\dfrac{10}{3} \qquad \cdots\cdots \ \bigcirc$

함수 $y=f(x)$의 그래프가 y축에 대하여 대칭이므로

$\displaystyle\int_0^1 f(x)\,dx=\int_{-1}^0 f(x)\,dx \qquad \cdots\cdots \ \bigcirc$

$\bigcirc$에서 $\displaystyle\int_0^1 f(x)\,dx+\int_1^2 f(x)\,dx=\dfrac{10}{3}$이므로

$\displaystyle\int_0^1 f(x)\,dx+\int_{-1}^0 f(x)\,dx=\dfrac{10}{3} \ (\because f(x+2)=f(x))$

$\displaystyle\int_{-1}^0 f(x)\,dx+\int_{-1}^0 f(x)\,dx=\dfrac{10}{3} \ (\because \bigcirc)$

$2\displaystyle\int_{-1}^0 f(x)\,dx=\dfrac{10}{3}$

$\therefore \displaystyle\int_{-1}^0 f(x)\,dx=\dfrac{5}{3}$

$$\therefore \int_{-1}^{8} f(x)\,dx = \int_{-1}^{0} f(x)\,dx + \int_{0}^{2} f(x)\,dx + \int_{2}^{4} f(x)\,dx$$
$$+ \int_{4}^{6} f(x)\,dx + \int_{6}^{8} f(x)\,dx$$
$$= \int_{-1}^{0} f(x)\,dx + 4\int_{0}^{2} f(x)\,dx$$
$$= \frac{5}{3} + 4 \times \frac{10}{3} = 15$$

05 답 ③

$\overline{\text{OP}}=1$이므로 직각삼각형 POH에서
$\overline{\text{PH}} = \overline{\text{OP}}\sin\theta = \sin\theta$
$\angle\text{HPO} = \dfrac{\pi}{2} - \theta$, $\angle\text{PQH} = \dfrac{\pi}{2}$이므로
$\angle\text{QHP} = \theta$
직각삼각형 PQH에서
$\overline{\text{QH}} = \overline{\text{PH}}\cos\theta = \sin\theta\cos\theta$
$\overline{\text{PQ}} = \overline{\text{PH}}\sin\theta = \sin^2\theta$
$$\therefore f(\theta) = \frac{1}{2} \times \overline{\text{QH}} \times \overline{\text{PQ}}$$
$$= \frac{1}{2} \times \sin\theta\cos\theta \times \sin^2\theta$$
$$= \frac{1}{2}\sin^3\theta\cos\theta$$
$$\therefore \int_{\frac{\pi}{6}}^{\frac{\pi}{4}} 2f(\theta)\,d\theta = \int_{\frac{\pi}{6}}^{\frac{\pi}{4}} \sin^3\theta\cos\theta\,d\theta$$

$\sin\theta = t$로 놓으면 $\cos\theta = \dfrac{dt}{d\theta}$이고 $\theta = \dfrac{\pi}{6}$일 때 $t = \dfrac{1}{2}$, $\theta = \dfrac{\pi}{4}$일 때
$t = \dfrac{\sqrt{2}}{2}$이므로
$$\int_{\frac{\pi}{6}}^{\frac{\pi}{4}} 2f(\theta)\,d\theta = \int_{\frac{\pi}{6}}^{\frac{\pi}{4}} \sin^3\theta\cos\theta\,d\theta$$
$$= \int_{\frac{1}{2}}^{\frac{\sqrt{2}}{2}} t^3\,dt$$
$$= \left[\frac{1}{4}t^4\right]_{\frac{1}{2}}^{\frac{\sqrt{2}}{2}} = \frac{3}{64}$$

06 답 ④

(내의 $\dfrac{1}{f(x)} + 2\displaystyle\int_{0}^{x}(x-t)f(t)\,dt = 1$에서
$$\frac{1}{f(x)} + 2x\int_{0}^{x} f(t)\,dt - 2\int_{0}^{x} tf(t)\,dt = 1$$
양변을 x에 대하여 미분하면
$$-\frac{f'(x)}{\{f(x)\}^2} + 2\int_{0}^{x} f(t)\,dt + 2xf(x) - 2xf(x) = 0$$
$$\frac{f'(x)}{\{f(x)\}^2} = 2\int_{0}^{x} f(t)\,dt$$
$$\therefore f'(x) = 2\{f(x)\}^2 \int_{0}^{x} f(t)\,dt \quad \cdots\cdots \text{㉠}$$

ㄱ. ㈎에서 $f(x)>0$이므로 $x<0$에서 $\displaystyle\int_{0}^{x} f(t)\,dt = -\int_{x}^{0} f(t)\,dt < 0$

이고, $x>0$에서 $\displaystyle\int_{0}^{x} f(t)\,dt > 0$이다.

따라서 $x<0$에서 $f'(x)<0$, $x>0$에서 $f'(x)>0$이므로 함수 $f(x)$는 일대일대응이 아니다.

즉, 함수 $f(x)$의 역함수가 존재하지 않는다.

ㄴ. ㉠에서 $f'(x)=0$인 x의 값은
$x=0$
함수 $f(x)$의 증가와 감소를 표로 나타내면 다음과 같다.

x	$\cdots$	0	$\cdots$
$f'(x)$	$-$	0	$+$
$f(x)$	$\searrow$	극소	$\nearrow$

함수 $f(x)$는 $x=0$에서 극솟값 $f(0)$을 갖는다.
(내의 $\dfrac{1}{f(x)} + 2\displaystyle\int_{0}^{x}(x-t)f(t)\,dt = 1$의 양변에 $x=0$을 대입하면
$$\frac{1}{f(0)} = 1$$
$$\therefore f(0) = 1 \quad \cdots\cdots \text{ⓛ}$$
따라서 함수 $f(x)$는 극솟값 1을 갖는다.

ㄷ. $F(x) = \displaystyle\int_{0}^{x} f(t)\,dt \quad \cdots\cdots \text{㉢}$
㉢의 양변을 x에 대하여 미분하면
$$F'(x) = f(x)$$
㉠의 $f'(x) = 2\{f(x)\}^2 \displaystyle\int_{0}^{x} f(t)\,dt$에서
$$f'(x) = 2\{f(x)\}^2 F(x)$$
$f(x)>0$이므로 양변을 $f(x)$로 나누면
$$\frac{f'(x)}{f(x)} = 2f(x)F(x)$$
$$\frac{f'(x)}{f(x)} = 2F'(x)F(x)$$
$$\frac{f'(x)}{f(x)} = [\{F(x)\}^2]'$$
$$\therefore \{F(x)\}^2 = \int \frac{f'(x)}{f(x)}\,dx$$
$$= \ln f(x) + C$$
㉢의 양변에 $x=0$을 대입하면 $F(0)=0$이므로
$$\{F(0)\}^2 = \ln f(0) + C$$
$$0 = \ln 1 + C \ (\because \text{ⓛ})$$
$$\therefore C = 0$$
따라서 $\{F(x)\}^2 = \ln f(x)$이므로
$$f(x) = e^{\{F(x)\}^2}$$
따라서 보기에서 옳은 것은 ㄴ, ㄷ이다.

07 답 ⑤

ㄱ. $f'(x) = \dfrac{xf(x) - \{f(x)\}^3}{x^2}$의 양변에 x 대신 $g(x)$를 대입하면
$$f'(g(x)) = \frac{g(x)f(g(x)) - \{f(g(x))\}^3}{\{g(x)\}^2}$$
두 함수 $f(x)$, $g(x)$가 역함수 관계이면 $f(g(x))=x$이고, 역함수의 미분법에 의하여 $f'(g(x)) = \dfrac{1}{g'(x)}$이므로
$$\frac{1}{g'(x)} = \frac{xg(x) - x^3}{\{g(x)\}^2}$$
$$\therefore g'(x) = \frac{\{g(x)\}^2}{xg(x) - x^3} \quad \cdots\cdots \text{㉠}$$
$f(-2)=1$에서 $g(1)=-2$이므로
$$g'(1) = \frac{\{g(1)\}^2}{g(1)-1}$$
$$= \frac{4}{-2-1} = -\frac{4}{3}$$

정답과 해설

ㄴ. ㉠의 $g'(x)=\dfrac{\{g(x)\}^2}{xg(x)-x^3}$ 에서

$g'(x)\{xg(x)-x^3\}=\{g(x)\}^2$

$x^3g'(x)=xg'(x)g(x)-\{g(x)\}^2$

$g'(x)=\dfrac{xg'(x)g(x)-\{g(x)\}^2}{x^3}$

$\qquad =\dfrac{g(x)}{x}\times\dfrac{xg'(x)-g(x)}{x^2}$

$\therefore g(x)=\displaystyle\int g'(x)\,dx=\int\left\{\dfrac{g(x)}{x}\times\dfrac{xg'(x)-g(x)}{x^2}\right\}dx$

$\dfrac{g(x)}{x}=t$ 로 놓으면 $\dfrac{xg'(x)-g(x)}{x^2}=\dfrac{dt}{dx}$ 이므로

$g(x)=\displaystyle\int\left\{\dfrac{g(x)}{x}\times\dfrac{xg'(x)-g(x)}{x^2}\right\}dx$

$\qquad =\displaystyle\int t\,dt=\dfrac{1}{2}t^2+C$

$\qquad =\dfrac{1}{2}\left\{\dfrac{g(x)}{x}\right\}^2+C$

이때 $g(1)=-2$ 이므로

$g(1)=\dfrac{1}{2}\{g(1)\}^2+C$

$-2=2+C \qquad \therefore C=-4$

$\therefore g(x)=\dfrac{1}{2}\left\{\dfrac{g(x)}{x}\right\}^2-4=\dfrac{\{g(x)\}^2}{2x^2}-4 \qquad \cdots\cdots ㉡$

ㄷ. $f(-3)=k$ 라 하면 $g(k)=-3$

㉡의 $g(x)=\dfrac{\{g(x)\}^2}{2x^2}-4$ 의 양변에 $x=k$ 를 대입하면

$g(k)=\dfrac{\{g(k)\}^2}{2k^2}-4$

$-3=\dfrac{9}{2k^2}-4$

$\dfrac{9}{2k^2}=1 \qquad \therefore k^2=\dfrac{9}{2}$

$\therefore \{f(-3)\}^2=\dfrac{9}{2}$

따라서 보기에서 옳은 것은 ㄱ, ㄴ, ㄷ이다.

08 답 11

$\displaystyle\lim_{x\to0}\dfrac{\tan\{\pi f(x)\}}{x}=-\pi$ 에서 $x\to0$ 일 때 (분모) $\to0$ 이고 극한값이 존재하므로 (분자) $\to0$ 이다.

즉, $\displaystyle\lim_{x\to0}\tan\{\pi f(x)\}=0$ 에서

$\tan\{\pi f(0)\}=0$

$\therefore f(0)=n$ (단, n은 정수)

이차함수 $f(x)$의 최고차항의 계수가 1이므로

$f(x)=x^2+ax+n$ (a는 상수)라 하자.

$h(x)=\tan\{\pi f(x)\}$ 라 하면 $h(0)=0$ 이므로

$\displaystyle\lim_{x\to0}\dfrac{\tan\{\pi f(x)\}}{x}=\lim_{x\to0}\dfrac{h(x)-h(0)}{x}=h'(0)$

$\therefore h'(0)=-\pi$

$h'(x)=\sec^2\{\pi f(x)\}\times\pi f'(x)$ 이고 $f'(x)=2x+a$ 이므로

$h'(0)=\sec^2 n\pi\times a\pi$

$\qquad =\dfrac{1}{\cos^2 n\pi}\times a\pi=a\pi$ ($\because \cos n\pi=\pm1$)

즉, $a\pi=-\pi$ 이므로

$a=-1$

$\therefore f(x)=x^2-x+n$

$0\le x<1$ 일 때 $g(x)=f(x)=x^2-x+n$ 이고 모든 실수 x에 대하여 $g(x+1)=g(x)$ 이므로

$\displaystyle\int_0^4 xg(x)\,dx$

$=\displaystyle\int_0^1 xg(x)\,dx+\int_1^2 xg(x)\,dx+\int_2^3 xg(x)\,dx+\int_3^4 xg(x)\,dx$

$=\displaystyle\int_0^1 xg(x)\,dx+\int_0^1 (x+1)g(x+1)\,dx+\int_0^1 (x+2)g(x+2)\,dx$
$\qquad\qquad\qquad\qquad\qquad\qquad\qquad +\displaystyle\int_0^1 (x+3)g(x+3)\,dx$

$=\displaystyle\int_0^1 xg(x)\,dx+\int_0^1 (x+1)g(x)\,dx+\int_0^1 (x+2)g(x)\,dx$
$\qquad\qquad\qquad\qquad\qquad\qquad\qquad +\displaystyle\int_0^1 (x+3)g(x)\,dx$

$=\displaystyle\int_0^1 (4x+6)g(x)\,dx$

$=\displaystyle\int_0^1 (4x+6)(x^2-x+n)\,dx$

$=\displaystyle\int_0^1 \{4x^3+2x^2+(4n-6)x+6n\}\,dx$

$=\left[x^4+\dfrac{2}{3}x^3+(2n-3)x^2+6nx\right]_0^1$

$=8n-\dfrac{4}{3}$

$36<\displaystyle\int_0^4 xg(x)\,dx<40$ 에서

$36<8n-\dfrac{4}{3}<40,\ \dfrac{112}{3}<8n<\dfrac{124}{3}$

$\therefore \dfrac{14}{3}<n<\dfrac{31}{6}$

이때 n은 정수이므로 $n=5$

따라서 $f(x)=x^2-x+5$ 이므로

$f(3)=9-3+5=11$

09 답 ④

$F(x)=\displaystyle\int_0^x f(t)\,dt \qquad \cdots\cdots ㉠$

㉠의 양변을 x에 대하여 미분하면

$F'(x)=f(x)$

㉠의 양변에 $x=0$을 대입하면

$F(0)=0$

ㄱ. (나)에서

$\displaystyle\int_0^1 F(x)\,dx=\int_0^1 \{f(x)F(x)+f(x)\}\,dx$ ($\because ㉮$)

$\qquad\qquad\qquad =\displaystyle\int_0^1 f(x)\{F(x)+1\}\,dx$

$F(x)=s$ 로 놓으면 $F'(x)=f(x)=\dfrac{ds}{dx}$ 이고 $x=0$일 때

$s=F(0)=0$, $x=1$일 때 $s=F(1)$ 이므로 $F(1)=k$ 라 하면

$\displaystyle\int_0^1 F(x)\,dx=\int_0^1 f(x)\{F(x)+1\}\,dx=\int_0^k (s+1)\,ds$

$\qquad\qquad\qquad =\left[\dfrac{1}{2}s^2+s\right]_0^k=\dfrac{1}{2}k^2+k$

즉, $\dfrac{1}{2}k^2+k=-\dfrac{1}{2}$ 이므로

$k^2+2k+1=0$

$(k+1)^2=0 \qquad \therefore k=-1$

$\therefore F(1)=-1 \qquad \cdots\cdots ㉡$

ㄴ. $\int_0^1 xf(x)\,dx$에서 $u(x)=x$, $v'(x)=f(x)$라 하면 $u'(x)=1$,

$v(x)=F(x)$이므로

$$\int_0^1 xf(x)\,dx=\Big[xF(x)\Big]_0^1-\int_0^1 F(x)\,dx$$
$$=F(1)-\left(-\frac{1}{2}\right)(\because ㈏)$$
$$=-1-\left(-\frac{1}{2}\right)(\because ㉡)$$
$$=-\frac{1}{2}$$

ㄷ. ㈎의 $F(x)=f(x)F(x)+f(x)$에서

$$\{F(x)\}^2=f(x)\{F(x)\}^2+f(x)F(x)$$
$$\therefore \int_0^1 \{F(x)\}^2\,dx=\int_0^1 [f(x)\{F(x)\}^2+f(x)F(x)]\,dx$$
$$=\int_0^1 f(x)[\{F(x)\}^2+F(x)]\,dx$$

$F(x)=s$로 놓으면 $F'(x)=f(x)=\dfrac{ds}{dx}$이고 $x=0$일 때 $s=0$,

$x=1$일 때 ㉡에서 $s=-1$이므로

$$\int_0^1 \{F(x)\}^2\,dx=\int_0^1 f(x)[\{F(x)\}^2+F(x)]\,dx$$
$$=\int_0^{-1} (s^2+s)\,ds=\Big[\frac{1}{3}s^3+\frac{1}{2}s^2\Big]_0^{-1}=\frac{1}{6}$$

따라서 보기에서 옳은 것은 ㄱ, ㄷ이다.

10 답 ③

모든 실수 x에 대하여 $f'(x)<0$이므로 함수
$f(x)$는 실수 전체의 집합에서 감소한다.
점 $A(t,\,f(t))$에서의 접선의 방정식은

$$y-f(t)=f'(t)(x-t)$$
$$\therefore y=f'(t)x-tf'(t)+f(t)$$
$$\therefore D(0,\,-tf'(t)+f(t))$$

$B(t,\,0)$, $C(0,\,f(t))$이므로

$$S_1=\frac{1}{2}\times\overline{AB}\times\overline{AC}=\frac{1}{2}\times f(t)\times t=\frac{1}{2}tf(t)$$
$$S_2=\frac{1}{2}\times\overline{CD}\times\overline{AC}=\frac{1}{2}\times\{-tf'(t)\}\times t=-\frac{1}{2}t^2f'(t)$$
$$\therefore 2S_1-S_2=tf(t)+\frac{1}{2}t^2f'(t)$$

즉, $tf(t)+\dfrac{1}{2}t^2f'(t)=-\dfrac{1}{2}t^2e^{-t}+te^{-t}+t$이므로

$$2tf(t)+t^2f'(t)=-t^2e^{-t}+2te^{-t}+2t$$
$$\{t^2f(t)\}'=-t^2e^{-t}+2te^{-t}+2t$$
$$\therefore t^2f(t)=\int(-t^2e^{-t}+2te^{-t}+2t)\,dt$$
$$=-\int t^2e^{-t}\,dt+\int 2te^{-t}\,dt+\int 2t\,dt \quad\cdots\cdots ㉠$$

$\int t^2e^{-t}\,dt$에서 $u(t)=t^2$, $v'(t)=e^{-t}$이라 하면 $u'(t)=2t$, $v(t)=-e^{-t}$

이므로

$$\int t^2e^{-t}\,dt=-t^2e^{-t}+\int 2te^{-t}\,dt$$

이를 ㉠에 대입하면

$$t^2f(t)=t^2e^{-t}-\int 2te^{-t}\,dt+\int 2te^{-t}\,dt+\int 2t\,dt$$
$$=t^2e^{-t}+\int 2t\,dt=t^2e^{-t}+t^2+C$$

이때 $f(1)=\dfrac{1}{e}+1$에서

$$f(1)=\frac{1}{e}+1+C,\ \frac{1}{e}+1=\frac{1}{e}+1+C \quad\therefore C=0$$

즉, $t^2f(t)=t^2e^{-t}+t^2$이고 $t>0$이므로

$$f(t)=e^{-t}+1$$

따라서 구하는 넓이를 S라 하면

$$S=\int_0^1 (e^{-x}+1)\,dx=\Big[-e^{-x}+x\Big]_0^1=2-\frac{1}{e}$$

11 답 35

함수 $f(x)$의 역함수가 존재하므로 $f(x)$는 일대일대응이고, ㈎에서
$f(2)<f(4)<f(8)$이므로 함수 $f(x)$는 실수 전체의 집합에서 증가한
다.
따라서 두 함수 $y=f(x)$, $y=g(x)$의 그래프가 만나는 점은 함수
$y=f(x)$의 그래프와 직선 $y=x$가 만나는 점과 같고 ㈎에서 $f(2)=2$,
$f(4)=4$, $f(8)=8$이므로 두 함수 $y=f(x)$, $y=g(x)$의 그래프가 만나
는 점의 좌표는 $(2,\,2)$, $(4,\,4)$, $(8,\,8)$이다.
또 ㈏에서 $2<a<4$, $4<b<8$인 임의의 실수 a, b에 대하여
$f''(a)\times f''(b)<0$이므로 함수 $y=f(x)$의 그래프는 $x=4$의 좌우에서
오목, 볼록이 바뀐다.
직선 $y=x$와 x축 및 두 직선 $x=2$, $x=4$로 둘러싸인 부분의 넓이는

$$\frac{1}{2}\times(2+4)\times 2=6$$

㈐의 $\int_2^4 g(x)\,dx=7$에서 $\int_2^4 g(x)\,dx>6$이므로 $2<x<4$에서 함수
$y=g(x)$의 그래프는 위로 볼록하다.
따라서 $2<x<4$에서 함수 $y=f(x)$의 그래프는 아래로 볼록하고,
$4<x<8$에서 함수 $y=f(x)$의 그래프는 위로 볼록하다.
따라서 $2\le x\le 8$에서 두 함수 $y=f(x)$, $y=g(x)$의 그래프는 그림과
같다.

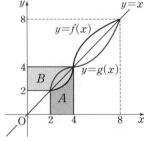

$A=\int_2^4 f(x)\,dx$, $B=\int_2^4 g(x)\,dx$라 하면 ㈐에서 $B=7$이므로

$$A=\int_2^4 f(x)\,dx=4\times 4-2\times 2-B$$
$$=16-4-7=5$$

$4\le x\le 8$에서 $f(x)\ge x$이므로 ㈐의 $\int_4^8 |f(x)-x|\,dx=6$에서

$$\int_4^8 \{f(x)-x\}\,dx=6$$
$$\int_4^8 f(x)\,dx-\int_4^8 x\,dx=6$$
$$\therefore \int_4^8 f(x)\,dx=6+\int_4^8 x\,dx=6+\Big[\frac{1}{2}x^2\Big]_4^8$$
$$=6+24=30$$
$$\therefore \int_2^8 f(x)\,dx=\int_2^4 f(x)\,dx+\int_4^8 f(x)\,dx$$
$$=5+30=35$$

12 답 278

㉠의 $f(8)=8$에서

$g(8)=8$

$\int_1^8 xg'(x)\,dx$에서 $u(x)=x$, $v'(x)=g'(x)$라 하면 $u'(x)=1$, $v(x)=g(x)$이므로

$$\int_1^8 xg'(x)\,dx = \left[xg(x)\right]_1^8 - \int_1^8 g(x)\,dx$$
$$= 8g(8) - g(1) - \int_1^8 g(x)\,dx$$
$$= 64 - g(1) - \int_1^8 g(x)\,dx \qquad \cdots\cdots ㉠$$

㉯의 $g\left(\dfrac{1}{2}x\right) = \dfrac{1}{2}f(x)$의 양변에 $x=8$을 대입하면

$g(4) = \dfrac{1}{2}f(8)$ $\quad \therefore g(4)=4$

$\therefore f(4)=4$

㉯의 $g\left(\dfrac{1}{2}x\right) = \dfrac{1}{2}f(x)$의 양변에 $x=4$를 대입하면

$g(2) = \dfrac{1}{2}f(4)$ $\quad \therefore g(2)=2$

$\therefore f(2)=2$

㉯의 $g\left(\dfrac{1}{2}x\right) = \dfrac{1}{2}f(x)$의 양변에 $x=2$를 대입하면

$g(1) = \dfrac{1}{2}f(2)$ $\quad \therefore g(1)=1$

$\therefore f(1)=1$

함수 $f(x)$는 실수 전체의 집합에서 증가하고 두 함수 $y=f(x)$, $y=g(x)$의 그래프는 직선 $y=x$에 대하여 서로 대칭이므로

$$\int_4^8 f(x)\,dx + \int_4^8 g(x)\,dx = 8\times 8 - 4\times 4$$
$$\qquad\qquad \cdots\cdots ㉡$$

$\int_4^8 f(x)\,dx + 20 = 48$ $(\because ㉮)$

$\therefore \int_4^8 f(x)\,dx = 28$

㉯의 $g\left(\dfrac{1}{2}x\right) = \dfrac{1}{2}f(x)$에서 $f(x) = 2g\left(\dfrac{1}{2}x\right)$이므로

$$\int_4^8 f(x)\,dx = \int_4^8 2g\left(\dfrac{1}{2}x\right) dx$$

$\dfrac{1}{2}x=t$로 놓으면 $\dfrac{1}{2} = \dfrac{dt}{dx}$이고 $x=4$일 때 $t=2$, $x=8$일 때 $t=4$이므로

$$\int_4^8 f(x)\,dx = \int_4^8 2g\left(\dfrac{1}{2}x\right) dx$$
$$= \int_2^4 4g(t)\,dt$$
$$= 4\int_2^4 g(t)\,dt$$

즉, $4\int_2^4 g(t)\,dt = 28$이므로

$\int_2^4 g(t)\,dt = 7$

이때 ㉡과 같은 방법으로 하면

$$\int_2^4 f(x)\,dx + \int_2^4 g(x)\,dx = 4\times 4 - 2\times 2$$

$\int_2^4 f(x)\,dx + 7 = 12$ $\quad \therefore \int_2^4 f(x)\,dx = 5$

㉯에서 $\int_2^4 f(x)\,dx = \int_2^4 2g\left(\dfrac{1}{2}x\right) dx$

$\dfrac{1}{2}x=t$로 놓으면 $\dfrac{1}{2} = \dfrac{dt}{dx}$이고 $x=2$일 때 $t=1$, $x=4$일 때 $t=2$이므로

$$\int_2^4 f(x)\,dx = \int_2^4 2g\left(\dfrac{1}{2}x\right) dx$$
$$= \int_1^2 4g(t)\,dt = 4\int_1^2 g(t)\,dt$$

즉, $4\int_1^2 g(t)\,dt = 5$이므로

$\int_1^2 g(t)\,dt = \dfrac{5}{4}$

$\therefore \int_1^8 g(x)\,dx = \int_1^2 g(x)\,dx + \int_2^4 g(x)\,dx + \int_4^8 g(x)\,dx$
$$= \dfrac{5}{4} + 7 + 20 = \dfrac{113}{4}$$

따라서 ㉠에서

$$\int_1^8 xg'(x)\,dx = 64 - g(1) - \int_1^8 g(x)\,dx$$
$$= 64 - 1 - \dfrac{113}{4} = \dfrac{139}{4}$$

$\therefore 8\int_1^8 xg'(x)\,dx = 8\times \dfrac{139}{4} = 278$

13 답 15

$x = \dfrac{2}{t}$, $y=f(t)$를 각각 t에 대하여 미분하면

$$\dfrac{dx}{dt} = -\dfrac{2}{t^2}, \quad \dfrac{dy}{dt} = f'(t) \qquad \cdots\cdots ㉠$$

시각 $t=1$에서 t까지 점 P가 움직인 거리 s는

$$s = \int_1^t \sqrt{\left(\dfrac{dx}{dt}\right)^2 + \left(\dfrac{dy}{dt}\right)^2}\,dt$$
$$= \int_1^t \sqrt{\left(-\dfrac{2}{t^2}\right)^2 + \{f'(t)\}^2}\,dt$$
$$= \int_1^t \sqrt{\dfrac{4}{t^4} + \{f'(t)\}^2}\,dt \qquad \cdots\cdots ㉡$$

이때 $3t^3(t-s) = 1$에서

$t-s = \dfrac{1}{3t^3}$ $\quad \therefore s = t - \dfrac{1}{3t^3}$

㉡에서

$$\int_1^t \sqrt{\dfrac{4}{t^4} + \{f'(t)\}^2}\,dt = t - \dfrac{1}{3t^3}$$

양변을 t에 대하여 미분하면

$$\sqrt{\dfrac{4}{t^4} + \{f'(t)\}^2} = 1 + \dfrac{1}{t^4}$$

$$\dfrac{4}{t^4} + \{f'(t)\}^2 = 1 + \dfrac{2}{t^4} + \dfrac{1}{t^8}$$

$$\{f'(t)\}^2 = 1 - \dfrac{2}{t^4} + \dfrac{1}{t^8} = \left(1 - \dfrac{1}{t^4}\right)^2$$

$\therefore f'(t) = 1 - \dfrac{1}{t^4}$ 또는 $f'(t) = -1 + \dfrac{1}{t^4}$ $\quad \cdots\cdots ㉢$

점 P가 점 $(2, 0)$에서 출발하여 제1사분면 위에서만 움직이므로 $f(t)>0$이어야 한다.

즉, $f'(t)>0$이어야 하므로 ㉢에서

$f'(t) = 1 - \dfrac{1}{t^4}$

↳ $f'(t)<0$이면 음의 방향으로 움직인다.

㉠에서 시각 $t=2$에서의 점 P의 속도는 $\left(-\dfrac{1}{2}, f'(2)\right)$이므로

$a = f'(2) = 1 - \dfrac{1}{16} = \dfrac{15}{16}$

$\therefore 16a = 16\times \dfrac{15}{16} = 15$

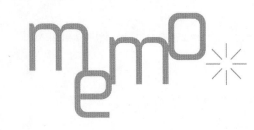